Ein Planet voller Überraschungen

Our Surprising Planet

**Herausgeber: Reinhard F. J. Hüttl**
Gesamtkoordination und Redaktion: Franz Ossing
Helmholtz-Zentrum Potsdam
Deutsches GeoForschungsZentrum GFZ

Alle Abbildungen, soweit nicht anders erwähnt: Deutsches GeoForschungsZentrum GFZ

**Bibliografische Information der Deutschen Nationalbibliothek**
Die Deutsche Nationalbibliothek verzeichnet diese Publikation in der Deutschen Nationalbibliografie; detaillierte bibliografische Daten sind im Internet über http://dnb.d-nb.de abrufbar.

Springer ist ein Unternehmen von Springer Science+Business Media
springer.de

© Spektrum Akademischer Verlag Heidelberg 2011
Spektrum Akademischer Verlag ist ein Imprint von Springer

11   12   13   14   15          5   4   3   2   1

Planung und Lektorat: Frank Wigger, Dr. Meike Barth
Lektorat: Dr. Peter Wittmann
Übersetzung: KERN AG, Berlin
Satz: klartext, Heidelberg
Umschlaggestaltung: wsp design Werbeagentur GmbH, Heidelberg, und Grit Schwalbe (GFZ)
Titelfotografie: © GFZ Deutsches GeoForschungsZentrum

ISBN 978-3-8274-2470-9

Reinhard F. J. Hüttl (Hrsg.)

# Ein Planet voller Überraschungen

## Neue Einblicke in das System Erde

# Our Surprising Planet

## New Insights into System Earth

Spektrum
AKADEMISCHER VERLAG

# Vorwort

## Ein überraschender Planet

Wer sich mit dem Planeten Erde beschäftigt, lernt sehr schnell, dass es sich hier um ein hochkomplexes Gebilde handelt, welches sich manchen tradierten wissenschaftlichen Ansätzen verschließt. Lineare Vorgänge sind eher die Ausnahme, Ursache und Wirkung stehen meistens in enger Wechselwirkung. „Das Huhn ist das Mittel, mit dem ein Ei das andere hervorbringt." Dieses Zitat des niederländischen Schriftstellers Harry Mulisch scheint auf den ersten Blick die in der Wissenschaft übliche Verknüpfung von Ursache und Resultat zu erweitern: Es gibt nicht die Ursache, die nur die Wirkung erzeugt, sondern das Resultat eines Prozesses ist Anfangspunkt für eine neue Kette von Ursache und Wirkung. Gilt also auch: Das Ei ist der Apparat, mit dem eine Henne die nächste hervorbringt? Offenbar nicht, wenn die Henne ein Hähnchen ausbrütet. Der von Mulisch formulierte Kreislauf erweitert sich: Henne und Ei bringen eine dritte, neue Größe hervor. Harry Mulischs Metapher stellt das Dilemma der klassischen Physik treffend dar: Der reine Ursache-Wirkung-Mechanismus entspricht nicht der Komplexität natürlicher Prozesse; denn diese Prozesse sind im Regelfall nichtlinear, wechselwirkend, voller Singularitäten und nichtreproduzierbar.

Die Geowissenschaften sind das Beispiel par excellence für einen solchen Ansatz. Galt noch bis in die 70er Jahre des vorigen Jahrhunderts das Verdikt, die Geowissenschaften seien keine eigene Fachdisziplin, weil sie – im Gegensatz etwa zu der Physik oder der Chemie – keinen eigenständigen Ansatz verfolgten, so erweist sich diese letztlich aus dem 17. Jahrhundert stammende Auffassung heute nicht nur als altmodisch, sondern sogar als rückschrittlich. Nicht zufällig war es ein Geowissenschaftler, der Meteorologe Edward Lorenz, der 1963 die Grundzüge der Chaos-Theorie entwickelte, denn nichtlineare Zusammenhänge sind in den Geowissenschaften der offensichtliche Normalzustand. Auch spiegeln sich die beiden Pole der modernen Physik, die relativistische Weltsicht Einsteins und die Quantenphysik, wie selbstverständlich in geowissenschaftlichen Fragestellungen wider: Die nanosekundengenaue Zeitmessung auf erdumkreisenden GPS-Satelliten zeigt bereits relativistische Effekte, und die moderne Erforschung des Erdmantels auf atomarer Ebene muss die Gleichungen Schrödingers berücksichtigen. Moderne Naturwissenschaften sind nicht mehr an enge Fachgrenzen gebunden, sie müssen grenzüberschreitend sein; eine reduktionistische Zerlegung in Einzelprobleme weist meistens schnell die Grenzen der Betrachtung auf. So kann die moderne Kosmologie sehr gut beschreiben, dass unser Sonnensystem im genau richtigen Abstand zum Zentrum der Galaxis liegt, damit es überhaupt Planeten gebären kann. Aber welche Planeten das sind und wie sie sich entwickeln, ist keineswegs mehr eine rein physikalische Fragestellung. Terra, der außergewöhnliche Planet Erde, ist auch hier das beste Beispiel.

Dieses Buch hat keine neuerliche Gesamtdarstellung unseres Planeten zum Ziel. Es gibt eine sehr große Zahl ausgezeichneter Werke, die unsere Erde beschreiben. Wir wählen einen anderen Blickwinkel: Jeden Tag bringt die moderne Geoforschung überraschende Einsichten hervor; wenn heute Wissenschaftler des Deutschen Geo-ForschungsZentrums GFZ von der leisen Revolution in der Theorie der Plattentektonik sprechen, ist das Ausdruck dieser lebendigen Wissenschaft, an welcher die Wissenschaftlerinnen und Wissenschaftler des GFZ ihren Anteil haben. Selbstverständlich gilt für die Geowissenschaften wie für jede moderne Wissenschaft, dass sie international vernetzt ist, aber gerade für unser Fachgebiet gilt, dass es qua definitionem global agiert. Unsere Forscherinnen und Forscher bringen ihre neuen Erkenntnisse in dieser Zusammenarbeit mit ihren Kollegen aus aller Welt zutage, mal federführend, mal als Partner unter vielen. Welche neuen Einsichten in das System Erde sich auch immer ergeben, stets werden sie zurückgekoppelt in die geowissenschaftliche Gemeinschaft. Als Herausgeber hat man damit die angenehme Möglichkeit, über die vorderste Front der Forschung berichten zu können. Das in diesem Buch Vorgestellte basiert daher vor allem auf der hervorragenden Arbeit der Wissenschaftlerinnen und Wissenschaftler des GFZ, es gründet sich aber ebenso auf den Fortschritten der geowissenschaftlichen Forschung weltweit. In ihrer täglichen Arbeit erleben die Forscherinnen und Forscher unmittelbar die Faszination des Systems Erde, auch wenn sich das – wie überall im Wissenschaftsbetrieb – zuweilen als zähes Geschäft erweist. Wenn die in diesem Band vorgestellten überraschenden, neuen Einblicke in das System Erde diese Faszination vermitteln können, dann hat dieses Buch seinen Zweck erfüllt.

# Ein herzliches „Dankeschön!"

Geowissenschaften halten sich nicht an Ländergrenzen. Es ist für unsere Fachdisziplin mehr noch als für andere Wissenschaftszweige typisch, dass sie weltweit vernetzt ist. Zudem werden die einzelnen Bereiche der Geowissenschaften heute eher als Spezialisierungen einer Gesamtdisziplin verstanden, wodurch ihre Ergebnisse auch immer die Fachgrenzen überschreiten. So entsteht mehr und mehr ein Gesamtbild des Systems Erde, das natürlich nie vollständig sein wird.

Eingebettet in die internationale Gemeinschaft der Geowissenschaften, haben die Mitarbeiterinnen und Mitarbeiter des Deutschen GeoForschungsZentrums GFZ ihren Anteil an diesem neuen Bild unserer alten Erde. Dieses Buch beruht vor allem auf ihrer Kompetenz und ihrem Engagement und hätte ohne sie nicht entstehen können. Es wird schnell übersehen, dass hinter den Erfolgen der Wissenschaft und Forschung auch ein erheblicher infrastruktureller Aufwand steht. Ich möchte mich daher bei allen Beschäftigten des GFZ für ihre Arbeit bedanken, insbesondere bei meinem Kollegen Dr. Bernhard Raiser, dem Administrativen Vorstand des GFZ, für seine Unterstützung.

Ganz besonderer Dank aber geht an Franz Ossing für seinen unermüdlichen Einsatz bei der Redaktion und Gesamtkoordination dieses Vorhabens.

Zum vorliegenden Werk haben viele direkt oder indirekt beigetragen, um die interessanten Arbeitsergebnisse des GFZ der wissbegierigen Öffentlichkeit vorzustellen. Mein besonderer Dank gilt allen denjenigen, deren Arbeitsergebnisse hier vorgestellt werden. Es sind viele Namen, sollte ich jemanden vergessen haben, bitte ich hiermit um Entschuldigung, es täte mir sehr leid:

*Jan Anderssohn, Christina Arras, Andrey Babeyko, Patricia Baeuchler, Michael Bender, Oliver Bens, Friedhelm von Blanckenburg, Theresa Blume, Marco Bohnhoff, Achim Brauer, Sabine Chabrillat, Benjamin Creutzfeld, Georg Dresen, Helmut Echtler, Jörg Erzinger, Saskia Esselborn, Carsten Falck, Frank Flechtner, Christoph Förste, Dietlinde Friedrich, Gerhard Gendt, Matthias Gottschalk, Andreas Güntner, Clemens Glombitza, Otto Grabe, Gottfried Grünthal, Christian Haberland, Mohamed Hamoudi, Robin Hanna, Ulrich Harms, Wilhelm Heinrich, Gerd Helle, Katja Hirsch, Brian Horsfield, Ernst Huenges, Sibylle Itzerott, Sandro Jahn, Alexander Jordan, Christoph Janssen, Björn Onno Kaiser, Hermann Kaufmann, Rainer Kind, Volker Klemann, Jürgen Klotz, Monika Koch-Müller, Monika Korte, David Kriegel, Michael Kühn, Jörn Lauterjung, Vincent Lesur, Axel Liebscher, Volker Lüders, Hermann Lühr, Yuriy Maystrenko, Kai Mangelsdorf, Bruno Merz, Claus Milkereit, Jens Mingram, Daria Morozova, Samuel Niedermann, Vera Noack, Onno Oncken, Stefano Parolai, Matteo Picozzi, Rolando di Primio, Oliver Ritter, Sigrid Roessner, Matthias Rosenau, Martin Rother, Alexander Rudloff, Erik Rybacki, Torsten Sachs, Ingo Sasgen, Magdalena Scheck-Wenderoth, Judith Schicks, Christian Schmidt, Torsten Schmidt, Tilo Schöne, Hans-Martin Schulz, Rainer Schulz, Judith Sippel, Stephan Sobolev, Daniel Spengler, Sergei Stanchits, Bernhard Steinberger, Angelo Strollo, Maik Thomas, Frederik Tilmann, Andreas Tretner, Robert Trumbull, Steffi Uhlemann, Katy Unger-Shayesteh, Forough Sodoudi, Kamil Ustaszewski, Andrea Vieth, Sergiy Vorogushyn, Tiem Vu Thi Ahn, Thomas Walter, Michael Weber, Anke Westphal, Hans-Ulrich Wetzel, Jens Wickert, Heinz Wilkes, Ingo Wölbern, Hilke Würdemann, Xiaohui Yuan, Jochen Zschau.*

Wir wissen so viel über unseren Heimatplaneten wie nie zuvor in der Geschichte, aber wir haben auch gelernt, dass das komplexe System Erde noch viele Überraschungen in der Hinterhand hat. Die Erforschung des Planeten Erde bleibt also hochinteressant. Wir laden Sie ein, uns auch in Zukunft auf diesem Weg zu begleiten.

*Reinhard Hüttl*
Wissenschaftlicher Vorstand
Helmholtz-Zentrum Potsdam
Deutsches GeoForschungsZentrum GFZ

# Foreword

## A Surprising Planet

Anyone who studies planet Earth soon learns that it is a highly-complex entity – one which defies many traditional scientific approaches. Cause and effect closely interact in most cases, whereas linear processes tend to be the exception. „The chicken is the means by which one egg brings about another." At first glance, this quotation from the late Dutch writer Harry Mulisch appears to extend the usual scientific link between cause and effect; i.e.: there is not only a cause which produces a result, but also, that result is the starting point for a new chain of cause and effect. Does this mean that the egg is the apparatus with which one hen produces another hen? Clearly not if the hen hatches out a cockerel. The cycle formulated by Mulisch therefore takes on a wider meaning: the hen and the egg bring about a new, third variable. Harry Mulisch's metaphor aptly describes the dilemma of classic physics – a pure cause and effect mechanism does not correspond to the complexity of natural processes. This is because these processes are usually non-linear, interactive, full of singularities and are non-reproducible.

Geosciences are the perfect example of such an approach. Until the 1970s, the verdict was that the geosciences were not a separate discipline because – unlike physics and chemistry – they would not pursue an independent approach. This 17th century opinion is now not only deemed to be old-fashioned, but even retrograde. It was no coincidence that it was a geoscientist, the meteorologist Edward Lorenz, who developed the fundamentals of chaos theory in 1963. Non-linear relationships are the apparent normal state in geosciences. And also the two poles of modern physics, the relativistic world view of Einstein and quantum physics, are naturally reflected in geoscientific issues. The measurement of time with nanosecond precision on GPS satellites orbiting the earth already produces relativistic effects; modern research into the Earth's mantle at an atomic level must take account of Schrödinger's equations. Modern natural sciences are no longer confined within the narrow boundaries of specific fields of thought; they must cross frontiers. In most cases, reductionistic dissection into individual problems soon reveals the limits of the analysis. For example, modern cosmology does a good job of describing how our solar system lies at precisely the right distance from the centre of the Galaxy in order to be able to generate planets. But which planets these are and how they develop is now anything but a pure question of

physics. Terra, the extraordinary planet Earth, is once again the best example.

This book does not aim to present a new general description of our planet. A wealth of excellent works describing our Earth already exists and we have therefore chosen a different perspective. Each day, modern georesearch produces surprising insights. When scientists at the GFZ German Research Centre for Geosciences nowadays talk about the quiet revolution in the theory of plate tectonics, then this is an expression of the vibrant science in which the scientists of the GFZ have their share. Naturally, like every modern science, the geosciences are internationally networked, but by definition, our field in particular operates globally. Our researchers reveal their new findings in collaboration with their colleagues all over the world; sometimes they have overall responsibility, sometimes they are partners among many. Whatever new insights into System Earth result, they are always fed back to the geoscientific community. As an editor, one therefore has the pleasant task of reporting on the leading edge of research. The content presented in this book is mainly based on the excellent work of the scientists at the GFZ, but it is also based on progress made by geoscientific research worldwide. In their daily work, the researchers directly experience the fascination of System Earth, even if at times – like everywhere in science – it proves to be a tough business. If the surprising new insights into System Earth presented in this volume are able to convey this fascination, then this book has fulfilled its purpose.

## A Heartfelt „Thank you!"

Geosciences do not stay within national borders. Our discipline, more than any other branch of science, is typically part of a global network. In addition, today's individual geoscientific fields tend to be understood as being specialisations of an overall discipline, which means their results also always transcend disciplinary boundaries. In this way, an overall image of System Earth is increasingly emerging which will, of course, never be complete.

Embedded as they are in the international community of geosciences, the staff of the GFZ German

Research Centre for Geosciences have played their part in constructing this new image of our old Earth. This book is based, above all, on their expertise and commitment and without them it could never have been written. It is easy to overlook that behind the successes of science and research, there is a substantial infrastructural effort. I would therefore, like to thank all staff at the GFZ for their work, especially my colleague Dr. Bernhard Raiser, the Administrative Director of the GFZ, for his support.

Also, a very special thank you goes to Franz Ossing for his tireless work on the editing and overall coordination of this project.

Many people have contributed to this work, both directly and indirectly, so that the results of the GFZ's fascinating work can be presented to a public always hungry for knowledge. My particular thanks go to everyone whose work is represented here. There are many names – if I have forgotten anyone, please accept my sincerest apologies:

*Jan Anderssohn, Christina Arras, Andrey Babeyko, Patricia Baeuchler, Michael Bender, Oliver Bens, Friedhelm von Blanckenburg, Theresa Blume, Marco Bohnhoff, Achim Brauer, Sabine Chabrillat, Benjamin Creutzfeld, Georg Dresen, Helmut Echtler, Jörg Erzinger, Saskia Esselborn, Carsten Falck, Frank Flechtner, Christoph Förste, Dietlinde Friedrich, Gerhard Gendt, Matthias Gottschalk, Andreas Güntner, Clemens Glombitza, Otto Grabe, Gottfried Grünthal, Christian Haberland, Mohamed Hamoudi, Robin Hanna, Ulrich Harms, Wilhelm Heinrich, Gerd Helle, Katja Hirsch, Brian Horsfield, Ernst Huenges, Sibylle Itzerott, Sandro Jahn, Alexander Jordan, Christoph Janssen, Björn Onno Kaiser, Hermann Kaufmann, Rainer Kind, Volker Klemann, Jürgen Klotz, Monika Koch-Müller, Monika Korte, David Kriegel, Michael Kühn, Jörn Lauterjung, Vincent Lesur, Axel Liebscher, Volker Lüders, Hermann Lühr, Yuriy Maystrenko, Kai Mangelsdorf, Bruno Merz, Claus Milkereit, Jens Mingram, Daria Morozova, Samuel Niedermann, Vera Noack, Onno Oncken, Stefano Parolai, Matteo Picozzi, Rolando di Primio, Oliver Ritter, Sigrid Roessner, Matthias Rosenau, Martin Rother, Alexander Rudloff, Erik Rybacki, Torsten Sachs, Ingo Sasgen, Magdalena Scheck-Wenderoth, Judith Schicks, Christian Schmidt, Torsten Schmidt, Tilo Schöne, Hans-Martin Schulz, Rainer Schulz, Judith Sippel, Stephan Sobolev, Daniel Spengler, Sergei Stanchits, Bernhard Steinberger, Angelo Strollo, Maik Thomas, Frederik Tilmann, Andreas Tretner, Robert Trumbull, Steffi Uhlemann, Katy Unger-Shayesteh, Forough Sodoudi, Kamil Ustaszewski, Andrea Vieth, Sergiy Vorogushyn, Tiem Vu Thi Ahn, Thomas Walter, Michael Weber, Anke Westphal, Hans-Ulrich Wetzel, Jens Wickert, Heinz Wilkes, Ingo Wölbern, Hilke Würdemann, Xiaohui Yuan, Jochen Zschau.*

We know so much about our home planet, more than ever before in history, yet the complex System Earth still has many surprises up its sleeve. Research into planet Earth therefore remains highly interesting. We invite you to accompany us on this journey, now and in the future.

*Reinhard Hüttl*
Scientific Executive Director
Helmholtz Centre Potsdam
GFZ German Research Centre for Geosciences

# Inhalt

# Content

1.1 Ein einzigartiger Planet: die Erde aus der Sicht der Apollo-17-Astronauten. (Foto: NASA)

1.1 A unique planet: the Earth as seen by the Apollo 17 astronauts. (Photo: NASA)

# Kapitel 01
# Das komplexe System Erde

# Chapter 01
# The Complex System Earth

Vor über viereinhalb Milliarden Jahren begann eine Staub- und Gaswolke im Weltall sich zu einigen Dutzend Protoplaneten zu verdichten. Durch Kollision und Verschmelzen wuchsen diese zu einem größeren Körper an, der um eine noch recht junge Sonne rotierte. Dieser Planet, den wir heute Erde nennen, verfügt noch immer über eine große Menge Energie, die ihn zu einem der dynamischsten Himmelskörper macht, die wir kennen. Ausdruck dieser Dynamik ist die Tektonik, die – angetrieben durch die enorme Wärme im Erdinnern – die großen Platten auf der Erdoberfläche bewegt.

Vor der Entwicklung der Weltraumteleskope war es faktisch unmöglich, Planeten außerhalb unseres Sonnensystems direkt zu beobachten. Erst mit dem satellitengestützten Hubble-Teleskop gelang es den Astronomen erstmals, Planeten in anderen Sonnensystemen zu entdecken. Als Resultat können wir bisher festhalten: Die Erde ist ein außergewöhnlicher Planet. Unser Universum besteht aus hundert bis zweihundert Milliarden Galaxien, von denen jede wiederum etwa hundert bis zweihundert Milliarden Sterne besitzt. Ob es darin erdähnliche Planeten mit Leben gibt, wissen wir nicht. Aber die dafür notwendige Konstellation ist recht selten: Sonne, Erde und Mond in passenden Größen und Entfernungen voneinander und ein System sich wechselseitig stützender Subsysteme, nämlich Geosphäre, Atmosphäre, Hydrosphäre, Kryosphäre und Biosphäre in ihren jeweiligen Ausformungen, bilden eine Gesamtheit, deren Existenz in dieser Form sich letztlich nur statistisch-stochastisch erklären lässt. Unser Heimatplanet Erde ist ebenso einzigartig wie schön.

## Eine blau-weiße Kugel mit beweglicher Oberfläche

Aus der Ferne betrachtet, erscheint die Erde als eine perfekte blau-weiße Kugel, eingebettet in das Samtschwarz des Alls. Eine ideale Kugel ist sie aber nur für unser schlecht auflösendes menschliches Auge: Durch die rotationsbedingte Fliehkraft hat die Erde am Äquator einen 42 Kilometer größeren Durchmesser als entlang der Nord-Süd-Achse. Durch diese Polabflachung ergäbe sich ein elliptischer Körper. Hochpräzise Vermessungen der Erde zeigen aber, dass sie zudem ein sehr unregelmäßig geformtes Gebilde ist. Die Ursache findet sich in einer nicht gleichmäßigen Massenverteilung im Erdinneren, hervorgerufen durch die dort herrschende enorme Wärme.

Die Figur der Erde lässt sich ohne die Kenntnis der räumlich und zeitlich variablen Erdanziehungskraft nicht exakt bestimmen (▶ Abb. 1.2). Der Aufbau des Erdkörpers und seine ständige, dynamische Änderung äußern sich in Prozessen der Plattentektonik, die wiederum die Oberfläche unseres Planeten umgestalten. Alle diese Prozesse laufen auf sehr unterschiedlichen Raum- und Zeitskalen ab.

Nach menschlichen Maßstäben ewige Gebirge sind geologisch gesehen vergleichsweise jung. Die heute über acht Kilometer hohen Berge des Himalajas begannen vor nur rund fünfzig Millionen Jahren emporzuwachsen, als Indien mit einer Geschwindigkeit von damals etwa 20 Zentimetern pro Jahr mit Eurasien zusammenstieß. Dieser Vorgang dauert bis heute an, wenngleich die Kollisionsgeschwindigkeit auf sechs bis acht Zentimeter pro Jahr reduziert ist.

In geologischen Zeiträumen von Millionen von Jahren hat die Plattentektonik auch Wechselwirkungen mit dem Klima. Die Anden, die Rocky Mountains und der Himalaja sind als Barrieren im Bereich der Atmosphäre entscheidende Faktoren im globalen Klimageschehen. Aber umgekehrt zeigen uns neuere Forschungsergebnisse auch, dass das Klima wiederum die Tektonik beeinflusst: Durch die niederschlagsgesteuerte Erosion der Anden werden große Mengen Sediment in den Pazifik vor den Südanden transportiert – Material, das sich in den sogenannten Akkretionskeilen vor der Küste wiederfindet. Die Abtragung der Gebirge führt zu isostatischen Ausgleichsbewegungen, mit entsprechender Deformation der Erdkruste. So hat das Klima einen indirekten Einfluss auf die Entwicklung des aktiven Plattenrandes und die Gebirgsbildung.

## Erdbeben: Signale der Plattentektonik

Erdbeben sind unmittelbarer Ausdruck der lebendigen Tektonik unseres Planeten. Die weltweit erste Fernaufzeichnung eines Erdbebens stammt aus Potsdam. Der junge Wissenschaftler Ernst von Rebeur-Paschwitz stellte 1889 bei seinen Messungen der gezeitenbedingten Vertikalbewegungen der Erdkruste eine Störung seiner Messungen fest. Gleichartige Aufzeichnungen seiner Messapparatur in Wilhelmshaven und Meldungen über ein Erdbeben, das Japans Hauptstadt Tokio erschüttert hatte, führten ihn zu der Erkenntnis, dass die aufgezeichneten Störungen nichts anderes waren als die Schwingungen des Erdkörpers in Potsdam, die von diesem Beben im Pazifik in der Nähe der japanischen Hauptinsel stammten (▶ Abb. 1.3).

Seitdem hat sich die wissenschaftliche Seismologie rasant weiterentwickelt. Unsere Kenntnis des inneren

More than four and a half billion years ago, a cloud of dust and gas began to condense in the cosmos. This cloud formed several dozen proto-planets. As a result of collision and fusing, these proto-planets merged to form a larger body, which revolved around the still young sun. This planet, which we now call Earth, continues to have a high level of energy, making it one of the most dynamic celestial bodies we know. The Earth's dynamic nature is expressed by tectonics, which – driven by the tremendous heat at the core – move the large crust plates on the surface of the Earth.

Before the development of space telescopes, it was virtually impossible to directly observe planets outside our solar system. Only when the satellite-based Hubble telescope was launched were astronomers able to discover planets in other solar systems. As a result of this, we can now conclude that the Earth is an exceptional planet. Our universe consists of one to two hundred billion galaxies, each of which has around one to two hundred billion stars. We do not know whether these galaxies contain Earth-like planets that support life. The necessary constellation – sun, earth and moon of corresponding sizes and distances from each other – is extremely rare. Also required is a series of subsystems that support each other: geosphere, atmosphere, hydrosphere, cryosphere and biosphere in their respective forms. These comprise a complete body, whose existence in this form can be explained only in terms of stochastic statistics. Our home planet Earth is as unique as it is beautiful.

## A blue and white sphere with a moving surface

Observed from a distance, the Earth appears to be a perfect blue and white sphere embedded in the jet black of the universe. It is, however, an ideal sphere only to the poor resolution of the human eye. As a result of the centrifugal force caused by the Earth's rotation, the diameter at the equator is 42 kilometres longer than along the north-south axis. Although this flattening at the poles should produce an elliptical body, high-precision measurements show that the Earth has an irregular shape. This is brought about by the uneven mass distribution inside the Earth, which is caused by the enormous heat that exists there.

It is impossible to determine the shape of the Earth precisely without knowledge of the gravitational force, which is variable in space and time (▶ Fig. 1.2). The structure of the terrestrial body and its constant, dynamic changes are expressed in the processes of plate tectonics that reshape the surface of our planet. All of these processes happen on very different spatial and temporal scales.

Mountains, eternal by human standards, are relatively young in geological terms. The Himalayas, currently over eight kilometres high, only began to grow around fifty million years ago when India began to collide with Eurasia at a speed of around 20 centimetres per year. This process continues today, although the colli-

1.2  The "Potsdam Gravity Potato". The irregular shape of the Earth is produced by differing gravitational forces resulting from the uneven distribution of mass inside the Earth. The shape shown here is exaggerated 15 000-fold (▶ Chapter 02).

1.2  Die „Potsdamer Schwerekartoffel": Unterschiedliche Anziehungskräfte aufgrund ungleichmäßiger Massenverteilungen im Erdinnern erzeugen die unregelmäßige Form des Erdkörpers, die hier um das 15 000-Fache überhöht dargestellt ist (s. auch ▶ Kapitel 02).

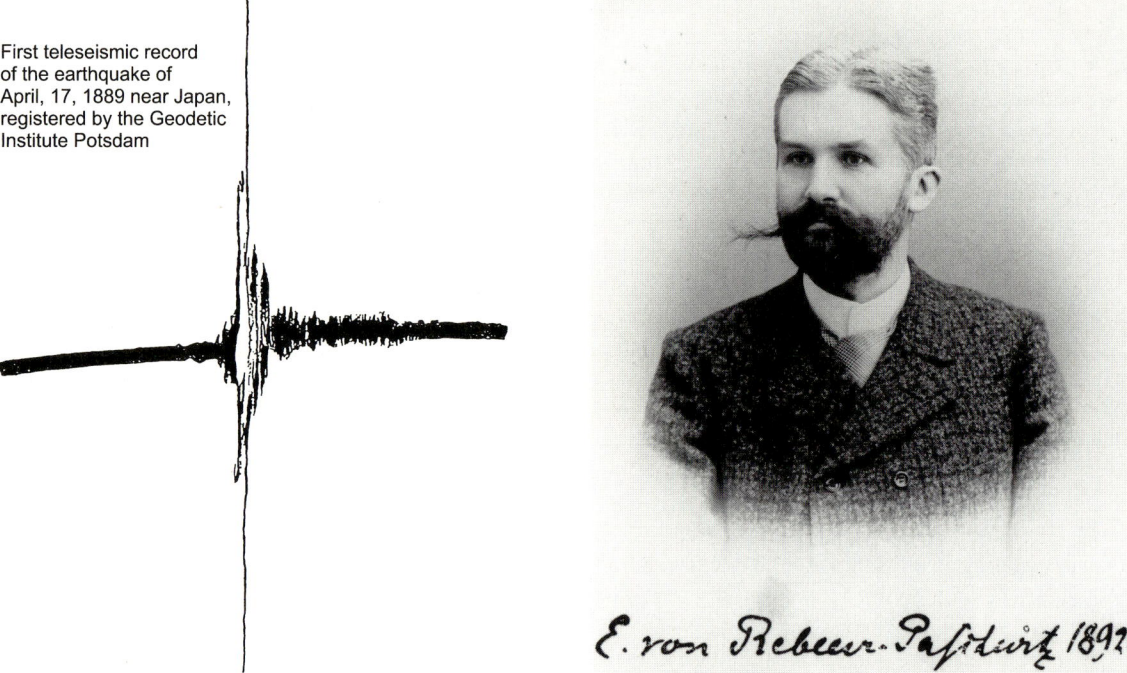

First teleseismic record
of the earthquake of
April, 17, 1889 near Japan,
registered by the Geodetic
Institute Potsdam

E. von Rebeur-Paschwitz 1892

1.3  Die weltweit erste Fernaufzeichnung eines Erdbebens gelang Ernst von Rebeur-Paschwitz am 17. April 1889 in Potsdam.

1.3  The world's first remote recording of an earthquake was made by Ernst von Rebeur-Paschwitz in Potsdam on 17 April 1889.

Erdaufbaus (▶ Abb. 1.4) stammt aus dieser Disziplin, in der industriellen Exploration ist die seismische Erkundung eine Standardmethode. Moderne Verfahren erlauben präzisere Untersuchungen, die in Verbindung mit verbesserten Auswertemethoden neue Einsichten in das System Erde ermöglichen. Die Hawaii-Inseln, um ein Beispiel zu nennen, sind die Spitze des mit 11 000 Metern höchsten Vulkangebäudes der Erde, mit 7000 Metern von der Basis des Pazifikbodens gemessen und 4000 Metern über Wasser. Wie ist es entstanden? Geowissenschaftler gehen von Blasen heißen Gesteins, einem sogenannten *mantle plume*, 2900 Kilometer tief im unteren Erdmantel aus, die – wie die Gasblasen im Mineralwasserglas – nach oben wandern und an der Erdoberfläche einen Vulkan entstehen lassen. Diese Überlegungen werden durch geochemische Untersuchungen und Messungen der Erdschwere unterstützt und konnten auch durch Bohrungen auf den Vulkanen von Hawaii bestätigt werden.

Der endgültige Nachweis dieses Prozesses allerdings gelang durch neue Methoden der Auswertung von Erdbebenwellen. Sie ermöglichten einen seismologischen Beleg der im Erdmantel aufsteigenden Magmablasen, aus denen Hawaii kontinuierlich entsteht.

Erdbeben sind aber nicht nur ein Fenster in das Erdinnere für die Wissenschaft. Sie bedeuten auch eine für den Menschen bedrohliche Naturgefahr. Allein das Erdbeben vom Dezember 2004 und der daraus entstandene Tsunami forderte fast eine Viertelmillion Menschenleben. Verhindern lassen sich solche Naturereignisse nicht, aber die Geowissenschaften spielen bei der Entwicklung und Einrichtung von Frühwarnsystemen eine zentrale Rolle. Katastrophen dieser Art wecken auch in Regionen, die nicht von Erdbeben bedroht sind, ein Gespür für die Dynamik unseres Planeten. Immerhin ereignen sich jährlich etwa eine halbe Million Erdbeben der Magnitude 2 auf der logarithmischen Richterskala und Erdbeben der Magnitude 4, die schon deutlich zu spüren sind, treten pro Jahr etwa 7500 Mal auf. Die meisten dieser Beben ereignen sich an den Rändern der tektonischen Platten. Nahezu alle diese Erdbeben werden von den seismologischen Messnetzen automatisch aufgezeichnet und ausgewertet. Schon die enorme Zahl signalisiert: Das Bild des Erdbebenforschers, der mit krauser Stirn die zappelnde Seismometernadel analysiert, hat nur noch in Katastrophenfilmen seinen Platz und vermittelt den Zuschauern eine sehr altmodische Vorstellung von Geowissenschaft. Gerade

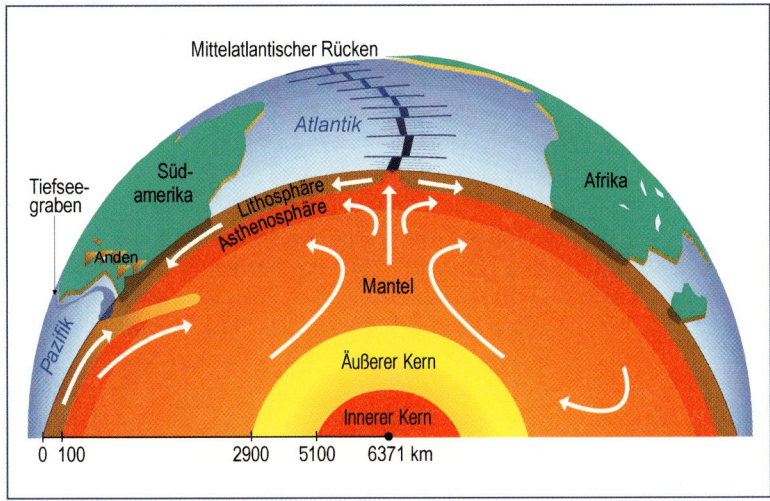

1.4 Heat and mass transfer inside the Earth are the cause of plate tectonics.

1.4 Wärme- und Massentransport im Erdinneren sind die Ursache für die Plattentektonik.

sion speed has decreased to six to eight centimetres per year.

During geological time periods of millions of years, plate tectonic processes also interact with the climate. Acting as barriers within the atmosphere, the Andes, Rocky Mountains and Himalayas have a decisive impact on the global climate. Conversely, new research results reveal that the climate affects tectonics. The erosion of the Andes by rainfall transports large quantities of sediment into the Pacific off the Southern Andes – material that is found in so-called accretionary wedges off the coast. The erosion of the mountains produces isostatic compensatory movements with corresponding deformation of the crust. Consequently, the climate has a direct impact on the development of the active plate edge and the formation of mountains.

# Earthquakes: signals of plate tectonics

Earthquakes are a direct expression of the active tectonics of our planet. The world's first remote recording of an earthquake was made in Potsdam in 1889 by a young scientist, Ernst von Rebeur-Paschwitz. He discovered disturbances in his measurements of tidal-based vertical movements of the crust and obtained similar recordings from his measuring apparatus in Wilhelmshaven. These results, coupled with news of an earthquake that had shaken the Japanese capital of Tokyo, led him to conclude that the recorded interference was nothing other than vibrations of the terrestrial body. These vibrations,

which originated from this Pacific quake in the vicinity of the main island of Japan (▶ Fig. 1.3), could be felt in Potsdam.

Since then, scientific seismology has undergone rapid development. Our knowledge of the inner structure of the Earth (▶ Fig. 1.4) comes from this discipline. Seismic investigation is a standard method used in industrial exploration. Modern procedures allow more accurate investigations that, in conjunction with improved analysis methods, provide new insights into System Earth. The Hawaii Islands, to name one example, are the tip of the highest volcano on Earth. They are 11 000 metres high – 7000 metres from their base on the Pacific Ocean floor to sea level and 4000 metres above water. How did they come into being? Geoscientists assume they were formed from a big plume of hot rock, a so-called *mantle plume*, 2900 kilometres deep in the lower mantle of the Earth. Rather like gas bubbles in a glass of mineral water, this plume floats upwards and gives birth to a volcano on the surface of the Earth. These ideas are supported by geochemical investigations and measurements of gravity, and have been confirmed by drilling into the volcanoes of Hawaii.

Final proof of this process was obtained by new methods of analysing earthquake waves. These new methods provided seismological evidence for the existence of magma bubbles that are rising in the mantle of the Earth and from which Hawaii is continually developing.

Earthquakes are not only a window for science to see inside the Earth, they are also a serious natural hazard to humans. The earthquake of December 2004 and the resulting tsunami claimed almost a quarter of a million lives. Although such disasters cannot be prevented, geo-

in der modernen Seismologie zeigt sich, dass nicht nur die verfeinerten Beobachtungs- und Messinstrumente, sondern auch die verbesserten Auswertungsmethoden einen wesentlichen Teil des Fortschritts der Wissenschaft ausmachen.

# Klima im System Erde: Rohstoffe und die Folgen

Die Geowissenschaften prägen unseren Alltag, auch wenn uns das nicht immer bewusst ist. Die aktuelle Diskussion über die globale Klimaänderung ist ein gutes Beispiel dafür. Das Wissen um die Klimaänderung ist ein Resultat geowissenschaftlicher Forschung. Der Anstieg der mittleren Atmosphärentemperatur unseres Planeten um etwa 0,8 °C in den letzten 130 Jahren gilt derzeit als gesicherter Messwert. Geowissenschaftler widmen sich diesem Thema aus zwei Blickwinkeln, die auf sehr unterschiedlichen Zeitskalen beruhen. Die erste Sichtweise ist die der Atmosphärenforscher: Klimatologen sind – mit Recht – stolz darauf, die jährliche Mitteltemperatur über einen Zeitraum von tausend Jahren recht genau ermitteln zu können. Geologen dagegen, die sich mit der festen Erde beschäftigen, betrachten eine weitaus längere Zeitskala der Erdgeschichte: Über viereinhalb Milliarden Jahre ist unser Planet schon alt, und selbst wenn wir nur den Zeitraum wählen, über den Europa in ungefähr den Umrissen von heute existiert hat, liegt man bei bis zu 70 Millionen Jahren. Betrachtet man die aus geologischen Archiven rekonstruierten Temperaturverläufe über derartige Zeitskalen (Paläo-

klima), so findet man ein stetiges, manchmal dramatisches Auf und Ab mit nur wenigen Ausnahmesituationen, in denen das Klima vergleichsweise stabil war. Und: Die Klimaumschwünge der Erdgeschichte zum Wärmeren wie zum Kälteren waren fast durchweg ebenso schnell wie drastisch.

Die rund elftausend Jahre seit dem Ende der letzten Kaltphase stellen eine solche Ausnahmesituation dar. Diese Holozän genannte Periode der Erdgeschichte zeichnet sich durch einen eher stabilen Verlauf der Temperaturkurve aus. Das bedeutet nicht, dass es während dieser Zeitspanne keine klimatischen Veränderungen gegeben hätte: Einerseits erlaubte das Römische Klimaoptimum vor rund 2000 Jahren den Weinanbau in England, der sich im Mittelalter bis nach Südschottland ausdehnte; andererseits führte ein paar Jahrhunderte später, etwa ab dem 16. Jahrhundert, die sogenannte Kleine Eiszeit in weiten Teilen Europas zu Nahrungsmittelknappheit und sogar Hungersnöten. Aber, und das sei hier hervorgehoben, diese Klimaänderungen sind gering im Vergleich zu dem, was das System Erde im „normalen" Verlauf seiner Geschichte aufweisen kann. Die Natur gibt also keine Garantie dafür, dass der seit 11 700 Jahren andauernde relativ stabile Zustand möglichst lange so bleiben wird – eher das Gegenteil ist der Fall.

Wie wir gesehen haben, besteht das System Erde aus einer Vielzahl von Teilsystemen. Das Klima ist eine der Schnittstellen, auf die Prozesse in Atmosphäre, Hydrosphäre, Geosphäre, Biosphäre und Anthroposphäre einwirken. Unsere Forschungen geben uns ständig neue und überraschende Einsichten in diese Prozesse und ihre verzweigten Wechselwirkungen, und wir sind immer noch weit davon entfernt, sie vollständig zu verstehen. Vor diesem Hintergrund erscheint die Annahme, wir

1.5 Erforschung des Paläoklimas: Sedimente aus Binnenseen sind präzise natürliche Klimaarchive.

1.5 Palaeoclimate research: sediments from lakes are precise, natural climate archives.

scientists play a central role in the development of early warning systems. Even in regions not threatened by earthquakes, disasters like these make us realise the dynamic nature of our planet. After all, around half a million earthquakes of magnitude 2 on the logarithmic Richter scale happen every year; earthquakes of magnitude 4, which can be clearly felt, occur around 7500 times per year. Most of these quakes occur at the edges of tectonic plates. Almost all of these earthquakes are automatically recorded and evaluated by seismological measuring networks. Their huge number demonstrates that the image of the furrow-browed seismologist analysing the bouncing seismometer needle has a place only in disaster films. This image conveys an out-dated notion of geoscience. Clearly, a considerable proportion of scientific advancement, particularly in modern seismology, is due not only to sophisticated observation and measuring instruments, but also to improved evaluation methods.

# Climate in System Earth: raw materials and the consequences

Even if we are not always aware of them, the geosciences shape our everyday life. Current discussion of global climate change is a good example of this. Knowledge of climate change is a result of scientific research. The increase of around 0.8 °C in the average atmospheric temperature of our planet in the last 130 years is currently accepted as a verified measurement. Geoscientists look at this topic from two perspectives based on very different time-scales. The first perspective is that of atmosphere researchers: climatologists are – justifiably – proud of being able to measure the average annual temperature very precisely over a period of a thousand years. In contrast, geologists dealing with solid ground see the history of the Earth on a far longer time-scale: our planet is more than four and a half billion years old and, even if we consider only the period during which Europe has existed with approximately its present outline, we are still looking at up to 70 million years. The temperature profiles reconstructed from geological archives over such time-scales (palaeoclimate) show a constant, sometimes dramatic rise and fall with only a few exceptional situations in which the climate was relatively stable. Furthermore and almost without exception, the abrupt climate changes in the history of the Earth, both warmer and colder, have been as rapid as they have been extreme.

It is around eleven thousand years since the end of the last cold phase, and this period represents one such exceptional situation. This period in the history of the Earth, called the Holocene, is characterised by a relatively stable path of the temperature curve. This does not mean that there have been no climatic changes during this time span. On the one hand, the climate optimum in Roman times around 2000 years ago enabled vines to be cultivated in England, which extended to southern Scotland in the Middle Ages. On the other hand, a few centuries later, from around the 16th century, the so-called Little Ice Age caused food shortages and even famine in large parts of Europe. However – and this is emphasised here – these climate changes have been minor compared with those System Earth can claim in the "normal" course of its history. Nature therefore provides no guarantee that the prolonged relatively stable condition of the last 11 700 years will continue for a long time to come – in fact, the opposite is true.

As we have seen, System Earth consists of many subsystems. The climate is one of these interfaces. It is affected by processes in the atmosphere, hydrosphere, geosphere, biosphere and anthroposphere. Our research is constantly providing us with new and surprising insights into these processes and their diverse reciprocal effects, and we are still a long way from fully understanding them. Against this background, the assumption that we can limit current global warming to two degrees by 2050 by reducing anthropogenic greenhouse gas emissions seems doubtful. The actual achievability of this two-degree objective is scientifically unfounded because there are too many variables in play in System Earth, and even the climate subsystem has a high, inherent momentum of its own.

Yet, on the other hand, it is also true that the available scientific methods have allowed us to identify a signal in the global temperature change since the 1970s, at the latest, that can only be explained as the consequence of human activity. In terms of the history of the Earth, humans are a very successful result of natural evolution and have become established in almost all habitats on Earth. This success has been accompanied by a huge consumption of resources. Even in early societies, humans never really acted in an ecofriendly manner; however, in previous eras, man-made effects were limited to a local scale. Humankind is now interfering with System Earth with increasing intensity and on a global scale. We are affecting the climate not only as a result of a continuous increase in $CO_2$ output, but also by changing the surface of the Earth and by our increasing consumption of raw materials. In short, by the existence of our current population of almost seven billion, humans have them-

könnten die aktuelle Erderwärmung durch Reduktion der vom Menschen verursachten Treibhausgasemissionen bis 2050 auf zwei Grad begrenzen, als fragwürdig. Eine tatsächliche Erreichbarkeit dieses Zwei-Grad-Ziels lässt sich wissenschaftlich nicht begründen, dafür sind im Gesamtsystem Erde zu viele Variablen im Spiel, und auch der Teilkomplex Klima selbst besitzt eine hohe Eigendynamik.

Andererseits gilt aber auch: Mit den verfügbaren wissenschaftlichen Methoden stellen wir spätestens seit den 1970er-Jahren ein Signal in der globalen Temperaturänderung fest, das wir uns nicht anders erklären können denn als Folge menschlicher Tätigkeit. Erdgeschichtlich gesehen ist der Mensch ein sehr erfolgreiches Ergebnis der natürlichen Evolution, und er hat sich in nahezu allen Lebensräumen der Erde etabliert. Mit diesem Erfolg einhergegangen ist ein enormer Ressourcenverbrauch. Auch in frühen Gesellschaften hat der Mensch nie wirklich umweltfreundlich agiert, aber die Auswirkungen des menschlichen Handelns waren in früheren Epochen lokal begrenzt. Heute jedoch greift der Mensch immer stärker und im globalen Maßstab in das System Erde ein. Er beeinflusst das Klima nicht nur durch den ständig zunehmenden $CO_2$-Ausstoß, sondern ebenso durch die Veränderung der Erdoberfläche und steigenden Rohstoffverbrauch – kurz, durch sein gesamtes Dasein in derzeit fast sieben Milliarden Exemplaren. Der Mensch selbst ist zum Geofaktor geworden. Daraus folgt die Notwendigkeit zum Handeln.

Es geht dabei nicht nur um das Klima. Der ständig wachsende Rohstoff- und Energieverbrauch ist langfristig ebenso inakzeptabel wie das sorglose Erzeugen von Abfallprodukten, sei es Hausmüll, der auf Deponien gelagert, oder Kohlendioxid, das in die Lagerstätte Atmosphäre entsorgt wird. Wir müssen also Wege finden, die sowohl Minderungsstrategien für den Ausstoß von Treibhausgasen eröffnen, als auch die Anpassung an eine sich ständig ändernde natürliche Umgebung ermöglichen. Sicher ist, dass der Rohstoff- und Energieverbrauch auf absehbare Zeit weiter wachsen wird – eine fast unausweichliche Folge des prognostizierten Wachstums der Weltbevölkerung auf neun Milliarden Menschen bis zum Jahr 2050 und des gleichzeitigen Siegeszugs eines an Konsum und Bequemlichkeit orientierten „westlichen" Lebensstils. Den Hochtechnologieländern kommt daher eine besondere Aufgabe zu: Sie müssen Verfahren und Techniken entwickeln, welche die eigenen Gesellschaften wie auch die der Schwellen- und Entwicklungsländer in die Lage versetzt, Energie und Rohstoffe mit höherer Effizienz und geringeren Folgewirkungen zu nutzen.

# Fossile Brennstoffe: in naher Zukunft noch unverzichtbar

Der Umbau des Energiesystems hin zu regenerativen Energieformen wird nicht von heute auf morgen erfolgen. Nach allen seriösen Schätzungen werden fossile Brennstoffe auch in absehbarer Zukunft noch einen wesentlichen Bestandteil der Weltenergieversorgung darstellen. Die effektivere Nutzung dieser Energieträger muss daher ein Ziel auf dem Weg zu einer nachhaltigen Rohstoffnutzung sein, zumal diese festen, flüssigen und gasförmigen Kohlenwasserstoffverbindungen zum Verbrennen eigentlich viel zu wertvoll sind.

Das beginnt bereits bei der Exploration: Erdöl und Erdgas altern sowohl chemisch als auch mikrobiell. Die Erkundung durch Bohren ist teuer, und bevor man eine kilometertiefe Bohrung abteuft, sollte man wissen, ob sich der Aufwand lohnt. Neben den klassischen seismischen Erkundungsmethoden haben die Geowissenschaftler Verfahren zur Prognose der Erdölqualität entwickelt, welche die Explorationsbohrungen auf ein Minimum reduzieren können. Erdöl ist unter anderem in geologischen Beckenstrukturen zu finden. Kombiniert man Geochemie und Mikrobiologie mit Verfahren der numerischen Beckenmodellierung, lässt sich gegebenenfalls der Grad des biologischen Abbaus von Erdöl im Untergrund vorhersagen – eine Voraussetzung zur optimalen Nutzung von Kohlenwasserstoff-Lagerstätten. Bei einem absehbaren Wachstum der Erdbevölkerung auf über neun Milliarden Menschen bis zum Jahre 2050 wird die effiziente Rohstoffnutzung in jedem Fall nötig sein, auch bei nichtenergetischer Nutzung dieser wertvollen Ressourcen.

Neuere Schätzungen gehen davon aus, dass Gashydrate, also „brennendes Eis", eine zukünftige Energiequelle sein könnten, die quantitativ deutlich größer ist als alle Erdölreserven (▶ Abb. 1.6). Diese Methanhydrate bilden sich bei hohem Druck und niedrigen Temperaturen vor allem in den Sedimenten an untermeerischen Kontinentalhängen. Was aber geschieht bei ihrer Förderung? Die Kontinenthänge sind potenziell instabil. Es besteht daher die Möglichkeit, dass bei der Förderung der Methanhydrate ein Abhang ins Rutschen gerät. Die Folgewirkungen könnten beträchtlich sein; das zeigt die aufgrund natürlicher Prozesse abgegangene Storegga-Rutschung am Kontinentalschelf von Norwegen vor rund 8000 Jahren, die einen gewaltigen Tsunami erzeugte. Geowissenschaftler untersuchen derzeit diese Zusammenhänge, um zukünftige Risiken abschätzen zu können.

Unvermeidlich ist, dass bei der Verbrennung dieser fossilen Stoffe das Treibhausgas $CO_2$ entsteht. Dieses

selves become a geofactor. Consequently, there is a need for action.

This does not only involve the climate. The continuous consumption of raw materials and energy is as unacceptable in the long term as the careless generation of waste products. This applies to both household waste stored in landfills and carbon dioxide emitted into the air that uses the Earth's atmosphere as a dump. We must therefore find ways to establish curtailment strategies for the emission of greenhouse gases that allow adaptation to the continuously changing natural environment. It is certain that the consumption of raw materials and energy will continue to grow in the foreseeable future. This is an almost unavoidable consequence of the predicted growth in the world's population to nine billion people by 2050 and the simultaneous triumphant progress of a "western" lifestyle that focuses on consumption and convenience. High-tech countries therefore have a special task: they must develop methods and techniques that enable their own societies, as well as those of the emerging economies and developing countries, to use energy and raw materials with greater efficiency and less consequential effects.

world's population to over nine billion people by 2050, efficient utilisation of raw materials will definitely be necessary, even for applications of these valuable resources that do not involve energy.

Recent assessments assume that gas hydrates – i.e. "combustible ice" – could be a future source of energy. Gas hydrates (▶ Fig. 1.6) are available in considerably greater quantities than all the oil reserves combined. These methane hydrates form under conditions of high pressure and low temperature, particularly in the sediments on undersea continental slopes. But what will happen when they are mined? The continental slopes are potentially unstable. It is therefore possible that a slope will start to slip when the methane hydrates are extracted. The consequences of this could be considerable: the Storegga slip, caused by natural processes on the continental shelf in Norway around 8000 years ago, resulted in a massive tsunami. Geoscientists are currently investigating these relationships in order to be able to assess future risks.

Combustion of these fossil materials inevitably produces $CO_2$, a greenhouse gas with a harmful effect on the climate. Continued release of this gas into the atmo-

## Fossil fuels, still indispensable in the near future

The conversion of our energy system to regenerative forms of energy will not happen overnight. According to all serious estimates, fossil fuels will continue to furnish a significant proportion of the world's energy supply for the foreseeable future. More effective use of these energy sources must therefore be a goal on the path to sustainable use of raw materials, particularly as these solid, liquid and gaseous hydrocarbon compounds are far too valuable to burn.

This starts with exploration: mineral oil and natural gas age both chemically and microbially. Exploration by drilling is expensive and, before drilling a kilometre-deep well, we must be sure that it is worth the effort. In addition to the classical seismic methods of investigation, geoscientists have developed methods of predicting mineral oil quality, which can reduce exploratory drilling to a minimum. Oil is found in various types of locations, including geological basin structures. If geochemistry and microbiology are combined with numerical methods of modelling basins, it might be possible to predict the degree of biodegradation of oil in the ground. This is a prerequisite for optimum use of hydrocarbon deposits. With a foreseeable growth in the

1.6 Combustion of a sample of synthetic methane hydrate. Laboratory investigations of methane hydrates will provide information on the utilization of these fossil fuels.

1.6 Laboruntersuchungen von Methanhydraten können Aufschlüsse über die Nutzbarkeit dieser fossilen Brennstoffe geben. Hier brennt eine synthetisch erzeugte Probe von Methanhydrat.

weiter ungeregelt in der Atmosphäre abzulagern, ist keine Lösung. Man kann das Kohlendioxid aber aus dem Rauchgas der Kraftwerke und Fabriken abtrennen und es zurück in die Erde bringen, wo es herstammt; oder man recycelt das klimaschädliche Gas, indem man es chemisch weiterverarbeitet.

Bereits jetzt wird an einigen Erdöl- und Erdgasförderstellen in der Nordsee das Kohlendioxid wieder an den Entnahmeort hinuntergepumpt, allerdings weniger zur Entsorgung als eher zu dem Zweck, mit dem Gasdruck das Reservoir besser ausfördern zu können. Im brandenburgischen Ketzin hingegen untersucht man in einem Langzeitvorhaben, wie sich $CO_2$ in einem Salzwasser führenden Sandstein in etwa 700 Metern Tiefe verhält. Dort werden in einem Experiment rund 60 000 Tonnen $CO_2$ in den Untergrund gepumpt, um in der Folge das Verhalten des eingespeisten Gases mit dem gesamten Methodenspektrum der Geowissenschaften zu untersuchen. Sollte sich dieser Weg als gangbar erweisen, wäre damit ein Reservoir gefunden, in dem sich große Mengen dieses Treibhausgases speichern ließen, und zwar weltweit. Zumindest für große Punktquellen könnte sich über diese in Deutschland erarbeitete Technologie auch eine Option für die sich entwickelnden Volkswirtschaften Asiens und Afrikas eröffnen.

Kohlendioxid zurück in die Erde zu bringen, ist jedoch nur eine Brückentechnologie, um Zeit zu gewinnen, bis wir zu einer umweltverträglicheren Energieversorgung kommen.

## Die Zukunft ist regenerativ

Die Zukunft auf längere Sicht gehört nicht den fossilen Brennstoffen. Wenn in absehbarer Zeit über neun Milliarden Menschen mit Wasser, Rohstoffen und Energie versorgt werden müssen, kann das nur in nachhaltiger Weise geschehen. Dabei kommt den regenerativen Energiequellen eine entscheidende Rolle zu. Aber was heißt das, in erdgeschichtlichen Kategorien ausgedrückt?

Gegen 4,6 Milliarden Jahre Erdgeschichte heben sich menschliche Zeitmaßstäbe als mikroskopisch ab. Wenn wir von regenerativer Energie sprechen, beziehen wir uns auf die menschliche Zeitskala, denn auch heute bildet sich an vielen Stellen auf der Erde Erdöl aus organischer Masse. Aber diese Prozesse laufen weit außerhalb menschlicher Zeitvorstellungen ab. Die als nachhaltig bezeichneten Energiequellen Wind, Sonne, Biomasse, Erdwärme und Gezeiten stellen uns Energie dagegen schon heute zur Verfügung, im tagtäglichen Betrieb des Systems Erde.

Unsere Erde ist ein Feuerball. Im Erdkern, 6370 Kilometer unter unseren Füßen, beträgt die Temperatur über 5000 °C und an der Kern-/Mantelgrenze in 2900 Kilometern Tiefe herrschen immer noch 3000 °C. Von den extremen Temperaturen im Erdmantel trennt uns nur die durchschnittlich 30 Kilometer mächtige Kruste. Unser Planet bietet uns also für menschliche Maßstäbe unendlich viel Energie an.

Erdwärme wird an vielen Orten schon als Wärmequelle genutzt, vor allem da, wo sie nahe an der Oberfläche und damit leicht zugänglich zur Verfügung steht. So speist Island mehr als die Hälfte seines Bedarfs an Nutzenergie aus Geothermie, und auch die Stromerzeugung aus Erwärme ist auf der Vulkaninsel im Nordatlantik weit verbreitet (▶ Abb. 1.7).

In Deutschland sind die geologischen Bedingungen nicht so günstig wie in Island, aber auch hier offeriert uns die Erde nutzbare Energie. Im brandenburgischen Groß Schönebeck wurden zwei über 4300 Meter tiefe Bohrungen niedergebracht. Man will nachweisen, dass auch bei uns die Erdwärme selbst bei vergleichsweise niedrigen Temperaturen von 150 °C nicht nur zum Beheizen von Gebäuden, sondern auch zur Stromerzeugung genutzt werden kann. Die zwangsläufig geringere Effizienz ließe sich ausgleichen, indem man die Niedrigtemperaturwärme aus der Erde mit Biomasse kombiniert und so die Ergiebigkeit erhöht und damit die Kosten verringert. Groß Schönebeck liegt im Norddeutschen Becken, einer geologischen Struktur, die von Polen bis Belgien reicht und die sich ähnlich an vielen Stellen auf dem Globus findet. Gelingt die geothermische Nutzung an diesem Standort, dann sollte sich dieses Verfahren von Warschau bis Amsterdam und auch andernorts auf der Welt einsetzen lassen, wenn es der Untergrund erlaubt.

## Zukunftsaufgaben

Halten wir fest: Unser Planet ist ein äußerst komplexes Gebilde mit einer nicht überschaubaren Anzahl von Teilsystemen. In jedem dieser Teilsysteme laufen nichtlineare, dynamische Prozesse ab, die in Wechselwirkung sowohl untereinander als auch mit den anderen Teilsystemen stehen. Zudem ist das System Erde geprägt durch Vorgänge, die eine riesige Spannbreite in Raum und Zeit abdecken. Dass sich auf der Erde Leben, auch menschliches Leben, findet, macht diesen Planeten nach unserem Wissensstand einzigartig.

Die Existenz des Menschen ist eingebettet in dieses hochkomplexe System, sein Wirken unterliegt Rahmenbedingungen, die er nicht vollständig durchschaut, die

sphere in an unregulated manner is no solution. However, carbon dioxide can be separated from flue gases produced by power stations and factories and then returned into the ground from whence it came. Alternatively, it can be recycled by means of chemical processing.

At some oil and natural gas wells in the North Sea, carbon dioxide is already being pumped back down to the place of extraction. The main objective there is to use the gas pressure to improve extraction from the reservoir rather than for reasons of disposal. In the town of Ketzin (Germany), however, a long-term project is being conducted to investigate how $CO_2$ behaves in saline water-bearing sandstone at a depth of around 700 metres. In this experiment, around 60 000 tonnes of $CO_2$ are being pumped underground. The behaviour of the injected gas will then be investigated using the entire spectrum of geoscientific methods. If this avenue proves to be viable, we would have found reservoirs all over the world in which large quantities of this greenhouse gas can be deposited. At least for large point sources, this German technology could constitute an option for the developing economies of Asia and Africa.

Pumping carbon dioxide back into the Earth is, however, only a bridging technology to gain time until we arrive at a more environmentally friendly energy supply.

## The future is renewable

In the longer term, the future does not lie in fossil fuels. If over nine billion people need to be supplied with water, raw materials and energy in the foreseeable future, this needs to be done in a sustainable way. Therefore renewable energy sources have a decisive role to play. What does this mean though in terms of geological categories?

Against the 4.6 billion years of Earth's history, human time-scales seem microscopic. When we talk about renewable energy, we refer to the human time-scale. Although oil is being formed from organic mass in many places on Earth even today, these processes take place far beyond the human concept of time. In contrast, the energy sources of wind, sun, biomass, geothermal heat and tides, which are described as sustainable, already provide us with energy in the daily operation of System Earth.

Our Earth is a fireball. In the Earth's core, 6370 kilometres beneath our feet, the temperature is over 5000 °C; at the core/mantle boundary 2900 kilometres down, the temperature is still 3000 °C. We are separated from these extreme temperatures in the mantle only by the crust, which is an average of 30 kilometres thick. On a human scale, our planet therefore offers us an unlimited supply of energy.

Geothermal heat is already used as a heat source in many places, particularly where it is close to the surface and therefore easily accessible. Iceland, for example, obtains more than half of its energy requirements from geothermal resources. Electricity generation from geothermal heat is also widespread on this volcanic island in the North Atlantic (▶ Fig. 1.7).

In Germany, the geological conditions are less favourable than in Iceland, but the Earth still offers us useful energy. In the Brandenburg community of Groß

1.7 Hot water from inside the earth as an energy source: Well HE-53 in the Hellisheiði geothermal field in South-West Iceland during a production test.

1.7 Heißes Wasser aus dem Erdinnern als Energiequelle: die Bohrung HE-53 im Geothermalfeld Hellisheiði in Südwest-Island während eines Produktionstests.

1.8  Laser-Reflektionsmessung zur Positionsbestimmung erdnaher Satelliten wie CHAMP und GRACE.

1.8  Laser reflection measurement to determine the position of satellites in a low-Earth orbit, such as CHAMP and GRACE.

er aber erforschen möchte. Es ist der Anspruch der Geowissenschaften, diesen komplexen Wirkungszusammenhängen des Systems Erde auf die Spur zu kommen. Der Planet Erde ist unser Lebensraum, und wenn der Mensch versucht, die Prozesse zu verstehen, die die Dynamik dieses Planeten verursachen, heißt das nichts anderes, als sein Haus zu erkunden.

Gerade in der Einmaligkeit und Komplexität ihres Arbeitsgegenstandes liegt die eigentliche Faszination der Geowissenschaften. Zudem haben es die Geowissenschaften mit sehr großen Spannweiten in Raum und Zeit zu tun. Die Skalen reichen von Milliarden Jahren, die das Alter unserer Erde beschreiben, bis zu Nanosekunden bei Messungen mittels des Global Positioning System (GPS), von molekularen Größen in der Geochemie bis zu Lichtjahren bei der Bestimmung von geodätischen Basislinien der Very Long Baseline Interferometry mithilfe von Quasaren. Hinzu kommt eine unüberschaubare Anzahl nichtlinearer Prozesse und Wechselwirkungen in und zwischen den Teilsystemen Geosphäre, Atmosphäre, Hydrosphäre und Biosphäre – um nur die wichtigsten zu nennen. Die Aufteilung der Geowissenschaften in Einzeldisziplinen wie Geophysik, Geodäsie, Geologie, Mineralogie, Geochemie, Geoökologie spiegelt eine notwendige Spezialisierung wider, um den vielen Facetten des Systems Erde gerecht zu werden.

Die Geowissenschaften haben in den vergangenen Jahrzehnten entscheidende Schritte vollzogen. Zu Recht stellt das Wissenschaftsmagazin *New Scientist* die Entdeckung der Plattentektonik als eine der zehn größten Ideen der Menschheit gleichberechtigt neben die Evolutionstheorie, die Quantenmechanik und die Relativitätstheorie. Wir sind – bei allem Wissen – aber noch weit davon entfernt, die Erde und ihre Prozesse in ihrer gesamten Komplexität zu verstehen. Angesichts der großen Zahl nichtlinearer Wechselwirkungen, Umwand-

lungsprozesse und nicht berechenbarer Singularitäten stellt sich durchaus die Frage, ob unsere derzeitige Physik diesen komplizierten Apparat „Planet Erde" überhaupt beschreiben kann. Andererseits ist die Anthroposphäre, sind wir Menschen ein aktives Teilsystem dieses Planeten, wie uns die Debatte um Rohstoffe, Klima und Eingriffe in die Ökosysteme zeigt. Wir müssen also das System Erde bestmöglich verstehen, um in ihm bestehen zu können.

Menschen vermögen als einzige Spezies des Planeten Erde vernunftgesteuert zu agieren. Sie haben daher auch das Potenzial, nicht nur die Erde zu nutzen, sondern die unvermeidlichen, teils negativen Folgewirkungen dieser Nutzung zu minimieren – im eigenen Interesse.

Krieg, Terrorismus und Gewalt bedrohen Millionen von Menschen, jetzt und in diesem Augenblick. Die Beseitigung dieser Menschheitsgefahren hat sicherlich eine sehr hohe Priorität. Wir dürfen aber nicht übersehen, dass die ungebremste und unkontrollierte Nutzung der Schätze unseres Planeten zu neuer Gewalt führen kann; man denke nur an das Konfliktpotenzial, das der Rohstoff Wasser in vielen Regionen der Erde birgt.

Insofern ist es keine Überschätzung, wenn man die Geoforschung und ihre Anwendungen als eine Schlüsselwissenschaft für das zukünftige Überleben der Menschheit darstellt. Das Wachstum der Weltbevölkerung stellt uns vor die Aufgabe, die Ressourcen unseres Heimatplaneten so zu nutzen, dass eine nachhaltige Existenzsicherung auch für die nachfolgenden Generationen möglich ist. Die Geowissenschaften und damit das Verständnis des Systems Erde-Mensch sind folglich Leitdisziplinen für die Zukunft. Wir haben keinen Reserveplaneten zum Auswandern, also müssen wir mit unserer Erde sorgfältig umgehen. Und eben dazu sollte man sie möglichst gut kennen und verstehen.

Schönebeck, two wells more than 4300 metres deep have been sunk. The intention is to demonstrate that geothermal heat can also be used in Germany, even at the relatively low temperature of 150 °C. This can be used not only for heating buildings, but also to generate electricity. The inevitable lower efficiency could be compensated by combining low-temperature heat from the Earth with biomass, thereby increasing yield and reducing costs. Groß Schönebeck lies on the North German Basin, a geological structure extending from Poland to Belgium. Similar examples can be found in many places around the globe. If geothermal exploitation is successful at this location, this method could be used from Warsaw to Amsterdam – and elsewhere in the world, if the underground situation allows.

# Future tasks

Let us remember: our planet is a highly complex entity with a vast number of subsystems. Non-linear, dynamic processes take place in each of these subsystems and have reciprocal effects both among themselves and on the other subsystems. Moreover, System Earth is characterised by processes covering a huge range in terms of space and time. As far as we know, the fact that life, including human life, is found on Earth makes this planet unique.

The existence of humankind is embedded in this highly complex system. Also the impact of humans is subject to parameters we do not fully understand but want to explore. The geosciences aspire to understand the effects of these complex interactions of System Earth. Planet Earth is our living environment. By trying to understand the processes that determine the dynamics of this planet, we are doing nothing more than exploring our own home.

The fascination of the geosciences lies directly in the uniqueness and complexity of their object. In addition, geoscientists concern themselves with very long spans of both space and time. The scales range from the billions of years describing the age of the Earth, to nanoseconds for measurements using the global positioning system (GPS); from molecular sizes in geochemistry, to light years for determining geodetic baselines of the very long baseline interferometry using quasars. In addition, there are a vast number of non-linear processes and reciprocal effects within and between the subsystems of the geo-

sphere, atmosphere, hydrosphere and biosphere – to name only the main ones. The division of the geosciences into individual disciplines such as geophysics, geodesy, geology, mineralogy, geochemistry and geoecology reflects a necessary specialisation in order to cater for the many facets of System Earth.

Decisive steps have been made in the geosciences in recent decades. The science magazine *New Scientist* justifiably ranks the discovery of plate tectonics as one of the ten biggest concepts of humankind, on a par with the theory of evolution, quantum mechanics and the theory of relativity. But, for all we know, we are still a long way from understanding the Earth and its processes in their entire complexity. In view of the large number of non-linear interactions, transformation processes and unpredictable singularities, the question arises as to whether our current understanding of physics will ever be able to describe this complex apparatus of "Planet Earth". We must also consider the anthroposphere: we humans are an active subsystem of this planet, as demonstrated by debates on raw materials, the climate and invasions of ecosystems. It is thus essential that we widen our understanding of System Earth as far as possible in order to be able to exist within it.

Humans are the only species on Planet Earth that are able to act on the basis of reason. They therefore have the potential not only to use the Earth, but also to minimise – in their own interests – the inevitable, sometimes negative consequences of this use.

War, terrorism and violence threaten millions of people right now. The eradication of these threats to humanity is certainly a very high priority. However, we must not overlook the fact that unchecked and uncontrolled use of the treasures of our planet can lead to new violence: think of the conflicts that water, as a raw material, has the potential to cause in many regions of the Earth.

In this respect, it is no overestimation to describe georesearch and its applications as a key science for the future survival of mankind. The growth of the world's population challenges us to use the resources of our home planet in such a way that a sustainable existence is also possible for subsequent generations. The geosciences, and the understanding of the Earth-Human system, are therefore leading disciplines for the future. We have no reserve planets to migrate to, so we must treat our Earth with care. To do this, we need to know and understand it as well as we can.

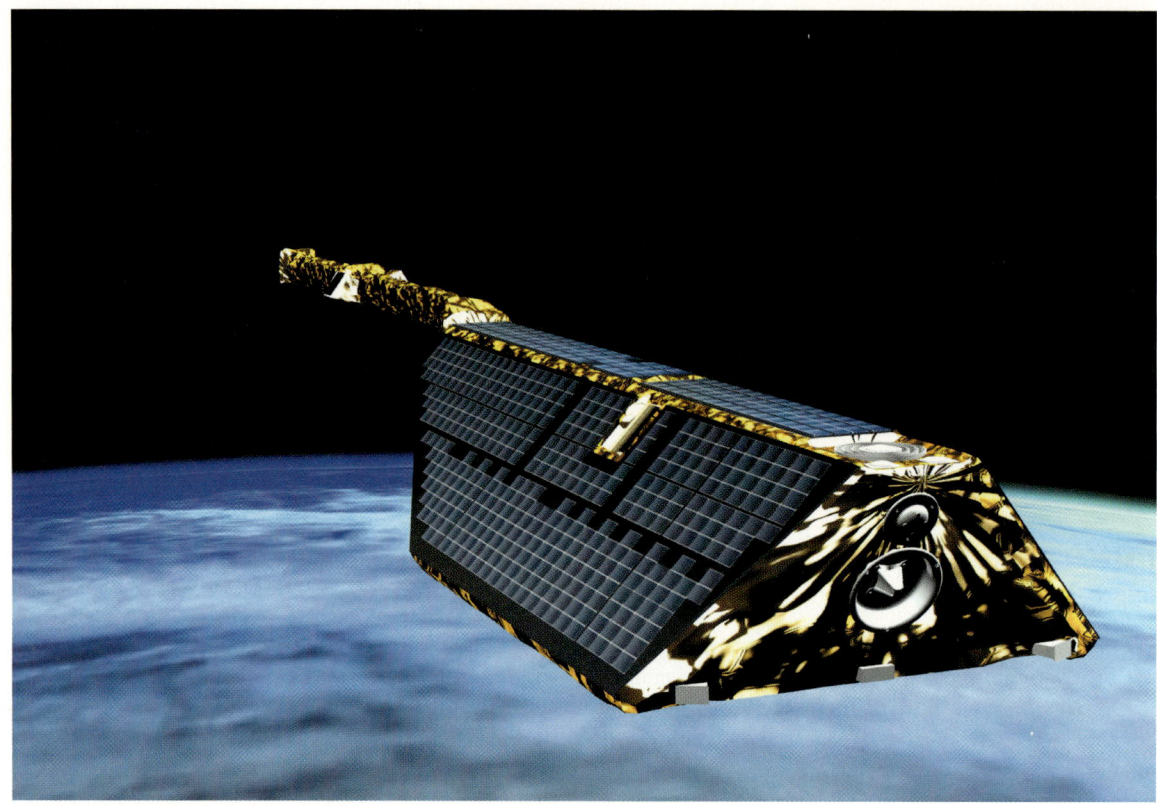

2.1  Der Geoforschungssatellit CHAMP (CHAllenging Mini Satellite Payload) maß in den Jahren 2000 bis 2010 das irdische Schwere- und Magnetfeld und atmosphärische Zustandsgrößen.

2.1  The georesearch satellite CHAMP (CHAllenging Mini Satellite Payload) measured the Earth's gravitational and magnetic fields as well as atmospheric parameters from 2000 to 2010.

# Kapitel 02
# Der Blick aus dem All in das System Erde

# Chapter 02
# The View into System Earth from Space

Eine Fotografie der Erde, aufgenommen von einem Satelliten oder aus einer Raumstation in erdnaher Umlaufbahn, kommt uns heute völlig normal vor. Als in den 1960er Jahren die ersten Aufnahmen unseres Planeten aus größerer Distanz gemacht wurden und den Blick auf diesen Solitär im Weltraum auch für uns Erdbewohner ermöglichten, war das jedoch eine Sensation. Auch heute noch haben Bilder der Erde aus dem Weltraum eine hohe Faszination und einen besonderen ästhetischen Reiz. Aber die Erdbeobachtung aus dem All dient nicht in erster Linie der kontemplativen Betrachtung. Satelliten sind heute ein Universalwerkzeug der Forschung, und auch die Geowissenschaften kommen längst nicht mehr ohne sie aus. Sie erlauben uns nicht nur einen Blick *auf* die Erde, sondern einen Einblick *in* das System Erde.

Es gehört zum Menschen, dass er versucht, seine nähere und fernere Umgebung zu erforschen. So war die Vorstellung von der Erde als einer flachen Scheibe für frühe menschliche Gesellschaften sicherlich zur Orientierung in ihrem Lebensraum ausreichend. Dennoch wurde dieses Bild schnell durch astronomische Beobachtungen ergänzt, auch wenn die geozentrische Sichtweise zunächst nicht in Frage gestellt wurde. Die Kugelgestalt der Erde ist den Menschen spätestens seit Pythagoras (*540 v. Chr.) bekannt. Die Größe dieser Kugel errechnete Eratosthenes (*276 v. Chr.) bereits mit einem Umfang von 252 000 Stadien, was etwa 40 000 km entspricht. Mit dem Beginn der modernen Naturwissenschaften im 17. Jahrhundert änderte sich der Blick radikal. Vorbereitet durch Kepler und vollendet durch Galileo, rückte die neue Weltsicht den Menschen aus dem Zentrum des Alls, die Erde wurde zu einem Planeten neben anderen. Dessen Kugelform stellte die klassische Trigonometrie der Fläche vor neue Aufgaben. Der holländische Astronom und Mathematiker Willebrord van Roijen Snell, genannt Snellius, löste 1616 das Problem der Triangulation auf Kugeloberflächen und legte damit die mathematische Grundlage der wissenschaftlichen Geodäsie. Schließlich konnten Newton und Huygens 1687 bzw. 1690 zeigen, dass die Erde aufgrund ihrer Eigenrotation eine Ellipsoidform hat. Aber erst heute besitzen wir mit Satelliten ein Werkzeug, das uns erlaubt, diese Gestalt der Erde bis ins Detail zu untersuchen.

# Gewicht auf einer rotierenden Ellipse

Für das menschliche Auge ist die Erde ein perfekt runder Körper. Aber wie rund ist sie wirklich? Stellen wir uns vor, die Erde wäre in ihrem Innern vollständig gleichmäßig aufgebaut. Aufgrund der Erdrotation zerrt die Fliehkraft die Erdmasse von der Rotationsachse weg, und zwar am stärksten am Äquator und am geringsten an den Polen. Das führt dazu, dass die Kugelform ein wenig deformiert wird und die Erde sich am Äquator ausdehnt. Tatsächlich existiert diese von Newton und Huygens postulierte Polabflachung der Erde: Der mittlere Erddurchmesser beträgt 12 740 Kilometer, aber die Nord-Süd-Achse ist um rund 42 Kilometer kürzer als die Ost-West-Achse am Äquator. Die Erde ist also in erster Näherung ein Rotationsellipsoid.

Damit aber nicht genug. Newtons Gravitationsgesetz besagt, dass die Kraft, mit der der fallende Apfel in Richtung Massenmittelpunkt beschleunigt wird, direkt von der Größe der Masse und dem Abstand vom Massenmittelpunkt abhängt. Das bedeutet auf unseren Planeten angewandt, dass die Gravitationsbeschleunigung variabel ist. An der Oberfläche des Rotationsellipsoids wirkt aufgrund der Massenanziehung eine Gravitationsbeschleunigung in Richtung des Mittelpunkts von $9,81\,m/s^2$, die zum Pol hin auf $9,83\,m/s^2$ zunimmt. Berücksichtigt man noch die der Erdanziehung entgegen gerichtete Zentrifugalbeschleunigung von $-0,03\,m/s^2$ am Äquator, so ergibt sich eine Schwerebeschleunigung (oder kurz Schwere) von $9,78\,m/s^2$ am Äquator. An den Polen fallen Gravitation und Schwere zusammen. Eine Waage zeigt demnach am Pol für einen normal gewichtigen Menschen etwa 350 g mehr an als am Äquator, das heißt die Schwere ändert sich auf der Ellipsoidoberfläche mit der geographischen Breite.

# Beulen und Dellen auf der Ellipse: die „Potsdamer Kartoffel"

Machen wir ein Experiment: Wir stellen Wind und Wetter ab und beseitigen den Mond und die Sonne. Auch die Kontinente denken wir uns weg. Auf einer solchen wasserbedeckten Erde gäbe es also keine Wellen und auch keine Gezeiten. Dann sollte der Meeresspiegel eigentlich ebenmäßig flach sein. Tatsächlich aber weist eine solche Erde Täler und Berge auf der Wasseroberfläche auf. Diese entstehen aufgrund von Massenunterschieden, genauer gesagt von Dichteunterschieden im Erdkörper. Angetrieben durch die enorme Hitze im Erdkern und den radioaktiven Zerfall von Elementen im Erdmantel bewegt sich im Mantel zähflüssiges Gestein: Heißes Magma, also Material geringer Dichte steigt nach oben, während kälteres und dadurch dichteres Material an anderer Stelle nach unten absinkt. Dieser wärmebedingte Gesteinstransport führt zu einer ungleichmäßi-

Photography of the Earth from a satellite or a space station on a low-Earth orbit seems completely normal to us nowadays. But when the first photographs of our planet were taken in the 1960s, it caused a sensation because we, the inhabitants of Earth, were able to view this solitaire in space for the first time from a greater distance. Photographs of the Earth are still extremely fascinating and have a particular aesthetic appeal. However, observation of the Earth from space is not primarily intended for contemplative examination. Modern satellites are a universal research tool and have become indispensable to the geosciences. They not only give us a view *of* the Earth, but also permit an insight *into* System Earth.

Humans have an inherent desire to research their immediate and wider environment. The idea of the Earth as a flat disc was sufficient for early human societies to orient themselves within their environment. Nevertheless, this concept was quickly corrected with astronomical observations, even though the geocentric point of view initially remained unquestioned. Humans have been aware of the sphericity of the Earth since Pythagoras (*540 BC), at the latest. Eratosthenes (*276 BC) calculated that this sphere had a circumference of 252 000 stades, the equivalent of around 40 000 km. With the beginning of modern natural sciences in the seventeenth century, our understanding of the Earth changed radically. Prepared by Kepler and completed by Galileo, the new view of the world pushed humankind out of the centre of the universe, and the Earth became just one planet among others. Its spherical shape presented new tasks for classical trigonometry. In 1616, the Dutch astronomer and mathematician Willebrord van Roijen Snell solved the problem of triangulation on spherical surfaces. Snellius, as he was also called, therefore laid the mathematical foundation of scientific geodesy. Newton and Huygens, in 1687 and 1690 respectively, were able to show that the Earth has an ellipsoid shape due to its autorotation. But only today, with satellites, we have a tool that allows us to examine this shape of the Earth in detail.

## Weight on a rotating ellipse

To the human eye, the Earth is a perfectly round body. But how round is it really? Let us imagine that the interior of the Earth has a completely homogeneous structure. Due to the Earth's rotation, a centrifugal force pulls the Earth's mass away from its rotational axis. This effect is greatest at the equator and least at the poles, which leads to slight deformation of the spherical shape and

expansion at the equator. This polar flattening of the Earth postulated by Newton and Huygens really exists: the average diameter of the Earth is 12 740 kilometres, but the north-south axis is around forty-two kilometres shorter than the east-west axis at the equator. As a first approximation, the Earth is therefore a rotational ellipsoid.

But that's not all. Newton's law of gravity states that the force with which a falling apple is accelerated towards the centre of mass directly depends on the size of the mass and the distance from the centre of mass. Applied to our planet, this means that gravitational acceleration is variable. On the surface of the rotational ellipsoid, mass attraction causes a gravitational acceleration towards the centre of $9.81 \, \text{m/s}^2$, which increases to $9.83 \, \text{m/s}^2$ at the poles. If we addionally take into account the centrifugal acceleration of $-0.03 \, \text{m/s}^2$ at the equator, which acts in the opposite direction to the Earth's attraction, the gravitational acceleration (or simply "gravity") at the equator is $9.78 \, \text{m/s}^2$. At the poles, gravitation and normal gravity have the same value. Accordingly, weighing scales at the poles show a person of average weight is around 350 g heavier than at the equator, i.e. gravity on the ellipsoidal surface changes with geographic latitude.

## Bumps and dents on the ellipse: the "Potsdam Potato"

Let's do an experiment: we turn off the wind and weather and remove the moon and sun. Then we imagine the continents aren't there either. On such a water-covered Earth there would be no waves and no tides, so the sea level should be uniformly flat. But in reality, the surface of the water on such an Earth would still have valleys and mountains. These are caused by differences in mass or, to be more precise, by differences in densities inside the Earth. Driven by the enormous heat in the core and the radioactive decay of elements in the mantle, viscous rock is flowing within the mantle. Hot magma (low-density material) rises while colder, and therefore denser, material sinks elsewhere. This heat-induced rock transport leads to an uneven mass distribution within the Earth which, according to Newton, results in a varying gravitational force. This is compounded by the layered structure of the Earth. At the transition zones between the layers, from the centre to the outer core and the mantle through to the crust, there are irregularly distributed density changes and varying density distribution within the layers. This means that the Earth's force of attraction is not the same everywhere; it varies with space and time.

gen Massenverteilung im Erdkörper, die nach Newton zu unterschiedlicher Anziehungskraft führt. Hinzu kommt der Schalenaufbau der Erde: An den Übergangszonen zwischen den Schalen vom Zentrum über den äußeren Erdkern und den Erdmantel bis zur Erdkruste gibt es unregelmäßig verteilte Dichtesprünge und innerhalb der Schalen einen variierenden Dichteverlauf. Daraus folgt: Die Erdanziehungskraft ist nicht überall gleich, sie variiert räumlich und zeitlich.

Die Massenungleichheiten erzeugen folglich Abweichungen von der Idealfigur des Rotationsellipsoids. Es ergibt sich eine Fläche, auf der die Kräfte überall im Gleichgewicht sind, eine sogenannte Äquipotenzialfläche. Der resultierende Körper wird als Geoid bezeichnet, seine Oberfläche ist – als Bezugsfläche für alle topogra-

phischen Höhen – als Normal Null oder mittlerer Meeresspiegel bekannt. Die Abweichungen zum Ellipsoid werden als Geoid-Undulationen bezeichnet. Das Geoid weist Beulen und Dellen mit Abweichungen von bis zu hundert Meter nach oben und unten auf. Die unregelmäßige Form ließ diese Geoid-Darstellung als „Potsdamer Schwerekartoffel" (*Potsdam gravity potato*, ▶ Abb. 2.2) weltbekannt werden.

Wie bei jeder Äquipotenzialfläche steht die Lotrichtung überall exakt senkrecht auf dem Geoid (▶ Abb. 2.3), und trotz der Beulen und Dellen und der unterschiedlichen Schwere auf der Geoidoberfläche fließt hier kein Wasser. Auch die Schwerewerte an der Erdoberfläche variieren um die Normalwerte des Rotationsellipsoids. Diese Ausschläge, die man als Schwereanomalien

2.2  Die „Potsdamer Kartoffel": Der Planet Erde als Geoid (hinten) – die Abweichung der Äquipotenzialfläche des Erdschwerefeldes gegenüber dem Rotationsellipsoid in stark überhöhter Darstellung. Südlich von Indien findet sich ein 109 Meter tiefes Tal, nördlich von Papua-Neuguinea ein 95 Meter hoher Berg auf der Meeresoberfläche. „Normalnull" weist also rund 200 Meter Differenz vom gemeinsamen Massenmittelpunkt auf. Die Anomalien des Schwerefeldes der Erde (vorn) sind Abweichungen von der Normalschwere auf dem Rotationsellipsoid. Deutliche Gravitationsanomalien zeichnen sich unter anderem am Himalaja, aber auch im östlichen Mittelmeer ab.

2.2  The "Potsdam Potato", planet Earth as a geoid (rear) – a highly exaggerated representation of the deviation of the equipotential surface of the Earth's gravity field compared to the rotational ellipsoid. To the south of India there is a valley 109 metres deep, to the north of Papua New Guinea there is a mountain 95 metres high on the surface of the sea. "Mean sea level" thus differs by around 200 metres from the common centre of mass. The anomalies in the Earth's gravity field (front) are deviations from normal gravity on the rotational ellipsoid. There are clear gravitational anomalies in the Himalayas and in the Eastern Mediterranean.

These inequalities of mass produce deviations from the idealised shape of a rotational ellipsoid. They lead to a surface on which the forces are in equilibrium, a so-called equipotential surface. The resulting body is called a geoid; its surface is used as a reference surface for all topographic elevations and is called the vertical reference datum or the global mean sea level. Deviations from the ellipsoid are called geoid undulations. The geoid has dents and bumps on it, with deviations of up to one hundred metres, plus and minus, from the idealised ellipsoid. Its irregular shape led to this geoid representation becoming known worldwide as the "Potsdam gravity potato" (▶ Fig. 2.2).

As with every equipotential surface, the local vertical direction (local plumb line) is precisely perpendicular everywhere on the geoid (▶ Fig. 2.3). Despite the dents and bumps and differing gravity on the geoid's surface, water does not flow on it. The gravity values on the Earth's surface also vary about the normal values on the rotational ellipsoid. These deviations, called gravity anomalies, reach a maximum of 500 mgal, equal to $5 \times 10^{-3}$ m/s$^2$, i.e. 500 millionths of normal gravity. Geoid undulations and gravity anomalies represent the irregular structure of the gravity field along the surface of the Earth. How can we measure this?

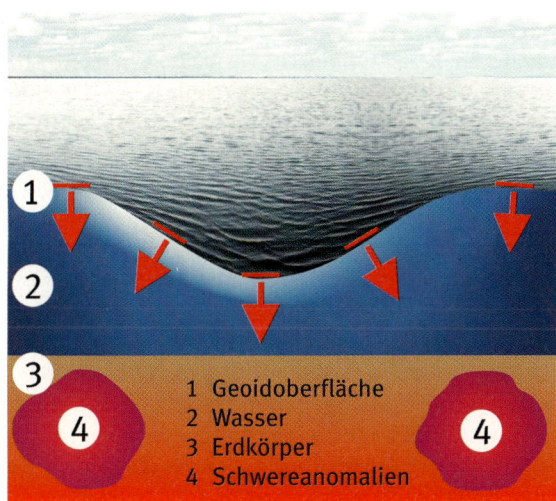

2.3 Different masses exert different forces of attraction. The forces on the surface of the geoid adjust so that they always act perpendicular to the surface. In this way, mountains and valleys result on the surface of the sea.

2.3 Unterschiedliche Massen üben unterschiedliche Anziehungskraft aus. Auf der Geoid-Oberfläche stellen sich die Kräfte so ein, dass sie stets senkrecht zur Oberfläche wirken. So entstehen Berge und Täler auf der Meeresoberfläche.

## Satellites measure gravity

It was Friedrich Robert Helmert who around 1880 formulated the modern definition of geodesy by linking methods for measuring the Earth's shape with those for analysing the terrestrial gravity field. This modern approach of geodesy led to the Potsdam absolute value for the Earth's force of attraction, which became the worldwide reference value. Known as the "Potsdam gravity value", it retained this function from 1909 until 1971.

Today's observation of the Earth's gravity field with the help of satellites is based on Helmert's approach. If the Earth were a sphere with uniformly layered mass, satellites orbiting the Earth would fly along an elliptical orbit. Deviations of the Earth's surface from a perfect sphere and irregularities of the density distribution inside the Earth alter the satellite's orbit. The Earth's force of attraction acting on an orbiting satellite varies; it is sometimes stronger, sometimes weaker and as a result, the satellite flies higher or lower, faster or slower. These perturbations of the satellite's orbits can be measured from ground stations or other satellites. Analysis of these observations allows conclusions to be drawn regarding the underlying gravitational field. The accuracy and resolution of a gravitational field derived exclusively from satellite orbital perturbations are limited by the distribution of the satellite's orbits in near-Earth space, by the quality and frequency of the orbit observations and, above all, by the altitude of the satellite. The higher a satellite flies, the less its orbit is disturbed by variations in the Earth's gravitational field, but this is associated with an increasing loss of information. Geoscientists want therefore the satellite flight path to be as low as possible; however, this reduces the mission life time because low-flying satellites are decelerated by friction in the high atmosphere.

Highly precise determination of the Earth's force of attraction is a central issue in geosciences. It affects questions of basic research and also has practical applications.

## CHAMP and GRACE

One of the most successful geoscience space missions was CHAMP (CHAllenging Mini satellite Payload, ▶ Fig. 2.1). This satellite was used to measure the Earth's gravity field, magnetic field, and atmospheric parameters. CHAMP was a small geoscience satellite that was shot into a low-Earth orbit by a COSMOS rocket fired from the Plesjezk Cosmodrome in Russia in June 2000.

bezeichnet, erreichen maximal 500 mGal, das sind $5 \times 10^{-3}$ m/s², also 500 Millionstel der Normalschwere. Geoid-Undulationen und Schwereanomalien repräsentieren die unregelmäßige Struktur des Schwerefelds entlang der Erdoberfläche. Wie kann man das messen?

## Satelliten messen die Schwerkraft

Es war Friedrich Robert Helmert, der gegen 1880 die moderne Definition der Geodäsie formulierte, indem er die Methoden zur Messung der Erdgestalt mit der Analyse des irdischen Schwerefeldes verband. Dieser moderne Ansatz der Erdvermessung führte dazu, dass der Potsdamer Absolutwert der Erdanziehungskraft als „Potsdamer Schwerewert" zum weltweiten Referenzwert wurde und diese Funktion von 1909 bis 1971 hatte.

Die heutige Beobachtung des Erdschwerefeldes mithilfe von Satelliten gründet auf dem Helmertschen Ansatz. Erdumkreisende Satelliten würden, wenn die Erde eine Kugel mit gleichmäßig geschichteter Masse wäre, auf einer Ellipsenbahn fliegen. Die Abweichungen der Erdoberfläche von der Kugelform und die Unregelmäßigkeiten der Dichteverteilung im Erdinneren führen zu Veränderungen der Satellitenbahn: Ein Satellit wird auf seiner Umlaufbahn mal stärker, mal schwächer angezogen und fliegt folglich mal tiefer, mal höher, mal schneller, mal langsamer. Diese Bahnstörungen der Satellitenumläufe können von Bodenstationen oder anderen Satelliten gemessen werden. Aus der Analyse dieser Beobachtungen lässt sich auf das zugrunde liegende Schwerefeld schließen. Die Genauigkeit und die Auflösung eines ausschließlich aus Satellitenbahnstörungen abgeleiteten Schwerefelds werden durch die Verteilung der Satellitenbahnen im erdnahen Weltraum, durch die Qualität und Häufigkeit der Bahnbeobachtungen und vor allem durch die Flughöhe der Satelliten begrenzt. Je höher ein Satellit fliegt, desto weniger wird seine Bahn durch Variationen des Erdschwerefelds gestört, das heißt desto mehr Information geht verloren. Aus Sicht der Geowissenschaften ist also eine möglichst niedrige Flugbahn erwünscht. Das geht allerdings auf Kosten der Lebensdauer des Satelliten, denn niedrig fliegende Satelliten werden durch Reibung in der Hochatmosphäre abgebremst.

Die hochpräzise Bestimmung der Erdanziehungskraft ist eine zentrale Fragestellung der Geowissenschaften. Sie berührt Fragen der Grundlagenforschung ebenso wie praktische Anwendungen.

## CHAMP und GRACE

Eine der erfolgreichsten geowissenschaftlichen Raumfahrtmissionen war CHAMP (CHAllenging Mini Satellite Payload, ▶ Abb. 2.1). Dieser Satellit diente zur Messung des Erdschwerefeldes, des Erdmagnetfelds und zur Messung atmosphärischer Parameter. CHAMP war ein geowissenschaftlicher Kleinsatellit, der im Juni 2000 von dem russischen Kosmodrom Plesetsk mit einer COSMOS-Rakete in eine niedrige Erdumlaufbahn mit einer Anfangsflughöhe von 452 Kilometern geschossen wurde. Die kreisförmige Bahn des Satelliten führte über die Pole. Die Erde dreht sich bei einer solchen Bahn unter dem Satelliten durch, sodass nach einer gewissen Zahl von Überflügen die gesamte Erdoberfläche abgedeckt wird. Mit dem GPS-Empfänger an Bord von CHAMP wurde die Bahn lückenlos vermessen. Das reichte aber noch nicht für die erwünschte Präzision der Bahnbestimmung aus, denn die dünnen Reste der Atmosphäre in dieser Höhe, die Sonnenstrahlung und die von der Erde reflektierte Strahlung bremsen erdnahe Satelliten ab. Deshalb erfasste bei CHAMP, erstmals bei einer solchen Satellitenmission, ein dreiachsiger Beschleunigungsmesser im Schwerpunkt des Satelliten diese Störbeschleunigungen direkt.

Der Erfolg von CHAMP führte dazu, dass 2002 eine weitere Schwerefeldmission auf den Weg gebracht wurde. Das Satellitenpaar GRACE (Gravity Recovery And Climate Experiment, ▶ Abb. 2.5) wurde mit einer russischen ROCKOT-Rakete ebenfalls vom Startplatz Plesetsk aus gestartet. Die ganz ähnlich wie CHAMP konstruierten Satelliten wurden im Auftrag der NASA in Deutschland gebaut. Die beiden GRACE-Satelliten jagen in rund 500 Kilometern Flughöhe im Abstand von etwa 220 Kilometern auf derselben Bahn hintereinander her, weshalb die Wissenschaftler sie „Tom und Jerry" getauft haben. Der durch das Erdschwerefeld leicht variierende Abstand der beiden Satelliten wird auf den hundertsten Teil eines Millimeters genau vermessen. Damit können wesentlich feinere Strukturen im Erdschwerefeld als mit CHAMP erfasst werden. Erstmals lassen sich mit GRACE nun auch zeitliche Variationen der Erdanziehungskraft beobachten, die zum Beispiel durch die jahreszeitlichen Schwankungen der Wassermengen in großen Flusssystemen oder Eismassenverluste in den polaren Eisschilden hervorgerufen werden. Daraus lassen sich Rückschlüsse auf Massenumlagerungen im System Erde ziehen.

2.4 The GFZ-1 laser satellite was set out from the MIR space station in 1995. It was placed in a very low orbit of only 390 km altitude. For four years, the satellite orbited the Earth every 90 minutes until it finally burned up in the atmosphere in June 1999. This satellite had 60 reflectors built into its spherical surface. Light pulses directed at the satellite from terrestrial laser stations were reflected back towards the ground station. The distance of the satellite could be precisely determined from the travel time of the signals. This information was used to calculate the satellite's orbit.

2.4 Der 1995 gestartete Lasersatellit GFZ-1 wurde von der Raumstation MIR aus auf seine mit 390 km Höhe sehr niedrige Bahn gesetzt. Der Satellit umrundete vier Jahre lang alle 90 Minuten die Erde, um schließlich im Juni 1999 in der Erdatmosphäre zu verglühen. In seine kugelförmige Oberfläche waren 60 Reflektoren eingelassen, die von Laserstationen auf der Erde ausgesandte Lichtimpulse in Richtung Bodenstation zurücklenkten. Aus der Laufzeit der Signale ließ sich die Entfernung des Satelliten exakt bestimmen und zur Berechnung seines Orbits nutzen.

Its initial altitude was 452 kilometres. The satellite's circular orbit passed over the poles as the Earth rotated beneath the satellite. After a certain number of flyovers, the whole surface of the Earth had been covered. The orbit was continuously measured using the GPS receiver on board CHAMP. However, this did not provide the precision required to determine the orbit because the thin residual atmosphere at this height, plus solar radiation and the radiation reflected by the Earth slow down near-Earth satellites. This is why, for the first time on such a satellite mission, a triaxial accelerometer was installed in the centre of gravity of the CHAMP satellite to directly register such perturbation accelerations.

The success of CHAMP led to the 2002 launch of a further mission to measure the gravitational field. A pair of satellites, known collectively as GRACE (Gravity Recovery And Climate Experiment, ▶ Fig. 2.5), was sent into orbit by a Russian ROCKOT rocket, which had also been launched from Plesetsk. The satellites, which had a similar design to CHAMP, were built in Germany for NASA. The two GRACE satellites follow the same orbit at an altitude of around 500 km and around 220 kilometres apart. Scientists have nick-named them "Tom and Jerry" because one is always chasing the other. The distance between the satellites, which varies slightly due to the Earth's gravity field, is precisely measured to a hundredth of a millimetre. This enables registration of far finer structures in the Earth's gravity field compared to CHAMP and, for the first time, GRACE allows the observation of temporal variations in the Earth's force of attraction. These are caused by factors such as seasonal fluctuations in the quantities of water in large river systems or ice mass losses in the polar ice sheets. This in turn enables conclusions to be drawn regarding mass redistributions inside System Earth.

## Variations in the Earth's gravity: a window into the Earth

The aforementioned high-precision measurements of the orbit of the two satellite missions, CHAMP and GRACE, have provided us with a much sharper image of our planet. We can now take a look at the Earth's gravity field and its variations in order to see what conclusions we can deduce regarding the structure of the Earth.

Gravity "field" means that global observations of the Earth's attraction using satellites, aircrafts, ships and ground stations are combined. This is achieved with complex mathematical physics that produces various models of the worldwide gravity field. The Potsdam gravity-field model, named "EIGEN-5C", has become established worldwide as one of the standards. Integration of GRACE data led to a previously unattained accuracy on a global scale.

As discussed above, differences in the gravity field can be expressed as deviations in the geoid surface from the rotational ellipsoid and as deviations from normal gravity (▶ Fig. 2.6). Viewed together, these observations provide clues about the topographical and geophysical structures of the tectonic plates. Large blocks, such as the Andes, Himalayas and the North Atlantic Ridge, generate strong positive-gravity anomalies, whereas deep-sea trenches at the edge of the North-West Pacific and off the west coast of South America produce large nega-

2.5  Das 2002 gestartete Satellitentandem GRACE (Gravity Recovery And Climate Experiment). (Abb.: Astrium/GFZ)

2.5  The GRACE (Gravity Recovery And Climate Experiment) tandem satellite mission started in 2002. (Fig.: Astrium/GFZ)

## Variationen in der Erdanziehung: ein Fenster in die Erde

Die erwähnte hohe Präzision der Flugbahnbestimmung der beiden Satellitenmissionen CHAMP und GRACE hat unser Bild der Erde von Grund auf geschärft. Wir wollen einen Blick auf das Schwerefeld der Erde und seine Variationen werfen, um zu sehen, welche Aussagen zum Aufbau der Erde sich daraus ableiten lassen.

Schwere-„Feld" bedeutet, dass globale Beobachtungen der Erdanziehung durch Satelliten, Flugzeuge, Schiffe und Bodenstationen zusammengefasst werden. Dieses geschieht durch ausgefeilte mathematisch-physikalische Methoden, als deren Ergebnis verschiedene Modellvorstellungen des weltweiten Erdschwerefeldes entstehen. Das Potsdamer Schwerefeldmodell mit dem Namen EIGEN-5C hat sich weltweit als einer der Standards etabliert. Die Integration von GRACE-Daten führte hier zu einer bisher nicht erreichten Genauigkeit im globalen Maßstab.

Unterschiede im Schwerefeld – so hatten wir festgestellt – lassen sich als Abweichungen der Geoidoberfläche vom Rotationsellipsoid und als Abweichungen von der Normalschwere ausdrücken (▶ Abb. 2.6). In der Zusammenschau geben diese Betrachtungen Hinweise auf die topographisch-geophysikalischen Strukturen der Plattentektonik. Große Blöcke wie die Anden, der Himalaja und der nordatlantische Rücken erzeugen starke positive Schwereanomalien, die Tiefseegräben am Rand des Nordwestpazifiks und vor der Westküste Südamerikas dagegen große negative Schwereanomalien. Hawaii lässt sich heute als jüngstes Glied einer ganzen Kette von teilweise unterseeischen Vulkankegeln in der Karte der Schwereanomalien identifizieren.

Großflächige Berge und Täler im Geoid und in der Verteilung der Schwereanomalien hängen mit Strukturen und Prozessen im tieferen Erdinneren zusammen. So sind zum Beispiel die Aufwölbungen des Geoids im Westpazifik und an der Westküste Südamerikas eine Folge des dort stattfindenden Abtauchens alter und damit dichter ozeanischer Lithosphäre in den Erdman-

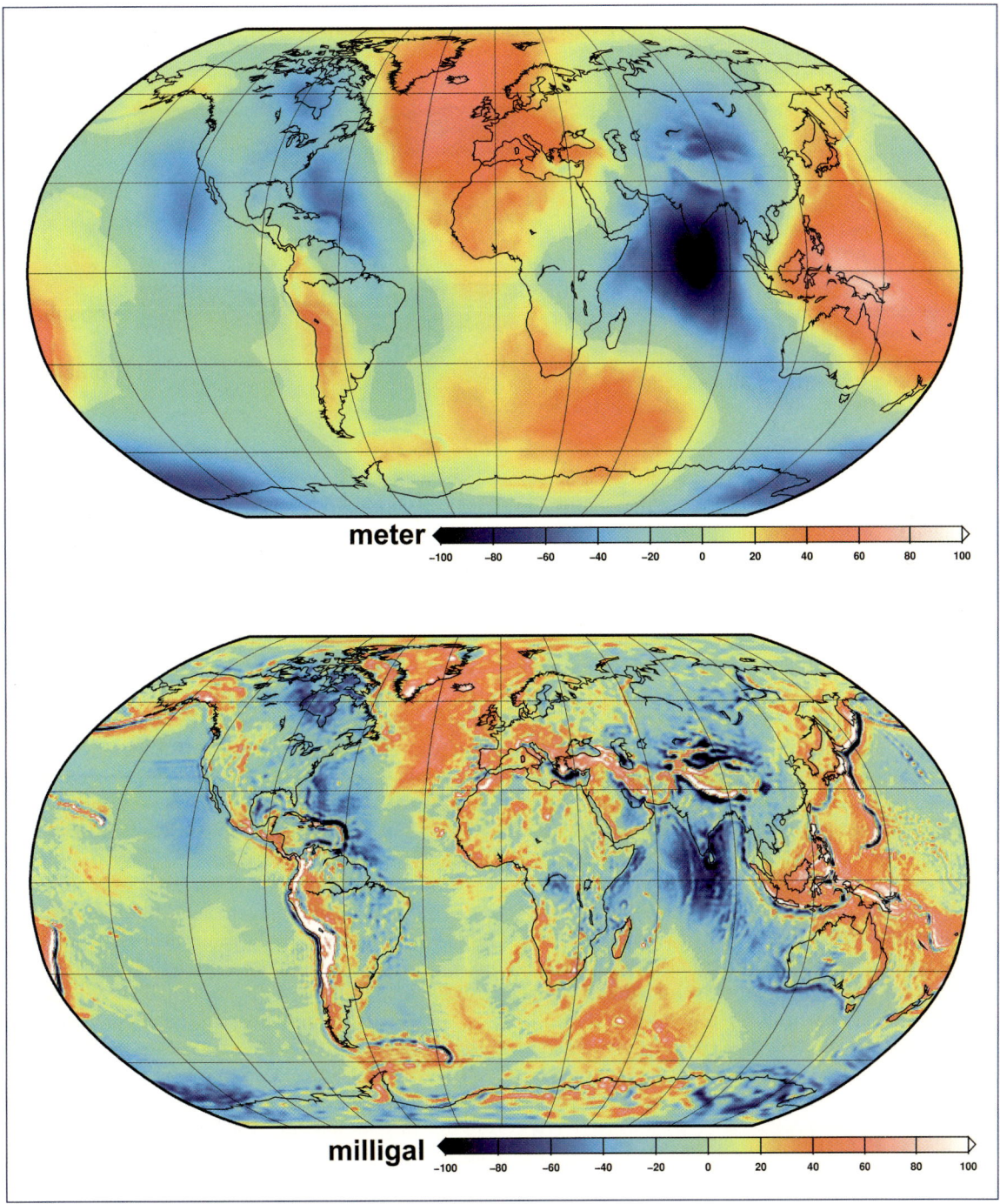

2.6  Two-dimensional representations of the current EIGEN-5C gravity-field model, at the top as geoid undulations (in metres) and at the bottom as gravity anomalies (in mGal).

2.6  Zweidimensionale Darstellungen des aktuellen Schwerefeldmodells EIGEN-5C, oben als Geoid-Undulationen (Meter) und unten als Schwereanomalien (mGal).

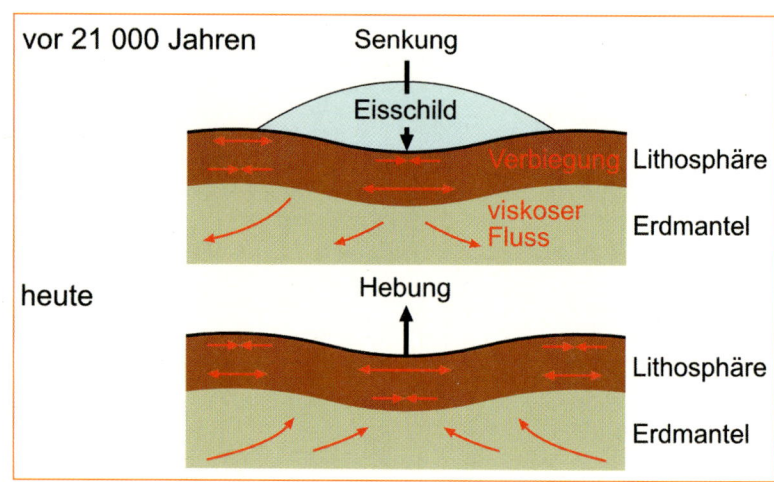

2.7  Durch das Abschmelzen großer Eismassen wird die Lithosphäre entlastet und hebt sich. Das zähflüssige Gestein des oberen Erdmantels fließt nicht so schnell nach. Dadurch entsteht ein lokales Massendefizit.

2.7  Melting of large ice masses relieves the load on the lithosphere and it rises. The viscous rock of the upper mantle does not flow as quickly. The result is a local mass deficit.

tel. Andere Geoid- und Schwereanomaliehochs finden sich in Gebieten, wo heißes Material, das vermutlich im Erdmantel nach oben strebt, die darüber liegende Lithosphäre aufwölbt, zum Beispiel im Nordatlantik um Island und südöstlich von Afrika. Das prägnante tiefe Tal im Geoid südlich von Indien könnte mit der nordwärts gerichteten Bewegung der indischen Lithosphärenplatte zusammenhängen, die das Himalaja-Massiv aufschiebt, wobei sich auf der Rückseite dieser Bewegung die Masse im Erdmantel ausdünnt.

Eine weitere Senke im Geoid über Kanada ist ein Relikt der Vereisung vor etwa 20 000 Jahren. Der mächtige Eisschild hatte dort die Lithosphäre und den oberen Mantel nach unten gedrückt. Vor 6000 Jahren war dieses Eis geschmolzen, die Erdkruste wurde von diesem riesigen Gewicht entlastet und steigt seitdem immer noch auf (▶ Abb. 2.7). Das zähflüssige Material des Erdmantels kann hier nicht so schnell nachfließen wie die Lithosphäre aufsteigt; so entsteht hier ein Massendefizit.

Dieses kanadische Massentief ist jedoch gleichzeitig Teil einer größeren Formation negativer Werte vom Ostpazifik über Nordamerika zum Westatlantik, die vermutlich mit der Mantelkonvektion zusammenhängt: Im Erdmantel steigen nicht nur heiße Gesteine auf, sondern sinken auch kühlere Gesteine ab. Über Kanada überlagern sich die beiden geschilderten Effekte und sind im Geoid gut zu erkennen.

# „Gravity is Climate": Klimaforschung mit Satelliten

Der Name der GRACE-Satellitenmission deutet an, dass die hochpräzise Vermessung der Erdanziehung auch

Informationen über das Klima geben kann. Die beteiligten Forscherkollegen ergänzten daher Newtons Feststellung „Mass is gravity" mit „Gravity is climate". Viele Prozesse im Klimageschehen unseres Planeten sind wassergetrieben: Ozeanströmungen transportieren Wärme in Richtung der Pole und Kälte in Richtung Äquator, die Ab- oder Zunahme der Eismassen sind wichtige Faktoren im Klima, der globale hydrologische Kreislauf hängt entscheidend vom Wasserhaushalt der Kontinente ab, hinzu kommen Schwankungen des mittleren Meeresspiegels. Aber Wasser ist Masse, und Änderungen in der Verteilung des globalen Wassers entsprechen daher Umlagerungen von Massen im Schwerefeld der Erde.

Diese Prozesse lassen sich vom Satelliten aus beobachten. Der knappe Wissenschaftler-Spruch „Schwerkraft ist Klima" sagt genau das aus: Die Flugbahnänderungen von Satelliten geben uns Auskunft über das Klima, vorausgesetzt, man kann diese Flugbahnänderungen so genau bestimmen, wie es bei den GRACE-Satelliten der Fall ist.

Veränderungen des Klimas im System Erde sind von weitreichenden Wassermassen-Umverteilungen begleitet, wie beispielsweise Meeresspiegeländerungen, variierenden Eis- und Schneebedeckungen und veränderten kontinentalen Süßwasservorkommen. Umgekehrt ist die Wasserverteilung entscheidend für die vorherrschenden klimatischen Bedingungen und Lebensverhältnisse auf der Erde. Die größten zeitlichen Änderungen des Schwerefelds werden durch den Transport von Wassermassen auf den Landflächen verursacht. Der kontinentale Wassergehalt ist letztlich eine Bilanz zwischen Niederschlag, Verdunstung, Abfluss und Speicherung, die jahreszeitabhängig ist.

Mit GRACE konnten erstmals vom Satelliten aus Veränderungen in der globalen kontinentalen Wasserspeicherung gemessen werden, eine zentrale Größe für das

tive-gravity anomalies. In today's gravity anomaly maps, we are able to identify Hawaii as the youngest link in a whole chain of partly undersea volcano cones.

Extensive mountains and valleys in the geoid and the distribution of gravity anomalies are related to structures and processes deep inside the Earth. For example, the geoid domes in the Western Pacific and on the west coast of South America are a consequence of the older, and therefore denser, oceanic lithosphere descending into the mantle at these locations. Other high spots on the geoid and in the gravity anomaly maps are found in areas where hot material, which is probably rising within the mantle, is pushing up the lithosphere above it. This occurs in the North Atlantic, around Iceland and southeast of Africa. The striking deep valley in the geoid to the south of India could be related to the northward movement of the Indian lithosphere plate. This pushes up the Himalayan Massif, thus thinning the mantle mass to the rear of this movement.

A further depression in the geoid above Canada is a relict of glaciation around 20 000 years ago, when a thick ice sheet pushed down the lithosphere and upper mantle there. This ice melted 6000 years ago, relieving the enormous weight on the crust, which has continuously risen since then (▶ Fig. 2.7). The viscous material of the mantle cannot flow as fast as the lithosphere rises, so a mass deficit occurs here.

In addition, this Canadian mass deficit is also part of a larger group of negative values from the Eastern Pacific, across North America to the Western Atlantic. These are probably related to mantel convection, which is caused by hot rocks rising within the mantle while the cooler rocks sink. These two effects overlap beneath Canada and are clearly identifiable in the geoid.

## "Gravity is Climate": climate research using satellites

The name of the GRACE satellite mission indicates that highly precise measurement of the gravity field can also provide information about the climate. Research colleagues involved in the project therefore supplemented Newton's statement "Mass is Gravity" with the statement "Gravity is Climate". Many processes in the climate behaviour of our planet are water-driven: Ocean currents transport heat towards the poles and cold towards the equator. The decrease and increase in ice masses are important factors that affect the climate, and the global hydrological cycle decisively depends on the water balance of the continents. In addition to this there are fluc-

tuations in the mean sea level. However, water is mass, and therefore changes in the global water distribution correspond to redistribution of masses within the Earth's gravity field.

These processes can be observed from a satellite. The slogan "Gravity is Climate" implies precisely that: changes in satellite orbits provide us with information about the climate, provided we can determine these orbit changes precisely, and this is indeed the case with the GRACE satellite.

Climate changes in System Earth are accompanied by far-reaching redistributions of water masses. Examples of this include changes in sea level, varying ice and snow covers, and altered continental freshwater resources. Conversely, the water distribution is decisive for the prevailing climatic and living conditions on Earth. The largest changes in the gravity field over time are due to the transport of water masses on land areas. The continental water content is ultimately a balance between precipitation, evaporation, runoff and storage, which all depend on the time of year.

GRACE provided the first measurements of changes in global continental water storage, a central variable for the climate (▶ Fig. 2.8). The GRACE data offer more comprehensive information on storage changes in groundwater, in the ground, in snow cover, rivers, lakes and flood plains, than any other ground or satellite-assisted observation system. Analyses of the GRACE data show how variability in climatic conditions, for example, precipitation and air temperature, affect worldwide seasonal and annual variations in water storage within large river catchment areas (▶ Fig. 2.9). If other observational data is taken into account, it is also possible to register the extensive dynamics of water transport, for example, flooding dynamics in bodies of surface water. It also allows checking and adjustment of extensive hydrological models, which will be used to determine climate-induced changes in global and regional water cycles.

## Marine topography

As we saw, the geoid surface – the "theoretical" mean sea level – is not affected by ocean tides or by ocean circulation. Instead, it solely depends on the mass distribution inside and on the surface of the Earth.

However, there are indeed large currents within the oceans. These are mainly driven by winds, by the exchange of heat and freshwater with the atmosphere as a result of evaporation and precipitation and by the flow of water from the continents. In addition, depending on

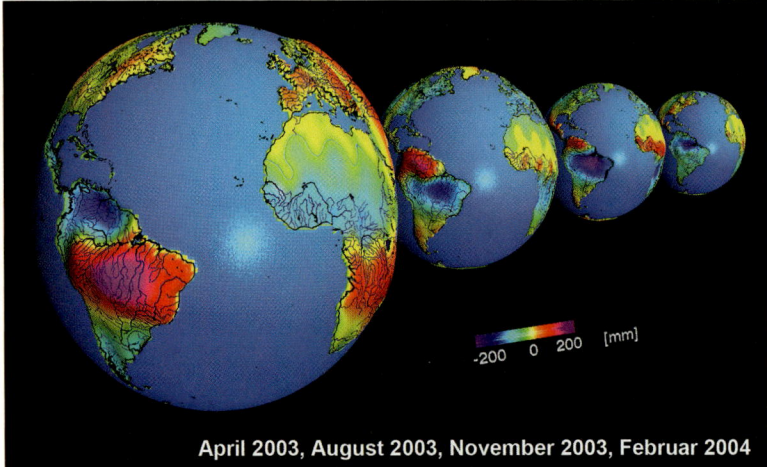

2.8  Änderung der kontinentalen Was-
serspeicherung von April 2003 bis zum
Februar 2004, in mm Wassersäule.
Deutlich erkennbar sind die saisonalen
Regenzeiten in den tropischen Breiten.

2.8  Changes in continental water storage from April 2003 to February 2004,
in mm water column. Seasonal rains in
the tropical latitudes are clearly identifiable.

Klima (▶ Abb. 2.8). So umfassend wie bei keinem anderen boden- oder satellitengestützten Beobachtungssys-
tem bilden GRACE-Daten die Speicheränderungen im
Grundwasser, im Boden, in der Schneebedeckung und
in Flüssen, Seen und Überflutungsgebieten ab. Die
Analysen von GRACE-Daten zeigen, wie sich die Variabilität der klimatischen Bedingungen, zum Beispiel von
Niederschlag und Lufttemperatur, auf saisonale und
jährliche Variationen der Wasserspeicherung in großen
Flusseinzugsgebieten weltweit auswirkt (▶ Abb. 2.9).
Berücksichtigt man weitere Beobachtungsdaten, so lässt
sich zudem die großräumige Dynamik von Wassertrans-
port erfassen, zum Beispiel die Überflutungsdynamik in
Oberflächengewässern. Außerdem können großräumige
hydrologische Modelle überprüft und angepasst werden,
mit denen klimabedingte Änderungen des globalen und
regionalen Wasserkreislaufs bestimmt werden sollen.

## Die Meerestopographie

Wir hatten gesehen: Die Geoid-Oberfläche, der „theoretische" mittlere Meeresspiegel, wird weder durch die
Ozeangezeiten noch durch die Ozeanzirkulation beeinflusst, sondern ist allein von der Massenverteilung im
Erdinneren und auf der Erdoberfläche abhängig.

Tatsächlich aber bewegen sich in den Ozeanen große
Strömungen. Angetrieben werden sie vor allem durch
Winde, durch den Wärme- und Süßwasseraustausch
mit der Atmosphäre infolge von Verdunstung und
Niederschlag und durch den Wasserabfluss von den
Kontinenten. Hinzu kommt: Je nach Temperatur und
Salzgehalt hat Ozeanwasser unterschiedliche Dichten,
die zum Ausgleich streben. Infolge der Erdrotation ver-

ursachen die großen ozeanischen Strömungssysteme
Berge und Täler in der Meeresspiegelhöhe, analog zu
den atmosphärischen Hoch- und Tiefdruckgebieten.
Die großen Meeresströme bewirken Auslenkungen des
Meeresspiegels um bis zu zwei Meter vom mittleren
Meeresspiegel (▶ Abb. 2.10). Diese Abweichungen werden Meerestopographie genannt und lassen sich aus der
Kombination von Messungen des Meeresspiegels und
des Erdschwerefeldes bestimmen. Die präzise Kenntnis
der Meerestopographie erlaubt Rückschlüsse auf die
Ozeanzirkulation und ihre Änderungen. Meeresströmungen sind wichtige Akteure im Klimageschehen,
denn sie transportieren gigantische Mengen von Wärme
und $CO_2$.

Die mit GRACE erreichbare räumliche Auflösung der
Erdoberfläche beträgt ungefähr 150 km. Eine Verdoppelung der Messgenauigkeit des Schwerefeldes über den
Ozeanen und der Meerestopographie wird der im März
2009 gestartete Satellit GOCE (Gravity Field and Steady-
State Ocean Circulation Explorer) bringen. Um die notwendige hohe Präzision der Messdaten zu erreichen,
fliegt GOCE auf einer für Satelliten extrem niedrigen
Umlaufbahn von etwa 250 Kilometern. Aus der Kombination von GOCE-Messungen mit Daten der von anderen Satelliten gemessenen Meeresspiegelhöhe wird es
möglich sein, die Meerestopographie des gesamten Globus mit einer bisher unerreicht hohen räumlichen Auflösung zu vermessen.

## Die Überwachung des Meeresspiegels

Bevor Satelliten ins All gebracht werden konnten, waren
Pegelstationen an den Küsten die einzige Möglichkeit,

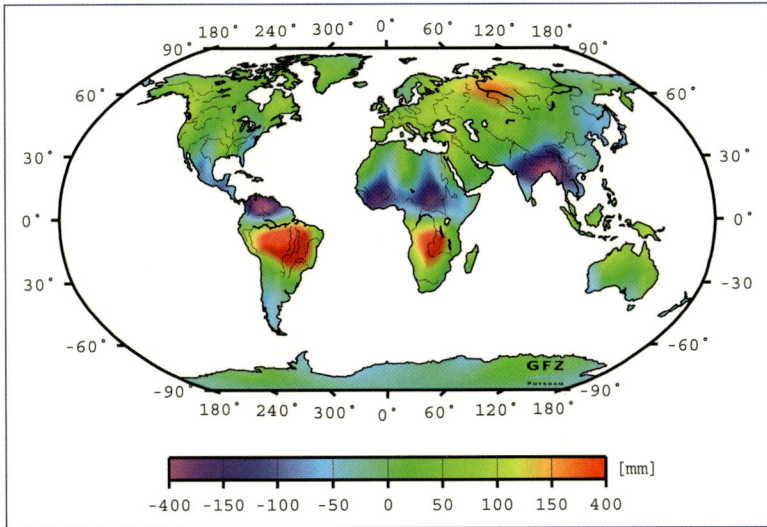

2.9  Changes in global continental water storage from spring to summer 2003 in mm water column. The largest seasonal fluctuations take place in the large tropical river catchment areas (Amazon in South America, the Congo and Niger in Africa, the Ganges and Brahmaputra in India) and in the river catchment areas of Siberia (Ob, Lena, Yenisei).

2.9  Änderung der globalen kontinentalen Wasserspeicherung vom Frühjahr zum Sommer 2003 in mm Wassersäule. Die größten saisonalen Schwankungen finden in den großen tropischen Flusseinzugsgebieten (Amazonas in Südamerika, Kongo und Niger in Afrika, Ganges und Brahmaputra in Indien) und in den Flusseinzugsgebieten Sibiriens (Ob, Lena, Yenisei) statt.

the temperature and salt content, ocean water has different densities that try to balance out. As a result of the Earth's rotation, the large oceanic flow systems cause mountains and valleys in the sea level height, analogous to atmospheric high- and low-pressure areas. These large ocean currents cause deviations in the sea level by up to two metres from the mean sea level (▶ Fig. 2.10). The resulting marine topography can be determined by combining measurements of the sea level and the Earth's gravity field. Precise knowledge of the marine topography allows conclusions to be drawn about ocean circulation and its changes. Ocean currents have a major impact on climate behaviour because they transport gigantic quantities of heat and $CO_2$.

The spatial resolution of the Earth's surface achievable with GRACE is roughly 150 km. The GOCE (Gravity Field and Steady-State Ocean Circulation Explorer) satellite, launched in March 2009, will double the accuracy of gravity field measurements above the oceans and the marine topography. To obtain measured data with the required high precision, GOCE is orbiting at an altitude of only around 250 kilometres, which is extremely low for a satellite. By combining GOCE measurements with sea level data measured by other satellites, it will be possible to survey the topography of the sea for the whole globe with previously unachieved high spatial resolution.

## Monitoring the sea level

Before we were able to send satellites into space, gauging stations along the coasts were the only means available

to measure water levels. This is associated with inherent uncertainties because land masses are not static, but are involved in tectonic action. Sea levels rise or sink not only due to global variations of the sea level, but also for example due to land areas rising as a result of melting ice masses at the end of the last ice age. Alternatively, they can be shifted horizontally and vertically by earthquakes. It is only since satellite measurements have been available that we have had a reliable external scale for measuring the sea level. On the one hand, GPS measurements can be used to determine the height changes of the gauging stations themselves. On the other hand, satellites use radar to scan the surface of the sea. They are able to determine the precise distance of the satellite from the sea's surface, and therefore the water level, and are completely independent of the gauging stations.

The measured data from these radar satellites show regional differences in sea level changes. For example, during the past fifteen years, the sea level in the Central Pacific rose while in the Eastern Pacific it fell (▶ Fig. 2.11). The main causes of this are changes in the sea's density and in ocean circulation. Whether these are recurring climate cycles in the ocean or long-term trends will not be known until measurements have been performed over the coming decades. On average, we are already observing a global rise of around three millimetres per year. The rise not only results from thermal expansion of the sea due to global warming, but is also the consequence of changes in the global water balance, for example, due to melting of glaciers and ice sheets.

Melting of the glaciers of Greenland and the Antarctic are frequently named in this context. Indeed, long-term trends in the GRACE measurements show clear reductions in mass over the polar areas, which are

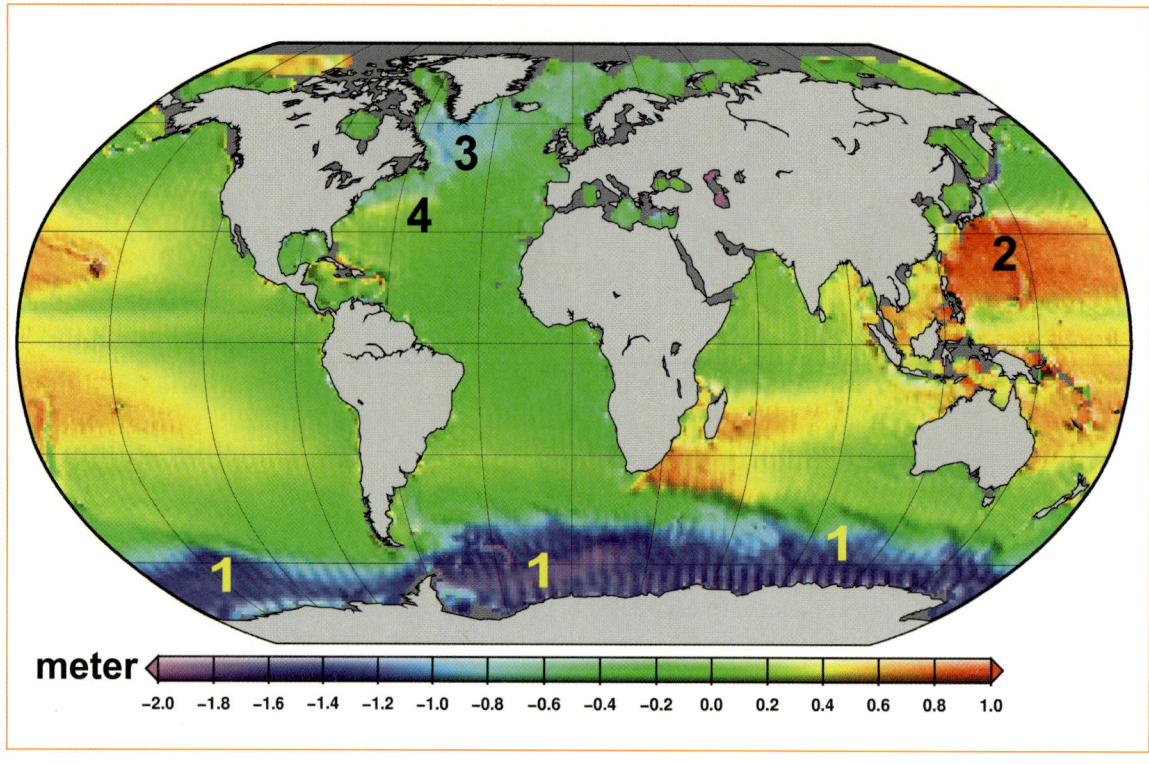

2.10  Die Meerestopographie, hier als Differenz zwischen dem GRACE-Geoid und der geometrischen Meereshöhe. Deutlich erkennbar zeichnen sich Zirkumpolarstrom (1), Kuroshio-Strom (2), Nordatlantikstrom (3) und Golfstrom (4) ab.

2.10  The marine topography shown as the difference between the GRACE geoid and the geometric sea level. The Circumpolar Stream (1), Kuroshio Stream (2), North Atlantic Stream (3) and Gulf Stream (4) stand out quite clearly.

den Wasserstand zu messen. Das musste zwangsläufig Unsicherheiten in sich bergen, denn es ändert sich nicht nur der Meeresspiegel, auch die Landmassen sind nicht statisch, sondern eingebunden in das tektonische Geschehen. Küstenpegel heben oder senken sich, zum Beispiel durch das Aufsteigen der Landflächen infolge des Abtauens der Eismassen am Ende der letzten Eisphase, oder werden durch Erdbeben horizontal und vertikal verschoben. Erst seitdem Satellitenmessungen zur Verfügung stehen, haben wir einen verlässlichen externen Maßstab zur Messung des Meeresspiegels. Zum einen können mithilfe von GPS-Messungen die Höhenänderungen der Pegelstation selbst bestimmt werden. Zum anderen tasten Satelliten mithilfe von Radar die Meeresoberfläche ab und können damit den Abstand des Satelliten von der Meeresoberfläche und somit den Wasserstand unabhängig von Pegeln präzise bestimmen.

Die Messungen dieser Radarsatelliten zeigen regional unterschiedliche Meeresspiegeländerungen. So stieg beispielsweise in den letzten 15 Jahren der Meeresspiegel im Zentralpazifik, während er im Ostpazifik sank (▶ Abb. 2.11). Ursache hierfür sind vor allem Änderungen in der Dichte des Meeres und in der Ozeanzirkulation. Ob es sich dabei um wiederkehrende Klimazyklen im Ozean oder um langfristige Trends handelt, werden erst Messungen über die nächsten Jahrzehnte zeigen können. Im Mittel beobachten wir heute einen globalen Anstieg um etwa drei Millimeter pro Jahr. Der Anstieg resultiert nicht nur aus der thermischen Ausdehnung des Meeres aufgrund gestiegener globaler Temperaturen, sondern ist auch die Folge von Änderungen im globalen Wasserhaushalt, etwa durch Abschmelzen von Gletschern und Eisschilden.

In diesem Zusammenhang wird häufig das Abschmelzen der Gletscher Grönlands und der Antarktis genannt. Tatsächlich zeigen langzeitliche Trends in den GRACE-Messungen deutliche Massenabnahmen über den Polargebieten, die im Zusammenhang mit dem Rückgang kontinentaler Eismassen stehen. Verursacht werden diese Trends durch ein Ungleichgewicht in der Massenbilanz des Eises. Das Eis-Wachstum durch Schneefall kann den beschleunigten Abtransport des Eises, etwa durch eine Zunahme des Schmelzwasserabflusses oder eine Verringerung des Niederschlags, nicht

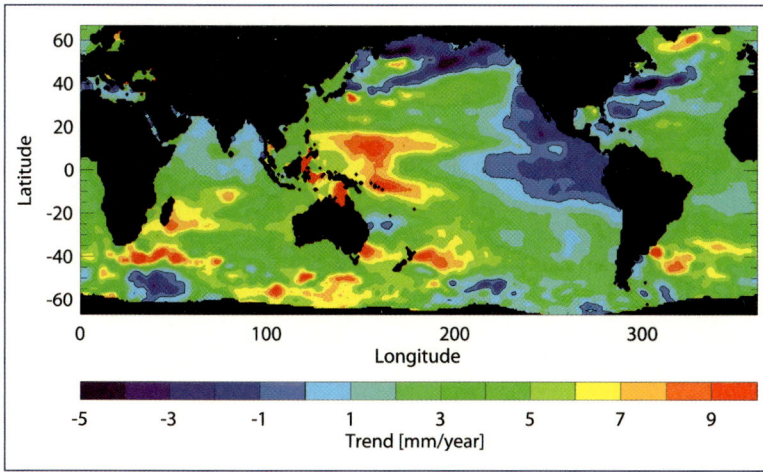

2.11  Sea level changes from 1993 to 2010 on the basis of radar altimeter measurements of the JASON-1 and TOPEX satellites. Sea level rises and falls can be seen. The global average gives a mean sea level rise of around three millimetres per year.

2.11  Meeresspiegeländerungen von 1993 bis 2010 auf Basis der Radar-Höhenmessungen der Satelliten JASON-1 und TOPEX. Es zeigen sich Meeresspiegelanstiege und -abstiege. Im globalen Mittel ergibt sich ein mittlerer Meeresspiegelanstieg von etwa drei Millimetern pro Jahr.

related to the receding continental ice masses. These trends are caused by inconsistencies in the mass balance of the ice. Ice growth through snowfall is unable to compensate the accelerated removal of the ice, for instance due to an increase in meltwater flow, or a reduction in precipitation. The mass balance produced by GRACE can be used to quantify the contributions of the Greenland and Antarctic ice sheets to the global change in sea levels. Accordingly, in the period between 2002 and 2009, Greenland contributed around 0.5 mm per year, and the Antarctic Peninsular and the Western Antarctic contributed a further 0.3 mm per year, to the global sea level change of around 3 mm per year that has occurred between 1993 and 2007. In addition, thanks to the continuous time series, the GRACE data confirmed accelerated ice shrinkage – an observation which is primarily of interest for our understanding of ice dynamics under the prevailing climate conditions.

As noted above, when the overlying ice load is reduced, rock material flows in the upper mantle and the land rises. In the measured gravity field of the Earth, this so-called glacial-isostatic adjustment (also known as post-glacial rebound) is superimposed on the ice-induced change in the Earth's gravity field. Using complicated simulations with mathematical models and reconstruction of ice sheet changes over the past 120 000 years, scientists are attempting to track this interplay (▶ Fig. 2.13). This clearly shows that additional information about the condition of the climate system in the past is necessary to be able to interpret present day observation data.

# GPS for measuring tectonics

As we have already seen, measurements of the Earth's gravity field can provide astonishing information on the structure and movement processes within System Earth. There are a number of other satellite-based methods for observing the Earth. The most well-known is without doubt the satellite navigation system GPS (Global Positioning System), which was originally developed for military purposes, but now provides also decisive advances for the study of the plate tectonics. Indeed, legend has it that it was geodesists who were able to overcome the military caused constraint in the GPS accuracy by using classical methods of geodesy and dexterously combining the measurements of different GPS antennas on ground. Thus, the accuracy of the calculated positions of these antennas could be enhanced considerably. Today this method, now known as Differential GPS, is the basis for the use of the GPS-system in the field of modern geodesy.

Here, the original task of GPS has been completely reversed: the system was originally intended to determine the position and the velocity of missiles at high speeds. In contrast, the geosciences study the movement of the continents and this involves very slow speeds, namely several millimetres or centimetres per year. This is roughly the speed at which finger nails or hair grow. Measuring such slow movements on a global scale by GPS requires far more effort.

GPS is based on the measurement of a distance, which itself is derived from highly precise measurement of time. The travel time of a signal between a satellite and a receiver, multiplied by the speed of light equals the distance. If the clocks aboard the GPS-satellite or at the

2.12 Eisberge am Ilulissat-Eisfjord an der Westküste Grönlands (August 2009).

2.12 Icebergs at the Ilulissat Icefjord on the west coast of Greenland (August 2009).

ausgleichen. So lassen sich über die von GRACE erstellte Massenbilanz die Beiträge der grönländischen und antarktischen Eisschilde sowie der Gletschergebiete in Alaska und Patagonien zur globalen Meeresspiegeländerung quantifizieren: Grönland trug demnach im Zeitraum 2002 bis 2009 etwa 0,5 mm pro Jahr, die antarktische Halbinsel und die West-Antarktis weitere 0,3 mm pro Jahr zur globalen Meeresspiegeländerung von etwa 3 mm pro Jahr zwischen 1993 und 2007 bei. Außerdem konnte für einige Regionen Grönlands dank der kontinuierlichen Zeitreihe der GRACE-Daten ein beschleunigter Eisrückgang belegt werden – eine Beobachtung, die vor allem für das Verständnis der Eisdynamik unter den vorherrschenden Klimabedingungen von Interesse ist.

Wie oben angemerkt wurde, setzt bei verminderter Eis-Auflast ein Nachfließen von Gesteinsmaterial im oberen Erdmantel ein. Im gemessenen Erdschwerefeld überlagert sich diese sogenannte glazial-isostatische Anpassung mit der eisbedingten Veränderung des Erdschwerefeldes. Mit komplizierten Modellrechnungen und der Rekonstruktion der Eisschildentwicklung wäh-

rend der letzten 120 000 Jahre versucht man diesem Wechselspiel auf die Spur zu kommen (▶ Abb. 2.13). Dies verdeutlicht, dass für die Interpretation heutiger Beobachtungsdaten zusätzliche Informationen über den Zustand des Klimasystems in der Vergangenheit nötig sind.

## GPS zur Messung der Tektonik

Wie wir gesehen haben, können Messungen des Erdschwerefeldes erstaunliche Aussagen zum Aufbau und zu Bewegungsprozessen im System Erde liefern. Aber es gibt auch noch andere satellitengestützte Verfahren zur Erdbeobachtung. Das bekannteste ist ohne Zweifel das Satellitennavigationssystem GPS (Global Positioning System). Die Anwendung des ursprünglich militärischen Navigationsverfahrens brachte in der Untersuchung der Plattentektonik entscheidende Fortschritte. In der Tat gibt es die Legende, dass es zuerst Geodäten waren, die mit klassischen Methoden der Erdver-

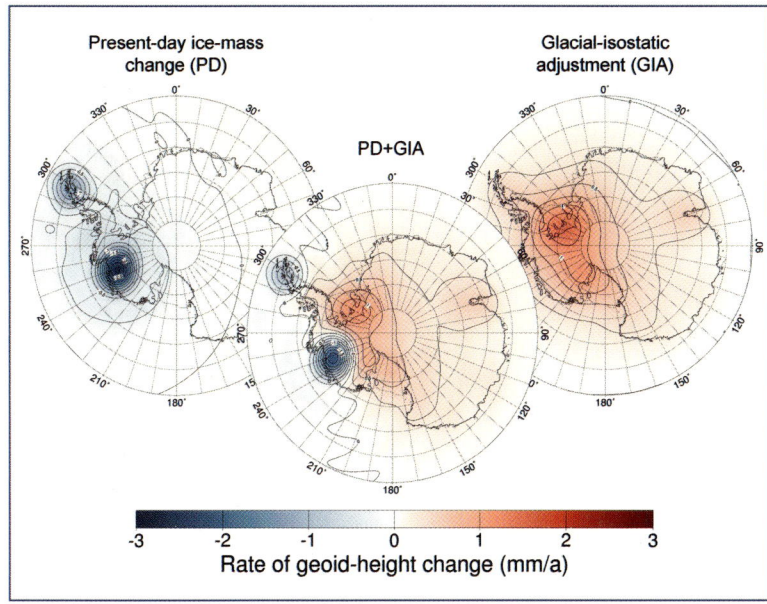

2.13  Geoid height change over the Antarctic. Left: Modelling of present-day changes in the ice mass. Right: Calculation of glacial-isostatic adjustment (GIA). Middle: Superposition of both signal components, as observed by GRACE.

2.13  Geoidhöhenänderung über der Antarktis. Links: Modellierung der heutigen Eismassenänderungen. Rechts: Berechnung der glazial-isostatischen Anpassung GIA. Mitte: Überlagerung beider Signalanteile, wie sie von GRACE beobachtet werden.

receiving stations on the ground are incorrect by only one millionth of a second, the error in the measured distance is 300 metres. In order to achieve millimetre accuracy, the time measurement must be a million times more precise.

We are now able to measure horizontal tectonic movements at the Earth's surface with millimetre accuracy and vertical movements with centimetre accuracy (▶ Fig. 2.14). The global coordinates in a precisely defined global geodetic network can also be determined with an accuracy of a few millimetres.

Today the globe is extensively covered with networks of GPS antennae (either temporary or permanent) with which the tectonic movements of the Earth's plates can be precisely determined. GPS has become an indispensible geodetic measuring tool. We will return to this topic later in this book because satellite navigation methods can be used not only to study comparatively slow plate tectonics, but also the highly dynamic processes that occur during earthquakes.

## GPS atmosphere sounding: from weather prediction to climate research

GPS has developed into a multi-purpose instrument. Modern meteorology also uses GPS based atmospheric

sounding methods aboard satellites, above all, to acquire data in remote regions not covered by the ground-based measurement network. These methods are based on the laws of optics.

From childhood, we know that a straight stick looks bent when it is dipped in water. From physics, we know that this phenomenon is caused by refraction of light rays and that the amount of refraction depends on the density of the medium through which the rays travel.

The refractivity of air depends on its density and therefore, almost solely on its temperature and vapour content. The CHAMP and GRACE satellites utilise this meteorological law. Along their near-Earth orbit, they receive signals from GPS satellites flying high above them. Viewed from GRACE, one of the 31 active GPS satellites is almost always disappearing behind the Earth. Nevertheless, the satellite continues to receive this signal for a while because its path through the Earth's atmosphere is bent by refraction. This bending results in a lengthening of the signal's path. The signal therefore takes longer to reach the GPS receiver on the GRACE satellite. The density of the atmosphere can be deduced from this change in travel time. This method can be used to obtain vertical profiles of the atmosphere's vapour and temperature above unapproachable regions of the Earth where are no weather stations or weather balloons.

This method, known as radio occultation (▶ Fig. 2.15), has become established for global observation of the Earth's atmosphere. The data acquired in this way is incorporated into weather prediction and climate research. With the setting up of the European Galileo

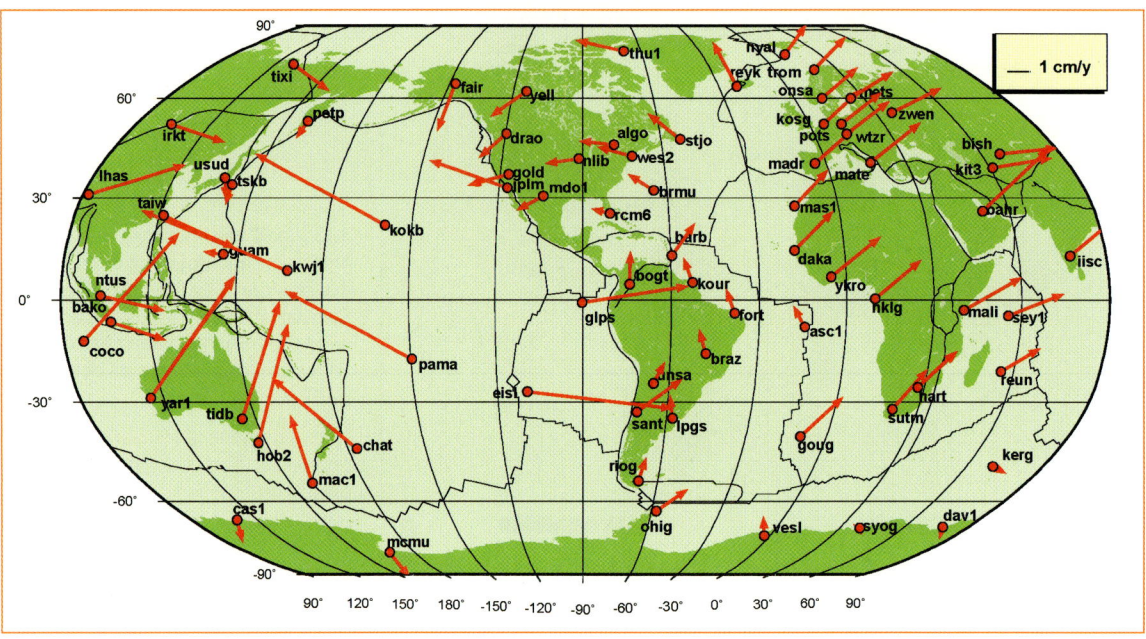

2.14  Aus GPS-Messungen (1993 bis 2005) abgeleitete Verschiebungsvektoren zeigen die Bewegung der tektonischen Platten an. Man erkennt, dass zum Beispiel die auf der Nazca-Platte gelegene Station EISL (Easter Island) auf den Osterinseln sich mit etwa 7 cm pro Jahr auf Südamerika zubewegt.

2.14  Displacement vectors derived from GPS measurements (1993 to 2005) show movements of the tectonic plates. For example, the data show that the EISL station located on the Easter Islands, which lie on the Nazca Plate, is moving towards South America by around 7 cm per year.

messung die militärische Einschränkung der GPS-Genauigkeit umgehen konnten, indem sie Messungen verschiedener GPS-Antennen geschickt miteinander verknüpften und damit die Genauigkeit der abgeleiteten Positionen deutlich erhöhen konnten. Heute heißt dieses Verfahren Differential GPS und ist die Grundlage für die GPS-Anwendungen in der modernen Erdvermessung.

Dabei hat sich die Aufgabenstellung gegenüber dem ursprünglichen Gedanken von GPS komplett umgedreht: Eigentlich war das System dazu gedacht, Ort und Geschwindigkeit von Flugkörpern bei hoher Geschwindigkeit zu bestimmen. Die Geowissenschaften untersuchen aber bei der Bewegung der Kontinente sehr niedrige Geschwindigkeiten, nämlich einige Millimeter bis einige Zentimeter pro Jahr. Das ist ungefähr die Geschwindigkeit, mit der Fingernägel oder Haare wachsen. Um derart langsame Bewegungen in einem globalen Maßstab zu messen, muss ein hoher Aufwand getrieben werden.

Das GPS beruht auf einer Entfernungsmessung mithilfe einer hochgenauen Zeitmessung: die Laufzeit eines Signals zwischen Satellit und Empfänger multipliziert mit der Lichtgeschwindigkeit ergibt die Entfernung. Gehen die Uhren in den Satelliten oder in den Empfangsstationen am Boden nur um den Millionsten Teil einer Sekunde falsch, so entspricht das bereits einem Entfernungsfehler von 300 Metern. Um Millimetergenauigkeit zu erreichen, muss die Zeitmessung noch eine Million Mal genauer sein.

Heute kann man die tektonischen Bewegungen an der Erdoberfläche horizontal auf Millimeter, vertikal auf Zentimeter genau bestimmen (▶ Abb. 2.14). Auch die globalen Koordinaten in einem exakt definierten globalen geodätischen Netz sind mit einer Genauigkeit von wenigen Millimetern bestimmbar.

Der Globus ist heute großflächig mit zeitweilig oder dauerhaft installierten Netzen von GPS-Antennen bedeckt, mit denen sich die tektonischen Bewegungen der Erdplatten präzise bestimmen lassen. Als geodätisches Messwerkzeug ist GPS heute unersetzlich. Wir werden in den nachfolgenden Kapiteln dieses Buchs wieder darauf zurückkommen, denn nicht nur die vergleichsweise langsame Plattentektonik kann mit Satellitennavigationsverfahren untersucht werden, sondern auch die hochdynamischen Vorgänge bei Erdbeben.

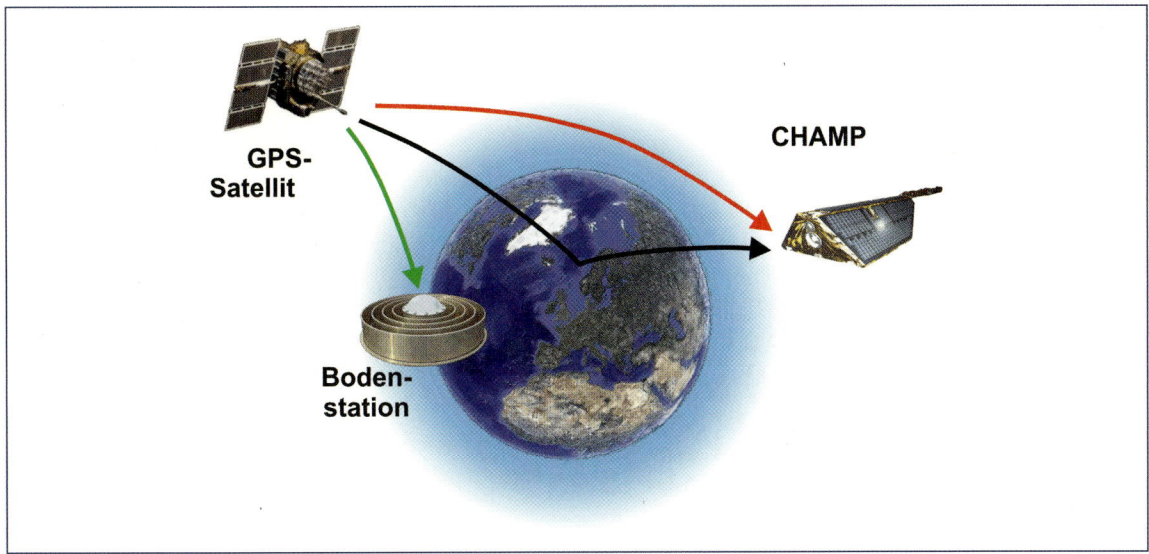

2.15  The principle of GPS-based atmospheric sounding methods: The signals of the 31 currently active GPS satellites change as they pass through the atmosphere: the are deflected, thus lengthening their path and travel time. The magnitude of these changes depends on atmospheric properties, mainly temperature or water vapour content. GPS measurements are used by ground stations (green) and satellites (e. g. CHAMP, radio occultation; red). In addition, GPS signals (black) reflected by water and ice surfaces are used for remote sensing.

2.15  Das Funktionsprinzip GPS-basierter Methoden zur Atmosphärensondierung. Die Signale der momentan 31 aktiven GPS-Satelliten werden beim Durchgang durch die Atmosphäre verändert, ihre Strahlen werden gebeugt und die Wegstrecke dadurch länger. Wie groß die Veränderungen sind, hängt von Atmosphäreneigenschaften ab, vor allem von Temperatur oder Wasserdampfgehalt. Genutzt werden GPS-Messungen von Bodenstationen (grün) und Satelliten (z. B. CHAMP, Satellitenuntergänge, Radio-Okkultation; rot). Zusätzlich werden von Wasser- und Eisoberflächen reflektierte GPS-Signale (schwarz) für die Fernerkundung genutzt.

satellite system and continuous expansion of the ground- and satellite-based receiver networks, GPS meteorology will continue to develop significantly in the next few years.

The high precision of GPS radio occultation measurements and the currently unique, long-term dataset of more than eight years of CHAMP measurements already allow initial climatological investigations of global temperature changes. Of course, eight years is hardly more than a moment on the climate time-scale, and this data is thus used as a snapshot of the current state. Nevertheless, the precision of the measurements is astounding. Data from CHAMP measurements can be used to detect global temperature changes with an accuracy of a tenth of a degree per year (▶ Fig. 2.16).

An examination of the global temperature distribution reveals the following picture: the weather affects the lowest kilometres of the atmosphere, the troposphere. Its upper limit is defined by a barrier layer, the tropopause, whose altitude and temperature variations can be used as an indicator of climate changes. The CHAMP and GRACE datasets enabled initial investigations into

changes in the altitude of the tropopause and the temperature within an altitude range of five to 25 kilometres. The results show a global rise in the tropopause altitude of around seven metres per year from 2001 to 2009. This indicates an expansion of the troposphere during this period and therefore, a slight warming.

Meteorological measurements using GPS methods can also be carried out from ground stations. This involves tracking the GPS satellites on their path from horizon to horizon. Data from an international network of over 300 globally distributed GPS ground stations is analysed in Potsdam. The water vapour content in the air column above the ground stations can be determined from these data. Water vapour is the most important greenhouse gas in the atmosphere. If we examine the long-term changes in vapour content in various climate zones, we are able to draw conclusions regarding possible climate changes. However, reliable statements about trends in the atmospheric water vapour distribution require a long-term data series.

Measured values acquired from GPS meteorology are now an integral component of the database that is used

# GPS-Atmosphärensondierung: von der Wettervorhersage bis zur Klimaforschung

GPS hat sich zu einem Vielzweckinstrument entwickelt. Auch die satellitengestützte Meteorologie arbeitet heute mit GPS-Verfahren, um Daten vor allem in Regionen zu gewinnen, die nicht vom bodengestützten Messnetz abgedeckt werden. Dazu macht sie sich die Gesetze der Optik zunutze.

Jeder kennt das Phänomen des geraden Stocks, der optisch einen Knick erhält, wenn man ihn ins Wasser taucht. Aus der Physik weiß man, dass dieses ein Phänomen der Brechung der Lichtstrahlen ist und dass die Stärke dieser Brechung von der Dichte des Mediums abhängt, durch das die Strahlen laufen.

Das Brechungsvermögen der Luft hängt von deren Dichte und damit fast ausschließlich von ihrer Temperatur und dem Wasserdampfgehalt ab. Dieses meteorologische Gesetz nutzen die Satelliten CHAMP und GRACE aus. Auf ihrer erdnahen Bahn empfangen sie die Signale der hoch über ihnen fliegenden GPS-Satelliten. Von GRACE aus gesehen, geht fast immer einer der 31 aktiven GPS-Satelliten hinter der Erde unter. Trotzdem kann ein GRACE-Satellit dieses Signal noch eine Zeitlang empfangen, weil sein Weg durch die Erdatmosphäre durch die Brechung gekrümmt wird. Die Krümmung führt zu einer Wegverlängerung des Strahls. Das Signal braucht also etwas länger, um zum GPS-Empfänger auf dem GRACE-Satelliten zu gelangen. Aus der Laufzeitänderung kann man auf die Dichte der Atmosphäre schließen und erhält so Vertikalprofile des Wasserdampfs und der Temperatur der Atmosphäre auch an den Stellen, wo es keine Wetterstationen oder gar Messballons gibt.

Dieses Verfahren, die sogenannte Radio-Okkultation (▶ Abb. 2.15), hat sich mittlerweile als Methode zur globalen Beobachtung der Erdatmosphäre etabliert. Die so gewonnenen Daten fließen bereits in die Wettervorhersage und in die Klimaforschung ein. Mit dem Aufbau des europäischen Galileo-Satellitensystems und der kontinuierlichen Erweiterung der boden- und satellitengestützten Empfängernetze wird sich in den nächsten Jahren die GPS-Meteorologie deutlich weiterentwickeln.

Die hohe Genauigkeit der GPS-Radio-Okkultationsmessungen und der bisher einzigartige Langzeitdatensatz von mehr als acht Jahren CHAMP-Messungen erlauben bereits erste klimatologische Untersuchungen zu globalen Temperaturänderungen. Natürlich sind acht Jahre im Klimageschehen kaum mehr als eine zeitliche Punktmessung und dienen damit eher der Zustandsbe-

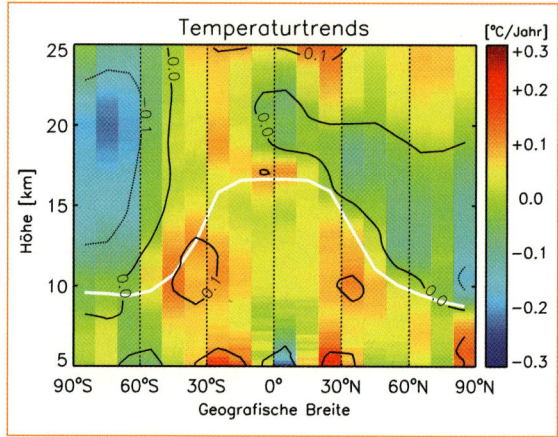

2.16  Aus CHAMP- und GRACE-Daten abgeleitete Temperaturänderungen (Grad/Jahr) in der oberen Troposphäre und unteren Stratosphäre (5 bis 25 km) für den Zeitraum Mai 2001 bis Dezember 2010. Die meridionale und vertikale Auflösung beträgt 10° bzw. 0,2 km. Das Konturintervall (schwarz) zeigt in 10 km Höhe in 30° nördlicher und südlicher Breite Temperaturzunahmen von 0,1 K. Die weiße Kurve markiert die mittlere Tropopausenhöhe, welche die Obergrenze für Wettererscheinungen darstellt.

2.16  Temperature changes (degrees/year) in the upper troposphere and lower stratosphere (5 to 25 km) derived from CHAMP and GRACE data for the period from May 2001 to December 2010. The meridional and vertical resolutions are 10° and 0.2 km, respectively. The contour interval (black) shows temperature increases of 0.1 K at an altitude of 10 km and 30° degrees north and south. The white curve marks the mean tropopause altitude, which represents the upper limit for weather phenomena.

schreibung. Die Präzision der Messungen ist allerdings erstaunlich: Mit Daten aus CHAMP-Messungen lassen sich globale Temperaturänderungen mit einer Genauigkeit von einem zehntel Grad pro Jahr nachweisen (▶ Abb. 2.16).

Sieht man sich die globale Temperaturverteilung an, ergibt sich folgendes Bild: Das Wetter spielt sich in den unteren Kilometern der Atmosphäre ab, der Troposphäre. Deren Obergrenze wird durch eine Sperrschicht, die Tropopause definiert, deren Höhe und Temperatur als Indikator für Klimaänderungen genutzt werden kann. Erste Untersuchungen zu Veränderungen der Tropopausenhöhe und der Temperatur im Höhenbereich von fünf bis 25 Kilometer konnten auf Basis der CHAMP- und GRACE-Datensätze durchgeführt werden. Die Ergebnisse zeigen einen globalen Anstieg der Tropopausenhöhe von etwa sieben Metern pro Jahr von 2001 bis 2009. Das deutet für diesen Zeitraum auf eine Ausdehnung der Troposphäre und somit auf eine leichte Erwärmung hin.

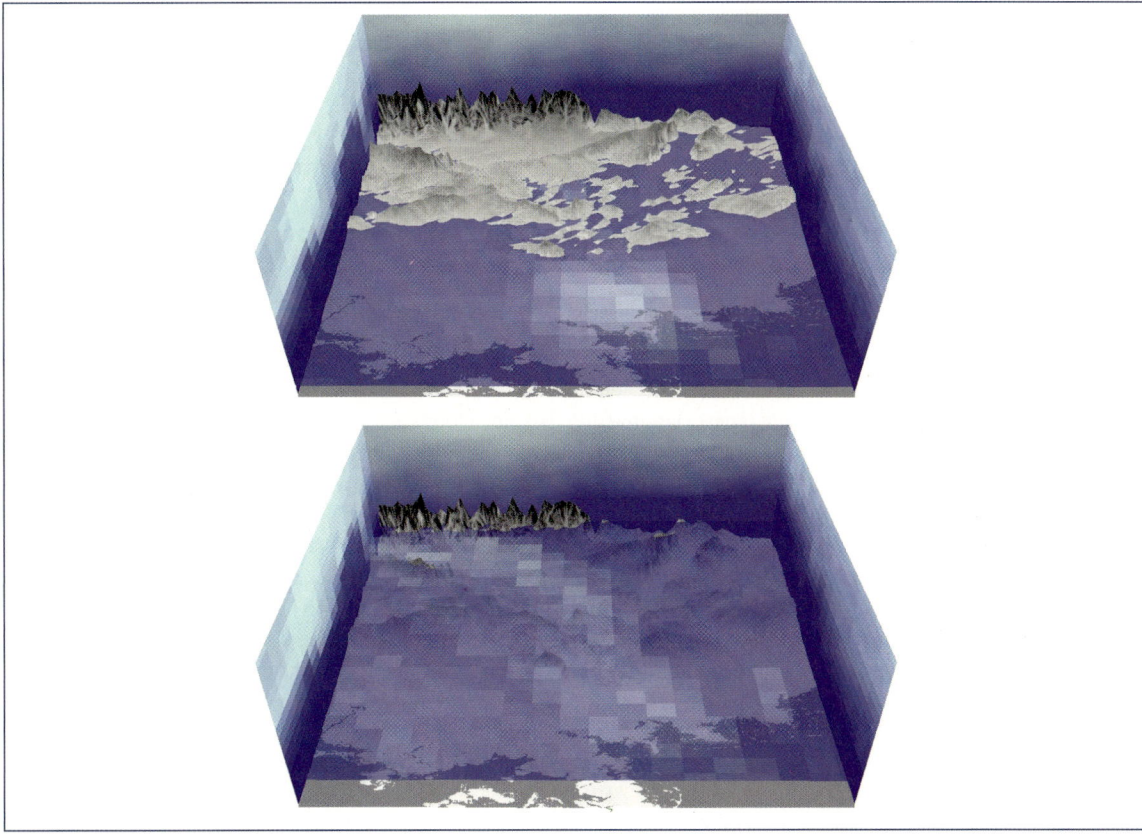

2.17  Three-dimensional water vapour distribution over Germany on 6 August 2007 viewed from the north (top = Alps in Southern Germany, bottom = Baltic Sea in the north). It was derived from measurements taken by approx. 350 GPS ground stations using tomographic methods. The images show two horizontal sections through the 3-D distribution, on the left at an altitude of 300 m and on the right at 1000 m. The distribution is created on a spatial grid structure with a resolution of 35 × 35 km horizontally and approx. 300 m vertically. The colour intensity is proportional to the vapour content, from white (dry) to dark blue (very moist). The left and right limits of the images are each vertical sections through the 3-D reconstruction. The change of this distribution over time is coupled with weather phenomena and can be used for weather forecasting.

2.17  Beispiel für einen Blick von Nord auf die dreidimensionale Wasserdampfverteilung über Deutschland am 6. August 2007, die aus Messungen von ca. 350 GPS-Bodenstationen mit tomographischen Verfahren abgeleitet wurde (oben: Nord/Alpen; unten: Süd/Ostsee). Dargestellt sind zwei horizontale Schnitte durch die 3-D-Verteilung, links in 300 und rechts in 1000 m Höhe. Die Verteilung wird auf einer räumlichen Gitterstruktur mit einer Auflösung von 35 × 35 km in der Horizontalen und ca. 300 m in der Vertikalen erstellt. Die Farbtiefe ist proportional zum Wasserdampfgehalt, von weiß (trocken) bis dunkelblau (sehr feucht). Die linke und rechte Begrenzung der Abbildungen sind jeweils Vertikalschnitte durch die 3-D-Rekonstruktion. Die zeitliche Veränderung dieser Verteilung ist mit Wetterphänomenen gekoppelt und kann zur Wettervorhersage genutzt werden.

for daily regional weather forecasts in Europe. Germany has a regionally consolidated network of 350 ground stations, whose measured data is processed almost in real time. The water vapour data is made available to international weather services within one hour of its measurement. The station network is so densely linked that the measured data can be used to derive three-dimensional distributions of the water vapour above Germany (▶ Fig. 2.17).

## Outlook

It is true to say that satellites have become an indispensible instrument for geoscientists. Up to this point, we have focussed on gravity field measurements and satellite methods for the study of plate movements and atmospheric changes. But these man-made celestial bodies also play an important role in remote sensing of the Earth's surface, in studies of the terrestrial magnetic

Auch vom Boden aus funktionieren die meteorologischen Messungen mit GPS-Verfahren, wenn man die GPS-Satelliten auf ihrem Weg von Horizont zu Horizont verfolgt. In Potsdam werden Daten von über 300 global verteilten GPS-Bodenstationen eines internationalen Netzes ausgewertet. Daraus lässt sich der Wasserdampfgehalt in der Luftsäule über der Bodenstation ermitteln. Wasserdampf ist das wichtigste Treibhausgas der Atmosphäre. Untersucht man die langfristigen Änderungen des Wasserdampfgehalts in verschiedenen Klimazonen der Erde, so lassen sich daraus Schlussfolgerungen im Hinblick auf mögliche Klimaänderungen ziehen. Für gesicherte Aussagen über Trends in der atmosphärischen Wasserdampfverteilung sind allerdings lange Datenreihen erforderlich.

Mittlerweile sind die aus der GPS-Meteorologie gewonnenen Messwerte fester Bestandteil der Datenbasis für die täglichen regionalen Wettervorhersagen in Europa. In Deutschland existiert ein regional verdichtetes Bodennetz mit 350 Stationen, dessen Messdaten annähernd in Echtzeit verarbeitet werden. Die Wasserdampfdaten werden hier innerhalb nur einer Stunde nach der Messung für die internationalen Wetterdienste bereitgestellt. Das Stationsnetz ist so dicht geknüpft, dass sich aus den Messdaten dreidimensionale Verteilungen des Wasserdampfes über Deutschland ableiten lassen (▶ Abb. 2.17).

# Ausblick

Satelliten, so kann man festhalten, sind ein unersetzliches Instrument für die Geowissenschaften. Bisher haben wir uns mit Schwerefeldmessungen und Satellitenmethoden in der Untersuchung von Plattenbewegungen und atmosphärischen Veränderungen beschäftigt. Aber auch in der Fernerkundung der Erdoberfläche, bei der Untersuchung des irdischen Magnetfeldes oder in der Katastrophenvorsorge spielen die künstlichen Himmelskörper eine wichtige Rolle, auf die wir zurückkommen werden.

Das Bild der Plattentektonik hat in den vergangenen Jahren erheblich an Schärfe gewonnen, dabei spielen Satellitenmessungen eine herausragende Rolle. Geowissenschaftler können heute die Prozesse der Plattentektonik mit großer Präzision und nahezu in Echtzeit beobachten, indem sie Satellitendaten von geophysikalischen Größen wie Schwere- und Magnetfeld mit GPS-Verschiebungsvektoren koppeln.

field and in predicting natural disasters – which will be addressed in later chapters.

Our picture of plate tectonics has become substantially sharper and clearer in recent years. Satellite measurements play a prominent role in this progress. Geo-scientists can now observe the processes of plate tectonics with high precision and virtually in real time. They do this by coupling satellite data of geophysical variables, such as the gravity and magnetic field, with GPS displacement vectors.

3.1 Im Faltengebirge eingebettete Vulkane und ein Hochplateau: die chilenischen Zentralanden mit dem Vulkan Licancabur (5920 m) als Resultat der Kollision von Ozeanboden und Kontinent.

3.1 Volcanoes embedded in the Andes mountain belt: the Chilean central high plateau with the Licancabur Volcano (5920 m), formed by subduction of the Pacific Ocean under the continent.

# Kapitel 03

# Wie die moderne Tektonik Wegener vom Kopf auf die Füße stellt

## Chapter 03

## How Modern Tectonics Set Wegener Right

Keine Entdeckung seit der Kopernikanischen Wende hat unser Bild der Erde so grundsätzlich verändert wie die Theorie der Plattentektonik, die heute die generalisierende Theorie der Geowissenschaften ist. Das Wissenschaftsmagazin *New Scientist* stellt sie gleichberechtigt mit der Evolutionstheorie und der Relativitätstheorie unter die wichtigsten Entdeckungen der Menschheit. Es ist heute Allgemeinwissen, dass die Oberfläche des Erdkörpers in tektonische Platten gliedert ist, die sich dynamisch bewegen. Die frühe Formulierung einer Kontinentaldrift durch Alfred Wegener im Jahr 1915 lieferte zwar erstmals eine geschlossene Argumentation, die auf dem geometrischen Zusammenpassen der Kontinente der Südhemisphäre, auf der geographischen Verbreitung von Spuren fossiler Klimazeugen, miteinander verwandter vorzeitlicher Flora und Fauna sowie auf Analysen des Erdmagnetfeldes beruhten. Wegeners Theorie blieb aber umstritten, denn ihr fehlte etwas Entscheidendes: der Antriebsmotor für die Bewegung der Kontinente.

Erste Hinweise darauf ergaben sich durch die Erdbeben. Als der junge Wissenschaftler Ernst von Rebeur-Paschwitz in Potsdam am 17. April 1889 ein Erdbeben in Japan (▶ Abb. 1.3) registrierte, war damit die weltweit erste Fernaufzeichnung eines Erdbebens gelungen. Das Muster der globalen Verteilung von Erdbeben jedoch war damit noch nicht entdeckt; erst 1954 stellten die Geophysiker Kiyoo Wadati und Hugo Benioff unabhängig voneinander, aber fast gleichzeitig fest, dass sich die Erdbebenaktivität an den Grenzen zwischen Ozeanen und Kontinenten häufte und dass die Erdstöße sich entlang von Flächen anordnen, die unter die Kontinente abtauchen. Der Grund dafür blieb allerdings noch rätselhaft.

Die wissenschaftlichen Ozeanbohrungen der 1960er Jahre brachten schließlich wichtige Erkenntnisse für unser heutiges Bild der Erde, ihrer Geschichte und Dynamik: Sämtliche bei den Bohrungen zutage geförderten Ozeangesteine waren mit einem Höchstalter von 200 Millionen Jahren wesentlich jünger als Wegener angenommen hatte; wie wir heute wissen, können kontinentale Gesteine demgegenüber mehr als vier Milliarden Jahre alt sein. Zweitens ergab sich, dass in unmittelbarer Nähe der mittelozeanischen Rücken das Gestein der Ozeanböden sehr jung ist und mit zunehmender Entfernung von diesen untermeerischen Gebirgen höheres Alter aufweist. Drittens sind die Ozeanböden unter der obersten Sedimentschicht durchweg magmatischen Ursprungs (▶ Abb. 3.2). Und viertens ändert sich beiderseits der mittelozeanischen Rücken die Magnetisierungsrichtung der Gesteine in parallelen Streifen.

Die Interpretation dieser Befunde stellte in der zweiten Hälfte der 1960er Jahre die genialen Entdeckungen Wegeners in den richtigen Zusammenhang – und

zugleich seine Theorie auf den Kopf: Nicht nur das Alter der ozeanischen und kontinentalen Gesteine war genau umgekehrt; auch die Vorstellung, dass die Kontinente sozusagen durch die Ozeane pflügen, drehte sich dahingehend um, dass sich Ozeanböden und Kontinente als eine Einheit bewegen. Zusammen bilden sie die Erdkruste, den oberen Teil der Lithosphärenplatten. Die Kontinente als leichteste Gesteine unseres Planeten schwimmen obenauf und sind lediglich der sichtbare Teil dieser tektonischen Platten, mit denen sie sich bewegen. Selbst das Muster der weltweiten Verteilung von Erdbeben fügt sich in dieses Bild ein: Über 90 Prozent der seismischen Energie wird an den Plattengrenzen freigesetzt.

Aus der Wegenerschen Kontinentaldrift erwuchs mithin die Theorie der Plattentektonik, die sich bis heute als ein Konzept erweist, das die Dynamik unseres Planeten schlüssig zu erklären vermag. Die wichtigste neue Erkenntnis war, dass die starren Platten aus der gesamten Lithosphäre bestehen, also der kontinentalen oder ozeanischen Erdkruste und dem darunter liegenden festen, obersten Teil des Erdmantels (▶ Abb. 1.4). Diese beiden Schichten schwimmen gemeinsam auf der sogenannten Asthenosphäre, die zu einem ganz geringen Teil aufgeschmolzen ist, und bewegen sich als große Platten auf der Erdoberfläche, angetrieben durch die gewaltige Wärmeenergie im Erdinnern.

Wenn sich auf der Erdoberfläche die Platten und mit ihnen die Kontinente horizontal bewegen, ist es ein nahe liegender Gedanke, diese Bewegungen zurückzuverfolgen. Faktisch war genau das auch der Ansatz Wegeners: Da die Umrisse der Ostküste Südamerikas und der Westküste Afrikas geometrisch gut ineinander passen, kommt man leicht auf die Idee, dass diese beiden Kontinente ursprünglich einmal eine zusammenhängende Landmasse formten. Führt man den Gedanken weiter, ergibt sich das Bild eines gewaltigen Urkontinents, aus dem sich – nach dessen Auseinanderbrechen – das heutige Puzzle unserer sieben Kontinente entwickelte.

## Kontinente als Wärmedecke und Mantel-Plumes

Was aber bringt diese riesigen Landmassen dazu, auseinanderzubrechen und danach horizontal über die Oberfläche des Planeten zu driften? Die Spurensuche führt uns in die Mitte des Südatlantiks, zwischen Afrika und Südamerika. Unweit des heutigen mittelatlantischen Rückens liegt die Insel Tristan da Cunha, die uns einen Hinweis darauf gibt, wie und wo die Trennung

Not since the Copernican Revolution has a discovery fundamentally changed our view of the Earth in the way that the theory of plate tectonics has. Today this is the generalising theory of the geosciences. The science magazine *New Scientist* calls it one of the most important discoveries of mankind, on a par with the theories of evolution and relativity. It is now general knowledge that the surface of the Earth is divided into tectonic plates that move dynamically. The early hypothesis of continental drift by Alfred Wegener in 1915 provided the first convincing logical argumentation. It was based on the geometric fit of the continents in the southern hemisphere, on the geographical spread of fossil climate indicators, on related prehistoric flora and fauna and on analyses of the Earth's magnetic field. However, Wegener's theory remained disputed because it lacked something decisive: the driving force behind continental motion.

Initial clues were provided by earthquakes. When the young scientist Ernst von Rebeur-Paschwitz registered a Japanese earthquake in Potsdam on 17 April 1889, (▶ Fig. 1.3), it was the world's first successful remote recording of an earthquake. However, the global distribution pattern of earthquakes wasn't discovered until later. In 1954, geophysicists Kiyoo Wadati and Hugo Benioff discovered independently, but almost simultaneously, the increased frequency of earthquake activity at the boundaries between oceans and continents as well as the arrangement of seismic shocks along zones that dipped under the continents. However, the reason for this remained a mystery.

Scientific ocean drilling in the 1960s finally provided the crucial evidence for our present-day view of the Earth history and dynamics. Firstly, all ocean rocks from the drill cores were far younger than Wegener had assumed, having a maximum age of 200 million years. We now know that continental rocks can be more than four billion years old. Secondly, rock from the ocean floor was found to be very young in the immediate vicinity of the mid-oceanic ridges and became older with increasing distance from these undersea mountains. Thirdly, beneath their top layer of sediment, all ocean floors are of magmatic origin (▶ Fig. 3.2). And fourthly, on both sides of the mid-oceanic ridges, the magnetic orientation of the rocks changes, producing a pattern of parallel strips that are arranged symmetric to the ridges.

Interpretation of these findings in the second half of the 1960s put the brilliant discoveries of Wegener into context – but turned his theory upside down at the same time. Not only was the age of the oceanic and continental rocks the exact opposite of what he had assumed, the idea that the continents "plough" through the oceans was refuted: ocean floors and continents move as one.

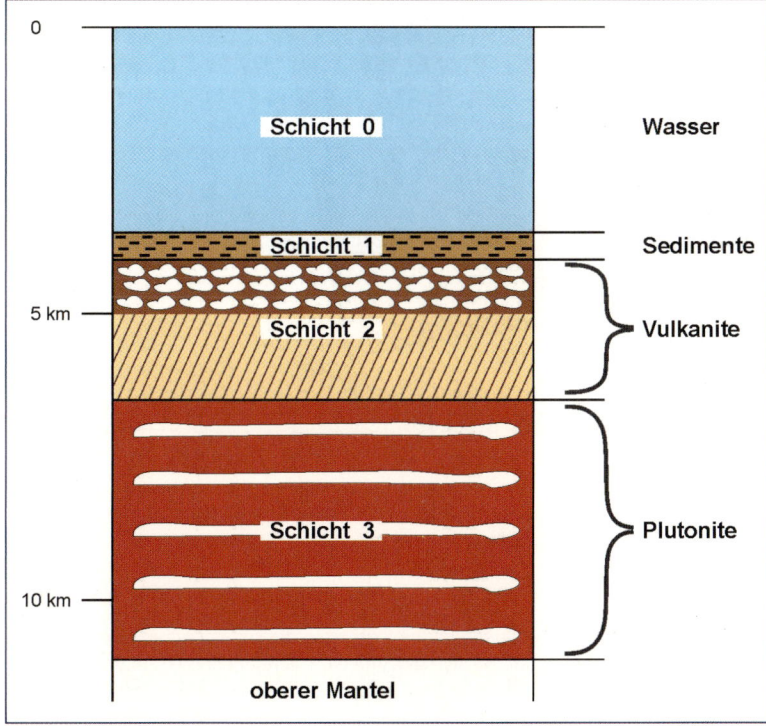

3.2  Schematic structure of the ocean floors.

3.2  Schematischer Aufbau der Ozeanböden.

von Afrika und Südamerika einst begann. Den Wirkungsmechanismus stellt man sich etwa so vor: Die Wärmeenergiequelle des Erdkerns erhitzt das darüberliegende Gestein des Erdmantels, dieses Mantelgestein selbst erhitzt sich zusätzlich vor allem durch radioaktiven Zerfall der in ihm enthaltenen $^{232}$Thorium-, $^{235}$Uran-, $^{238}$Uran- und $^{40}$Kalium-Isotope; dadurch wird das Gestein plastisch oder schmilzt sogar teilweise auf. Allerdings ist die Wärme nicht gleichmäßig verteilt. An einigen Stellen des Erdmantels erhitzt sich das Gestein stärker als anderswo, es formt sich eine heiße Gesteinsblase. Dieser sogenannte *mantle plume* steigt auf und führt unter dem Kontinent zu einem Hitzestau, denn die kontinentale Lithosphäre ist ein äußerst schlechter Wärmeleiter und funktioniert wie eine isolierende Wärmedecke. Durch diesen Hitzestau wiederum wird das Kontinentalgestein so lange aufgeweicht, bis der Kontinent an dieser Stelle auseinanderreißt.

So erweist sich die Erde auch bei diesen Vorgängen als ein sich selbst regulierendes System rückgekoppelter

Prozesse: Die Bewegung der großen tektonischen Platten und der auf ihnen liegenden Kontinente wird nicht nur durch thermische Konvektion im Erdmantel angetrieben, sondern wirkt ihrerseits auf diese Antriebsprozesse zurück.

Dabei zeigte sich, dass die enorme Hitze im Erdinnern nicht in einer durchweg chaotischen Massenbewegung im Erdmantel endet. Im Gegenteil wirken die Kontinente auf die Wärmeverteilung im Erdmantel und auf den damit verbundenen konvektiven Massenfluss zurück. Es entwickelt sich ein sich selbst regulierendes System, an dessen Anfang und Ende jeweils ein Superkontinent steht. Dieser bricht durch den Hitzestau auseinander, was zu einer Neuorganisation der Mantelkonvektion führt, die letztlich wieder die Bruchstücke zu einem großen Superkontinent zusammenfügt.

Im Südatlantik sind die Relikte eines solchen Prozesses noch zu finden: Von der Insel Tristan da Cunha führt der untermeerische vulkanische Walfisch-Rücken (▶ Abb. 3.3) auf die Küste Namibias zu. Dieser wird

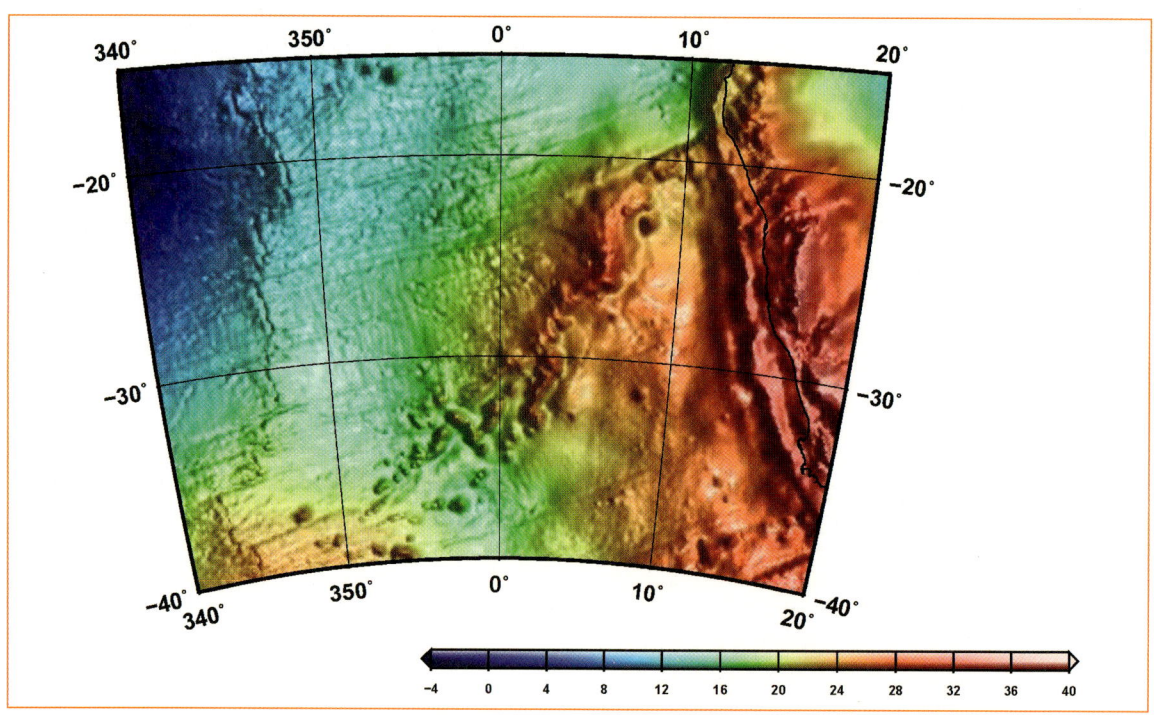

3.3 Der Walfisch-Rücken vor der Küste Namibias markiert die Spur des Mantel-Plumes, der vor 130 Millionen Jahren zum Auseinanderbrechen des Urkontinents Gondwana führte. Dargestellt ist die Signatur im Schwerefeld. Die Datenbasis bilden das globale Schwerefeldmodell EGM2008 mit GRACE-Daten, gemessene Schwereanomalien auf dem Land und Höhenmessungen der Meeresoberfläche mittels Satelliten.

3.3 The Walvis Ridge off the coast of Namibia marks the trail left by a mantle plume that led to the supercontinent Gondwana breaking up 130 million years ago. The image shows the signature in the gravity field. The data were obtained from the global gravity field model EGM2008 with GRACE data, gravity anomalies measured on land and sea surface topography from satellite data.

Together they form the Earth's crust, the upper part of the lithospheric plates. The continents, as the lightest rocks of our planet, float on the top and are merely the visible part of these tectonic plates on which they move. Also the worldwide distribution pattern of earthquakes fits into this picture: over ninety percent of the seismic energy is released at plate boundaries.

Thus, Wegener's continental drift grew into the theory of plate tectonics. This concept provides a logical explanation of our planet's dynamics up to the present time. The most important new finding was that the rigid plates consist of the whole lithosphere, i.e. the continental or oceanic crust on top of the solid, uppermost part of the mantle (▶ Fig. 1.4). These two layers float together on the asthenosphere, a very small proportion of which is molten. They move as large plates on the Earth's surface, driven by the enormous thermal energy from the Earth's interior.

Given that the plates, and thus the continents, move horizontally on the Earth's surface, the obvious thing to do would be to retrace these movements. In fact, this is precisely what Wegener's approach was. Considering the good geometric fit between the eastern coast of South America and the west coast of Africa, it is easy to think that these two continents originally formed a contiguous land mass. If we take this idea further, we find an enormous supercontinent, which has broken up to produce the present day jigsaw puzzle of our seven continents.

## Continents as an insulating blanket and mantle plumes

But what causes these enormous land masses to break into pieces, which then drift horizontally over the surface of the planet? The search for clues leads us to the middle of the South Atlantic, between Africa and South America. Not far from today's Mid-Atlantic Ridge lies the Island of Tristan da Cunha. It gives us a clue as to how the separation of Africa and South America began at some point in the past. In simple terms, the mechanism by which this occurred is based on thermal energy from the Earth's core heating the rock of the mantle above it. This mantle rock also heats itself, primarily through radioactive decay of its constituent $^{232}$thorium, $^{235}$uranium, $^{238}$uranium and $^{40}$potassium isotopes. Heat makes the rock ductile and even melts it in places. However, the heat is not uniformly distributed. In several places in the mantle, the rock is hotter than elsewhere and a hot buoyant rock bubble forms. As this so-called

*mantle plume* rises, heat accumulates under the continental lithosphere, which is an extremely poor heat conductor and acts as an insulating blanket. The accumulated heat softens the continental rock until the continent eventually rips apart at this point.

These processes also show the Earth to be a self-regulating system of feedback processes. Movement of the large tectonic plates and the continents lying on top of them is not only driven by thermal convection in the mantle, it also feeds back on these driving processes.

Thus the tremendous heat in the Earth's interior does not lead to a totally chaotic mass movement in the mantle. On the contrary, the continents react to the heat distribution in the mantle and to the associated convective mass flow. This results in a self-regulating system that starts and ends with a supercontinent. Accumulation of heat causes the initial supercontinent to break apart. This leads to reorganisation of convection in the mantle, which ultimately pushes the fragments back together again to form another large supercontinent.

Relics of such a process can still be found in the South Atlantic: the undersea volcanic Walvis Ridge (▶ Fig. 3.3) runs from the island of Tristan da Cunha to the coast of Namibia. This is considered to be the trace of continental motion over a fixed mantle plume.

The junction of the Walvis Ridge with the Namibian continental margin marks the position of the mantle plume 130 million years ago when western Gondwana broke apart. It is precisely here, in the Etendeka Flood Basalt Province, where we now find geological traces of basaltic volcanic rocks of a corresponding age. A causal relationship between basaltic volcanism and the occurrence of a mantle plume seems very probable and can be explained as follows: as continents break apart, the crust stretches and thins to form a rift basin. At the same time, the rising hot mantle undergoes melting and produces lavas which flow into the rift basin, forming what are called flood basalt provinces.

In the 130 million years since the Etendeka Basalt Province was formed, uplift and erosion have removed a rock package around four thousand metres thick from the continental margin. The eroded debris fills thick sedimentary basins off the west coast of South Africa. As is frequently the case in such sedimentary basins, large natural gas deposits are found here.

Despite this deep erosion, evidence of magmatism remains to be seen in the form of basaltic pipes and fissures beneath the old volcanic landscape. Such fissures filled with basaltic magma extend for hundreds of kilometres along the Namibian continental margin (▶ Fig. 3.4). These magmatic dyke swarms provide information not only on the direction of tectonic extension and the age of fracturings in the crust, but also on the com-

3.4  Basaltvulkanismus in Namibia – links oben: Luftbild der Basaltgänge in der Namib-Wüste; rechts oben: Ein Basaltgang durchschlägt Granit; links unten: Basalt-Dünnschliff im Mikroskop (Bildbreite 5 mm); rechts unten: Die Tafelberge der Etendeka-Provinz bestehen aus Basaltlava, die durch die Gangspalten gefördert wurde.

3.4  Basaltic volcanism in Namibia. Top left: aerial photograph of basalt dykes in the Namib Desert. Top right: a basalt dyke cuts through granite. Bottom left: thin section of basalt under the microscope (image width 5 mm). Bottom right: the Tafelberg mountains of the Etendeka Province consist of basalt lava that was transported through dyke fissures.

als Spur der Kontinentalbewegung über dem ortsfesten Mantel-Plume angesehen.

Die Verbindung des Walfisch-Rückens mit dem Kontinentalrand Namibias markiert die Position des Mantel-Plumes vor 130 Millionen Jahren, also zum Zeitpunkt des Auseinanderbrechens von West-Gondwana. Genau dort, in der sogenannten Etendeka-Flutbasaltprovinz, findet man heute geologische Spuren von basaltischen Vulkaniten entsprechenden Alters. Ein kausaler Zusammenhang zwischen Basaltvulkanismus und dem Auftreten eines Mantel-Plumes erscheint sehr wahrscheinlich und erklärt sich so, dass sich beim Auseinanderreißen des Kontinents die Kruste dehnt, dabei ausdünnt und eine beckenförmige Struktur ausbildet, in die magmatisches Gestein hineinströmt – eben die Flutbasalt-Provinzen.

In den 130 Millionen Jahre seit der Entstehung der Etendeka-Basaltprovinz wurde ein etwa 4000 Meter mächtiges Gesteinspaket vom Kontinentalrand durch Hebung und Erosion abgetragen. Das herausgespülte Material füllt mächtige Sedimentbecken vor der südafrikanischen Westküste; hier finden sich – wie häufig in solchen Sedimentbecken – große Erdgasvorkommen.

Trotz dieser Sedimentfüllung sind die Spuren des Magmatismus erhalten geblieben, denn die Förderschlote und -spalten unterhalb der alten Vulkanlandschaft wurden durch die Erosion freigelegt. Solche durch basaltische Magma gefüllte Risse erstrecken sich über Hunderte von Kilometern am namibischen Kontinentalrand (▶ Abb. 3.4). Magmatische Gangschwärme dieser Art geben Auskunft über die Dehnungsrichtung und das Alter von Bruchstrukturen in der Erdkruste sowie über Zusammensetzung, Herkunft und Bildungsbedingungen der hineingeflossenen Magmentypen. Sie liefern daher Schlüsselinformation für das Verständnis von Magmatismus und Tektonik und sind folglich ein begehrtes Objekt der Geoforschung.

3.5  Satellite picture of the Brandberg Complex in Namibia. This granite intrusion was formed 130 million years ago when the Gondwana supercontinent broke apart (Landsat, edited by GFZ).

3.5  Satellitenaufnahme des Brandberg-Komplexes in Namibia. Diese Granitintrusion entstand vor 130 Millionen Jahren, beim Aufbrechen des Superkontinents Gondwana (Landsat, bearb.: GFZ).

position, origin and formation conditions of the inflowing magma. This is vital information that helps us to understand magmatism and tectonics, and dyke swarms are consequently a much sought-after object of georesearch.

## Rising plumes and horizontal motion

The formation and convective buoyancy of mantle plumes are still largely unexplained and thus the subject of research. Mantle plumes, which act like welding torches and are capable of driving thick supercontinents apart, have enormous quantities of energy. It is possible that several such rising rock bubbles simultaneously existed next to each other and broke up Gondwana. We now know that these plumes originate deep in the mantle, perhaps even at the core/mantle boundary region, and for a short time they may contain as much energy and convecting mass as all plate margins put together.

Mantle plumes can occur anywhere and do not appear to follow the current pattern of oceans, continents and plate margins. They are able to thin out the lithosphere thermally and mechanically and then break it apart. If the lithosphere is stretched, and therefore thinned, the pressure on the rocks reduces. This, together with the increased heat flow brought about by the hot mantle plume, leads to partial melting of the upper mantle and the formation of large quantities of basaltic magma. Millions of years later, these still exist in the form of the continental flood basalt provinces mentioned above.

The continents, as the lightest rock of the Earth's body, float on the surface of our planet. They are continually broken apart and joined together again by mantle plumes and plate tectonics. Thus the face of our dynamic planet has been subjected to constant change throughout all geological epochs.

## Vertical becomes horizontal: the pattern of tectonic plates

Today's map of the Earth's surface shows a dozen tectonic plates in constant motion. These plates slide along each other, collide or drift apart (▶ Fig. 3.6). Most seis-

## Aufstrebende Gesteinsblasen und horizontale Wanderungen

Die Entstehung und der konvektive Auftrieb der Mantel-Plumes sind noch weitgehend ungeklärt und daher Gegenstand der Forschung. Mantel-Plumes, die in der Lage sind, wie Schweißbrenner mächtige Großkontinente auseinander zu treiben, müssen über gewaltige Energiemengen verfügen. Möglicherweise existierten mehrere solcher aufsteigenden Gesteinsblasen gleichzeitig nebeneinander und lösten Gondwana auf. Wie wir heute wissen, entstammen Mantel-Plumes dem tiefen Erdmantel, vielleicht sogar dem Grenzbereich Kern/Mantel, und können kurzfristig ein Mehrfaches des Energie- und Stoffumsatzes aller Plattenränder zusammen beinhalten.

Mantel-Plumes können überall auftreten, sie halten sich anscheinend nicht an das derzeitige Muster von Ozeanen, Kontinenten und Plattenrändern. Und sie können thermisch und mechanisch die Lithosphäre ausdünnen und sie schließlich auseinanderbrechen. Wird die Lithosphäre gedehnt und dadurch ausgedünnt, verringert sich der Druck auf die Gesteine. Zusammen mit dem durch den heißen Mantel-Plume hervorgerufenen erhöhten Wärmefluss führt dies zum teilweisen Aufschmelzen des oberen Erdmantels. Dadurch werden große Mengen an basaltischer Magma gebildet, die noch Jahrmillionen später in Form der oben erwähnten kontinentalen Flutbasaltprovinzen erhalten sind.

Die Kontinente als leichtestes Gestein des Erdkörpers schwimmen an der Oberfläche unseres Planeten und werden durch die Mantel-Plumes und die Plattentektonik immer wieder neu auseinandergebrochen und wieder zusammengefügt. Auf diese Weise war und ist das Antlitz unseres dynamischen Planeten über alle erdgeschichtlichen Epochen hinweg einem stetigen Wandel unterzogen.

## Vertikal wird horizontal: Das Muster der tektonischen Platten

Das heutige Bild der Erdoberfläche zeigt ein Dutzend tektonischer Platten in ständiger Bewegung. Diese Platten schieben sich aneinander vorbei, kollidieren miteinander oder driften auseinander (▶ Abb. 3.6). An ihren Rändern findet sich daher der Großteil seismischer und vulkanischer Aktivität.

Angetrieben wird die horizontale Bewegung der Lithosphärenplatten durch das vertikale Auf und Ab des flüssigen Gesteins im Erdmantel (▶ Abb. 1.4). Dieser konvektive Massentransport dient dem äußerst effektiven Wärmeaustausch zwischen Zonen unterschiedlicher Temperatur; die Gesteinspakete nehmen also Wärme mit. Dass die Erde mit ihrem Alter von 4,6 Milliarden trotz dieses Wärmeaustausches im Laufe ihrer Geschichte nicht den Großteil ihres Wärmegehalts verloren hat, macht einen Teil ihrer Einzigartigkeit aus: Die oberste Schicht der Erde, die Erdkruste mit durchschnittlich 30 Kilometern Dicke, stellt eine effektive Wärmedämmung dar. Energetisch betrachtet ist die Erde also ein sich selbst regulierendes und stabilisierendes Rückkopplungssystem, das die Energie der Konvektionsprozesse im Erdinnern hauptsächlich in horizontale Bewegungen umsetzt. Deshalb driften die Platten und die Kontinente mit ihnen.

Die Geschwindigkeiten, mit denen die Platten sich bewegen, liegen üblicherweise unter zehn Zentimetern pro Jahr, also etwa in der Größenordnung des Wachstums von Fingernägeln. Aber es gibt auch hier Geschwindigkeitsrekorde: Indien, so konnte rekonstruiert werden, war mit rund 20 Zentimetern pro Jahr der schnellste Kontinent der uns bekannten Erdgeschichte, als es sich vor 140 Millionen Jahren beim Zerbrechen von Ost-Gondwana auf den Weg machte. Vor 50 Millionen Jahren kollidierte der Subkontinent mit Eurasien, Resultat des Zusammenstoßes ist der Himalaja; auch das riesige Hochplateau Tibets ist das Ergebnis dieser Kollision. Die Geowissenschaftler sehen den Grund für die hohe Driftgeschwindigkeit des Subkontinents in der vergleichsweise geringen Dicke der indischen Platte: Sie ist nur etwa hundert Kilometer mächtig, während die anderen Restplatten von Gondwana eine doppelte Dicke von rund 200 Kilometern aufweisen. Der Mantel-Plume, der von unten den Superkontinent aufheizte und zerbrach, ließ die untere Hälfte des indischen Subkontinents wegschmelzen. Deshalb konnte Indien schneller und weiter verschoben werden als die anderen Kontinente.

## Plattenränder im Brennpunkt

An den Plattenrändern finden sich die tektonisch aktivsten Zonen auf der Erde. Für uns Menschen sind diese Regionen durch ein besonders hohes Nutzungs-, aber auch Gefährdungspotenzial gekennzeichnet. Nahezu die gesamte globale Erdbebenaktivität sowie fast alle besonders gefährlichen, hochexplosiven Vulkane konzentrieren sich an den Plattenrändern. Gleichzeitig häufen sich hier die allermeisten Vorkommen von Kupfer, Zink, Silber, Blei und anderen mineralischen Stoffen von wirtschaftlicher Bedeutung. An denjenigen Plattenrändern,

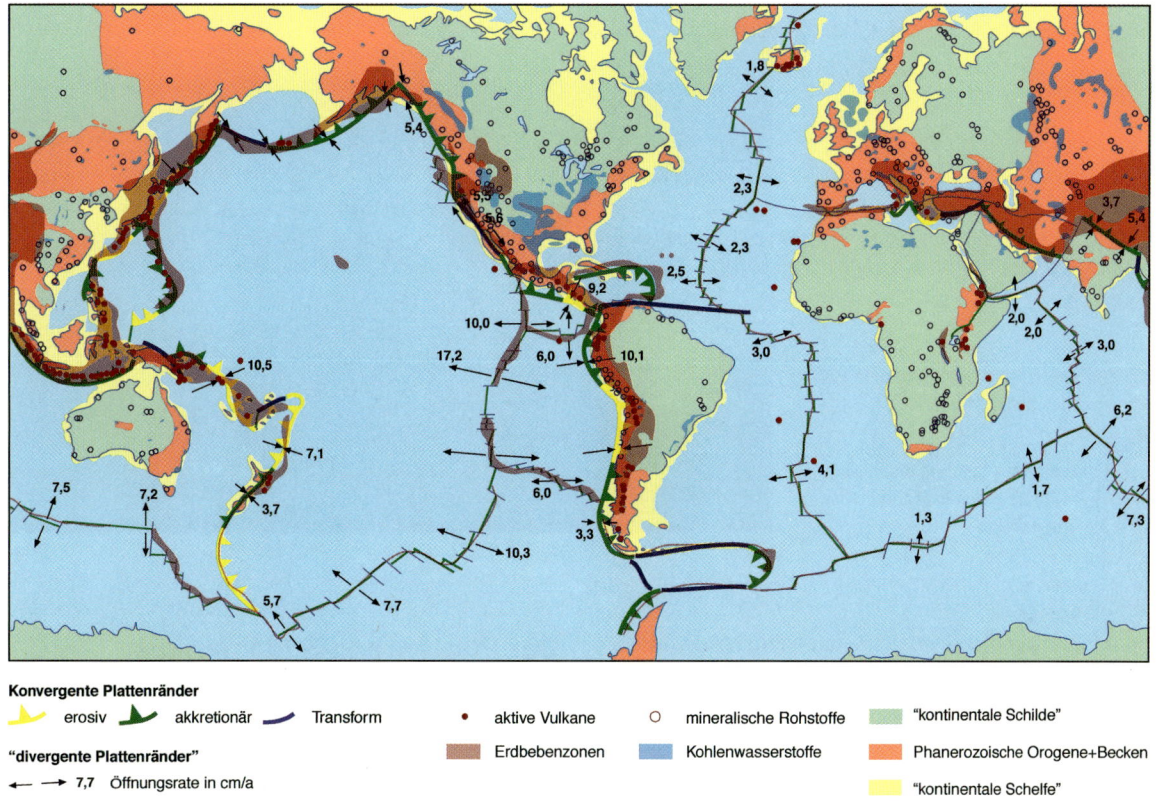

**Konvergente Plattenränder**

erosiv     akkretionär     Transform     • aktive Vulkane     ○ mineralische Rohstoffe     "kontinentale Schilde"

**"divergente Plattenränder"**

←—→ 7,7  Öffnungsrate in cm/a     Erdbebenzonen     Kohlenwasserstoffe     Phanerozoische Orogene+Becken

"kontinentale Schelfe"

3.6  Spreading and collision rates of the Earth's plates (in cm/year) and the relationships between boundaries of the lithospheric plates, global earthquake and volcanic zones, and formation of deposits, which are concentrated along the active plate margins. For example, the largest copper mine in the world, Chuquicamata, is found in the Chilean Andes.

3.6  Dargestellt sind die Spreizungs- und Kollisionsraten der Krustenplatten (in cm/Jahr) sowie der Zusammenhang zwischen den Grenzen der Lithosphärenplatten, den globalen Erdbeben- und Vulkanzonen sowie der Lagerstättenbildung, die sich an den aktiven Plattenrändern konzentriert. So befindet sich beispielsweise mit Chuquicamata der größte Kupfertagebau der Welt in den chilenischen Anden.

mic and volcanic activity therefore takes place at their margins.

The horizontal movement of lithospheric plates is driven by vertical up and down motions of liquid rock in the mantle (▶ Fig. 1.4). This convective mass transport results in extremely efficient heat exchange between zones with different temperatures when the rock packages take heat with them. Despite this heat exchange during the 4.6 billion years of its history, the Earth has not lost most of its heat; this accounts in some part for its uniqueness. The uppermost layer of the Earth, the crust, which is on average thirty kilometres thick, provides effective thermal insulation. In energy terms, the Earth is a self-regulating and stabilising feedback system that converts the energy of the convection processes in the Earth's interior into horizontal motion at the surface. This is why the plates drift, and with them the continents.

The plates usually move at a speed of less than ten centimetres per year, i.e. about the same order of magnitude as the growth of fingernails. There are also speed records, however: India, which set off on its travels when eastern Gondwana broke apart 140 million years ago, was the fastest moving continent in the Earth's known history, travelling at around twenty centimetres per year. Fifty million years ago, the Indian subcontinent collided with Eurasia. This impact gave rise to the Himalayas as well as the enormous high plateau of Tibet. Geoscientists believe that the subcontinent's high drift speed was due to the comparative thinness of the Indian Plate. It is only around 100 kilometres thick, whereas the other former Gondwanian plates are twice as thick at around 200 kilometres. The mantle plume that heated and broke up the supercontinent from below caused the bottom half of the Indian subcontinent to melt away. This is why

3.7  Gebirgsauffaltung in Kirgisien als Resultat der Kollision von Indien und Eurasien.

3.7  Folded strata forming mountains in Kyrgyzstan as a result of the collision of India and Eurasia.

an denen Kontinente aufgespalten werden und auseinanderdriften, befindet sich wiederum ein Großteil der Öl- und Gaslagerstätten der Erde.

Plattenränder, an denen sich Platten heute aktiv übereinanderschieben, nennt man konvergent (▶ Abb. 6.2). Diese sind vor allem wegen der hohen Geschwindigkeiten der dort ablaufenden dynamischen, seismischen, aber auch geochemischen Prozesse ein ideales natürliches Labor. An ihnen lässt sich am besten erforschen, wie die Abläufe zusammenwirken, die einerseits den Planeten gestalten und andererseits Nutzen und Schaden für den Menschen bestimmen. Der typischste Vertreter eines konvergenten Plattenrandes ist der pazifische Kontinentalrand Südamerikas mit den Anden. Beim Zusammenstoß des Ozeanbodens, hier der pazifischen Nazca-Platte, mit Südamerika wird die kontinentale Kruste verbogen, abgeraspelt, aufgehäuft und durch die untertauchende ozeanische Kruste umgestaltet; alle diese Prozesse fasst man unter dem plattentektonischen Begriff „Deformation" zusammen.

Schon vor der Entwicklung der Theorie der Plattentektonik war der Westrand Südamerikas ein Gegenstand wissenschaftlichen Interesses. Die Forschungsreisen von Alexander von Humboldt im 18. und von Charles Darwin im 19. Jahrhundert geben davon eindrucksvoll Zeugnis. Aber erst seit wenigen Jahren beginnen wir zu begreifen, wie komplex das Ineinandergreifen tektonischer und klimatischer Prozesse an diesem Plattenrand tatsächlich ist. Am Beispiel der Pazifikküste Südamerikas lässt sich lehrbuchhaft illustrieren, wie sich unser Verständnis der Plattenränder in den letzten Jahren gewandelt hat – eine ebenso leise wie grundsätzliche Revolution in der Theorie der Plattentektonik.

## Der Plattenrand Südamerikas: ein Faltengebirge?

Der pazifische, konvergente Plattenrand Südamerikas ist geprägt durch ein komplexes Wechselspiel vom Abtauchen ozeanischer Kruste der Nazca-Platte unter Südamerika, Magmatismus über dieser Subduktionszone, einer teilweise extremen Verdickung der Erdkruste durch Verkürzung und Stauchung des Westrandes Südamerikas. Hinzu kommen klimaabhängige Prozesse verschiedener Klimazonen. Mit den sich auf 7500 Kilometer Länge erstreckenden Anden beherbergt dieser Plattenrand das weltweit längste, durch aktive Subduktionsvorgänge gebildete Gebirge. Als einzige subduktionsgesteuerte Kordillere durchqueren die Anden eine Vielzahl von Zonen, an denen sowohl klimagesteuerte Randbedingungen als auch die Geometrie der Subduktionszone und die Subduktionsgeschwindigkeit systematisch über einen großen Bereich variieren. Schließlich weisen die zentralen Anden die weltweit größte Konzentration von ökonomisch bedeutenden Kupferlagerstätten auf.

Die Bezeichnung der Anden als ein durch Deformation entstandenes Faltengebirge unterstellt einen linearen mechanischen Zusammenhang, bei dem die Konvergenz von ozeanischer Platte und kontinentalem Plattenrand zu einer Verkürzung und Aufstauchung des Kontinentrandes führt. Diese Auffassung hält aber einer näheren Betrachtung nicht stand, die Anden sind alles andere als eine einfache Kollisionszone, die durch Plattenkonvergenz gesteuert wird. Ihre Erforschung zeigt beispielhaft, wie sich die traditionellen Vorstellungen

India was able to move faster and further than the other continents.

# Plate margins in focus

The tectonically most active zones on Earth are located at the plate margins. For us humans, these regions are characterised not only by a particularly high exploitation value, but also by a high potential risk. Practically all the global earthquake activity and almost all particularly dangerous, highly explosive volcanoes are concentrated at the plate margins. Concomitantly, the vast majority of copper, zinc, silver and lead deposits and other minerals of economic importance occur here. On the other hand, most of the oil and gas fields are located in the sedimentary basins at plate margins where continents split and drift apart.

Plate margins where plates are actively pushing against each other are called convergent (▶ Fig. 6.2). These are an ideal natural laboratory for studying the Earth's dynamics owing to the high deformation velocities as well as the seismic and geochemical processes taking place. They are also the best places for investigating interactions between processes that shape the planet and those that determine benefit and loss for humans. The most typical representative of a convergent plate margin is the Pacific continental margin of South America with the Andes. As the ocean floor, here the Pacific Nazca plate, collides with South America, the continental crust is bent, chipped, piled up and reshaped by the subducting oceanic crust; all these processes are summarised by the term "deformation".

The western edge of South America was the subject of scientific interest even before the theory of plate tectonics was developed. The expeditions of Alexander von Humboldt at the end of the eighteenth century and of Charles Darwin in the nineteenth century impressively testify to this. It is only in the past few years that we have begun to understand how complex the meshing of tectonic and climatic processes at this plate margin actually is. The example of the Pacific coast of South America provides a textbook illustration of how our understanding of plate margins has changed in recent years: there has been a quiet but fundamental revolution in the theory of plate tectonics.

# The plate margin of South America: mountains resulting from deformation?

The convergent Pacific plate margin of South America is characterised by a complex interplay between subduction of the oceanic crust of the Nazca plate under South America, magmatism across this subduction zone, and extreme thickening of parts of the crust due to shortening and compression of the western edge of South America. In addition, there are also climate-dependent processes in the various climate zones. This plate margin is home to the world's longest mountain range formed by active subduction processes: the Andes, with a length of more than 7500 kilometres. As the only subduction-controlled Cordillera, the Andes cross a large number of zones with wide systematic variations of climate-controlled boundary conditions, subduction zone geometries and subduction speeds. Furthermore, the central Andes have the world's largest concentration of economically significant copper deposits.

The labelling of the Andes as a fold belt resulting from deformation has often been interpreted to imply a simple linear relationship between the convergence velocity of the oceanic and continental plates and the continental plate margin responding by shortening – a view that does not withstand closer examination. The Andes are anything but a simple collision zone controlled by plate convergence. Their exploration provides an example of how traditional ideas of geotectonic processes have changed. Let's start with the obvious differences: despite their common development history, the different sections of the Andean mountain chain stand out due to their extremely different natures. This becomes particularly clear in a comparison of the Central Andes with the Southern Patagonian Cordillera. The Central Andes rise to heights of four to six kilometres and have a sprawling width of nearly 800 kilometres, whereas the very narrow Patagonian Andes are only one to three kilometres high and less than 150 kilometres wide. And finally, extremely different climatic conditions prevail in both zones (▶ Fig. 3.8).

The simple model of deformation resulting solely from collision does not fully explain the temporal and spatial evolution of the mountain belts. Although the subduction process has been on-going since at least the Palaeozoic era (542 to 251 million years before present), and although the Nazca plate has been subducting under South America at high speeds for a long time, the Andes mountain belt in its present form has only evolved over the past 45 million years or so. In the Central Andes, to the east of the volcanic zone, a 3.8 to 4.5 kilometre high plateau (Altiplano-Puna) has risen since

der geotektonischen Prozesse gewandelt haben. Beginnen wir mit den offensichtlichen Unterschieden: Trotz ihrer gemeinsamen Entwicklungsgeschichte zeichnen sich die verschiedenen Abschnitte der andinen Gebirgskette durch extreme Gegensätze aus. Dies wird besonders deutlich bei einer Gegenüberstellung der Zentralanden mit der südlichen patagonischen Kordillere: Die Zentralanden erreichen Gipfelhöhen von vier bis sechs Kilometern und haben eine ausladende Breite von 800 Kilometern; die sehr schmalen patagonischen Anden sind lediglich ein bis drei Kilometer hoch und 150 Kilometer breit. Und schließlich herrschen in beiden Zonen auch klimatisch äußerst unterschiedliche Bedingungen (▶ Abb. 3.8).

Auch hinsichtlich der zeitlichen Abläufe und ihrer räumlichen Ausprägungen gibt es das einfache Muster eines Zusammenstoßes nicht: Obwohl der Subduktionsvorgang mindestens seit dem Paläozoikum (542 bis 251 Millionen Jahre vor heute) andauert, und obwohl die Nazca-Platte seit längerem mit hohen Geschwindigkeiten unter Südamerika subduziert wird, ist das Andengebirge in seiner heutigen Form erst in den letzten rund 45 Millionen Jahren entstanden. In den zentralen Anden hat sich östlich der Vulkankette seit dem Erdzeitalter des Eozäns (vor ca. 55 bis 38 Millionen Jahren) – erst langsam und seit dem Miozän (vor ca. 23 bis 5 Millionen Jahren) deutlich beschleunigt – ein 3,8 bis 4,5 Kilometer hohes Plateau (Altiplano-Puna) herausgehoben, welches nach dem Tibetplateau die zweitgrößte Hochebene der Erde darstellt. Die Krustendicke nahm dabei vom global normalen Ausgangswert von etwa 35 Kilometern auf derzeit über 70 Kilometer Dicke zu (▶ Abb. 3.9). Gesteuert wurde diese Entwicklung durch eine Verkürzung und Stauchung der kontinentalen Erdkruste hinter dem Vulkanbogen um bis zu 300 Kilometer, ein Bereich, der in den meisten anderen Subduktionszonen nicht von stärkerer Deformation betroffen ist. Dagegen wird der Bereich zwischen Vulkanbogen und Tiefseegraben trotz seiner unmittelbaren Nähe zur Plattengrenze kaum deformiert.

Im Süden, in den patagonischen Anden, fehlt ein vergleichbares Hochplateau, die kontinentale Kruste ist hier entsprechend dünner: nur 40 Kilometer gegenüber 70 Kilometern in den Zentralanden. Auch die Gipfelhöhen sind deutlich geringer und erreichen nur noch eine mittlere Höhe von rund zwei Kilometern. In den Zentralanden hat sich der Vulkanbogen in den letzten 200 Millionen Jahren um etwa 200 Kilometer nach Osten verlagert; er befindet sich heute auf dem Westrand des Hochplateaus. Im Gegensatz hierzu ist der magmatische Bogen im Süden weitgehend ortsfest geblieben und befindet sich in der heutigen Hauptkordillere. Die Deformation der Erdkruste konzentriert sich hier,

anders als im Norden, eher auf den Bereich vor dem Vulkanbogen. Insgesamt begann aber auch hier die Entwicklung zu einer Kordillere erst im Miozän, etwas später als in den zentralen Anden, und sie endete vor sieben bis fünf Millionen Jahren, während die Zentralanden weiter um jährlich zehn Millimeter wachsen.

Dass die Anden in den verschiedenen geographischen Breiten derart unterschiedliche Bauformen aufweisen, erklärt sich aus der unterschiedlichen Reaktion der kontinentalen Erdkruste auf die laufende Subduktion ozeanischer Kruste. Die Entschlüsselung dieser Prozesse und der verschiedenen damit zusammenhängenden Phänomene gibt uns daher den Zugang zum Verständnis von konvergenten Plattenrändern.

## Die hochdynamischen Anden und ihr Untergrund

Woher kommt die enorme Dynamik dieses Plattenrandes und die daraus resultierende, ebenso schnelle wie variable Gebirgsbildung? Die klassische Erklärung lautet, dass die stark verdickte Kruste unter den zentralen Anden nur von einer dünnen Mantellithosphäre unterlagert ist. Die thermische Energie aus dem Erdmantel heizt deshalb die Kruste sehr stark auf und macht sie somit mechanisch schwach und leicht verformbar. Die hohe Konvergenzgeschwindigkeit kann in der Folge zu einer stärkeren Deformation des Plattenrandes führen, als dies bei einer dickeren Mantellithosphäre der Fall wäre. Diese Vorstellungen lassen sich am besten mit geophysikalischen Verfahren überprüfen, die ein Abbild vom Aufbau des tieferen Untergrundes liefern. Das Schlüsselverfahren ist die Seismologie.

Die *aktive* seismische Vermessung nutzt regelmäßig angeordnete Sprengungen an Land als Informationsquelle, auf dem Meer verwendet man dazu sogenannte Luftpulser. *Passive* seismische Messungen horchen die natürlichen Erdbeben ab und werten sie aus. Verschiedene seismische Untersuchungen der Lithosphäre Chiles, die innerhalb mehrerer Jahre durchgeführt wurden, ergaben Profillinien vom Meer aus über den Graben vor der Küste, quer durch die Anden bis nach Argentinien bzw. Bolivien hinein. Die reflexionsseismischen Daten aus diesen Messkampagnen ermöglichen einen geometrisch korrekten Tiefenschnitt vom chilenischen Tiefseegraben über den Kontinentalrand bis hinein nach Bolivien, auf den Altiplano, und geben die Gesteinsgrenzen, also auch die Tiefenstruktur in und unter der Subduktionszone an. Das Abtauchen der ozeanischen Kruste zwischen dem Tiefseegraben und dem Ostrand der Kordillere wird durch seismische Reflexionen deutlich abge-

3.8 The topography of the South American plate margin with an offshore deep-sea trench where the edge of the Nazca plate descends into the mantle under the high, sprawling Central Andes. The Southern Andes, on the other hand, appear narrower and lower.

3.8 Die Topographie des südamerikanischen Plattenrandes mit vorgelagertem Tiefseegraben, in den die Nazca-Platte in den Erdmantel abtaucht, und den hohen, ausladenden Zentralanden. Die Südanden hingegen erscheinen schmaler und niedriger.

the Eocene (around 55 to 38 million years ago). It is the second largest plateau on the Earth after the Tibetan plateau. It formed slowly at first, with uplift accelerating substantially over the last 20 million years. At the same time, the thickness of the crust increased from the usual global value of around 35 kilometres to its present 70 kilometres (▶ Fig. 3.9). This process was controlled by shortening and compression of the continental crust behind the volcanic arc by up to 300 kilometres. This area usually remains unaffected by severe deformation in most other subduction zones. In contrast, the area between the Andean volcanic arc and the deep-sea trench is barely deformed, despite its immediate proximity to the plate margin.

The Patagonian Andes to the south do not have a comparable high plateau. The continental crust is correspondingly thinner: only 40 kilometres thick compared to 70 kilometres in the Central Andes. The summits are also significantly lower and only reach an average height of around two kilometres. In the Central Andes, the volcanic arc has shifted to the east by around 200 kilometres during the past 200 million years. It is now on the western edge of the high plateau. In contrast, the magmatic arc in the south has only shifted back and forth a little and is now located in the main cordillera. Unlike the north, the present deformation of the crust here tends to be concentrated in the area in front of the volcanic arc. Development into a Cordillera did not start

until the Miocene, which is somewhat later than in the Central Andes, and stopped some five to seven million years ago, whereas the Central Andes are still growing outwards by about 10 mm per year.

The very different structures of the Andes at various geographical latitudes are conventionally explained by the different reactions of the continental crust to ongoing subduction of the oceanic crust. However, some of the above observations may assist us in unravelling additional processes and help us reach a deeper understanding of convergent plate margins.

## The highly dynamic Andes and their basement

Where do the dynamics of this plate margin and the resulting mountain belt originate? The classic explanation is that only a very thin mantle lithosphere underlies the highly thickened crust under the Central Andes. Therefore, thermal energy from the mantle heats the crust substantially, making it mechanically weak and readily deformable. An expected consequence of a high plate-convergence speed is greater deformation of the plate margin than would be the case with a thicker, hence stronger, mantle lithosphere and/or slower convergence. These ideas are best checked using geophysical

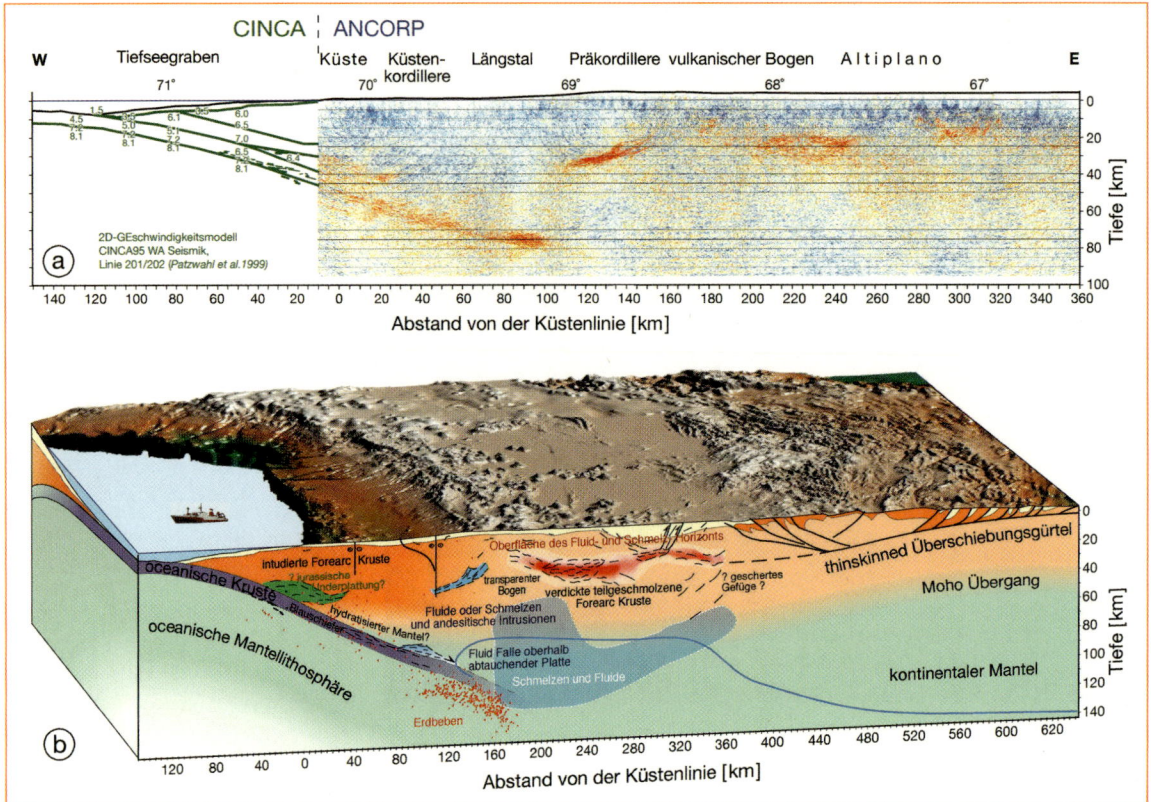

3.9  Einer der ersten hochauflösenden Schnitte durch einen konvergenten Plattenrand und eine subduktionsbezogene Kordillere, abgeleitet aus den seismischen Daten zweier Anden-Expeditionen, des CINCA-Experimentes und des ANCORP-Experimentes (oben): Auffällig sind der Reflektor, der die abtauchende Nazca-Platte bis in etwa 80 km Tiefe zeigt, und die Gruppe von Reflexionsbündeln, die in der mittleren Kruste des Plateaus (ca. 20 bis 35 km Tiefe) angeordnet sind. Das Blockbild (unten) fasst alle geophysikalischen Untersuchungsergebnisse in interpretierter Form zusammen und unterstreicht die herausragende Rolle von Fluiden und Schmelzen im Bereich des zentralandinen Plateaus.

3.9  One of the first high-resolution sections through a convergent plate margin and a subduction-related Cordillera, derived from the seismic data of two Andes expeditions – the CINCA experiment and the ANCORP experiment (top). Conspicuous features are the reflector, which shows the descending Nazca plate to a depth of around 80 km, and the group of reflection bundles arranged in the middle crust of the plateau (approx. 20 to 35 km deep). The block diagram (bottom) summarises all the geophysical results in an interpreted form and underlines the prominent role of fluids and melts in the region of the Central Andean plateau.

bildet: Am Westrand der Anden liegt die Oberkante der subduzierten Platte in 80 Kilometern Tiefe, unter dem Ostrand ist sie schon mehrere hundert Kilometer tief. Auch in größerer Tiefe wird die Plattengrenze noch von den Erdbeben nachgezeichnet, die hier fast jede Viertelstunde stattfinden.

Theoretische geochemische Betrachtungen lassen vermuten, dass die Reflexionen zu einem großen Teil durch Fluide – Gase und wässrige Lösungen – erzeugt werden, die aus der wasserreichen ozeanischen Kruste der abtauchenden Platte austreten und unmittelbar darüber im Erdmantel der darüberliegenden Platte Südamerikas wieder mineralogisch gebunden werden: Hier bildet sich aus Olivin, dem häufigsten Mineral des oberen Erdmantels, das Mineral Serpentinit. Die damit verbundene Volumenzunahme verringert die Wegsamkeit nach oben. Dadurch sammeln sich Fluide an, die nicht weiter entweichen können.

Das Verschwinden dieses starken seismologischen Reflektors in einer Tiefe von mehr als 80 Kilometern wird wohl durch den genau entgegengesetzten Vorgang verursacht: Bei Temperaturen oberhalb von 500 bis 600 °C ist die oberen Stabilitätsgrenze des Serpentinits erreicht, das Mineral wandelt sich zu Olivin. Dieser Prozess führt zu Wasserabgabe und einem Volumenverlust des festen Gesteins von mehr als zehn Prozent. Die damit einhergehende erhöhte Durchlässigkeit (Permeabilität) des Gesteins macht den Weg nach oben für das

imaging methods that reveal the structure of deep litho-spheric layers. The key method is seismology.

*Active* seismic surveying uses regularly interspaced explosions on land as a source of information. In the sea, specialised air guns are used instead. *Passive* seismic measurements listen to and analyse natural earthquakes. Various seismic investigations of Chile's lithosphere, carried out over several years, produced sections across the deep-sea trench off the coast, and right across the Andes into Argentina and Bolivia. The seismic reflection data from these measuring campaigns give geometri-cally correct deep sections running from the Chilean deep-sea trench, across the continental margin to the Altiplano in Bolivia. The deep structure of the subduc-tion zone is also shown. Subduction of the oceanic crust between the deep-sea trench and the eastern edge of the cordillera is clearly mapped by seismic reflections. On the western edge of the Andes, the upper edge of the subducted plate is 80 kilometres deep; under the eastern edge it is several hundred kilometres deep. Even at a greater depth, the plate boundary is still marked by earthquakes, which occur here almost every quarter of an hour.

Theoretical geochemical studies indicate that the reflections are mostly generated by fluids, gases and aqueous solutions that escape from the water-bearing oceanic crust of the descending plate. These react with the mantle rocks of the South American plate just above the crust to produce minerals. This is where the mineral serpentinite is synthesised from olivine, the most fre-quently occurring mineral of the upper mantle of the Earth. The associated increase in volume restricts up-ward passage. This causes fluids to accumulate because as they cannot escape any further.

The disappearance of this strong seismological reflec-tor at a depth of more than 80 kilometres is probably caused by precisely the opposite process. At tempera-tures above 500 to 600 °C, the upper stability limit of ser-pentinite is reached and the mineral converts back into olivine. This liberates water with a resulting volume loss in the solid rock of more than ten percent. The accom-panying increase in rock permeability clears the upward path for the fluid. Similar mineralogical phase transi-tions and dewatering reactions are also thought to be responsible for the frequently occurring earthquakes at depths beyond 80 kilometres. At such depths, the basaltic rocks of the subducting oceanic crust are con-verted into eclogite, the densest of all silicate rocks. Water released during this process increases the inner pore pressure in the rock until it fractures, which can be registered as a seismic event.

Some of the fluids released by these processes travel upwards until they reach the hot mantle under the vol-canic arc. This melts slightly and supplies the magma found in volcanoes at the surface of the Earth. This pro-cess has been confirmed by geophysical measurements of the attenuation of seismic waves during their passage under the volcanic arc. All these findings appear to sup-port the supposition that the crust under the Central Andes is indeed unusually hot, partly molten and there-fore very readily deformed.

These geochemical considerations are supported by seismological observations. Modern seismic tomogra-phy of the Earth has shown that the crust under the Cen-tral Andes in Northern Chile is twice as thick as it is under Europe. At the same time, its thickness here is extremely varied. The types of rock in the oceanic crust subducted under the Andes can be identified to a depth of over 120 kilometres. Seismic measurements have shown that the conversion of rocks of the oceanic crust into the high-pressure rocks of the mantle is only completed at this depth. The frequently occurring earthquakes at this depth are also probably related to this rock conversion. A newly developed seismological method showed the crust to be more than 70 kilometres thick under the Alti-plano. In contrast, under the Puna high plateau further south, the crust is only a little over 50 kilometres thick. This lateral variation of 20 kilometres in crust thickness over such a short distance indicates complex tectonics. The causes of this crust thickening are, on the one hand, the Brazilian/Argentinian crust being pushed under the Andes from the east, and on the other hand, when the oceanic plate subducts into the Earth, melts form in the mantle below the crust and this magma then forces its way into the overlying crust. In the west of the Central Andes the intrusion of magma into the crust is predom-inant; in the east the pushing of the Brazilian lithosphere under the altiplano prevails.

The Andes are therefore under pressure from two sides: from the west, the Nazca plate subducts under South America, and from the east, the Atlantic is widen-ing between Africa and South America, which causes the whole continent to migrate westward. As is frequently the case, examination of the past is the key to under-standing the present situation.

## A look at the past

If we examine the deformation of the Andes over time and compare it to changes in plate speed and volcanism, we again find some surprising results. Interestingly, ther-mal development in the collision zone appears to be less relevant than conventionally assumed. Furthermore, the speed with which the Nazca plate drifts towards South

Fluid frei. Ähnliche mineralogische Phasenumwandlungen und Entwässerungsreaktionen werden auch für gehäuft auftretende Erdbeben in Tiefen jenseits von 80 Kilometer verantwortlich gemacht. In solchen Tiefen erfolgt eine Umwandlung von basaltischen Gesteinen der abtauchenden ozeanischen Kruste zu Eklogit, dem dichtesten aller Silikatgesteine. Dabei freigesetztes Wasser erhöht den inneren Porendruck im Gestein bis hin zur Bruchbildung, welche als seismisches Ereignis registriert werden kann.

Ein Teil der durch diese Vorgänge freigesetzten Fluide macht sich auf den Weg und gelangt nach oben in den heißen Mantel unter dem Vulkanbogen. Dieser schmilzt dabei geringfügig auf und liefert das Magma, das sich an der Erdoberfläche in den Vulkanen wiederfindet. Bei Messungen vor Ort wurde dies vor allem durch die Dämpfung seismischer Wellen bei ihrem Durchgang unter dem Vulkanbogen deutlich. Ähnliche Beobachtungen wurden in der südamerikanischen Erdkruste gemacht, auch dort treten wahrscheinlich mit heißen Fluiden verknüpfte Reflexionen in mittleren Tiefen auf. Alle diese Befunde scheinen die Vermutung zu unterstützen, dass die Erdkruste unter den zentralen Anden in der Tat ungewöhnlich heiß ist, teilweise aufgeschmolzen und damit sehr leicht verformbar.

Diese geochemischen Überlegungen werden durch seismologische Beobachtungen gestützt. Moderne Methoden der seismischen Tomographie des Erdkörpers haben ergeben, dass unter den zentralen Anden in Nordchile die Erdkruste doppelt so mächtig ist wie unter Europa. Zugleich variiert ihre Dicke hier äußerst stark. Die Gesteinstypen der ozeanischen Erdkruste, die unter die Anden subduziert wird, lassen sich bis in über 120 Kilometer Tiefe nachweisen. Mithilfe seismischer Messungen konnte gezeigt werden, dass erst in dieser Tiefe die Umwandlung der Gesteine der ozeanischen Kruste in Hochdruckgesteine des Erdmantels abgeschlossen ist. Mit dieser Gesteinsumwandlung hängen vermutlich auch die in dieser Tiefe gehäuft auftretenden Erdbeben zusammen. Mit einem neu entwickelten, hochauflösenden seismologischen Verfahren konnte man unter dem Altiplano eine Mächtigkeit der Erdkruste von über 70 Kilometern nachweisen. Unter der weiter im Süden gelegenen Puna-Hochebene erreicht die Kruste dagegen nur eine Stärke von etwas über 50 Kilometern. Diese auf recht kurzer Distanz um 20 Kilometer variierende Krustendicke ist ein Indiz für die komplexe Tektonik. Die Ursachen für die Krustenverdickung liegen einerseits darin, dass von Osten her die brasilianische Erdkruste unter die Anden geschoben wird. Zum anderen wird beim Abtauchen der ozeanischen Platte das Gestein in der Tiefe aufgeschmolzen und dringt als Magma von unten her in das Krustenge-

stein ein. Im Westen der zentralen Anden überwiegt das Eindringen von Magma in die Kruste, im Osten die Unterschiebung der brasilianischen Lithosphäre unter den Altiplano.

Die Anden stehen also von zwei Seiten unter Druck: Von Westen schiebt sich die Nazca-Platte unter Südamerika, der gesamte Kontinent aber wandert nach Westen, weil der Atlantik zwischen Afrika und Südamerika sich aufweitet. Wie häufig, ist auch hier ein Blick in die Geschichte der Schlüssel zum Verständnis des heutigen Zustands.

## Ein Blick in die Vergangenheit

Untersucht man die zeitliche Entwicklung der Deformation der Anden und gleicht sie mit der Änderung der Plattengeschwindigkeit und des Vulkanismus ab, ergeben sich erneut Überraschungen. Interessanterweise scheint die thermische Entwicklung in der Kollisionszone zwar relevant zu sein, aber gar nicht die Hauptrolle zu spielen. Auch die Geschwindigkeit, mit der die Nazca-Platte auf Südamerika zudriftet und die häufig als Auslöser für Deformation des Kontinentrands benannt wird, scheint nicht allein für die Dynamik der Deformation verantwortlich zu sein. Die geologischen Daten, aus denen sich die Entwicklung der Geschwindigkeit, mit der der südamerikanische Rand zusammengestaucht wird, bestimmen lässt, zeigen etwas anderes: Das Wachstum der Anden hat sich beständig beschleunigt, obwohl die Konvergenzgeschwindigkeit zwischen beiden Platten immer langsamer wurde.

Wenden wir den Blick von West nach Ost, wird die Erklärung vollständiger: Sehr viel wichtiger für die Deformationsdynamik scheint die Geschwindigkeit zu sein, mit der sich Südamerika nach Westen bewegt und dabei die ozeanische Kruste der Nazca-Platte vor sich zurückdrängt und überfährt. In der Tat zeigt sich, dass die Anden in der Vergangenheit umso schneller gewachsen sind, je schneller die südamerikanische Platte nach Westen driftete und sich an der nur langsam zurückweichenden Nazca-Platte aufstauchte. Blicken wir jedoch nach Norden und Süden, gesellt sich aber gleichgewichtig ein weiterer, ebenso eindrücklicher wie überraschender Effekt dazu, der das Bild der Anden noch komplizierter gestaltet.

3.10  The Láscar volcano (5592 m) in the Chilean Central Andes on the edge of the Atacama Desert.

3.10  Der Vulkan Láscar (5592 m) in den chilenischen Zentralanden am Rand der Atacama.

America is frequently named as the trigger of deformation in the continental margin but it does not appear to be solely responsible for the deformation dynamics. The geological data – from which changes in the compression speed of the South American margin can be determined – shows something different: the growth of the Andes has constantly accelerated, although the convergence speed between the two plates has become increasingly slower.

If we look to the east, the explanation becomes more complete. The speed with which South America moves westward, overriding the oceanic crust of the Nazca plate in front of it, appears to be far more important for the deformation dynamics. Indeed, in the past, the faster the South American plate drifted to the west and thrust itself against the slowly receding Nazca plate, the faster the Andes grew. However, if we look to the north and south, there is an additional and equally important effect that is as impressive as it is surprising – and makes the picture of the Andes even more complicated.

# Climate and tectonics: the architectural style of the Andes

Although, in the Patagonian Andes, the same processes take place on and in the subduction zone as in the Central Andes, this southern area behaves completely differently (▶ Fig. 3.11). Due to the lack of rainfall in the dry climate of the *Central* Andes, little erosion takes place; the mountains are hardly worn away. The deep-sea trench off the Central Andes is thus virtually free of sediments. The western Altiplano and the Atacama Desert extending from its edge to the coast, boast an extremely low precipitation of less than 50 mm a year. Therefore, since the middle Tertiary at the latest, i.e. for at least 30 million years, hardly any material has been eroded by rainfall and transported into the deep sea.

In contrast, the climate on the western flank of the *Southern* Andes is wet, with more than 3000 mm per year precipitation. This causes large quantities of rock

# Klima und Tektonik: der Baustil der Anden

Obwohl in den patagonischen Anden grundsätzlich dieselben Prozesse an und in der Subduktionszone ablaufen wie in den zentralen Anden, verhält sich dieser südliche Bereich völlig anders (▶ Abb. 3.11). Mangels Niederschlägen im trockenen Klima der *Zentral*anden findet nur wenig Erosion statt, das Gebirge wird kaum abgetragen. Die Tiefseerinne vor den zentralen Anden ist darum nahezu sedimentfrei. Im westlichen Altiplano und der von seinem Rand bis zur Küste reichenden Atacamawüste fällt die extrem geringe Niederschlagsmenge von weniger als 50 mm im Jahr; daher wird hier spätes-

tens seit dem mittleren Tertiär, also seit mindestens 30 Millionen Jahren, kaum noch Material durch Niederschläge erodiert und in die Tiefsee transportiert.

An der Westflanke der Südanden hingegen wird bei feuchtem Klima mit Niederschlägen von mehr als 3000 mm pro Jahr sehr viel Gesteinsmaterial erodiert, ins Meer geschwemmt und im Tiefseegraben abgelagert. Da aber die südamerikanische Platte in Richtung Westen vorrückt, wird dieses Sediment gewissermaßen abgeschert und häuft sich zu einem sogenannten akkretionären Keil aus Sedimentgestein vor der Südamerikaplatte an. Logischerweise ist dieser Vorgang der Materialanlagerung durch Abschürfen der ozeanischen Sedimente nur dort möglich, wo genügend Sedimentmaterial bereitsteht. Fehlen solche Sedimente im Tiefseegraben,

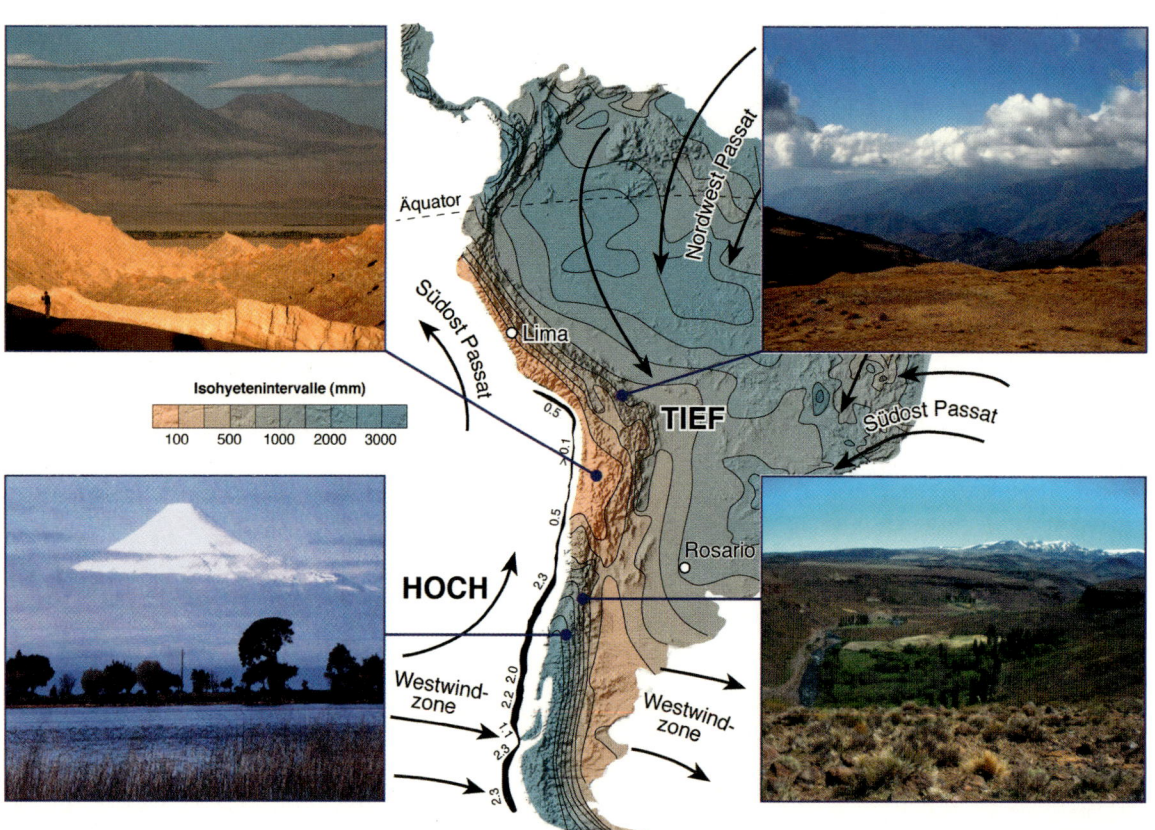

3.11 Die atmosphärische Zirkulation über Südamerika und die Verteilung der Niederschläge (braun: niedrige Niederschlagsraten; blau: hohe Niederschläge). Die Bilder zeigen jeweils die stark kontrastierenden Verhältnisse an der Andenwestflanke mit dem Vulkanbogen und die Andenostflanke. Die Sedimentdicke im Tiefseegraben im Pazifik vor der Küste (Maßeinheit in Kilometern Sedimentdicke) korreliert eng mit der Niederschlagsverteilung.

3.11 Atmospheric circulation over South America and the distribution of precipitation (brown: low rainfall rates; blue: high rainfall). The images show the highly contrasting conditions on the western flank of the Andes with its volcanic arc, and the eastern flank of the Andes. The thickness of the sediment in the deep-sea trench off the Pacific coast (sediment thickness is given in kilometres), closely correlates with the precipitation pattern.

material to be eroded, washed into the sea and deposited in the deep-sea trench. However, as the South American plate is advancing towards the west, some of this sediment is sheared off. It accumulates to form a so-called accretionary wedge of sediment rock at the tip of the South American plate. Logically, this process of material accretion due to scraping off oceanic sediments, is only possible where sufficient sedimented material is available. If there are no such sediments in the deep-sea trench off the Central Andes, as is the case further north, the base of the upper plate is literally planed off by ongoing subduction.

To a certain degree, this explains the different behaviour of the Central Andes and the Southern Andes. It is based on close interaction between climate and tectonics.

## Climate and tectonics:
## Control of a closed loop

In the 1990s, geophysicists von Huene and Scholl studied marine geophysical surveys of continental margins where sediments were depositing on the oceanic crust and in the deep-sea trenches. They concluded that only around half of all such convergent plate margins were growing by accretion at the tip or under the margin of the upper plate's continental crust. Compared to these so-called accretionary plate margins, the other half is mostly characterised by subduction erosion. At these erosive margins, the rough surface of the descending plate slowly scrapes rock off the underside of the continents. In this way, these continental margins are "gnawned off" by up to four centimetres per year.

If we consider the Earth as a whole system, this process is of considerable importance for crustal growth balance during the Earth's history, chemical development of the crust and magmatic processes. Global data indicate that a deep-sea trench requires an overlying sediment thickness of one kilometre to start accretion. If the infill is thinner, the entire sediment is subducted, with the subducting plate acting as a conveyor belt transporting it into the depths. Part of it can become attached to the base of the upper plate, from where further material is removed by subduction erosion.

The South American margin is a representative model of tectonic accretion being replaced by tectonic erosion as we move from south to north. The plate margin of the Central Andes is now regarded as a classic model of tectonic erosion. Since the Jurassic period (140 to 200 million years ago), a strip of continental crust more than 200 kilometres wide has been destroyed. As a direct consequence of this gradual wearing of the continental margin, the volcanic arc has shifted around 200 kilometres to the east, into its current position. The extraordinary characteristics of deformation ahead of the volcanic arc can be connected to the influence of the tectonic removal of material from the underside of the South American Plate.

In contrast, the Southern Andes have a small accretionary wedge of tectonically accumulated sediments at the submarine tip of the continental margin. Another fraction of sediment is subducted with the oceanic crust and can still be detected at great depths by geophysical methods. This layer of thick, unconsolidated and water-rich sediments changes the mechanical properties of the interface between the Nazca and South American plates.

This has consequences for earthquake activity. The kinetic energy of the oceanic plates, drifting at several centimetres per year, is transferred to the continental plate at the subduction zone. The upper plate is elastically deformed and rebounds during earthquakes. The strength of the subduction zone, its friction and viscos-

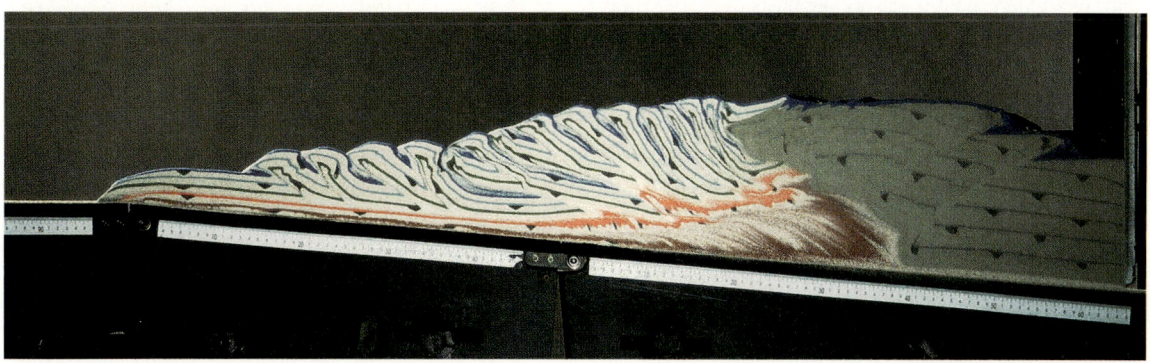

3.12  Formation of accretionary wedges at the tip of the continental margin, reconstructed in physical experiments.

3.12  Die Bildung von Akkretionskeilen am Kontinentrand, nachgestellt im Analoglabor.

wie es weiter nördlich vor den Zentralanden der Fall ist, wird die Basis der Oberplatte bei laufender Subduktion buchstäblich von unten abgehobelt.

Daraus erklärt sich bereits bis zu einem gewissen Grad das unterschiedliche Verhalten der zentralen Anden und der Südanden: ihm liegt eine enge Wechselwirkung von Klima und Tektonik zugrunde.

## Klima und Tektonik: Steuerung eines Regelkreises

Die Geophysiker von Huene und Scholl folgerten in den 1990er Jahren aus seegeophysikalischen Vermessungen der Kontinentalränder, dass bei nur etwa der Hälfte aller aktiven Plattenränder die Sedimente, die auf der ozeanischen Kruste und in den Tiefseegräben abgelagert wurden, durch Abscherung an die Spitze oder unter den Rand der kontinentalen Erdkruste tektonisch angelagert werden. Gegenüber diesen sogenannten akkretionären Plattenrändern ist die übrige Hälfte meist durch sogenannte Subduktionserosion geprägt: An diesen erosiven Rändern raspelt die abtauchende Platte das Gestein von der Unterseite der Kontinente langsam ab. So werden diese Kontinentränder um ein bis vier Zentimeter pro Jahr „abgenagt".

Halten wir dabei das gesamte System Erde im Blick: Für die Krustenwachstumsbilanz während der Erdgeschichte, die chemische Entwicklung des Erdmantels und für magmatische Prozesse hat dieser Prozess wahrscheinlich erhebliche Bedeutung. Weltweite Vergleichsdaten deuten an, dass eine Sedimentfüllung des Tiefseegrabens von etwa einem Kilometer Dicke notwendig ist, um Akkretion in Gang zu setzen. Bei einer geringeren Mächtigkeit wird das gesamte Sediment subduziert und mitsamt der subduzierenden Platte, quasi auf dem ozeanischen Förderband, in die Tiefe transportiert. Dort kann es wiederum zum Teil an der Basis der Oberplatte angelagert werden; durch Subduktionserosion von der Basis der Oberplatte kann aber zusätzlich Material entfernt werden.

Am südamerikanischen Rand lässt sich beispielhaft zeigen, dass sich mehrere Bereiche von tektonischer Akkretion bis zu tektonischer Erosion von Süden nach Norden ablösen. Der Plattenrand vor den zentralen Anden gilt inzwischen als Typvertreter, an dem tektonische Erosion dominiert. Hier ist seit dem Jura (140 bis 200 Millionen Jahren vor heute) ein über 200 Kilometer breiter Streifen kontinentaler Kruste vernichtet worden. Als unmittelbare Folge dieser schrittweisen Aufzehrung des Kontinentalrandes verlagerte sich der vulkanische Bogen seit der Jurazeit um 200 Kilometer nach Osten in

seine heutige Position. Das ungewöhnliche Deformationsverhalten des kontinentalen Randes vor dem Vulkanbogen ist ebenfalls auf den Einfluss des tektonischen Abraspelns von Material an der Unterseite der südamerikanischen Platte zurückzuführen.

Die Südanden besitzen dagegen einen kleinen Keil aus tektonisch angelagerten Sedimenten an der untermeerischen Front des Kontinentalrandes. Ein weiterer Teil wird subduziert, er liegt der ozeanischen Kruste auf, taucht mit ihr zusammen ab und lässt sich mit geophysikalischen Methoden bis in große Tiefen nachweisen. Diese Auflage aus mächtigen, unverfestigten und wasserreichen Sedimenten verändert die mechanischen Eigenschaften der Grenzfläche von Nazca- und Südamerikaplatte.

Das hat Folgen für die Erdbebenaktivität. An einer Subduktionszone überträgt sich die kinetische Energie der mit einigen Zentimetern pro Jahr driftenden ozeanischen Platten auf die kontinentale Platte. Das Gestein steht unter Spannung und baut diese großteils über Erdbeben ab. Die Festigkeit der Subduktionszone, ihre Reibung und Viskosität, steuert nicht nur die Art des Akkretionsverhaltens am Plattenrand, sondern wahrscheinlich auch die Intensität der seismischen Aktivität. Wichtige Größen dabei sind der Wärmehaushalt und die stoffliche Zusammensetzung der Gesteine, aus denen die ozeanische und die kontinentale Kruste bestehen. Eine zentrale Rolle spielen die Fluide, also Gase, wässrige Lösungen und Schmelzen im Gestein. Diese werden nicht nur als freie Fluide, zum Beispiel als Meerwasser, in den Poren des Sediments transportiert. Sie liegen überwiegend als gebundenes Wasser in Mineralen der ozeanischen Kruste vor, welche in dieser Form bis zu zwei Prozent Wasser enthalten kann. Um die Vorgänge an konvergenten Plattenrändern zu verstehen, muss man also insbesondere die Mechanik der Plattengrenze selbst und der sie beeinflussenden geochemischen, petrophysikalischen und thermodynamischen Faktoren kennen.

Auf der landwärtigen Seite der Anden tragen die Prozesse der Subduktionszone ein anderes Gesicht. Subtropischen Niederschlägen mit erheblicher Erosion in den Nordanden steht im zentralen Bereich und im Süden eine semiaride Ostseite mit nur sehr begrenzter Erosion gegenüber. So kann sich hier ein Hochplateau herausbilden, weil kaum etwas von der Gesteinsmasse abgetragen wird. Am stärksten ist die Herausbildung des Plateaus im ariden Breitenbereich zwischen etwa 16° und 28° südlicher Breite, dem Passatwindgürtel der Südhemisphäre.

Über die Beschäftigung mit diesen klimatischen Niederschlagsmustern geriet in den letzten Jahren neben den oben dargestellten Wechselwirkungen zwischen

3.13  The arid climate of the Central Andes near Antuco, Chile.

3.13  Das aride Klima der Zentralanden in der Nähe der Faltung bei Antuco, Chile.

ity, not only control the type of accretion behaviour at the plate margin, but probably the intensity of the seismic activity too. Whereas the heat budget and the material composition of the rocks that make up the oceanic and continental crusts are important variables, the key role is played by the fluids, i.e. gases, aqueous solutions and melts within the rock. These are not only transported as free fluids, for example, as seawater, in the pores of the sediment, they mainly exist as bound water in the minerals of the oceanic crust, which can contain up to two percent water in this form. Therefore, to understand the processes at convergent plate margins, in particular, we also have to know about the mechanics of the plate interface itself and the geochemical, petrophysical and thermodynamic factors that affect them.

On the landward side of the Andes, the processes of the subduction zone are quite different – subtropical rainfall with substantial erosion in the Northern Andes, compared to a semi-arid climate with very limited erosion on the eastern side of the central area and in the south. This resulted in a high plateau because hardly any of the rock mass is eroded. The plateau is most pronounced in the arid region between around 16° and 28° south, the trade-wind belt of the southern hemisphere.

Apart from the interactions between tectonics and the climatic regime described above, examination of precipitation patterns in recent years has drawn increasing attention to a second aspect. It is known that precipitation, water and ice erode mountains. At the same time, large mountain ranges form a topographical bar-

3.14  High precipitation and lush vegetation: View of the longitudinal valley of the main South Chilean cordillera with Llaima Volcano.

3.14  Hoher Niederschlag und üppige Vegetation: Blick vom Längstal auf die südchilenische Hauptkordillere mit dem Vulkan Llaima.

3.15  Salar de Uyuni: Die großflächige Salzablagerung auf dem Hochplateau Boliviens kann sich erhalten, weil in diesem ariden Gebiet kaum Niederschlag fällt.

3.15  Salar de Uyuni: The extensive salt deposit on the high plateau of Bolivia continues to exist because hardly any precipitation falls in this arid area.

Tektonik und Atmosphäre zunehmend ein zweiter Aspekt in den Blick. Es ist bekannt, dass Niederschläge, Wasser und Eis die Gebirge abtragen. Große Gebirge jedoch bilden zugleich eine topographische Barriere und damit ein Hindernis, das erheblich auf die globale atmosphärische Zirkulation zurückwirkt: Strömungszugewandte Gebirgsseiten führen zu Niederschlag, leeseitig erzeugen Gebirge einen Regenschatten. Zusätzlich zeigen neuere theoretische Betrachtungen eine Wechselwirkung, die dazu führt, dass aktive Gebirge einem stationären Gleichgewicht zustreben. Dabei werden die klimagesteuerte Erosion und der Massenverlust an der Oberfläche wieder ausgeglichen durch ein isostatisch bedingtes Aufschwimmen des Gebirgskörpers auf der Erdkruste, wodurch wieder neues Material tektonisch nach oben befördert wird. Die isostatische Hebung wirkt nicht nur dem erosiven Gebirgsabbau entgegen, sondern setzt zudem einen rückgekoppelten Regelkreis in Gang, bei dem sich Reliefentwicklung, atmosphärische Zirkulation und Niederschlagsverteilung, klimagesteuerte Erosion sowie tektonische Deformation wechselseitig beeinflussen. Das erklärt, warum Deformation und Erosion an der Oberfläche stets aneinander gekoppelt scheinen.

Ein solches Zusammenspiel zwischen Gebirge und Klima funktioniert gleichmäßig, solange die äußeren Bedingungen unverändert bleiben. Das recht junge Alter des Akkretionskeils vor den patagonischen Anden im Süden des Kontinents weist indes darauf hin, dass diese konstanten Bedingungen nicht immer vorlagen. Die großen Sedimentmengen, aus denen der gegenwärtige Akkretionskeil vor Südchile aufgebaut ist, wurden erst seit Beginn der Vergletscherung der patagonischen Anden vor etwa sechs Millionen Jahren vom Gebirge abgetragen und in den Tiefseegraben verfrachtet. Erst die sehr effiziente glaziale Erosion und der Transport des Abtragungsschuttes durch Gletscher haben die für den Aufbau eines Akkretionskeils nötige Sedimentmenge in den Tiefseegraben geliefert, wo heute eine Sedimentdecke von mehr als zwei Kilometern Mächtigkeit liegt (▶ Abb. 3.16). Man kann also von einem echten Systemwechsel sprechen: Die Südanden waren zuerst erosiv, erst die Vergletscherung und die Niederschläge machten sie durch den Sedimenttransport in den Tiefseegraben akkretionär.

## Eine leise Revolution in der klassischen Theorie

Die Plattentektonik ist mittlerweile selbst eine klassische Theorie geworden. Wie alle Theorien wurde und wird auch sie weiterentwickelt, wobei die Grundstrukturen sich wie bei allen erfolgreichen Konzepten als überaus tragfähig erweisen. Die neueren Erkenntnisse der Geowissenschaften zeigen jedoch die Plattentektonik als sich selbst regulierendes System von Wechselwirkungen, in dem alle Subsysteme des Planeten Erde mitwirken. Wir haben es nicht mit einem quasi-mechanischen System zu tun, sondern mit hochkomplexen, nichtlinearen,

rier that has a substantial effect on global atmospheric circulation: mountain flanks facing the prevailing wind direction lead to rainfall, whereas the lee side of the mountains is in a rain shadow. In addition, more recent theoretical considerations show an interaction that results in active mountains striving to achieve steady-state equilibrium. In this case, climate-controlled erosion and mass loss on the surface is balanced by rising of the mountain body due to deformation processes, which causes upward tectonic transport of new material. This isostatic uplift not only counteracts erosive degradation of the mountains, but also initiates a feedback loop in which relief development, atmospheric circulation and precipitation distribution patterns interact with climate-controlled erosion and tectonic deformation. This explains why deformation and surface erosion always appear to be linked to each other.

Such an interaction between mountain ranges and the climate functions steadily, provided that the external conditions remain unchanged. The very young age of the accretionary wedge off the Patagonian Andes in the south of the continent, however, indicates that such constant conditions did not always exist. The large quantities of sediments making up the current accretionary wedge off Southern Chile were not eroded from the mountains and transported into the deep-sea trench until glaciation of the Patagonian Andes started around six million years ago. This was a fundamental change of the system: Initially, the Southern Chile margin was tectonically erosive. It wasn't until glaciation and precipitation that it became accretionary, due to the transport of sediment into the deep-sea trench. The very efficient glacial erosion of the rising Patagonian Cordillera, along with glacial transportation of the abraded detritus, provided the quantity of sediment required to build an accretionary wedge. This was transported to the deep-sea trench, where a sediment blanket more than two kilometres thick now lies (▶ Fig. 3.16).

# A quiet revolution in classic theory

Plate tectonics is now a classic theory, and like all theories, it is subject to on-going development. As with all successful concepts, the basic structures prove to be extremely sound. Recent geoscientific findings now show plate tectonics to be a self-regulating system of interactions in which all subsystems of planet Earth participate. This is no quasi-mechanical system, but instead involves highly complex, non-linear, and feed-back processes. According to more recent research, the properties of the plate boundary zone described above have another significant consequence.

There is an important question regarding the approach to the system's dynamics: Why do crustal rocks sink into the mantle? Viewed in mechanical terms, on one hand, the denser oceanic crust is *pushed* under the lighter continent when, starting from the mid-oceanic ridges, it is transported to the collision zones. On the other hand, cooling of the oceanic lithosphere with age increases its density to the point where it becomes heavier than the underlying mantle and thus starts sinking into the mantle at the subduction zones, being *pulled* by its own weight. "Half leaning – she half drawing him He sank and ne'er return'd", does this quotation from Goethe's *The Fisher* show the way?

The gigantic weight of an oceanic plate causes it to submerge into the mantle. High friction at the plate boundaries obstructs this process. Low friction, on the other hand, such as that which can be produced by water-rich, unconsolidated sediments, allows the oceanic plate to glide into the deep far more easily. If it is subducted faster than it is created at the mid-oceanic ridge, the site of subduction together with the deep-sea trench must retreat oceanwards, and the upper plate has to follow. If the upper plate moves faster in the same direction, it is compressed, as in the Central Andes. If it is slower, it is stretched. This is the case in large parts of the Western Pacific, and can cause island chains to split off from the continent and smaller oceanic margins to be formed. In addition, lower friction at the plate interface affects the transfer of forces. This can prevent compression of the leading edge of the upper plate, as observed in the Southern Andes. Climate-controlled sedimentation in the deep-sea trench is the decisive factor as to whether subduction erosion (i.e. destruction of the crust) or accretion (crust conservation) occurs. Once again, this is a self-regulating system. The Goethe quotation is thus apt here, no matter how much the poet and naturalist erred when it came to geology.

# Climate changes tectonics changes climate

The relationship between climate and tectonics, described above as a decisive cause of the formation and life-cycle of active mountain ranges such as the Andes, is thus controlled by the efficiency of erosion and thus ultimately by the atmosphere. The regional climate and local erosion are in turn controlled by the isostatically rising mountain body and the resulting erodable moun-

interaktiven Vorgängen. Die oben dargestellten Eigenschaften der Plattengrenzfläche haben nach neueren Forschungen eine weitere, bedeutende Konsequenz.

Eine wichtige Frage ist nämlich der Einstieg in die zu untersuchende Dynamik des Systems: Wieso sinkt eigentlich Krustengestein in die Tiefe? Mechanisch betrachtet, kann einerseits die ozeanische Kruste unter die leichteren Kontinente *geschoben* werden, wenn von den mittelozeanischen Rücken ausgehend die kontinentale Kruste zu den Kollisionszonen hintransportiert wird. Andererseits könnte auch der absinkende Zweig der Konvektion im Erdmantel den Ozeanboden in die Tiefe *ziehen*. „Halb zog sie ihn, halb sank er hin": Deutet das Zitat aus Goethes *Fischer* den Weg an?

Die ozeanischen Platten tauchen durch ihr gigantisches Eigengewicht in den Erdmantel ab. Eine hohe Reibung an der Plattengrenze behindert diesen Vorgang. Niedrige Reibung dagegen, wie sie durch wasserreiche, unverfestigte Sedimente erzeugt werden kann, lässt die ozeanische Platte sehr viel leichter in die Tiefe abtauchen. Wenn sie dabei schneller in die Tiefe subduziert wird als sie am mittelozeanischen Rücken neu erzeugt wird, muss der Abtauchpunkt mitsamt Tiefseegraben ozeanwärts zurückweichen und die Oberplatte in diese Richtung nacheilen. Ist die Oberplatte dabei schneller, wird sie zusammengestaucht – so wie in den zentralen Anden. Ist sie langsamer, wird sie gedehnt. Dieses ist in weiten Teilen des Westpazifiks der Fall und kann bis zum Abspalten von Inselketten vom Kontinent und der Bildung kleinerer ozeanischer Randbecken führen. Niedrige Reibung verringert auch die Übertragung von Kräften und kann das Zusammenstauchen der Front der Oberplatte verhindern, wie sich in den Südanden beobachten lässt. Die klimagesteuerte Sedimentation in den Tiefseegraben entscheidet darüber, ob es zu Subduktionserosion (also Krustenvernichtung) oder Akkretion (Krustenerhaltung) kommt. Wir sehen hier wieder ein System, das sich – ähnlich wie ein Schwingkreis – selbst reguliert. Das Goethe-Zitat ist hier also am rechten Platz, so sehr sich der Dichter und Naturforscher sonst in geologischen Fragen irrte.

## Klima ändert die Tektonik ändert das Klima

Der oben beschriebene Zusammenhang von Klima und Tektonik als entscheidende Ursache für die Bildung und den Lebenszyklus von aktiven Gebirgen wie den Anden wird also maßgeblich von der Effizienz der Erosion und damit letztlich von der Atmosphäre gesteuert. Das regionale Klima wie auch die Erosion werden

ihrerseits von dem isostatisch aufschwimmenden Gebirgskörper und der dadurch erzeugten erodierbaren Gebirgsoberfläche gesteuert. Beides wiederum hängt von der Stärke der mechanischen Kopplung der beiden Plattenränder ab. Mit höherer Erosion, mächtigeren Sedimenten und schwächerer Kopplung der Platten wiederum schwindet die Möglichkeit, durch Konvergenz Deformation zu erzeugen. Es handelt sich mithin um einen negativ rückgekoppelten Regelkreis. Über diesen Regelkreis hat folglich die Vereisung der Südanden seit dem Pliozän (5,3 bis 2,6 Millionen Jahre vor heute) mit der sprunghaften Zunahme der Erosionsbeträge – als klimagesteuerte äußere Störung des Systems – indirekt Einfluss genommen auf die Entwicklung des südamerikanischen Plattenrandes und seiner Deformation in der jüngsten Zeit.

Schließlich zeigen neueste Modellrechnungen, dass das Klima indirekt auch die Nazca-Platte selbst beeinflusst. Wegen der klimatischen Trockenheit bleibt das Hochplateau der Anden stabil und wird nicht erodiert. Das zunehmende Gewicht des in die Höhe und Breite wachsenden Andengebirges lastet auf der Nazca-Platte und bremst diese seit dem mittleren Tertiär, also seit rund 20 Millionen Jahren zunehmend ab – die abtauchende Platte klebt regelrecht an der Oberplatte. Begünstigt wird dieser Vorgang durch die fehlende Sedimentanlieferung in den nordchilenischen Tiefseegraben: Die Plattengrenzflächen haften deshalb gut aneinander, weil kein wasserreiches Sediment dazwischen als Schmiermittel dienen kann. Die hohe mechanische Kopplung behindert das Zurückweichen der Nazca-Platte.

Entlang einer Subduktionszone greifen also verschiedenste Prozesse und Phänomene ineinander. Als Steuerungsgrößen in diesem vielschichtigen Puzzle dienen die stets wechselnde Geschwindigkeit der Oberplatte, die mechanische Festigkeit der Plattengrenze selbst sowie die Festigkeit des kontinentalen Plattenrandes, der klimagesteuerte Materialtransfer und der Einfluss der verschiedenen Fluide. Diese Größen sind jede für sich nicht unabhängig, die Plattentektonik verbindet sie miteinander in wechselseitig rückgekoppelten Regelkreisen. Unter konstanten äußeren Bedingungen strebt ein Plattenrand einem Gleichgewichtszustand entgegen, der insbesondere durch den Masseneintrag und -austrag von außen beeinflusst werden kann. Der klimatisch gesteuerte, erosive Massentransfer hingegen steht, wie wir gesehen haben, mit der Entwicklung der Oberflächenformen und der Deformation der Erdkruste durch die Gebirgsdynamik in stetiger Wechselwirkung. Schließlich spielen die Mengen, Raten und Verteilung der tektonischen Gesteinsakkretion oder -erosion im Bereich vor und hinter dem magmatischen Bogen und der Kordillere eine weitere wesentliche Rolle. Sie beeinflussen die

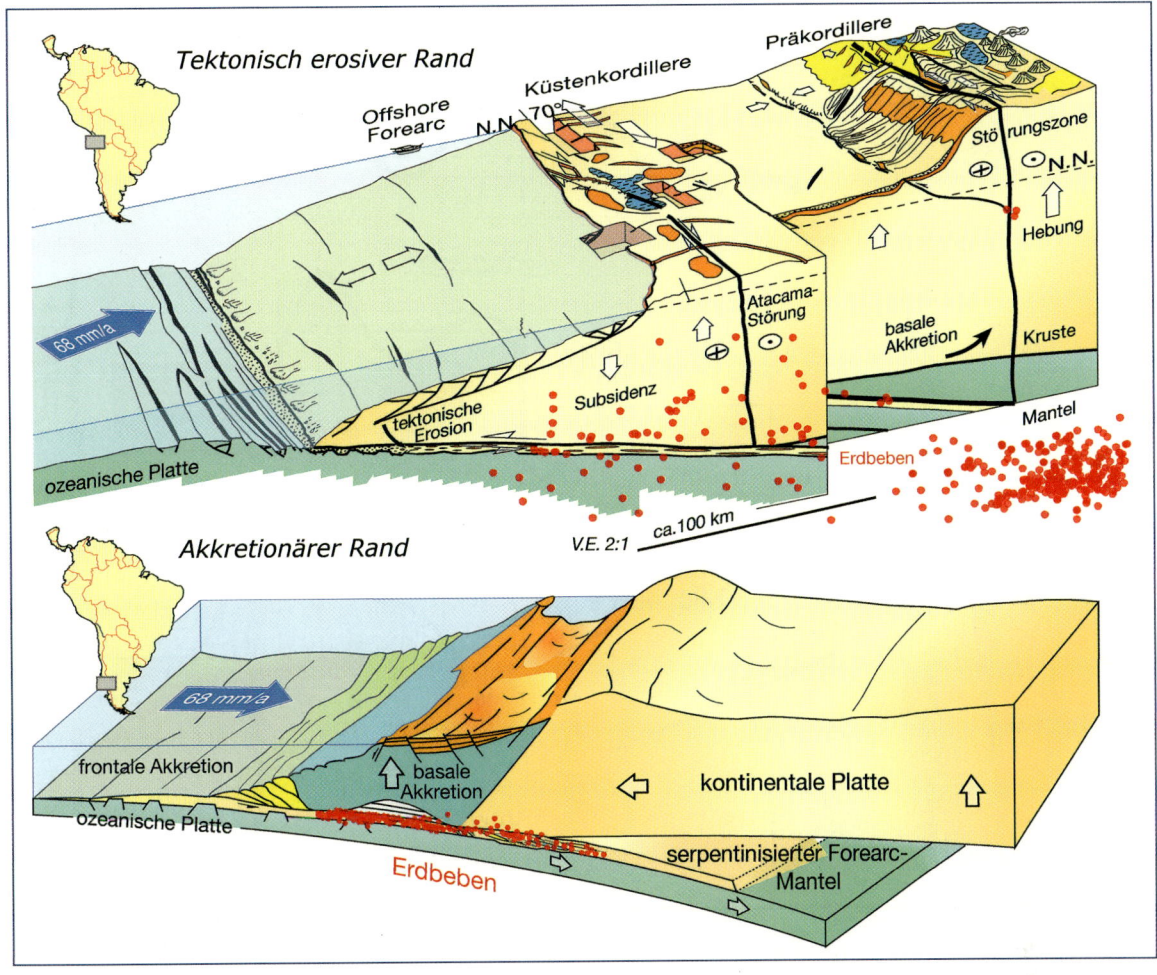

Tektonisch erosiver Rand

Offshore Forearc

Küstenkordillere

Präkordillere

N.N. 70°

Störungszone

N.N.

68 mm/a

Hebung

tektonische Erosion

Subsidenz

Atacama-Störung

basale Akkretion

Kruste

ozeanische Platte

Mantel

Erdbeben

V.E. 2:1   ca. 100 km

Akkretionärer Rand

68 mm/a

frontale Akkretion

basale Akkretion

kontinentale Platte

ozeanische Platte

Erdbeben

serpentinisierter Forearc-Mantel

3.16  Block diagrams of the South American plate margin of Northern Chile (a) and Southern Chile (b) show completely different structures, with subduction erosion from the base of the plate in the north and formation of an accretionary wedge in the south.

3.16  Blockbilder des südamerikanischen Plattenrandes von Nordchile (a) und Südchile (b) zeigen völlig unterschiedliche Strukturen mit Subduktionserosion von der Plattenbasis im Norden und der Bildung eines Akkretionskeils im Süden.

tain surface. Both are dependent on the strength of the mechanical coupling force between the two plate margins. With greater erosion, thicker sediments and weaker coupling of the plates, the possibility of driving deformation through convergence disappears, and is thus a negative feedback loop. By means of this feedback loop, glaciation of the Southern Andes since the start of the Pliocene (5.3 to 2.6 million before present) with its sudden increase in erosion – as a climate-controlled consequence – indirectly influenced the development of the South American plate margin and its deformation in recent times.

Finally, the latest model calculations show that the climate also indirectly affects the Nazca plate itself. Due to aridity, the high plateau of the Andes remains stable and is not eroded. The increasing weight of the growing Andes mountain range depresses the Nazca plate and, since the Middle Tertiary, i.e. for around 20 million years, has increasingly slowed its velocity. The sinking plate literally sticks to the upper plate. This process is supported by the lack of sediment delivered to the North Chilean deep-sea trench. Coupling between both plates is stronger here because there is no water-rich sediment to act as a lubricant between them. The high mechanical coupling additionally impedes the oceanward retreat of the subduction site of the Nazca plate.

Therefore, all kinds of processes and phenomena interact along a subduction zone. The controlling parameters in this multi-layered puzzle are: the constantly changing speed of the upper plate, the mechanical

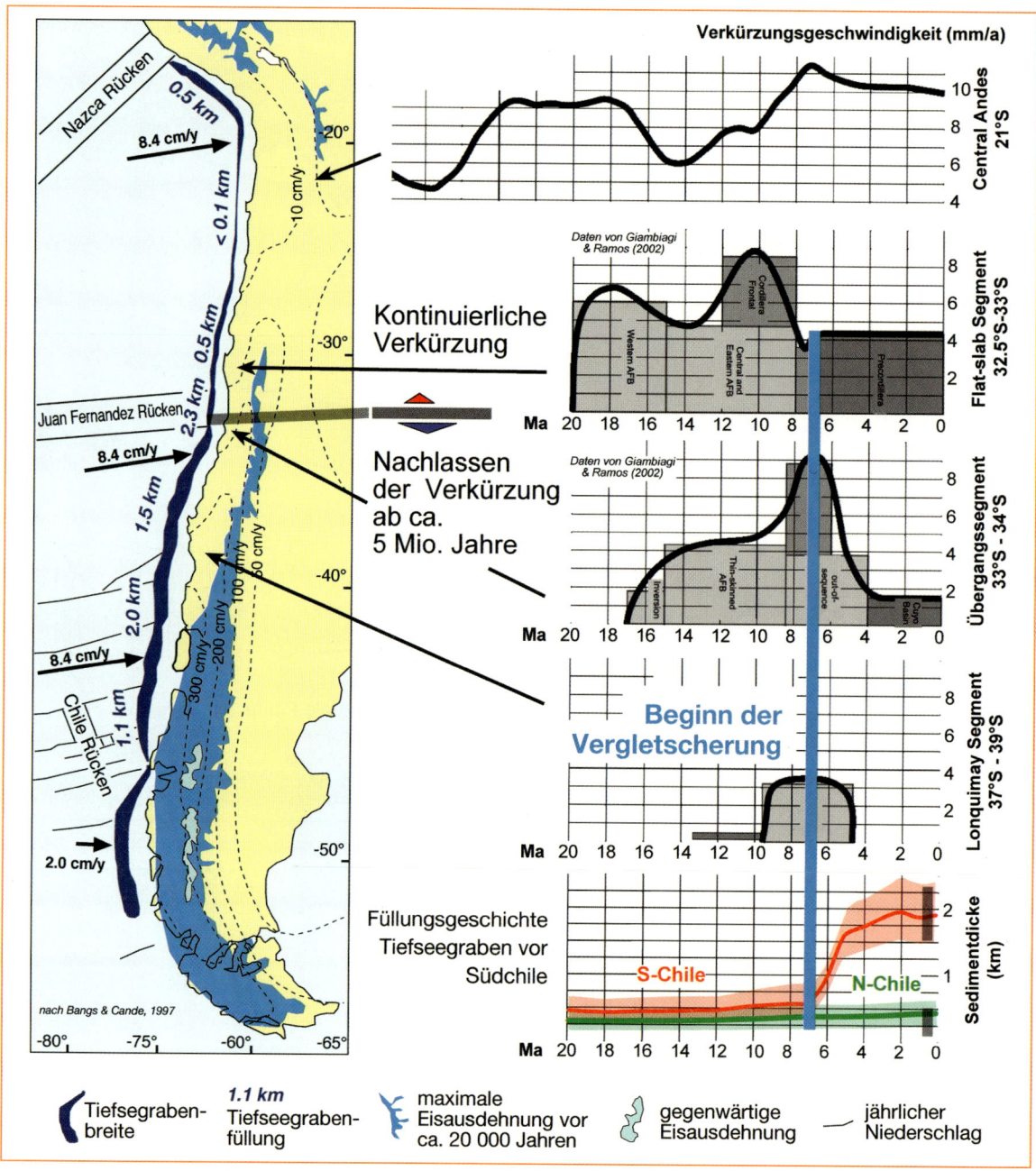

**Legend:**

Tiefseegraben-breite

*1.1 km* Tiefseegraben-füllung

maximale Eisausdehnung vor ca. 20 000 Jahren

gegenwärtige Eisausdehnung

jährlicher Niederschlag

3.17 Unter dem Begriff „Verkürzung" (shortening) fassen Geowissenschaftler alle Deformationsprozesse zusammen, die zu einem Zusammenstauchen des Randes einer Platte führen. Die Analyse der Verkürzungsgeschwindigkeiten entlang der Anden während der letzten 20 Millionen Jahre zeigt eine drastische Abnahme der Raten in den Südanden. Mit Einsetzen der Vergletscherung der Südanden und der damit verbundenen hohen Sedimentschüttung in den Tiefseegraben kam der Prozess sogar völlig zum Erliegen. In den zentralen Anden, in der Gletschererosion und Sedimenttransport durch fließendes Eis in den Tiefseegraben nicht stattfanden, wird Südamerika indes mit unverminderter Geschwindigkeit zusammengestaucht.

3.17 Geoscientists use the term "shortening" to summarise all deformation processes that cause the margin of a plate to be compressed. Analysis of the shortening speeds along the Andes during the past 20 million years shows a dramatic reduction in these rates in the Southern Andes. With the onset of glaciation of the Southern Andes and the associated large amount of sediment filled into the deep-sea trench, the process was brought to a complete standstill due to weakening of the plate interface, thereby rendering force transmission less effective. In the Central Andes, however, where glacial erosion and the transport of sediment into the deep-sea trench by flowing ice did not take place, the speed of compression was not reduced.

strength of the plate interface itself, the strength of the continental plate margin, climate-driven material transfer into the trench, and the effect of fluids. These variables are not independent. Plate tectonics connects them with each other in interdependent feedback loops. Under constant external conditions, a plate margin strives to reach a state of equilibrium that can be externally influenced, in particular, by material input and output. In contrast, climatically controlled, erosive mass transfer is, as has been seen, in constant interaction with the development of the surface shapes and deformation of the crust by mountain belt dynamics. Finally, further important roles are played by the quantities, rates and distribution of tectonic rock accretion or erosion in the area in front of and behind the magmatic arc and the cordillera. They affect climatically controlled erosion, especially the shape and mass distribution of the mountain range and, therefore, its deformation behaviour. Meshing of processes due to the reciprocal action of key variables and the different patterns of interaction are thus becoming one of the central challenges in geodynamics. This new view of the closely networked, positive or negative feedback system of different components and processes is currently setting the stage for gradual, but fundamental, changes to the model of plate tectonics developed fifty years ago.

## Satellites survey a tectonic zip

The quiet revolution in the theory of plate tectonics is primarily the result of new observation data (with high time and spatial density) and the improved analysis of this data using new, and above all, experimental and numerical methods. Satellite data of movements on the Earth's surface and mass displacements in the mantle are now available, virtually in real time and for almost the entire globe. In conjunction with the improved methods for dating mountain erosion processes, geodynamic processes can be quickly and precisely recorded. The importance of new insights into the mechanism driving plate tectonics can be illustrated using the example of the strong quakes of Maule/Concepción, on 27 February 2010, in southern Central Chile.

Apart from seismological registrations, measurements of movements of the Earth's surface using GPS geodesy are becoming increasingly important. These enable observation of tectonic processes such as plate motion or deformation with high spatial and temporal resolution, practically in real time. When these were supplemented by long-term seismology data, the complicated fracture pattern of the earthquake at Maule/Concepción was predictable to a certain degree. With a magnitude of 8.8 on the Gutenberg-Richter scale, it was one of the largest earthquakes to be fully recorded by a modern network of geodetic and geophysical measuring systems on the ground and in space. This provided a unique opportunity to compare detailed observations made before the earthquake with those during and after the earthquake, and to re-evaluate hypotheses on the predictability of such events. GPS observations from the years before the Maule earthquake showed the pattern of stresses that had built up in this area due to plate movements over the past 175 years. There is a very good match between the stress distribution derived from observations and the subsequent fracture distribution. The earthquake very probably dissipated all the stresses that had accumulated since the last earthquake in this region, observed by Charles Darwin in 1835. A relatively strong earthquake in this region is thus improbable in the near future.

Measurements taken with the help of the GPS satellite navigation system showed that the Pacific ocean floor of the Nazca plate is not pushed uniformly under the western edge of the South American continent. Instead, from GPS measurements and ground-based measurements on site, it can be deduced that the interface between the ocean floor and continental plate is fully locked in several places (▶ Fig. 3.19). However, in the gaps between these places, the Nazca plate continues to advance under South America by creep. Some of the stresses produced here were dissipated by smaller earthquakes that, nonetheless, reached magnitudes of around seven, whereas further stresses were induced at the places that had locked. The uneven stresses were released by the earthquake on 27 February in such a way that, just like a zip, one locked asperity after the other ruptured. As a result, this seismic gap off the west coast of Chile is closed. One last gap remains in Northern Chile.

Following the Maule earthquake, the remaining gap in Northern Chile has the potential to cause a comparatively strong earthquake and is thus becoming the focus of increasing attention (▶ Fig. 3.18). Since 2006, geoscientists have been observing this gap on site with the Integrated Plate Boundary Observatory (IPOC). However, they are not only interested in earthquakes: the objective is to continuously record all processes associated with the dynamics of this plate boundary and the interactions between the associated processes.

Approximately one third of the worldwide seismic energy over the past century has been released along the South American Pacific plate boundary in earthquakes with magnitudes greater than 8. The timespan between two large earthquake events is shorter here than almost anywhere else on our planet. The IPOC project is exam-

klimatisch gesteuerte Erosion, vor allem die Form und Massenverteilung des Gebirges, und bestimmen damit sein Deformationsverhalten. Das Ineinandergreifen von Prozessen durch die wechselseitige Beeinflussung wichtiger Größen und die verschiedenen Muster des Zusammenwirkens werden damit gegenwärtig zu einer der zentralen Herausforderungen in der Geodynamik. Diese neue Sicht auf das eng vernetzte, positiv oder negativ rückgekoppelte System aus verschiedenen Komponenten und Prozessen begründet gegenwärtig einen schleichenden, aber grundsätzlichen Wandel des vor 50 Jahren entwickelten Modells der Plattentektonik.

## Satelliten vermessen einen tektonischen Reißverschluss

Die leise Revolution in der Theorie der Plattentektonik begründet sich vor allem auf neuen Beobachtungsdaten in hoher zeitlicher und räumlicher Dichte und deren verbesserter Auswertung durch neue, vor allem numerisch gestützte Verfahren. Satellitendaten über Bewegungen an der Erdoberfläche und Massenverlagerungen im Erdmantel sind heute nahezu in Echtzeit und fast für den gesamten Globus verfügbar. Zusammen mit den verbesserten Methoden zur Datierung von Gebirgserosionsprozessen können geodynamische Vorgänge damit schnell und genau erfasst werden. Am Beispiel des Starkbebens von Maule/Concepción am 27. Februar 2010 im südlichen Zentralchile lässt sich die Tragweite der neuen Einsichten in die Wirkungsmechanismen der Plattentektonik verdeutlichen.

Neben den seismologischen Messungen kommt hier den Messungen der Plattenbewegung mithilfe von GPS-Geodäsie besondere Bedeutung zu. Sie ermöglichen in hoher räumlicher und zeitlicher Auflösung die Beobachtung tektonischer Abläufe praktisch in Echtzeit. Ergänzt um die Langzeitdaten der Seismologie war damit der komplizierte Bruchverlauf des Erdbebens bei Maule/Concepción bis zu einem gewissen Grad vorhersehbar. Mit einer Stärke von 8,8 auf der Momenten-Magnitude zählt es zu den größten Beben, das durch ein modernes Netzwerk weltraum-geodätischer und geophysikalischer Messsysteme am Boden vollständig erfasst wurde. Damit bot es die einmalige Möglichkeit, detaillierte Beobachtungen vor dem Beben mit denen während und nach dem Beben zu vergleichen und Hypothesen zur Voraussagbarkeit solcher Ereignisse neu zu bewerten. GPS-Beobachtungen aus den Jahren vor dem Beben zeigten das Muster der Spannungen, die sich durch die Plattenbewegungen der letzten 175 Jahre in diesem Bereich aufgebaut hatten. Die aus Beobachtungen abge-

leitete Spannungsverteilung stimmt sehr gut mit der späteren Bruchverteilung überein. Durch das Beben wurden sehr wahrscheinlich alle Spannungen abgebaut, die sich seit dem letzten, von Charles Darwin im Jahr 1835 beobachteten Beben in dieser Region aufgestaut hatten. Ein vergleichbares Starkbeben an dieser Stelle ist deshalb in naher Zukunft unwahrscheinlich.

Messungen mithilfe des Satellitennavigationssystems GPS zeigten, dass sich der pazifische Ozeanboden der Nazca-Platte nicht gleichmäßig unter den westlichen Rand des südamerikanischen Kontinents schiebt. Vielmehr lässt sich aus den GPS-Messungen und bodengestützten Messungen vor Ort ableiten, dass sich an einigen Stellen der Ozeanboden mit dem Untergrund des Kontinents verhakte (▶ Abb. 3.19). In den Zwischenräumen allerdings schob sich die Nazca-Platte weiter unter Südamerika. Die an diesen Stellen entstehenden Spannungen wurde durch kleinere Erdbeben, die aber immerhin Magnituden von ungefähr 7 erreichen können, gewissermaßen kontinuierlich abgebaut, während sich an den verhakten Stellen weiter Spannungen aufbauten. Die ungleichmäßigen Spannungen entluden sich durch das Beben vom 27. Februar derart, dass wie bei einem Reißverschluss eine verhakte Stelle nach der nächsten aufriss. Damit ist diese seismische Lücke vor der chilenischen Westküste geschlossen, es bleibt ein letzter Zwischenraum im Norden Chiles.

Die verbleibende Lücke im Norden Chiles hat nach dem Beben von Maule das Potenzial eines vergleichbaren Starkbebens und rückt damit noch mehr in den Fokus (▶ Abb. 3.18). Geowissenschaftler beobachten seit 2006 diese Lücke vor Ort mit dem Integrierten Plattengrenzen-Observatorium (IPOC). Sie interessieren sich aber nicht nur für Erdbeben: Ziel ist es, alle Prozesse, die mit der Dynamik dieses Plattenrands zu tun haben, kontinuierlich zu erfassen.

Ungefähr ein Drittel der weltweiten seismischen Energie hat sich im letzten Jahrhundert entlang der südamerikanisch-pazifischen Plattengrenze in Erdbeben mit Magnituden größer 8 entladen. Die Zeitspanne zwischen zwei großen Erdbebenereignissen ist hier so kurz wie sonst kaum irgendwo auf unserem Planeten. Das IPOC-Projekt erforscht die Gegend um Iquique an der südamerikanischen Nazca-Plattengrenze. Die Forscher rechnen damit, dass in diesem Bereich innerhalb der nächsten Jahre ein starkes bis verheerendes Erdbeben auftreten wird. Im Rahmen der Untersuchungen werden Deformation, Seismizität und magnetotellurische Felder, die elektrische Leitfähigkeit der Gesteine, in der Subduktionszone beobachtet, und zwar in den Zeiträumen vor, zwischen und eventuell auch während des Bebens. Hinzu kommen die mithilfe des GPS abgeleiteten Bewegungsvektoren.

ining the area around Iquique on the South American Nazca plate boundary. The researchers expect a strong, if not devastating, earthquake to occur in this area within the near future. The investigations are focusing on deformation, seismicity, magnetotelluric fields, magmatic activity and the electrical conductivity of the crust in the subduction zone. This is conducted in the periods between and possibly during an earthquake. In addition, GPS monitoring yields motion vectors of strain accumulation.

At present, the measuring network consists of twenty seismological stations, which are equipped with broadband seismometers and acceleration sensors. Particular care was taken when setting up each location in order to achieve the required resolution and performance of the

sensor and data acquisition systems. For example, at each station, a gallery roughly five metres deep was blasted in the rock bed, to ensure stable ambient conditions for the measuring equipment. All seismic installations are additionally equipped with the latest generation of GPS devices. Seven measuring stations were also

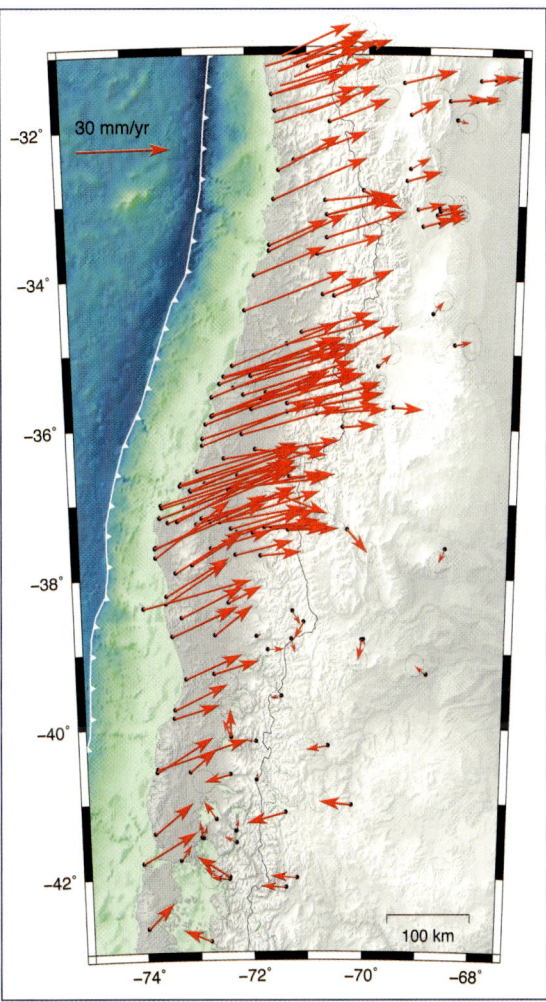

3.19 Tectonic displacement velocities on the surface of the Earth at the western edge of Chile, derived from GPS data. The average subduction speed of the Nazca plate, of around 66 millimetres per year, is translated into very different upper plate displacement speeds. This results in an uneven build-up of stresses along the plate boundary.

3.19 Aus GPS-Daten abgeleitete tektonische Verlagerungsgeschwindigkeiten an der Erdoberfläche am Westrand von Chile. Die mittlere Subduktionsgeschwindigkeit der Nazca-Platte von etwa 66 Millimetern pro Jahr setzt sich in sehr unterschiedliche Verlagerungsgeschwindigkeiten um. Daraus resultiert ein ungleichmäßiger Spannungsaufbau entlang der Plattengrenze.

3.18 Distribution of historic earthquakes in Chile. The remaining segment in North Chile, not yet fractured is shown in orange.

3.18 Einzugsbereiche der historischen Erdbeben in Chile. In orange ist das verbliebene, noch nicht gebrochene Segment in Nordchile dargestellt.

Gegenwärtig besteht das Messnetz aus 20 seismologischen Stationen, die mit Breitbandseismometern und Beschleunigungssensoren ausgestattet sind. Um den Anforderungen an Auflösung und Leistungsfähigkeit der Sensoren und Datengewinnung gerecht zu werden, wurde besondere Sorgfalt auf die Errichtung jedes Standortes verwendet. So wurde an jeder Station ein Stollen von rund fünf Metern Tiefe in das Felsbett gesprengt, um stabile Umgebungsbedingungen für die Messgeräte zu gewährleisten. Alle seismischen Installationen werden zusätzlich mit der neuesten Generation von GPS-Geräten ausgestattet. Sieben Messpunkte wurden darüber hinaus mit magnetotellurischen Messgeräten ausgerüstet und dienen zur Messung elektrischer Ströme in der Erdkruste.

Die Messungen des Zustands an dieser Stelle vor, während und nach einem großen Beben dienen dazu, langfristige Gefährdungsmodelle für diese und ähnliche Regionen zu entwickeln. Ein Starkbeben in dieser Region kann Auswirkungen auf die globale Ökonomie haben: Die Erdbeben hier entstehen durch das Abtauchen des Pazifikbodens unter Südamerika; der gleiche Prozess führt aber auch zur Bildung von Erzlagern in der Erdkruste. So befindet sich die größte Kupferlagerstätte der Welt am Westrand der Zentralanden. Die globale Versorgung mit Kupfer und Lithium könnte durch ein großes Bebenereignis an dieser Stelle zeitweise gefährdet oder sogar unterbrochen werden.

## Ausblick

Erdbeben und Vulkanismus sind typische Begleiterscheinungen der tektonischen Dynamik an Plattengrenzen. Die in diesem Kapitel vorgestellten Erkenntnisse zur Plattentektonik werfen die Frage auf, ob die beobachteten Wechselwirkungen nur auf der „langen" geologischen Zeitskala existieren, oder ob sie vielleicht auch auf der kurzen menschlichen Zeitskala eine Rolle spielen, etwa bei schnellen Prozessen wie Erdbeben. Noch fehlen uns zur Beantwortung dieser Fragen eindeutige Daten. Die neuen satellitengestützten Techniken, welche eine direkte Vermessung der Deformationsprozesse und deren Quantifizierung erlauben, werden in Verbindung mit seismologischen und geologischen Beobachtungen zunehmend wichtiges Neuland erschließen. Schon jetzt fällt etwa auf, dass die extremen Starkbeben der letzten hundert Jahre mit Magnituden größer 8,8 auf der Gutenberg-Richter-Skala, wie das Sumatra-Beben Weihnachten 2004 oder das Beben bei Maule im Februar 2010, ausschließlich an Plattenrändern mit vollständig sedimentgefüllten Tiefseegräben aufgetreten sind. Dies ist ein weiterer Hinweis auf die äußerst komplexe Natur vernetzter Prozesse, die über ein großes Spektrum von Raum- und Zeitskalen die Dynamik der Erde bestimmen.

3.20  Installation of a creepmeter in the plate boundary observatory in Chile, with which tectonic displacements along a fault zone are precisely measured to one hundredth of a millimetre.

3.20  Installation eines sogenannten Creepmeters im Plattengrenzen-Observatorium Chile, mit dem tektonische Verschiebungen entlang einer Störungszone bis auf hundertstel Millimeter genau vermessen werden.

equipped with magnetotelluric measuring devices and are used to measure electric currents in the crust.

Precise observations of the state of the plate margin before, during and after a large earthquake will be used to develop long-term risk models for this and similar regions. A strong earthquake in this region might even affect the global economy. Earthquakes are caused here by the Pacific floor descending under South America; however, the same process also leads to the formation of ore deposits in the crust. For example, the largest copper mine in the world is located on the western edge of the Central Andes. The global supply of copper and lithium could be temporarily jeopardised, or even interrupted, by a major earthquake event in this region.

## Outlook

Earthquakes and volcanism are typical concomitants of the dynamics at plate boundaries. The plate tectonics findings presented in this chapter raise the question of whether the observed interactions exist solely on a "long" geological timescale, or whether they perhaps play a role on the short human time-scale, for example, in fast processes such as earthquakes. We still lack clear data to answer this question. The new satellite-based techniques, which allow direct measurement of the deformation processes and their quantification, in conjunction with seismological and geological observations, will open up increasingly important new ground. For example, it is already evident that the extremely strong earthquakes of the last century, with magnitudes greater than 8.8 on the Gutenberg Richter scale, such as the Sumatra earthquake of Christmas 2004 or the Maule earthquake in February 2010, occurred exclusively at plate margins with deep-sea trenches completely filled with sediment. This is a further indication of the extremely complex nature of networked processes that determine the dynamics of the Earth over a large spectrum of spatial and time-scales.

4.1  Sedimentbecken am passiven Kontinentalrand des Südatlantiks im Bereich der Südwestküste von Südafrika.

4.1  Sedimentary basin on the passive continental margin of the South Atlantic on the south-west coast of South Africa.

# Kapitel 04

# Georeaktor Sedimentbecken

# Chapter 04

# Sedimentary Basins as Georeactors

Das plattentektonische Komplementärstück zur Gebirgsbildung ist die Entstehung von Beckenstrukturen, die bis zur Bildung von Ozeanen gehen können. Becken sind topographische Senkungsräume, die mit Ablagerungen, den Sedimenten, gefüllt werden. Solche Sedimentbecken gibt es an vielen Stellen auf der Erde. Sie haben über Zeiträume von Millionen bis zu einigen hundert Millionen Jahren große Sedimentfrachten aufgenommen. Gut zwei Drittel der Erdoberfläche sind mit Sedimenten bedeckt. Diese bestehen aus Gemischen verschiedener Minerale und organischer Substanzen, die in Wechselwirkung mit Atmosphäre, Hydrosphäre und Biosphäre abgelagert worden sind. Beispiele sind Sande, Tone, Salze und Kalkschlämme. Durch beständiges Aufschütten neuer Sedimente entstehen aus solchen Ablagerungen in größeren Erdtiefen von einigen hundert Metern bis mehreren Kilometern Sedimentgesteine wie Sand-, Ton- oder Kalkstein. Sedimentbecken tragen den mit Abstand größten Teil der für die Menschheit wichtigen Ressourcen. Die Hauptmenge des für die Trinkwasserversorgung wesentlichen Grundwassers wird aus Sedimentgesteinen gewonnen, fossile Energieträger wie Erdöl und Erdgas, Stein- und Braunkohle, aber auch Torf finden sich ebenfalls hier. Daneben sind Sedimentbecken auch Quellen für viele metallische und nicht-metallische Rohstoffe, Baustoffe, Zementrohstoffe und Düngemittel.

## Ozean oder nicht? Die Ausdünnung der Lithosphäre

Warum sich bestimmte Bereiche der Erdkruste absenken, verstehen wir bisher noch nicht vollständig. In jedem Fall ist die Entstehung von Sedimentbecken mit einer Ausdünnung der Lithosphäre verbunden, also der oberen, festen Schicht unserer Erde. Dieser Prozess scheint mit der Asthenosphäre gekoppelt zu sein, der Schicht mit teilweise geschmolzenem Gestein unterhalb der Lithosphäre. Den Übergang von dem festen zum teilweise geschmolzenen Bereich markiert eine Isotherme von etwa 1300 °C; bei dieser Temperatur beginnen die hier vorkommenden Minerale zu schmelzen.

Zur Ausdünnung der Lithosphäre kann es kommen, weil tektonische Kräfte die Erdplatten auseinanderziehen und lokal eine Dehnung der Lithosphäre bewirken. Infolge dieser Dehnung entstehen sogenannte Riftbecken. Beispiele für heutige Riftbecken sind der Oberrheingraben, der Baikalsee oder das ostafrikanische Grabensystem. Die Krustendehnung kann so weit gehen, dass Kontinente auseinanderbrechen und ein Ozean

dazwischen entsteht. Das heutige Rote Meer stellt eine aktuelle Momentaufnahme dieses Vorgangs dar. Der neue Ozeanboden entsteht dabei durch heißes, asthenosphärisches Mantelmaterial, das aus dem Erdinneren aufsteigt und an den mittelozeanischen Rücken austritt. Mittelozeanische Rücken sind in allen heutigen Ozeanen zu finden und sorgen dafür, dass sich die Platten beiderseits des Rückens auseinanderbewegen. Diese neue ozeanische Lithosphäre kühlt mit zunehmendem Alter ab, wird dabei immer dicker, dichter und folglich schwerer, sodass sie zunehmend absinkt. Daher nehmen die Wassertiefen in den Ozeanen mit wachsendem Abstand vom mittelozeanischen Rücken ebenfalls zu. Der beschriebene Prozess muss aber nicht komplett ablaufen und zur Bildung eines neuen Ozeans führen. Er kann genauso gut in jedem beliebigen Zwischenstadium steckenbleiben und beispielsweise zur Bildung von intrakontinentalen Becken führen. Das zentraleuropäische Beckensystem von der südlichen Nordsee bis Polen ist ein Beispiel für ein solches intrakontinentales Becken. Ozean oder nicht, das ist hier die Frage, die sich im Verlauf des Dehnungsprozesses stellt.

Der Ablauf stellt sich im Einzelnen (▶ Abb. 4.2) schematisch wie folgt dar: Zunächst führt die Dehnung der Lithosphäre dazu, dass die Erdkruste im oberen, spröden Bereich bricht. Entlang dieser Brüche, sogenannten Abschiebungen, sackt der von der Dehnung betroffene Bereich buchstäblich ein und eine Vertiefung – ein Riftbecken – entsteht. Die Veränderung der Lastverhältnisse an der Oberseite der Platte hat eine Ausgleichsbewegung an deren Unterseite zur Folge, wo die feste Lithosphäre an den teilweise geschmolzenen asthenosphärischen Mantel grenzt. So wird der Massenverlust im Bereich der Oberflächendehnung durch ein passives Nachströmen von asthenosphärischem Material im Mantel ausgeglichen. Diese konzeptuelle Vorstellung trägt die Bezeichnung *passives Rift-Modell*. Neben dem rein mechanischen Aspekt spielen dabei auch thermische Vorgänge eine große Rolle. Durch das Ersetzen von kälterem Lithosphärenmaterial durch heißeres Asthenosphärenmaterial ändert sich nämlich der Temperaturgradient an der Unterseite der gedehnten Platte, da heißes Asthenosphärenmaterial in Bereiche aufsteigt, wo die umgebende Lithosphäre wesentlich kühler ist. Das System strebt jedoch, wie alle natürlichen Systeme, nach einem Ausgleich dieses thermischen Ungleichgewichts. Das in flachere Bereiche aufgestiegene Asthenosphärenmaterial beginnt abzukühlen, um sich der Temperatur der Umgebung anzupassen. Nun ist kaltes Lithosphärenmaterial dichter und damit schwerer als das heißere Asthenosphärenmaterial. Die fortschreitende Abkühlung führt demzufolge wieder zu einer Dichtezunahme und einer damit verbundenen

The plate tectonics counterpart to the formation of mountains (orogenesis) is the evolution of basin structures, which may even result in the formation of oceans. Basins are topographic depressions that are filled with deposited sediments. Such sedimentary basins, which are found in many places on the Earth, are gradually filled with large quantities of sediment over periods ranging from millions of years to several hundred millions of years. A good two thirds of the Earth's surface is covered with sediments. These consist of mixtures of different minerals and organic substances that have interacted with the atmosphere, hydrosphere and biosphere. Examples are sands, clays, salts and lime muds. The constant addition of new sediments leads to the formation of sedimentary rocks, such as sandstone, shale or limestone, at great depths – from several hundred metres to a few kilometres. Sedimentary basins hold the largest proportion by far of the resources important to mankind. Most of the groundwater used for drinking water supplies is extracted from sedimentary rocks. Fossil energy sources such as petroleum and natural gas, coals and peat, are also found here. In addition, sedimentary basins are also sources of many metallic and non-metallic raw materials, construction materials, cement raw materials and fertilisers.

## Ocean or not?
## Thinning of the lithosphere

We still do not fully understand why certain areas of the crust sink. The formation of sedimentary basins is always associated with thinning of the lithosphere, or in other words, the upper, solid layer of our Earth. This process appears to be coupled with the asthenosphere, the layer of partially molten rock underneath the lithosphere. The transition of the rock from solid to ductile is marked by an isotherm of about 1300 °C, the temperature at which the minerals found here begin to melt.

The lithosphere can become thinner due to local extension caused by tectonic forces pulling the plates apart. This extension leads to the formation of so-called rift basins. Examples of present-day rift basins include the Upper Rhine Graben, Lake Baikal and the East African Rift System. The crust can be pulled to such an extent that continents break apart, and an ocean is formed between them. The Red Sea currently provides a snapshot of this process. The new ocean floor is created by hot asthenospheric mantle material rising out of the Earth's interior and emerging at the mid-oceanic ridges, which are found in all present-day oceans. These ridges

cause the plates on both sides to move apart. As it ages, this new oceanic lithosphere cools and becomes thicker, denser and consequently, heavier, so that it sinks deeper and deeper so that the water depths in the oceans increase with increasing distance from the mid-oceanic ridge. However, the process described above does not have to be fully completed and result in the formation of a new ocean. It can just as easily stop at any intermediate stage and, for example, result in the formation of intracontinental basins. The Central European Basin system, from the southern North Sea to Poland, is an example of one such intracontinental basin. Ocean or not? This is the question that arises during the course of the extension process.

The detailed sequence is schematically illustrated in ▶ Figure 4.2. In the first step, extension of the lithosphere causes the crust to break in the upper, brittle zone. Along the resulting fractures, so-called normal faults, the area affected by the extension literally sinks to form a depression, or rift basin. The change in loading conditions at the top of the plate causes a compensating movement on its underside at the transition between the solid lithosphere and the partially molten asthenospheric mantle. In this way, the mass lost in the region affected by surface extension is compensated by passive flow of asthenospheric material in the mantle. This conceptual idea is called the *passive rift model* (passive rifting). Apart from purely mechanical aspects, thermal processes also play a significant role. The replacement of colder lithospheric material with hotter asthenospheric material changes the temperature gradient on the underside of the extended plate because hot asthenospheric material rises to levels where the surrounding lithosphere is substantially cooler. However, like all natural systems, the system strives to regain its thermal equilibrium. The asthenospheric material that has risen into shallower areas begins to cool and adapt to the temperature of its surroundings. Cold lithospheric material is denser and thus heavier than the hotter asthenospheric material. Consequently, progressive cooling increases the density and the associated sinking, which causes the rift at the top of the plate to become even deeper.

The circumstances are, in fact, even more complicated because thinning of the lithosphere can also start from the underside, in precisely the opposite way to the sequence described above. In this case, rising, hot asthenospheric material thins the solid lithosphere from below. In this process, the *active rift model* (active rifting), the initial result is doming at the top of the lithospheric plate. The part of the plate that lies above the erosion level is then eroded, causing a mass deficit in the system. Similar to passive rifting, subsequent cooling

zusätzlichen Absenkung, wodurch das Rift an der Oberseite der Platte weiter vertieft wird.

Der Sachverhalt ist sogar noch komplizierter, denn die Ausdünnung der Lithosphäre kann genau umgekehrt zum oben dargestellten Ablauf auch von der Unterseite her beginnen. Dann führt aufsteigendes, heißes Asthenosphärenmaterial dazu, dass die feste Lithosphäre von unten her ausgedünnt wird. Bei diesem Prozess, dem *aktiven Rift-Modell,* kommt es zunächst zu einer Aufwölbung an der Oberseite der Lithosphärenplatte. Der Teil der Platte, der oberhalb des Erosionsniveaus liegt, wird anschließend abgetragen, wodurch ein Massendefizit im System entsteht. Die anschließende Abkühlung des aufgestiegenen Asthenosphärenmaterials führt, wie beim passiven Rift, zu einer Dichtezu-

nahme mit entsprechender Absenkung und einem kollapsartigen Einbrechen an der Oberfläche – ein Sedimentbecken entsteht.

Welcher der beiden Mechanismen ursächlich bei der Beckenbildung wirksam war, ist oft nicht einfach zu erfassen. Henne oder Ei: Es gibt eine anhaltende Diskussion darüber, ob die oberflächennahe Absenkung oder eher der Aufstieg von heißem Mantelmaterial in der Tiefe die Hauptursache ist. Die richtige Antwort ist deshalb wichtig, weil die beiden Mechanismen eine unterschiedliche Temperatur- und Druckgeschichte zur Folge haben. Und wie in einem Reaktor steuert der Verlauf von Temperatur und Druck in der Entstehungsgeschichte eines Beckens seinerseits das Geschick der abgelagerten Sedimente und der darin enthaltenen Ressourcen. Im

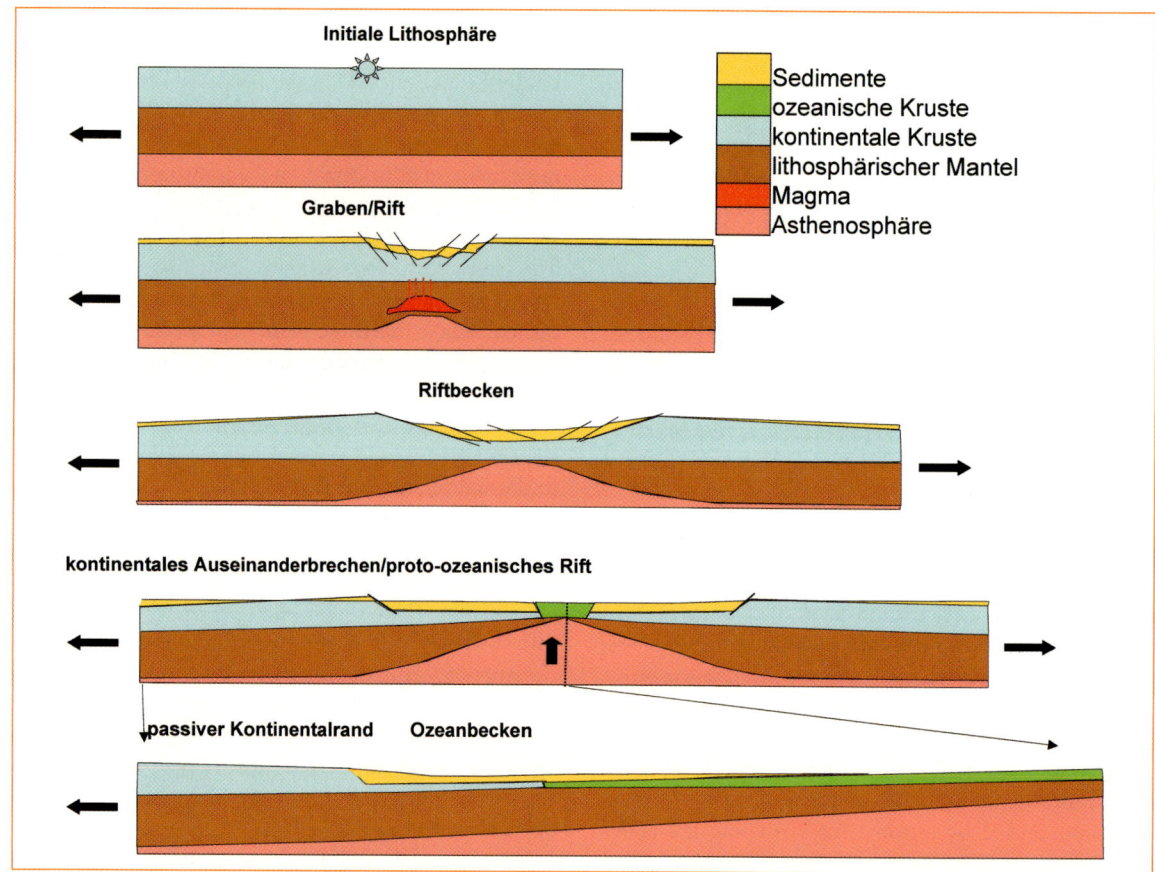

4.2  Konzeptuelle Modelle zur Entstehung von Sedimentbecken: Die kontinentale Lithosphäre wird infolge der Plattendehnung ausgedünnt, es entsteht ein Graben oder Rift. Die anhaltende Ausdünnung der Lithosphäre führt schließlich dazu, dass diese auseinanderbricht. Das größer gewordene Riftbecken verändert sich zum proto-ozeanischen Rift, in dessen Achse heißes Mantelmaterial austritt. Das treibt die Kontinentplatten so weit auseinander, dass dazwischen ein von passiven Kontinentalrändern gesäumter Ozean entsteht.

4.2  Conceptual models showing how sedimentary basins develop. The continental lithosphere is thinned as a result of plate extension. A graben or rift is formed. Sustained thinning of the lithosphere eventually causes it to break apart. The rift basin, which has become larger, changes into a proto-oceanic rift, in whose axis, hot mantle material emerges. This drives the continental plates so far apart that an ocean edged by passive continental margins results.

of the risen asthenospheric material leads to an increase in density, with corresponding sinking and subsidence by collapse at the surface, and a sedimentary basin is formed.

Which of the two mechanisms originally occurred during formation of the basin is not always easy to identify: we have the classic problem of the chicken or the egg. There is an on-going discussion about whether near-surface sinking or the rise of hot mantle material in the deep is the main cause. The correct answer is important because the two mechanisms result in a different temperature and pressure history. Just like in a reactor, variations of temperature and pressure during the development of a basin control the fate of deposited sediments and the resources they contain. The way in which a sedimentary basin, or "georeactor", was created has a decisive influence on the physical and chemical states of the deposited materials. This has practical effects, for example, numerical predictions of subsurface temperature and pressure distributions – which are required in the search for sources of fossil fuels and deep geothermal energy, and for assessment of the suitability of subterranean strata as a storage medium – are only possible if these initial conditions are known.

Sedimentary basins can also develop when a mountain range is formed as the result of the collision of two continents. In response to the load of the mountain chain the lithosphere is flexed downward, thus creating a foreland basin. Examples of this are the Northern Alpine Molasse Basin and the Southern Alpine Po Basin. Previously, it was assumed that the development of foreland basins was based on continuous mountain growth due to the collision. However, more recent studies show that this continuous growth is interrupted by phases of faster growth. This is caused by thrust faulting (overthrusting) of rock in front of the mountain range, and the associated weight redistribution changes the imposed load and thus the geometry of the foredeep. How foreland basins develop over time and space depends on a number of complex interacting factors, such as the strength and elasticity of the two continental plates, erosion and sedimentation.

## Insight with bits: modelling of basin structures

Scientific drilling and geophysical methods give us an insight into the deep. However, the acquired data are point measurements in space and time. They do not give a coherent picture until viewed together. Numerical

methods are an indispensable tool here. Data-based structural models that examine sedimentary basins as a complete system on the lithospheric scale, have a decisive advantage: they utilise real observations and thus primary information on sediment configurations as well as the structure of the crust and the lithosphere. Creating structural models – preferably three-dimensional – of the sediment basin is, however, by no means trivial. It requires data of different disciplines and scales, which not only have to be extensively available, but also have to be brought together so that they are consistently inte-

4.3  Basins as a reservoir for thermal water. Geothermal drilling in the Northern Alpine Molasse Basin near Dürrnhaar.

4.3  Becken als Speicher für Thermalwasser: Geothermie-Bohrung im nordalpinen Molassebecken bei Dürrnhaar.

„Georeaktor" Sedimentbecken entscheidet also die Art seiner Entstehung ganz wesentlich darüber, in welchem physikochemischen Zustand die in ihm abgelagerten Materialien heute sind. Das hat praktische Auswirkungen: Numerische Prognosen zur Temperatur- und Druckverteilung im Untergrund, wie sie etwa zur Erkundung nach fossilen Brennstoffen, nach tiefer Erdwärme oder nach der Eignung des Untergrunds als Speichermedium benötigt werden, sind nur möglich, wenn man diese Anfangsbedingungen kennt.

Sedimentbecken können auch entstehen, wenn sich als Folge der Kollision zweier Kontinente ein Gebirge bildet: Durch die Belastung biegt sich die Lithosphäre durch – ein Vorlandbecken entsteht. Beispiele dafür sind das nordalpine Molassebecken oder das südalpine Po-Becken. Früher nahm man an, dass die Entwicklung von Vorlandbecken auf kontinuierlichem Gebirgswachstum durch den Zusammenstoß beruht. Neuere Untersuchungen zeigen aber, dass dieses kontinuierliche Wachstum durch Phasen erhöhter Wachstumsraten unterbrochen wird. Ursache dafür ist ein Überschieben von Gestein vor dem Gebirge, das wiederum mit seinem Gewicht zu einer Änderung der Auflast und damit auch der Geometrie der Vorsenke führt. Wie sich Vorlandbecken zeitlich und räumlich entwickeln, hängt von vielen vielschichtig zusammenwirkenden Faktoren ab, wie Festigkeit und Elastizität der beiden Kontinentplatten, Erosion und Sedimentation.

# Einblick mit Bits: die Modellierung von Beckenstrukturen

Einen Einblick in die Tiefe erhält man durch wissenschaftliches Bohren und durch geophysikalische Methoden. Die gewonnenen Daten sind jedoch zeitlich und räumlich Punktmessungen, die erst in der Zusammenschau ein Bild ergeben. Numerische Methoden sind hier ein unerlässliches Werkzeug. Datengestützte Strukturmodelle, die Sedimentbecken als Gesamtsystem im Lithosphärenmaßstab untersuchen, haben einen entscheidenden Vorteil: sie nutzen echte Beobachtungen und damit Primärinformationen zur Sedimentkonfiguration, zur Struktur der Kruste und Lithosphäre. Das Erstellen von vorzugsweise dreidimensionalen Strukturmodellen der Sedimentbecken ist jedoch keineswegs trivial. Dazu müssen Daten unterschiedlicher Disziplinen und Skalen nicht nur flächendeckend vorliegen, sondern sie müssen auch so zusammengeführt werden, dass sie

widerspruchsfrei integriert sind. Für die Untersuchung von Gashydrat-Lagerstätten im nordwestkanadischen Mackenzie-Delta wurde die dortige Beckenstruktur umfassend modelliert (▶ Abb. 4.4, ▶ Kapitel 12 über Geo-Energie). Informationen aus Bohrungen wurden mit seismischen Profilen in eine konsistente Interpretation der Lagerungsverhältnisse im Untergrund überführt, um ein virtuelles Abbild der Sedimentfüllung eines Beckens zu erhalten.

Insbesondere die Exploration auf Erdöl- und Erdgaslagerstätten mittels Tiefbohrungen und reflexionsseismischen Messungen führte in den vergangen Jahrzehnten zu einer intensiven Untersuchung des sedimentären Untergrundes verschiedener Becken. Diese Daten, wenn sie der Wissenschaft zur Verfügung stehen, gehen weit über die Nutzanwendung zur Kohlenwasserstoffexploration hinaus; sie fließen in die Strukturmodelle von Sedimentbecken ein, anhand derer wiederum die Entstehung, Entwicklung und Deformation der Becken untersucht werden kann. So liefern regionale dreidimensionale Strukturmodelle die Grundlage für verschiedene Prozessstudien, zum Beispiel die Berechnung von heute vorliegenden Temperatur- und Druckbedingungen oder für die Rekonstruktion der Beckengeschichte und damit auch der Entwicklung von Absenkung, Sedimentation, Temperatur und Druck. Am Modell durchgeführte Temperatur- und Druckrechnungen oder Fluid- und Wärmeflussberechnungen führen zu grundlegenden Erkenntnissen über den Zusammenhang zwischen ablaufenden Prozessen und der Wärmeflussverteilung im Untergrund.

Die Entwicklung der Rechnerkapazität und eine wachsende Menge an Daten lassen es mittlerweile zu, Strukturmodelle nicht nur für die Beckenfüllung, sondern auch für die kristalline Kruste darunter zu erstellen. Damit wird auch die Interpretation noch tieferer Lithosphärenbereiche präziser, weil große Teile des Systems berechenbar sind und selbst einzelne Prozesse isolierbar werden, die in den tieferen Bereichen der Lithosphäre stattfinden.

## Das Schwerefeld im Becken

Die präzise Schwerefeldermittlung durch Satelliten wie CHAMP und GRACE, ergänzt durch bodengestützte Messungen, erlaubt heute die Interpretation der Schwerefelddaten in einer hohen Auflösung. Schweredaten geben als Summensignal die gravimetrische Wirkung aller im Untergrund vorhandenen Massen wieder. Kennt man die Geometrie und Dichte von Teilbereichen des Untergrunds, etwa der Sedimentfüllung eines Beckens,

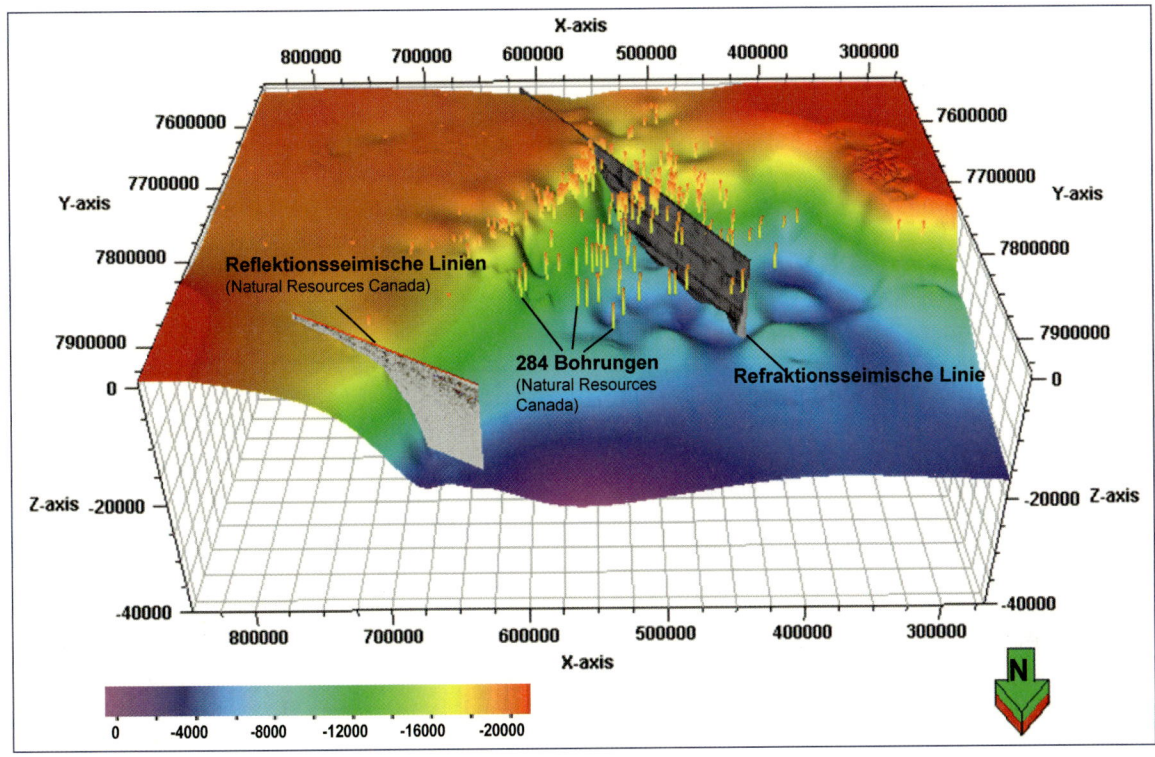

4.4 Model construction using the example of the Mackenzie Basin in North-West Canada.

4.4 Modellkonstruktion am Beispiel des Mackenzie-Beckens in Nordwest-Kanada.

grated. The basin structure of the Mackenzie Delta in North-West Canada was comprehensively modelled to examine its gas hydrate fields (▶ Fig. 4.4, see also ▶ Chapter 12 on geoenergy). Information from drill holes was combined with seismic profiles to achieve a consistent interpretation of the geological configuration and to obtain a virtual image of the sediment fill in the basin.

Exploration for petroleum and natural gas fields using deep drilling and seismic reflection measurements, in particular, has led to intensive examination of sedimentary strata of various basins in recent decades. This data, when made available to researchers, is useful far beyond hydrocarbon exploration. It is incorporated into structural models of sedimentary basins that are then are used to examine their formation, development and deformation. Regional three-dimensional structural models provide the basis for various process studies – for example, calculation of present-day temperature and pressure conditions, or reconstruction of the basin's history, from which the development of subsidence, sedimentation, temperature and pressure can be deduced. Calculations of temperature and pressure as well as fluid

and heat flow performed using the model, lead to fundamental findings about the relationship between the processes taking place and the heat flow distribution in the subsurface.

Greater computing capacities plus a growing quantity of data now allows us to create structural models, not only for the basin fill, but also for the crystalline crust below it. This means interpretation of even deeper lithospheric levels also becomes more precise because large parts of the system are computable. We are even able to isolate individual processes that take place in the deeper regions of the lithosphere.

## The gravity field in the basin

Precise determination of the gravity field using satellites such as CHAMP and GRACE in combination with ground-based measurements allows us to interpret gravity-field data with high resolution. Gravity data integrate the cumulative gravimetric effect of all underground masses as a composite signal. If the geometry

so können diese Anteile vom Gesamtfeld abgezogen werden. Die verbleibenden, tieferen Massenheterogenitäten können anschließend mittels gravimetrischer Modellierung weiter untersucht werden. Ergeben die Modelle gravimetrisch und geologisch plausible Strukturen, werden diese zusätzlich mittels thermischer Modellierung überprüft. Gesucht wird hierbei die Lithosphärenstruktur, die sowohl mit der Sedimentkonfiguration als auch mit der gemessenen Schwere konsistent ist und darüber hinaus das thermische Feld im Einklang mit Beobachtungen bestimmt.

So konnten am passiven Kontinentalrand Norwegens strukturelle Zusammenhänge von Beckenfüllung, Kruste und lithosphärischem Mantel untersucht werden. Dreidimensionale thermische und gravimetrische Modelle lieferten hier den Nachweis, dass der lithosphärische Mantel unter dem Nordatlantik leichter ist als unter dem kontinentalen Bereich. Dieser Unterschied hat überwiegend thermische Ursachen (▶ Abb. 4.5): Aufgrund seiner noch relativ hohen Temperatur ist der lithosphärische Mantel im Ozeanbereich weniger dicht als im Bereich des wesentlich älteren Kontinents. Neben diesen Einblicken in die tiefe Struktur eines Kontinentalrands, der an einen mit 55 Millionen Jahren noch

recht jungen Ozean angrenzt, war ein weiteres Ergebnis besonders überraschend. Es zeigte sich, dass das flache Temperaturfeld im Bereich der Kohlenwasserstoffvorkommen am gedehnten Kontinentalrand maßgeblich von der Dicke der benachbarten ozeanischen Lithosphäre beeinflusst wird. Die Grenze zwischen der festen Lithosphäre und der teilweise geschmolzenen Asthenosphäre liegt unter dem Nordatlantik mit etwa 60 Kilometern wesentlich flacher als unter dem südafrikanischen Kontinentalrand, wo die Lithosphäre mit etwa 100 Kilometern deutlich dicker ist. Das erklärt, warum die aus Bohrungen bekannten Temperaturen höher sind, als ein durchschnittlicher geothermischer Gradient erwarten ließe, und warum der Wärmefluss, den wir an der Oberfläche messen, vom Kontinent zum Ozean zunimmt. Dem entspricht der Temperaturverlauf in dieser Region in verschiedenen Tiefen (▶ Abb. 4.6).

Vergleicht man die Messungen und Modellergebnisse am nordatlantischen Kontinentalrand mit dem Südatlantik, so findet man ein völlig anderes Verhalten des Temperaturfeldes an den südatlantischen Kontinentalrändern, wo die Kontinentplatten wesentlich früher auseinandergebrochen sind als im Nordatlantik (▶ Abb. 4.7). Hier hatte die ozeanische Lithosphäre mehr als

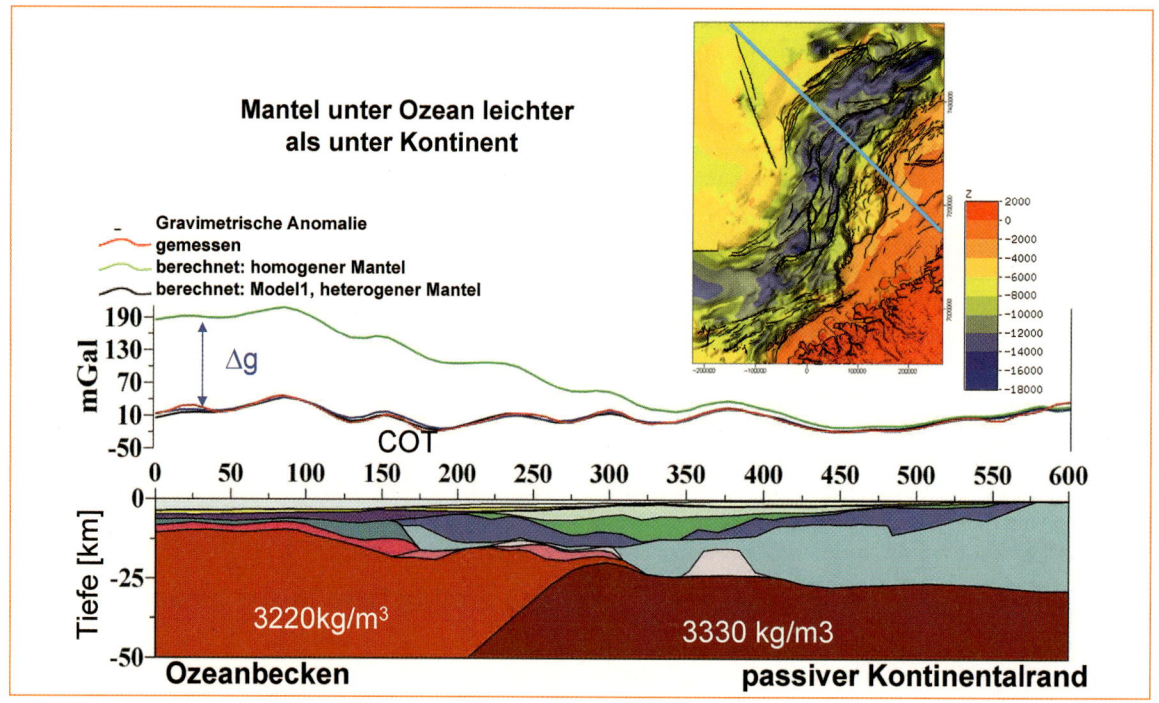

4.5  Numerische Simulation eines Schnitts durch den nordatlantischen Kontinentalrand. Wegen seiner höheren Temperatur ist der Erdmantel unter dem Ozean leichter als der Erdmantel unter dem Kontinent.

4.5  Numerical simulation of a section through the North-Atlantic continental margin. Due to its higher temperature, the mantle under the ocean is lighter than it is under the continent.

and density of subregions of the subsurface are known, for example, the sediment fill of a basin, these components can be deducted from the total field. The remaining, deeper mass heterogeneities can then be examined further using gravimetric modelling. If the models produce gravimetrically and geologically plausible structures, they are additionally validated by thermal modelling. This is achieved by searching for the lithospheric configuration that is consistent with both the sediment configuration and the measured gravity field and which also determines the thermal field in agreement with observations.

In this way, it was possible to examine structural relationships between the basin fill, crust and lithospheric mantle of the passive continental margin of Norway. Three-dimensional thermal and gravimetric models provided evidence that the lithospheric mantle under the North Atlantic Ocean was lighter than under the continental area. This difference has mainly thermal causes (▶ Fig. 4.5). Because it still has a relatively high temperature, the lithospheric mantle in the ocean area is less dense than in the area of the substantially older continent. Apart from these insights into the deep structure of a continental margin that abuts on an ocean, and which is still relatively young at 55 million years old, another particularly surprising result was obtained. It was found that the shallow temperature field in the area of the hydrocarbon deposits at the extended continental margin was decisively affected by the thickness of the adjacent oceanic lithosphere. The boundary between the solid lithosphere and the partially molten asthenosphere lies under the North Atlantic at around 60 kilometres depth. This is far shallower than under the South African continental margin in the South Atlantic, where the lithosphere is substantially thicker at about 100 kilometres. This explains why the temperatures obtained from drill holes offshore Norway are higher than an average geothermal gradient would lead us to expect, and why the heat flow measured at the surface increases from the continent to the ocean. This corresponds to the temperature distribution at various depths in this region (▶ Fig. 4.6).

If we compare the measurements and the theoretical results for the North Atlantic continental margin with those for the South Atlantic, we find completely different temperature field behaviour. Compared to the North Atlantic (▶ Fig. 4.7), the continental plates broke apart far earlier at the South Atlantic continental margins so that the oceanic lithosphere has had more than 130 million years to cool and is thus thicker than in the North Atlantic.

In accordance with this, the temperature field on the continental margin is far cooler in the upper five kilometres than it is in the North Atlantic. The heat flow measured on the surface even indicates a reversed trend compared to the North Atlantic: it increases from the ocean to the continent.

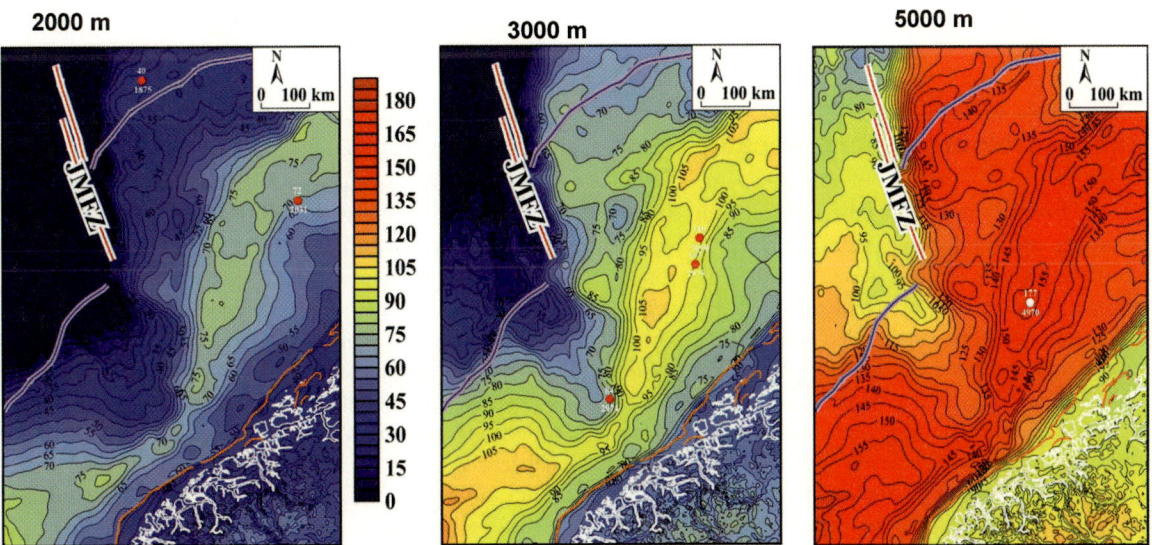

4.6 Horizontal temperature fields (°C) along the North Atlantic continental margin at various depths (JMFZ = Jan Mayen Fracture Zone).

4.6 Horizontaler Temperaturverlauf (°C) am nordatlantischen Kontinentalrand in verschiedenen Tiefen (JMFZ = Jan Mayen Fracture Zone).

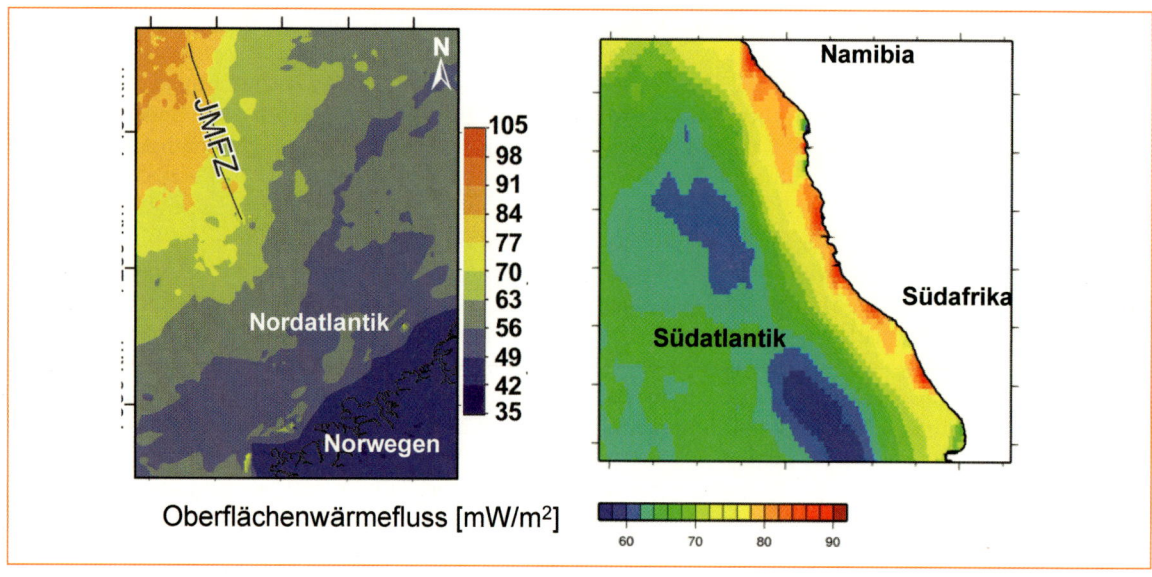

4.7  Temperatur-Tiefenkarten und Wärmefluss an der Oberfläche im Nord- und Südatlantik.

4.7  Temperature/depth maps and heat flow at the surface in the North and South Atlantic.

130 Millionen Jahre lang Zeit, um abzukühlen, und ist deswegen dicker als im Nordatlantik.

Passend dazu ist das Temperaturfeld am Kontinentalrand in den oberen fünf Kilometern wesentlich kühler als im Nordatlantik. Der an der Oberfläche gemessene Wärmefluss weist sogar einen umgekehrten Trend im Vergleich zum Nordatlantik auf: er nimmt vom Ozean zum Kontinent zu.

## Viel Salz, aber kein Ozean: das zentraleuropäische Becken

Ein Beispiel für ein Sedimentbecken, das es in der Entwicklung nicht bis zum Ozean gebracht hat, ist das intrakontinentale zentraleuropäische Beckensystem, das von der Nordsee über die Niederlande, Dänemark und Norddeutschland bis nach Polen reicht. Dieses Beckensystem hat während der letzten 300 Millionen Jahre verschiedene Phasen der Absenkung, zuweilen unterbrochen durch Hebungsphasen, erlebt. Dabei wurden Sedimentfolgen aus Ton, Sand, Karbonat und Salz abgelagert, die bis zu zwölf Kilometer mächtig sein können. Ein Blick auf die Basis dieser Sedimente zeigt, dass das System aus mehreren Teilbecken besteht (▶ Abb. 4.8).

In der strukturellen Entwicklung dieses Beckensystems spielte das Zechsteinsalz eine ganz besondere Rolle. Es stammt aus einem flachen Meer und wurde vor rund 250 Millionen Jahren in fünf Zyklen eingedampft. Das

Salz lagerte sich zunächst als horizontale Schicht ab und wurde anschließend von mehreren Kilometer dicken Sedimentschichten bedeckt. Nun ist Salz ein ganz besonderes Sediment, das sich in seinen physikalischen Eigenschaften grundsätzlich von anderen Gesteinen unterscheidet. Es reagiert nicht wie die meisten anderen Gesteine spröde und bricht, wenn es unter Spannung gerät, sondern es fließt. Bei Veränderungen in der Auflast versucht das Salz den daraus resultierenden Druckunterschied auszugleichen, indem es zu den Bereichen geringerer Last hin fließt. Begünstigt wird dieser Prozess durch die Tatsache, dass Salz eine geringere Dichte hat als die meisten anderen Gesteine. Dadurch kommt zum Fließen noch eine Auftriebskraft. Salz ist also mobil, die Salzmobilisierung erzeugt Fließprozesse, die langsam, über Millionen von Jahre vor sich gehen, und sie führt zur Bildung höchst eindrucksvoller Strukturen, regelrechter Landschaften im Untergrund. Das aufsteigende Salz kann beispielsweise Salzkissen formen, die ihre Deckschichten verbiegen, es kann aber auch die Deckschichten durchbrechen und aufsteigen (Salzdiapir) oder sogar als zusammenhängende Salzwand bis an die Oberfläche steigen. Die ▶ Abbildung 4.9 zeigt einen Blick auf die modellierte Oberfläche des Zechsteinsalzes unter Norddeutschland. Unter Schleswig-Holstein, wo die größten Salzstrukturen des Beckensystems entstanden sind, haben sich im Laufe der letzten 230 Millionen Jahre bis zu 200 Kilometer lange Salzwände gebildet. Sie sind nur wenige Kilometer breit, aber bis zu acht Kilometer hoch – vertikale Konkurrenz zum Himalaja. Als

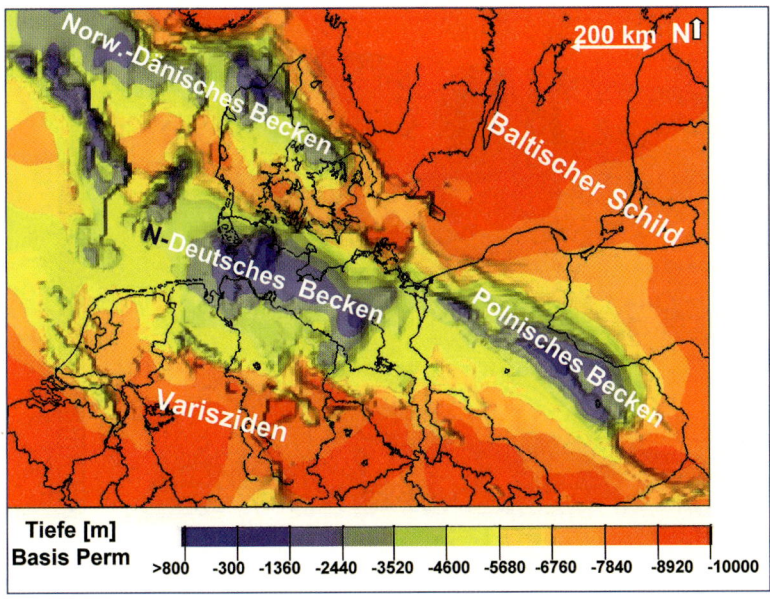

Tiefe [m]
Basis Perm
>800  -300  -1360  -2440  -3520  -4600  -5680  -6760  -7840  -8920  -10000

4.8  The intracontinental Central European basin system consists of several sub-basins.

4.8  Das intrakontinentale zentraleuropäische Beckensystem besteht aus mehreren Teilbecken.

## Plenty of salt, but no ocean: the Central European Basin

One example of a sediment basin that did not manage to become an ocean during its development is the intracontinental Central European basin system, which extends from the North Sea across the Netherlands, Denmark and Northern Germany to Poland. During the past 300 million years, this basin system has experienced various phases of subsidence, occasionally interrupted by uplift phases. Clay, sand, carbonate and salt were deposited as sedimentary sequences, which can be up to twelve kilometres thick. A look at the base of these sediments shows that the system consists of several sub-basins (▶ Fig. 4.8).

Zechstein salt played a very special role in the structural development of this basin system. It originates from a shallow sea that evaporated in five cycles around 250 million years ago. The salt was originally deposited as a horizontal layer, which was then covered by sedimentary layers several kilometres thick. Salt is a very special sediment because its physical properties are fundamentally different to those of other rocks. Unlike most other rocks, it does not become brittle and breaks when stressed, instead it flows. If the imposed load changes, the salt tries to compensate for the resulting pressure differences by flowing into less loaded areas. This process is facilitated by the fact that salt has a lower density than most other rocks and thus has a certain buoyancy. This salt mobilisation is associated with flow

processes that take place slowly over millions of years and result in the formation of highly impressive structures – real underground landscapes. For example, the rising salt can form salt pillows, which bend their cover layers or break through them (salt diapir) or even rise to the surface as a continuous salt wall. ▶ Figure 4.9 shows a view of the modelled surface of the Zechstein salt under Northern Germany. During the past 230 million years, salt walls up to 200 kilometres long have formed under Schleswig-Holstein, where the largest salt structures of the basin system were created. These are only a few kilometres wide, but are up to eight kilometres high – vertical competition for the Himalayas. As a comparison, ▶ Figure 4.9 shows an equal-sized segment of the Alps with the same vertical scale.

Various modelling methods, together with structural analyses and reconstructions of the basin history, have provided significant knowledge of how such intracontinental basins develop. 3-D modelling was able to decipher the basin's deformation history. It was found that salt mobilisation decoupled deformations in the rocks underneath and above the salt. As part of the Earth's ongoing history: even today, the salt is not yet in equilibrium. It is still flowing and thus compensating the weight shift following the last inland glaciation.

Apart from its deformation behaviour and low density, salt has two other properties that differentiate it from other sediments and rocks: due to its ionic lattice, it has a far higher thermal conductivity and is virtually impermeable to water. Above all, these two properties have a major effect on subsurface temperature fields. On

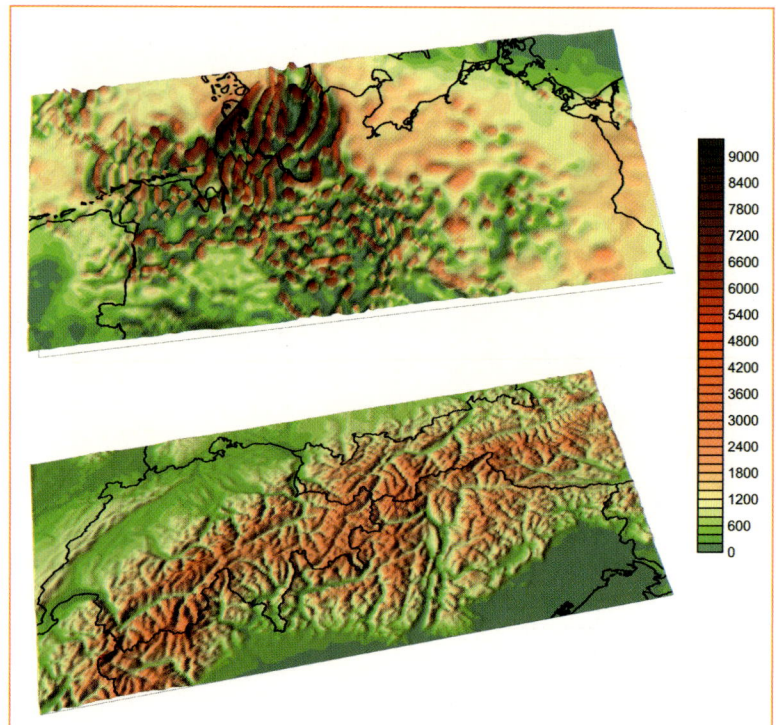

4.9  Salzberge im Untergrund von
Norddeutschland (oben) im Vergleich
zur Topographie der Alpen (unten).

4.9  Underground salt mountains of
Northern Germany (top) compared to
the topography of the Alps (bottom).

Vergleich ist in der ▶ Abbildung 4.9 ein räumlich gleich
großer Ausschnitt der Alpen mit gleichem Höhenmaß-
stab abgebildet.

Verschiedene Modellierungen haben zusammen mit
Strukturanalysen und Rekonstruktionen der Beckengeschichte wesentliche Erkenntnisse darüber geliefert, wie
sich solche intrakontinentalen Becken entwickeln. So
konnten 3-D-Modellierungen die Deformationsgeschich-
te des Beckens entschlüsseln. Dabei zeigte sich, dass die
Salzmobilisierung die Deformation in den Gesteinsschichten unter- und oberhalb des Salzes voneinander
abkoppelt. Lebendige Erdgeschichte: Auch heute ist das
Salz noch nicht im Gleichgewicht; es fließt und ist so
immer noch dabei, die Folgen der Gewichtsverlagerung
nach der letzten Inlandvereisung auszugleichen.

Außer dem Deformationsverhalten und der geringen
Dichte hat das Salz zwei weitere Eigenschaften, die es
von anderen Sedimenten und Gesteinen unterscheidet:
Es hat, bedingt durch sein Ionengitter, eine wesentlich
höhere thermische Leitfähigkeit und es ist für Wasser
nahezu undurchlässig. Vor allem diese beiden Eigenschaften wirken sich stark auf das Temperaturfeld im
Untergrund aus. Einerseits bewirkt die hohe thermische
Leitfähigkeit eine Fokussierung des Wärmeflusses, sodass es etwa im Bereich von Salzdiapiren und Salzwän-
den zu einem regelrechten Schornsteineffekt kommt.
Die Decksedimente wirken wiederum wie ein Isolator

und führen zu einem Wärmestau. Die ▶ Abbildung 4.10
zeigt beispielhaft, wie die Temperaturverteilung in drei
Kilometern Tiefe von der Konfiguration des Salzes und
der schlecht leitenden Deckschichten abhängt.

Andererseits führt die hydraulische Undurchlässig-
keit dazu, dass die tiefen Wässer unter- und oberhalb des
Salzes voneinander entkoppelt werden und Grundwas-
serströmungen auf einzelne Stockwerke begrenzt sein
können. Man muss also die Rolle des Salzes verstehen,
um aussichtsreiche Standorte für die tiefe Geothermie
abgrenzen oder hydraulisch abgeschlossene Bereiche
zur Speicherung von Erdgas oder $CO_2$ auswählen zu
können.

Wissenschaftler untersuchen mit Blick auf die Nutzung von Erdwärme und die Speicherung von Kohlendioxid im Untergrund das geothermische Feld in
Brandenburg (▶ Kapitel 12). Sie wollen herausfinden,
welche Rolle konduktive Wärmeleitung im Verhältnis
zu gekoppeltem Transport von Wärme und tiefen Wäs-
sern spielen. Zum Einsatz kommen Prozessmodellie-
rungen zum gekoppelten Fluid- und Wärmefluss. Sie
sollen klären, ob es im Untergrund freie Konvektion von
Grundwässern gibt, ob diese von Temperatur- oder von
Dichteunterschieden angetrieben wird und welche
Randbedingungen bei der Erkundung für neue Standorte zur geothermischen Nutzung zu bedenken sind.
Auch hier weisen erste Ergebnisse aus dreidimensiona-

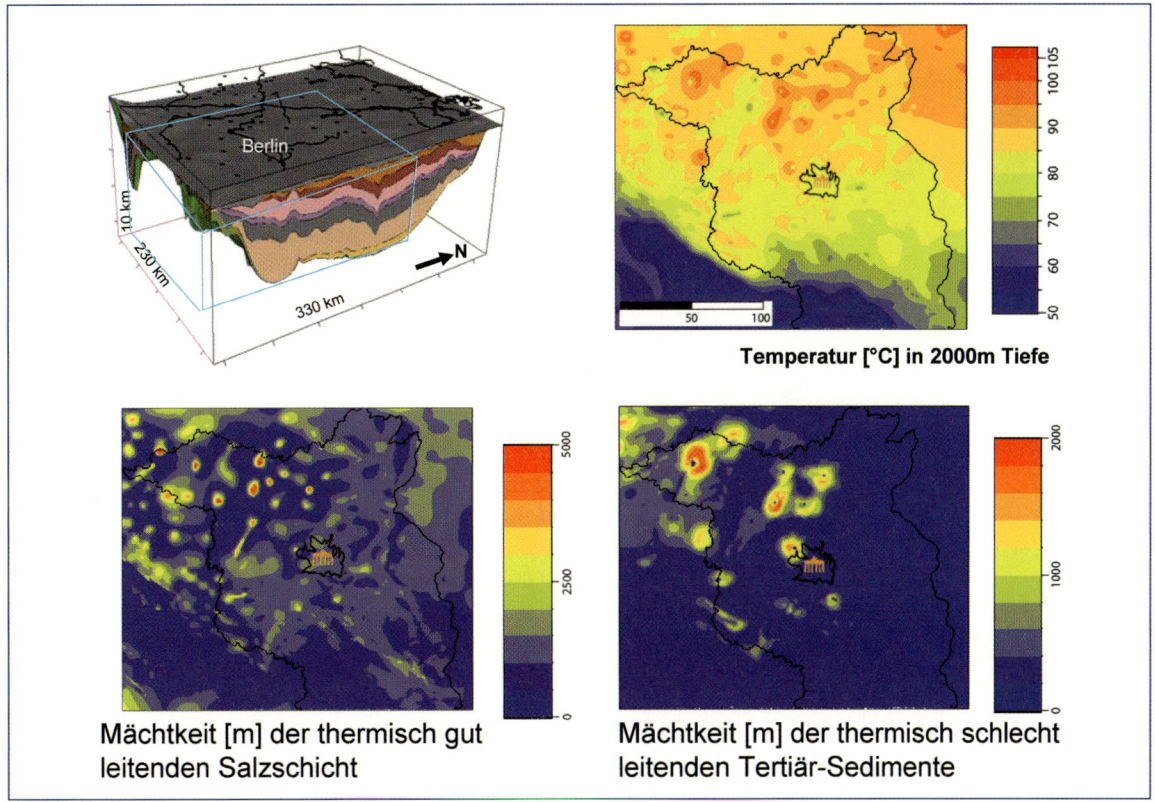

Temperatur [°C] in 2000m Tiefe

Mächtkeit [m] der thermisch gut leitenden Salzschicht

Mächtkeit [m] der thermisch schlecht leitenden Tertiär-Sedimente

4.10 North German basin around Berlin (top left); calculated temperatures from a conductive thermal 3-D model for a depth of 2 km (top right); thickness (in metres) of salt with good thermal conductance (bottom left) and of the sediments with poor thermal conductance (bottom right).

4.10 Norddeutsches Becken um Berlin (oben links); Berechnete Temperaturen aus einem konduktiven thermischen 3-D-Modell für eine Tiefe von 2 km (oben rechts); Mächtigkeit (in Metern) der thermisch gut leitenden Salzschicht (unten links) bzw. der schlecht leitenden Sedimente (unten rechts).

the one hand, the high thermal conductivity focuses the heat flow to induce a chimney effect roughly in the area of the salt diapirs and the salt walls. The cover sediments in turn act as an insulator, which results in heat accumulation. ▶ Figure 4.10 shows how the temperature distribution at a depth of three kilometres depends on the configuration of the salt and the poor conductivity of the top layers.

On the other hand, the hydraulic impermeability decouples groundwater above and below the salt, so that groundwater flow may be limited to individual strata. Therefore, it is necessary to understand the role of salt in order to be able to demarcate promising locations for deep geothermal energy or to select hydraulically self-contained areas for the storage of natural gas or $CO_2$.

Scientists are examining the geothermal field in Brandenburg with respect to the use of geothermal energy and storage of carbon dioxide in the subsurface (▶ Chapter 12). They aim to find out what role heat conduction plays in relation to the coupled transport of heat and deep water. Process modelling of the coupled fluid and heat transport should clarify whether free convection of groundwater exists in the subsurface strata, whether this is driven by temperature or by density differences, and what boundary conditions need to be considered when searching for new locations of geothermal energy sources. Here too, initial results from three-dimensional, coupled models of heat and fluid transport indicate that free thermal convection is probable at certain depth ranges. The researchers also found that deep water near salt structures has a locally higher temperature and thus a lower density. Hot water can have sufficient buoyancy to rise in spite of a high salt content and, in some cases, even emerges in saline springs on the surface (▶ Fig. 4.12). However, such coupled, three-dimensional processes are so complex that we have so far only been able to systematically and sequentially examine individual control factors.

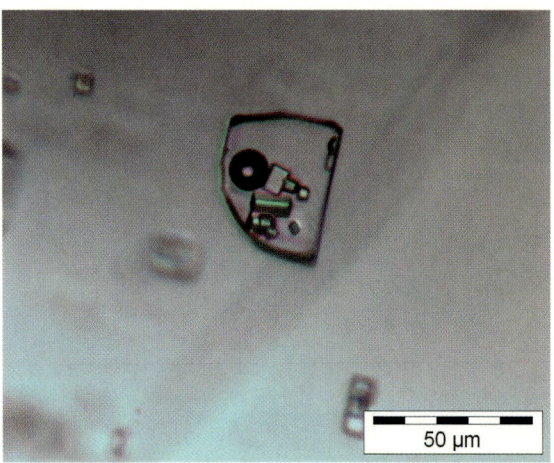

4.11 Beprobung einer Erdgas-Explorationsbohrung im nordostdeutschen Becken: Unter dem Mikroskop zeigt sich ein mehrphasiger Flüssigkeitseinschluss in Kalzit aus einer Kluftfüllung im Rotliegend-Sandstein des Norddeutschen Beckens (Bohrung Schwerin 1/87; 7256,9 m). Neben einer wässrigen Phase beinhaltet der Einschluss mehrere Salzkristalle sowie eine stickstoffreiche Gasblase. Hohe Stickstoffgehalte in Gasreservoiren sind ein großes Problem bei der Erdgasexploration.

4.11 Sample taken from a natural gas exploration well in the North-East German basin. Under the microscope, a multi-phase fluid inclusion is seen in calcite taken from a fissure fill in the Rotliegend sandstone of the North German basin (drill hole Schwerin 1/87, 7256.9 m). Apart from an aqueous phase, the inclusion contains several salt crystals and a nitrogen-rich gas bubble. High nitrogen levels in gas reservoirs are a major problem in natural gas exploration.

len, gekoppelten Modellierungen von Wärme- und Fluid-Transport darauf hin, dass freie thermische Konvektion in bestimmten Tiefenbereichen wahrscheinlich ist. Die Forscher stellten außerdem fest, dass Tiefenwas-

ser in der Nähe von Salzstrukturen lokal eine höhere Temperatur und damit geringere Dichte aufweist. Teilweise ist heißes Wasser sogar mit hohem Salzgehalt leicht genug, um einen Auftrieb zu erfahren, aufzusteigen und teilweise in Salzquellen an der Oberfläche auszutreten (▶ Abb. 4.12). Solche gekoppelten dreidimensionalen Prozesse sind jedoch so komplex, dass bislang nur einzelne Kontrollfaktoren systematisch und sequenziell untersucht werden können.

## Ausblick

Das Verständnis der Bildung von Ozeanen und Becken ist als Teil der Theorie der Plattentektonik ein Schlüsselelement. In den letzten Jahren hat sich die Untersuchung von Beckenstrukturen grundsätzlich gewandelt: Stand früher die Exploration von Rohstoffen im Vordergrund, ist heute die Untersuchung der Funktionsmechanismen der Beckenbildung und -entwicklung zentraler Teil der geowissenschaftlichen Theorieentwicklung geworden. Einen wesentlichen Beitrag leisten numerische Modellierungen, mit denen Messdaten interpretiert werden können. Anhand der Messdaten lassen sich wiederum theoretische Überlegungen überprüfen, welche in die Modelle einfließen. Modelle, die auf der Basis physikalischer Ansätze mit bereits erfassten Beobachtungen konsistent sind, bilden also im schrittweisen Prozess zwischen Datengewinnung und Theoriebildung ein wichtiges Bindeglied bei der Erforschung der erdgeschichtlichen Abläufe zum Verständnis des heutigen Bildes der Erde.

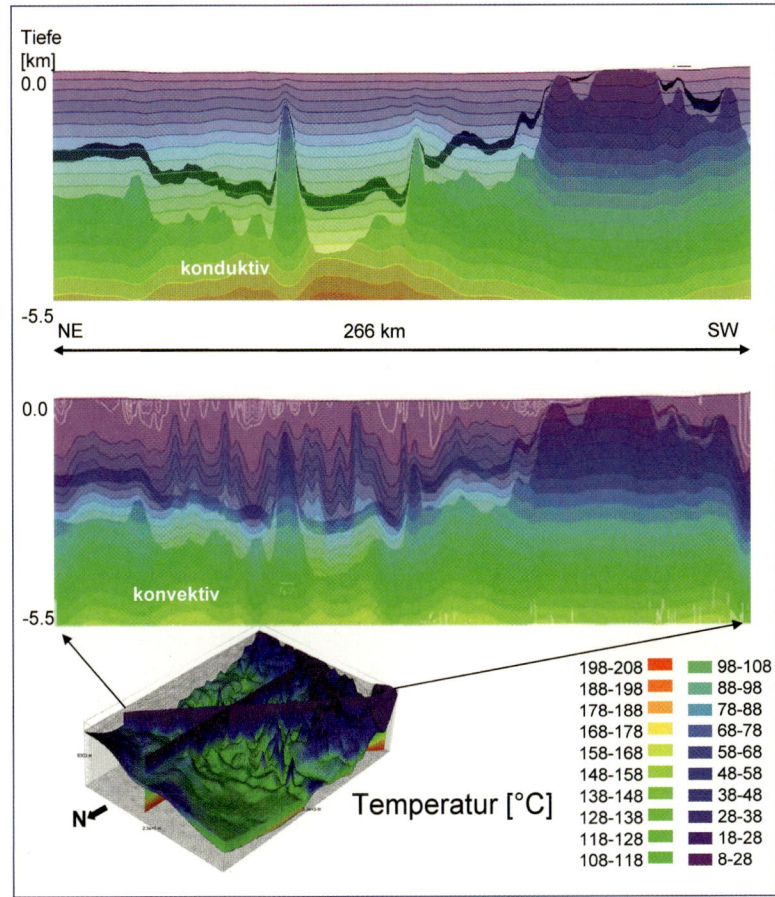

4.12  Profile section through two different thermal models of the North-East
German basin. Top: Temperature distribution for the assumption of purely
conductive heat transport in the subsurface. Middle: Temperature distribution for the assumption of coupled heat
and fluid transport. The strata boundaries, indicated as shadow contours,
correspond to the Muschelkalk (lacus-
trine limestone - upper dark layer) and
the Zechstein salt (lower dark layer).

4.12  Profilschnitt durch zwei unterschiedliche thermische Modelle des
nordostdeutschen Beckens. Oben:
Temperaturverteilung für die Annahme
eines rein konduktiven Wärmetran-
sports im Untergrund. Mitte: Temperaturverteilung für die Annahme eines
gekoppelten Wärme- und Fluidtran-
sports. Die als Schattenkonturen ange-
deuteten Schichtgrenzen entsprechen
dem Muschelkalk (obere dunkle
Schicht) und dem Zechsteinsalz (untere
dunkle Schicht).

# Outlook

Understanding the formation of oceans and basins is a key element in plate tectonics theory. In recent years, the study of basin structures has fundamentally changed: whereas the previous focus was on exploration for raw materials, the study of functional mechanisms of basin formation and development has now become a central issue of geoscientific theory. An important contribution is made by numerical modelling, which is used to interpret measured data. These data can in turn be used to check theoretical considerations that are incorporated into the models. Models based on physical approaches, and which are consistent with already recorded observations, link iterative processes between data acquisition and theory development. This link is important with regard to research into the Earth's historical processes in order to understand the present-day image of the Earth.

5.1  Messung der Aschepartikel am Karymsky-Vulkan auf der Halbinsel Kamtschatka (Russland). Die Ballons werden wie Drachen über den Schlotbereich gesteuert, die Messsonde hängt an einem dünnen Stahlseil unter dem Ballondrachen.

5.1  Measurement of ash particles emitted from the Karymsky Volcano on the Kamchatka Peninsula (Russia). The balloons are controlled like kites above the vent area. The measuring probe hangs from a thin steel rope under the balloon kite.

# Kapitel 05
# Vulkane und Erdbeben: Normalität im System Erde

## Chapter 05
## Volcanoes and Earthquakes: Normality in System Earth

Von allen Naturgefahren fordern Erdbeben, Tsunami und Vulkaneruptionen als Einzelereignisse die höchsten Opfer an Menschenleben. Hinzu kommt, dass die menschliche Gesellschaft mit ihrer technischen Zivilisation zunehmend empfindlicher für Naturgefahren wird, deshalb nehmen auch die Sachschäden zu. Laut einer Studie der UN starben in der Dekade von 2000 bis 2009 rund 780 000 Menschen bei Naturkatastrophen, mehr als die Hälfte von ihnen durch Erdbeben.

Ein Blick auf die globale Verteilung von Erdbeben und Vulkanismus zeigt den unmittelbaren plattentektonischen Zusammenhang dieser Naturgefahren (▶ Abb. 5.2). In den Subduktionszonen rund um den Pazifik wird dieser Gefährdungsraum treffend als „Feuerring" bezeichnet: Hier treten extrem starke Beben auf, darunter das stärkste bisher gemessene Erdbeben, das im Jahr 1960 das chilenische Valdivia mit einer Magnitude von 9,5 erschütterte. Die Vulkane des Feuerrings sind weltberühmt und ebenso berüchtigt, darunter der Mount St. Helens in Nordamerika, der japanische Fujiyama und der Lascar in Chile. Dass auch der normalerweise nicht-explosive Vulkanismus der Spreizungszonen erhebliche Wirkung auf die Zivilisation haben kann, zeigte im April 2010 der isländische Vulkan Eyjafjallajökull, dessen austretendes Magma aufgrund von Wasserdampfexplosionen stark fragmentierte. Kräftige Höhenwinde verfrachteten die auf mehr als neun Kilometer aufsteigende Eruptionswolke nach Süden, wodurch der gesamte europäische Luftverkehr tagelang stillgelegt wurde.

Erdbeben und Vulkanismus sind also Naturphänomene, die der Mensch als Naturkatastrophen erfährt. Durch die ständig wachsende weltweite Vernetzung werden diese Georisiken zunehmend globalisiert.

## Wenn Vulkane erwachen

Vulkanausbrüche gehören zu den dramatischsten und faszinierendsten Naturereignissen. Sie sind Gegenstand von Mythen, Religionen und Legenden, von Kunst und Geschichtsforschung, aber auch von moderner Geoforschung. Vulkane hatten einen enormen Einfluss auf unsere kulturelle und geschichtliche Entwicklung, sie haben die Erdatmosphäre in vergangenen Zeiten geprägt und tun das noch heute. Ihr Einfluss auf das Klima ist wissenschaftlich belegt, so etwa das „Jahr ohne Sommer" 1816 nach dem Ausbruch des indonesischen Tambora im April des Vorjahres. Mehr noch: Vor etwa 74 000 Jahren ereignete sich eine Katastrophe, die zum sogenannten genetischen Flaschenhals führte, bei der unsere menschlichen Vorfahren beinahe ausgelöscht wurden.

Heute vermutet man, dass die Eruption des Vulkans Toba auf Sumatra mit der damit verbundenen Kälteperiode für diesen „vulkanischen Winter" verantwortlich war.

Zahlreiche geologische Studien belegen, dass sich Vulkane episodisch verhalten, wenn auch in sehr unterschiedlichen Zeitskalen. Schlafende Vulkane können auch nach Jahrtausenden erneut aktiv werden; es gibt also genug Grund, sie zu untersuchen und genau zu überwachen. Auch in Deutschland schlummern Gefahren: Vulkanforscher gehen davon aus, dass die Vulkane in der Eifel noch nicht erloschen sind.

## Naturgefahr Vulkan

Jedes Jahr brechen etwa 50 bis 60 Vulkane aus. Über 1500 Vulkane gelten als potenziell aktiv, das heißt sie sind innerhalb des Holozäns (seit etwa 12 000 Jahren) ausgebrochen. Die Häufigkeit, Magnitude und der Typ der Eruptionen gelten als nahezu konstant und werden sich in absehbarer Zukunft global auch nicht verändern. Jeder sechste aktive Vulkan hat schon Menschenleben gefordert, und seit dem 16. Jahrhundert verloren mehr als eine Viertelmillion Menschen ihr Leben durch Vulkane. Obwohl die Ausbruchsrate insgesamt konstant ist, wuchs die Zahl der Opfer über die Jahrhunderte – ein deutlicher Hinweis auf die zunehmende Verletzbarkeit unserer Zivilisation.

Nutzen und Gefahren liegen eng beieinander: Etwa ein Zehntel der Weltbevölkerung lebt in unmittelbarer Umgebung von aktiven oder potenziell aktiven Vulkanen. Die Menschen bewirtschaften die fruchtbaren Böden (▶ Abb. 5.4), profitieren von günstigen mikroklimatischen Bedingungen und nutzen zunehmend auch geothermische Energieressourcen. Man muss also davon ausgehen, dass über 600 Millionen Menschen potenziell durch Vulkanismus gefährdet sind, das sind rund zehn Prozent der Weltbevölkerung. Darüber hinaus nimmt

**Tab. 5.1** Klimamaschine Vulkan: der durchschnittliche tägliche Ausstoß des Hochrisikovulkans Merapi auf der Insel Java in Indonesien.

| | | |
|---|---|---|
| Wasserdampf ($H_2O$) | 90,0 Vol.-% | 2530 Tonnen |
| Kohlendioxid ($CO_2$) | 6,0 Vol.-% | 410 Tonnen |
| Schwefeldioxid ($SO_2$) | 1,5 Vol.-% | 150 Tonnen |
| Salzsäure (HCl) | 0,5 Vol.-% | 30 Tonnen |
| Wasserstoff ($H_2$) | 0,5 Vol.-% | 1,5 Tonnen |
| Flusssäure (HF) | 0,1 Vol.-% | 3 Tonnen |

Stickstoff ($N_2$), Methan ($CH_4$), Argon (Ar), Helium (He) jeweils kleiner 0,1 Vol.-%

Of all natural hazards, as single events, earthquakes, tsunami and volcanic eruptions claim the highest number of human lives. In addition to this, human society with its technical civilisation is becoming increasingly vulnerable to natural hazards, resulting in increasing material damage. According to a UN study, in the decade from 2000 to 2009, around 780 000 people died in natural disasters, more than half of them caused by earthquakes.

A look at the global distribution of earthquakes and volcanism reveals a direct plate tectonic relationship between these natural hazards (▶ Fig. 5.2). In the subduction zones around the Pacific, this dangerous area is aptly called the "Ring of Fire". Extremely strong earthquakes occur here, including the strongest earthquake ever measured, which shook the Chilean city of Valdivia with a magnitude of 9.5 in 1960. The volcanoes of the Ring of Fire are world famous and just as notorious. These include Mount St. Helens in North America, Mount Fujiyama in Japan, and Lascar in Chile. In April 2010, however, the Icelandic volcano Eyjafjallajökull showed how the usually non-explosive volcanism of the spreading zones can have a substantial effect on civilisation. The magma leaking from the eruptions was highly fragmented due to water vapour explosions with an eruption cloud that rose more than nine kilometres above the Earth. Powerful winds in the upper atmosphere transported it southwards, bringing European air traffic to a complete standstill for days.

Earthquakes and volcanism are natural phenomena, but humans experience them as natural disasters. These georisks are increasingly globalised due to the constant growth in worldwide networking.

# When volcanoes awaken

Volcanic eruptions are one of the most dramatic and fascinating natural events. They are the subject of myths, religions and legends, of art and historical research, as well as modern georesearch. Volcanoes have had an enormous impact on our cultural and historical development. They had a formative effect on the Earth's atmosphere in bygone days and still have today. Their effect on the climate is scientifically proven; for example, 1816 was dubbed the "year without a summer" following the eruption of the Indonesian Mount Tambora in April of the previous year. Even worse, around 74 000 years ago, a disaster occurred that led to the so-called genetic bottleneck, in which our human ancestors were almost wiped out. It is now suspected that the eruption of the Toba Volcano on Sumatra, with its associated cold period, was responsible for this "volcanic winter".

Numerous geological studies verify that volcanoes behave episodically, although with very different timescales. Dormant volcanoes can become active again after thousands of years, which is one of the many reasons

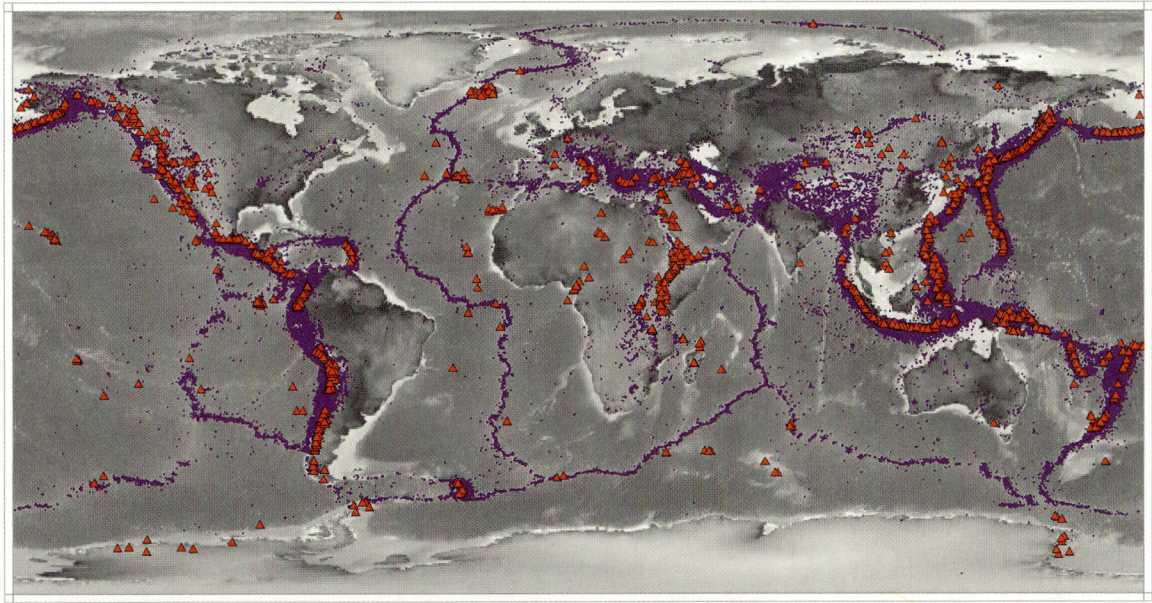

5.2  Global distribution of earthquakes (violet dots) and volcanoes (red triangles).

5.2  Globale Verteilung der Erdbeben (violette Punkte) und Vulkane (rote Dreiecke).

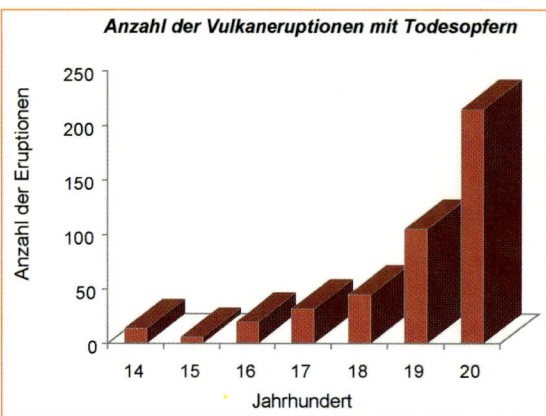

**Anzahl der Vulkaneruptionen mit Todesopfern**

5.3 Trotz konstanter globaler Vulkanaktivität steigt die Zahl der Eruptionen mit Todesopfern deutlich an. Darstellung auf der Basis von Daten des Global Volcanism Program (GVP).

5.3 Despite the rate of global volcanic activity remaining constant, the number of eruptions with fatalities is increasing significantly. This diagram is based on data from the Global Volcanism Program (GVP).

die Verstädterung weiter zu, sodass es derzeit über hundert Agglomerationen mit mehr als zwei Millionen Einwohnern gibt, viele davon im vulkanischen Nahbereich.

Die Internationale Assoziation der Vulkanologie und Chemie des Erdinneren (IAVCEI) definierte auf der Grundlage historischer Daten Haupttypen der Vulkangefährdung, unterteilt in sogenannte primäre und sekundäre Gefahren. Primäre Gefahren sind direkt mit Eruptionen und deren magmatischen Produkten verbunden, während sekundäre Gefahren auch in der Ferne wirkende Ereignisse beschreiben. Primäre Gefahren sind demnach Lavaströme, Fallablagerungen, heiße Asche-

wolken (pyroklastische Ströme) und Gase. Sekundäre Gefahren sind Schlammströme (Lahare), vulkanische Hangrutschungen und durch Seebeben ausgelöste Wellen (Tsunami).

Die Bevölkerungsdichte spielt bei den Risiken eine maßgebliche Rolle. So forderte die gewaltigste Eruption des 20. Jahrhunderts, der Ausbruch des Vulkans Katmai im unbesiedelten Gebiet Alaskas im Jahr 1912, kein einziges Todesopfer, obwohl mehr als 13 Kubikkilometer Magma gefördert wurde. Dagegen kostete die mit einem Fördervolumen von weit unter einem Kubikkilometer eher kleine Eruption des Nevado del Ruiz in Kolumbien im Jahr 1985 über 20000 Menschen das Leben.

Im direkten Umfeld von Vulkanen liegen zahlreiche Städte mit rasant wachsender Einwohnerzahl und -dichte, zum Beispiel Tokio unweit des derzeit erwachenden Fujiyama; Quito in Ecuador ist auf Lahar-Ablagerungen des Vulkans Cotopaxi erbaut, Mexico City liegt in unmittelbarer Nähe zum Popocatépetl, Yogyakarta in Reichweite des Merapi. Seattle wird durch die Vulkane Mount Rainier und St. Helens bedroht, Goma durch den Nyiragongo, Manila durch den Vulkan Taal. In Neuseeland wurde Auckland direkt auf einem jungen Vulkanfeld errichtet, und schließlich findet sich Neapel in der Zange zwischen Vesuv und den Phlegräischen Feldern.

## Neapel in der Zange

Kaum ein Vulkan hat in der europäischen Geschichte eine derartige Bedeutung wie der Vesuv. Die amerikanische Schriftstellerin Susan Sontag hat in ihrem Buch „Der Liebhaber des Vulkans" dem seinerzeitigen engli-

5.4 Fruchtbare Böden führen seit jeher zu Besiedelung und Landnutzung im Nahbereich vieler Vulkane, wie diese historische Aufnahme der Vulkane Merbabu (links) und Merapi auf Java, Indonesien, vor der Merapi-Eruption von 1932 zeigt. (Foto: Archiv Änne Schöning, Coesfeld)

5.4 Fertile soils have always led to settlement and land use near many volcanoes, as shown by this historical photo of the Merbabu (left) and Merapi volcanoes on Java, Indonesia. The photograph was taken before Merapi erupted in 1932. (Photo: Archiv Änne Schöning, Coesfeld)

**Tab. 5.1** Volcano as a climate machine: the average daily output of the high-risk Merapi volcano on the Island of Java in Indonesia.

| | | |
|---|---|---|
| Water vapour ($H_2O$) | 90.0 vol.-% | 2530 tonnes |
| Carbon dioxide ($CO_2$) | 6.0 vol.-% | 410 tonnes |
| Sulphur dioxide ($SO_2$) | 1.5 vol.-% | 150 tonnes |
| Hydrochloric acid (HCl) | 0.5 vol.-% | 30 tonnes |
| Hydrogen ($H_2$) | 0.5 vol.-% | 1.5 tonnes |
| Hydrofluoric acid (HF) | 0.1 vol.-% | 3 tonnes |

Nitrogen ($N_2$), methane ($CH_4$), argon (Ar), helium (He) each less than 0.1 vol.-%

why they should be studied and precisely monitored. Even Germany has dormant hazards: volcanologists assume that the volcanoes in the Eifel Mountains are not yet extinct.

## Natural hazard: volcano

Around 50 to 60 volcanoes erupt each year. More than 1500 volcanoes are deemed potentially active, which means they have erupted within the Holocene (i.e. approximately the last 12 000 years). The frequency, magnitude and type of eruptions are virtually constant and will not change globally in the foreseeable future. Every sixth active volcano has already claimed human lives, and since the 16th century, more than a quarter of a million people have lost their lives as a result of volcanic activity. Although, the eruption rate is constant overall, the number of victims has grown over the centuries – a

clear indication of the increasing vulnerability of our civilisation.

There is a fine line between benefits and hazards. Around one tenth of the world's population lives in the immediate vicinity of an active or potentially active volcano. People cultivate the particularly fertile volcanic soils (▶ Fig. 5.4), profit from the favourable microclimatic conditions and are also using geothermal energy resources to an increasing extent. Therefore, we must assume that over 600 million people are at risk from volcanism – that is, around ten percent of the world's population. In addition, urbanisation is on the rise, and there are currently over one hundred cities and conurbations with more than two million inhabitants, many of which are in the vicinity of volcanoes.

The International Association of Volcanology and Chemistry of the Earth's Interior (IAVCEI) has used historical data as a basis to define the main types of volcano hazards, which are subdivided into primary and secondary hazards. Primary hazards are directly associated with eruptions and their magmatic products, whereas secondary hazards describe events with a remote effect. Thus primary hazards are lava flows, ashfalls (air-fall tephra), hot ash clouds (pyroclastic flows) and volcanic gases. Secondary hazards are mud flows (lahars), volcanic landslides and waves triggered by volcanic activity (tsunami).

Population density plays a decisive role in the risks. For example, the most violent eruption of the 20th century, the 1912 eruption of the Katmai volcano in an unpopulated area of Alaska did not claim a single life, even though more than thirteen cubic kilometres of magma were discharged. In contrast, with a discharged

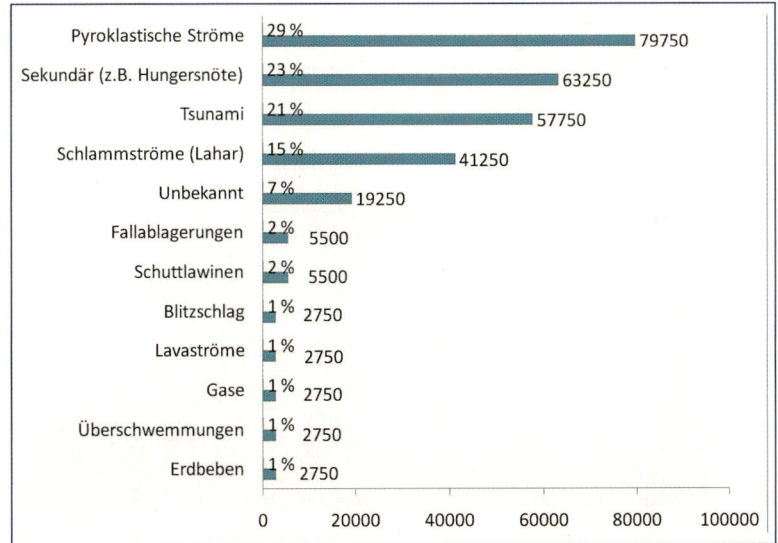

5.5  Victims of volcanic activity (globally) for the same period as in Figure 5.3. The deaths of almost a third of all victims were caused by pyroclastic flows, first recorded in writing by Plinius the Younger on the eruption of Vesuvius in 79 AD.

5.5  Opfer vulkanischer Aktivität (globale Darstellung) für den gleichen Zeitraum wie in Abbildung 5.3. Fast ein Drittel aller Opfer wurden durch pyroklastische Ströme hervorgerufen, wie sie erstmals beim Ausbruch des Vesuvs im Jahr 79 n. Chr. durch Plinius den Jüngeren schriftlich überliefert wurden.

schen Gesandten und Vulkanforscher William Hamilton ein Denkmal gesetzt, der im 18. Jahrhundert diesen aktiven Vulkan auf dem europäischen Festland untersuchte. Auch Goethe, der in Sontags Buch als mürrischer Zaungast auftritt, beschreibt in seiner „Italienischen Reise" den Schicksalsberg. Heute ist der Golf von Neapel (▶ Abb. 5.6) eine der vulkanisch aktivsten und von Eruptionen am stärksten bedrohten Regionen weltweit. Der Ballungsraum mit derzeit etwa viereinhalb Millionen Einwohnern ist flankiert von Vulkanen, die dicht besiedelt sind: dem Vesuv im Osten und den Phlegräischen Feldern im Westen. Anfang der 1980er Jahre registrierten die Messgeräte in der neapolitanischen Caldera deutliche Hebungen und Erdbebenschwärme, was zur Evakuierung von etwa 40 000 Einwohnern der Stadt Pozzuoli und aus Teilbereichen Neapels führte. Mit Bangen blickte man auch in Richtung Vesuv. Auch heute zeigen beide Vulkanzentren seismische Ereignisse und Verformungen auf, die mit einem dichten Messsystem aufgezeichnet werden.

Der Vesuv ragt 1281 m hoch über die Stadt und ist ein sogenannter zusammengesetzter Vulkan, bestehend aus dem älteren und einst weit größeren Monte Somma und dem heute aktiven Vesuv-Gipfelkrater. Der ältere Monte Somma wurde bei der Eruption 79 n. Chr. weitgehend zerstört und hinterließ einen Krater, in dem sich in den darauffolgenden Jahrhunderten der heutige Vesuv aufbaute, sodass heute korrekterweise vom Somma-Vesuv-Vulkangebäude zu sprechen ist.

Die Phlegräischen Felder stellen eine sogenannte Caldera dar, deren Oberflächenform durch zahlreiche ineinandergreifende Explosionskrater und Absenkungen geprägt ist. Tektonisch handelt es sich um eine strukturelle Senke mit einem Durchmesser von zwölf Kilometern, die an Land wie vermutlich auch unter Wasser verläuft. Der Rand der Caldera weist bis zu 450 Meter Höhendifferenz auf und ist zumindest an Land durch eine steil einfallende Randverwerfung markiert, der innere Teil ist bei wiederholten explosiven Eruptionen abgesackt. Das magmatische System ist heute noch aktiv, wie jüngere Eruptionen, zuletzt im Jahr 1538, und vulkantektonische Erdbebenschwärme sowie Hebungsereignisse verdeutlichen.

Der Vesuv ist im 20. Jahrhundert 1906, 1929 und zuletzt 1944 ausgebrochen. Da Vulkaneruptionen bei engmaschiger Überwachung vorhersagbar sind, geht man davon aus, dass sich eine Katastrophe wie die Pompeji-Eruption 79 n. Chr. nicht wiederholt – diese traf die Bewohner unvorbereitet und war die größte und mit bis zu 25 000 Opfern die zerstörerischste Aktivität des Somma-Vesuvs.

## Satelliten beobachten Vulkane

Innovative Satellitentechnologien wurden an Neapels Vulkanen erprobt und sind derzeit in vielen Regionen als Überwachungstechnologie im Einsatz (▶ Abb. 5.8). Die Satelliten senden Radarsignale zur Erdoberfläche und messen deren Echo. Das elektromagnetische Signal wird bei etwa monatlichen Überflügen wiederholt, auf-

5.6  Die Bucht von Neapel umschließt die weltweit am dichtesten bevölkerte Vulkanregion. Die Vulkanzentren Somma-Vesuv und Phlegräische Felder, beide direkt an die Stadt angrenzend, gelten als potenziell aktiv. Auch die Insel Ischia ist ein Vulkanzentrum. In der Landsat-Satellitenaufnahme in Falschfarben erscheint Vegetation in grünlichen Farben und bebautes Land in rötlichen Farben.

5.6  The Bay of Naples encircles the most densely populated volcanic region in the world. The volcanic centres of Somma-Vesuvius and the Phlegrean Fields, both directly adjacent to the city, are deemed to be potentially active. The island of Ischia is also a volcanic centre. In this colour-coded Landsat satellite image, vegetation is indicated by greenish colours and built-up areas are shown in reddish colours.

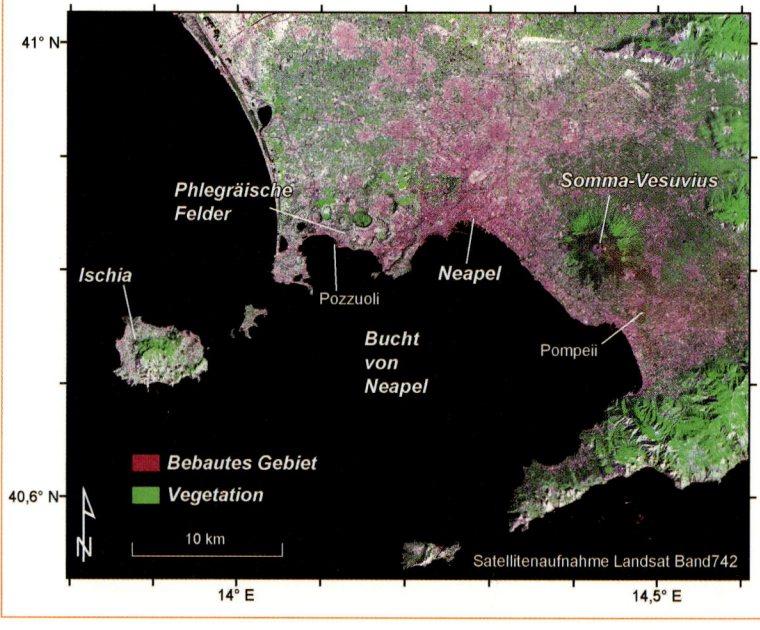

Phlegräische Felder

Somma-Vesuvius

Ischia

Neapel

Pozzuoli

Bucht von Neapel

Pompeii

Bebautes Gebiet
Vegetation

10 km

N

Satellitenaufnahme Landsat Band742

volume of far less than one cubic kilometre, the rather small 1985 eruption of the Nevado del Ruiz in Columbia cost the lives of more than 20 000 people.

Numerous cities with a rapidly growing population and population density are located in the immediate surroundings of volcanoes. For example, Tokyo is not far from the currently awakening Fujiyama; Quito in Ecuador is built on the lahar deposits of Cotopaxi; Mexico City is located in the immediate vicinity of Popocatépetl; Yogyakarta is within range of Merapi; Seattle is threatened by Mount Rainier and St. Helens; Goma by Nyiragongo; and Manila by Taal. In New Zealand, Auckland was built directly on a young volcano, and finally, Naples is caught between Vesuvius and the Campi Flegrei (Phlegrean Fields).

## Naples encircled

Hardly any other volcano is as important in European history as Vesuvius. In her book, "The Volcano Lover", the American writer Susan Sontag honoured the memory of the 18th century English envoy and volcanologist William Hamilton, who investigated this active volcano on the European mainland. Goethe, who appears in Sontag's book as a sullen onlooker, also describes the fateful mountain in his "Italian Journey". Today, the Gulf of Naples (▶ Fig. 5.6) is one of the most volcanically active regions in the world and is also the region most threatened by eruptions. The conurbation, currently with around four and a half million inhabitants, is flanked by densely populated volcanoes: Vesuvius in the east and the Phlegrean Fields in the west. At the beginning of the 1980s, the measuring equipment in the Neapolitan Caldera registered distinct uplift and earthquake swarms, which led to the evacuation of around 40 000 inhabitants of the town of Pozzuoli and parts of Naples. People also looked towards Vesuvius with fear. Both volcanic centres are still experiencing seismic events and deformations, which are recorded by a dense network of measuring stations.

At 1281 m high, Vesuvius towers over the city. It is a composite volcano, consisting of the older and once much larger Monte Somma and the currently active summit crater of Vesuvius. The older Monte Somma was largely destroyed by the eruption in 79 AD. It left behind a crater, in which the present-day Vesuvius developed over the following centuries. Correctly speaking, it should now be called the Somma-Vesuvius volcanic complex.

The Phlegrean Fields is a caldera, whose surface shape is characterised by numerous overlapping craters and subsidences. Tectonically it is a structural depression with a diameter of twelve kilometres, and is located on land and probably also under water. The edge of the caldera has a height difference of up to 450 metres and, at least on land, is marked by a steeply inclined boundary fault. The inner part of the caldera subsided due to recurring explosive eruptions. The magmatic system is still active, as clearly demonstrated by more recent eruptions – the last in 1538 – and by volcanic-tectonic earthquake swarms and uplift events.

Vesuvius erupted three times in the 20th century: in 1906, 1929 and most recently in 1944. With comprehensive monitoring, volcanic eruptions are now predictable. It is thus assumed that a disaster such as the Pompeii eruption of 79 AD will not happen again. This eruption caught the inhabitants unawares and was the largest and, with up to 25 000 victims, the most destructive activity of Somma-Vesuvius.

## Satellites observe volcanoes

Innovative satellite technologies were tested on Naples' volcanoes and are currently used as monitoring technology in many regions (▶ Fig. 5.8). The satellites send radar signals to the Earth's surface and then measure their echo. The electromagnetic signal is repeated, recorded and compared during roughly monthly overpasses. The smallest changes provide information on the properties and deformation of the ground. With the help of satellite radar interferometry, uplift and subsidence were detected at several volcanoes, including the three adjacent volcanoes: Vesuvius, Ischia and the Phlegrean Fields.

These radar methods provide high-resolution spatial monitoring of the deformation of Vesuvius and the

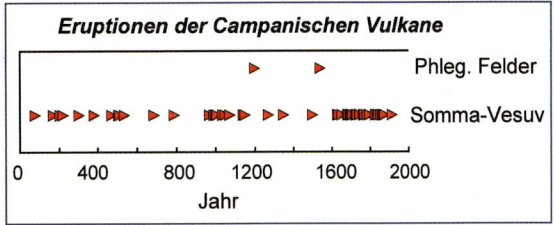

5.7 Historically documented eruptions in the Phlegrean Fields and on Vesuvius. Each triangle marks an eruption. The far more frequent eruptions of Vesuvius are clearly shown.

5.7 Historisch belegte Eruptionen an den Phlegräischen Feldern und am Vesuv. Jedes Dreieck markiert einen Ausbruch. Deutlich zu sehen ist die weitaus häufigere Eruptionstätigkeit des Vesuvs.

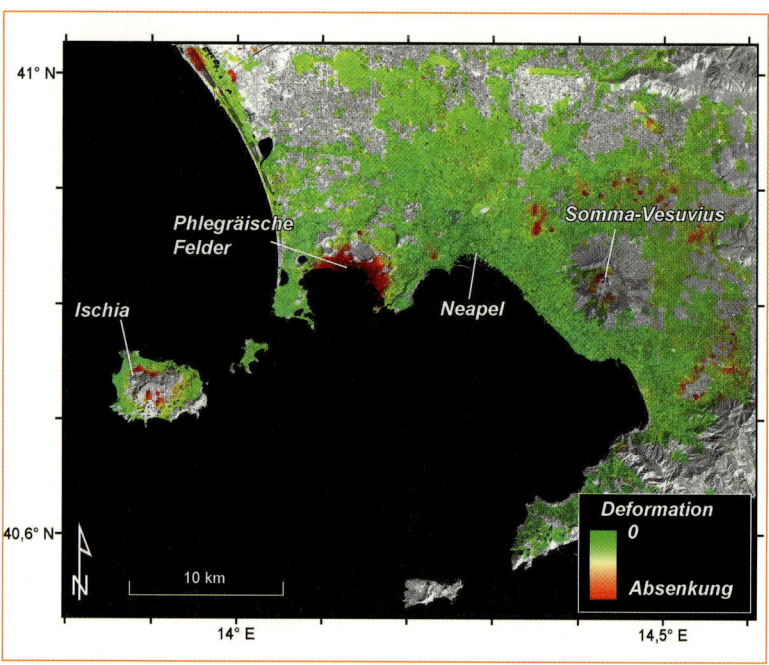

5.8  Satelliten-Deformationsmessungen mittels der Europäischen Radar-Satelliten ERS1 und ERS2. Vom Satelliten ausgesendete Radarwellen werden an der Erdoberfläche reflektiert und am Satelliten gemessen. Die Veränderungen der Wellenphase erlauben hochauflösende Deformationsmessungen. Bei den in der Aufnahme rot abgebildeten Bereichen handelt es sich um Absenkungsgebiete.

5.8  Satellite deformation measurements using the European radar satellites ERS1 and ERS2. Radar waves emitted by the satellite are reflected by the surface of the Earth and then measured by the satellite. Changes in wave phase enable high-resolution deformation measurements to be taken. The areas shown in red are areas of subsidence.

gezeichnet und verglichen. Kleinste Veränderungen geben Aufschluss über die Beschaffenheit und Verformung des Bodens. Mithilfe der sogenannten Satelliten-Radar-Interferometrie wurden an mehreren Vulkanen Hebungen und Senkungen detektiert, auch an den drei benachbarten Vulkanen Vesuv, Ischia und den Phlegräischen Feldern.

Das Radarverfahren erlaubt eine räumlich hochauflösende Überwachung des Deformationsverhaltens am Vesuv und in den Phlegräischen Feldern; diese zeigt eine leichte Absenkung seit 1992, unterbrochen durch kurzzeitige, aber sehr steile Hebungsintervalle in den Jahren 2000 und 2006. Die gemessenen Deformationsdaten werden am Computer simuliert und erlauben somit eine Abschätzung der Horizontalposition und Tiefe, Geometrie und Druckveränderung möglicher magmatischer und hydrothermaler Reservoire. Untersuchungen zeigen, dass in etwa drei Kilometern Tiefe unter beiden Vulkanen eine Art Sammelbecken liegt, welches bei Veränderungen des inneren Drucks Hebungs- und Absenkungsperioden an beiden Vulkanen hervorruft. Über Satelliten lassen sich also indirekt Veränderungen der magmatischen und hydrothermalen Reservoire vor einer Eruptionen aufspüren und quantifizieren – eine außerordentlich wichtige Einsicht in das Innere dieser Hochrisikovulkane. Diese Druckveränderungen in Echtzeit zu analysieren und besser zu verstehen, ist das Ziel weiterer Forschungsaktivitäten sowie eines Projektes des International Continental Scientific Drilling Program (ICDP), bei dem eine Bohrung in den Phlegräi-

schen Felder direkt bei der Küstenstadt Pozzuoli abgesenkt wird (siehe dazu auch ▶ Kapitel 09 über wissenschaftliches Bohren).

Mittlerweile werden solche innovativen Technologien vielerorts für die Überwachung von Vulkanen eingesetzt, um Zusammensetzungen von Gasen und Magmatiten, Veränderungen der Temperatur und Bodenbeschaffenheit sowie Verformungen des Vulkangebäudes zu erfassen. Dabei greifen die Methoden der Geologie und Physik der Erde, der Geochemie und Geodäsie ineinander.

## Vulkane: geochemische Landschaftsfabriken

Die Chemie eines Vulkans bestimmt seine Gefährlichkeit. Von zentraler Bedeutung ist hier die Kieselsäure ($SiO_2$). Kieselsäurearme Lava, wie auf Hawaii, ist heiß und dünnflüssig, kieselsäurereiche Lava, wie in den meisten Subduktionsvulkanen des pazifischen Feuergürtels, ist zähflüssig und kann den Vulkan verstopfen; vor allem kann der Wasserdampf, das wichtigste Gas vulkanischer Schmelzen, nicht entweichen. Beim Aufstieg dieses Magmatyps erhöht sich der Innendruck im geschmolzenen Gestein im Vulkangebäude, bei der Eruption wird das Gestein regelrecht pulverisiert und steigt als Aschewolke bis in große Höhen auf.

Als globales Modellbeispiel explosiver Vulkane gelten die Vulkane in Indonesien und die Anden-Vulkane.

Phlegrean Fields. The data reveal that there has been slight subsidence since 1992, interrupted by short-term, but very steep uplift intervals in 2000 and 2006. The measured deformation data are simulated on the computer to allow estimation of the horizontal position and depth, geometry and pressure change of possible magmatic and hydrothermal reservoirs. Studies show that there is a kind of storage basin at a depth of around three kilometres under both volcanoes. Changes in the internal pressure in this basin cause uplift or subsidence periods in both volcanoes. Satellites can thus be used to detect and quantify indirect changes in the magmatic and hydrothermal reservoirs before an eruption. This provides an extraordinarily important insight into the interior of these high-risk volcanoes. Analysing these pressure changes in real time and understanding them better are the objectives of further research activities, as is a project of the International Continental Scientific Drilling Program (ICDP), in which a drill hole is planned into the Phlegrean Fields in the immediate vicinity of the coastal town of Pozzuoli (see also ▶ Chapter 09 on scientific drilling).

By now, these innovative technologies are used in many places to monitor volcanoes, to record the compositions of gases and magmatites, and to monitor changes in the temperature, subsurface properties and deformations of the volcano structure. In following this strategy, the methods of geology and physics of the Earth, geochemistry and geodesy supplement each other.

## Volcanoes: geochemical landscape factories

The chemistry of a volcano determines how dangerous it is. Silica ($SiO_2$) is pivotal. Lava low in silica, as on Hawaii, is hot and has a low viscosity. Lava rich in silica, as in most subduction volcanoes of the Pacific Ring of Fire, is viscous and can block the volcano. Such a blockage prevents the escape of water vapour, which is the most important gas in volcanic melts. As this type of magma rises, the internal pressure of the molten rock in the volcano structure increases. On eruption, the rock is literally pulverised and rises to great heights as an ash cloud.

The volcanoes in Indonesia and in the Andes are recognised as global model examples of explosive volcanoes. As the oceanic crust subducts under the western edge of South America, the water incorporated in silicate minerals is released at a depth of over one hundred kilometres, resulting in numerous explosive volcanoes.

The highest active continental volcanoes on Earth, the Ojos del Salado (approx. 6800 m) and the Llullaillaco (approx. 6700 m), are also found here. Andesites, with 57 to 63 percent silica, are the most frequently occurring type of lava. Isotopic geochemical analysis is used to date the lava and other volcanic products expelled, and to characterise the origin of the magma. Volcanologists believe that information about future eruption mechanisms can be derived from detailed studies of the history of a volcano.

These studies focus on ignimbrites, pumice-rich deposits of volcanic nuées ardentes ("burning clouds") and ash clouds, which can be loose and unconsolidated or fused if they have been deposited at high temperatures (▶ Fig. 5.9). It is now generally recognised that these ignimbrites, alongside the enormous quantities of magmatic flood basalts, represent the most widespread landscape-forming volcanic rocks. Millions of years ago, hundreds, and at times thousands, of cubic kilometres of this rock were ejected out of large volcanic complexes to form landscape plateaus. It is assumed that enormous pyroclastic and ash flows erupted out of annular fissures. The sudden emptying of the giant magma chambers caused the roof regions to collapse and form deep crater structures or calderas, which can reach diameters of over 50 kilometres in the Andes.

5.9 Volcanic ash consolidated by heat (ignimbrites) in the Argentinean Andes.

5.9 Durch Hitze verfestigte vulkanische Aschen (Ignimbrite) in den argentinischen Anden.

Beim Abtauchen der ozeanischen Kruste am Westrand Südamerikas wird in einer Tiefe von über hundert Kilometern das in Silikatmineralen eingebaute Wasser freigesetzt. Das Ergebnis sind zahllose explosive Vulkane. Hier sind mit dem Ojos del Salado (ca. 6800 m) und dem Llullaillaco (ca. 6700 m) auch die höchsten aktiven kontinentalen Vulkane der Erde zu finden. Andesite gehören mit 57 bis 63 Prozent Kieselsäure zu den häufigsten Lavatypen. Ihre isotopengeochemische Untersuchung dient dazu, die Lava und andere vulkanische Förderprodukte zu datieren und die Herkunft der Magmen zu charakterisieren. Vulkanologen sind der Überzeugung, dass sich aus detaillierten Studien zur Geschichte eines Vulkans Aussagen über zukünftige Eruptionsmechanismen ableiten lassen.

Im Mittelpunkt der Untersuchungen stehen Ignimbrite, bimsreiche Ablagerungen von vulkanischen Glut- und Aschewolken, die locker oder – wenn sie bei hohen Temperaturen abgelagert wurden – verschweißt sein können (▶ Abb. 5.8). Heute hat sich die Erkenntnis durchgesetzt, dass diese Ignimbrite, neben den riesigen Mengen magmatischer Flutbasalte, die am weitesten verbreiteten landschaftsbildenden Vulkangesteine darstellen. Hunderte und zum Teil Tausende Kubikkilometer dieses auch als Schmelztuff bezeichneten Gesteins wurden vor Jahrmillionen aus großen Vulkankomplexen ausgeworfen und formten Landschaftsplateaus. Man nimmt an, dass riesige Glut- und Ascheströme aus ringförmigen Spalten ausbrachen. Durch die plötzliche Entleerung der riesigen Magmenkammern brachen die Dachregionen ein und bilden tiefe Einbruchsstrukturen oder Calderen, die in den Anden Durchmesser von über 50 Kilometern erreichen können. Plateaubildende Ignimbrit-Ausbrüche sind in historisch belegter Zeit noch nicht aufgetreten. In besiedelten Regionen würden sie Tausende von Quadratkilometern vollständig zerstören.

Vulkane können also eine beträchtliche Naturgefahr darstellen, ihre Auswirkungen auf Natur und Zivilisation sind jederzeit spürbar. Vulkane ermöglichen aber auch einen Einblick in die unzugänglichen Zonen des Erdinnern, zumal wenn sie in größeren Tiefen wurzeln. Als ein Paradebeispiel gelten hier die Vulkaninseln Hawaiis, deren Spuren sich mit Methoden der Seismologie in die Tiefe verfolgen lassen.

## Woher kommt Hawaii?

Die Hauptinsel des Hawaii-Archipels ist das höchste Vulkangebäude der Erde, es ragt etwa 7000 Meter von seiner Basis auf dem pazifischen Meeresboden bis zur Wasseroberfläche und weitere 4000 Meter über den Meeresspiegel empor. Aber woher stammt das Material für diesen gewaltigen Berg? Mithilfe der seismischen Tomographie können Geowissenschaftler den Ort und die Mechanismen seiner Entstehung erklären. Vulkane des Hawaii-Typs unterschieden sich grundsätzlich von den Vulkanen entlang der tektonischen Plattengrenzen: Sie werden durch heißes Gestein gebildet, das im Erdmantel in einem engen Schlot (Plume) aufsteigt. Wenn ein solcher heißer Plume sich durch die kältere und relativ starre Lithosphäre fräst, kann deren Mächtigkeit auf die Hälfte reduziert werden.

Mithilfe eines neuen seismischen Verfahrens, der S-Receiver-Function-Methode (siehe dazu weiter unten), wurde der Verlauf der Grenze zwischen der relativ starren und kalten pazifischen Lithosphäre und der darunterliegenden weicheren Asthenosphäre unter der Kette der Hawaii-Inseln mit bisher nicht erreichter Genauigkeit kartiert.

Die Messergebnisse führen zu neuen Vorstellungen über das „Durchschweißen" eines Plumes durch eine ozeanische Platte. Die pazifische Platte hat eine normale Mächtigkeit von etwa hundert Kilometern in der Umgebung von Hawaii. Als Folge der Wärmezufuhr durch das aus dem tiefen Erdmantel aufsteigende Gestein wird sie aber teilweise aufgeschmolzen und dadurch bis auf rund 60 Kilometer Mächtigkeit reduziert. Damit wird die Lithosphäre wieder ähnlich dünn wie bei ihrer Entstehung am ostpazifischen Rücken, weshalb die Forscher auch von „Wiederverjüngung" (Rejuvenation) sprechen. Durch die relativ schnelle Bewegung der pazifischen Platte über den Plume hinweg wird das Maximum der Aufschmelzung erst unter dem nordwestlichen Ende der Inselkette erreicht und nicht unter den jetzt aktiven Hawaii-Vulkanen. Die für diese Untersuchung benötigten Daten wurden im Rahmen des International Continental Scientific Drilling Program (ICDP) gewonnen (▶ Kapitel 09).

Hawaii ist eine Inselreihe, die aktiven Vulkane befinden sich am Ende einer Kette von erloschenen Vulkanen, deren Alter mit wachsendem Abstand zum aktiven Vulkan größer wird (▶ Abb. 5.10). Das gängigste Erklärungsmodell dieser „Hotspot-Spur" ist deshalb ein eng begrenztes Aufsteigen von Gesteinsmaterial aus dem unteren Erdmantel, das sich an der Oberfläche als Vulkan absetzt und von der sich darüber hinwegbewegenden Pazifik-Platte mitgenommen wird.

Die direkte Beobachtung von Mantel-Plumes ist insbesondere mit Methoden der Seismologie möglich. Eines der angewendeten Verfahren ist die Tomographie, mit welcher sich anhand der Laufzeit seismischer Wellen dreidimensionale Strukturen im Untergrund ermitteln lassen. Erniedrigte Geschwindigkeiten können durch höhere Temperaturen verursacht werden und deshalb

Plateau-forming ignimbrite eruptions have not yet occurred within historically documented time. In populated regions, they would completely destroy thousands of square kilometres.

Volcanoes can thus be a considerable natural hazard. Their effects on nature and civilisation are noticeable at all times. Volcanoes also give us an insight into the inaccessible zones of the Earth's interior, especially if they stem from greater depths. A prime example of this is the volcanic islands of Hawaii, whose tracks can be followed in the deep using seismology methods.

## Where does Hawaii come from?

The main island of the Hawaiian Archipelago is the highest volcanic structure on the Earth. It rises around 7000 metres from its base on the Pacific sea floor to the ocean's surface, and a further 4000 metres above sea level. But where does the material for this gigantic mountain come from? With the help of seismic tomography, geoscientists can explain the location and mechanism of its formation. Hawaiian-type volcanoes fundamentally differ from volcanoes along tectonic plate

boundaries. They are formed by hot rock that has risen through the Earth's mantle in a narrow vent. When such a hot plume cuts through the colder and relatively rigid lithosphere, the thickness of the latter can be reduced by a half.

A new seismic method, the S-receiver function method (see below), was used to map the path of the boundary between the relatively rigid and cold Pacific lithosphere and the underlying, softer asthenosphere of the Hawaiian island chain with previously unattained accuracy.

The measured data led to new ideas about the "penetration" of a plume through an Oceanic plate. The Pacific plate has a normal thickness of around one hundred kilometres in the area around Hawaii. However, as a consequence of the supply of heat from the rock rising from the Earth's lower mantle, it has partly melted and has thus been reduced to a thickness of around 60 kilometres. Once again, the lithosphere is roughly as thin as it was when it was formed at the eastern Pacific ridge, which is why researchers also talk of "rejuvenation". Due to the relatively fast movement of the Pacific plate above the plume, maximum melting only occurs under the north-western end of the island chain, and not under the currently active Hawaiian volcanoes. The data

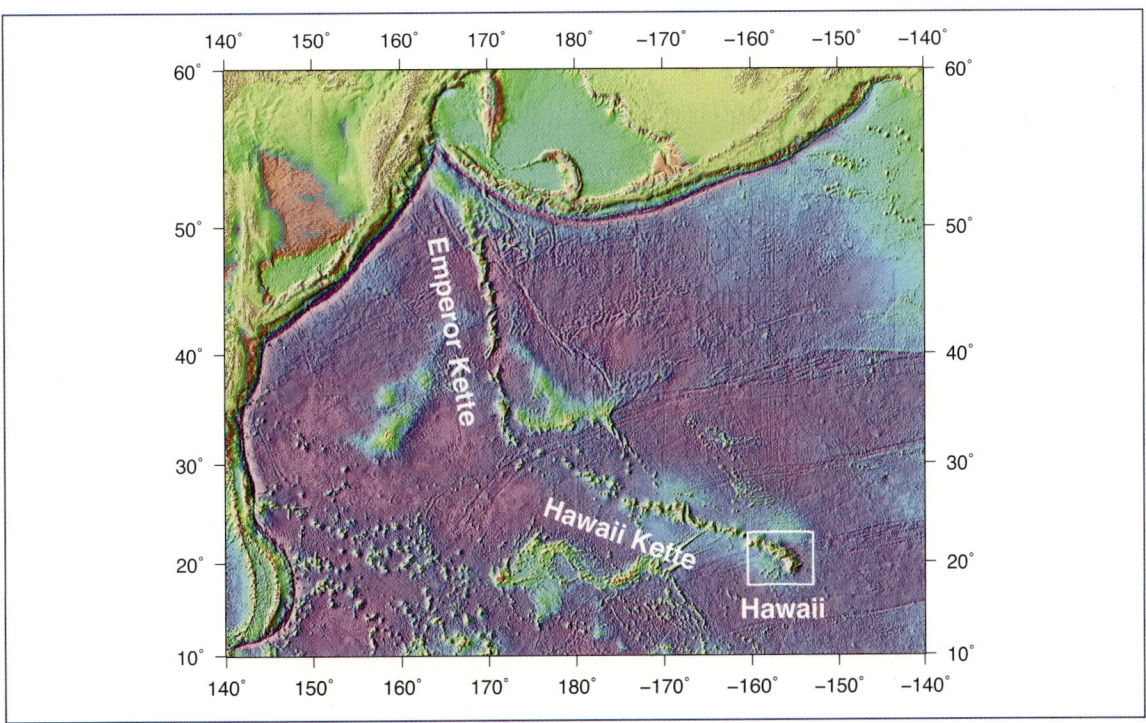

5.10  Perspective view of the Hawaiian Emperor island chain.

5.10  Perspektivische Ansicht der Hawaii-Emperor-Inselkette.

Hinweise auf ein Aufströmen in der Form von Mantel-Plumes geben. Mit Daten aus einem Netzwerk von Ozeanbodenseismometern konnte kürzlich zum ersten Mal ein lokales Tomographiemodell erstellt werden, das Hinweise darauf enthält, dass der Hawaii-Plume aus dem unteren Erdmantel kommt. Eine zweite unabhängige Beobachtung untermauerte diese Hypothese. In den Tiefen von 410 und 660 km existieren seismische Sprungschichten, die durch dichtere Packungen der Moleküle in den Gesteinen zustande kommen. Bei

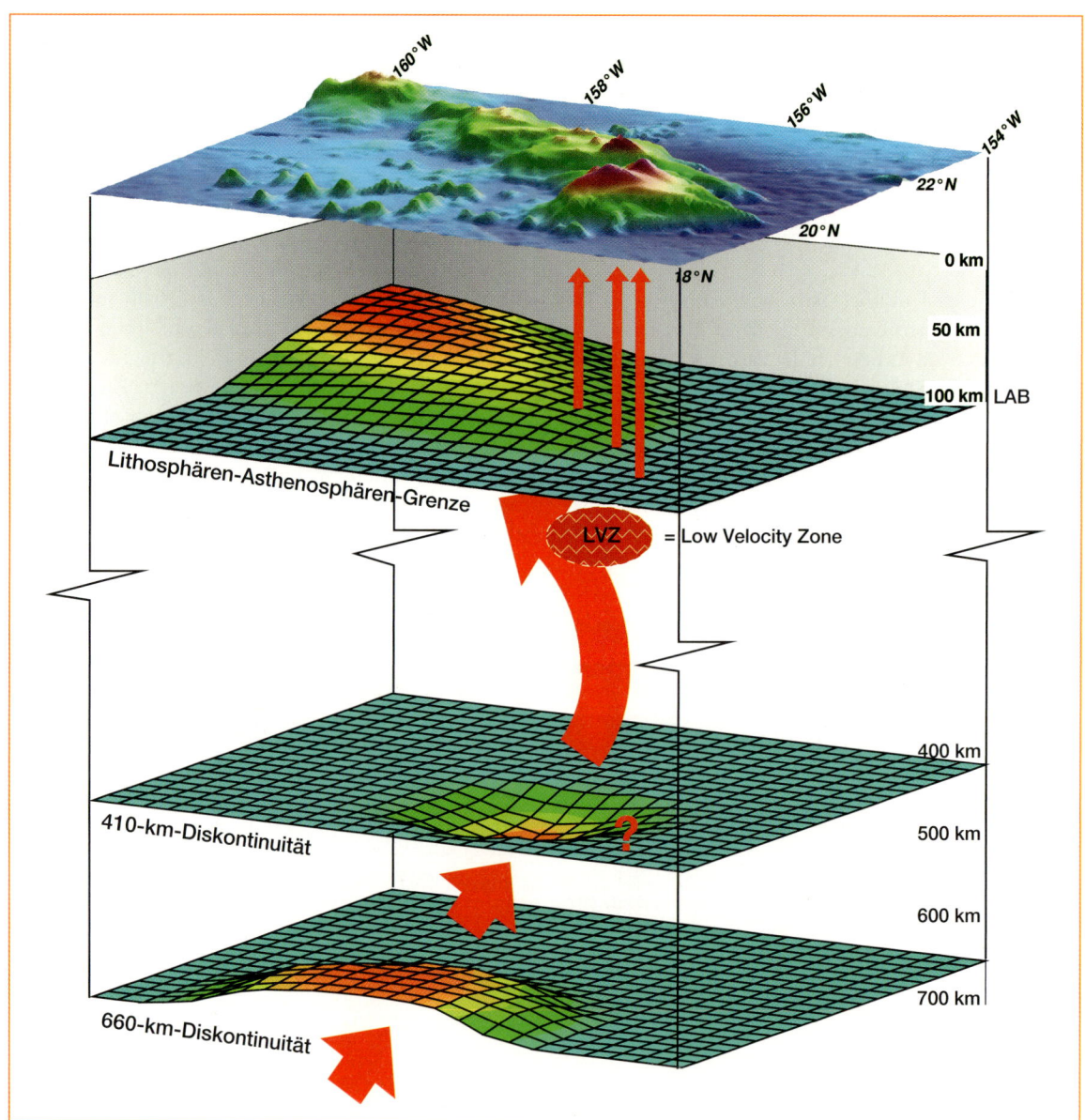

5.11 Einfluss des Hawaii-Plumes auf die seismischen Diskontinuitäten im oberen Mantel. Der relativ zur Umgebung heißere Plume verursacht, dass die Diskontinuität in rund 400 km Tiefe abgesenkt und die in etwa 660 km Tiefe angehoben wird. Die Lithosphäre wird durch den Plume wieder aufgeschmolzen und die Grenze zwischen beiden (LAB) unter der Vulkankette nach oben verschoben.

5.11 Effect of the Hawaiian plume on seismic discontinuities in the outer mantle. The plume, which is relatively hotter than the surroundings, causes the discontinuity at a depth of around 400 km to sink, and the discontinuity at a depth of around 660 km to rise. The lithosphere is re-melted by the plume, and the boundary between both (LAB) is pushed upwards in the area under the volcano chain.

required for this study was obtained as part of the International Continental Scientific Drilling Program (ICDP) (▶ Chapter 09).

Hawaii is a chain of islands. The active volcanoes are located at the end of a chain of extinct volcanoes, whose age increases with growing distance from the active volcano (▶ Fig. 5.10). The most commonly used model to explain a "hotspot track" is based on a tightly restricted plume of rock material from the mantle that forms a volcano on the surface. This volcano is then carried away by the Pacific plate as it passes over the hot spot.

Mantle plumes can be observed directly, particularly with seismology methods. One of these is tomography, which registers three-dimensional underground structures on the basis of the travel time of seismic waves. Reduced speeds can be caused by higher temperatures and therefore indicate upflow in the form of mantle plumes. Data from a network of ocean-floor seismometers was recently used to produce the first local tomography model indicating that the Hawaiian plume comes from the lower mantle. A second, independent observation underpins this hypothesis. At depths of 410 and 660 km, there are seismic discontinuities that are caused by denser packing of the molecules in the rocks. The distance between these two layers decreases if the temperatures at these locations increase. And this was indeed found to be the case under Hawaii (▶ Fig. 5.11). Scientists consider the fact that increased temperatures in the mantle transition zone (at a depth of 410 to 660 km) in conjunction with very high magma production to be a further indication that the Hawaiian volcano originates in the lower mantle. The temperature of the Hawaiian mantle plume is around 300 °C higher than the average temperature of the surrounding mantle. The Hawaiian plume is thus the hottest of its kind, worldwide. Plumes from lesser depths are not as hot and produce less magma.

# Earthquakes: natural hazard and source of information

Hardly any other natural event makes humans feel as helpless as an earthquake. They are unpredictable, they cause enormous damage and the quantities of energy released during strong earthquakes make even the powerful destructive force of a hydrogen bomb appear minor. In short: everything man-made pales into insignificance in the face of this sign of life from System Earth. It is no wonder that reliable earthquake prediction is one of the greatest desires of humankind. In order to be able to say more precisely where and when earthquakes with a certain magnitude will occur, we require detailed information on the fault zone itself, the focus of the earthquake and the processes that result in an earthquake. The earthquakes themselves can supply us with this information, at least theoretically. Earthquakes are not only a disaster for us humans, the seismic waves generated by the tremors also provide a means to explore the Earth's interior. It is a well-known fact that our knowledge of the inner structure of our planet comes from scientific seismology.

The distribution of earthquakes follows the pattern of plate tectonics – over 90 percent of all earthquakes occur at the plate margins.

However, based on the demographic considerations introduced at the start of this chapter, particular megacities, such as Santiago de Chile, Mexico City and Istanbul, bear an enormous seismic risk. This risk, together with wholly inadequate structural and organisational infrastructures, may have fatal consequences for a large part of the population. Although the geosciences can reduce some of this risk, it does not release politicians and city administrations of these countries from their responsibility to take precautionary measures to protect the population. We shall now describe the associated problems and tasks using the megacity Istanbul as an example.

## Megacity Istanbul: geoscientific risk research

In August 1999, the Earth shook with a magnitude of 7.4 near Izmit on the North Anatolian Fault Zone (NAFZ). Only a few seconds later and 80 kilometres away, Istanbul was also shaken by the waves. Buildings that had been erected quickly and cheaply were unable to withstand the associated loads. Such buildings were built, and are still being built, due to the enormous pressure applied to the Bosporus metropolis as a result of the continuously growing population. Whereas Istanbul had less one million inhabitants at the end of the Second World War, more than nine million people were living in the conurbation by the end of the 1990s. At present, this figure increases by 200 000 to 300 000 new inhabitants each year, resulting in an almost unsolvable task for urban planners, and especially for disaster prevention.

With the earthquakes of Izmit in August 1999 (▶ Fig. 5.13) and Dücze in November of the same year, the more than 1000 kilometre long NAFZ was almost completely ruptured subsequently from east to west, the exception being a last segment on the southern edge of Istanbul.

erhöhten Temperaturen in diese Tiefe verringert sich der Abstand zwischen den beiden Schichten. Genau dieser Hinweis auf erhöhte Temperaturen ist unter Hawaii ebenfalls gefunden worden (▶ Abb. 5.11). Als weiterer Hinweis auf einen Ursprung des Hawaii-Vulkans im unteren Erdmantel werten die Wissenschaftler den Sachverhalt, dass erhöhte Temperaturen in der Mantelübergangszone (410 bis 660 km Tiefe) mit einer sehr hohen Magmaproduktion zusammenfallen. Die Temperatur des Hawaii-Mantle-Plumes liegt um 300 °C über der Durchschnittstemperatur des umgebenden Erdmantels. Damit ist der Hawaii-Plume der heißeste seiner Art weltweit. Plumes aus geringeren Tiefen sind weniger heiß und produzieren weniger Magma.

# Erdbeben: Naturgefahr und Informationsquelle

Kaum einem Naturereignis fühlt sich der Mensch so hilflos ausgesetzt wie Erdbeben. Sie sind nicht vorhersagbar, richten enorme Schäden an und die bei Starkbeben freigesetzten Energiemengen lassen selbst die gewaltige Zerstörungskraft von Wasserstoffbomben als winzig erscheinen. Kurzum: Alles Menschgemachte wirkt vor dieser Lebensäußerung des Systems Erde als unzulänglich. Es ist deshalb kein Wunder, dass eine zuverlässige Erdbebenvorhersage zu den größten Wunschträumen der Menschheit gehört. Um genauer sagen zu können, wo und wann Beben mit einer bestimmten Magnitude auftreten, benötigen wir Detailinformationen über die Störzone selbst, über den Herd des Erdbebens und die Prozesse, die zum Beben führen. Diese Informationen können uns die Beben selbst liefern, zumindest theoretisch. Denn Erdbeben sind nicht nur eine Katastrophe für uns Menschen, die von Erdstößen erzeugten seismischen Wellen sind zugleich ein Mittel zur Erkundung des Erdinnern. Bekanntlich stammen unsere Kenntnisse über den inneren Aufbau unseres Planeten aus der wissenschaftlichen Seismologie.

Die Verteilung der Erdbeben folgt dem Muster der Plattentektonik, über 90 Prozent der Erdbeben ereignen sich an den Plattenrändern.

Legt man jedoch die eingangs dieses Kapitels vorgestellten demografischen Überlegungen zugrunde, ergibt sich, dass gerade Megacities wie Santiago de Chile, Mexico City oder Istanbul ein enormes seismisches Risiko tragen, das – zusammen mit einer völlig unzureichenden baulichen und organisatorischen Infrastruktur – für einen großen Teil der Bevölkerung eine tödliche Bedeutung haben wird. Die Geowissenschaften können

einen Teil dieses Risikos mindern, was jedoch die Politik dieser Länder und die Stadtverwaltungen nicht von ihrer Verantwortung befreit, Vorsorge zum Schutz der Bevölkerung zu treffen. Die damit verbundenen Probleme und Aufgaben wollen wir am Beispiel der Megacity Istanbul darstellen.

## Megacity Istanbul: geowissenschaftliche Risikoforschung

Als im August 1999 bei Izmit an der nordanatolischen Verwerfungszone (NAV) die Erde mit der Magnitude 7,4 bebte, wurde das 80 Kilometer entfernte Istanbul nur Sekunden darauf ebenfalls von den Bebenwellen erschüttert. Vor allem die schnell und billig hochgezogenen Bauten hielten dieser Belastung nicht stand. Sie entstanden und entstehen auch heute noch aufgrund des enormen Drucks, dem die Metropole am Bosporus aufgrund des unvermindert anhaltenden Bevölkerungszuwachses ausgesetzt ist: Hatte Istanbul am Ende des Zweiten Weltkriegs knapp eine Million Einwohner, so lebten Ende der 1990er Jahre bereits über neun Millionen Menschen in dem Verdichtungsraum; und derzeit kommen in jedem Jahr 200 000 bis 300 000 neue Bewohner dazu. Eine fast unlösbare Aufgabe für die Stadtplaner – und erst recht für die Katastrophenvorsorge.

Mit den Beben von Izmit im August 1999 (▶ Abb. 5.13) und Dücze im November desselben Jahres war die mehr als 1000 Kilometer lange NAV von Osten bis Westen fast komplett durchgebrochen – mit Ausnahme eines letzten Stückes am südlichen Stadtrand von Istanbul. Die hier auch in der Zukunft zu erwartenden Erdbeben stellen eine extreme Gefahr für die türkische Großstadt dar, insbesondere wenn die Störung mit einem einzigen Beben bricht. Eine neue Computerstudie zeigt zwar, dass sich die Spannungen in diesem Teil der Verwerfungszone in mehreren Erdbeben und nicht in einem einzelnen großen Ereignis entladen könnten. Die Bedrohung wird dadurch aber nur geringfügig kleiner.

Das Izmit-Erdbeben forderte 19 000 Todesopfer und war das jüngste einer ganzen Serie von Beben, die 1939 im Osten der Türkei begann und sukzessive die Plattengrenze zwischen der anatolischen und der eurasischen Platte nach Westen bis Izmit 1999 durchbrach. Das nächste Beben in dieser Serie wird folglich westlich von Izmit, also südlich von Istanbul, erwartet.

Eine wichtige Größe zur Beurteilung der seismischen Gefährdung sind die Bewegungsraten der tektonischen Störungen. Die Ergebnisse der Computerstudie zeigen, dass die Bewegungsraten an der Hauptstörung zwischen

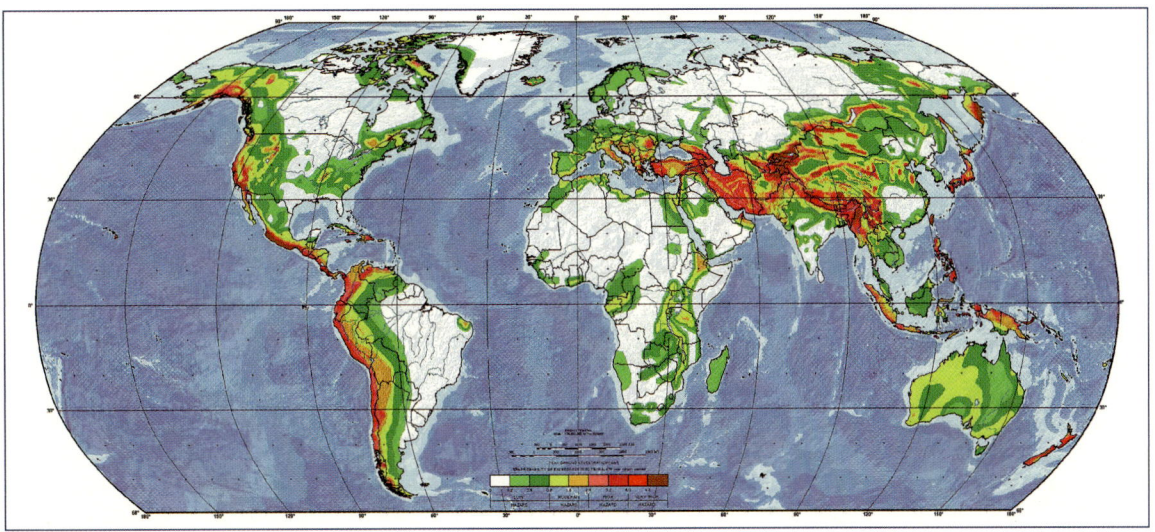

5.12  World map of areas threatened by earthquakes, obtained from the GSHAP project (Global Seismic Hazard Assessment Program). This map was produced by exemplary international collaboration as part of the UN International Decade for Natural Disaster Reduction (IDNDR). The red-brown colours show the highest earthquake risk, expressed here in units of horizontal acceleration.

5.12  Weltkarte der Erdbebengefährdung aus dem GSHAP-Projekt (Global Seismic Hazard Assessment Program). Im Rahmen der UN-Dekade zur Verminderung von Naturkatastrophen (IDNDR) entstand diese Karte in vorbildlicher internationaler Zusammenarbeit. Die rot-braunen Farben zeigen die höchste Erdbebengefährdung, hier ausgedrückt in Maßeinheiten horizontaler Beschleunigung.

Anticipated future earthquakes pose an extreme hazard for the Turkish city, especially if the fault breaks with a single earthquake. A new computer study shows that the stresses in this part of the fault zone could discharge in several earthquakes rather than in a single major event, but this reduces the threat only slightly.

The Izmit earthquake claimed 19 000 lives and was the most recent in a whole series of earthquakes. This series began in Eastern Turkey in 1939, and successively ruptured the plate boundary between the Anatolian and the Eurasian plate, moving westwards to Izmit in 1999. The next earthquake in this series is thus expected to the west of Izmit, or in other words, to the south of Istanbul.

An important variable for the assessment of the seismic hazards is the movement rates of tectonic faults. The

5.13  Earthquake damage in Izmit, Turkey, August 1999.

5.13  Erdbebenschäden in Izmit, Türkei, August 1999.

10 und 45 Prozent geringer sind als bisher angenommen. Zudem variieren die Bewegungsraten um 40 Prozent entlang der Hauptstörung. Diese Variabilität deutet darauf hin, dass die in der Erdkruste aufgebaute Spannung anstelle eines einzelnen, gewaltigen Bebens sich auch in zwei oder drei Erdbeben mit geringerer Magnitude entladen könnte. Eine Entwarnung für Istanbul bedeutet das überhaupt nicht: Die Hauptstörung, keine 20 Kilometer von Istanbul entfernt, stellt ein extremes Erdbebenrisiko für die Mega-City dar. Hinzu kommt, dass auch diese kleineren Beben Magnituden größer 7 erreichen können; Vorsorgemaßnahmen sind darum dringend geboten.

## Schwankender Untergrund

Die Schadenswirkung von Erdbeben hängt sehr stark davon ab, ob dem Risiko entsprechend erdbebensicher gebaut wurde und ob die Katastrophenplanung dem möglichen Risiko gewachsen ist. Aber ebenso stark hängt das Katastrophenpotenzial von der Beschaffenheit des Untergrundes ab. Was auf den ersten Blick selbstverständlich erscheint, erweist sich bei genauerem Hinsehen als komplexer Sachverhalt, der die Wissenschaftler vor schwierige Aufgaben stellt. Denn je nach Gesteinsart kann die Schadenswirkung unterschiedlich sein: Sedimente neigen dazu, seismische Wellen im Bereich der Eigenfrequenz zu verstärken, Sandböden können sich

verflüssigen und so Gebäuden den Halt nehmen. Vor diesem Hintergrund haben türkische und japanische Wissenschaftler im Rahmen einer seismologischen Risikokartierung eine geologische und geomorphologische Klassifikation des Istanbuler Stadtgebietes erarbeitet, aus der sich Horizontalbeschleunigungen ableiten lassen. Anhand dieser Einteilung konnten die zu erwartenden Verluste an Menschenleben und die möglichen Sachschäden abgeschätzt werden, die sich vor allem im Westen der Stadt und auf der europäischen Seite konzentrierten. Danach würde ein mit dem Izmit-Beben vergleichbares Ereignis mindestens 40000 bis 70000 Todesopfer fordern und zwischen 35000 und 53000 Gebäude völlig zerstören. 200000 Verletzte würden die Rettungsdienste und Krankenhäuser vor unlösbare Probleme stellen, eine halbe Million Menschen hätten kein Dach mehr über dem Kopf. Interessant ist ein hypothetischer Vergleich mit San Francisco nach dem dort zu erwartenden Starkbeben, von den Bewohnern der Metropole lakonisch „the big one" genannt: Hier rechnet man bei zehn Millionen Bewohnern der Bay Area mit lediglich 1800 bis 3400 Toten – ein deutlicher Hinweis auf die Bausubstanz Istanbuls, die trotz der hervorragenden türkischen Erdbebenbauvorschriften in großen Teilen der Stadt miserabel ist.

Im westlichen Istanbul wurde beim Izmit-Beben ein Zusammenhang zwischen der Bodenbeschleunigung und den Gebäudeschäden beobachtet. Um die Bodenklassifikation zu verbessern, wurden an 192 Einzelstationen Messungen des seismischen Grundrauschens

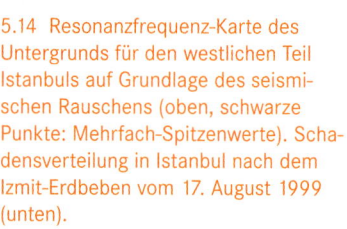

5.14  Resonanzfrequenz-Karte des Untergrunds für den westlichen Teil Istanbuls auf Grundlage des seismischen Rauschens (oben, schwarze Punkte: Mehrfach-Spitzenwerte). Schadensverteilung in Istanbul nach dem Izmit-Erdbeben vom 17. August 1999 (unten).

5.14  Resonant frequency map of the subsurface for the western part of Istanbul based on seismic noise (top, black dots: multiple peak values). Damage distribution in Istanbul following the Izmit earthquake on 17 August 1999 (bottom).

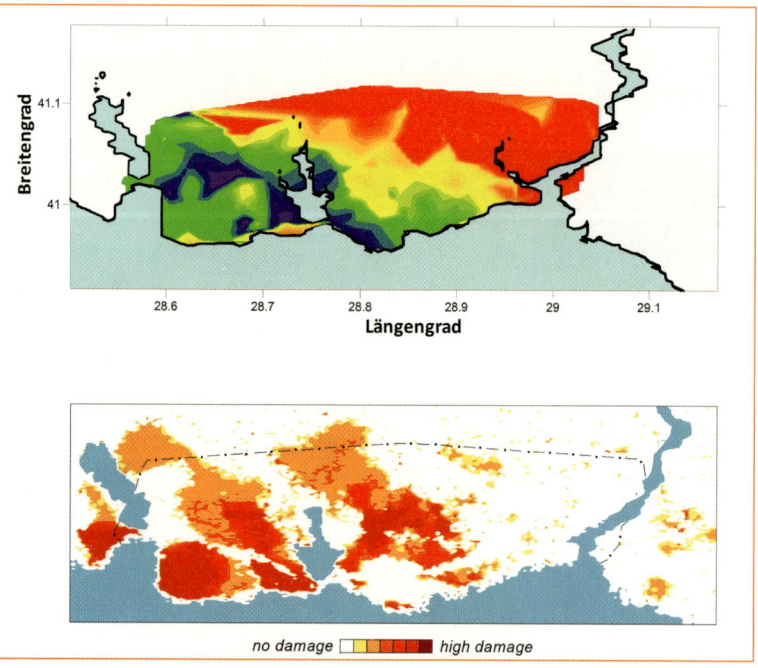

results of the computer study show that the movement rates at the main fault are between 10 and 45 percent slower than previously assumed. In addition, the movement rates vary by 40 percent along the main fault. This variability indicates that the stress that has built up in the crust could discharge in two or three earthquakes with smaller magnitudes, instead of a single, violent earthquake. However, this does not mean an all-clear for Istanbul. The main fault, less than 20 kilometres from Istanbul, represents an extreme earthquake risk for the megacity. In addition, these smaller earthquakes can reach magnitudes greater than 7. Precautionary measures are thus urgently needed.

## Shaky underground

The damaging effect of earthquakes is very dependent on the use of earthquake-proof construction methods that are commensurate with the risk and whether disaster planning matches the possible risk. The disaster potential is also just as dependent on the properties of the subsurface. What seems obvious at first glance proves to be more complex when examined in detail, which poses challenging tasks for scientists. The damaging effect can differ depending on the type of rock: sediments tend to amplify seismic waves within the range of their resonant frequency; sandy soils can liquefy and thus cause buildings to lose their footings. Against this background, as part of seismological risk mapping, Turkish and Japanese scientists have drawn up a geological and geomorphological classification of the Istanbul city area, from which horizontal accelerations can be estimated. This classification was used to estimate the expected loss in human life and possible property damage. These are mainly concentrated in the western part of the city and on the European side. Accordingly, an event comparable with the Izmit earthquake could claim 40 000 to 70 000 lives and completely destroy between 35 000 and 53 000 buildings; 200 000 injured persons would cause unsolvable problems for the emergency services and hospitals. Half a million people would no longer have a roof over their heads. It is interesting to make a hypothetical comparison with San Francisco after the strong earthquake, laconically called "the Big One" by the inhabitants of the metropolis, which is expected there. Although there are ten million residents in the Bay Area, only 1800 to 3400 deaths are expected here. This is a clear indication that the building fabric of Istanbul is dreadful in large parts of the city, despite the excellent Turkish regulations governing protection of buildings against earthquakes.

A relationship between ground acceleration and building damage was observed in the western part of Istanbul during the Izmit earthquake. Seismic background noise therefore was measured at 192 individual stations with the aim of improving subsurface classification. This is a simple, fast and cost-effective method because the subsurface is never at rest due to a number of factors, including natural effects, such as waves and tides of the sea, or artificial effects (people, road and rail traffic, machines). These small tremors can be recorded and analysed using highly sensitive seismometers. In this way, it is possible to identify areas susceptible to amplification of earthquake waves.

The measured data correspond well with the geological distribution of the sedimentary units and show a reduction in the basic resonant frequency from the north-east (bedrock) to the south-west (sediment several hundred metres thick).

The figures mentioned above for deaths and amount of expected damage merely provide a rough framework – they vary depending on location and strength of the earthquake. These figures also demonstrate the great uncertainty inherent in such scenarios.

Geoscientists are thus making great efforts to improve the basic foundations for such calculations. To do this, they are first developing tools to classify the subsurface in the whole city area, including areas where Istanbul is spreading. Empirical equations, in particular, are required here to calculate ground accelerations. Estimations of vulnerability must also take account of the dynamic and somewhat chaotic urban development.

A vertical network of devices to measure acceleration has been installed in the western part of Istanbul (Ataköy). It provides additional information about how seismic waves propagate in the upper crust layers and which non-linear processes determine subsurface behaviour. On the Armutlu Peninsula, the earthquake experts have also set up a network of seismological stations with ten short-period and twelve broadband seismometers. This network will be used for more precise recordings of the activity in the peninsula, especially on the NAFZ in the Marmara Sea, between the peninsula and Istanbul. In addition, four thermal springs and five wells are being continuously monitored with respect to changes in the discharge rate, temperature, gas content and electrical conductivity of the water. This will enable conclusions to be drawn about changes in the pore pressure and thus underground stresses.

5.15  Einrichtung einer Messstation in Istanbul.

5.15  Setting up a measuring station in Istanbul.

vorgenommen. Das ist eine einfache, schnelle und kostengünstige Methode, denn der Untergrund ist immer in Unruhe, etwa durch natürliche Einflüsse wie Wind oder Meeresrauschen oder durch künstliche Einflüsse (Menschen, Straßen- und Schienenverkehr, Maschinen). Mittels hochsensitiver Seismometer lassen sich diese geringen Erschütterungen aufzeichnen und auswerten. Man kann so die Gebiete identifizieren, die anfällig für die Verstärkung von Erdbebenwellen sind.

Die Messergebnisse stimmen mit der geologischen Verteilung der sedimentären Einheiten gut überein und zeigen ein Absinken der zugrunde liegenden Resonanz-Frequenz vom Nordosten (Grundgestein) nach Südwesten (Sediment mit einigen hundert Metern Mächtigkeit).

Die erwähnten Opferzahlen und Schadensgrößen geben nur einen groben Rahmen vor, sie variieren je nach Lage und Stärke des Erdbebens. Diese Zahlen zeigen zugleich aber auch die große Unsicherheit, die in solchen Szenarien steckt.

Die Geowissenschaftler unternehmen deshalb große Anstrengungen, um die Grundlage für solche Berechnungen zu verbessern. Dazu entwickeln sie zunächst Werkzeuge zur Bodenklassifikation für das gesamte Stadtgebiet einschließlich der Bereiche, in die sich Istanbul ausdehnt. Insbesondere werden hier empirische Gleichungen für die Berechnung der Bodenbeschleunigungen benötigt. Auch die Abschätzung der Verletzlichkeit muss sich an der dynamischen und teilweise chaotischen Stadtentwicklung ausrichten.

Ein vertikales Netz von Beschleunigungsmessgeräten im westlichen Teil von Istanbul (Ataköy) liefert zusätzliche Informationen darüber, wie sich die seismischen Wellen in den obersten Krustenschichten ausbreiten und welche nichtlinearen Prozesse das Bodenverhalten bestimmten. Auf der Armutlu-Halbinsel haben die Erdbebenexperten zudem ein Netz aus seismologischen Stationen mit zehn kurz-periodischen und zwölf Breitband-Seismometern aufgebaut, um die Aktivität auf der Halbinsel, insbesondere auf der NAV im Marmarameer zwischen der Halbinsel und Istanbul, genauer zu erfassen. Zusätzlich werden an vier Thermalquellen und fünf Brunnen kontinuierlich Veränderungen der Ausflussmenge, der Temperatur und elektrischen Leitfähigkeit des Wassers sowie seines Gasgehalts beobachtet, um Rückschlüsse auf Veränderungen des Porendrucks und damit von Spannungen ziehen zu können.

## Modelle zur Umlagerung von Spannungen durch Erdbeben

Aus einfachen physikalischen Überlegungen ergibt sich, dass dort, wo gerade ein Erdbeben stattgefunden hat, Spannungen in der Erdkruste abgebaut wurden, sodass ein großes Ereignis am gleichen Ort für geraume Zeit eher unwahrscheinlich ist. Im Gegensatz dazu erwartet man in den Nachbarbereichen des Bebens eher hohe Spannungen, die sich an den Riss-Spitzen gebildet haben. Dort ist also für einen bestimmten Zeitraum die Gefährdung höher. Wir sprechen deshalb von einer zeitabhängigen Erdbebenwahrscheinlichkeit.

Die Umlagerung von Spannungen lässt sich mit mathematisch-physikalischen Modellen berechnen. Je genauer man den Herdprozess, etwa des Izmit-Bebens,

# Models of earthquake-induced stress redistribution

Simple physical considerations show that stresses in the crust are relieved where an earthquake has just taken place. This implies that a major event in the same place is rather improbable for a fairly long time. In contrast, high stresses are expected to develop where crack tips have formed in areas adjacent to the earthquake. The risk is thus higher at such locations for a certain period of time. This is why we speak of "time-dependent earthquake probability".

Stress redistribution can be calculated using mathematical/physical models. The more precisely the focal mechanism is known, say of the Izmit earthquake, and the more we know about the structure of the crust in this area, the more precisely we can determine how great the stresses are likely to be on the continuation of the NAFZ, south of Istanbul.

In the past 15 years, calculation of so-called Coulomb failure stresses has proven to be successful. Coulomb failure stresses (CFS) are a combination of shear stress in the direction of the sliding on the friction surface, in this case between two blocks or rock or plates, and the normal stress perpendicular to the friction or fault plane. The larger the shear stress and the lower the contact pressure, the higher is the probability that there is a fracture on the contact surface. Normal stress depends on the plate tectonic forces, but can also be reduced by the high pressure of fluids between the blocks of rock. If the important faults near an earthquake are known, its CFS change along these faults can be calculated. Calculations for the Izmit earthquake and for the faults to the south of Istanbul in the Marmara Sea showed that fault zones mainly striking to the west and north-west were subjected to high Coulomb failure stress as a result of the Izmit earthquake. Therefore, further earthquakes are expected in this area.

The method was initially extended by including the seismic history. In our case, this means all major earthquakes along the North Anatolian fault zone since 1939. Consideration was also given to the fact that there are deep regions in the Earth which react visco-elastically to earthquake-induced changes in stress with a delay of years to decades, for example, the lower crust at a depth of 17 kilometres or more. This leads to additional stresses that develop after an earthquake being superimposed on those built up during the earthquake.

Of the other effects that contribute to triggering an earthquake, two should be mentioned because they tend to be important for the aftershock period, months to years after the main earthquake. Firstly, if a fault in the vicinity of a fracture surface of a large earthquake has been largely fractured so that the friction has been substantially reduced, sliding of the two blocks against each other can be observed in the form of aftershocks or non-seismic slip. This process also increases the CFS beyond the crack tips of the main earthquake. Secondly, there are more fluids in the crust than previously supposed, and stress changes due to the main earthquake alter the pore pressure around the focal region; after the event it is balanced out again by fluid movement. This generates delayed changes in the CFS. This effect is also important for the development, and therefore for the simulation, of aftershock activity. However, it is a challenge to determine the spatiotemporal distribution of the fluids, the so-called diffusivity of the rock and the pore pressure down to the depth of the fault plane of the earthquake.

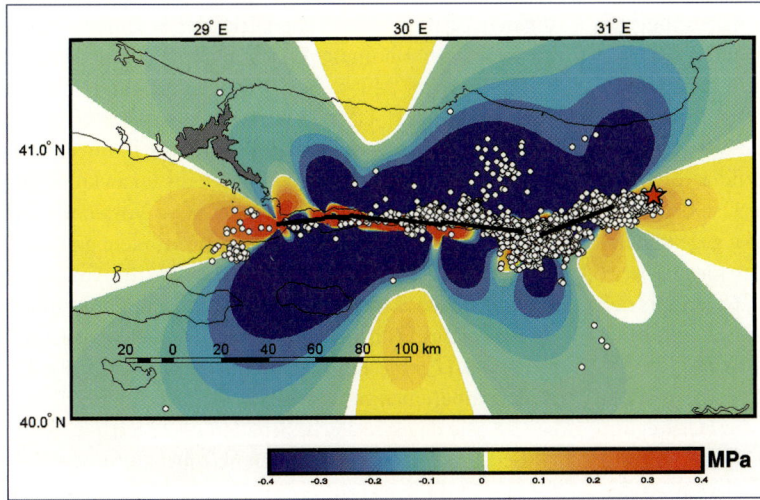

5.16  Distribution of the Coulomb failure stress following the Izmit earthquake. The Düzce earthquake (red star), which occurred three months after the Izmit earthquake, falls within the area of increased stress in the eastern part of the fracture zone. Istanbul lies within the area of the western stress peak.

5.16  Verteilung der Coulomb-Spannung nach dem Izmit-Beben. Das Düzce-Beben (roter Stern), das drei Monate nach dem Izmit-Beben stattfand, fällt in den Bereich erhöhter Spannung im östlichen Teil der Bruchzone. Istanbul liegt im Bereich der westlichen Spannungsspitze.

kennt und je mehr man über die Struktur der Erdkruste in diesem Gebiet weiß, desto genauer kann man ermitteln, wie groß die Spannungen südlich von Istanbul auf der Fortsetzung der NAV sein können.

In den letzten 15 Jahren hat sich dabei die Berechnung sogenannter Coulomb-Spannungen als erfolgreich erwiesen. Coulomb-Spannungen (CFS) sind eine Kombination aus der Scherspannung in Richtung des Gleitens auf der Reibungsfläche, hier zwischen zwei Gesteinsblöcken oder Platten, und der Normalspannung senkrecht zur Reibungs- oder Bruchfläche. Je größer die Scherspannung und je geringer der Andruck ist, desto eher erwartet man einen Bruch auf der Kontaktfläche. Die Normalspannung hängt von den plattentektonischen Kräften ab, kann aber auch durch einen hohen Druck von Fluiden zwischen den Gesteinsblöcken vermindert werden. Kennt man die wichtigen Störungen in der Nähe eines Bebens, so kann dessen CFS-Änderung auf diesen Verwerfungen berechnet werden. Berechnungen für das Izmit-Beben und für die Verwerfungen südlich von Istanbul im Marmara-Meer ergaben, dass hauptsächlich nach Westen und Nordwesten streichende Störungszonen durch das Izmit-Beben unter hoher Coulomb-Spannung stehen, dort also weitere Beben zu erwarten sind.

Die Methode wurde erweitert, indem man zunächst die seismische Vorgeschichte hinzugefügt hat, also in unserem Fall alle großen Erdbeben entlang der nordanatolischen Verwerfungszone seit 1939. Es wurde auch berücksichtigt, dass es Tiefenbereiche in der Erde gibt, hier beispielsweise die Unterkruste (ab 17 km Tiefe), die auf die Spannungsänderungen des Bebens mit einer Verzögerung von Jahren bis Jahrzehnten visko-elastisch reagieren. Das führt zu einander überlagernden elastischen Veränderungen der nach einem Beben entstandenen Spannungen mit solchen, die während des Bebens aufgebaut wurden.

Von den weiteren Effekten, die zur Entstehung von Erdbeben beitragen, seien noch zwei Faktoren angeführt, die eher für die Nachbebenperiode von Bedeutung sind, über Monate bis Jahre nach dem Hauptbeben: Ist eine Verwerfung im Bereich der Bruchfläche eines großen Bebens erst einmal weitgehend zerbrochen und damit die Reibung deutlich verringert, so beobachtet man ein Nachgleiten der beiden Blöcke gegeneinander in Form von Nachbeben oder nicht-seismischem Gleiten. Auch dieser Vorgang erhöht die CFS jenseits der Riss-Spitzen des Hauptbebens. Zum anderen gibt es in der Erdkruste mehr Fluide, als man noch vor einiger Zeit vermutete. Durch die Spannungsänderungen des Hauptbebens wird der Porendruck um die Herdregion verändert und nach dem Ereignis durch Fluidbewegung wieder ausgeglichen. Das führt zu verzögerten Änderungen der CFS. Auch dieser Effekt ist für die Entstehung – und damit für die Simulation der Nachbebenaktivität – wichtig. Eine Herausforderung ist jedoch das Ermitteln der räumlich-zeitlichen Verteilung der Fluide, der sogenannten Diffusivität des Gesteins und des Porendrucks bis in die Tiefe der Bruchfläche der Erdbeben.

## Erdbebensicheres Bauen

Der einzige Schutz vor Erdbeben besteht derzeit in erdbebensicherem Bauen. Die Erfahrung aus der wissenschaftlichen Nachbearbeitung zahlreicher Erdbebenkatastrophen hat gelehrt, dass Standorteffekte das lokale Ausmaß von Gebäudeschäden und damit auch die Opferzahlen stark und oftmals negativ beeinflussen können. Standorteffekte treten vornehmlich dort auf, wo mächtige Schichten locker gelagerter Sedimente und/oder steile Geländeformen anzutreffen sind. Deshalb sind Städte und Regionen in Gebieten ehemaliger Seen und Flüsse oder in bergigem Gelände einem besonders hohen Risiko ausgesetzt.

Von zentraler Bedeutung für erdbebensicheres Bauen ist die Kenntnis der Ausbreitungsgeschwindigkeiten seismischer Wellen im lokalen Untergrund und der Eigenfrequenz der Wellen. Besonders wenn die Eigenfrequenzen des Untergrundes mit denjenigen der darauf errichteten Gebäude korrelieren, kann es zu gefährlichen Resonanzeffekten bis hin zum Einsturz von Bauwerken kommen.

Auch in Deutschland gibt es Gebiete, die durch stärkere Erdbeben gefährdet sind. Beispiel Köln: Die Großstadt in der Rheinischen Tiefebene hat in historischer Zeit Beben der Magnitude größer 6 erlebt. Detaillierte Untersuchungen zur Resonanzfrequenz des Untergrunds für den Großraum und die Dicke der Sedimentschicht bis zu einem Kilometer Mächtigkeit ergeben dort ein Risikoszenario. Mit demselben Messverfahren fanden darüber hinaus Untersuchungen zur Überwachung bestehender Bauwerke statt, um Einblicke in ihr mechanisches Verhalten während des Bebens zu bekommen, was wiederum die Grundlage für neue Vorsorgemaßnahmen schafft. Besondere Aufmerksamkeit galt dem Kölner Dom (unter Ausschluss der Türme) und den Rheinbrücken. Es zeigte sich, dass für den Kölner Dom im Falle eines Erdbebens nur geringe Schäden zu erwarten sind, da seine Resonanzfrequenz nicht mit der des Bodens übereinstimmt (▶ Abb. 5.17). Die Deutzer Brücke könnte dagegen starke Schäden erleiden.

Bei starken Erdbeben stellen Nachbeben für die Helfer und Ordnungskräfte ein erhebliches Risiko dar, denn

## Earthquake-resistant construction

The only protection from earthquakes available at the present time is earthquake-resistant construction. Experience acquired from scientific follow-up work on numerous earthquake catastrophes has taught us that site effects can have a major, and often negative, impact on the local extents of building damage and therefore on the number of fatalities. Site effects primarily occur where thick layers of loosely packed sediments and/or steep landforms are found. Therefore, cities and regions in areas that were formerly lakes and rivers or in mountainous terrain are exposed to a particularly high risk.

Knowledge of the propagation speeds of seismic waves in the local subsurface and the natural frequency of the waves are of central importance for earthquake-resistant construction. This is especially so if the natural frequencies of the subsurface correlate with those of the buildings built on it because dangerous resonance effects can occur, leading to collapse of structures.

There are also areas in Germany that are at risk because strong earthquakes are possible. Take the example of Cologne: throughout its history, this city on the North German Plain has experienced earthquakes with a magnitude greater than 6. Detailed investigations into the resonant frequency of the ground in the greater Cologne area have indicated a risk scenario here, which is further corroborated by the fact that the sediment layer is up to one kilometre thick. The same methods of measurement were also used to carry out investigations on monitoring existing structures with the aim of obtaining insights into their dynamic behaviour during the earthquake. This in turn created the basis for new preventive measures. Particular attention was paid to Cologne Cathedral (excluding the towers) and the Rhine bridges. It was found that little damage to Cologne Cathedral can be expected in the event of an earthquake because its resonant frequency is not the same as that of the ground (▶ Fig. 5.17). Deutzer Bridge, on the other hand, could suffer severe damage.

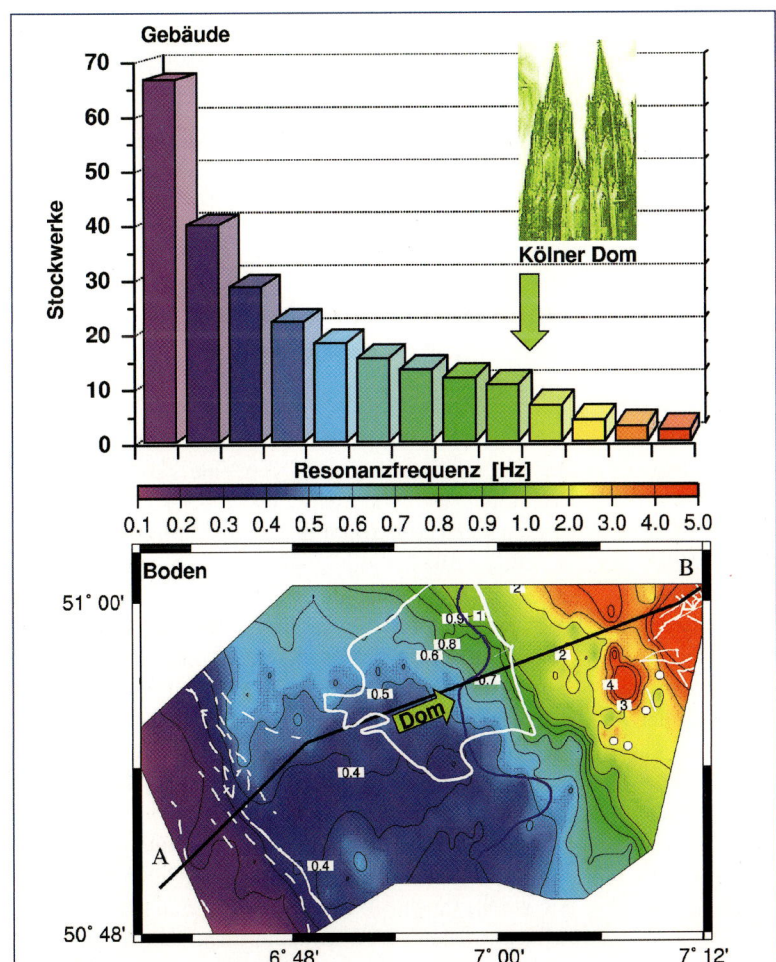

5.17  Earthquake microzonation in Cologne. The risk of damage is particularly high when the resonant frequency of a building matches that of the ground.

5.17  Erdbebenmikrozonierung in Köln: Das Risiko von Schäden ist besonders groß, wenn die Resonanzfrequenz eines Gebäudes mit der Bodenresonanz übereinstimmt.

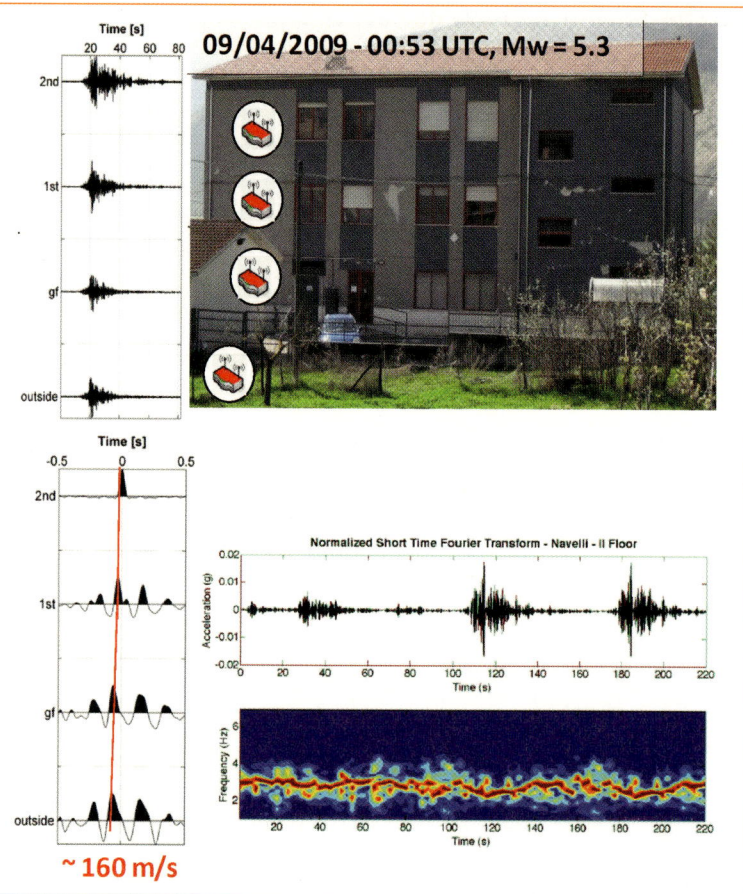

5.18  Im Rathaus von Navelli in der Provinz L'Aquila (Italien) wurde ein kabelloses seismologisches Netzwerk aus vier Geräten installiert (oben), welche die Erdstöße eines Nachbebens vom 8. April 2009 aufzeichneten (unten). Einige Wochen nach dem Erdbeben traten an dem Gebäude so starke Schäden auf, dass es nicht mehr gefahrlos betreten werden konnte; dennoch konnten die Daten übermittelt und ausgewertet werden.

5.18  In the town hall of Navelli in the L'Aquila Province (Italy), a wireless seismological network of four devices was installed (top). The devices recorded the tremors of an aftershock on 8 April 2009 (below). Several weeks after the earthquake, the building was so severely damaged that it could no longer be safely entered; however, the data was transmitted and analysed.

sie treffen auf vorgeschädigte Gebäude. Die Gebäudeüberwachung ist daher stets mit einem Risiko verbunden, wenn es erforderlich ist, die Bauten zu betreten. Potsdamer und Berliner Wissenschaftler entwickelten ein drahtloses seismologisches Netzwerk, das bei dem Erdbeben am 6. April 2009 in der Region L'Aquila in den italienischen Abruzzen zum Einsatz kam.

Das System war bereits wenige Stunden nach dem Beben installiert und eröffnete die einzigartige Möglichkeit, alle gebäuderelevanten Messgrößen gefahrlos von außen, auch während der Nachbeben, zu überwachen. Solche Geräte könnten in Zukunft auch für die Frühwarnung von Rettungskräften eingesetzt werden, die während eines Nachbebens im Gebäude selbst oder in der unmittelbaren Umgebung arbeiten.

## Receiver-Function-Methode – seismische Tomographie des Erdkörpers

In den letzten Jahren hat sich eine neue seismische Methode mit praktisch unbegrenzter Eindringtiefe durchgesetzt: Steil von unten auf die Erdoberfläche einfallende Erdbebenwellen erzeugen an Gesteinsgrenzen sekundäre, in eine andere Wellenart umgewandelte Wellen, die in einigem zeitlichen Abstand auf das erste Signal folgen. Die Messung dieser sekundären Wellen erlaubt es, in sehr großen Tiefen Gesteinsgrenzen zu kartieren. Diese neue Methode ist mit einem Begriff aus der Informationstheorie unter dem Namen Receiver-Function-Methode (Empfänger-Funktions-Methode, RF-Methode) bekannt geworden.

Eine Erdbebenstation (Receiver) empfängt die Signale der von einem Erdbeben abgestrahlten Kompressionswelle (auch P-Welle genannt). Durch Umwandlung in Scherwellen (S-Wellen) und mehrfache Reflexionen an Gesteinsgrenzen unter der Station wird Energie in die

In the event of strong earthquakes, aftershocks pose a significant risk for helpers and law enforcement officers because they are faced with pre-damaged buildings. Monitoring of buildings is thus always associated with a risk if it is necessary to enter such buildings. Scientists in Potsdam and Berlin have developed a wireless seismological network that was used in the aftermath of the earthquake on 6 April 2009 in the Province of L'Aquila in the Abruzzi region of Italy.

The system was installed only a few hours after the earthquake. It provided a unique opportunity for safe monitoring of all relevant building variables from the outside, even during aftershocks. In future, such devices may also be used as an early warning system for rescue workers inside a building or in the immediate vicinity during an aftershock.

## Receiver function method – A seismic tomography of the Earth's body

In recent years, a new seismic method with a practically unlimited penetration depth has established itself. Earthquake waves arriving from below with a steep angle at the Earth's surface generate secondary, i.e. transformed, waves at the boundaries of rock layers which follow the first signal with a certain delay. Measurements of these secondary waves allow us to map rock layer boundaries at very great depths. This new method is known as the receiver function (RF) method, a term taken from information theory.

An earthquake station (receiver) receives the signals of a compression wave emitted by an earthquake (also called P wave). Through conversion into shear waves (S waves) and multiple reflections at the layer boundary under the station, some energy is delayed and scattered into the coda – the reverberation of the P wave as it were – and can be utilized to visualise the rock layers in the Earth's interior. Each earthquake produces a unique image. If the seismograms of many different earthquakes that have been measured by a particular station are superimposed, the structures under this station are made clearly visible and other effects, such as those of the different seismic sources (transmitters), are reduced.

The first version of this method was developed in the 1950s in the former Soviet Union and was used on an industrial scale to examine the crust. However, the actual breakthrough for the new method did not happen until the 1990s, when it was recognised that this method provided similar possibilities for investigating the mantle as the reflection method did for the crust. Up to this point, earthquake data from individual stations were usually analysed. The new method used networks of mobile stations that allowed structures in the mantle to be mapped with tomographic accuracy to a depth of many hundred kilometres. Finally, modern computers were able to analyse the enormous quantities of acquired data. As already mentioned, this RF-based method was used to investigate the origin of Hawaii and to discover why India was the fastest moving continent in the history of the Earth (▶ Chapter 03).

An interesting aspect arose while investigating the Tibetan Plateau. The Himalayas do not mark the plate boundary from when the tectonic plates of India and Asia collided. The boundary runs under Tibet and has pushed up the plateau. It is still unclear how far the Indian plate penetrates under Tibet to the north. Improved seismic imaging of the structures under Tibet, in conjunction with P and S receiver function data, show that the Asian plate pushes under the Indian plate in the extreme west of Tibet (▶ Fig. 5.19). The situation is reversed in Central and Eastern Tibet, where the Indian plate pushes far under Tibet. There are also signs here that the Asian plate is underthrusting Northern Tibet. In Central Tibet, very slow seismic speeds are observed in the mantle, which indicate that the mantle in this region has special flow properties. The high pressures and temperatures led to partial melting of the interior of the new crust. As a result, the upper crust literally floats on the partly melted middle crust (▶ Fig. 5.20), which in turn leads to the relatively monotonous surface shapes of the Tibetan Plateau.

## Tectonic rivalry at the Dead Sea

When Jordanian, Israeli, Palestinian and German scientists carry out a joint research project, this is itself newsworthy. When this team of researchers also handles explosives in the Holy Land, it is very unusual. However, these explosives were used for peaceful purposes, namely, seismological exploration of the scene in which the Bible is set. Where today the River Jordan flows, the Dead Sea spreads its brine and the Arava Valley extends up to the Gulf of Aqaba, there is a fracture which is extremely interesting for geoscience: the Dead Sea fault.

This fault between the Turkish Taurus Mountains in the north and the Red Sea in the south forms the boundary between the Arabian plate in the east and the African plate in the west. Along this fault zone, the two plates horizontally scrape past each other. The shear zone has only been active for around 20 million years, i.e. it is very young in geological terms. However, in this period it has achieved a relative offset of around 105 km (▶ Fig. 5.22).

Coda, quasi den Nachklang der P-Welle, gestreut und dient als Grundlage der Abbildung vom Gesteinsgrenzen im Erdinneren. Jedes Erdbeben erzeugt dabei ein eigenes Bild. Legt man an einer Station die Seismogramme vieler verschiedener Erdbeben übereinander, so werden die Strukturen unter der Station deutlich sichtbar gemacht und andere Einflüsse, wie die der verschiedenen seismischen Quellen (Sender), reduziert.

Die erste Version dieser Methode ist in den 1950er Jahren in der damaligen Sowjetunion entwickelt und im industriellen Maßstab zur Untersuchung der Erdkruste eingesetzt worden. Der eigentliche Durchbruch für das neue Verfahren kam aber erst in den 1990er Jahren, als man erkannte, dass die Methode ähnliche Möglichkeiten für die Untersuchung des Erdmantels bietet wie die Reflexionsmethode für die Kruste. Bis dahin hatte man hauptsächlich die Daten einzelner Erdbebenstationen ausgewertet. Jetzt wurden Netze mobiler Stationen eingesetzt, die es erlaubten, Strukturen im Mantel mit tomographischer Genauigkeit bis in viele hundert

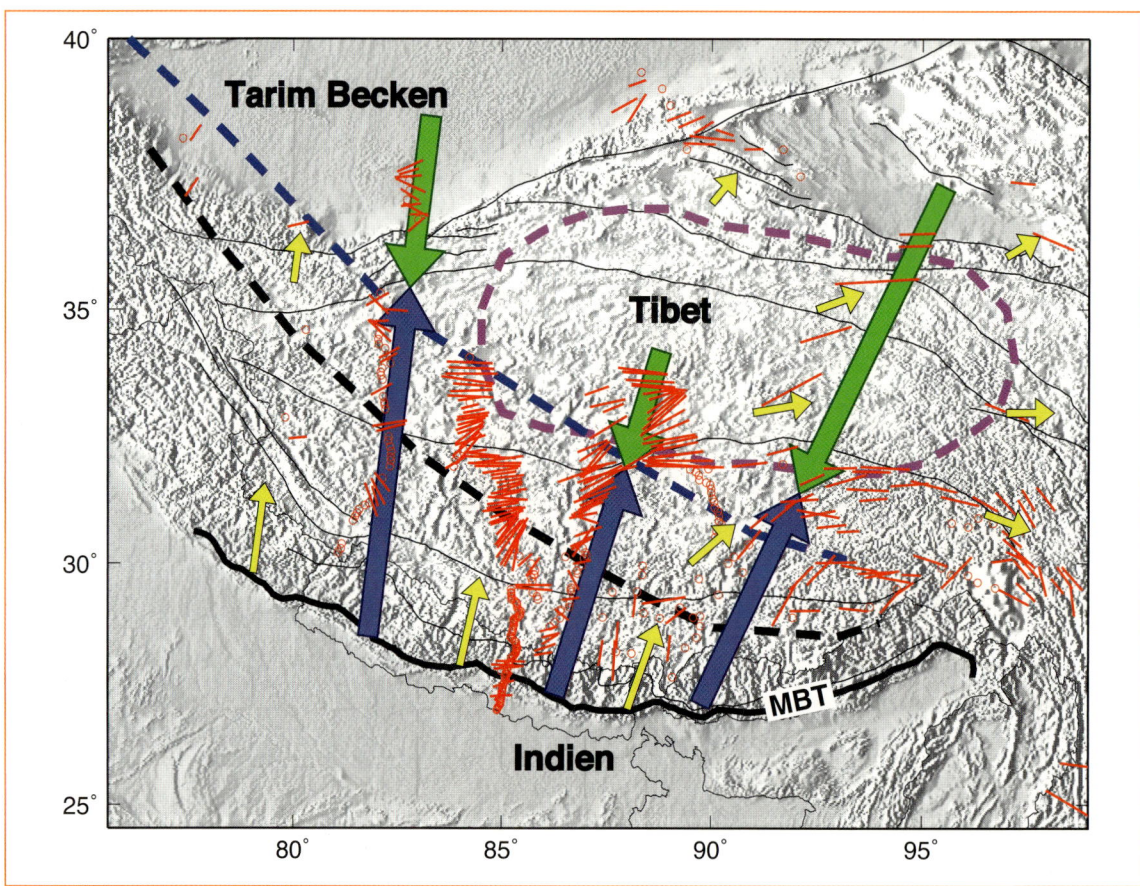

5.19 Die indische Platte taucht kontinuierlich unter Tibet ab. Blaue und grüne Pfeile markieren das weiteste Vordringen der indischen bzw. asiatischen Platte unter Tibet. Die gestrichelte violette Linie bezeichnet ein Gebiet mit reduzierten seismischen Geschwindigkeiten im oberen Mantel, ein Hinweis auf erhöhte Temperaturen. Gestrichelte blaue und rote Linien geben das weiteste Vordringen der indischen Platte unter Tibet an, wie es mit tomographischen Methoden gemessen wurde. Die gelben Pfeile deuten Bewegungsrichtungen der Erdoberfläche an, die mithilfe des GPS gemessen wurden; rote Linien markieren Fließrichtungen im oberen Mantel (in etwa 200 km Tiefe), die mithilfe seismischer Anisotropie gemessen wurden. MBT bezeichnet die geologische Grenze zwischen Indien und Tibet an der Erdoberfläche.

5.19 The Indian plate is continuously descending under Tibet. Blue and green arrows mark the furthest penetration of the Indian respectively Asian plate under Tibet. The dashed violet line marks an area with reduced seismic speeds in the upper mantle, an indication of increased temperatures. Dashed blue and red lines indicate the furthest penetration of the Indian plate under Tibet, as measured using tomographic methods. The yellow arrows indicate the directions of movement of the Earth's surface, measured with the help of GPS; red lines mark the directions of flow in the upper mantle (at a depth of around 200 km), measured with the help of seismic anisotropy. MBT marks the geological boundary between India and Tibet on the surface.

The greatest rock deformations are found along the plate boundary and are limited to a relatively narrow zone with a width of roughly 20 kilometres. Outside this area, the rocks remain virtually unaffected by deformation processes. This narrowly restricted zone forms a mechanical boundary layer. Although devastating earthquakes have occurred in the upper part of this narrow tectonic seam – some of which have been documented since biblical times – it allows the plates to slide past each other relatively undisturbed at depths of over 30 kilometres. Scientists suspect that similarly sharply contoured boundary zones could also occur between other tectonic plates, for example, in the area of the Californian San Andreas fault.

The shear zone was examined using seismological and magnetotelluric experiments and a surprisingly consistent image of the deep crust was obtained. The measured data clearly show the two continental blocks and the shear zone separating them (▶ Fig. 5.22). Even different granites (group 1 and 2) can be clearly distin-

guished from the younger sediments (group 3 to 6). Group 3 are sediments with high brine content.

The Dead Sea itself lies in a basin structure that is below sea level. This deep subsidence is the result of tectonic "rivalry" between the processes in the upper lithosphere that led to subsidence, and the compensating rise of rock in the deeper layers of the lithosphere (▶ Chapter 04).

Thermomechanical modelling has shown that the Earth's brittle crust sinks when the African and Arabian plates slide past each other. This lateral shift thinned the crust in this area and a basin formed. Over a period of 15 million years or so, this basin has filled with a ten kilometre thick sediment layer. Below this, in the upper part of the mantle, the formation of this basin has in turn led to an uplift of ductile hot rock material. These competing tectonic processes determine the basin formation sequence. The sinking and rising rates are controlled by four variables: firstly, by the thickness of the brittle upper crust and by the basin width; secondly, by

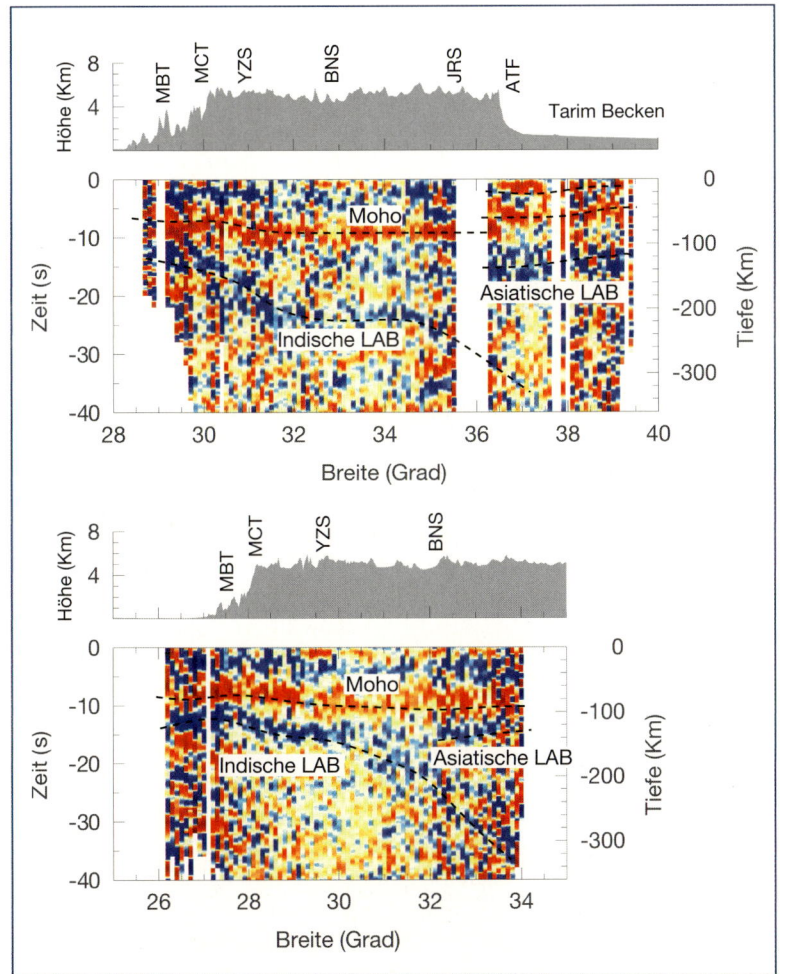

5.20 S receiver function data along two profiles in the Tibetan Plateau. The boundaries between the lithosphere and asthenosphere (LAB) and between the crust and mantle (Moho) are clearly shown.

5.20 S-Receiver-Function-Daten entlang zweier Profile im tibetischen Hochland. Die Grenzen zwischen Lithosphäre und Asthenosphäre (LAB) und zwischen Kruste und Mantel (Moho) sind deutlich abgebildet.

5.21 Lastwagen mit seismischen Anre-
gern, sogenannten Vibratoren, während
der Messkampagne im Gebirge am
Jordan.

5.21 Truck with seismic activators, so-
called vibrators, during the measuring
campaign in the mountains of Jordan.

Kilometer Tiefe zu kartieren. Erst moderne Computer ermöglichten schließlich auch die Auswertung der gewonnenen Datenmengen. Wie bereits erwähnt, wurde mit diesem Verfahren die Herkunft von Hawaii erkundet, und auch die Erkenntnis, warum Indien der schnellste Kontinent der Erdgeschichte war (▶ Kapitel 03), beruht auf der RF-Methode.

Ein interessanter Aspekt ergab sich bei der Untersuchung des Tibet-Plateaus. Bei der Kollision der tektonischen Platten von Indien und Asien markiert nicht der Himalaja die Plattengrenze: diese verläuft unter Tibet und formt so das Hochland. Es ist immer noch unklar, wie weit die indische Platte unter Tibet nach Norden vordringt. Die bessere seismische Abbildung der Strukturen unter Tibet mithilfe von P- und S-Receiver-Function-Daten zeigt, dass sich im äußersten Westen Tibets die asiatische Platte unter die indische Platte schiebt (▶ Abb. 5.19). Im zentralen und östlichen Teil von Tibet ist es umgekehrt; hier schiebt sich die indische Platte weit unter Tibet. Es gibt hier auch Anzeichen für eine Unterschiebung der asiatischen Platte unter das nördliche Tibet. Im zentralen Teil von Tibet werden sehr langsame seismische Geschwindigkeiten im Mantel beobachtet, die auf spezielle Fließeigenschaften des Untergrunds in dieser Region hinweisen. Die entstehenden hohen Drücke und Temperaturen führten zum teilweisen Aufschmelzen im Inneren der neuen Kruste. Im Ergebnis schwimmt die obere Erdkruste regelrecht auf der teilweise geschmolzenen mittleren Kruste (▶ Abb. 5.20), was zu den relativ eintönigen Oberflächenformen des Hochlandes von Tibet führt.

## Tektonischer Konkurrenzkampf am Toten Meer

Wenn jordanische, israelische, palästinensische und deutsche Wissenschaftler ein gemeinsames Forschungsprojekt durchführen, ist das für sich schon eine Nachricht wert. Hantiert dieses Forscherteam obendrein noch mit Sprengstoff im Heiligen Land, ist das recht außergewöhnlich. Dieser Sprengstoff jedoch diente friedlichen Zwecken, nämlich der seismologischen Erkundung des Handlungsorts der Bibel. Dort, wo heute der Jordan fließt, das Tote Meer seine Salzlake ausbreitet und die Arava-Senke sich bis zum Golf von Akaba erstreckt, liegt eine geowissenschaftlich äußerst interessante Bruchnaht: die Dead-Sea-Verwerfung.

Diese Verwerfung zwischen dem türkischen Taurusgebirge im Norden und dem Roten Meer im Süden bildet die Grenze zwischen der arabischen Platte im Osten und der afrikanischen Platte im Westen. Entlang dieser Störungszone schrammen die beiden Platten horizontal aneinander vorbei. Die Scherzone ist erst seit rund 20 Millionen Jahren aktiv, also geologisch sehr jung; sie hat es aber in diesem Zeitraum zu einem relativen Versatz von etwa 105 km gebracht (▶ Abb. 5.22).

Die stärksten Gesteinsverformungen sind entlang der Plattengrenze auf eine relative schmale, nur etwa 20 Kilometern breite Zone beschränkt. Außerhalb dieses Bereichs bleiben die Gesteine von den Deformationsvorgängen nahezu unbeeinflusst. Die eng begrenzte Zone bildet eine mechanische Grenzschicht: Während es im oberen Bereich dieser schmalen tektonischen Naht zu verheerenden Erdbeben kommen kann, die zum Teil seit biblischen Zeiten dokumentiert sind, ermöglicht sie in

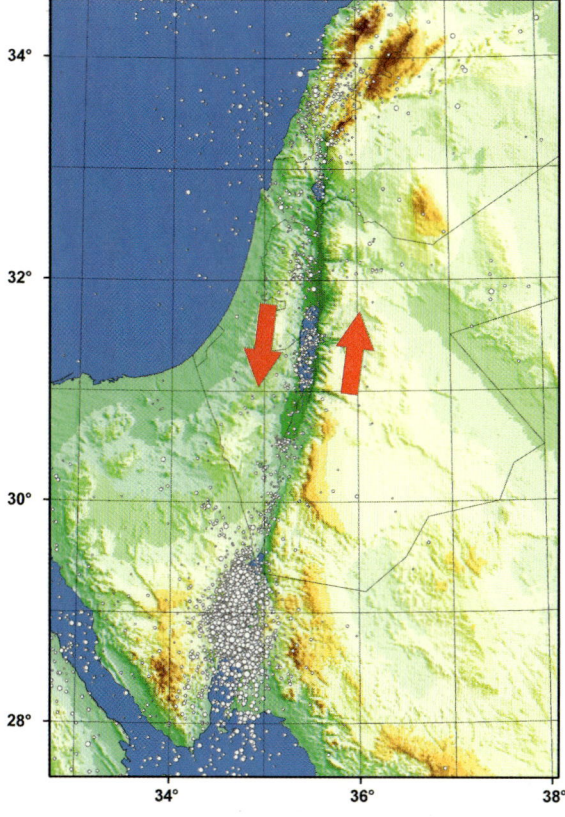

5.22  Shift of the Arabian plate against the African plate; the dots mark earthquake epicentres. On the right, a Roman aqueduct north of the town of Missyaf, Syria, that has been displaced by several earthquakes.

5.22  Verschiebung der arabischen gegen die afrikanische Platte; die Punkte markieren Erdbeben-Epizentren. Rechts ein durch mehrere Erdbeben versetztes römisches Aquädukt in Syrien nördlich der Stadt Missyaf.

the length of the lateral displacement; thirdly, by softening of the crust as a result of friction, and fourthly, by the viscosity of the ductile rock in the upper mantle.

The discovered mechanisms provide an insight into the formation and development of such basins produced in lateral displacements. They therefore represent a natural rock laboratory in which the deformation history of the lithosphere can be studied.

## Geophysical equipment pool: scientific infrastructure for field experiments

Behind all the aforementioned research results lie the usual hard work and a large array of instruments. Geophysical field measurements are extremely important for research into System Earth because they supply data for new information and knowledge of the Earth's interior and the processes that take place there. If geophysicists want to understand structures deep in the Earth's interior, for example, studying processes leading to earthquakes or volcanic eruptions, they cannot take the objects of their research into the laboratory. They are forced to set up their equipment and sensors in situ. Many large tectonic structures cross political borders, so that much research is undertaken in sizeable international projects in which scientists from many nations are involved. Through such co-operation, modern geophysical experiments can be set up in countries that do not have the resources to carry them out on their own. Very different physical variables are measured, such as the electrical conductivity or the propagation speed of elastic waves through subsurface rocks. The scale range extends from a few centimetres for soil investigations, through to thousands of kilometres for investigations into the layered structure of the Earth or the formation of continents.

In addition to observatories and permanent observation networks, temporary experiments form a central part of geophysical research. The Geophysical Instrument Pool in Potsdam (GIPP) stocks a large number of mobile field instruments for these experiments. They are available to teams from universities and other scientific facilities for their own research. The periods of use lie between a few weeks and several years. The pool is

Tiefen von mehr als 30 Kilometern ein relativ ungestörtes Vorbeigleiten der Platten. Die Wissenschaftler vermuten, dass ähnliche scharf konturierte Grenzzonen auch zwischen anderen tektonischen Platten auftreten können, zum Beispiel im Bereich der kalifornischen San-Andreas-Verwerfung.

Die Scherzone wurde mit seismologischen und magnetotellurischen Experimenten untersucht. Es ergab sich ein erstaunlich gut übereinstimmendes Bild der Erdkruste in der Tiefe. Die Messdaten zeigten deutlich die beiden Kontinentblöcke und die sie trennende Scherzone (▶ Abb. 5.22), selbst unterschiedliche Granite (Gruppe 1 und 2) lassen sich deutlich von den jüngeren Sedimenten (Gruppe 3 bis 6) trennen. Gruppe 3 sind Sedimente mit hohem Salzlakengehalt.

Das Tote Meer selbst liegt in einer Beckenstruktur, die sich unter dem Meeresspiegel befindet. Dieses tiefe Absinken ist Resultat eines tektonischen „Konkurrenzkampfes" zwischen den Prozessen in der oberen Lithosphäre, die zum Absinken führen, und dem kompensierenden Aufsteigen von Gestein in den tieferen Schichten der Lithosphäre (▶ Kapitel 04).

Thermomechanische Modellrechnungen konnten zeigen, dass sich die spröde Erdkruste absenkt, wenn die afrikanische und die arabische Platte aneinander vorbeigleiten. Durch diese seitliche Verschiebung wurde die Erdkruste in diesem Bereich ausgedünnt und es entstand ein Becken, das sich im Verlauf von rund 15 Millionen Jahren mit einer zehn Kilometer dicken Sedimentschicht gefüllt hat. Im oberen Teil des darunter liegenden Erdmantels wiederum führt die Herausbildung dieses Beckens zu einem Aufsteigen des plastisch verformbaren, heißen Gesteinsmaterials. Diese konkurrierenden tektonischen Prozesse bestimmen den Ablauf der Beckenbildung, die Abstiegs- oder Aufstiegsraten werden durch vier Größen gesteuert: erstens durch die Dicke der oberen spröde Erdkruste und die Beckenbreite, zweitens durch die Länge der Seitenverschiebung, drittens durch das Aufweichen der Erdkruste infolge der Reibung und viertens durch die Viskosität des verformbaren Gesteins im oberen Erdmantel.

Die entdeckten Mechanismen geben Einblick in die Bildung und Ausgestaltung solcher in Seitenverschiebungen entstehenden Becken, sie stellen daher ein natürliches Gesteinslabor dar, in dem die Verformungsgeschichte der Lithosphäre studiert werden kann.

## Geophysikalischer Gerätepool: wissenschaftliche Infrastruktur für Feldexperimente

Hinter all den genannten Forschungsergebnissen versteckt sich – wie immer – harte Arbeit und eine großes Aufgebot von Instrumenten. Bei der Erforschung des Systems Erde kommt geophysikalischen Feldmessungen eine herausragende Bedeutung zu, denn sie liefern die Daten für die neuen Informationen und Erkenntnisse über das Innere der Erde und die dort stattfindenden Prozesse. Wenn Geophysiker Strukturen tief im Erdinneren verstehen wollen, beispielsweise um die Entstehung von Erdbeben oder Vulkanausbrüchen zu untersuchen, können sie ihre Forschungsgegenstände nicht ins Labor mitnehmen. Sie sind gezwungen, ihre Geräte und Sensoren an Ort und Stelle aufzubauen. Da sich große tektonische Strukturen nicht um politische Grenzen scheren, geschieht dies meistens in großen internationalen Projekten, an denen Wissenschaftler aus vielen Nationen beteiligt sind. In solchen Kooperationen lassen sich moderne geophysikalische Experimente auch in Ländern bewerkstelligen, die das aus eigener Kraft nicht könnten. Gemessen werden ganz unterschiedliche physikalische Größen wie der elektrische Widerstand oder die Ausbreitungsgeschwindigkeit elastischer Wellen der Gesteine im Untergrund. Der Skalenbereich reicht von einigen Zentimetern, beispielsweise bei Bodenuntersuchungen, bis hin zu Tausenden von Kilometern bei Untersuchungen des Schalenaufbaus der Erde oder des Entstehens der Kontinente.

Neben Observatorien und permanenten Beobachtungsnetzen bilden die temporären Experimente einen zentralen Bestandteil der geophysikalischen Forschungstätigkeit. Für diese Experimente hält der Geophysikalische Instrumentenpool Potsdam (GIPP) eine große Zahl mobiler Feldinstrumente vor, die den Arbeitsgruppen an Universitäten und anderen wissenschaftlichen Einrichtungen für ihre eigene Forschung zur Verfügung stehen. Die Einsatzzeiten liegen zwischen wenigen Wochen und mehreren Jahren. Innerhalb des Pools gibt es drei Komponenten: Die seismologische Komponente umfasst Breitband-Seismometer und kurzperiodische Geophone für die Beobachtung von Erdbebensignalen (Seismologie) und künstlichen Quellen (Seismik) sowie Datenrekorder; die Magnetotellurik-Komponente besteht aus Sensoren zum Aufzeichnen von zeitlich variierenden magnetischen und elektrischen Feldern sowie den entsprechenden Registriergeräten; die dritte Komponente (Deutscher Geräte-Pool für amphibische Seismologie, DEPAS) beinhaltet seismologische Geräte für amphibische Einsätze. Die marinen

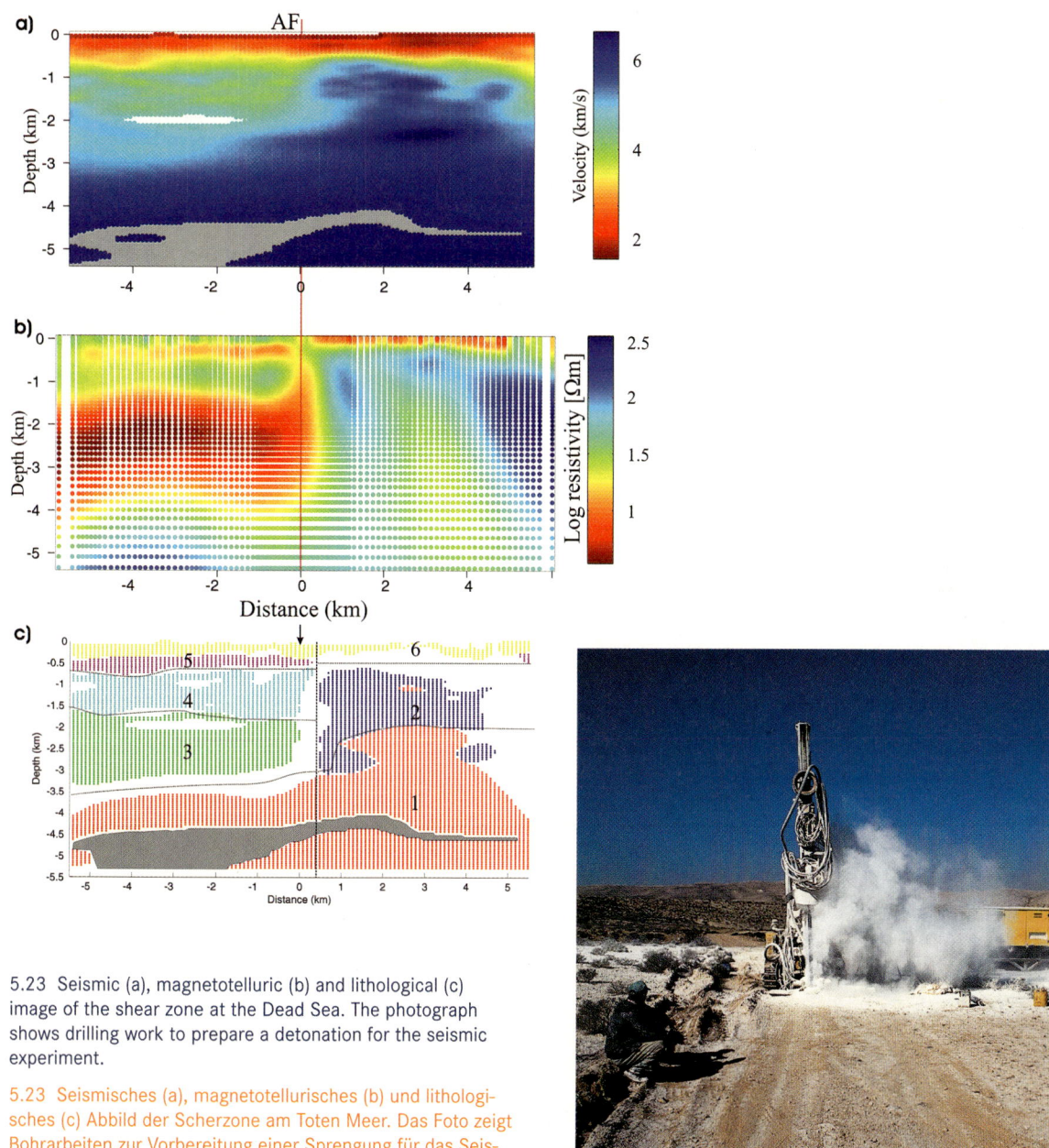

5.23 Seismic (a), magnetotelluric (b) and lithological (c) image of the shear zone at the Dead Sea. The photograph shows drilling work to prepare a detonation for the seismic experiment.

5.23 Seismisches (a), magnetotellurisches (b) und lithologisches (c) Abbild der Scherzone am Toten Meer. Das Foto zeigt Bohrarbeiten zur Vorbereitung einer Sprengung für das Seismik-Experiment.

divided into three sections: the seismological section includes broadband seismometers and short-period geophones for the observation of earthquake signals (seismology), artificial sources (seismics) and data recorders. The magnetotelluric section includes sensors for recording magnetic and electrical fields that vary over time, and the corresponding recorders. The third section (German Pool for Amphibian Seismology, DEPAS) includes seismological equipment for amphibian uses. Marine equipment (ocean-floor seismometers and hydrophones) is maintained by the Alfred-Wegener Institute in Bremerhaven, the terrestrial equipment at the GIPP. After the American IRIS/PASSCAL pool, the GIPP is the second largest seismological pool in the world and its magnetotelluric section is unique worldwide.

Geräte (Ozeanbodenseismometer und -hydrophone) werden vom Alfred-Wegener-Institut in Bremerhaven betreut, die Landgeräte am GIPP. Der GIPP ist nach dem US-amerikanischen IRIS/PASSCAL-Pool der zweitgrößte seismologische Pool; die Magnetotellurik-Komponente ist weltweit einmalig.

## Ausblick

Erdbeben und Vulkanismus sind alltägliche Erscheinungen im System Erde. Für uns Menschen bedeuten sie manchmal eine Bedrohung oder sogar eine Katastrophe. Wie alle Naturgefahren lassen sie sich nicht abstellen oder ignorieren. Allerdings kann man sich auf ihr Eintreten vorbereiten, um materielle Schäden zu minimieren und die Betroffenen soweit wie möglich vor ihnen zu schützen. Trotzdem wird die Menschheit während ihrer Anwesenheit auf diesem Planeten immer mit diesen Phänomenen zu kämpfen haben. Das entlässt die Verantwortlichen in Politik, Verwaltung und Gesellschaft nicht aus ihrer Pflicht zum Handeln – wenn möglich bevor, und nicht erst nachdem ein Schaden eingetreten ist. Die Erforschung dieser Naturgefahren ist aber nicht nur notwendig, um ihre Risiken minimieren zu können. Erdbeben und Vulkanismus sind zugleich Fenster in das Erdinnere. Den Aufbau des Erdkörpers kennen wir aus Analysen von Erdbeben, und Vulkane fördern Gestein aus Tiefen ans Tageslicht, die für uns nicht zugänglich sind. Durch diese Naturereignisse gibt die Erde zugleich Auskunft über sich selbst.

5.24  Deploying seismometers during an experiment in South Africa.

5.24  Auslage von Seismometern während einer Expedition in Südafrika.

## Outlook

Earthquakes and volcanism are everyday phenomena in System Earth. For us humans they are sometimes a threat or even a disaster. Like all natural hazards, they cannot be stopped or ignored. However, we can prepare for their occurrence and thus minimise material damage and, as far as possible, protect persons affected by them. Nevertheless, humankind will always have to deal with these phenomena during its presence on this planet. This does not relieve the persons responsible in politics, administrations and society of their duty to act, beforehand if possible, and not simply after the damage has occurred. Research into these natural hazards is necessary not only to minimise their risks, earthquakes and volcanism are also windows into the Earth's interior. We know the structure of the Earth from analyses of earthquakes, and volcanoes transport rock to the surface from depths that are inaccessible to us. Through these natural events, the Earth is also providing information about itself.

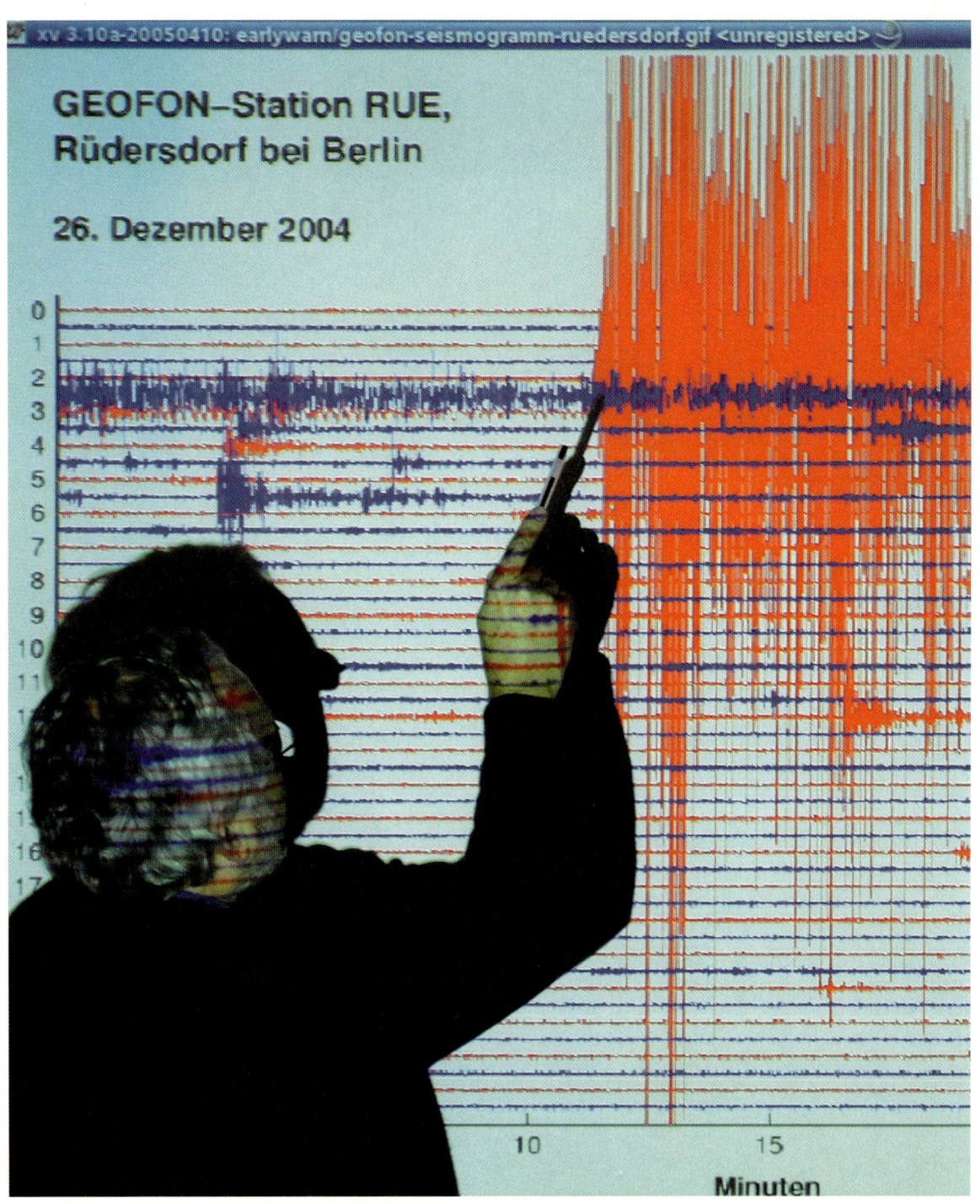

6.1 Seismologische Aufzeichnung des „Tsunami-Erdbebens" vom 26. Dezember 2004 an der GEOFON-Station Berlin-Rüdersdorf.

6.1 Seismological recording of the "tsunami earthquake" on 26 December 2004 at the GEOFON station in Berlin-Rüdersdorf, Germany.

## Kapitel 06
# Ein Tsunami-Frühwarn-system für den Indischen Ozean

## Chapter 06
# A Tsunami Early Warning System for the Indian Ocean

Der zweite Weihnachtstag 2004 begann für viele Menschen in aller Welt mit einer Katastrophennachricht: Ein äußerst starkes Erdbeben hatte Indonesien heimgesucht und offenbar auch einen Tsunami verursacht. Sehr schnell stellte sich das wahre Ausmaß der Katastrophe heraus, zu diesem Zeitpunkt hatten bereits eine Viertelmillion Menschen ihr Leben verloren. Dieser verheerende Tsunami im Indischen Ozean wurde von dem drittstärksten Erdbeben der letzten hundert Jahre mit der Magnitude 9,3 vor der Küste Nordsumatras ausgelöst. Im Verlauf des Bebens riss innerhalb von sieben bis acht Minuten der Meeresboden über eine Strecke von 1200 Kilometern – das entspricht der Entfernung Berlin-Rom. Der vertikale Versatz am Meeresboden betrug bis zu zehn Metern.

Die ersten Meldungen über den Ort und die ungefähre Stärke dieses verheerenden Erdbebens wurden nach etwa zwölf Minuten von verschiedenen Organisationen automatisch im Internet veröffentlicht. Zu diesem Zeitpunkt hatte der Tsunami noch nicht die Küste Sumatras erreicht. Rund zwanzig Minuten nach Beginn der Erdstöße trafen die ersten Tsunami-Wellen auf die Nordwestküste der Insel und verwüsteten die Stadt Banda Aceh vollständig, allein in Indonesien starben etwa 170 000 Menschen. Der Tsunami breitete sich weiter aus und erreichte nach anderthalb Stunden Thailand, zerstörte nach zwei Stunden die Küste Sri Lankas, verwüstete die Küsten Indiens nach zweieinhalb Stunden, wanderte weiter nach Westen und erreichte schließlich die Ostküste Afrikas. Auch dort starben, rund acht Stunden nach dem Erdbeben, noch Hunderte von Menschen.

Zwar war dieses gewaltige tektonische Ereignis von allen seismologischen Netzen auf der Erde erfasst worden, es bestand aber keine Möglichkeit der Warnung, da für den Indischen Ozean kein Tsunami-Frühwarnsystem existierte. In keinem der Anrainerstaaten konnten verlässliche Meldungen an die zuständigen Stellen weitergeleitet werden; und wo Meldungen eingingen, konnte nicht gehandelt werden, weil kein Staat am Indischen Ozean auf eine solche Katastrophe vorbereitet war. Es gab weder Handlungsoptionen für Notfälle, noch Alarmpläne oder gar Evakuierungspläne.

Dabei ist das tektonische Risiko der Region lange bekannt. Selten hat sich aber die Feststellung so sehr bewahrheitet, dass man Erdbeben nicht verhindern, wohl aber sich auf sie vorbereiten kann.

## Die Ursache

Wie kam es zu dem verheerenden Tsunami? Wir wissen, dass ungefähr 90 Prozent der großen Tsunami durch starke untermeerische Erdbeben, oft auch Seebeben genannt, verursacht werden, die an den Kollisionszonen zwischen Ozeanplatten und Kontinenten entstehen (▶ Abb. 6.2). Die restlichen zehn Prozent entstehen durch Vulkanausbrüche oder untermeerische Hangrutschungen. Die meisten Tsunami treten im Pazifik auf, der von seismischen Risikozonen umgeben ist, dem bereits erwähnten „Feuerring". Aber auch im Indischen Ozean und im Mittelmeer existieren derartige Kollisionszonen. Im Indischen Ozean (▶ Abb. 6.3) ist dies vor allem der Sunda-Bogen, an dem die indisch-australische Platte mit einer Geschwindigkeit von sechs bis sieben Zentimetern pro Jahr unter die eurasische Platte subduziert wird. Der Sunda-Bogen erstreckt sich exakt parallel zu den Küsten Indonesiens im Indischen Ozean. Mit einer Länge von 6000 Kilometern gehört er zu den aktivsten Plattengrenzen der Erde, insbesondere die Subduktionszone im eigentlichen Sunda-Graben vor Indonesien birgt ein starkes Erdbebenrisiko. Eine andere, wenn auch viel kleinere Subduktionszone liegt im Golf von Makran im Nordwesten des Indischen Ozeans, am Eingang des Persisch-Arabischen Golfs.

Doch nicht jedes starke Seebeben löst einen Tsunami aus, vielmehr muss es zu einer starken Vertikalbewegung des Ozeanbodens führen (▶ Abb. 6.4). Erst dadurch wird Energie in die Wassersäule übertragen, die eine Aufwölbung der Ozeanoberfläche bewirkt. Diese initiale „Welle" beginnt dann, angetrieben durch die Schwerkraft, durch den Ozean zu laufen. Die Geschwindigkeit der Welle wird bestimmt durch die Wassertiefe und liegt in 6000 Meter tiefem Wasser bei etwa 800 km/h. Dabei beträgt im tiefen Wasser der Wellenabstand etwa 200 Kilometer, wobei die Wellenhöhe nur wenige Zentimeter bis Dezimeter misst. Im Falle des Tsunami im Indischen Ozean wurde über Satelliten-Altimetrie südlich von Sri Lanka eine maximale Höhe von 60 Zentimetern gemessen. Ihre zerstörerische Kraft entwickelt eine Tsunami-Welle erst im flachen Wasser und beim Auflaufen auf die Küste, wo sie viel langsamer, dafür aber höher wird. In der Stadt Banda Aceh im Norden Sumatras erreichten die 2004 auflaufenden Wellen am Ufer („Run up") Höhen von über 20 Metern.

## Schneller reagieren: ein neues Warnsystem bei Tsunami

Bereits während die ersten Katastrophenmeldungen einliefen, wurde klar, dass die hohe Opferzahl vor allem dadurch verursacht wurde, dass es im Indischen Ozean kein Frühwarnsystem für Tsunami gab, wie es im Pazifik

For many people all over the world, Boxing Day 2004 began with news of a disaster. An extremely strong earthquake off the coast of North Sumatra had struck Indonesia and apparently also caused a tsunami. The true extent of the disaster very quickly became clear: a quarter of a million people had already lost their lives. This devastating tsunami in the Indian Ocean was initiated by the third strongest earthquake of the last hundred years, which had a magnitude of 9.3. Within seven to eight minutes, the sea floor ruptured over a length of 1200 kilometres, which is equivalent to the distance from Berlin to Rome. The vertical displacement of the sea floor was as much as ten metres in some places.

Within about twelve minutes, initial reports on the location and approximate strength of this devastating earthquake were automatically published on the internet by various organisations. However, at this time, the tsunami had not yet reached the coast of Sumatra. Around twenty minutes after the start of the earth tremors, the first tsunami waves struck the north-west coast of the island and completely devastated the town of Banda Aceh. Around 170 000 people died in Indonesia alone. The tsunami continued to propagate and, after one and a half hours, it reached Thailand. After two hours, it destroyed the coast of Sri Lanka, and after two

and a half hours, it ravaged the coasts of India. It then travelled further west and finally reached the east coast of Africa around eight hours after the earthquake. Hundreds of people died there too.

This massive tectonic event was recorded by all seismic networks on Earth. However, there was no possibility of issuing a warning because there was no tsunami early warning system in place for the Indian Ocean. None of the bordering countries was able to forward reliable reports to the responsible bodies. Where reports did arrive, no action could be taken because none of the countries in the Indian Ocean was prepared for such a disaster. There were no action plans for emergencies, no alarm plans and no evacuation plans.

Yet, the region has long since known of the tectonic risk. Rarely has an event demonstrated the truth of the statement that we cannot prevent earthquakes, but we can prepare for them.

## The cause

What caused the devastating tsunami? We know that approximately 90 percent of the major tsunami are

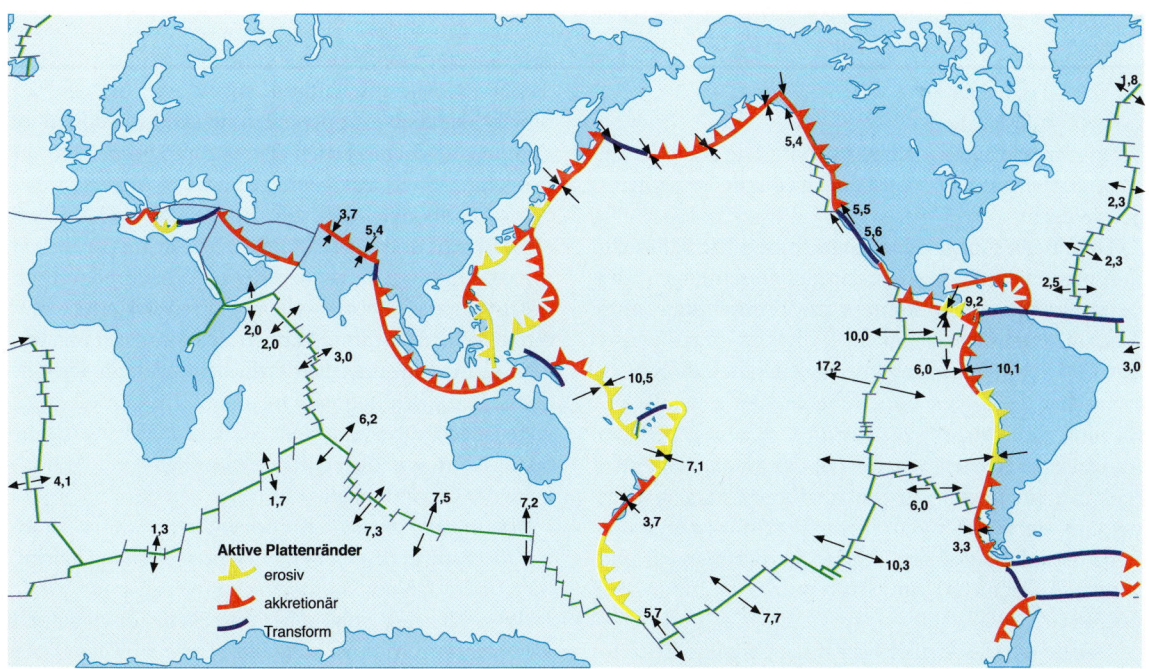

6.2 Global tectonic map showing the large plates, the spreading zones (green) located in the oceans and the collision zones (yellow, red and blue).

6.2 Globale tektonische Karte mit den Großplatten, den in den Ozeanen liegenden Spreizungszonen (grün) und den Kollisionsstrukturen (gelb, rot und blau).

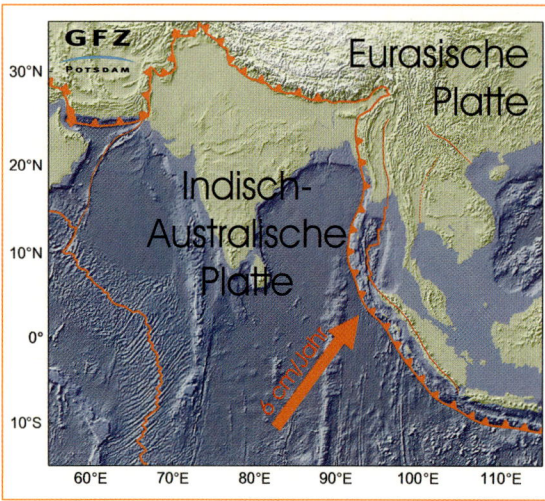

6.3 Tektonische Situation im Indischen Ozean. Die indisch-australische Platte wird mit einer Durchschnittsgeschwindigkeit von 6 cm/Jahr unter die eurasische Platte subduziert. Dadurch hatte sich vor 2004 über lange Zeit eine starke Spannung in der aufliegenden eurasischen Platte aufgebaut, deren Energie sich in dem Erdbeben und nachfolgenden Tsunami am 26. Dezember 2004 entlud.

6.3  Tectonic situation in the Indian Ocean. The Indo-Australian plate is subducted under the Eurasian plate at an average speed of 6 cm/year. As a result, large stresses had built up in the overlying Eurasian plate over a long period of time prior to 2004. These stresses discharged their energy in the earthquake and the subsequent tsunami on 26 December 2004.

bereits seit den 1960er Jahren existiert. Die Tragödie hat diesen unhaltbaren Zustand auf drastische Weise deutlich gemacht.

Unmittelbar nach dieser Katastrophe hat daher ein Konsortium deutscher Forschungseinrichtungen der Bundesregierung ein Konzept zur Einrichtung eines Tsunami-Frühwarnsystems im Indischen Ozean vorgelegt. Die Bundesregierung übertrug der Helmholtz-Gemeinschaft Deutscher Forschungszentren unter Federführung des Potsdamer Zentrums die Aufgabe zum Aufbau eines solchen Systems, das den Namen GITEWS (German Indonesian Tsunami Early Warning System) trägt. Es wurde bereits im Januar 2005 im japanischen Kobe der internationalen Öffentlichkeit vorgestellt und wird seit März 2005 mit Schwerpunkt in Indonesien umgesetzt.

Dabei verbot sich die Übernahme bereits existierender Warnsysteme in diese Region unmittelbar aus der tektonischen Situation: Die besondere Herausforderung im Falle von Indonesien liegt darin, dass sich die Erdbenzone weitgehend parallel und in dichtem Abstand zur Küste des Landes über mehrere tausend Kilometern

erstreckt. Die Laufzeiten eines Tsunami von seinem Entstehungsort bis zur indonesischen Küste liegen hier zwischen 20 und 40 Minuten. Daraus folgt, dass die ersten Informationen spätestens nach fünf bis zehn Minuten vorliegen müssen, weil sonst keinerlei Chance einer Reaktion der Bevölkerung gegeben ist. Diese extrem kurze Vorwarnzeit erforderte ein völlig neues Konzept und bestimmt die Randbedingungen für die technische und geographische Auslegung eines Tsunami-Frühwarnsystems. Das muss nicht nur schnell sein, sondern in der frühen Phase des Warnprozesses mit wenigen Informationen und Messwerten auskommen, die zudem teilweise mit großen Unsicherheiten behaftet sein können.

Das Konzept des GITEWS-Systems beruht daher einerseits auf einem dichten Sensornetzwerken nahe der Gefährdungsquelle, in diesem Fall dem Sunda-Bogen. Zum anderen nutzt es möglichst viele unterschiedliche Messmethoden, um in kurzer Zeit voneinander unabhängige Informationen über die Gefährdung zu erhalten, wodurch die hohen Unsicherheiten der Einzelmesswerte an verschiedenen Sensorsystemen ausgeglichen werden. Diese Konzeption wurde konsequent umgesetzt und ist im Folgenden beschrieben.

## Die Komponenten des GITEWS

Aus den oben skizzierten Gründen fasst das von Potsdamer Geowissenschaftlern entwickelte System sehr unterschiedliche Komponenten und Messverfahren zusammen, aus deren Daten eine Warnung generiert werden kann. Die Komponenten sind im Einzelnen:

*Erdbebenmonitoring* zur schnellen Lokalisierung eines Bebens und Feststellung der Stärke. Das Erdbebenmonitoring-System ist der Kern des gesamten Frühwarnsystems. Erdbebenwellen pflanzen sich sehr schnell durch die Erde fort und können als erstes gemessen werden. Aus den gemessenen Erdbebenwellen an verschiedenen Stationen können Ort und Stärke des Bebens als erste Information berechnet werden. Die Warnung dieses Systems löst die weitere Erfassungs- und Aktionskette des Gesamtsystems aus.

*Monitoring der co-seismischen Deformation.* Parallel zur Messung der Erdbeben mit einem Netz von Seismometern erfolgt ein Monitoring von Verschiebungen der Erdoberfläche als Folge eines Erdbebens (co-seismische Deformation) mithilfe von GPS-Stationen. Diese Daten liefern bereits wenige Minuten nach dem Erdbeben wertvolle Informationen über die Ausbreitung des Erdbebenbruchs, der für die Tsunami-Modellierung von entscheidender Bedeutung ist. Für die Verarbeitung der GPS-Daten im Warnzentrum wurde ein Prozessierungs-

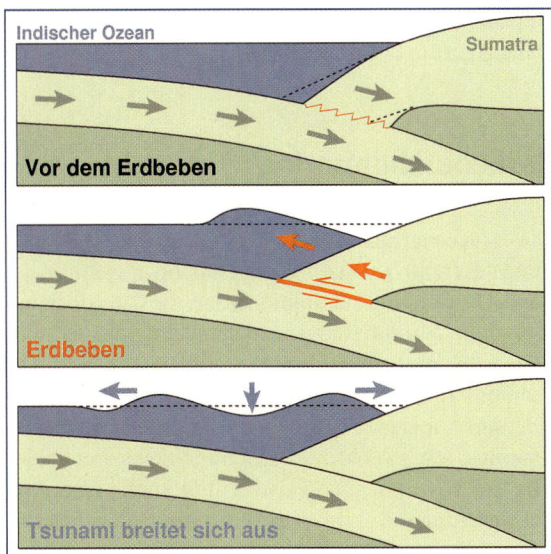

Indischer Ozean

Sumatra

**Vor dem Erdbeben**

Erdbeben

Tsunami breitet sich aus

6.4  Schematic diagram of tsunami activation by a strong earthquake with the build-up of stresses (top), the subsequent release of these stresses in the form of an earthquake (middle) and the resulting tsunami (bottom).

6.4  Schematische Darstellung der Tsunami-Anregung durch ein starkes Erdbeben mit dem Aufbau der Spannung (oberes Bild), dem nachfolgenden Abbau in Form eines Erdbebens (mittleres Bild) und dem erzeugten Tsunami (unteres Bild).

caused by undersea earthquakes, also known as seaquakes, which occur in the collision zones between ocean plates and continents (▶ Fig. 6.2). The remaining ten percent are caused by volcanic eruptions or undersea landslides. Most tsunami occur in the Pacific, which is surrounded by seismic risk zones, the previously mentioned "Ring of Fire". However, such collision zones also exist in the Indian Ocean and in the Mediterranean. In the Indian Ocean (▶ Fig. 6.3), this is mainly the Sunda Arc, where the Indo-Australian plate is subducted under the Eurasian plate at a speed of six to seven centimetres per year. The Sunda Arc runs exactly parallel to the coasts of Indonesia in the Indian Ocean. With a length of 6000 kilometres, it is one of the most active plate boundaries on Earth. The subduction zone in the Sunda Trench off Indonesia is associated with a particularly strong earthquake risk. Another, much smaller, subduction zone is located in the Gulf of Makran in the northwest of the Indian Ocean, at the entrance to the Persian-Arabian Gulf.

However, not every strong seaquake triggers a tsunami – the earthquake must cause a large vertical movement of the ocean floor (▶ Fig. 6.4). Only then is energy transferred to the water column, which pushes up the ocean surface, causing it to swell. This initial "wave",

driven by gravity, starts to move through the ocean. The speed of the wave is determined by the depth of the water and is around 800 km/h in water 6000 metres deep. In deep water, the wavelength is around 200 kilometres, whereas the wave height is only a few centimetres or decimetres. In the case of the tsunami in the Indian Ocean, satellite altimeters south of Sri Lanka measured a maximum height of 60 centimetres. A tsunami wave does not develop its destructive force until it reaches shallow water and runs onto the coast, where it becomes not only much slower, but also much higher. In 2004, the waves running onto the shore near the town of Banda Aceh in the north of Sumatra reached run-up heights of over 20 metres.

# Faster response: a new warning system for tsunami

Even as the first disaster reports arrived, the reason for such a large number of lives being lost became clear: there was no early warning system for tsunami in the Indian Ocean, as there has been in the Pacific since the 1960s. The tragedy made this untenable situation clear in a drastic way.

Immediately after this disaster, a consortium of German research institutions submitted a plan to the German Federal Government that proposed a tsunami early warning system in the Indian Ocean. The Government assigned the task of setting up such a system, called GITEWS (German Indonesian Tsunami Early Warning System), to the Helmholtz Association of German Research Centres, with the Potsdam centre in overall charge. In January 2005, the system was presented to the international public in the Japanese city of Kobe, and its implementation was started in March 2005, with the main focus in Indonesia.

The tectonic situation directly ruled out the inclusion of existing warning systems in this region. The special challenge in the case of Indonesia stems from the fact that the earthquake zone is not only largely parallel and close to the coast of the country, but it also extends over several thousands of kilometres. The travel times of a tsunami from its source to the Indonesian coast lie between 20 and 40 minutes. This means that initial information has to be available after five to ten minutes at the latest, otherwise the population has no chance to react. This extremely short early warning time required a completely new concept and defined the boundary conditions for the technical and geographical design of a tsunami early warning system. It not only has to be

system entwickelt, das nahezu in Echtzeit arbeitet. Es ist die erste Integration von GPS-basierter Technologie in ein Tsunami-Frühwarnsystem weltweit.

*Detektion und Quantifizierung eines möglichen Tsunami mit ozeanographischen Methoden.* Nicht jedes Erdbeben löst einen Tsunami aus. Um Fehlalarme, die bei bloßer Berücksichtigung der seismischen Aktivität unvermeidlich wären, weitgehend auszuschließen, muss die Welle ozeanographisch nachgewiesen werden. Das geschieht durch Druckpegel am Ozeanboden und speziell ausgerüstete GPS-Bojen, die an strategisch wichtigen Stellen ausgebracht werden. Unterstützt werden diese Messungen durch Beobachtungen von Küstenpegeln, die im Falle Indonesiens auf den Inseln vor Sumatra installiert werden.

*Modellierung/Simulation eines Tsunami.* Informationen über Ankunftszeiten eines Tsunami an betroffenen Küstenabschnitten und zu erwartende Wellenhöhen können aus Modellrechnungen gewonnen werden. Aus den Simulationen werden darüber hinaus detaillierte Informationen über das mögliche Schadenspotenzial des Tsunami und örtliche Unterschiede in der Wirkung abgeleitet, um entsprechende Warnungen in die Warnkette einspeisen zu können.

*Daten- und Frühwarnzentrum.* Alle Daten laufen in Echtzeit in nationalen bzw. lokalen Datenzentren zusammen, in denen die Auswertung und Bewertung der Daten sowie die Simulation erfolgt. Auf der Basis der einlaufenden Daten und Simulationsergebnisse löst das Datenzentrum die Warnung aus.

## Erdbebenmonitoring

Die erdbebengefährdete Zone, von der die Hauptbedrohung des Indischen Ozeans mit Tsunami ausgeht, ist der Sunda-Bogen, eine Subduktionszone, die sich von Bangladesch im Norden weitgehend parallel zur Küste Indonesiens bis nach Neuguinea hinzieht (▶ Abb. 6.2). Die Positionierung der Seismometer und der Aufbau des Netzwerks folgen der Forderung, dass ein Erdbeben innerhalb von zwei Minuten an mindestens drei Stationen des Netzes registriert wird und somit eine erste Lokalisierung sehr schnell erfolgen kann – unabhängig davon, an welcher Stelle des Sunda-Bogens es auftritt. Dabei wird die Lokalisierung und Magnitudenbestimmung im Laufe der folgenden Minuten durch die Einbeziehung weiterer Stationen immer sicherer und präziser. Kernstück des Systems ist die neu entwickelte Auswertesoftware SeisComp3, die speziell für Belange eines Frühwarnsystems ausgelegt wurde. Die Realisierung des Erdbebenmonitoring-Systems in Indonesien erfolgte in enger Kooperation mit indonesischen, japanischen und chinesischen Partnern. Mittlerweile sind über 150 seismische Stationen in Indonesien aufgebaut (▶ Abb. 6.5).

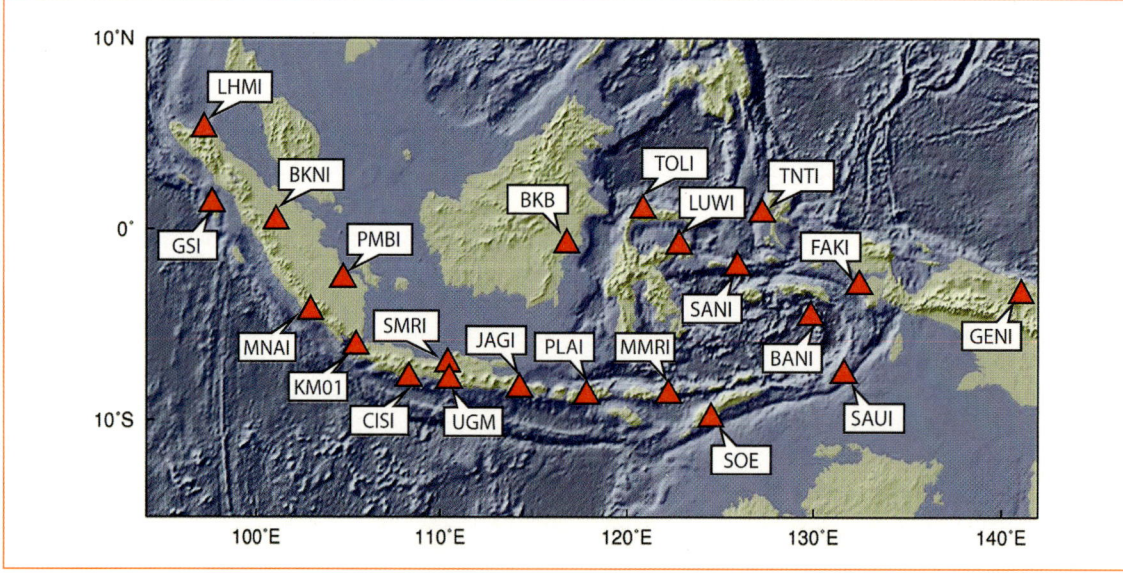

6.5  Verteilung von GITEWS-Seismometern in Indonesien. Die Bezeichnungen sind die Stationsnamen im internationalen, globalen Netzwerk von seismischen Stationen, in das auch die Stationen in Indonesien eingebunden sind.

6.5  Distribution of GITEWS seismometers in Indonesia. The designations are the station names used in the international, global network of seismic stations, which also includes the stations in Indonesia.

fast, but also has to make do with limited amounts of information and measured values during the early phase, and these in turn can be associated with large uncertainties.

On the one hand, the concept of the GITEWS system is thus based on a dense network of sensors located close to the source of the hazard, in this case the Sunda Arc. On the other hand, it utilises as many different methods of measurement as possible in order to obtain rapid and independent information on the hazard. In this way, the high degrees of uncertainty associated with the individual measured values are compensated by the other sensor systems. This concept was consistently implemented and is described below.

# Components of the GITEWS

For the reasons outlined above, the system developed by the Potsdam geoscientists combines very different components and methods of measurement that provide data that can be used as the basis for issuing a warning. The individual components are:

*Earthquake monitoring* for fast localisation of an earthquake and determination of its strength. The earthquake monitoring system is the core of the whole early warning system. Earthquake waves propagate through the Earth very quickly and are the first parameter that can be measured. From the earthquake waves measured at various stations, the location and strength of the earthquake can be calculated as initial information. A warning from this system triggers further recording and the action chain of the whole system.

*Monitoring co-seismic deformation.* Parallel to measuring the earthquake with a network of seismometers, GPS stations also monitor displacements in the Earth's surface resulting from an earthquake (co-seismic deformation). This data provides valuable information on propagation of the earthquake fracture only a few minutes after the earthquake. This information is of decisive importance for tsunami modelling. A system has been developed for processing GPS data in the warning centre, which operates almost in real time. It is the first time that GPS-based technology has been integrated into a tsunami early warning system.

*Detection and quantification of a possible tsunami using oceanographic methods.* Not every earthquake triggers a tsunami. To prevent false alarms, which would be unavoidable if seismic activity alone were to be considered, the wave must be oceanographically verified. This is achieved using pressure gauges installed on the ocean floor and specially equipped GPS buoys that are anchored at strategically important locations. These measurements are supported by observations of coastal gauges, which in the case of Indonesia, are installed on islands off Sumatra.

*Modelling/simulation of a tsunami.* Information about the arrival times of a tsunami, the coastal sections affected, and the expected wave heights can be acquired from model calculations. In addition, detailed information about the possible damage potential of the tsunami and local differences in the resulting effects are deduced from the simulations. This enables appropriate warnings to be fed into the warning chain.

*Data and early warning centres.* All data is gathered in real time in national or local data centres that analyse and evaluate the arriving data and then perform simulations. The data centre issues a warning on the basis of the arriving data and simulation results.

## Earthquake monitoring

The Sunda Arc is an earthquake-endangered zone that is capable of generating tsunami which are the main threat to the islands and coastal regions of the Indian Ocean. Starting from Bangladesh in the north, this subduction zone runs largely parallel to the coast of Indonesia and ends near New Guinea (▶ Fig. 6.2). The positioning of seismometers and the setup of the network ensure that an earthquake is registered by at least three stations within two minutes. This enables rapid localisation, regardless of where the earthquake occurs in the Sunda Arc. By incorporating data from further stations, localisation and determination of the magnitude become increasingly accurate and precise during the following minutes. The heart of the system is the newly developed *SeisComp3* analysis software, which was specially designed for the needs of an early warning system. The earthquake monitoring system in Indonesia was installed in close cooperation with Indonesian, Japanese and Chinese partners. More than 150 seismic stations have now been set up in Indonesia (▶ Fig. 6.5). The seismic part of the early warning system has been in service in Jakarta since mid-2007. Around 300 international earthquake stations in the Indian Ocean are connected by means of satellite communication. This system enables an earthquake to be localised and its magnitude calculated within only three to four minutes, which is a prerequisite for an efficient early warning system. It also provides initial indications of a possible tsunami. The whole GITEWS workflow is triggered by the initial reports from the seismic system.

Seit Mitte 2007 ist der seismische Teil des Frühwarnzentrums in Jakarta in Betrieb, per Satellitenkommunikation sind rund 300 internationale Erdbebenstationen in der Region des Indischen Ozeans angeschlossen. Mit diesem System kann ein Erdbeben innerhalb von nur drei bis vier Minuten lokalisiert und seine Magnitude berechnet werden. Dies ist die Voraussetzung für ein funktionierendes Frühwarnsystem und ergibt die ersten Hinweise auf einen möglichen Tsunami. Der gesamte Ablaufprozess von GITEWS wird durch die ersten Meldungen des seismischen Systems ausgelöst.

## Deformationsmonitoring

Ein im Vergleich zu bereits existierenden Frühwarnsystemen völlig neuer Ansatz ist der Einsatz von GPS in GITEWS zur Überwachung der co-seismischen Deformation. Aus nachträglichen Auswertungen der Aufzeichnungen von GPS-Stationen während des Sumatra-Bebens 2004 ist bekannt, dass co-seismische Deformationen, also Verschiebungen bis zu zehn Metern horizontal und drei Meter vertikal, aufgetreten sind. Selbst im indischen Bangalore wurden noch Verschiebungen im Zentimeterbereich als Folge des Erdbebens festgestellt. Die gemessenen GPS-Vektoren geben bereits kurz nach einem starken Erdbeben die wichtige Information über die Richtung des Erdbebenbruchs. Aus der Seismologie allein ergibt sich in den ersten fünf bis zehn Minuten lediglich die Lage des Epizentrums und die Magnitude, aber noch keine fundierten Informationen über die Geometrie des Erdbebens, beispielsweise die Richtung der Bruchausbreitung, die Größe der Bruchfläche und die Frage, welchen horizontalen und/oder vertikalen Versatz das Erdbeben erzeugt. Daher stellt die GPS-Datenanalyse eine ideale Ergänzung der seismischen Methoden für das Frühwarnverfahren dar. Die Geometrie des Erdbebenbruchs ist von entscheidender Bedeutung für die Tsunami-Simulation und für den Entscheidungsprozess zur Auswahl eines geeigneten Lagebildes (siehe weiter unten die Abschnitte zur Tsunami-Modellierung). Zur Realisierung eines GPS-Monitorings entlang der Küste Indonesiens zum Indischen Ozean wurde ein Referenznetz von GPS-Stationen etabliert, die gemeinsam mit seismischen Stationen – über ganz Indonesien verteilt – aufgebaut wurden. In dieses Referenznetz sind GPS-Stationen entlang der Küstenlinie und auf den Sumatra vorgelagerten Inseln eingebunden (▶ Abb. 6.6). Teilweise befinden sich diese GPS-Stationen auf den Küstenpegeln. Die erforderliche Genauigkeit von einigen Zentimetern wird durch die gleichzeitig Prozessierung der GPS-Stationen in der Nähe eines

stattgefundenen Erdbebens und der Referenzstationen erreicht.

## Ozeaninstrumentierung

Nicht jedes Seebeben erzeugt einen Tsunami. Daher muss die Tsunami-Welle im Ozean selber gemessen werden, um unnötige Fehlalarme zu vermeiden. Dazu werden Messsysteme eingesetzt, die aus einer Ozeanbodeneinheit und einer Boje bestehen (▶ Abb. 6.7).

Die Ozeanbodeneinheit ist mit verschiedenen Sensoren ausgestattet. In der jetzigen Ausführung sind ein Absolutdrucksensor, ein Sensor zur präzisen Bestimmung kleiner relativer Druckänderungen sowie ein Ozeanboden-Seismometer eingebaut. Weiterhin befinden sich ein Prozessrechner, eine Datenspeichereinheit sowie ein Kommunikationsmodem für die akustische Übertragung der Daten zur Boje auf der Einheit. Das ganze System wird über eine Batterie mit elektrischer Energie versorgt.

Die Boje, die über der Ozeanbodeneinheit verankert ist, dient einerseits als Relaisstation zur Übertragung der Daten über einen Kommunikationssatelliten an ein Datenzentrum. Dazu verfügt sie über ein Empfängermodem für die akustischen Signale der Ozeanbodeneinheit. Sie ist darüber hinaus aber auch ein eigenständiges, unabhängiges Messsystem. Auf der Boje sind ein GPS-Empfänger, Sensoren zur Erfassung von meteorologischen Daten (Luftdruck, Temperatur, Windgeschwindigkeit und -richtung), Sensoren zur Erfassung der räumlichen Orientierung der Boje sowie Sensoren zur Messung von Wassertemperatur und Salzgehalt installiert. Die Boje ist weiterhin mit einem Bordrechner, einer Datenspeichereinheit und Satellitenkommunikation ausgerüstet. Die Energieversorgung erfolgt über Batterien und Solarzellen.

Das Bojensystem hat die Aufgabe, Tsunami-Wellen zu erfassen. Hierzu wird ausgenutzt, dass solche Wellen Druckänderungen am Ozeanboden hervorrufen, die sehr genau gemessen werden können. Der tiefe Ozean wirkt dabei wie ein Filter, der mögliche Druckänderungen durch Oberflächenwellen und den normalen Seegang herausfiltert. Die Boje selbst dient nicht nur als Relaisstation für die Übertragung der Druckdaten vom Ozeanboden, sondern kann über genaue GPS-Messungen ihrer vertikalen Position Seegangsdaten aufnehmen. Im Falle eines Tsunami ist die Messgröße, die durch die Boje erfasst wird, eine Überlagerung des normalen Seegangs und einer Tsunami-Welle. Der normale Seegang hat deutlich kürzere Wellenlängen als eine Tsunami-Welle, daher können beide Effekte durch eine mathematische Filterung voneinander getrennt werden. Somit

## Deformation monitoring

GITEWS also uses GPS for monitoring co-seismic deformation, which is a completely new approach compared to existing early warning systems. Subsequent analyses of GPS station recordings made during the Sumatran earthquake of 2004 have revealed that co-seismic deformations occurred, i.e. displacements of up to ten metres horizontally and three metres vertically. Even in the Indian city of Bangalore, the earthquake caused displacements in the order of centimetres. The measured GPS vectors provide important information about the rupture direction soon after a strong earthquake. During the first five to ten minutes, seismology can only determine the location of the epicentre and the magnitude. It does not provide reliable information about the geometry of the earthquake – for example, the direction of fracture propagation, the size of the fracture surface and the horizontal and/or vertical displacement caused by the earthquake. GPS data analysis is thus an ideal supplement to seismic methods for the early warning process. The geometry of an earthquake rupture is of decisive importance for simulating a tsunami and also for choosing a suitable overall view of the situation (see below under the sections on tsunami modelling). GPS monitoring along the Indian Ocean coast of Indonesia was implemented with a reference network of GPS stations. This network was set up together with the seismic stations over the whole of Indonesia. GPS stations along the coastline and on the islands off Sumatra are integrated into this reference network (▶ Fig. 6.6). Some of these GPS stations are on the coastal gauges. The required accuracy of several centimetres is achieved by simultaneously processing the data from GPS stations near a recent earthquake and from reference stations.

## Ocean instrumentation

Not every seaquake produces a tsunami. Therefore, the tsunami wave has to be measured in the ocean to avoid unnecessary false alarms. This is achieved with measuring systems that comprise an ocean bottom unit and a buoy (▶ Fig. 6.7).

The ocean bottom unit is equipped with various sensors. The current version includes an absolute-pressure sensor, a sensor for precise determination of small relative pressure changes and an ocean bottom seismometer. It is also equipped with a process computer, a data storage unit and a communication modem for acoustic transmission of the data to the buoy. The whole system is powered by a battery.

The buoy, which is anchored above the ocean bottom unit, serves as a relay station for transmitting data via a communication satellite to a data centre. To do this, it has a modem to receive the acoustic signals from the ocean bottom unit. It is also an independent measuring system. The buoy is also equipped with a GPS receiver, sensors for recording meteorological data (air pressure, temperature, wind speed and direction), sensors for recording the spatial orientation of the buoy, and

6.6  Combined GPS and gauge station in Seblat, Sumatra (Indonesia).

6.6  GPS- und Pegelstation in Seblat, Sumatra (Indonesien).

6.7 Der GPS-Bojentyp des GITEWS dient einerseits als unabhängiges Messsystem zur Erfassung und Verifizierung eines Tsunami. Zusätzlich fungiert die Boje als Relaisstation für die Übermittlung der Daten der Messeinheit am Ozeanboden.

6.7 The GITEWS GPS buoy serves as an independent measuring system for the recording and verification of a tsunami. It also functions as a relay station for transmitting data from the measuring unit on the ocean bottom.

erlaubt die Boje eine von der Druckmessung unabhängige Methode zur Erfassung einer Tsunami-Welle und erhöht somit die Sicherheit des Gesamtsystems. Insgesamt sind zehn solcher Systeme entlang der West- und Südküste Indonesiens ausgebracht worden.

Weitere ozeanographische Daten werden über Küstenpegel bestimmt, die an den Westküsten der vor Sumatra liegenden Inseln und auf verschiedenen Inseln im Indischen Ozean aufgebaut wurden.

## Modellierung und Simulation

Modelle des gesamten Indischen Ozeanbeckens lassen sich nicht in hinreichend kurzer Zeit berechnen. Daher wurden bereits im Voraus mehr als 2000 Simulationen berechnet, die unterschiedliche Erdbebenlokationen

entlang des Sunda-Bogens sowie eine Variation der Bebenstärken und der Erdbebenrisslängen berücksichtigen. Diese Modellergebnisse sind in einer Datenbank abgelegt. Das Modellierungssystem besteht aus einem Modul, mit dem die Anregungsfunktion, also die Verformung des Meeresbodens als Folge des Erdbebens, berechnet wird („Erdbebengenerator"). Ein weiteres Modul kalkuliert die Ausbreitung der Tsunami-Welle im Ozean und das Auflaufen auf die Küste (Inundation). Im Falle eines durch das Erdbebenmonitoring-System und die ozeanographischen Messungen festgestellten Tsunami wird sehr schnell mit den gemessenen Parametern – Erdbebenlokation, Bebenmagnitude, Krustendeformation und Wellenhöhe im tiefen Ozean – die am besten geeignete vorberechnete Simulation als Basis für eine Warnmeldung aus der Datenbank ausgewählt. Die ausgewählte Simulation wird dann in eine Gefährdungskarte für die betreffenden Küstenabschnitte umgesetzt. Der gesamte Prozess läuft im Daten- und Frühwarnzentrum automatisiert ab.

Im Falle von Indonesien kann dieses nur eine erste Abschätzung der Ankunftszeiten eines Tsunami an einem gegebenen Küstenabschnitt und der maximal zu erwartenden Wellenhöhen sein. Die wissenschaftliche und organisatorische Herausforderung für die Tsunami-Modellierung liegt darin, im Alarmfall aus nur an wenigen Punkten vorliegenden Messdaten schnell ein Gesamtbild der Lage erzeugen zu können.

Für die weiter entfernten Gebiete kann anhand der ständig verbesserten Informationslage auf der Basis seismologischer und geodätischer Daten sowie der größeren Anzahl ozeanographischer Daten eine immer bessere Prognose erstellt werden. Die Modellrechnungen sind also nicht nur für die Tsunami-Warnung in Indonesien wichtig, sondern sie liefern die entscheidende Voraussetzung für Warnmeldungen an anderen Küsten, etwa in Thailand, Sri Lanka, Indien, Australien oder Ostafrika.

Voraussetzungen für die Modellierung speziell im Flachwasserbereich und für den sogenannten „Run-up" im Küstengebiet sind hinreichend genaue Kenntnisse der Topographie des Ozeanbodens, des Küstenverlaufs, der Küstentopographie und der Bebauung, der Siedlungsstruktur oder des Bewuchses der Küstenregion. Die dazu vorhandenen Daten in Indonesien, aber auch in den anderen Anrainerstaaten des Indischen Ozeans, sind sehr lückenhaft. Aus diesem Grund wurden und werden ein erheblicher Teil des Ozeanbodens vor Indonesien, vom Kontinentalhang bis zum Küstenbereich, wie auch die Küstentopographie vermessen.

sensors for measuring water temperature and salt content. The buoy also has an on-board computer, a data storage unit and a satellite communication module. This equipped is powered by batteries and solar cells.

The task of the system of buoys is to record tsunami waves. This can be done because such waves cause pressure changes at the ocean floor that can be very precisely measured. In this case, the deep ocean filters out any pressure changes caused by surface waves and the normal motion of the sea. The buoy itself is used not only as a relay station for transmitting the pressure data from the ocean floor, but it also records sea motion (swell) data using precise GPS measurements of its vertical position. In the case of a tsunami, the measured variable recorded by the buoy is the tsunami wave superimposed on the normal motion of the sea, which has far shorter wavelengths than a tsunami wave. Therefore, the two effects can be separated from each other by mathematical filtering. This enables the buoy to record a tsunami wave using a method independent of the pressure measurement, thus increasing the accuracy of the overall system. In total, ten such systems have been laid out along the west and south coast of Indonesia.

Further oceanographic data is determined using coastal gauges, which are set up on the west coast of the islands off Sumatra and on various islands in the Indian Ocean.

## Modelling and simulation

Models of the whole Indian Ocean basin cannot be calculated in a sufficiently short time. Therefore, more than 2000 simulations have already been calculated in advance. These take account of the different earthquake locations along the Sunda Arc and variations in earthquake strengths and rupture lengths. These modelling results are stored in a database. The modelling system consists of a module to calculate the excitation function, i.e. the deformation of the sea floor as a consequence of the earthquake ("earthquake generator"). A further module calculates the propagation of the tsunami wave in the ocean and its run up on the coast (inundation). In the event of a tsunami registered by the earthquake monitoring system and the oceanographic measure-

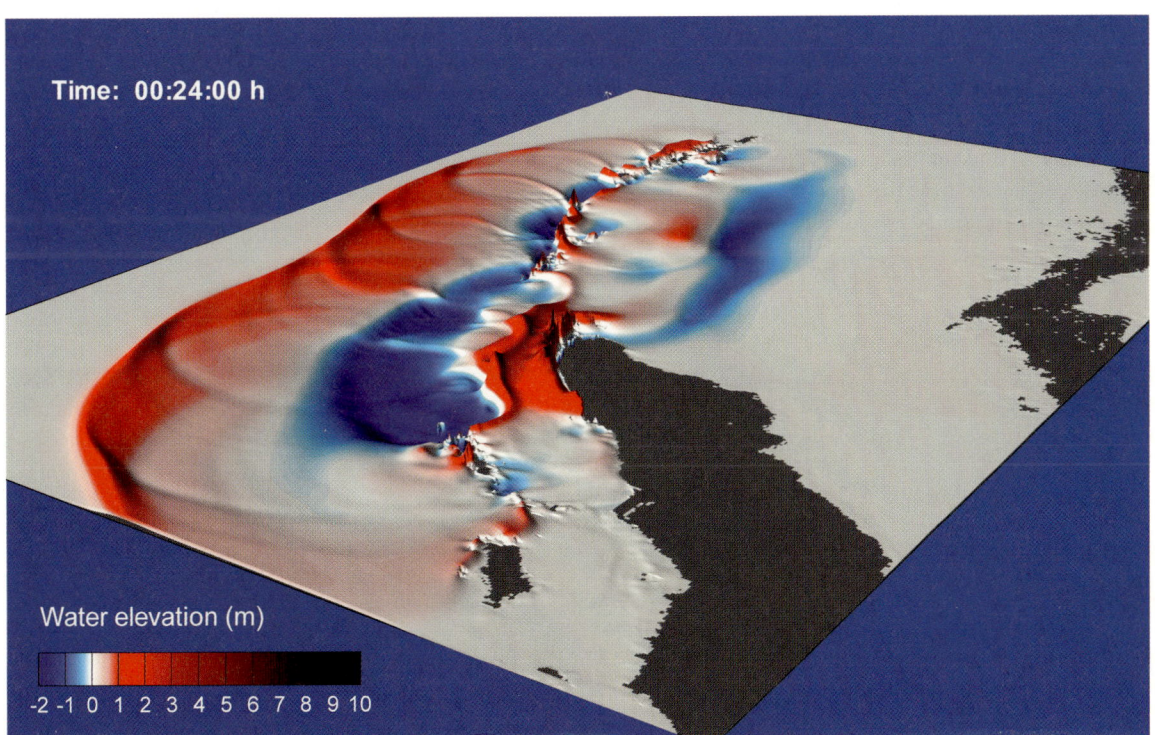

Time: 00:24:00 h

Water elevation (m)

-2 -1 0 1 2 3 4 5 6 7 8 9 10

6.8  Computer modelling of a tsunami. The image shows the arrival of the tsunami on the north-west coast of Sumatra, 24 minutes after the earthquake.

6.8  Computermodellierung eines Tsunami. Gezeigt ist das Auftreffen des Tsunami an der Nordwestküste Sumatras, 24 Minuten nach dem Beben.

## Das Daten- und Frühwarnzentrum

Herzstück des Frühwarnsystems ist das Warnzentrum. Hier laufen die Daten der über Satellitenkommunikation online verfügbaren Seismometer, GPS-Stationen, Bojensysteme und Küstenpegel ein (▶ Abb. 6.9). Alle diese Daten müssen direkt verarbeitet werden und in speziellen Verfahren auf mögliche Anzeichen eines starken Bebens oder das Auftreten einer Anomalie des Meeresspiegels untersucht werden. Jeder Sensor ist prinzipiell in der Lage, durch eingebaute Intelligenz einen entsprechenden „Schalter" auszulösen, der das gesamte Messnetz in Alarmzustand versetzt. Dies bedeutet, dass die Sensoren mit einer höheren Messfrequenz arbeiten und auch die Satelliten-Datenübertragung auf Dauerbetrieb umgestellt wird. Im Normalzustand arbeiten insbesondere die ozeanographischen Sensoren wegen des Stromverbrauchs in einer Art Stand-by-Betrieb, bei dem nur nach vorher eingestellten Zeitintervallen Statusdaten übertragen werden. Dies ist gerade bei den Ozeanbodeninstrumenten von Bedeutung, da ein sparsamer Stromverbrauch die Verweilzeiten der Instrumente vor Ort erhöht und damit die teuren und aufwendigen Schiffsfahrten zum Wechseln der Batterien minimiert werden. Ist das Gesamtsystem auf Alarm gestellt, muss im Warnzentrum die Entscheidung getroffen werden, ob alarmiert wird oder nicht.

Das Entscheidungs-Unterstützungssystem (*Decision Support System, DSS*) verschafft auf der Basis der vorliegenden Daten und Informationen dem diensthabenden Verantwortlichen einen Überblick über die momentane Situation und produziert zugleich Entscheidungsvorschläge. Dieses System ist konzeptionell und von der Komplexität mit keinem anderen System weltweit vergleichbar.

Die Verteilung der Warnmeldung über verschiedene Kanäle erfolgt in Indonesien direkt vom Warnzentrum in Jakarta. Wichtigster Kommunikationsweg ist eine direkte Telefonverbindung zu örtlichen Polizeistationen, die gezielte Maßnahmen – beispielsweise Evakuierungen – durchführen sollen. Daneben werden über Internet und Fax weitere Institutionen in Indonesien von einer Tsunami-Warnung unterrichtet. Außerdem werden SMS-Meldungen generiert sowie die Rundfunk- und Fernsehanstalten unterrichtet. Extrem wichtig ist eine schnelle Verbreitung der Warnmeldung, da die Vorwarnzeiten in Indonesien mit 20 bis 40 Minuten sehr kurz sind.

## Die Entscheidungsfindung

Die Warnmeldungen basieren auf vorberechneten Tsunami-Simulationen, die in einer Datenbank gespeichert sind. Die Hauptschwierigkeit bei der Entscheidungsfindung ist die Identifizierung desjenigen Szenarios, das die Situation am besten widerspiegelt. Dazu reicht es nicht aus, die Erdbebenlokation und Magnitude zu kennen sowie vielleicht die Verifizierung einer Tsunami-Boje zu haben. Es ist nämlich gerade im Sunda-Graben zu berücksichtigen, dass Erdbeben keine „Punktquellen" sind, sondern dass gerade bei starken Erdbeben Risslängen von einigen hundert Kilometern Länge beobachtet werden. Über die gesamte Risslänge wird dann Energie in die Wassersäule übertragen und trägt zur Entstehung

6.9 Blick in das GITEWS-Kontrollzentrum in Jakarta, Indonesien.

6.9 View of the GITEWS control centre in Jakarta, Indonesia.

ments, the measured parameters are used to very quickly select the most suitable precalculated simulation from the database as the basis for a warning message. These measured parameters are: earthquake location, earthquake magnitude, crust deformation and wave height in the deep ocean. The selected simulation is then integrated into a hazard map for the relevant coastal sections. The whole process is carried out automatically in the data and early warning centre.

In the case of Indonesia, this can only be an initial estimate of the arrival time of a tsunami at a given coastal section and the maximum expected wave heights. In the event of an alarm, the scientific and organisational challenge for tsunami modelling lies in being able to produce an overall view of the situation quickly, using data from only a few measuring points.

Increasingly accurate forecasts can be prepared for areas further away using the continuously improving information based on seismological and geodetic data and the increasing quantity of oceanographic data. Model calculations are thus not only important for tsunami warnings in Indonesia, they are also decisive for warnings on other coasts – for example Thailand, Sri Lanka, India, Australia and East Africa.

Successful modelling, especially for shallow waters and for the so-called "run-up" in coastal areas, requires sufficiently precise knowledge of the topography of the ocean floor, the coastline, the coastal topography, buildings, and the settlement structure or vegetation of the coastal region. The data available for Indonesia, as well as for the other countries bordering the Indian Ocean, is very sketchy and incomplete. For this reason, the coastal topography and a substantial part of the ocean floor off Indonesia is being surveyed from the continental slope to the coastal area.

## The data and early warning centre

The heart of the early warning system is the warning centre that receives data, available online via satellite communication, which is sent from the seismometers, GPS stations, buoy systems and coastal gauges (▶ Fig. 6.9). All this data must be processed directly, and special methods are used to examine it for indications of a strong earthquake or a sea level anomaly. Using integrated intelligence, each sensor is, in principle, capable of triggering a corresponding "switch" that places the whole measuring network in a state of alarm. This means that the sensors then operate with a higher measuring frequency and the satellite data transmission is also switched to continuous operation. In the power-

saving normal state, the sensors, especially the oceanographic ones, operate in a kind of standby mode in which status data is only transmitted at previously defined time intervals. This is important, especially for the ocean-bottom instruments because minimising the power consumption increases the time the instruments can spend in situ and thus reduces expensive and time-consuming boat trips to replace the batteries. When the whole system is in a state of alarm, a decision must be made in the warning centre as to whether an alert should be issued or not.

The Decision Support System (*DSS*) uses the available data and information to provide an overview of the current situation to the person on duty; at the same time, it produces proposals to support decision-making. Conceptually, and in terms of its complexity, there is no other system in the world comparable to this.

In Indonesia, the warnings are distributed via various channels directly from the warning centre in Jakarta. The most important communication route is a direct telephone line to the local police stations that have to instigate specific measures, for example, evacuations. At the same time, other institutions in Indonesia are informed of a tsunami warning by internet and fax. In addition, SMS messages are generated and radio and television broadcasters are informed. Rapid distribution of the warning is extremely important because the advance warning periods in Indonesia are very short, only 20 to 40 minutes.

## Decision-making

The warnings are based on pre-calculated tsunami simulations that are stored in a database. The main difficulty in decision-making is identifying those scenarios that best reflect the situation. It is not sufficient to know only the earthquake location and magnitude and, perhaps, to have verification from a tsunami buoy. Especially in the Sunda Trench, it is necessary to take into account that earthquakes are not "point sources", but may be ruptures several hundred kilometres long in the event of a strong earthquake. Energy is then transferred to the water column along the whole length of the rupture, thus contributing to the generation of a tsunami. These circumstances play a decisive role, especially for a tsunami warning and prediction in the area near an earthquake, and must be taken into account. Therefore, when designing a tsunami early warning system, it is necessary to differentiate between two cases:

- *Far-field tsunami:* In this case, the distance from the earthquake location and a coastline (and therefore the

eines Tsunami bei. Dieser Umstand spielt insbesondere für die Tsunami-Warnung und Vorhersage im Nahbereich eines Erdbebens eine entscheidende Rolle und muss berücksichtigt werden. Für die Auslegung eines Tsunami-Frühwarnsystems müssen daher zwei Fälle unterschieden werden:

- *Fernfeld-Tsunami:* Die Entfernung vom Erdbebenort zu einer Küstenlinie (und damit die Wegstrecke, die ein Tsunami zurücklegen muss) ist in diesem Fall lang, verglichen mit der Bruchlänge des Erdbebens. Die geographische Orientierung der Bruchlinie (gegeben durch die Orientierung der Störungszone) ist hier von entscheidender Bedeutung für die Energieverteilung des Tsunami, während Details wie die Bruchverteilung oder die genaue Lage der Bruchfläche unkritisch für die Tsunami-Vorhersage an einem weit entfernten Küstenpunkt sind (▶ Abb. 6.10).

- *Nahfeld-Tsunami:* Die Tsunami-Laufstrecke bis zur Küstenlinie entspricht ungefähr der Bruchlänge des Erdbebens. In diesem Fall sind die genaue Lage der Bruchfläche und die Verteilung des vertikalen Versatzes an der Bruchfläche entscheidend für die Tsunami-Vorhersage an einem bestimmten Küstenpunkt (▶ Abb. 6.10).

Erdbeben im Sunda-Bogen bedeuten für Indonesien immer den Fall eines Nahfeld-Tsunami. Als einziges Frühwarnsystem weltweit verfügt das indonesische Frühwarnsystem über ein automatisches Multiparameter-Selektionsverfahren für die Auswahl eines passenden Tsunami-Szenarios für die Entscheidungsunterstützung. Dabei sind die wichtigsten Parameter die Erdbebenmagnitude, Lokation und Tiefe des Epizentrums sowie Deformationsvektoren zur Charakterisierung der Rissausbreitung. Ozeanographische Daten von Bojensystemen oder Küstenpegeln dienen im frühen Stadium (den ersten fünf bis zehn Minuten) – sofern sie aufgrund ihrer geographischen Position überhaupt verfügbar sind – nur der Bestätigung, ob ein Tsunami entstanden ist oder nicht. Quantitative Daten über Wellenhöhen können in der Regel erst zu einem späteren Zeitpunkt, nach etwa 15 bis 20 Minuten, geliefert werden.

Der Auswahlprozess funktioniert nach folgendem Schema: Die Erdbebenparameter (Lokation, Magnitude) dienen als erstes Auswahlkriterium für die Eingrenzung möglicher Szenarien. Für alle anderen Sensoren wurde für jedes verfügbare Szenario die theoretische Antwortfunktion des jeweiligen Sensors vorab berechnet und ebenfalls in der Datenbank abgelegt. Für die ozeanographischen Sensoren (Bojensysteme, Küstenpegel) wurde mit dem Ozeanmodell die Ankunftszeit des Tsunami und dessen Höhe für das jeweilige Szenario

berechnet, für die GPS-Stationen hat der „Erdbebengenerator" den zum jeweiligen Szenario gehörenden Deformationsvektor bestimmt. Durch einen Vergleich der berechneten mit den gemessenen Werten wird die Liste der möglichen Szenarien weiter eingeschränkt. Anhand eines „Gütefaktors", der die Unsicherheiten der Eingangsdaten berücksichtigt, erfolgt dann eine Priorisierung der ausgewählten Szenarien.

Aus den oben diskutierten Argumenten wird die Bedeutung der zusätzlichen GPS-Information im frühen Stadium der Warnung sehr deutlich. Ein dichtes GPS-Netzwerk entlang Tsunami-gefährdeter Küsten, am besten kombiniert mit Küstenpegeln, ist ein effektives und kostengünstiges Instrument zur schnellen Charakterisierung der Erdbebengeometrie bei starken Erdbeben und damit für die Tsunami-Vorhersage im Nahfeld.

## Capacity building

Das beste Tsunami-Frühwarnsystem ist nutzlos, wenn die Warnung nicht ankommt. Die berühmte letzte Meile bis zum Strand ist das finale Glied in der Kette. Dazu muss nicht nur das Fachpersonal geschult sein, sondern auch die Bevölkerung, die es zu warnen gilt. Für diesen gesamten Arbeitsbereich hat sich der Begriff „capacity building" etabliert. Dahinter verbirgt sich ein ganzes Bündel von sehr unterschiedlichen Maßnahmen (▶ Abb. 6.11).

Um ein Tsunami-Frühwarnsystem erfolgreich zu betreiben und dauerhaft aufrechtzuerhalten, müssen verschiedene Aspekte berücksichtigt werden. Für den technischen Betrieb, die Wartung des Instrumentariums und die Weiterentwicklung des Systems müssen Wissenschaftler und technisches Personal aus- und weitergebildet werden. Dies geschieht bereits parallel zum Aufbau des Systems durch Ausbildung von Wissenschaftlern und Ingenieuren hier in Deutschland, auch durch Trainingskurse zu verschiedenen Teilaspekten des Frühwarnsystems. Mittelfristig ist der Aufbau eines Desaster Training Centre in Indonesien geplant, in dem der Aspekt der Aus- und Weiterbildung etabliert werden soll.

Im Rahmen der nationalen Verantwortung im Falle von Naturkatastrophen wurde 2007 unter Mitwirkung des deutschen Projekts ein gesetzlicher Rahmen geschaffen, in den alle Aktivitäten der Frühwarnung, des Katastrophenschutzes und präventiver Maßnahmen wie Baunormen oder die Erstellung von Flächennutzungsplänen eingebettet wurden. Diese wichtigen Rahmenbedingungen sind bislang nur in wenigen betroffenen Anrainerländern des Indischen Ozeans gegeben.

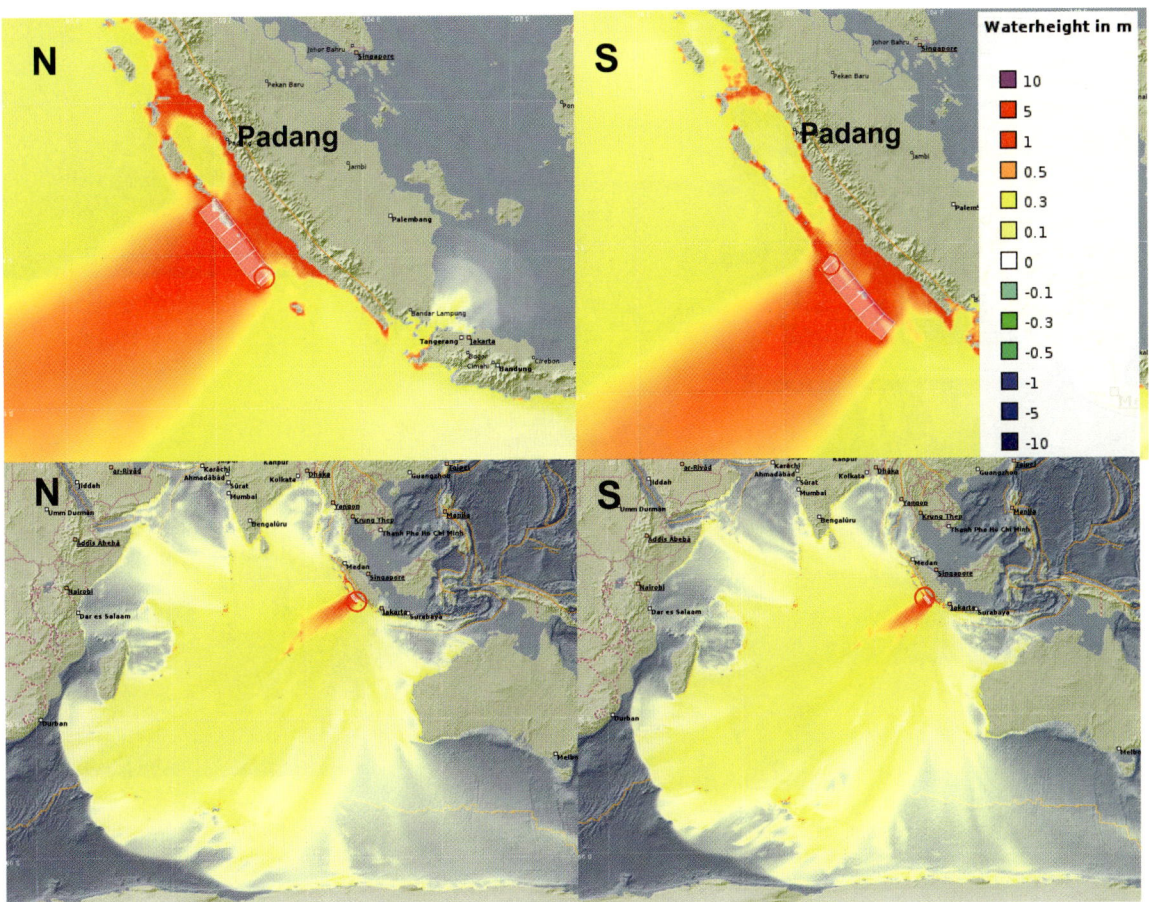

6.10  Tsunami simulation for a hypothetical off-shore earthquake with magnitude of 8.4 near the town of Bengkulu on Sumatra. The top left image shows a northward propagation of the earthquake-induced rupture and the resulting wave heights of the tsunami. The city of Padang, with around 800 000 inhabitants, will be particularly affected. The south coast of Sumatra remains largely spared. The top right image shows the case of a southward rupture propagation. Here, Padang is spared, and instead, southern Sumatra is severely affected. The two bottom images show the "remote effect" of the tsunami waves for both cases which are, overall, comparable. The different impact of a tsunami in the so-called near-field compared to the far-field is also clearly illustrated.

6.10  Tsunami-Simulation für ein hypothetisches Erdbeben der Magnitude 8,4 vor der Küste der Stadt Bengkulu auf Sumatra. Die Abbildung links oben zeigt die Rissausbreitung des Erdbebens nach Norden sowie die resultierenden Wellenhöhen des Tsunami. Die Stadt Padang mit rund 800 000 Einwohnern wird besonders getroffen, die Südküste Sumatras bleibt weitgehend verschont. Das Bild rechts oben zeigt den Fall der Rissausbreitung nach Süden. Hier wird Padang verschont, aber dafür Süd-Sumatra stark getroffen. Die beiden unteren Bilder zeigen für beide Fälle die „Fernwirkung" der Tsunami-Wellen, die insgesamt vergleichbar sind. Deutlich wird auch die unterschiedliche Wirkung eines Tsunami im sogenannten Nahfeld gegenüber dem Fernfeld.

distance a tsunami must travel) is long compared to the fracture length of the earthquake. Here the geographic orientation of the fracture line (determined by the orientation of the fault zone) is decisively important for the energy distribution of the tsunami. Details such as the fracture distribution or the precise length of the fracture surface are not critical for predicting a tsunami at a remote coastal point (▶ Fig. 6.10).

- *Near-field tsunami:* The tsunami travel distance up to the coastline roughly equals the fracture length of the

earthquake. In this case, the precise location of the fracture surface and the distribution of the vertical displacement at the fracture surface are decisive for predicting a tsunami at a specific coastal point (▶ Fig. 6.10).

For Indonesia, earthquakes in the Sunda Arc always mean the near-field tsunami case. The Indonesian system is the only early warning system worldwide that has an automatic multi-parameter selection method for

6.11  Trainingskurse und Ausbildungsseminare in Indonesien mit unterschiedlichen Aktivitäten im Bereich des Capacity Building. Links oben: Trainingskurs; Mitte oben: praktische Ausbildung zum Aufbau von Messinstrumenten; rechts oben: Stadtplanungsgespräche; links unten: Informationsveranstaltung zwischen Wissenschaftlern, Stadtverwaltung und Bürgern; Mitte unten: Ausbildung der Bevölkerung mithilfe von Überflutungskarten; rechts unten: Evakuierungsübung an einer Grundschule.

6.11  Training courses and seminars in Indonesia on different capacity building activities. Top left: Training course; Top middle: practical training on setting up measuring instruments; Top right: Urban planning discussions; Bottom left: Information event between scientists, town administrators and citizens; Bottom middle: Training the population with the help of flood maps; Bottom right: Evacuation practice in a primary school.

Ferner muss sichergestellt werden, dass für die Frühwarnung verantwortliche Stellen die Ergebnisse in klare Warnmeldungen, Entscheidungsgrundlagen, Entscheidungshilfen und Handlungsanweisungen, auch „Standard Operation Procedures" genannt, übersetzen. Diese müssen über die Warn- und Reaktionskette in möglichst kurzer Zeit über die verantwortlichen Stellen an die Bevölkerung weitergegeben werden.

Der wohl wichtigste Aspekt der Frühwarnung betrifft die eigentliche Zielgruppe der Frühwarnung: die Bevölkerung in den gefährdeten Regionen. Damit bei den extrem kurzen Frühwarnzeiten überhaupt wirksame Maßnahmen ergriffen werden können, muss das Bewusstsein über eine jederzeit drohende Gefährdung und mögliche präventive Schutzmaßnahmen bei der Bevölkerung geweckt und gestärkt werden. Und es muss dafür gesorgt werden, dass die Bevölkerung im Alarmfall richtig reagiert. Die Maßnahmen reichen von Evakuierungsübungen über regelmäßige Informationsveranstaltungen bis zur Vermittlung von Wissen über Ursachen und Ablauf eines Tsunami im Schulunterricht. Eine Arbeitsgruppe im Frühwarnprojekt beschäftigt sich genau mit diesen Fragestellungen und darüber hinaus auch mit Fragen der Umsetzung von präventiven Maßnahmen wie die Einbeziehung von Risiko- und Vulnerabilitätskarten in die Stadt- und Landschaftsplanung zur Prävention einer möglichen Katastrophe.

## Ausblick

Schlagartige Umlagerungen von Massen und Energie gehören ebenso wie kontinuierliche Prozesse zum Nor-

choosing a suitable tsunami scenario to support the decision-making process. The most important parameters are the earthquake magnitude, location and depth of the hypocentre, and deformation vectors to characterise rupture propagation. Oceanographic data from buoy systems or coastal gauges – provided they are available on the basis of their geographic position – are only used during the early stage (the first five to ten minutes) to confirm whether a tsunami has occurred or not. Quantitative data about wave heights usually arrives around 15 to 20 minutes later.

The selection process is carried out as follows: Earthquake parameters (location, magnitude) are used as the initial selection criteria to narrow down possible scenarios. For all other sensors, the theoretical response function of the respective sensor has been calculated in advance for each available scenario, and has also been stored in the database. For the oceanographic sensors (buoy systems, coastal gauges), the ocean model was used to calculate the arrival time and height of the tsunami for the respective scenario. For the GPS stations, the "earthquake generator" has defined the deformation vector for the respective scenario. The list of possible scenarios is narrowed down further by comparing the calculated values with the measured values. The selected scenarios are then prioritised using a "quality factor", which takes account of the uncertainties of the input data.

From the arguments discussed above, the importance of the additional GPS information during the early warning stage becomes very clear. A dense GPS network along tsunami-endangered coasts, ideally combined with coastal gauges, is an effective and cost-effective instrument for fast characterisation of the earthquake geometry in the event of strong earthquakes and, therefore, for near-field tsunami prediction.

## Capacity building

The best tsunami early warning system is useless if the warning doesn't arrive. The famous last mile to the beach is the final link in the chain. This means training, not only for the technical personnel, but also for the population who are to be warned. The term "capacity building" has established itself for this whole field of work. This term describes a package of very different measures (▶ Fig. 6.11).

Various aspects have to be taken into account to successfully operate and permanently maintain a tsunami early warning system. Scientists and technical personnel have to be trained and must receive continuing profes-

sional development (CPD) training for technical operation, maintenance of the instruments and further development of the system. This takes place while the system is being set up, by training scientists and engineers in Germany and by means of training courses that deal with the various aspects of the early warning system. For the medium term, there is a plan to set up a disaster training centre in Indonesia that will hold basic and CPD training courses.

In 2007, a legal framework was created, with participation of the German project, that outlines national responsibilities in case of natural disasters. This law also regulates all early warning and disaster protection activities as well as preventive measures, such as building standards and creation of zoning and land development plans. To date, these important basic conditions exist in only a few of the affected countries bordering the Indian Ocean.

Furthermore, it is necessary to ensure that the bodies responsible for issuing an early warning will translate the results into clear warnings, decision aids and action instructions, also called "standard operating procedures", which can be used as the basis for making decisions. These must be passed on to the population as quickly as possible by the responsible bodies using the warning and response chain.

The most important aspect of early warning concerns the actual target group of such a warning: the population in the endangered regions. In order for any effective measures to be taken in the available early warning times, it is necessary to awaken and strengthen the population's awareness of the ever-present hazard and of possible preventive protection measures. It is also essential to ensure that the population reacts correctly in case of an alarm. Measures range from evacuation practice to regular information events; lessons should also be given in schools to pass on information about the causes and sequence of a tsunami. A work group within the early warning project is examining precisely these issues and is also addressing the implementation of preventive measures, such as the inclusion of risk and vulnerability maps in urban and landscape planning, to prevent a possible disaster.

## Outlook

Very sudden redistributions of masses and energy are just as much part of the normal operation of System Earth as continuous processes and can have catastrophic consequences for people. The devastating tsunami disaster of 26 December 2004 showed that the countries bor-

malbetrieb des Systems Erde. Für die Menschen können sich daraus katastrophale Folgen ergeben. Die verheerende Tsunami-Katastrophe vom 26. Dezember 2004 hat gezeigt, dass die an den Indischen Ozean grenzenden Staaten völlig unvorbereitet getroffen wurden. In der Zwischenzeit konnten entsprechende technische Frühwarnkapazitäten und organisatorische Maßnahmen in fast allen Ländern um den Indischen Ozean umgesetzt werden, sodass die Bewohner heute deutlich besser auf das immer existierende Risiko einer geologischen Naturgefahr vorbereitet sind.

Verhindern kann ein Frühwarnsystem ein starkes Erdbeben und einen dadurch ausgelösten Tsunami zwar nicht, auch wird es immer wieder zu Todesopfern und größeren materiellen Schäden kommen. Aber durch den Aufbau eines Frühwarnsystems unter Einbeziehung organisatorischer Maßnahmen und durch umfassendes Capacity Building lassen sich die Auswirkungen solcher Naturkatastrophen minimieren.

dering the Indian Ocean were completely unprepared. Since then, appropriate technical early warning capacities and organisational measures have been implemented in almost all the countries around the Indian Ocean, so that the inhabitants are now much better prepared for the ever-present risk of a geological natural hazard.

An early warning system cannot prevent a strong earthquake nor a tsunami triggered by it, and lives will continue to be lost and major material damage will occur. But by setting up an early warning system that includes organisational measures and comprehensive capacity building, the effects of such natural disasters can be minimised.

7.1 Modellbild des Geoforschungssatelliten CHAMP. Die Instrumente zur Messung des Magnetfeldes befinden sich auf dem Ausleger, damit Störungen durch die Solarpanele (blau) vermieden werden. (Abb.: Astrium)

7.1 Model of the CHAMP georesearch satellite. The instruments for measuring the magnetic field are located on the boom to avoid noise interference from the solar panels (blue). (Image: Astrium)

Kapitel 07

# Das Magnetfeld der Erde – unsichtbarer Schutz und Fernerkundungssignal

Chapter 07

# The Earth's Magnetic Field – Invisible Protection and Remote Sensing Signal

Im Oktober 2003 wurde am Geomagnetischen Observatorium in Niemegk ein außergewöhnlich starker Sonnensturm gemessen. Ein große Wolke elektrisch geladener Teilchen erreichte morgens um kurz nach sechs Uhr die Erde. Bemerkenswert war auch der beobachtete riesige Sonnenfleck, dessen Ausdehnung mehr als zehn Erddurchmesser umfasste.

Solche geomagnetischen Stürme entstehen bei erhöhter Sonnenaktivität: Wenn es auf der Sonne zu Materieauswürfen kommt, werden große Mengen elektrisch geladener Teilchen in den Weltraum geschleudert. Trifft die Plasmawolke auf die Erde, tritt sie mit dem uns umgebenden Erdmagnetfeld in Wechselwirkung, induziert Ströme in der Ionosphäre und erzeugt starke und sehr rasche Schwankungen der Stärke und Richtung des Magnetfeldes.

Dabei kann es zu Störungen und Ausfällen des Funkverkehrs und des Radioempfangs kommen. Bei starken Ausbrüchen sind Satelliten dem solaren Strahlungsbeschuss ausgesetzt und können dabei gestört oder sogar beschädigt werden. Auch auf der Erde kann ein starker geomagnetischer Sturm sein schädliches Potenzial zeigen: Am 13. März 1989 führte eine solare Eruption zum Zusammenbruch der Stromversorgung in großen Teilen Kanadas. Der größte bekannte Sonnensturm fand am 1./2. September 1859 statt, als Kurzschlüsse weltweit die gerade eingeführten elektrischen Telegrafieleitungen lahmlegten und die Nordpolarlichter sich südwärts bis nach Rom und Havanna ausdehnten.

In der Anfangsphase des Magnetsturmes von 2003 änderte sich an der Erdoberfläche die Stärke des Magnetfeldes in der Horizontalkomponente innerhalb von 30 Minuten um etwa 1000 Nano-Tesla. Deutlich bemerkbar machte sich der Sturm auch in der Richtung der Kompassnadel. Diese bewegte sich von 6:47 bis 7:05 Uhr Mitteleuropäischer Zeit (MEZ) um 3° in östlicher Richtung. Derart starke Änderungen in so kurzer Zeit sind außergewöhnlich für Mitteleuropa. Auch die Messgeräte auf dem Geoforschungssatelliten CHAMP zeigten den starken geomagnetischen Sturm. Die mehrere Millionen Ampere starken Ströme in der Ionosphäre/Magnetosphäre führten zu einer Aufheizung der oberen Atmosphäre, in der die Bahnen vieler Satelliten liegen. Ein direkter Effekt war das deutlich verstärkte Abbremsen dieser Satelliten durch die erhöhte Luftreibung und das damit verbundene Absinken der Flugbahnen. Der Beschleunigungsmesser des CHAMP-Satelliten zeigte fast eine Verdoppelung der Abbremsung nach 7:50 Uhr MEZ an. Geophysikalisch bedeuten diese Störungen nichts anderes als eine temporäre Schwächung unseres irdischen Schutzschildes, dem Erdmagnetfeld, das uns gegen den Sonnenwind und die kosmische Partikelstrahlung schützt.

Das Erdmagnetfeld (▶ Abb. 7.2) ist also von einiger Bedeutung, nicht nur wegen der möglichen Auswirkungen solarer Eruptionen auf die technischen Systeme wie Nachrichten- und Forschungssatelliten, Hochspannungsleitungen und Gas- und Ölpipelines. Außer seiner Funktion als Schutzschirm diente es über Jahrhunderte als Mittel zur Orientierung und Navigation, und ohne die Kompassnadel wäre die Menschheitsgeschichte vermutlich anders abgelaufen. Aber erst in den letzten Jahrzehnten erkannte man, dass sich das irdische Magnetfeld auch hervorragend eignet, um unseren Planeten zu erkunden. Das Magnetfeld ist eine der wenigen physikalischen Größen, die es vermögen, die gesamte Erde zu durchdringen. Damit eignet es sich zur Fernerkundung der dynamischen Prozesse im Erdkern. Aber auch Ströme in der Hochatmosphäre und im erdnahen Weltraum lassen sich damit erfassen. Selbst ozeanische Gezeiten erzeugen schwache Magnetfelder, die erstmalig mit dem CHAMP-Satelliten weltweit nachgewiesen werden konnten.

## Ein variabler Schutzschirm mit vielen Facetten

Das unsere Erde umgebende Magnetfeld wird zu mehr als 95 Prozent tief im Erdinneren erzeugt. Zu diesem Hauptfeld gesellen sich Anteile aus magnetisierter Kruste oder Lithosphäre. Nur maximal fünf Prozent sind auf elektrische Ströme in der Ionosphäre und damit auf Quellen außerhalb der Erde zurückzuführen. Der Schlüssel zum Verständnis des raumzeitlichen Verhaltens des im Erdinneren erzeugten Magnetfeldes liegt in den Bewegungen elektrisch leitender Materie im flüssigen äußeren Erdkern, also in mehr als 2900 Kilometer Tiefe. Diese erzeugen das Erdmagnetfeld nach dem in der Technik wohlbekannten Prinzip des selbsterregenden Dynamos.

Das Erdmagnetfeld stellt sich näherungsweise wie das Feld eines Stabmagneten als sogenanntes Dipolfeld dar, dessen Achse zurzeit um etwa 11° gegenüber der Rotationsachse der Erde geneigt ist (▶ Abb. 7.2). In der Vergangenheit zeigte das Magnetfeld deutliche Schwankungen seiner Stärke und Veränderungen auf vielen zeitlichen und räumlichen Skalen bis hin zur kompletten Polumkehr. Es wird wiederholt über Auswirkungen von Magnetfeldschwankungen auf den menschlichen Organismus berichtet – Aussagen, die zwar umstritten, aber denkbar sind.

Die Erde ist einem ständigen Strom geladener Teilchen, dem Sonnenwind und der kosmischen Strahlung,

In October 2003, an extraordinarily strong solar storm was measured at the geomagnetic observatory in Niemegk. A large cloud of electrically charged particles reached the Earth just after six o'clock in the morning. The associated giant sunspot was also remarkable – it covered an area more than ten times the Earth's diameter.

Such geomagnetic storms occur during increased solar activity. When matter is ejected from the sun, large quantities of electrically charged particles are hurled into space. If the plasma cloud reaches Earth, it interacts with the Earth's magnetic field. This induces currents in the ionosphere and generates very large and very rapid fluctuations in the strength and direction of the magnetic field that surrounds us.

This can cause interference and failures in radio traffic and radio reception. Large eruptions may even disrupt or damage satellites bombarded by energetic solar particles. A strong geomagnetic storm may also demonstrate its harmful potential on the Earth. For example, a solar eruption caused power cuts in large parts of Canada on 13 March 1989. The largest known solar storm took place on 1/2 September 1859; short-circuits jammed the recently introduced electrical telegraphy cables worldwide; the northern polar lights (aurora borealis) extended southwards as far as Rome and Havana.

Within the first 30 minutes of the 2003 magnetic storm, the strength of the horizontal component of the magnetic field on the Earth's surface changed by around 1000 nano Tesla. The storm also made itself clearly noticeable by its effect on the direction of the compass needle: it moved by 3° to the east between 06:47 and 07:05 Central European time (CET). Such large changes in such a short time are unusual for Central Europe. The measuring equipment on the CHAMP georesearch satellite also indicated a strong geomagnetic storm. Currents of several million Ampère in the ionosphere/magnetosphere caused heating of the upper atmosphere, which is where many satellites are orbiting. One direct effect was a significant increase in the braking of these satellites due to the greater air drag, thus lowering the altitude of their flight paths. The accelerometer of the CHAMP satellite showed an almost two-fold increase in braking after 07:50 CET. In geophysical terms, these storms cause a temporary weakening of our terrestrial protection shield – the Earth's magnetic field – that protects us against solar winds and cosmic particle radiation.

The Earth's magnetic field (▶ Fig. 7.2) is thus quite important, not only because of the possible effects of solar eruptions on technical systems – such as telecommunications and research satellites, high-voltage power grids, and gas and oil pipelines. Apart from its function as protective shield, it has also been used for centuries as a means of orientation and navigation. Without the compass needle, the history of humankind would probably have been very different. Yet, it is only in recent

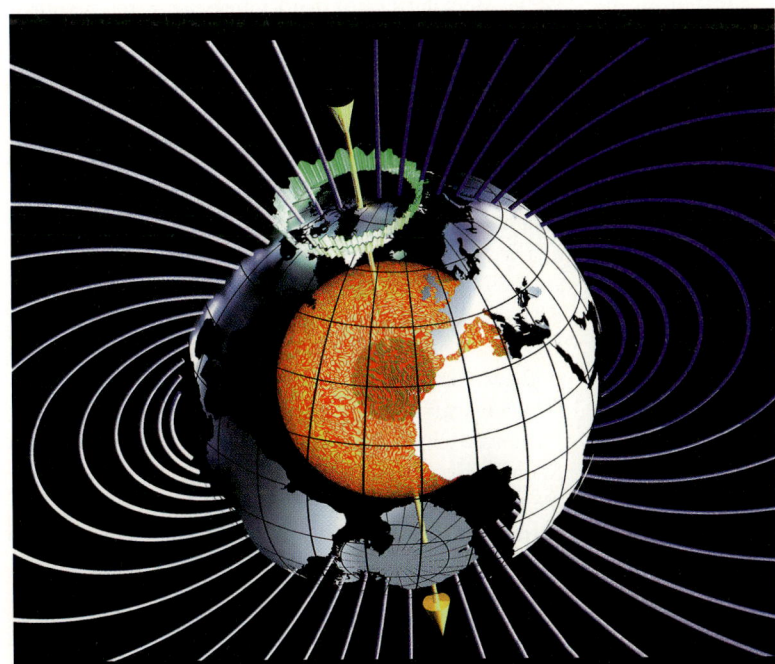

7.2  The Earth's magnetic field surrounds our planet like a protective shield. It is essentially dipolar (i.e. with two poles), and its axis (yellow arrow) is currently tilted by around 11° with respect to the axis of rotation. This transparent model of the Earth shows the core, which is the origin of the magnetic field. The green crown marks the zone with the most frequent polar light activity in the northern hemisphere.

7.2  Das Erdmagnetfeld umgibt die Erde wie ein Schutzschild. Es hat im Wesentlichen die Struktur eines Dipols, dessen Achse (gelber Pfeil) gegenwärtig um etwa 11° gegenüber der Rotationsachse der Erde geneigt ist. In der transparent dargestellten Erde ist der Entstehungsort des Magnetfelds, der Erdkern, zu sehen. Die grüne Krone markiert die Zone der häufigsten Polarlichtaktivität für die Nordhemisphäre.

ausgesetzt. Beide Teilchenströme werden zum größten Teil durch das Magnetfeld um die Erde herumgelenkt. Auf der Erdoberfläche dient die Atmosphäre als eine weitere Schutzschicht. Von der Schutzwirkung des Erdmagnetfelds bemerken wir in der Regel nur etwas, wenn sie schwächer als gewohnt ist. Dies ist einerseits in bestimmten Regionen der Fall, oder wenn der Sonnenwind verstärkt bläst.

Während dieser sogenannten Sonnenstürme zeigt sich die phantastische Himmelserscheinung der Polarlichter. Sie sind ein Zeichen dafür, dass ein Teil der anströmenden Teilchen den Schutzschirm durchdrungen hat und durch weitere Prozesse in Richtung Erde beschleunigt wurde. In der Regel treten Polarlichter in einem Bereich von 15° bis 20° Breite von den nördlichen und südlichen geomagnetischen Polen auf. Während starker geomagnetischer Stürme können sie sich, wie oben erwähnt, bis Mittel- oder sogar Südeuropa ausbreiten. Auch die Tiere, die das Magnetfeld sonst unbeschwert zur Navigation nutzen, verlieren die Orientierung. So finden zum Beispiel Brieftauben in solchen Situationen nicht mehr zum heimatlichen Taubenschlag zurück, weshalb sich die Taubenzüchter vor den Flügen ihrer Tiere über den Zustand des aktuellen Magnetfeldes informieren.

Gegenwärtige Magnetfeldmodelle zeigen eine anhaltend starke Abnahme der Feldstärke seit mindestens 170 und vermutlich schon seit über 700 Jahren. In den letzten hundert Jahren hat das Dipolfeld um fast sieben Prozent abgenommen. Das gibt Anlass zu Spekulationen, dass in etwa einem Jahrtausend eine Umkehrung des Magnetfelds bevorstehen könnte. Solche Umkehrungen der Polarität mit starker Abschwächung des Dipolfelds haben im Laufe der letzten 160 Millionen Jahre im Durchschnitt alle halbe Millionen Jahre stattgefunden. Obwohl die letzte Umkehrung schon 780 000 Jahre zurückliegt, kann man nicht davon sprechen, dass eine Umkehrung überfällig sei, denn die Umkehrraten variieren extrem. Indirekte Untersuchungen des Magnetfeldes während des Holozäns (seit etwa 12 000 Jahren) zeigen eine starke Variabilität des Dipolmoments statt einer langfristigen linearen Änderung. Mit unserem heutigen Kenntnisstand ist eine in geologisch naher Zukunft bevorstehende Feldumkehr weder auszuschließen noch vorherzusagen.

Auch für die Bildung von kosmogenen Nukliden wie $^{14}$C spielt die abschirmende Wirkung des Erdmagnetfelds eine Rolle. Die veränderliche Ionisierung der Atmosphäre durch kosmische Strahlung auf Zeitskalen von Jahrzehnten und länger wird ebenfalls von den Schwankungen des Magnetfeldes beeinflusst. Zurzeit werden verschiedene Mechanismen diskutiert, nach denen erhöhte Ionisierung der Atmosphäre zur Bildung

niedriger Wolken beiträgt. Somit könnten Magnetfeldänderungen indirekt einen Einfluss auf den Klimaverlauf haben. Moderne globale Magnetfeldmodelle, die für die Untersuchung der Zeitskala von Jahren bis Jahrtausenden entwickelt wurden, können unter anderem dazu dienen, die Veränderungen in der Stärke und in der regionalen Verteilung der Abschirmung zu rekonstruieren.

# Signale aus dem Erdkern und wandernde Pole: Information über unseren Planeten

Jede Messung des Erdmagnetfelds enthält Anteile aus ganz verschiedenen Quellen. Der größte Beitrag, das Hauptfeld, kommt aus dem Erdkern, weitere wichtige Anteile sind das Krusten- oder Lithosphärenfeld und die externen Felder, die von verschiedenen Stromsystemen außerhalb der Erde hervorgerufen werden. Die Erforschung der Charakteristiken all dieser Anteile hilft, ein besseres Verständnis für die zu Grunde liegenden geomagnetischen Prozesse zu erlangen – das Magnetfeld ist ein geeignetes geophysikalisches Instrument zur Untersuchung der Funktionsweise des Systems Erde.

Es ist seit längerer Zeit unstrittig, dass das Hauptfeld durch einen Dynamoprozess im flüssigen äußeren Erdkern entsteht. Theoretische Beschreibungen und numerische Modelle, die auf den Kräftegleichungen beruhen, haben in den letzten Jahren das Verständnis für diesen Geodynamo deutlich verbessert, aber noch immer sind die genauen Details der Vorgänge tief im Erdinneren unbekannt. Kontinuierliche Beobachtungen der Feldvariationen und datenbasierte Modelle liefern wichtige Erkenntnisse, um theoretische Annahmen zu bestätigen oder zu entkräften.

Die Verteilung der magnetischen Feldstärke zeigt erwartungsgemäß, dass das Feld in der Nähe der Pole etwa doppelt so stark ist wie am Äquator (▶ Abb. 7.3). Das ist ein guter Beleg für die Dipoltheorie. Allerdings sind auch deutliche Abweichungen von dieser einfachen Struktur messbar, besonders in dem Gebiet mit ungewöhnlich schwacher Feldstärke über dem südlichen Atlantik, der „Südatlantischen Anomalie". Die aus den Messdaten abgeleiteten Modelle des magnetischen Kernfelds erlauben es, die Feldverteilung nicht nur an der Erdoberfläche, sondern auch an der Oberfläche des Erdkerns zu kartieren. Sie zeigen ein wesentlich komplexeres Feld in der Nähe der Quelle des magnetischen Innenfeldes. Die überwiegende Dipolstruktur (positive

decades that we have realised that the Earth's magnetic field is also ideally suited to helping us explore our planet. The magnetic field is one of the few physical phenomena capable of penetrating the entire planet and is thus suitable for remote sensing of dynamic processes within the core. It can also be used to record currents in the high atmosphere and in near-Earth space. Even oceanic tides produce weak magnetic fields, which were verified worldwide for the first time using the CHAMP satellite.

# Variable protective screen with many facets

Over 95 percent of the magnetic field surrounding the Earth is produced in its interior. This main field is supplemented by fractions from magnetised crust or the lithosphere. Only a maximum of five percent is due to electrical currents in the ionosphere and thus from extra-terrestrial sources. The key to understanding the spatial and temporal behaviour of the magnetic field produced in the Earth's interior lies in the movements of electrically conductive matter in the liquid outer core, i.e. at a depth of over 2900 kilometres. These movements produce the Earth's magnetic field by the well-known engineering principle of a self-exciting dynamo.

The Earth's magnetic field is similar to the field of a bar magnet, a so-called dipolar field, whose axis is currently tilted by around 11° to the Earth's axis of rotation (▶ Fig. 7.2). In the past, the magnetic field has undergone significant fluctuations in its strength and has also changed on many time and spatial scales – up to complete pole reversals. Many reports have been published on the effects of magnetic field fluctuations on the human body, resulting in statements which are controversial, but feasible.

The Earth is exposed to a permanent stream of charged particles from solar winds and cosmic radiation. The majority of both particle streams are diverted around the Earth by the magnetic field. The atmosphere also acts as a protective layer above the surface of the Earth. We usually only realise the shielding effect of the Earth's magnetic field if it is weaker than normal. This is the case in certain regions or if the solar wind is particularly strong.

These so-called solar storms are associated with a beautiful celestial phenomenon – the polar lights. These are a sign that some of the streaming particles have penetrated the protective screen and have been accelerated in the direction of the Earth by other processes. Polar lights generally occur within an oval area at a distance of 15° to 20° in latitude away from the northern and southern geomagnetic poles. During strong geomagnetic storms, they can spread to Central or even Southern Europe. Animals using the magnetic field for navigation may lose their orientation in such situations. For example, carrier pigeons may not be able to find their way back to their home loft, which is why pigeon fanciers find out about the condition of the current magnetic field before their birds' flights.

Current magnetic-field models show a large and continuous reduction in field strength over the last 170 years, which extends probably even back to the last 700 years. The dipole field has been reduced by almost seven percent in the last one hundred years. This gives rise to speculations that a reversal of the magnetic field could take place in the coming one thousand years. On average, over the past 160 million years, such reversals of polarity with a large weakening of the dipole field have taken place every half million years or so. Although the last reversal was 780 000 years ago, it is not valid to say that a reversal is overdue, because the reversal rates are extremely varying. Indirect studies of the magnetic field during the Holocene (starting around 12 000 years ago) indicate a large variability of the dipole moment instead of a long-term linear change. With our present day knowledge, it is not possible either to preclude or predict a field reversal in the near geological future.

The screening effect of the Earth's magnetic field also plays a role in the formation of cosmogenic nuclides such as $^{14}C$. The varying ionisation rate of the atmosphere by cosmic radiation on timescales of decades and longer is also affected by fluctuations in the magnetic field strength. There is an on-going debate on the various mechanisms by which increased ionisation of the atmosphere contributes to the formation of low clouds. Therefore, changes in the magnetic field could have an indirect effect on the climate. Modern global magnetic field models, developed to examine the timescale of years to millennia, can also be used to reconstruct changes in the strength and regional distribution of the screening effect.

# Signals from the Earth's core and wandering poles provide information about our planet

Each measurement of the Earth's magnetic field contains components from very different sources. The

Werte in der nördlichen Hemisphäre und negative in der südlichen) wird von kleineren Strukturen unterbrochen, die teilweise eine entgegengesetzte Polarität besitzen, insbesondere unter der Südatlantischen Anomalie gibt es etliche Regionen „falscher" Polarität. Diese spielen eine wichtige Rolle für die Schwächezone des Magnetfelds. Die Änderung der Feldstärke über die letzten 30 Jahre zeigt zudem, dass im Südatlantik das Feld nicht nur sehr schwach ist, sondern auch noch besonders schnell abnimmt. In anderen Gegenden, zum Beispiel Deutschland, nimmt dagegen die Feldstärke entgegen dem globalen Trend etwas zu. Allerdings verschieben sich die Gebiete der Zu- oder Abnahme ständig in nicht vorhersagbarer Weise.

Die aus den Beobachtungen an der Erdoberfläche erstellten Modelle können genutzt werden, um die Verteilung der magnetische Flussdichte an der Kern-Mantel-Grenze nahe der Quelle zu schätzen und damit aufzuzeigen, was in einer Tiefe von 3000 Kilometern unter unseren Füßen vor sich geht. Neben der Südatlantischen Anomalie sind hier die Zentren stärkster Flussdichte von großem Interesse. Sie zeigen sich auf der Nord- und Südhalbkugel auf Breiten, welche in etwa mit einem tangential an den inneren Erdkern angelegten Zylinder übereinstimmen und daher wahrscheinlich mit großräumigen Konvektionszellen im flüssigen äußeren Erdkern zusammenhängen. Aus der zeitlichen Änderung des Erdmagnetfeldes, auch Säkularvariation genannt,

7.3 Die Verteilung der magnetischen Feldstärke an der Erdoberfläche (a) zeigt über dem südlichen Atlantik eine Schwächezone, in der die abschirmende Wirkung des Magnetfelds deutlich reduziert ist. b) Die Verteilung der (radialen) vertikalen Flussdichte des Magnetfelds an der Grenze von Erdkern zu Erdmantel in 2900 km Tiefe lässt Rückschlüsse auf die im Erdkern ablaufenden Prozesse zu. Rot bedeutet positive, blau negative Polarität. Zur Orientierung sind die Umrisse der Kontinente eingezeichnet. c) Die Änderung der Feldstärke von 1980 bis 2010. Im Gebiet des südlichen Atlantiks ist sie mit einer Abnahme von zwölf Prozent besonders stark.

7.3 (a) The distribution of the magnetic field strength on the Earth's surface shows a weak zone over the South Atlantic where the screening effect of the magnetic field is substantially reduced. (b) The distribution of the (radial) vertical flux density of the magnetic field at the boundary between the core and the mantle at a depth of 2900 km allows conclusions to be drawn about the processes taking place in the core, red: positive polarity, blue: negative polarity. The outlines of the continents are given for orientation purposes. (c) Changes in field strength from 1980 to 2010. This is particularly strong in the South Atlantic, with a reduction of twelve percent.

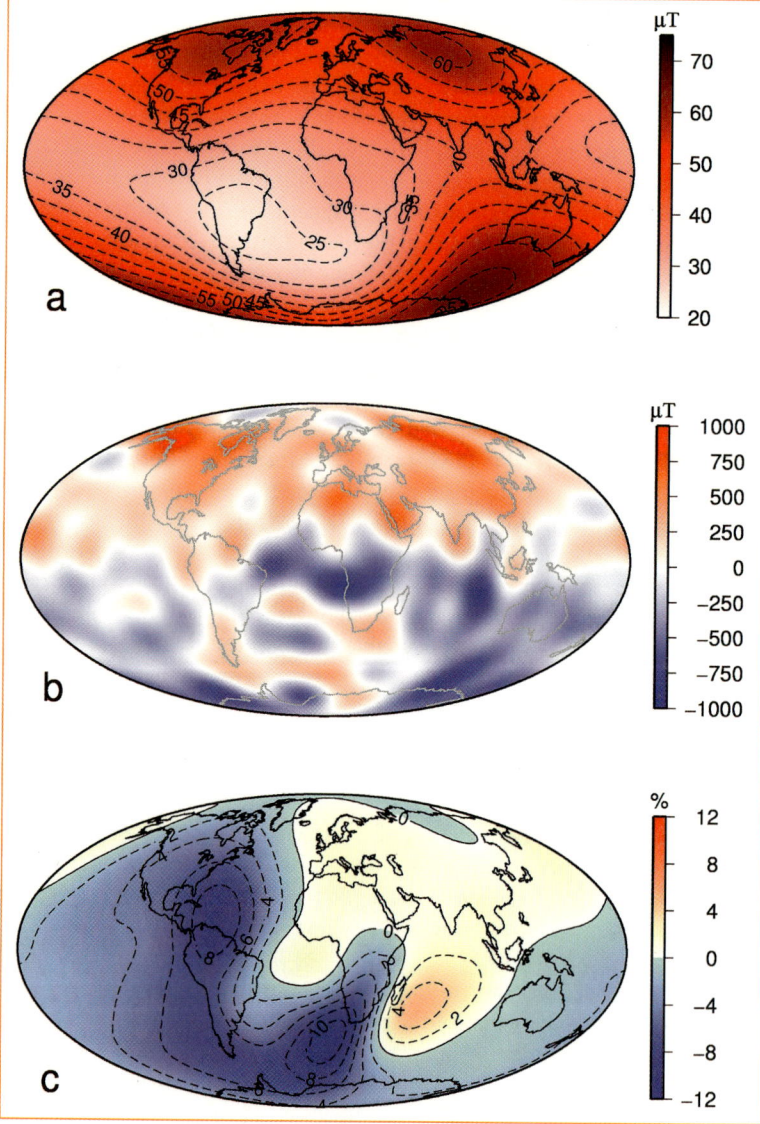

largest contribution, the main field, comes from the core. Other important components are the crust or lithospheric field and the external fields. The latter is caused by different current systems outside the Earth. Research into the characteristics of all these components help us to acquire a better understanding of the underlying geomagnetic processes. The magnetic field is a suitable geophysical tool for examining the way in which System Earth functions.

It has long since been accepted that the main field is produced by a dynamo process in the liquid outer core. In recent years, theoretical descriptions and numerical models based on the equations of forces have significantly improved our understanding of this geodynamo. Nevertheless, precise details of the processes deep inside the Earth's interior are still unknown. Continuous observations of field variations as well as data-based models provide important findings that validate or falsify our theoretical assumptions.

As expected, the distribution of the magnetic field strength shows that the field near the poles is around twice as strong as at the equator (▶ Fig. 7.3). This is supporting evidence for the dominance of the dipole field. However, significant deviations from this simple structure are also measurable, especially in the area over the South Atlantic, where the field strength is unusually weak – the "South Atlantic Anomaly". The models of the core magnetic field derived from measured data allow us to compute the field distribution, not only on the Earth's surface but also on the surface of the core. There we find a far more complex field distribution, so close to the source of the main magnetic field. The essentially dipolar structure (positive values in the northern hemisphere and negative in the southern hemisphere) is interrupted by smaller structures, some of which have inverse polarity. There are numerous regions of "wrong" (reversed) polarity, especially under the South Atlantic anomaly. These play an important role for the weak zone of the magnetic field. The changes in field strength in the South Atlantic during the past 30 years show that the field is not only weak, but it is also becoming increasingly weaker at considerable pace. Conversely, in some other areas, such as Germany, the field strength is increasing slightly, which is against the global trend. However, the areas of increase and decrease are constantly shifting in an unpredictable way.

The models produced from observations on the Earth's surface can be used to estimate the distribution of the magnetic flux density at the core/mantle boundary near the source and can be used to demonstrate what is happening at a depth of 3000 kilometres under our feet. In addition to the South Atlantic anomaly, there are some other very interesting centres with a relatively high flux density. These appear in the northern and southern hemispheres at latitudes roughly corresponding to a cylinder positioned tangentially to the inner core. They are probably related to large convection cells in the liquid outer core. Changes in the Earth's magnetic field over time, also called secular variation, can be used to draw conclusions about flow dynamics in the outer core at the boundary with the mantle, where matter is moving at velocities of up to 50 km/year. This is one million times faster than plate tectonic drift. Particularly abrupt changes in secular variation are called geomagnetic jerks. A new discovery brings further dynamism into play: regional mass movements in the liquid part of the core can take place surprisingly quickly and in turn affect the magnetic field of our planet. A combination of highly precise measurements of the Earth's magnetic field by CHAMP with the data from the Danish *Ørsted* satellite and measurements from observatories have indicated that fast but regionally limited fluctuations of the flow within the core occur more frequently than previously assumed. These include fast, almost sudden changes over a few months. This is a remarkably short time compared to the age of our planet or the time span since the last magnetic field reversal over 780 000 years ago. At present, we are unable to tell what conclusions can be drawn from this with regard to the functioning of the geodynamo.

Another astonishing phenomenon is the current rapid wandering of the magnetic pole in the northern hemisphere (▶ Fig. 7.4). The magnetic pole is defined as the place at which the magnetic field lines are perpendicular to the Earth's surface. The drift of the northern magnetic pole has continuously accelerated in recent decades, whereas the southern pole is moving much more slowly. Owing to the fact that the causes of these changes are in the core area within the above-mentioned tangential cylinder, and because the fast wandering of the pole could also be related to geomagnetic jerks, all these observations can provide important hints about the processes taking place in the core. Unlike the magnetic poles, the axial position of the dipole field hardly changes.

## From magnetic field to plate tectonics

The second field component, which also originates from the Earth's interior, is called the crust or lithospheric field. It is caused by the magnetisation of sediments and rocks and remains practically constant over time-scales of millennia. Only in exceptional cases its strength reaches at the Earth's surface more than two percent of

lassen sich Rückschlüsse auf die Strömungsdynamik im äußeren Kern an der Grenze zum Mantel ziehen. Die Materie bewegt sich dort mit bis zu 50 km/Jahr, das ist eine Million mal schneller als die plattentektonische Drift. Besonders abrupte Änderungen der Säkularvariation werden als geomagnetische Impulse ("geomagnetic jerks") bezeichnet. Eine neue Entdeckung bringt weitere Dynamik ins Spiel: Regionale Massenbewegungen im flüssigen Teil des Erdkerns können erstaunlich schnell vonstatten gehen und wiederum das Magnetfeld unseres Planeten beeinflussen. Eine Kombination von hochgenauen Messungen des Erdmagnetfelds durch CHAMP mit den Daten des dänischen Satelliten *Ørsted* und Messungen aus Observatorien ergaben, dass schnelle, aber regional begrenzte Fluktuationen der Fließbewegung im Erdkern offenbar häufiger auftreten, als bisher angenommen. Sie schließen schnelle, nahezu plötzliche Veränderungen über wenige Monate ein – ein bemerkenswert kurzer Zeitraum im Vergleich zum Alter unseres Planeten oder zur Zeitspanne seit der letzten Magnetfeldumkehr vor über 780 000 Jahren. Welche Rückschlüsse man hieraus auf die Funktion des Geodynamos ziehen kann, lässt sich zurzeit noch nicht sagen.

Ein weiteres erstaunliches Phänomen ist die derzeitige schnelle Wanderung des magnetischen Pols auf der Nordhalbkugel (▶ Abb. 7.4). Der magnetische Pol ist als der Ort definiert, an dem die magnetischen Feldlinien senkrecht auf die Erdoberfläche treffen. Die Drift des magnetischen Pols im Norden hat sich in den letzten Jahrzehnten ständig beschleunigt, während der Pol im Süden seine Position wesentlich weniger geändert hat. Da diese Änderungen ihre Ursachen im Kernbereich innerhalb des oben benannten tangentialen Zylinders haben, die schnellen Polwanderungen aber auch in möglichem Zusammenhang mit den geomagnetischen Impulsen stehen, können alle diese Beobachtungen wichtige Hinweise auf die Prozesse geben, die im Erdkern ablaufen. Im Gegensatz zu den magnetischen Polen ändert sich dabei die Achslage des Dipolfeldes kaum.

## Vom Magnetfeld zur Plattentektonik

Der zweite Feldanteil, der aus dem Erdinneren stammt, wird auch als Krusten- oder Lithosphärenfeld bezeichnet. Es beruht auf der Magnetisierung von Sedimenten und Gesteinen und ist in Zeitbereichen von Jahrtausenden praktisch konstant. Seine Stärke erreicht an der Erdoberfläche nur in Ausnahmefällen mehr als zwei Prozent der Hauptfeldstärke. Seine Signaturen werden auch als magnetische Anomalien bezeichnet.

Detaillierte regionale Kartierungen dieses Feldanteils aus Messungen von Flugzeugen oder Schiffen finden verbreitet Anwendung für geologische Fragestellungen und zur Lagerstättensuche. Großräumige Karten der Magnetfeldanomalien ermöglichen tektonische und erdgeschichtliche Interpretationen. Allerdings stellt auch hier die Mischung der verschiedenen Feldanteile in jedem Messwert ein Problem dar. Bisher war es nicht möglich, die magnetische Signatur der großskaligen lithosphärischen Strukturen eindeutig zu bestimmen. Der Grund dafür waren die im Allgemeinen relativ kleinräumigen Gebiete, die bei einer marinen oder aeromagnetischen Messkampagne erfasst werden und die sich nicht in Form von Puzzlestücken angrenzender individueller Messgebiete zusammensetzen lassen. Die Magnetfelddaten des Satelliten CHAMP brachten in dieser Hinsicht entscheidende Fortschritte auf dem Weg zu detaillierten weltweiten Karten des Lithosphärenfelds (▶ Abb. 7.5). Sie liefern Informationen über großräumige Strukturen und ermöglichen so ein nahtloses Aneinanderfügen der einzelnen Messgebiete.

Die Wirkung kleinräumiger magnetischer Anomalien klingt mit der Höhe über der Erdoberfläche schnell ab. Die Flughöhe begrenzt daher die erreichbare räumliche Auflösung von Lithosphärenfeldmodellen aus Satellitendaten. Aufgrund der niedrigen Umlaufbahn von CHAMP in seinem letzten Lebensjahr 2010 ermöglichen seine Messwerte eine mögliche Auflösung von etwa 200 Kilometern. Als Ergebnis aufwendiger Kombinationen aller verfügbaren aeromagnetischen und marinen Messungen mit Lithosphärenfeldmodellen aus Satellitendaten wurde die erste von der UNESCO unterstützte digitale Weltkarte magnetischer Anomalien (World Digital Magnetic Anomaly Map, WDMAM) im Jahr 2007 publiziert.

Die WDMAM setzt sich aus sechs internationalen Vorschlägen zusammen. Die ▶ Abbildung 7.6a zeigt das Potsdamer Modell, das aus allen verfügbaren aeromagnetischen Daten erstellt wurde. Man erkennt deutlich das magnetische Streifenmuster im Nordatlantik, welches charakteristisch für die Ozeane ist. Die Streifen waren es, die der Theorie der Plattentektonik zum Durchbruch verholfen haben. Der amerikanische Geophysiker Harry Hess entdeckte diese wiederholten Wechsel der magnetischen Ausrichtung in Bohrkernen aus den Ozeanböden beiderseits der mittelozeanischen Rücken (▶ Kapitel 03). Die wechselnde Polarität entsteht durch die Umpolungen des Magnetfelds im Lauf der Erdgeschichte. Das an den mittelozeanischen Rücken austretende zähflüssige Gesteinsmaterial richtet seine magnetfeldempfindlichen Mineralien nach dem vorliegenden Magnetfeld aus; beim Kontakt mit dem Ozeanwasser kühlt das Gestein schlagartig ab und wird

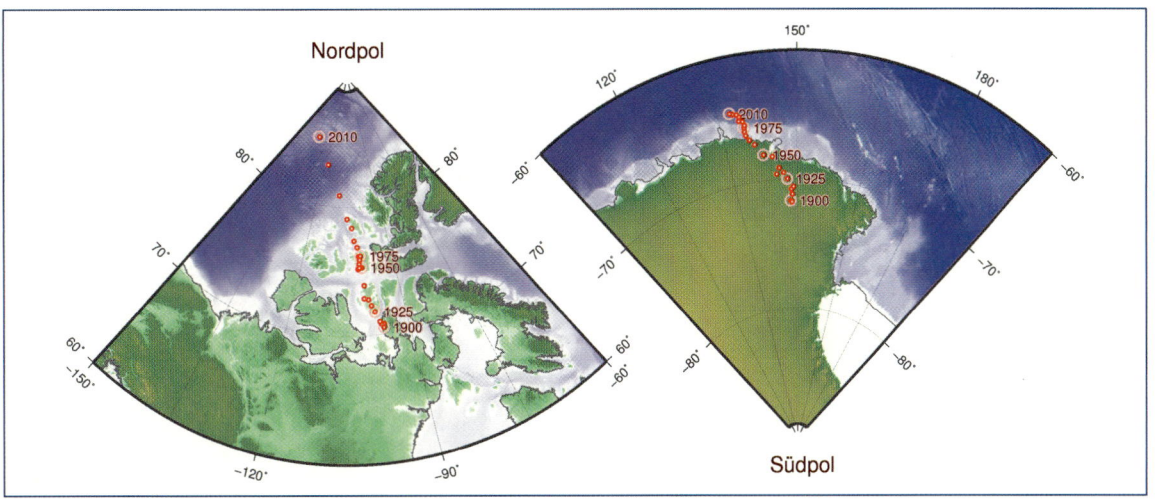

7.4 Different wandering behaviours of the magnetic poles in the two hemispheres. Whereas the magnetic pole in the north is moving towards the geographic pole with increasing speed, the magnetic pole in the south is slowly wandering towards the equator.

7.4 Die unterschiedliche Wanderung der magnetischen Pole in den beiden Hemisphären. Während sich der magnetische Pol im Norden auf den geographischen Pol mit wachsender Geschwindigkeit zubewegt, wandert der magnetische Pol im Süden langsam Richtung Äquator.

the main field strength. Its signatures are also called magnetic anomalies.

Detailed regional maps of this field component have been created using measurements taken from aircraft or ships. These maps are widely used for geological studies and in the search for resource deposits. Extensive maps of magnetic field anomalies enable tectonic and geological interpretations. However, the mixture of different field contribution in each measured value is a problem here too. Previously, it was not possible to clearly determine the magnetic signature of larger-scale lithospheric structures because the areas sampled by a marine or aeromagnetic measuring campaign were relatively small and could not be fitted together like jigsaw pieces. In this respect, the magnetic field data of the CHAMP satellite produced decisive advances by providing detailed worldwide maps of the lithospheric field (▶ Fig. 7.5). These satellite-derived maps give information about larger structures, which enables seamless joining of the individually measured areas.

The effect of small-scale magnetic anomalies rapidly diminishes with increasing height above the Earth's surface. The flight altitude therefore limits the achievable spatial resolution of lithospheric field models based on satellite data. Owing to the low orbit of CHAMP during the last year of its life in 2010, the measured data enable a possible resolution to spatial scales of around 200 kilometres. As a result of a complex combination of all available aeromagnetic and marine measurements with

lithospheric field models from satellite data the first UNESCO-sponsored digital world map of magnetic anomalies (World Digital Magnetic Anomaly Map, WDMAM) was published in 2007.

The WDMAM is made up of six international proposals. ▶ Figure 7.6a shows the Potsdam model, considering all available aeromagnetic data. The striped magnetic pattern in the North Atlantic, characteristic of the oceans, is clearly visible. It were these stripes that helped the theory of plate tectonics to make a breakthrough. The American geophysicist Harry Hess discovered this repeated change in magnetic orientation in core samples taken from the ocean floors on both sides of the mid-oceanic ridge (▶ Chapter 03). The alternating polarity is caused by polarity reversals of the magnetic field during the course of the Earth's history. The viscous magma emerging at the mid-oceanic ridge contains minerals that are sensitive to the magnetic field and which align themselves with the geomagnetic field. On contact with the ocean water, the magma is suddenly cooled and solidifies to rock. During its formation, the ocean floor therefore adopts the prevailing direction of magnetisation and permanently retains it as a frozen snapshot of the magnetic field. These stripes allow us to reconstruct the widening of the oceans in detail. Because field reversal is a global process, the striped pattern can be used for reliable dating of ocean floors that supplements and validates geochemical dating.

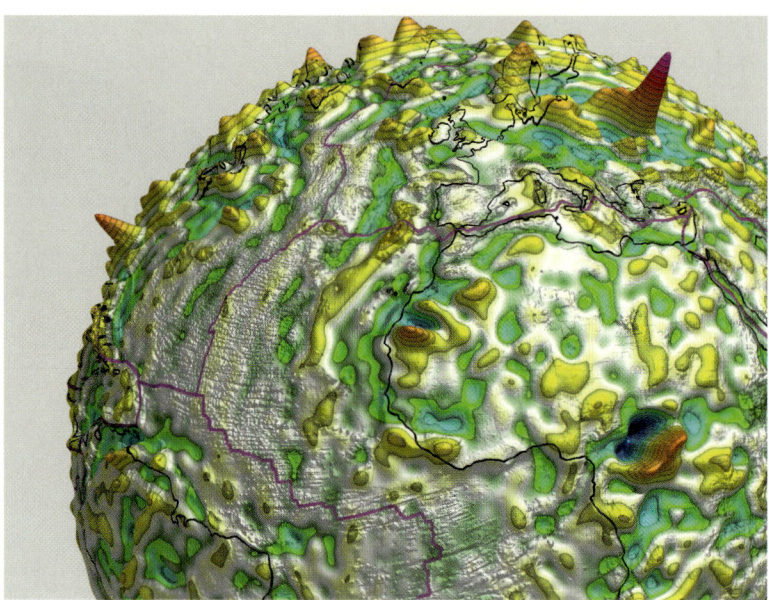

7.5 Dreidimensionale Darstellung des Magnetfeldsignales der Lithosphäre in 100 km Höhe. Besonders herausstechend ist die Kursk-Magnetfeldanomalie. Sie erzeugt das stärkste Signal in Satellitenhöhe und kann mit dem gleichnamigen Eisenerzlager in Russland in Verbindung gebracht werden. Deutlich tritt auch die Bangui-Anomalie in Zentralafrika hervor, deren Herkunft noch ungeklärt ist.

7.5 3-D representation of the magnetic field signal of the lithosphere at an altitude of 100 km. Particularly prominent is the Kursk magnetic field anomaly, which produces the strongest signal at satellite altitude. It is attributed to the iron ore deposit in Russia of the same name. The Bangui anomaly in Central Africa also stands out, although its origin has not yet been clarified.

fest. Der Ozeanboden nimmt während seiner Entstehung also die Magnetisierungsrichtung der Umgebung an und behält sie permanent bei, gewissermaßen ein eingefrorenes Magnetfeld. Die Streifen erlauben es, die Aufweitung der Ozeane im Detail zu rekonstruieren. Da die Feldumkehr ein globaler Prozess ist, lässt sich mithilfe der Streifenmuster eine zuverlässige Datierung der Alter von Ozeanböden vornehmen, welche die geochemische Altersbestimmung ergänzt und absichert.

Die ▶ Abbildung 7.6b zeigt als Ausschnitt eine Kombination dieser Karte mit dem magnetischen Ozeanbodenmodell des NASA-Teams und dem NOAA-GFZ-Lithosphärenfeldmodell aus Satellitendaten. Dargestellt ist hier die Umgebung der besonders interessanten Region des „Global Change Observatory South Africa". Nicht für alle Gebiete standen aeromagnetische oder marine Daten zur Verfügung, sodass die Karte stellenweise nur die relativ grobe Auflösung des Lithosphärenmodells aus Satellitendaten aufweist, etwa über Teilen des afrikanischen Kontinents. Über dem zentralafrikanischen Kontinent erkennt man eine der weltweit stärksten magnetischen Anomalien, die Bangui-Anomalie. Ihre Größe deutet auf eine Ursache tief in der unteren Erdkruste hin, aber es ist ungeklärt, ob sie das Abzeichen eines Meteoritenkraters oder aber eines ausgedehnten tektonischen oder thermischen Prozesses ist. Nahe der Südspitze des afrikanischen Kontinents ist die langgestreckte Beattie-Anomalie zu erkennen, deren Entstehung und Ursache auch noch weitgehend unbekannt sind.

## Das Magnetfeld als Sensor für Ströme und für das Wetter

Seit der fundamentalen Endeckung des dänischen Forschers Hans Christian Ørsted ist bekannt, dass jeder elektrische Strom ein Magnetfeld erzeugt. Diesen fundamentalen Zusammenhang macht man sich zunutze, um die Stromverteilung im Weltraum zu erforschen. Intensive Ströme fließen beispielsweise im Höhenbereich um 110 Kilometer, wo die Ionosphäre besonders leitfähig ist. Anhand von Magnetfeldmessungen hat man herausgefunden, dass die stärksten Ströme in hohen Breiten im Zusammenhang mit Nordlichtern auftreten. Durch die Einwirkung des Sonnenwindes auf das geomagnetische Feld erzeugte elektrische Felder treiben diese Ströme an. In Phasen von Sonnenstürmen können die ionosphärischen Ströme im Polarlichtgebiet starke und zeitlich variable Magnetfelder erzeugen. Über den Induktionseffekt generieren die veränderlichen Magnetfelder ihrerseits auch Spannungen im Erdboden und in Leitungssystemen.

Ein weiterer Bereich starker elektrischer Ströme ist die Ionosphäre über dem magnetischen Äquator. In einem nur einige 100 km breiten Streifen ist die Leitfähigkeit stark erhöht, was durch die Geometrie der Magnetfeldlinien bedingt ist; sie verlaufen hier parallel zur Erdoberfläche. Hier finden sich verstärkt fließende Ströme, der sogenannte äquatoriale Elektrojet (EEJ). Da der Äquator in weiten Bereichen über dem Ozean verläuft, konnten wesentliche Charakteristika des äquatorialen Elektrojets erst mithilfe der CHAMP-Magnetfeld-

a

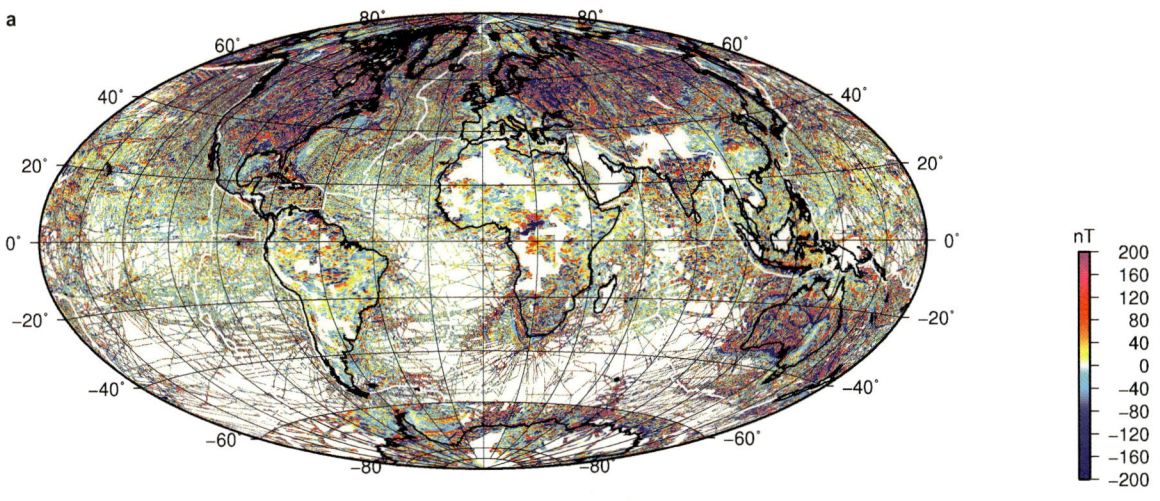

nT
200
160
120
80
40
0
-40
-80
-120
-160
-200

b

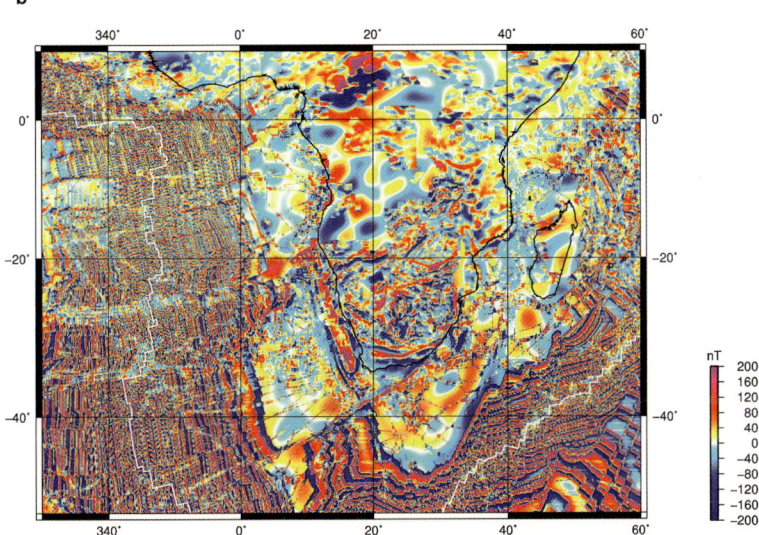

nT
200
160
120
80
40
0
-40
-80
-120
-160
-200

7.6 (a) The "GAMMA" model, which is based on all available aeromagnetic data. The characteristic striped pattern of the ocean floors is visible in the North Atlantic. (b) A section from a global map of the lithospheric field, which contributed to the first digital world map of magnetic anomalies (World Digital Magnetic Anomaly Map, WDMAM). It shows several significant anomalies in Africa.

7.6 Das Modell „GAMMA" aller verfügbaren aeromagnetischen Daten (a); im Nordatlantik ist das charakteristische Streifenmuster der Ozeanböden erkennbar. In (b) sieht man einen Ausschnitt aus einer globalen Karte des Lithosphärenfelds, die zur ersten digitalen Weltkarte magnetischer Anomalien (World Digital Magnetic Anomaly Map, WDMAM) beigetragen hat. Sie zeigt einige bedeutende Anomalien in Afrika.

▶ Figure 7.6b shows a section of the map obtained from the magnetic ocean floor model of the NASA team in combination with the NOAA-GFZ lithospheric field model produced from satellite data. It shows the surroundings of a particularly interesting region of the "Global Change Observatory South Africa". Aeromagnetic or marine data was not available for all areas, so that parts of this map section (e. g. parts of the African continent) have only the relatively coarse resolution of the lithospheric satellite model. One of the world's strongest magnetic anomalies, the Bangui anomaly, can be seen over the Central African continent. Its size indicates that its cause lies deep in the lower crust. However, geoscientists have not yet clarified whether it is the outline of a meteorite crater or an extended tectonic or thermal process. The long Beattie anomaly, whose origin and cause are also mostly unknown, can be seen near the southern tip of the African continent.

## The magnetic field as a sensor for currents and for the weather

Since the discovery by the Danish researcher Hans Christian Ørsted, we have known that every electric current produces a magnetic field. This fundamental relationship is used to study the distribution of currents in space. For example, there are intense currents at an altitude of around 110 kilometres, where the ionosphere is

messungen sichtbar gemacht werden. Der EEJ ist ein Tagzeitphänomen: Aktuelle Forschungsergebnisse zeigen, dass seine lokale Stärke merklich von der Gewitteraktivität in dem darunter liegenden Gebiet abhängt. Ganz allgemein scheinen meteorologisch-klimatologische Phänomene wie El Niño oder die QBO (*quasi bi-annual oscillation*) die Eigenschaften des Elektrojets vermittelt über die Lage der hochreichenden Konvektionswolken zu beeinflussen, die hier aus Gewittern bestehen. Weit zurückreichende Magnetfeldbeobachtungen können daher auch Aufschluss über klimabedingte Wolkenfeldverlagerungen geben.

Ein weiterer interessanter atmosphärischer Aspekt wurde durch CHAMP-Messwerte des Magnetfeldes entdeckt: Das geomagnetische Feld hat auch einen Einfluss auf die Atmosphäre. Mit dem hoch sensiblen Akzelerometer (Beschleunigungsmesser) an Bord von CHAMP konnte aus der Abbremsung des Satelliten durch die Restatmosphäre die Luftdichte in Flughöhe bestimmt werden. Wie aus meteorologischen Überlegungen zu erwarten war, ergab sich eine Luftdichte, die – bei der gegebenen konstanten Flughöhe – auf der Tagseite

höher als auf der Nachtseite war und in niedrigen Breiten höher als in der Nähe der Pole. Eigentlich sollte daher die Luftdichte am höchsten an den Orten sein, wo die Sonne senkrecht steht. Anders als erwartet wurden aber zwei Dichtemaxima bei etwa 25° nördlich und südlich des magnetischen Äquators gefunden (▶ Abb. 7.7).

Es ist bisher nicht vollständig geklärt, warum sich die Verteilung der Luftdichte am Erdmagnetfeld orientiert. Einige Theorien gehen davon aus, dass sich elektrisch geladene Teilchen entlang des Magnetfeldes bewegen und an den Orten der Dichtemaxima eine Aufheizung zusätzlich zur Sonne bewirken. Um dieses Phänomen besser zu ergründen, sind weitere Untersuchungen notwendig.

## Magnetische Signale der Ozeane

Ein überraschendes Ergebnis der CHAMP-Mission war die Entdeckung von magnetischen Signalen, die durch Ozeangezeiten erzeugt werden. Bewegt man eine leitende Flüssigkeit, wie zum Beispiel das Meerwasser, senkrecht zum Magnetfeld, kommt es zur Ladungstrennung und damit zu einem elektrischen Feld. Dieses Feld treibt Ströme, die wiederum ein Magnetfeld erzeugen. Allerdings werden nur schwache Felder erzeugt, die in der CHAMP-Flughöhe von rund 400 Kilometern lediglich etwa ein Fünfzigtausendstel des Hauptfeldes betragen. Die wissenschaftliche Herausforderung bestand darin, das vom Ozeanwasser erzeugte Signal vom Gesamtsignal abzutrennen, damit das Signal der Gezeiten klar sichtbar wird. Die Gezeiten sind periodisch, und ihr zeitlicher Verlauf kann aus der Konstellation von Mond und Sonne sehr genau abgeleitet werden. Ein Vergleich der Ergebnisse mit den Vorhersagen von Gezeitenmodellen ergab eine sehr gute Übereinstimmung. Satelliten-Messungen des Magnetfeldes könnten also vermutlich einen wichtigen Beitrag zum verbesserten Monitoring der Meeresströmungen weltweit leisten.

## Ausblick

Wie eingangs erwähnt, ändert sich das Magnetfeld in nicht vorhersagbarer Weise. Erste Ansätze zur Vorhersage seiner Säkularvariation über gewisse Zeiträume liefert seit kurzem die Methode der Datenassimilation, bei der Messdaten Eingang in numerische Modelle finden. Nicht nur für Fortschritte auf diesem Gebiet, sondern auch für ein generell verbessertes Verständnis der vielfältigen Prozesse, die die einzelnen Magnetfeldanteile

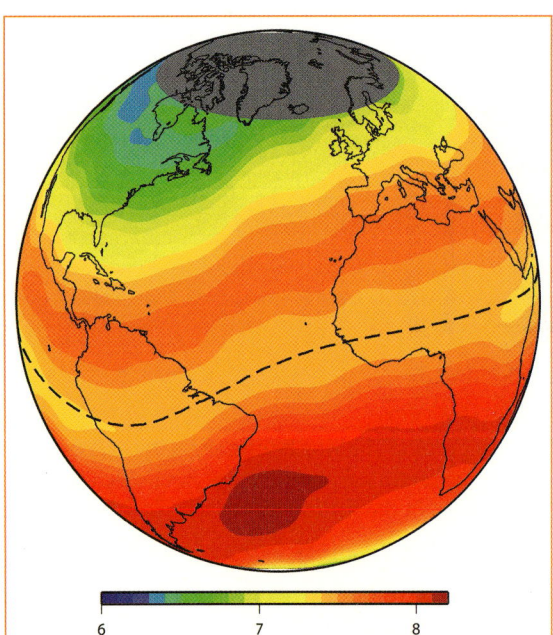

7.7  Verteilung der Luftdichte in 400 km Höhe (Maßeinheit: $10^{-12}$ kg/m³). Die größte Dichte findet man entlang zweier Bänder nördlich und südlich des magnetischen Äquators; dieser ist als schwarze Linie eingezeichnet.

7.7  Distribution of the air density at an altitude of 400 km (unit of measurement: $10^{-12}$ kg/m³). The highest density is found along two strips to the north and south of the magnetic equator, which is indicated by the dashed black line.

particularly conductive. Measurements of the magnetic field have revealed that the strongest currents occur at high latitudes in association with the Northern Lights. These currents are driven by electric fields produced by the interaction of solar wind with the geomagnetic field. During phases of solar storms, the ionospheric currents in regions with polar lights can produce strong magnetic fields changing rapidly with time. Through the induction effect, these varying magnetic fields can generate electric fields in the ground which drive strong currents through power line grids and pipeline systems.

Another area of strong electric currents is the ionosphere above the magnetic equator. In a narrow strip only a few hundred kilometres wide, the conductivity is highly increased due to the geometry of the magnetic field lines that run parallel to the Earth's surface here. This increases the currents and produces a phenomenon known as the equatorial electrojet (EEJ). As large parts of the equator run across the ocean, important characteristics of the equatorial electrojet were only made visible with the help of the CHAMP magnetic field measurements. The EEJ is a daytime phenomenon. Current research results show that the local EEJ strength is clearly dependent on thunderstorm activity in the area beneath it. Speaking in general terms, meteorological-climatological phenomena such as El Niño or the QBO (quasi biannual oscillation) appear to affect the properties of the electrojet, through their influence on the location and size of high-reaching convection clouds, which are associated with thunderstorms. Magnetic field observations extending far back in time can thus provide information about climate-induced displacements of cloud fields.

Another interesting atmospheric aspect that was discovered from the CHAMP magnetic field measurements: the geomagnetic field also affects the atmosphere. Using the highly sensitive accelerometer on board CHAMP, it was possible to determine the air density at flight altitude from the braking of the satellite by the residual atmosphere. As expected from meteorological considerations, the air density (at the given constant flight altitude) was shown to be higher on the day side than on the night side, and higher at lower latitudes than near the poles. The air density should therefore be highest at the places where the sun is vertically above the Earth. However, contrary to expectations, two density maxima were found at around 25° north and south of the magnetic equator (▶ Fig. 7.7).

It has not yet been fully clarified why the distribution of air density is ordered to the Earth's magnetic field. Several theories assume that the electrically charged particles move along the magnetic field lines and, at the locations of the density maxima, cause heating by electrical currents in additional to that of the sun. Further

investigations are necessary to improve our understanding of this phenomenon.

## Magnetic signals of the oceans

A surprising result of the CHAMP mission was the discovery of magnetic signals produced by ocean tides. If a conductive fluid such as seawater is moved perpendicularly to a magnetic field, charge separation occurs. The resulting electric field induces currents that in turn produce a magnetic field. However, such fields are weak, and at the altitude of the CHAMP – around 400 kilometres – they only account for roughly one fifty thousandth of the main field. The scientific challenge lay in separating the signal produced by the ocean water from the total signal, so that the signal of the tides becomes visible. The tides are periodic, and their change over time can be very precisely derived from the constellations of the moon and sun. A comparison showed very good correlation between the results and the predictions of tidal models. Satellite measurements of the magnetic field could therefore make an important contribution to improved monitoring of ocean currents around the globe.

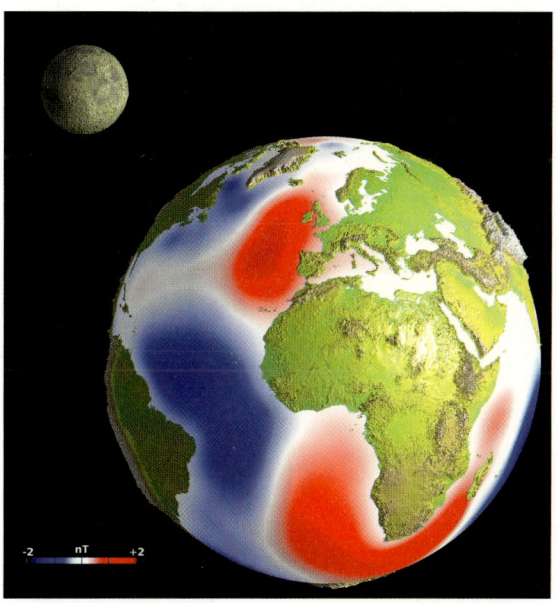

7.8  Verteilung der durch Ozeangezeiten erzeugten Magnetfelder. Dargestellt ist die Situation für den Vollmond über dem Atlantik.

7.8  Distribution of the magnetic fields produced by ocean tides. The diagram shows the situation for full moon over the Atlantic.

und deren Schwankungen bewirken, sind weiterhin hochqualitative Messdaten vom Boden (▶ Abb. 7.9) und von Satelliten nötig. In einem Netz von weltweit etwa 200 geomagnetischen Observatorien, die kontinuierlich das Erdmagnetfeld registrieren und die Daten teilweise in nahezu Echtzeit zur Verfügung stellen, gehört das Adolf-Schmidt-Observatorium für Geomagnetismus in Niemegk bei Potsdam zu den weltweit ältesten Stationen: Seine Datenreihen reichen mit den Vorgängerstationen in Seddin und Potsdam bis 1890 zurück.

Der Satellit CHAMP hat von 2000 bis 2010 das Erdmagnetfeld kontinuierlich und mit einmaliger Genauig-

keit aus dem All registriert. Als Nachfolge ist die ESA-Mission Swarm in Vorbereitung, die aus drei Satelliten des CHAMP-Typs bestehen wird. Der Start dieser Satelliten ist für 2012 vorgesehen. Bedeutende Fortschritte wird diese Mission bei der eindeutigen Trennung der externen Felder ermöglichen. Auch liefert sie beste Voraussetzungen für neue Lithosphärenmodelle mit erhöhter räumlicher Auflösung. Das Magnetfeld ist nicht nur Schutz, sondern auch ein Informationskanal für uns.

7.9  Special magnetic field measurements, like those here in the Sossusvlei region of the Namib-Naukluft National Park in Namibia, supplement the continuous data recorded by magnetic observatories.

7.9  Spezielle Magnetfeldmessungen wie hier in der Sossusvlei-Region des Namib-Naukluft-Nationalparks in Namibia ergänzen in vielen Teilen der Erde die kontinuierlichen Registrierungen magnetischer Observatorien.

## Outlook

As already mentioned, the Earth's magnetic field changes in an unpredictable way. Data assimilation, in which measured data is input into numerical models, has recently been used to provide initial approaches to predicting secular variation of the magnetic field over certain periods of time. High-quality data measured from the ground (▶ Fig. 7.9) and from satellites is required not only for progress in this field, but also for a generally improved understanding of the diverse processes that give rise to the individual magnetic field contributions and their fluctuations. There is a worldwide network of around 200 geomagnetic observatories that are continuously recording the Earth's magnetic field. Some of these observatories provide practically real-time data. The Adolf-Schmidt Observatory for Geomagnetism in Niemegk near Potsdam is one of the oldest stations in the world. Together with its predecessor stations in Seddin and Potsdam, it has been providing data since 1890.

From 2000 to 2010, the CHAMP satellite recorded the Earth's magnetic field from space, continuously and with unique accuracy. The ESA Swarm mission is being prepared as a successor, and will consist of three CHAMP-type satellites that are due for launch in 2012. This mission will enable significant progress in achieving a better separation of external fields. It will also provide the best pre-requisites for new lithospheric models with increased spatial resolution. Thus the geomagnetic field not only provides protection, it is also an information channel.

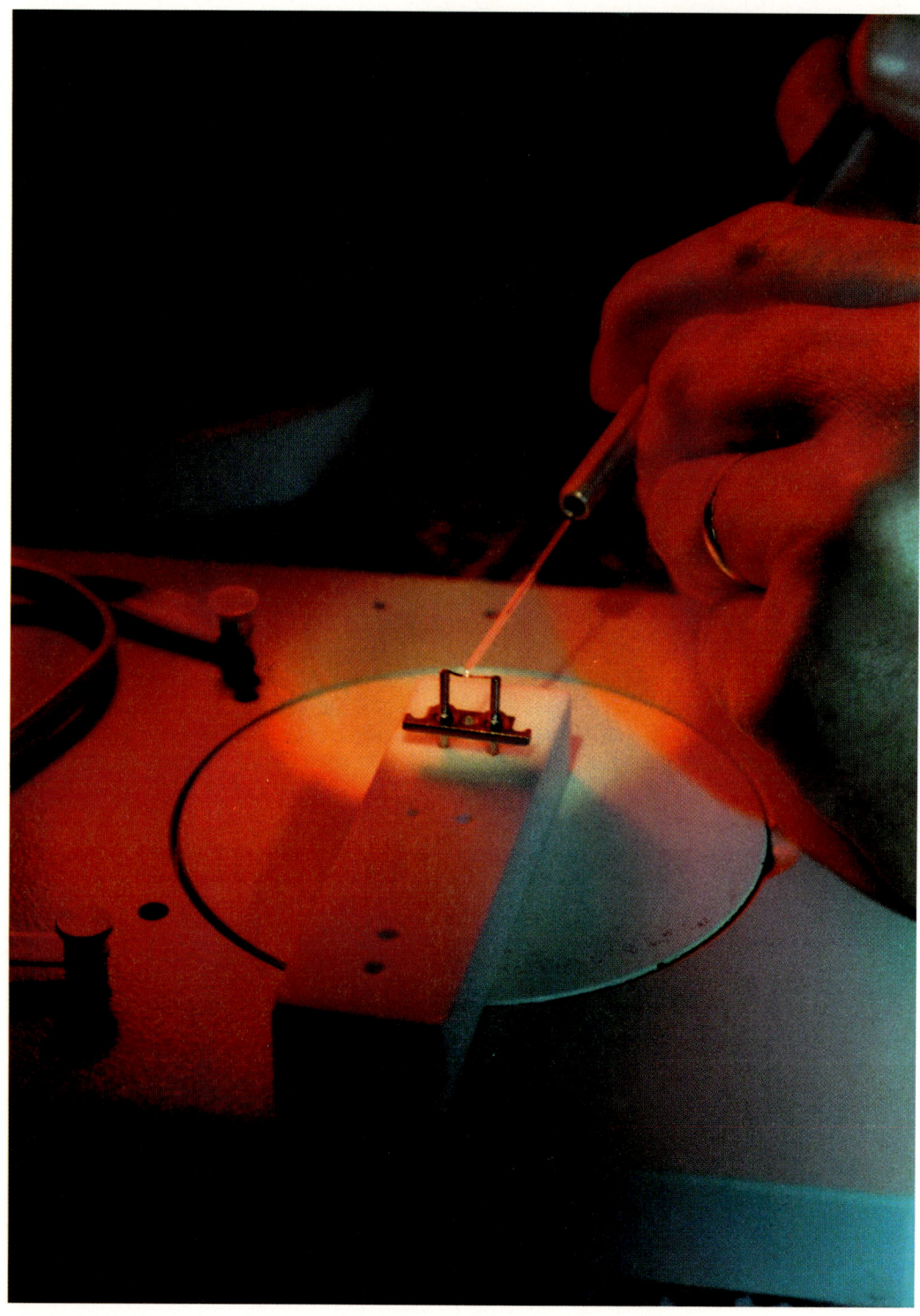

8.1  Thermionen-Massenspektrometer: Beschickung mit einer Probe auf einen Wolfram-Probeträger.

8.1  Thermal ionisation mass spectrometer (TIMS): loading a sample onto a tungsten sample holder.

Kapitel 08
# Die Erde im Labor

Chapter 08
# The Earth in the Laboratory

Auf der Erdoberfläche lastet die Atmosphäre mit einem Druck von etwa 1000 Hektopascal. Dagegen sind die Drücke und Temperaturen im Mittelpunkt der Erde unvorstellbar: Stapelt man hypothetisch dreieinhalb Millionen Hochdruckgebiete übereinander (das entspricht 350 Gigapascal, GPa) und erhöht die Temperatur auf über 5000 °C, dann hat man in etwa die Druck- und Temperaturverhältnisse, wie sie im inneren Erdkern vorliegen. Auch die Gesteine des Erdmantels, eine Etage höher, erfahren Extrembedingungen: An der Kern-Mantel-Grenze in 2900 Kilometern Tiefe herrschen rund 3000 °C bei einem Druck von 135 Gigapascal. Das sind enorme Werte, aber woher kennen wir sie eigentlich? Der weitaus größte Teil des Erdkörpers ist uns nicht direkt zugänglich, die tiefsten Bohrungen reichen nur etwa zehn Kilometer tief in den oberen Teil der Erdkruste hinein. Unser gesamtes Wissen über den inneren Erdaufbau verdanken wir indirekten Messungen, die sich nur auf ihrer Richtigkeit überprüfen lassen, wenn man sie im Labor nachvollzieht oder mit Laborergebnissen kalibriert, also „eicht".

Im Labor erzeugt man Drücke und Temperaturen, wie sie im Erdmantel vorkommen. Mittels Diamantstempelzellen, Geräten zur extremen Komprimierung kleiner Materialmengen, werden Hochdruckexperimente durchgeführt; hinzu kommen Röntgenbeugungsexperimente an Synchrotronquellen. Mit diesen Verfahren gewinnt man nicht nur Erkenntnisse über die Gesteine selbst, man erforscht mit ihnen auch die Materialeigenschaften von im Erdinneren gebildeten Fluiden und Schmelzen sowie die Wechselwirkungen zwischen Mineralen, Schmelzen und Fluiden, die wiederum Stoffflüsse auf äußerst verschiedenen Raum- und Zeitskalen in Gang setzen. Im Mittelpunkt stehen für das Prozessverständnis wichtige physikalische Größen, wie die Wärmetransporteigenschaften, und die für die Interpretation der indirekten geophysikalischen Tiefensondierungen benötigten Parameter, wie elastische Eigenschaften, Dichte und elektrischer Widerstand. Denn noch immer stehen die Geowissenschaftler vor einer Reihe ungelöster Fragen hinsichtlich der chemischen Abläufe der Phasentransformationen und wissen wir nicht genau, bei welchen Drücken und Temperaturen sich Minerale in andere umwandeln, wie sie miteinander reagieren, wie Aufschmelz- und Kristallisationsprozesse vor sich gehen, wie sich Schmelzen und durch Mineralreaktionen gebildete Fluide vom Gestein trennen, und wie schnell dies geht. Um diese Mechanismen besser zu verstehen, sind neue Erkenntnisse über das von Druck und Temperatur abhängige Verteilungsverhalten von Elementen zwischen Mineralen, Fluiden und Schmelzen nötig – den „Motor" großräumiger Stoffflüsse. So werden bei der Bildung von Gesteinsschmelzen und damit

verbundenem Vulkanismus riesige Mengen an bestimmten Elementen aus dem Erdmantel extrahiert und über die Erdoberfläche verbreitet. Wir können im Labor die Bedingung solcher Prozesse simulieren und ihre Einflussgrößen studieren, um schließlich die Antriebsmechanismen zu verstehen.

Um die Vorgänge zu analysieren, die beim Brechen von Gesteinen ablaufen, sind geringere Drücke und niedrigere Temperaturen ausreichend. Das gilt auch für Laborexperimente zur Bruchfestigkeit, einer Materialeigenschaft, die für die Untersuchung von Natursteinen als Baumaterial ebenso wichtig ist wie für die Erdbebenforschung. Das bedeutet nicht, dass die hier ablaufenden Prozesse weniger komplex sind.

## Bis die Kruste bricht

Erdbeben sind Bruchvorgänge in der Erdkruste, bei denen Gestein über seine Belastungsgrenze hinaus unter Spannung gesetzt wurde. Aber selbst die gewaltigsten Erdbeben mit Bruchlängen von über tausend Kilometern wie das Sumatra-Tsunamibeben im Jahr 2004 gehen letztlich von einer sehr schmalen Grenzfläche aus, die durch kristalline oder mineralische Strukturen vorgegeben ist und an der das Gestein zu brechen beginnt. Die Untersuchung solcher Bruchvorgänge im Hochdrucklabor hat dazu geführt, dass wir heute viele Prozesse, die sich während und nach einem Beben ereignen, mithilfe der aus Experimenten abgeleiteten Theorie modellhaft beschreiben können.

Die Struktur der Bruchzone entscheidet unter anderem darüber, wie ein Erdbeben ausgelöst wird und wie es sich ausbreitet. Tektonische Störungen, Scher- oder Bruchzonen sind komplexe räumliche Gebilde. Im ▶ Kapitel 03 über die Tektonik hatten wir gesehen, dass an solchen Störzonen an einigen Stellen die Gesteinspakete aneinander vorbeigleiten, während sie sich anderswo miteinander verhaken. Diese geblockten Bereiche, *Asperities* („Rauheiten") genannt, sind bei einem Erdbeben diejenigen Bruchstellen, an denen die Bodenbeschleunigungen besonders hoch sein können. Daher sind ihre Lage und ihre Zerstörung unter Belastung für die Erdbebenforschung besonders interessant.

In felsmechanischen Experimenten kann man heute mit großer Genauigkeit untersuchen, wie Brüche entstehen, wie sie sich in Gesteinen ausbreiten und welche mikroseismischen und akustischen Aktivitäten damit verbunden sind. Die Ergebnisse dieser Untersuchungen tragen zum Verständnis der Herdprozesse großer Erdbeben bei. Die wesentliche Aufgabe besteht darin, die Beobachtungen und Messergebnisse über die unter-

The atmosphere exerts a pressure of around 1000 hectopascal on the Earth's surface, whereas the pressures and temperatures at the centre of the Earth are unimaginable. If we were able to stack three and a half million high-pressure atmospheric systems on top of each other (equal to 350 gigapascal, GPa) and increase the temperature to over 5000 °C, this would roughly equal the pressure and temperature conditions in the Earth's inner core. The rocks in the mantle, one level up, are also subjected to extreme conditions. At the core/mantle boundary, which lies at a depth of about 2900 kilometres, the temperature is around 3000 °C and the pressure is 135 gigapascal. These values are enormous, but how do we know them? Most of the Earth's body is not directly accessible to us. The deepest borehole reaches a depth of only ten kilometres or so in the upper part of the crust. All our knowledge of the Earth's inner structure has been obtained from indirect measurements. We can only check if they are correct by reproducing them in the laboratory or by calibrating them with laboratory results, i. e. by validating them.

In the laboratory, we are able to produce pressures and temperatures similar to those occurring in the Earth's mantle. Diamond anvil cells, devices for extreme compression of small quantities of material, are used to perform high-pressure experiments. In addition, these samples are analysed by various techniques, for example, X-ray diffraction on synchrotron sources. We can use these methods not only to acquire knowledge about rocks, but also to study the material properties of the fluids and melts formed in the Earth's interior as well as the interactions between minerals, melts and fluids, which in turn initiate and drive material flux on extremely different scales of space and time. The focus is on physical variables such as heat transport properties, which are important for understanding these processes, and on parameters such as elasticity, density and electrical resistance, which are required for the interpretation of indirect geophysical depth sounding data. Geoscientists are still faced by a number of unsolved questions regarding the chemical processes involved in phase transformations. In many cases, we do not know at exactly what pressures and temperatures minerals transform into others or how they react with each other. Nor do we know sufficiently how melting and crystallisation processes take place, nor how melts and fluids formed by mineral reactions separate from rock, nor how fast this occurs. In order to understand these mechanisms better, we need more detailed knowledge about the pressure- and temperature-dependent distribution behaviour of elements between minerals, fluids and melts – the "engine" driving large-scale material flux. For example, the formation of magma and the associated volcanism

extracts enormous quantities of certain elements from the mantle and disperses them over the Earth's surface. We can simulate the conditions of such processes in the laboratory and study their influencing variables in order to finally understand the driving mechanisms.

Lower pressures and temperatures are sufficient to analyse the processes occurring when rocks fracture. This also applies to laboratory experiments on ultimate strength, a material property which is just as important for the study of natural stone as a building material, as it is for earthquake research. This does not mean that the processes taking place here are any less complex.

# Earthquake rupture in the laboratory

Earthquakes are fracture processes within in the brittle-crust that occur if the stress exceeds the rock strength. But even very large earthquakes with rupture lengths of more than one thousand kilometres, such as the Sumatra tsunami earthquake in 2004, are triggered in relatively narrow zones consisting of specific minerals and structures where fracturing is initiated. As a result of investigations into such fracture processes in high-pressure laboratories, we are now able to describe many processes that occur during and after an earthquake with the help of theoretical models derived from experiments.

The structure of the rupture zone decides, among other things, how an earthquake is triggered and how it propagates. Tectonic faults as well as shear and rupture zones are complex spatial structures. In ▶ Chapter 03 on tectonics, we saw that the rock packages behave differently in different parts of a fault zone: they slide past each other in some places, whereas they block or stick elsewhere. During an earthquake, the ground motion is highly accelerated at these blocked areas, called *asperities*. Their spatial behaviour and mechanical behaviour under load are particularly interesting for earthquake research.

Modern experimental rock mechanics allows to precisely examine the fracture initiation and propagation associated with the location of microseismic and acoustic events. The results of these investigations contribute to our understanding of the focal mechanisms of major earthquakes. The main challenge is to combine observations and measurements made at different scales, spanning several orders of magnitude from the laboratory scale over mining-induced seismicity up to active tectonic faulting.

8.2 Das linke Bild zeigt eine für ein Experiment in der Gesteinspresse vorbereitete Probe mit einer Vielzahl von piezokerami-schen Sensoren, die als eine Art Miniatur-Seismometer die beim Bruch abgestrahlten elastischen Wellen aufzeichnen. Rechts: Granitprobe nach dem Bruch.

8.2 The image on the left shows a specimen prepared for a deformation experiment in a rock press. The sample is equipped with a large number of piezoceramic sensors that act like miniature seismometers and record the elastic waves emitted during fracture growth. Right: Fractured granite specimen.

schiedlichen Skalenbereiche, vom Labor über die Berg-werkskala bis hin zur Größenordnung aktiver tektonischer Verwerfungen, schlüssig miteinander zu verknüpfen.

Im Labor können die Bildungszonen von Beben und Bruch im Zentimeterbereich studiert werden (▶ Abb. 8.2). Die dabei erzeugten Magnituden sind sehr gering (kleiner als −3 bis −4), verglichen mit Magnituden grö-ßer 7, wie sie bei katastrophalen, großen Erdbeben auf-treten können. Auf der Skala dazwischen liegen mikro-seismische Ereignisse, wie sie beispielsweise durch Gebirgsschläge und Erdbeben in Minen ausgelöst wer-den. Ähnlich wie im Labor besteht auch in tiefen Berg-werken die Möglichkeit, den Erdbebenprozess aus der Nähe und mit großer Auflösung zu analysieren. Die Ent-stehung und Entwicklung eines Bruchs in intaktem Gestein wird experimentell unter verschiedenen Belas-tungsarten untersucht. Hierzu kombinieren die Wissen-schaftler mechanische Daten aus Deformationsexperi-menten mit mikrostrukturellen Untersuchungen und fortgeschrittenen Verfahren zur Analyse der beim Bruch abgestrahlten akustischen Emissionen (▶ Abb. 8.3).

Aus den Experimenten, die man an verschiedenen Gesteinen (zum Beispiel Granit, Sandstein Kalkstein, Steinsalz) durchgeführt hat, ergibt sich ein deutliches Bild der Bildung (Nukleation) und des Wachstums von Zug- und Scherbrüchen. Dabei lassen sich schematisch drei Stadien der Bruchentwicklung unterscheiden. Unter Belastung entstehen im ersten Stadium zahlreiche und relativ homogen verteilte Mikrorisse im Gestein, bereits vorhandene Risse dehnen sich aus, in der Mikro-struktur sind Scherrisse kaum nachweisbar. In einem räumlich eng begrenzten Riss-Cluster (Nukleations-

zone) kommt es im zweiten Stadium zur Wechselwir-kung zwischen Mikrorissen, lokaler Spannungskonzen-tration und zum Versagen von Materialbrücken. Der Scherbruch wächst in das intakte Gestein und ist von einer Auflockerungszone (Prozesszone) umgeben (▶ Abb. 8.3). Im dritten Stadium tritt der mit bloßem Auge sichtbare Bruch abrupt ein und wird von einem Spannungsabfall bis auf den Reibungswiderstand der Bruchfläche begleitet. Dabei werden in der Scherzone Gesteinsfragmente zerbrochen, rotiert und kompaktiert (▶ Abb. 8.4). Das Verteilungsmuster der Mikrorisse und der Hypozentren der akustischen Emissionen doku-mentiert eine Konzentration der Verformung beim Übergang vom Bruch zum Reibungsgleiten. Die Ergeb-nisse der Experimente erlauben es, die komplexe Mikro-mechanik von Nukleationsprozessen bei Erdbeben, wie etwa das Abscheren von Asperities oder Barrieren in einer Scherzone, besser zu verstehen.

Die bruchlose Zerscherung von Gesteinen, wie sie in tieferen Bereichen der Lithosphäre an Scherzonen und Plattengrenzen unterhalb der seismisch aktiven Zone vor sich geht, lässt sich in einer sogenannten Paterson-Gasdruckapparatur nachvollziehen, um die plastischen Verformungseigenschaften wichtiger Gesteinskompo-nenten der Unterkruste (Feldspat, Pyroxen) mit hoher Präzision zu bestimmen. Um eine hohe Scherverfor-mung zu erzielen, reduziert man zylindrische Proben in der Mitte um etwa die Hälfte im Durchmesser, in ihrer Form ähneln sie dann einem Hundeknochen. Dadurch konzentriert sich die Verformung in dem schmalen Bereich. Ein solches Experiment dient zum Beispiel zur Bestimmung der Fließeigenschaften von verhältnis-

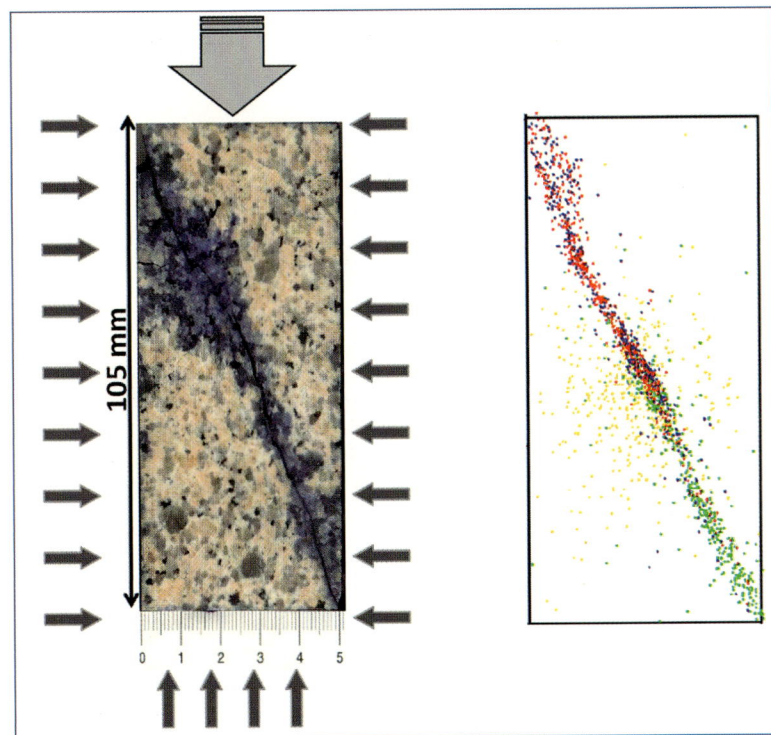

8.3 Left: shear fracture of a granite specimen. The specimen was impregnated with blue epoxy resin and then polished. The arrows indicate the hydrostatic pressure acting laterally on the specimen and the load in the axial direction. Right: The hypocentres of acoustic emissions that occurred during fracture are colour-coded according to their time sequence.

8.3 Scherbruch in einer Granitprobe (linke Abbildung). Die Probe wurde mit blau gefärbtem Epoxydharz getränkt und angeschliffen. Die Pfeile deuten den auf die Probe seitlich wirkenden hydrostatischen Druck und die Belastung in Längsrichtung an. Rechts im Bild sind die Hypozentren der beim Bruch abgestrahlten akustischen Emissionen entsprechend ihrer zeitlichen Abfolge farbig kodiert dargestellt.

In laboratory experiments we can study the formation zones of earthquakes and fractures within the centimetre range (▶ Fig. 8.2). The resulting magnitudes are very small (less than −3 to −4) compared to magnitudes larger than 7 that can occur during major earthquakes. Between these two scales lie microseismic events, such as those triggered by rock bursts and earthquakes in mines. As in the laboratory, it is also possible to analyse earthquake processes in deep mines, up close and with a high resolution. The formation and development of a fracture in intact rock is examined experimentally under different types of load. To do this, scientists combine mechanical data from deformation experiments with microstructural investigations and advanced methods of analysing acoustic emissions during fracture (▶ Fig. 8.3).

The experiments performed on different rocks (for example, granite, sandstone, limestone, and rock salt), produce a clear picture of the formation (nucleation) and growth of tensile and shear fractures. In simplified terms, the development of a fracture can be divided into three stages. In the first stage, under an applied load, numerous and relatively homogeneously distributed microcracks form in the rock, and existing cracks expand. Shear cracks are barely detectable in the microstructure. In the second stage, in a spatially restricted crack cluster (nucleation zone), interactions occur between microcracks, local stress concentrations develop and material bridges fail. The shear fracture grows in the intact rock and is surrounded by a softening zone (process zone, ▶ Fig. 8.3). Finally, in the third stage, a fracture visible to the naked eye abruptly develops and is accompanied by a drop in stress to the frictional resistance of the fracture plane. At the same time, in the shear zone, rock fragments are fractured, rotated and compacted (▶ Fig. 8.4). The distribution pattern of the microcracks and the hypocentres of the acoustic emissions shows that the deformation is concentrated on the transition from fracture to frictional sliding (slip). The results of the experiments enable us to improve our understanding of the complex micromechanics of nucleation processes during earthquakes, such as the shearing off of asperities or barriers in a shear zone.

The fracture-less ductile shearing of rocks, which occurs in deeper regions of the lithosphere in shear zones and plate boundaries underneath the seismically active zone of the crust, can be investigated in a Paterson gas-medium apparatus. This equipment is used to study the ductile deformation properties of important rock components in the lower crust (feldspar, pyroxene) with a high degree of accuracy. To achieve high shear deformation, the diameter of the cylindrical specimens is reduced by around half in the middle so that

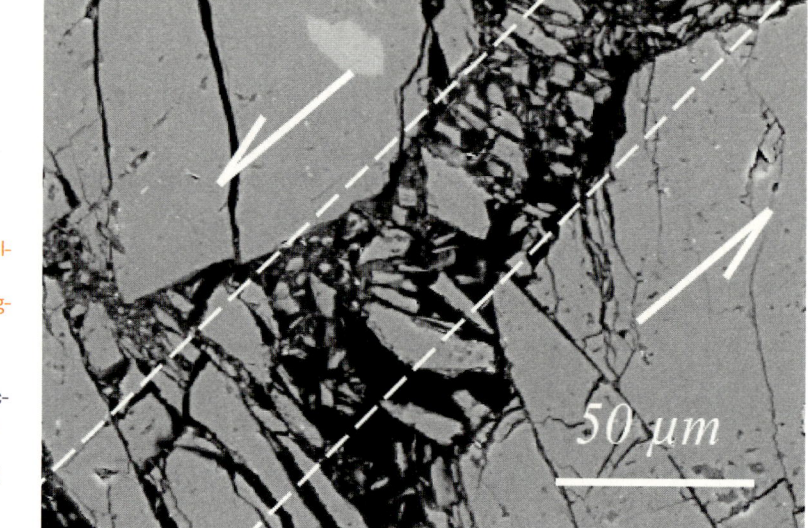

50 μm

8.4  Experimentell erzeugter Scherbruch in einer Granitprobe. Die Darstellung im Rasterelektronenmikroskop
erlaubt die Entschlüsselung der erzeugten Mikrorisse und Fragmente in der
Bruchzone.

8.4  Experimentally induced shear fracture in a granite specimen. The image
from a scanning electron microscope
allows identifying the microcracks and
fragments produced in the fracture
zone.

mäßig weichen Kalzit-Gesteinen wie etwa Marmor in relativ geringer Krustentiefe (▶ Abb. 8.5). Der hierbei vorherrschende Verformungsmechanismus ist die Zwillingsbildung, die bei relativ geringen Temperaturen abläuft: Bei angelegter äußerer Spannung wird durch symmetrisches Umklappen (Zwilling) von Teilbereichen der Kalzitkristalle eine Scherverformung hervorgerufen. Die Analyse der Zwillingsdichte in Abhängigkeit von der angelegten Spannung, der Temperatur und der Gesamtverformung wird dazu verwendet, ein sogenanntes Paläo-Piezometer experimentell zu kalibrieren, um dieses auf natürlich verformte Marmore anwenden zu können. Für Strukturgeologen steht damit ein leicht und schnell handhabbares Werkzeug zur Spannungsabschätzung deformierter Karbonate aus der Oberkruste bereit.

Auf der Skala von Plattengrenzen stehen inzwischen durch das SAFOD-Projekt (San Andreas Fault Observatory at Depth; ▶ Kapitel 09), einer Forschungsbohrung in die San-Andreas-Störung in Kalifornien, ebenfalls sehr detaillierte und hochauflösende seismologische Beobachtungen zur Verfügung. Das erbohrte, frische Kernmaterial hat inzwischen einmalige Daten über die physikalischen und strukturellen Eigenschaften von großen Störungen an Plattengrenzen geliefert, an denen sich immer wieder große Erdbeben ereignen. Die SAFOD-Bohrung hat in über 3000 Metern Tiefe im Bereich der San-Andreas-Verwerfung verschiedene einzelne Scherzonen angetroffen, die aktuell teils sehr unterschiedliche Verschiebungsraten zeigen. Das bedeutet, neben der komplexen räumlichen Struktur von Störungszonen muss ebenfalls mit einer zeitlich und räumlich verteilten Deformation mit variierender seismischer Aktivität gerechnet werden.

Die detaillierte Analyse von Erdbeben und ihren Herdprozessen erfordert die Betrachtung auf einer breiten räumlichen und zeitlichen Skala, die vom kontrollierten Experiment bis zum großen Erdbeben reicht. Bruchprozesse und Erdbeben an Plattenrändern müssen im *Nahfeld* der Erdbebenaktivitäten beobachtet werden. Dazu sind weitere Forschungsbohrungen und die Einrichtung von Langzeit-Bohrlochobservatorien (Deep Geophysical Observatories) erforderlich. Wir bewegen uns dabei aber auf der Druck- und Temperaturskala der oberen Kruste. Zu einem umfassenden Verständnis der tektonischen Prozesse müssen wir aber auch in das tiefe Innenleben unseres Planeten eindringen.

## Das tiefe Erdinnere im Labor

Die moderne seismische Tomographie brachte als Ergebnis, dass die tektonischen Prozesse in der Lithosphäre eng mit Vorgängen der Konvektion im Erdmantel gekoppelt sind. Die Plumes, so hatten wir gesehen, steigen von der Kern-Mantel-Grenze auf; in der umgekehrten Bewegungsrichtung lassen sich an einigen Stellen subduzierende Platten bis in eine Tiefe von mehreren hundert Kilometern, also weit in den Erdmantel, verfolgen. Die Wissenschaftler vermuten, dass dieser Abtauchprozess sogar die Kern-Mantel-Grenze erreicht.

Neben thermischen sind es auch chemische Inhomogenitäten im Erdmantel, welche die Konvektionsprozesse

8.5 Microscope image of a thin section (approximately 20 µm thick) of an experimentally deformed Carrera marble (Italy). The specimen was twisted by about a half-revolution at 400 MPa pressure and 350 °C temperature with a constant speed. The increasing deformation of the calcite crystals in the narrow (bottom) region is clearly visible.

8.5 Aufnahme eines etwa 20 µm starken Dünnschliffs von einem experimentell verformten Carrara-Marmor (Italien); die Probe wurde bei 400 MPa Druck und 350 °C Temperatur mit einer konstanten Geschwindigkeit um etwa eine halbe Umdrehung verwunden. Deutlich sichtbar ist die zunehmende Verformung der Kalzitkristalle im schmalen (unteren) Bereich.

their shape resembles that of a dog bone. This shape concentrates the deformation within the narrowed region. Such an experiment can be used to determine the flow properties of relatively soft calcite rocks, such as marble, at a relatively low crust depth (▶ Fig. 8.5). At these conditions the predominant deformation mechanism is symmetrical folding (twinning), which takes place at relatively low temperatures. Under an externally applied stress, the twinning of sub-regions of calcite crystals causes shear deformation. Analysis of the twinning density as a function of the applied stress, the temperature and the total deformation, is used to experimentally calibrate a so-called palaeo-piezometer. This can then be used on naturally deformed marbles. Thus, a handy tool is available to structural geologists for estimating stresses in the upper crust from the analysis of deformed carbonates.

Very detailed and high-resolution seismological observations now are available on the scale of plate boundaries thanks to the SAFOD (San Andreas Fault Observatory at Depth; ▶ Chapter 09) research drilling project in the San Andreas Fault in California. The freshly drilled core material has supplied unique data about the physical and structural properties of large plate-boundary faults that are associated with repeated major earthquakes. The SAFOD drilling project found a number of isolated shear zones at a depth of more than 3000 metres in the vicinity of the San Andreas Fault. These zones currently have very different displacement rates. This means, in addition to the complex spatial structure of fault zones, with deformation distributed in time and space, varying seismic activity must also be expected.

Detailed analysis of earthquakes and their focal mechanisms requires investigations over wide spatial and time scales; this extends from controlled experiments through to large earthquakes. Fracture processes and earthquakes at plate margins must be observed in the *near-field* of earthquake activities. This requires further research drilling and the installation of long-term borehole observatories (deep geophysical observatories). But here we are operating only on the pressure and temperature scales of the upper crust. For a comprehensive understanding of the tectonic processes, we must penetrate the deep inner life of our planet.

## The Earth's deep interior in the laboratory

Modern seismic tomography shows that tectonic processes in the lithosphere are closely coupled with convection processes in the mantle. As we have already seen, plumes rise from the core/mantle boundary. In the opposing direction of movement, subducting plates can be tracked in some places to a depth of several hundred kilometres, i.e. far into the mantle. Scientists suspect that this subduction process may even reach the core/mantle boundary.

Convection processes in the mantle are sustained by thermal and chemical inhomogeneities. Knowledge of the mass, energy and transport processes in the Earth's deep interior is therefore the key to understanding the

dort in Gang halten. Die Kenntnis der Massen-, Energie- und Transportprozesse im tiefen Erdinneren bildet also den Schlüssel zum Verständnis des Motors für die Plattentektonik. Die physikalischen und chemischen Eigenschaften von Geomaterialien bei hohen Drücken und Temperaturen, wie sie in der mittleren und unteren Erdkruste und im Erdmantel vorkommen, sind aber sehr verschieden von den Verhältnissen an der Oberfläche.

Man unterscheidet Ex-situ- und In-situ-Untersuchungsmethoden. In beiden Fällen braucht man dazu Probencontainer, die das untersuchte System dicht abschließen und zudem nicht mit ihm reagieren. *Ex-situ* bedeutet, dass man das Untersuchungsmaterial auf die gewünschten Druck- und Temperaturbedingungen bringt, wo zum Beispiel Minerale und Schmelzen miteinander reagieren, sie danach wieder auf Raumbedingungen abschreckt, und die Produkte mit Röntgen- und spektroskopischen Methoden, im Elektronenmikroskop oder mithilfe anderer geeigneter Verfahren untersucht. *In-situ* bedeutet, dass das Material direkt unter Druck- und Temperaturbedingungen des tiefen Erdinnern analysiert wird. Dazu müssen diese Apparaturen und die Probencontainer transparent sein, etwa für Röntgenlicht oder andere Strahlung, die mit dem Material wechselwirken und damit Aufschluss über dessen Struktur und chemischen Aufbau geben kann. Das Material der Wahl für solche Container sind Diamanten, und für Insitu-Experimente werden häufig Diamantstempelzellen (▶ Abb. 8.6) eingesetzt. In-situ-Röntgenverfahren werden zumeist in Verbindung mit Synchrotronstrahlen durchgeführt – die Forscher reisen mit ihren Diamantstempelzellen zu den Hochenergiequellen etwa des Deutschen Elektronen-Synchrotons (DESY) in Hamburg oder der European Synchroton Radiation Facility (ESRF) in Grenoble und nutzen dort die hochbrilliante Röntgenstrahlung, die im Elektronenspeicherring produziert wird.

Das Material der Hochdruck- und Hochtemperaturgeräte setzt der Forschung Grenzen, die im Inneren der Erde verbreitet herrschenden Druck- Und Temperaturverhältnisse lassen sich nur mit großem technischen Aufwand im Experiment erzeugen. Das gilt vor allem für die Bedingungen des einige tausend Grad heißen und von hundert Gigapascal zusammengepressten Erdkerns. Weil Druck Kraft durch Fläche ist, können sehr hohe Drücke nurmehr durch sehr kleine Flächen produziert werden. Mit anderen Worten: Je höher die Drücke, desto kleiner werden die Probenvolumina, die unter den Bedingungen des mittleren Erdmantels höchstens Stecknadelkopfgröße erreichen. Aber selbst diese Miniproben erlauben mit der modernen, hochauflösenden Analytik präzise Aussagen über die physikochemischen Vorgänge tief unter unseren Füßen.

## Die ungleichmäßige Ausbreitung von Erdbebenwellen im Erdmantel

Wesentliche Erkenntnisse über den inneren Aufbau der Erde verdanken wir seismologischen Auswertungen der verschiedenen Wellentypen eines Erdbebens und ihrer Ausbreitung und Umwandlung im Erdinneren. Eine zentrale Größe ist die Geschwindigkeit, mit der sich die Wellen ausbreiten, denn diese variiert mit der Dichte und Struktur des Mediums, durch das sie hindurchgehen. Hypothesen über die Ausbreitungsgeschwindigkeit seismischer Wellen im Erdmantel basieren unter anderem auf Annahmen über die Mineralien des Mantels. Den Seismologen ist das Problem einer seismischen Anisotropie (Richtungsabhängigkeit) schon lange bekannt: Erdbebenwellen breiten sich bei ihrem Lauf durch die Erdkugel nicht gleichmäßig aus. Im Experiment konnte mithilfe von Brillouin-Spektroskopie unter Druck von Diamantstempelzellen nachgewiesen werden, dass im unteren Erdmantel zwischen 660 und 2900 Kilometern Tiefe die Geschwindigkeit der Scherwellen (S-Wellen) sehr stark von der Ausrichtung des Minerals Ferroperiklas abhängt. Diese unerwarteten Eigenschaften des vermutlich zweithäufigsten Minerals im unteren Erdmantel sorgen für die messbare ungleichmäßige Ausbreitung von Erdbebenwellen.

Ab einem Druck von etwa 50 Gigapascal, was rund 1300 Kilometer Erdtiefe entspricht, zeigt sich eine besonders starke Richtungsabhängigkeit der Wellenausbreitung. Die Forscher führen diesen Umstand auf eine elektronische Strukturänderung der Eisen-Ionen im Ferroperiklas zurück. Obendrein kommt es zu einer bevorzugten Orientierung des Minerals aufgrund von Fließbewegungen im unteren Mantel. Diese Fließbewegungen sind die treibende Kraft hinter tektonischen Plattenbewegungen, Gebirgsbildungen, Erdbeben und vulkanischen Aktivitäten. Sie bestimmen damit maßgeblich unser Leben auf der Erdoberfläche.

Die neuen Erkenntnisse haben praktischen Wert: Annahmen über das Gesteinsmaterial tief im Erdinnern sind notwendig, um die Fließbewegungen im unteren Erdmantel aus der messbaren Richtungsabhängigkeit der S-Wellengeschwindigkeiten abzuleiten und so plattentektonische Prozesse besser zu verstehen. Umgekehrt sind Kenntnisse der Materialeigenschaften der Minerale erforderlich, um die Ausbreitungsgeschwindigkeit der Erdbebenwellen im Erdmantel zu bestimmen, ohne die sich die Ergebnisse der seismischen Tomographie nicht exakt interpretieren lassen.

Die Beobachtungen der Eigenschaften dieses Minerals lassen sich überraschenderweise mit dem Fundort von Diamanten verknüpfen.

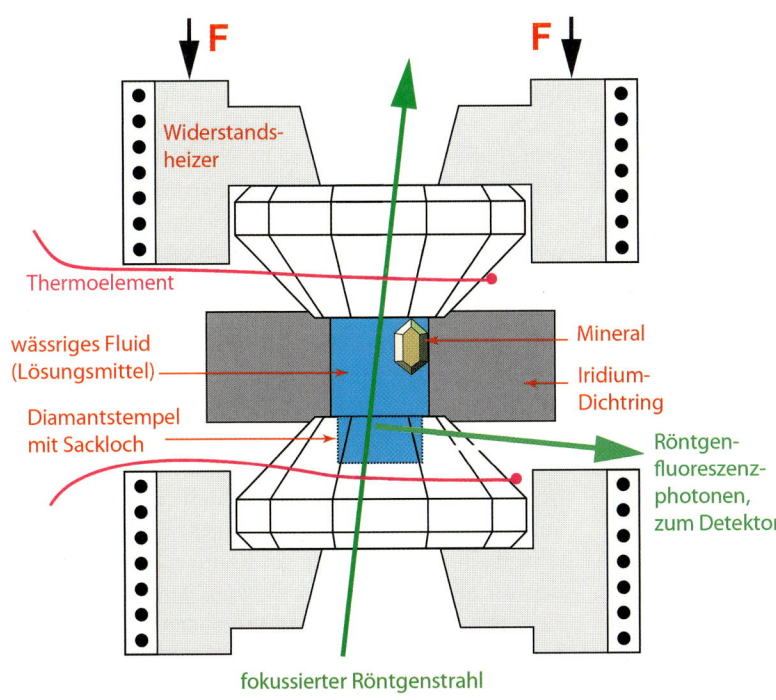

- **F**  **F**
- Widerstands-heizer
- Thermoelement
- wässriges Fluid (Lösungsmittel)
- Diamantstempel mit Sackloch
- Mineral
- Iridium-Dichtring
- Röntgen-fluoreszenz-photonen, zum Detektor
- fokussierter Röntgenstrahl

8.6  Top: operating principle of a hydrothermal diamond anvil cell. Below: pair of diamond anvils and a rhenium gasket used for experiments at high pressures and temperatures. The diameter of the diamond anvils is around 3.5 millimetres.

8.6  Prinzip einer hydrothermalen Diamantstempelzelle (oben); Diamantstempelpaar und Rhenium-Dichtring (unten) für Experimente bei hohen Drücken und Temperaturen. Die Diamantstempel haben einen Durchmesser von etwa 3,5 Millimetern.

engine that drives plate tectonics. However, the physical and chemical properties of geomaterials at the high pressures and temperatures occurring in the middle and lower crust and in the mantle are very different from the conditions at the surface.

Investigation methods are divided into ex-situ and in-situ techniques. In both cases, sample containers are required that tightly seal the examined system and which do not react with it. *Ex-situ* (out of place) means that the material to be examined is brought to the required pressure and temperature conditions at which,

for example, minerals and melts react with each other. The sample is then quenched to ambient conditions, and the products are examined using X-ray and spectroscopic methods, using an electron microscope or with the help of other suitable methods. *In-situ* (in its original place) means that the material is analysed directly under the pressure and temperature conditions of the Earth's deep interior. To do this, the apparatus and the containers must be transparent to X-rays and other types of radiation, because the interaction of radiation with the material can be used to obtain information

8.7 Diamantstempelzelle für Brillouin-Spektroskopie.

8.7 Diamond anvil cell for Brillouin spectroscopy.

## Diamanten als Wegweiser

Man nimmt an, dass die Gebiete der seismischen Anomalien aus chemisch unterschiedlichem und schwererem Material, zum Beispiel mit höherem Eisenanteil, bestehen. Aufgrund ihres höheren Gewichts bleiben sie im untersten Mantel, sie sind allerdings heißer als der übrige Mantel. Als Modellvorstellung gilt, dass im Mantel Gesteinsmaterial an der Kern-Mantel-Grenze ent-

langströmt und sich durch Wärme des sehr heißen Erdkerns aufheizt. Trifft dieses Material auf die genannten Gebiete mit höherer Temperatur, aber auch höherer Dichte, wird es nach oben abgelenkt. Dadurch bildet sich eine dickere Schicht von heißem Mantelmaterial, es kommt zu thermischen Instabilitäten, die in der Form von Plumes durch den gesamten Mantel nach oben steigen. Diese Plumes führen zu vielfältigem Vulkanismus wie zum Beispiel Hotspots (Hawaii). Trennt sich Magma aus diesen Plumes in großer Tiefe, entstehen Kimberlite.

Kimberlit ist ein Gestein magmatischen Ursprungs, das Diamanten enthalten kann. Es stammt aus mehr als 150 Kilometern Tiefe und findet sich an der Erdoberfläche in den Kernen der Kontinente, den sogenannten Kratonen. Durch die Plattentektonik werden zwar die Kontinentränder beständig verändert, und sie führte auch dazu, dass etwa der Urkontinent Gondwana auseinanderbrach. Die Kerne der Kontinente jedoch wurden vor allem durch heiße Gesteinsblasen geprägt, die sich über Hunderte von Jahrmillionen an der Kern-Mantel-Grenze herausbildeten und dann als sogenannte Plumes zur Erdoberfläche aufstiegen (▶ Kapitel 03). Dort konnten sie zur Überflutung riesiger Gebiete durch heißflüssige Lava führen; in den dicken Kernen der Kontinente jedoch verursachen sie die Bildung von diamanthaltigen Kimberliten.

Mit einem Modell der absoluten Plattenbewegungen konnte die ursprüngliche Lage der Kontinente und damit die Positionen rekonstruiert werden, an denen sich Kimberlite in alten Kratonen bildeten – man machte sozusagen die plattentektonische Bewegung rückgängig. Es zeigte sich, dass diese Stellen sich hauptsächlich über den rekonstruierten Rändern von großen Gebieten im untersten Erdmantel befinden, in denen

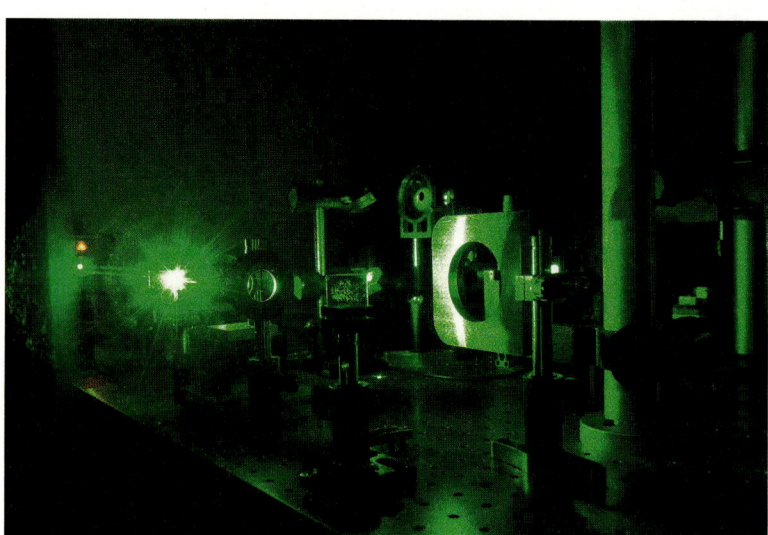

8.8 Brillouin-Spektrometer mit grünem Laserstrahl im Betrieb.

8.8 Brillouin spectrometer operating with a green laser beam.

about structure and chemical composition of the sample. Diamond is the material of choice for such containers, and diamond anvil cells (► Fig. 8.6) are frequently used for in-situ experiments. In-situ X-ray methods are mostly applied at synchrotron radiation sources. Scientists travel with their diamond anvil cells to these high-energy sources, such as those at the the Deutsches Elektronen-Synchrotron (DESY) in Hamburg or at the European Synchrotron Radiation Facility (ESRF) in Grenoble, to use the highly brilliant X-ray radiation produced in electron and positron storage rings.

The materials used for the high-pressure and high-temperature equipment limit the research options. The prevailing pressure and temperature conditions in the Earth's interior can only be reproduced experimentally with great technical effort. This is especially true with regard to the conditions of the core, which has a temperature of several thousands of degrees and is subjected to a pressure of more than a hundred gigapascals. Because the pressure equals the force divided by the area, very high pressures can only be produced by very small areas. In other words: the higher the pressure, the smaller the sample volume. Under the conditions of the middle mantle, these would not be larger than the size of a pinhead. However, using modern, high-resolution analysis, even these mini-samples allow us to make precise statements about the physico-chemical processes deep beneath our feet.

sible explanation for the observed non-uniform propagation of earthquake waves in the lower mantle where ferropericlase is presumably the second most abundant mineral.

The directional dependence of the wave propagation was found to be particularly strong above a pressure of around 50 gigapascal, which corresponds to a depth of about 1300 kilometres. Researchers attribute this to a change in the electronic structure of the iron ions in ferropericlase. The preferred orientation of this mineral is a result of material flow in the lower mantle. This flow is the driving force behind tectonic plate movements, the formation of mountain ranges, earthquakes and volcanic activities, and thus determines decisively our life on the Earth's surface.

The new findings are of practical value: assumptions have to be made about the rocks deep in the Earth's interior in order to deduce the material flow in the lower mantle from the measurable directional dependence of the S wave velocities, thus improving our understanding of plate tectonic processes. Conversely, knowledge of the minerals' material properties is required in order to determine the velocity of earthquake wave propagation in the mantle, without which it is not possible to precisely interpret the results of seismic tomography.

Surprisingly, these observations on ferropericlase properties can be related to the locations of diamond finds.

## Anisotropic propagation of earthquake waves in the mantle

Important findings about the inner structure of the Earth have been obtained from seismological evaluations of the various types of earthquake waves, their propagation and their conversion in the Earth's interior. One central variable is the velocity with which the waves propagate because it varies with the density and structure of the medium through which they pass. Hypotheses about the propagation of seismic waves in the mantle are based, among other things, on assumptions about the minerals in the mantle. Seismologists have long been aware of the problem of seismic anisotropy (directional dependence): earthquake waves do not propagate uniformly when they travel through our planet. In an experiment using Brillouin spectroscopy on a sample pressurised in a diamond anvil cell, it was demonstrated that the velocity of the shear waves (S waves) is highly dependent on the orientation of the mineral ferropericlase at the pressures in the lower mantle at depths between 660 and 2900 kilometres. This unexpected property is a pos-

## Diamonds as signposts

It is assumed that regions with seismic anomalies consist of heavier materials with differing chemical compositions, for example, materials with a higher iron content. Owing to their greater specific weight, these remain in the lowest part of the mantle; however, they are hotter than the rest of the mantle. The model assumes that rock material in the mantle flows along the core/mantle boundary where it is heated by the very hot core. When this material encounters the aforementioned hotter and denser areas, it is deflected upwards, which results in a thicker layer of comparatively hot material. This gives rise to thermal instabilities, which ascend through the whole mantle in the form of plumes. These plumes lead to various types of volcanism, for example, hotspots (Hawaii). Kimberlite is formed if magma separates from these plumes at great depths.

Kimberlite is a rock of magmatic origin that may contain diamonds. It comes from a depth of more than 150 kilometres and is found on the Earth's surface in cratons, i.e. the cores of continents. The continental

sich seismische Scherwellen deutlich langsamer ausbreiten (Large Low Shear Velocity Provinces). Daraus folgt, dass die gleichen Vorgänge, die zur Entstehung der magmatischen Großprovinzen in den Kernen der Kontinente geführt haben, auch die Gebiete geformt haben, in denen sich heute die reichhaltigsten Diamantvorkommen der Welt finden.

Seit einigen Jahren sind ultratiefe Diamanten bekannt, die noch eine Etage tiefer, aus der Übergangszone zum tiefen Mantel zwischen 410 und 660 Kilometern Tiefe, stammen. Sie enthalten Minerale als Einschlüsse, anhand derer sich studieren lässt, wie diese Diskontinuitäten im Erdmantel wahrscheinlich entstanden sind und entstehen, nämlich durch Mineralumwandlungen. Einschlüsse von Mineralen und Fluiden im Gestein finden sich in Kruste und Mantel, sie geben Auskunft über grundsätzliche Wirkungsmechanismen: Warum funktioniert die Tektonik? Was können wir aus Mineralien über die Entstehung unserer Erde lernen? Wie erfahren wir, wo welche Rohstoffe liegen?

## Fluide und Flüssigkeitseinschlüsse

Flüssigkeitseinschlüsse sind mikroskopisch kleine Hohlräume in Mineralen. Sie sind nur einen tausendstel Millimeter groß, gelegentlich erreichen sie auch bis über 100 Mikrometer, umso größer jedoch ist ihre Aussagekraft. Fluide, also die Flüssigkeiten und Gase in der Erdkruste, sind immer im Spiel, wenn Gesteine chemisch verändert oder wenn Stoffe in der Erdkruste transpor-

tiert werden. Ohne Fluide keine Erzlagerstätten, ohne Fluide keine geothermische Energie. Werden diese Flüssigkeiten im Gestein eingeschlossen, können sie auch etwas über ihre Entstehungsbedingungen sagen. Man kann also mit ihnen ein Stück Erdgeschichte ausspionieren. Fluide werden auch in manchen Edelsteinen, zum Beispiel Smaragden, eingeschlossen, wobei Anzahl und Größe der Einschlüsse den Wert eines Edelsteins bestimmen: Je weniger Einschlüsse, desto lupenreiner und damit kostbarer ist der Stein. Was den Juwelier ärgert, ist für die Geowissenschaftler eine unersetzliche Informationsquelle.

Fluide spielen eine wesentliche Rolle in nahezu allen Prozessen in der Erdkruste, unter anderem bei Deformationsprozessen in Krustengesteinen oder auch bei Erdbeben. Die Migration und Zirkulation von Fluiden in Gesteinen ermöglicht den Transport und die Umverteilung von Stoffen und Wärme in der Erdkruste. Beides wiederum bewirkt zum Beispiel Mineralreaktionen sowie den Absatz von Stoffkonzentrationen bis hin zu wirtschaftlich nutzbaren Lagerstätten von Erzen, Erdgas, Erdöl und Industriemineralen.

Modellierungen von Fluidmigrationen basieren meist auf Gesteinsdurchlässigkeiten, Druckgradienten, chemischer Zusammensetzung, Temperatur und Abschätzung von Fluidvolumina, die in oberen Krustenbereichen direkt in Bohrungen gemessen werden können. Für tiefere Krustenbereiche gewinnt man Informationen zur Migration von Tiefenfluiden zudem aus heute an der Oberfläche aufgeschlossenen Gesteinen, die in der erdgeschichtlichen Vergangenheit in tieferen Bereichen der Kruste lagen. Mineralogisch-geochemische Analysen

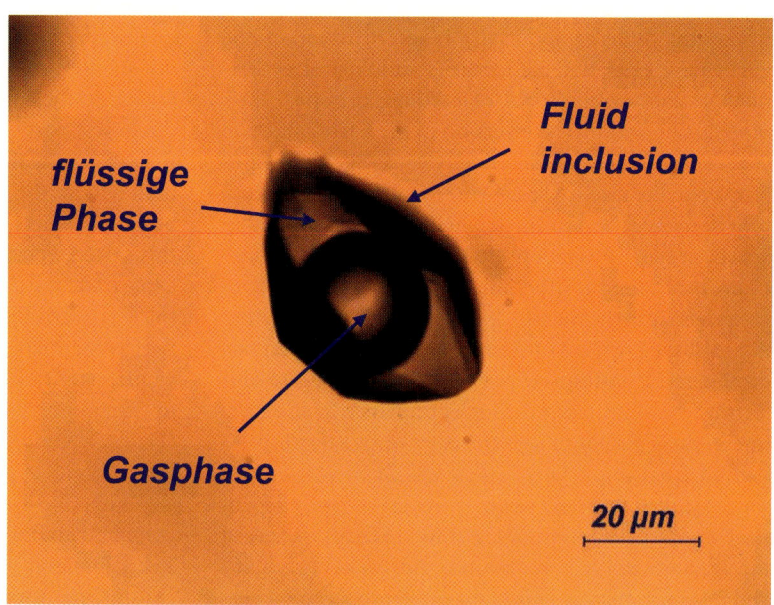

8.9 Aus einer wässrigen Phase und einer Wasserdampfblase bestehender zweiphasiger Flüssigkeitseinschluss in Quarz.

8.9 Two-phase fluid inclusion in quartz consisting of an aqueous phase and a water vapour bubble.

margins are constantly changing due to plate tectonics, which also caused the original supercontinent Gondwana to break apart. However, the continental cores were mainly formed by hot rock bubbles that had developed at the core/mantle boundary over hundreds of millions of years and which then rose to the Earth's surface as plumes (▶ Chapter 03). At the surface, they flooded enormous areas with hot liquid lava. In the thick continental cores, however, they caused the formation of diamond-bearing kimberlites.

A model of the absolute plate movements was used to reconstruct the original locations of the continents by reversing the tectonic movements of the plates. This allowed the researchers to find the positions at which kimberlites had formed in old cratons. It was found that these positions were mainly located above the reconstructed margins of large areas in the lowest part of the mantle in which seismic shear waves propagate far more slowly (so-called large low shear velocity provinces). From this, it followed that the same processes that led to the formation of the large igneous provinces in the continental cores also formed the areas in which the world's richest diamond deposits are found today.

Ultradeep diamonds were discovered several years ago. They originate from a deeper level, in the transition zone to the deep mantle, which is bordered by seismic discontinuities at depths of 410 and 660 kilometres. These diamonds contain mineral inclusions that can be used to study how these discontinuities probably were and are formed in the mantle, namely by mineral transformations. Inclusions of minerals and fluids in rock are found in the crust and the mantle; they provide information about fundamental mechanisms and help us to answer questions such as: How does tectonics work? What can minerals tell us about the origin of our Earth? How can we find out where particular raw materials are located?

## Fluids and fluid inclusions

Fluid inclusions are microscopically small fluid-filled voids sealed within minerals. They are often only about a thousandth of a millimetre in size, although occasionally they can be more than 100 micrometres. As small as they are, they have great evidential value. In the crust, fluids, i.e. liquids and gases, are very often involved when rocks are changed chemically or when materials are transported. Fluids are crucial for the formation of ore deposits or the exploitation of geothermal energy. Moreover, fluid inclusions in rocks can also tell us something about the prevailing conditions during their formation.

Therefore, they provide information on Earth's history. Fluids are also included in some precious minerals, such as emeralds. The number and size of the inclusions determine the value of a precious stone: the fewer the inclusions, the more flawless and thus the more valuable the gem. What annoys a jeweller is an indispensable source of information for geoscientists.

Fluids play an essential role in virtually all processes taking place in the crust, including earthquakes and deformation processes in crustal rocks. Migration and circulation of fluids in rocks enables transport and redistribution of materials and heat, both of which in turn lead to mineral reactions and local accumulation of materials upto economically useful deposits of ores, natural gas, oil and industrial minerals.

Modelling of fluid migration is mostly based on rock permeabilities, pressure gradients, chemical composition, temperature and estimates of fluid volumes, which can be directly measured in boreholes in the upper regions of the crust. Information on the migration of fluids in deeper regions of the crust can be obtained from rocks that are now exposed at the surface but were buried in the geological past. Mineralogical and geochemical analyses of such rocks from all areas of the crust, which are today found in drill cores and surface outcrops, prove that fluids were ubiquitous. However, the fluids involved in previous mineral reactions are no longer available for direct geochemical investigation. Thus, isotope and mineral equilibria do not necessarily show representative developments of fluids within the crust. Instead, a final water/rock interaction is often decisive for the present day isotopic composition in a rock. Therefore, fluid inclusions (▶ Fig. 8.9) often provide the only opportunity for direct examination of crustal fluids.

Fluid inclusions in minerals are mostly found as cavities only a few micrometres in size, which can be filled with water and gas. The inclusions either form from microscopic irregularities at the mineral's surface, which develop during crystal growth (primary inclusions), or along healed microfractures in crystals, which were produced by subsequent crystal deformation (secondary inclusions, ▶ Fig. 8.10).

The chemical composition and formation temperatures of primary and secondary fluid inclusions can therefore be very different and often reflect changes in crustal fluids during the Earth's history.

Fluid inclusions are contained in almost all minerals from different geological environments. They are thus the key to the geochemical study of palaeo-fluids, i.e. fluids that are hundreds of thousands or millions of years old. They also provide information about the prevailing temperatures and pressures during formation of

solcher Gesteine aus allen Krustenbereichen, die heute in Bohrungen und Oberflächenaufschlüssen angetroffen werden, belegen, dass Fluide allgegenwärtig waren. Aber die an früheren Mineralreaktionen beteiligten Fluide stehen für die direkte geochemische Untersuchung nicht mehr zur Verfügung, isotopengeochemische und Mineralgleichgewichte zeigen daher nicht unbedingt immer repräsentative Fluidentwicklungen innerhalb der Kruste an. Vielmehr ist häufig eine finale Wasser-Gestein-Wechselwirkung ausschlaggebend für die heutige Isotopenzusammensetzung in einem Gestein. Daher bilden die *fluid inclusions* (▶ Abb. 8.9) oftmals die einzige Möglichkeit einer direkten Untersuchung von Krustenfluiden.

Flüssigkeitseinschlüsse finden sich in Mineralen meist in wenige Mikrometer großen Hohlräumen, die mit Wasser und Gas gefüllt sein können. Die Einschlüsse bilden sich entweder an mikroskopischen Unregelmäßigkeiten der Mineraloberfläche, die während des Kristallwachstums entstehen (primäre Einschlüsse), oder aber entlang verheilter Mikrofrakturen in Kristallen, die durch nachträgliche Kristalldeformation entstanden sind (sekundäre Einschlüsse, ▶ Abb. 8.10).

Der Chemismus und die Bildungstemperaturen primärer und sekundärer Flüssigkeitseinschlüsse können daher sehr verschieden sein und spiegeln oft die Veränderung von Krustenfluiden im Verlauf der Erdgeschichte wider.

Flüssigkeitseinschlüsse sind in fast allen Mineralen aus unterschiedlichen geologischen Milieus enthalten. Sie sind somit der Schlüssel für die geochemische Untersuchung von Paläo-Fluiden, also Fluiden, die Hunderttausende oder Millionen Jahre alt sind; sie geben aber auch Auskunft über Bildungstemperatur und -druck während der Mineralbildung. Auftreten, Größe, Form und chemische Zusammensetzung von Flüssigkeitseinschlüssen sind sehr variabel. Flüssigkeitseinschlüsse in Mineralen aus Niedrigtemperaturbereichen bestehen meist nur aus einer wässrigen Phase, während Flüssigkeitseinschlüsse in Mineralen aus hydrothermalen Erzlagerstätten eine oder mehrere Phasen aufweisen können. Die Untersuchung von Flüssigkeitseinschlüssen in Mineralen umfasst ein breites Spektrum von klassischen geologischen Arbeitsrichtungen wie etwa Lagerstättenforschung, Petrologie, Sedimentologie, Salzlagerstättenforschung oder Edelsteinkunde. Sie findet aber auch zunehmend mehr Bedeutung bei der Untersuchung von umweltrelevanten Fragestellungen wie der Endlagerung von gefährlichen Materialien oder in der Klimaforschung.

Die grundlegende Methodik zur Untersuchung von Flüssigkeitseinschlüssen ist die Mikrothermometrie, bei der man mittels spezieller Heiz-Kühlsysteme die Phasenübergänge von Flüssigkeitseinschlüssen beim Einfrieren und Aufheizen unter dem Mikroskop beobachtet. Die Ergebnisse kryometrischer Messungen in Temperaturbereichen unter dem Gefrierpunkt liefern Hinweise über die Lösungszusammensetzung der wässrigen Phase und somit zur Dichte der Einschlussfüllungen. Phasenübergänge in gasreichen Einschlüssen wiederum erlauben Rückschlüsse auf die Zusammensetzung der im Einschluss enthaltenen Gase (▶ Abb. 8.11).

Beim Aufheizen der Einschlüsse erfolgt die Homogenisierung der Dampfphase zumeist in die wässrige Phase, die gemessene Homogenisierungstemperatur entspricht der Mindestbildungstemperatur während der Einschlussbildung. Indem man den Bildungsdruck aus geologischen Überlegungen abschätzt, etwa in welcher

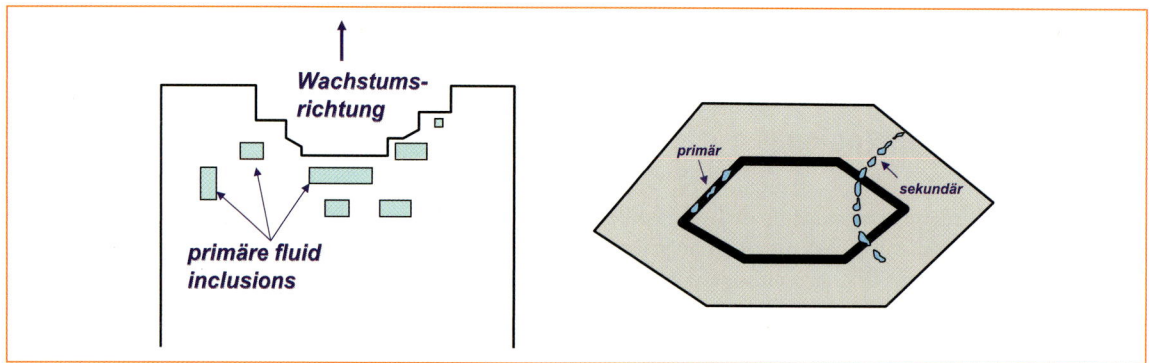

8.10 Schematische Darstellung zur Bildung primärer und sekundärer Flüssigkeitseinschlüsse in Kristallen. Links: Bildung primärer *fluid inclusions* während des Kristallwachstums. Rechts: Bildung sekundärer *fluid inclusions* durch Verheilen von Rissen in Kristallen.

8.10 Schematic diagram showing the formation of primary and secondary fluid inclusions in crystals. Left: formation of primary fluid inclusions during crystal growth. Right: formation of secondary fluid inclusions due to healing of cracks in crystals.

the mineral. Occurrence, size, shape and chemical composition of fluid inclusions are very variable. Fluid inclusions in minerals from low-temperature environments mostly consist of a single aqueous phase, whereasfluid inclusions in minerals from hydrothermal ore deposits may contain more than one phase. The study of fluid inclusions in minerals includes a wide spectrum of classical geological sub-disciplines, such as mineral deposit research, petrology, sedimentology, salt deposit research and gemmology. It is also becoming increasingly important in the study of environmentally relevant issues, such as the permanent storage of hazardous materials or in climate research.

The fundamental method for studying fluid inclusions is microthermometry, which uses special heating/cooling systems to observe phase transitions in the inclusions during freezing and heating under the microscope. The results of such measurements provide clues about the solution composition of aqueous liquids and the density of the fluid inside the inclusion. Phase transitions in gas-rich inclusions also allow conclusions to be drawn about the composition of the gases contained in the inclusion (▶ Fig. 8.11).

On heating of aqueous inclusions, the vapour phase homogenises mostly to the aqueous liquid. The measured homogenisation temperature corresponds to the minimum formation temperature of the inclusion. A pressure correction can be made by estimating the formation pressure from geological considerations – for example, the depth at which the sample was formed. This is then used to determine the actual formation temperature.

We can use fluid inclusion data acquired from microthermometric and other geochemical studies to reconstruct the evolution of fluids and the migration of gases in sedimentary basins. If the estimated formation depths of liquid and gas inclusions are plotted on the drawdown curves of individual boreholes (▶ Fig. 8.12), the result is a clear indication of large-scale migrations of chemically different fluids and gases during the development of tectonic basins.

Another important area of application for inclusion studies is mineral deposit research owing to the fact that fluid inclusions are the only direct source of information on the composition of ore-forming fluids. Deposits form by complex processes, during which different minerals crystallise depending on the place of formation and the prevailing physical and chemical conditions. The resulting mineral association is called paragenesis. By examining fluid inclusions of these mineral sequences (▶ Fig. 8.12), conclusions can be drawn about the origin of the ore-forming solutions as well as the fluid evolution during ore deposition (▶ Fig. 8.13).

## The Earth under high pressure: physical chemistry in the mantle

How much water and other light components such as nitrogen, chlorine, boron and fluorine can be stored in the mantle? How are they distributed between minerals, melts and fluids? What are the consequences for short- and long-term global element cycles, mantle degassing, volcanic activities? How do light elements influence the deformation and flow behaviour of the mantle and thus plate tectonic processes? Due to modern equipment and analysis, research on the physico-chemical behaviour of the mantle is no longer only descriptive, but has also become a quantifying discipline, as all other areas in geosciences. The results lead to new findings – also here, Hegel's transition from quantity to quality applies.

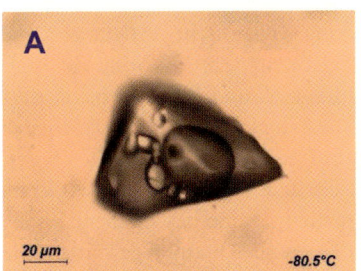
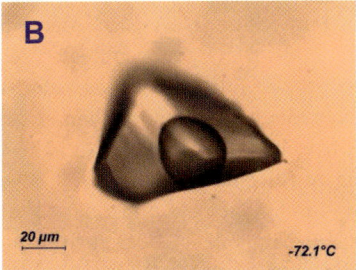
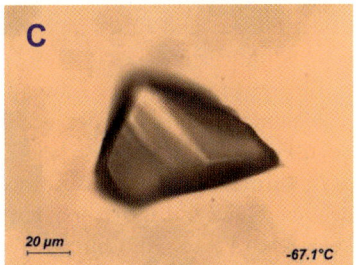

8.11 Phase transitions at low temperatures in a $CH_4$ and $CO_2$-bearing gas inclusion . (A) A $CH_4$-rich gas bubble and solid $CO_2$ crystals form during cooling to temperatures below –80 °C. (B) The $CO_2$ crystals melt at –72.1 °C. (C) When heated further, the $CH_4$ gas bubble homogenises to the liquid phase at –67.1 °C.

8.11 Phasenübergänge in einem $CH_4$-$CO_2$-haltigen Gaseinschluss im Niedrigtemperaturbereich. Beim Abkühlen auf Temperaturen unter –80 °C bilden sich eine $CH_4$-reiche Gasblase und feste $CO_2$-Kristalle (A). Das Schmelzen der $CO_2$-Kristalle erfolgt bei –72,1 °C (B). Bei weiterer Erwärmung homogenisiert die $CH_4$-Gasblase in die flüssige Phase bei –67,1 °C (C).

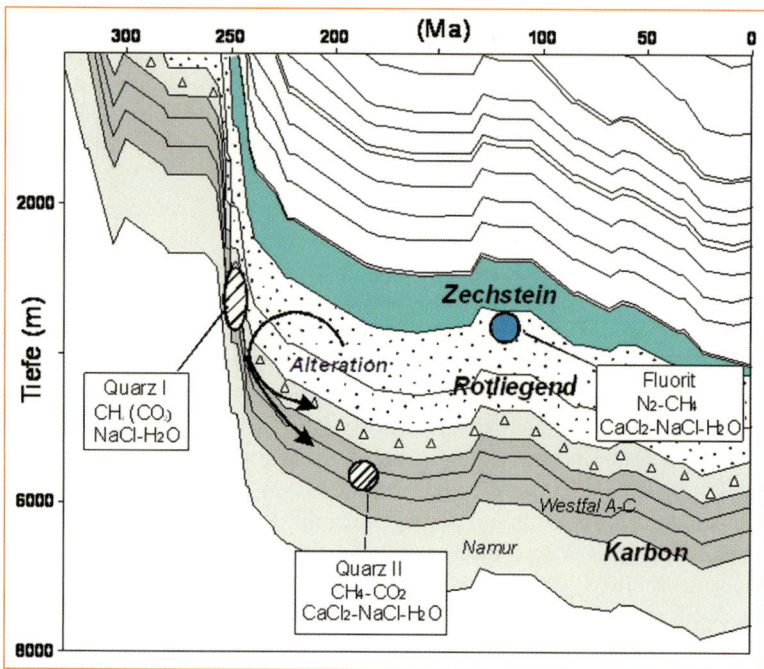

8.12 Rekonstruktion möglicher Bildungsbedingungen für wässrige- und gasförmige Fluide einer Bohrung im Nordwestdeutschen Becken.

8.12 Reconstruction of the possible conditions for the formation of aqueous and gaseous fluids of a drill hole in the Northwest German Basin.

Tiefe die Probe während des Einschlusses gebildet wurde, lässt sich eine entsprechende Druckkorrektur vornehmen, die zur Ermittlung der tatsächlichen Bildungstemperatur dient.

Aus mikrothermometrischen und anderen geochemischen Untersuchungen gewonnene Daten von Flüssigkeitseinschlüssen können zum Beispiel genutzt werden, um Fluidentwicklungen und Gasmigrationen in Sedimentbecken zu rekonstruieren. Überträgt man die abgeschätzten Bildungstiefen von Flüssigkeits- und Gaseinschlüssen in Absenkungskurven einzelner Bohrungen (▶ Abb. 8.12), so ergibt sich ein deutlicher Hinweis für großregionale Migrationen von chemisch verschiedenen Fluiden und Gasen im Verlauf der Entwicklung von tektonischen Becken.

Ein weiteres wichtiges Anwendungsgebiet für Einschlussuntersuchungen bildet die Lagerstättenforschung, denn Flüssigkeitseinschlüsse liefern die einzigen direkten Informationen zur Zusammensetzung von Erz-bildenden Fluiden. Lagerstätten entstehen durch einen komplexen Prozess, in dem sich verschiedene Minerale in Abhängigkeit vom Bildungsort und den dort herrschenden physikalischen und chemischen Bedingungen vergesellschaften. Diesen Vorgang bezeichnet man als Paragenese. Durch die Untersuchung von Flüssigkeitseinschlüssen dieser Mineralabfolgen (▶ Abb. 8.12) lassen sich Rückschlüsse auf Herkunftsbereiche der Erzbildenden Lösungen und auf die Entwicklung der

Fluid-Evolution beim Entstehen einer Erzlagerstätte ziehen (▶ Abb. 8.13).

## Die Erde unter Hochdruck: Physikochemie im Erdmantel

Wie viel Wasser und andere leichte Komponenten wie Stickstoff, Chlor Bor und Fluor können im Erdmantel gespeichert werden? Wie sind sie zwischen Mineralen, Schmelzen und Fluiden verteilt? Was sind die Konsequenzen für kurz- und langzeitliche globale Elementzyklen, Mantelentgasung, vulkanische Aktivitäten? Wie beeinflussen leichte Elemente das Verformungs- und Fließverhalten des Erdmantels und damit die plattentektonischen Prozesse? Die Erforschung des physikochemischen Verhaltens des Erdmantels ist – wie in allen Bereichen der Geowissenschaften – durch moderne Geräte und Analytik nicht mehr nur eine beschreibende, sondern auch eine quantifizierende Disziplin geworden. Die Ergebnisse führen wiederum zu neuen Erkenntnissen, der Hegelsche Umschlag von Quantität in Qualität findet sich auch hier.

Mit modernen Hochdruck- und Hochtemperaturverfahren lassen sich heute die Bedingungen des unteren Mantels bis zum Kern simulieren. Um die Prozesse des oberen Erdmantels bis zur Übergangszone in etwa

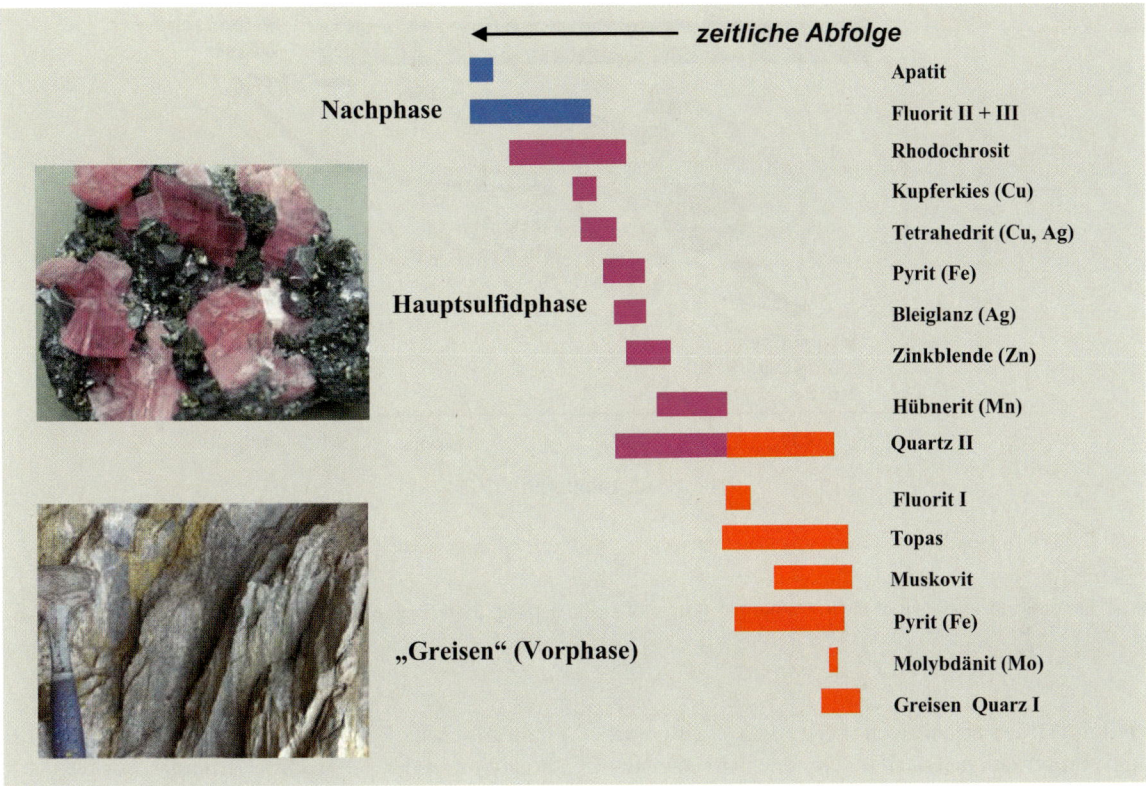

**zeitliche Abfolge**

| Phase | Mineral |
|---|---|
| | Apatit |
| Nachphase | Fluorit II + III |
| | Rhodochrosit |
| | Kupferkies (Cu) |
| | Tetrahedrit (Cu, Ag) |
| | Pyrit (Fe) |
| Hauptsulfidphase | Bleiglanz (Ag) |
| | Zinkblende (Zn) |
| | Hübnerit (Mn) |
| | Quartz II |
| | Fluorit I |
| | Topas |
| | Muskovit |
| | Pyrit (Fe) |
| „Greisen" (Vorphase) | Molybdänit (Mo) |
| | Greisen  Quarz I |

8.13 Paragenetic scheme of a molybdenum sulfide mineralisation in the *Colorado Mineral Belt* (USA). During the early phase, intense pyritisation and silicification occurs in the host rock of the vein deposit, with deposition of molybdenum ore from magmatic fluids. As mineralisation progresses, materials dissolved from the host rock are increasingly added, which causes deposition of sulfide minerals and manganese carbonate (rhodochrosite). The influence of magmatic fluids decreases significantly. At the end of the mineralisation event, meteoric water is added to the hydrothermal solutions and no more ore is deposited. Only fluorine-rich minerals now precipitate. The development of a hydrothermal system can be documented by fluid inclusion analysis (Fig. 8.14).

8.13 Paragenese-Schema einer Molybdän-Sulfidmineralisation im *Colorado Mineral Belt* (USA). Während der Vorphase erfolgt eine starke Pyritisierung und Silifizierung des Nebengesteins der Ganglagerstätte, wobei es auch zum Absatz von Molybdänerz aus magmatischen Fluiden kommt. Im weiteren Verlauf der Mineralisation erfolgt zunehmend eine Zufuhr von gelösten Stoffen aus dem Nebengestein, welche die Abscheidung von Sulfidmineralen und Mangan-Karbonat (Rhodochrosit) bewirkt. Der Einfluss magmatischer Fluide nimmt deutlich ab. Am Ende des Mineralisationsereignisses wird meteorisches Wasser den hydrothermalen Lösungen zugemischt und es erfolgt kein Erzabsatz mehr. Es fallen nur noch Fluor-reiche Minerale aus. Die Entwicklung des Hydrothermalsystems lässt sich durch die Untersuchung von Flüssigkeitseinschlüssen exemplarisch belegen (Abb. 8.14).

Today, modern high-pressure and high-temperature techniques enable us to simulate the conditions of the lower mantle to the core. Processes in the upper mantle up to the transition zone at a depth of around 660 km are reproduced using a multi-anvil apparatus because only the coaction of several anvils can generate the necessary pressure.

One new development is the rotating multi-anvil press. Its operating principle is based on rotation of the whole press within a specific time cycle of around one to five degrees per second. This method is used for experiments with a high fluid fraction. The rotation prevents separation of the fluid from the solid phase, so that the experimental products have a homogeneous composition. This apparatus is used to simulate and examine mineral reactions, melting processes, and interactions between rock and fluid in the mantle. The experimental products are minuscule, with a maximum size of several cubic millimetres. Microanalytical methods and an electron microscope are used to analyse their composition and crystallographic structure.

Static fluid-bearing experiments often result in marked chemical and mineralogical zoning of the sample in parallel layers. This zoning is prevented by rotating the sample at four degrees per second to keep fluids and solids in equilibrium. This has been demonstrated

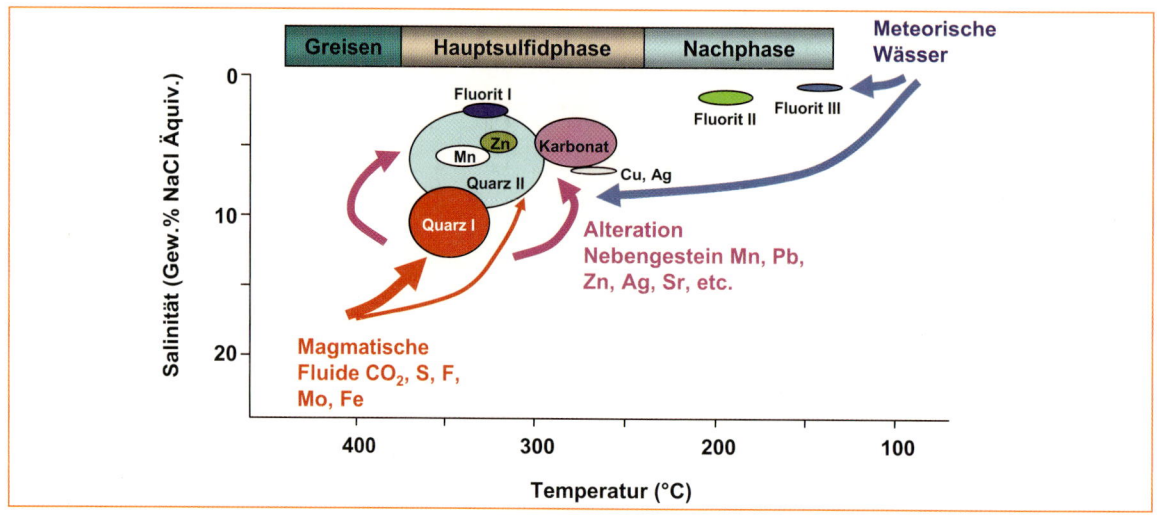

8.14 Zeitliche Entwicklung des Hydrothermalsystems einer gangförmigen Lagerstätte (*Sweet Home Mine*) im *Colorado Mineral Belt* (USA).

8.14 Temporal development of the hydrothermal system of a vein deposit (*Sweet Home Mine*) in the *Colorado Mineral Belt* (USA).

660 km Tiefe nachzubilden, setzt man Vielstempel-Apparaturen ein, weil nur das Zusammenwirken mehrerer Stempel die notwendigen Drücke erzeugen kann.

Eine Neuentwicklung ist die sogenannte Rotating-Multi-Anvil-Presse, deren Prinzip darauf beruht, dass die gesamte Presse in einem bestimmten zeitlichen Zyklus, etwa ein bis fünf Grad pro Sekunde, rotiert. Das Verfahren wird bei Experimenten mit hohem Fluidanteil angewendet: Durch die Rotation wird ein Abtrennen des Fluids von der Festphase verhindert, sodass die experimentellen Produkte homogen zusammengesetzt sind. Mit dieser Apparatur simuliert und untersucht man Mineralreaktionen im tiefen Erdmantel, Aufschmelzungsprozesse und Wechselwirkungen zwischen Gestein und Fluid. Die experimentellen Produkte sind winzig klein, nämlich maximal einige Kubikmillimeter groß; mit mikroanalytischen Verfahren und dem Elektronenmikroskop analysiert man ihre Zusammensetzung und ihre kristallographische Struktur.

Statisch durchgeführte Fluid-führende Experimente führen oft zu einer ausgeprägten chemischen und mineralogische Zonierung der Probe in parallel angeordnete Lagen. Durch Rotation der Probe mit vier Grad pro Sekunde verhindert man diese Zonierung – Fluid und Festkörper können so im Gleichgewicht gehalten werden. Dies zeigen Experimente, in denen die Minerale Olivin, Wadsleyit und Ringwoodit, aus denen der Erdmantel überwiegend besteht, bei einem Druck von zwölf GPa und 1200 °C koexistieren. Im statischen Experiment (▶ Abb. 8.16 links) ist deutlich die chemische und mineralogische Zonierung zu erkennen, die durch die Rotation (▶ Abb. 8.16 rechts) verhindert wird. So lässt sich die chemische Gleichgewichtszusammensetzung (zum Beispiel Eisen- und Wassergehalte) der koexistierenden Minerale verlässlicher bestimmen.

Man darf, wenn man sich in diesem mikroskopischen Maßstab bewegt, nicht vergessen, dass sich dahinter gewaltige Umsätze von Elementen und Energie im Erdkörper verbergen. Auch tektonische Platten bewegen sich oder gleiten auf Mineral- und Korngrenzen, die sich bei hohen Drücken und Temperaturen chemisch und mechanisch ganz anders verhalten als bei Normalbedingungen. An den Grenzflächen der Minerale findet der eigentliche Stoff- und Energieaustausch statt.

## Der Austausch der Elemente: mit Heisenberg und Schrödinger im Erdmantel

Wenn wir hier von Materialeigenschaften und Stofftransporten sprechen, ist damit nichts anderes gemeint als der chemische Haushalt des Erdinneren. Welche Elemente sich in welchen Mengen und welchen Zusammensetzungen an welcher Stelle des Erdmantels oder -kerns befinden, wie sie sich austauschen und wie sich Elemente im chemischen Gradienten fortbewegen: Das

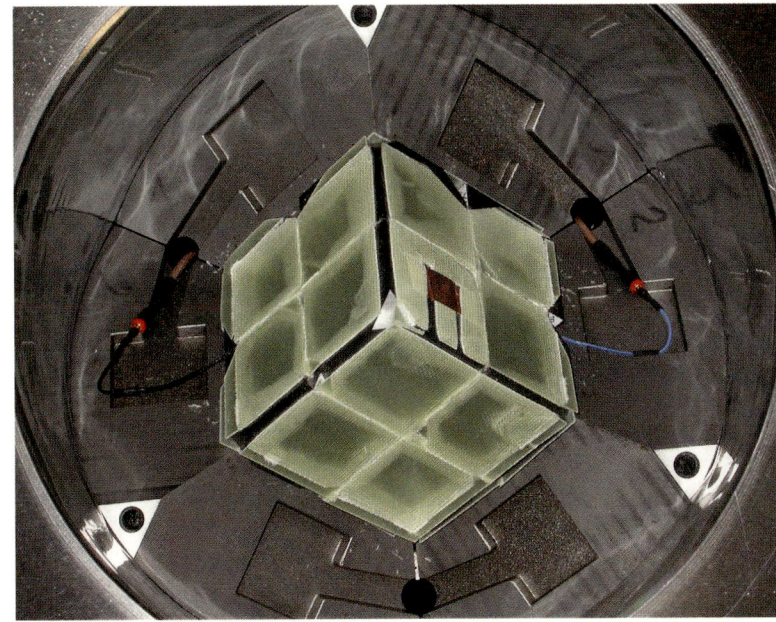

8.15  Assembly of eight anvils in a multi-anvil press. Each of the eight cubes has a bevelled corner that faces the centre. The result is an octahedron, which contains the pressure medium. The pressure medium contains a sample capsule of, at most, millimetre size.

8.15  Aufbau von acht Stempeln in der Multi-Anvil-Presse. Jeder der acht Würfel hat zum Zentrum hin eine abgeschrägte Ecke. So entsteht ein Oktaeder, der das Druckmedium enthält. Darin befindet sich wiederum eine Probenkapsel von höchstens Millimetergröße.

by experiments in which the minerals olivine, wadsleyite and ringwoodite – the main minerals in the mantle – coexist at a pressure of twelve GPa and 1200 °C. Chemical and mineralogical zoning is clearly visible in the static experiment (▶ Fig. 8.16, left), but is prevented by the rotation (▶ Fig. 8.16, right). This method allows us to reliably determine the equilibrium chemical composition (for example, iron and water content) of coexisting minerals.

When working at this microscopic scale, we must not forget the enormous flux of elements and energy within the Earth's interior. Tectonic plates also move or slide along mineral and grain boundaries, which behave very differently, chemically and mechanically, at high pressures and temperatures compared to normal conditions. The actual exchange of material and energy takes place at the grain boundary surfaces of the minerals.

## Exchange of the elements: with Heisenberg and Schrödinger in the mantle

When in this context we refer to material properties and material transport, what we mean is the chemical regime in the Earth's interior. Which elements exist in what quantities and in which locations in the mantle and core? How do they exchange and how do elements move along chemical gradients? These are decisive questions

for understanding the inner life of the Earth and its forms of expression on the surface. When elements are being transported by diffusion, the question is whether this diffusion takes place within a defined volume, such as a crystal, or across the grain boundaries of a mineral. This is important because the speed of volume diffusion may differ from that of grain boundary diffusion, and thus the efficiency of these processes may also differ. High-precision experiments are required to provide clarity about how, at what rates and with which speeds element transport takes place in the deep solid Earth.

The latest research approaches in this field already have single atoms in their sights. Supercomputers enable us to perform numerical simulations and therefore supplement laboratory experiments in a suitable way. In recent years, atomistic computer simulations have developed into an important method to examine the physical properties of geomaterials. They can be used for direct observation of the structures and processes underlying these properties, with a spatial and temporal resolution at the atomic level. A realistic simulation requires a precise and transferable model of atomic interactions because the subject is ultimately the energy balance of the elements in the Earth's body.

This issue is by no means trivial, as the following example shows. From purely energetic considerations, it follows that the core cannot consist exclusively of heavy iron and nickel compounds, but must also contain lighter elements. But which ones? Potassium is one candidate, as is boron. In their search for answers, scientists must analyse at the atomic level what effect the presence

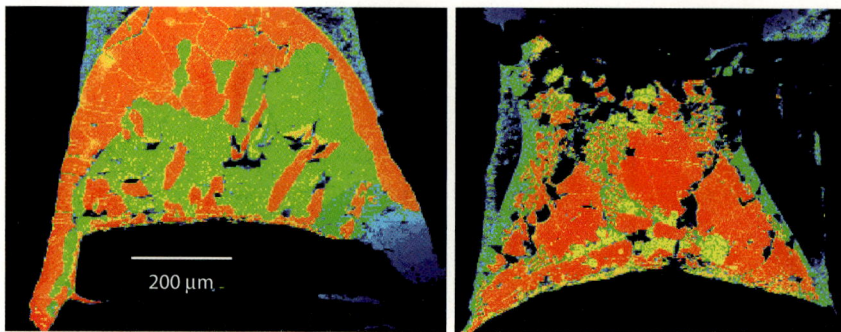

8.16  Querschnitt durch eine Platinkapsel, die das Versuchsprodukt eines statischen Experiments (links) enthält, das bei 12 GPa und 1200 °C durchgeführt wurde. Die unterschiedlichen Farben zeigen die unterschiedlichen Minerale an: Ringwoodit (blau), Wadsleyit (grün) und Olivin (rot). Rechts: Reaktionsprodukt bei gleichen experimentellen Bedingungen, aber rotierend mit vier Grad pro Sekunde und mit der sich ergebenden Gleichgewichtstextur: Ringwoodit (grün), Wadsleyit (gelb) und Olivine (rot).

8.16  Left: cross section through a platinum capsule containing the run product of a static experiment performed at 12 GPa and 1200 °C. The various minerals are colour-coded: ringwoodite (blue), wadsleyite (green) and olivine (red). Right: reaction product under the same experimental conditions, but with a rotation of four degrees per second, and with the resulting equilibrium texture: ringwoodite (green), wadsleyite (yellow) and olivine (red).

sind entscheidende Fragen für das Verständnis des Innenlebens der Erde und seiner Ausdrucksformen an der Oberfläche. Wenn Transport der Elemente durch Diffusion stattfindet, ist die Frage, ob diese Diffusion in einem definierten Körpervolumen, etwa einem Kristall, vor sich geht oder ob sie beispielsweise über die Korngrenzen eines Minerals abläuft. Denn die Geschwindigkeit der Volumendiffusion gegenüber der Diffusion an Korngrenzen kann unterschiedlich schnell und damit auch unterschiedlich effizient sein. Erst hochpräzise Experimente dazu bringen Klarheit, wie, in welchen Raten und mit welchen Geschwindigkeiten Elementtransport in der tiefen festen Erde vor sich geht.

Die neuesten Forschungsansätze in diesem Bereich haben bereits das einzelne Atom im Visier. Hochleistungsrechner erlauben die numerische Simulation und ergänzen damit in geeigneter Weise das Laborexperiment. Atomistische Computersimulationen haben sich in den letzten Jahren zu einer wichtigen Untersuchungsmethode der physikalischen Eigenschaften von Geomaterialien entwickelt. Mit ihrer Hilfe lassen sich die den Eigenschaften zu Grunde liegenden Strukturen und Prozesse mit einer räumlichen und zeitlichen Auflösung auf der Ebene der Atome direkt beobachten. Voraussetzungen für eine realistische Simulation ist ein präzises und transferierbares Modell der atomaren Wechselwirkung, denn letztlich geht es um die Energiebilanz der Elemente im Erdkörper.

Die Fragestellung ist nicht trivial, wie das folgende Beispiel erläutern kann. Aus rein energetischen Betrachtungen folgt, dass der Erdkern nicht nur aus den schweren Eisen-Nickel-Verbindungen bestehen kann, vielmehr müssen dort leichtere Elemente enthalten sein. Aber welche? Kalium ist ein Kandidat, aber auch Bor. Auf der Suche nach Antworten müssen die Wissenschaftler auf der atomaren Ebene analysieren, wie sich das Vorhandensein eines bestimmten Elements auf die Energieumsätze im Erdkern auswirken würde. Damit ist man aber auf der Ebene der Quantenmechanik.

Die komplexen Eigenschaften von Geomaterialien lassen sich oft nur auf der Nanoskala beschreiben. Atome haben wiederum Abstände von Bruchteilen eines Nanometers, charakteristische Zeitskalen für atomare Bewegungen liegen im Nanosekundenbereich oder weit darunter. Atomistische und molekulare Simulationen bewegen sich also in einem Bereich, der weit entfernt von raumzeitlichen Größenordnungen der Tektonik scheint, aber tatsächlich findet letzten Endes der Material- und Energieumsatz hier statt.

Die einfachsten atomistischen Modelle sind Strukturmodelle, die standardmäßig bei der Kristallstrukturanalyse aus Beugungsexperimenten zum Einsatz kommen. Dabei werden die Kristallsymmetrie der Elementarzelle sowie die entsprechenden Atompositionen so optimiert, dass das experimentelle Beugungsdiagramm möglichst gut vom Modell abgebildet wird. Zusätzliche Parameter ermöglichen unter anderem, Informationen über atomare Unordnung oder Besetzungsfaktoren zu erhalten. Für Schmelzen oder Gläser, in denen keine periodisch geordnete Struktur beobachtet wird, sind solche Modelle nur bedingt einsetzbar.

Ein tieferes Verständnis der atomaren Struktur und Dynamik von Mineralen und Schmelzen kann man

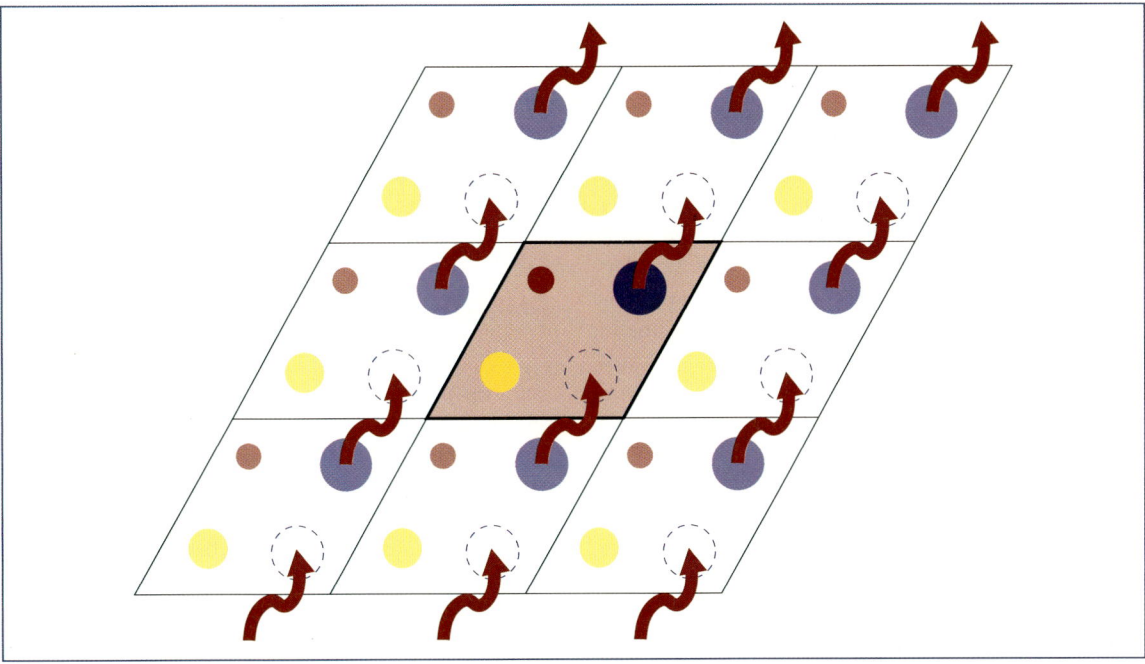

8.17 Periodic boundary conditions in a two-dimensional periodic system. Atoms leaving the simulation cell through one of the four sides re-enter through the opposite side. For a three-dimensional cell, the four sides of the parallelogram are replaced by the six faces of a parallelepiped (geometrical body, bounded by six pairs of congruent parallelograms positioned in parallel planes).

8.17 Periodische Randbedingungen in einem zweidimensionalen periodischen System. Atome, die die Simulationszelle durch eine der vier Kanten verlassen, treten durch die gegenüberliegende Kante wieder ein. Für eine dreidimensionale Zelle ersetzt man die vier Kanten des Parallelogramms durch die sechs Flächen eines Parallelepipeds (geometrischer Körper, der von sechs paarweise deckungsgleichen, in parallelen Ebenen liegenden Parallelogrammen begrenzt wird).

of a specific element would have on energy transfers within the core. Thus, such studies involve quantum mechanics.

The complex properties of geomaterials can often only be described on the nanoscale. Interatomic spacings are fractions of a nanometre, and characteristic timescales for atomic movements are within the range of nanoseconds, or far below it. Thus, the scale of atomistic and molecular simulationsappears to be far from the spatial and temporal orders of magnitude associated with tectonics, but ultimately, this is where the transfer of material and energy does indeed take place.

The simplest atomistic models are structural models that are generally used for crystal structure analysis of diffraction data. The crystal symmetry of the unit cell and the corresponding atom positions are optimised until the model reproduces the experimental diffraction diagram as closely as possible. Additional parameters provide information about atomic disorder or population factors. Such models have only limited applicability to melts or glasses because these materials do not have a periodically ordered structure.

We can obtain a deeper understanding of the atomic structure and dynamics of minerals and melts if the model also accounts for atomic interactions. These interactions occur between the positively charged atomic nuclei and the spatially extended and negatively charged electron shells surrounding them. This generally requires the solution of a complicated multi-particle problem using quantum mechanics. However, an exact solution to the corresponding Schrödinger equation is impractical for complex geomaterials, and simplified interaction models are used instead. The maximum number of atoms that can be handled in the simulation cell depends not only on the available computing capacity, but also decisively on the applied interatomic interaction model.

The enormous increase in computing capacity in recent years now allows the physical properties of minerals to be calculated using *ab initio* methods, or in other words, without free parameters and without fitting to experimental data. The theoretical basis for this is the density functional theory, in which the very complex quantum mechanical multi-particle problem is refor-

erhalten, wenn auch die atomaren Wechselwirkungen im Modell berücksichtigt werden. Die Wechselwirkung findet zwischen den positiv geladenen Atomkernen und der sie umgebenden räumlich ausgedehnten und negativ geladenen Elektronenhülle statt. Im allgemeinen Fall ist dafür ein kompliziertes Vielteilchenproblem mihilfe der Quantenmechanik zu lösen. Die exakte Lösung der entsprechenden Schrödinger-Gleichung ist für komplexe Geomaterialien jedoch nicht praktikabel. Stattdessen verwendet man vereinfachte Wechselwirkungsmodelle. Die maximal handhabbare Anzahl der Atome in der Simulationszelle hängt also nicht nur von der verfügbaren Rechnerkapazität, sondern auch entscheidend vom verwendeten Modell der interatomaren Wechselwirkung ab.

In den vergangenen Jahren wurde es durch die enorm gestiegene Rechenleistung möglich, physikalische Eigenschaften von Mineralen *ab initio*, das heißt ohne freie Parameter und ohne Anpassung an experimentelle Daten, zu berechnen. Die theoretische Grundlage dafür bildet die Dichtefunktionaltheorie, in der das schwer zu handhabende quantenmechanische Vielteilchenproblem auf die Berechnung der skalaren Elektronendichte umformuliert wird. Mithilfe geeigneter Näherungen lässt sich der Rechenaufwand dieser Methode so weit reduzieren, dass diese Berechnungen auf modernen Computern durchgeführt werden können. Mit den verschiedenen atomistischen Wechselwirkungsmodellen und Simulationsverfahren ergeben sich neue Perspektiven bei der Untersuchung vieler interessanter Probleme der Geowissenschaften. Ein besseres Verständnis der Hochdruck- und Hochtemperatureigenschaften von Mineralen und Schmelzen, von Defektstrukturen und Grenzflächen, von Schmelz- und Kristallisationsprozessen oder auch von Fragen der Isotopen- und Elementpartitionierung auf der molekularen und atomaren Ebene wird präzisere Vorstellungen vom Energie- und Massenhaushalt unseres Planeten mit sich bringen.

# Ausblick

Das Besondere der Geowissenschaften, nämlich der unglaublich große Skalenbereich in Raum und Zeit, den dieses Fachgebiet bearbeitet, zeigt sich besonders, wenn man die Erde ins Labor holt. Neben geophysikalischen Beobachtungen und Forschungsbohrungen sind Laborexperimente die einzige Möglichkeit, Tiefenbereiche abzubilden, die direkt nicht zugänglich sind, oder Prozesse nachzuvollziehen, die an der Oberfläche oder im oberflächennahen Bereich stattfinden, in situ aber nicht zu beobachten sind. Immer klarer zeichnet sich ab, dass der Erdmantel alles andere als homogen ist. Man kann von regelrechten Landschaften im Erdinneren sprechen, die Grenzflächen zwischen Kern und Mantel wie auch zwischen Erdmantel und Kruste weisen offenbar eine ausgeprägte Topographie auf. Prozesse des tiefen Erdinneren formen letztlich auch die Oberfläche unseres Planeten und haben somit ihren Anteil am Ursprung und der Geschichte des Lebens.

mulated to a scalar electron density calculation. With the help of suitable approximations, the computational part of this method can be reduced so that these calculations can be performed on modern computers. The different atomistic interaction models and simulation methods provide new perspectives for examining many interesting problems in geosciences. Improved understanding of the high-pressure and high-temperature properties of minerals and melts, of defect structures and boundary surfaces, of melting and crystallisation processes, or even isotope and element partitioning at the molecular and atomic levels, will produce a more precise idea of the energy and mass balance of our planet.

# Outlook

The geosciences are faced with a special challenge – the unbelievably wide range in the scales of time and space. This is particularly evident when we bring the Earth into the laboratory. Besides geophysical observations, laboratory experiments provide the only opportunity to obtain information on deep regions that are not directly accessible. In addition, they permit and to reconstruct and understand processes taking place on or near the surface, but that cannot be observed in situ. It is becoming increasingly clear that the mantle is anything but homogeneous. We can even speak of landscapes inside the Earth. The core/mantle and mantle/crust boundary surfaces appear to have a distinct topography. Processes that take place deep within the Earth ultimately shape the surface of our planet and thus play their role in the origin and history of life.

9.1 „Vor der Hacke ist es duster", diese Bergmannsweisheit und die in ihr enthaltene Warnung gelten auch beim wissenschaft-lichen Bohren. Kinderzeichnung (Ch. Mayerhoefer) zur Kontinentalen Tiefbohrung.

9.1 "Vor der Hacke ist es duster" ("It's dark in front of the pick"). This wise miners' saying and the warning it contains also applies to scientific drilling. Child's drawing (Ch. Mayerhoefer) of continental deep drilling.

# Kapitel 09

# Wissenschaftliches Bohren: ein Teleskop in die Tiefe

# Chapter 09

# Scientific Drilling: a Telescopic View of the Deep

Das direkte Beobachten von Abläufen in der Tiefe und die Entnahme von Gesteinsproben aus dem Untergrund sind nur möglich, indem man in die Erde hineinbohrt. Die tiefsten Bohrungen erreichen heute etwa zehn Kilometer Teufe. Erinnern wir uns an den mittleren Erdradius von 6370 Kilometern, so wird klar, dass Bohren nur einen Kratzer an der Haut der Erde darstellt. Dennoch ist wissenschaftliches Bohren ein unverzichtbares Werkzeug zum Verständnis der Erde, das zwar hohen Aufwand erfordert, dafür aber wichtige Einblicke und grundlegende Einsichten erbringt. Wie im ▶ Kapitel 03 dargestellt wurde, stammen die Erkenntnisse, die entscheidend zur Theorie der Plattentektonik beitrugen, aus Bohrungen in die Ozeanböden hinein. Der Anfang lag im Mohole-Projekt („Mohorovičić-Hole") Mitte der 1960er Jahre. Damals sollte bei der pazifischen Insel Guadelupe, südlich von Kalifornien, ein zehn Kilometer tiefes Loch durch die junge Ozeankruste und die nach dem kroatischen Geologen Mohorovičić benannte „Moho"-Grenzschicht zwischen Erdkruste und Erdmantel gebohrt werden. Dieses radikale und visionäre Vorhaben scheiterte bereits in der Testphase 1965, nachdem einige Hundert Meter Sediment und ein paar Meter Basalt durchbohrt worden waren. Doch das Projekt legte die Basis für das Deep Sea Drilling Program (DSDP), das drei Jahre später seinen außerordentlich erfolgreichen Kurs aufnahm. Aus diesen Arbeiten und dem nachfolgenden Ocean Drilling Program (ODP) stammen unsere Kenntnisse über den grundlegenden Aufbau der ozeanischen Kruste (▶ Abb. 3.2), über die Umpolungen des Erdmagnetfeldes, über die mittelozeanischen Spreizungszonen, kurzum: über die Prozesse, die heute in der generalisierenden Theorie der Plattentektonik zusammengefasst sind.

Wissenschaftliche Bohrungen werden eingesetzt, um zwei entscheidende Lücken im Verständnis der Erdsystemforschung zu schließen. Sie ermöglichen zum einen die direkte Prozessbeobachtung in der Tiefe und andererseits die kontinuierliche Beprobung und Vermessung von im Untergrund verborgenen Gesteinen. Zwar kann man im Labor und in numerischen Simulationen die Verhältnisse in der Tiefe mittlerweile recht gut nachvollziehen, doch auch hier bleiben große Unsicherheiten: Zum einen stellt die verkleinerte Skala eindeutige Resultate in Frage, oder die Zusammensetzung von Magmen und den darin enthaltenen Flüssigkeiten und Gasen ist nach Abkühlung, Mineralisation, Hebung stark verändert und kann erheblich von den theoretisch ermittelten Ergebnissen abweichen. Unverfälschte Proben lassen sich nur durch Bohren gewinnen.

## Bohren in die Kontinente: die ersten Ansätze

Im Vergleich zu den Ozeanböden sind die Kontinente viel komplizierter aufgebaut. Sie werfen daher mehr Fragen auf, bieten dafür aber möglicherweise mehr Antworten. Diese Erkenntnis lässt sich aber erst heute, als Resultat von Bohrprojekten auf den Kontinenten, formulieren.

In der Sowjetunion der 1970er Jahre konzentrierte man die Kräfte auf die Erkundung der tiefen Erdkruste mit besonderem Interesse an Rohstoffen. Ein fortschrittlicher Ansatz war die Kombination von Ultratiefbohrungen mit tiefer Seismik, für die sogar unterirdische Atomexplosionen als seismische Quelle genutzt wurden. Die Signale wurden entlang kontinentaler Linien von Skandinavien bis an das Gelbe Meer registriert. Zur verbesserten Interpretation der geophysikalischen Daten wurden an einigen Kreuzungspunkten der verschiedenen Linien Bohrungen angesetzt. Die wichtigste dieser Bohrungen befindet sich auf dem östlichen skandinavischen Schild, auf der Kola-Halbinsel nahe Murmansk. Seit Mitte der 1970er Jahre wurde nahe des Nickelerzvorkommens bei Pechenga die Ultratiefbohrung Kola SG-3 nördlich des Polarkreises vorangetrieben, die 1984 bereits zwölf Kilometer Tiefe erreichte. Man hoffte zum einem, Erkenntnisse über eine mögliche Fortsetzung der Erzvorkommen in die Tiefe zu gewinnen, zum anderen sollte die Bohrung zum Verständnis des tiefen Aufbaus der Erdkruste beitragen. Denn zu Beginn der Bohrung gingen viele Geologen noch davon aus, dass die Erdkruste zwiebelschalig aufgebaut ist, mit einer oberen Granitlage von etwa zehn Kilometern Dicke und einer basaltischen Lage darunter.

Die Bohrungsarbeiten auf Kola überdauerten sogar die Sowjetunion, konnten aber, nachdem 12 262 Meter erreicht worden waren, trotz mehrerer neuer Ansätze in der Tiefe, nicht tiefer vordringen. Diese Teufe bedeutet Weltrekord, auch heute noch ist die Kola-Bohrung das tiefste Bohrloch der Erde. Wissenschaftlich brachte das Kola-Projekt grundsätzliche Erkenntnisse über den Aufbau der kontinentalen Kruste. Das wichtigste Ergebnis war: Die Erdkruste ist in der Tiefe so inhomogen wie an der Oberfläche, sie hat keinen einfachen Schalenaufbau und sie ist nicht trocken, sondern weist hydraulische Eigenschaften wie die oberste Kruste auf. Das Auffinden von frei fließendem Tiefenwasser war eine geradezu revolutionäre Entdeckung. Die Temperaturen stiegen entlang des vorher angenommenen geothermischen Gradienten, lagen aber in diesem alten Schild auch in zwölf Kilometern noch unter 200 °C und störten den Bohrprozess damit kaum. Der Einsatz von

D irect observation of processes in the deep and sampling of subsurface rocks are only possible by drilling into the Earth. The deepest drillholes currently reach a depth of around ten kilometres. As a reminder, the Earth's average radius is 6370 kilometres, so it's clear that drilling represents a mere scratching of the Earth's skin. Nevertheless, scientific drilling is an indispensable tool for understanding the Earth. Although it is expensive, it provides important insights and thus improves our fundamental knowledge and understanding. As described in ▶ Chapter 03, the findings that made a decisive contribution to the theory of plate tectonics were obtained by drilling into the ocean floor. This started with the Mohole Project ("Mohorovičić Hole") in the mid-1960s, which aimed to drill to a depth of ten kilometres, thus passing through the young ocean crust and the boundary layer between the crust and the mantle near the Pacific island of Guadeloupe, south of California. The boundary layer was named the "Moho" discontinuity after the Croatian geologist Mohorovičić. This radical and visionary project failed during the test phase in 1965 after drilling through several hundred metres of sediment and a few metres of basalt. Nevertheless, it laid the foundations for the Deep Sea Drilling Program (DSDP), which started its extraordinarily successful course three years later. This work and the subsequent Ocean Drilling Program (ODP) have greatly contributed to our knowledge about the fundamental structure of the oceanic crust (▶ Fig. 3.2), pole reversals of the Earth's magnetic field and the mid-oceanic spreading zones, or in other words, about the processes that are now summarised in the generalising theory of plate tectonics.

Scientific drilling is used to close two decisive gaps in our understanding of the System Earth On the one hand, it enables direct observation of processes in the deep, and on the other hand, continuous sampling and surveying of rocks concealed below the surface. Although we are now able to reproduce the conditions in the deep very well in the laboratory and in numerical simulations, large uncertainties still remain, and the reduced scale calls the results into question. Furthermore, the composition of a magma and the liquids and gases it contains is greatly altered by cooling; mineralisation and uplift, and it may thus widely differ from theoretically determined results. Unadulterated samples can only be obtained through drilling.

## Drilling into the continents: the initial approaches

The structure of the continents is far more complicated than that of the ocean floors, which means they raise more questions, but possibly provide more answers. This insight can only now be formulated on the basis of the findings from drilling projects on the continents.

In the 1970s, drilling projects the Soviet Union concentrated on investigating the deep crust, with particular interest in raw materials. One progressive approach was to combine superdeep drilling with deep seismics, which even went as far as using underground atomic explosions as the seismic source. The signals were registered along lines crossing the continents, from Scandinavia to the Yellow Sea. Drilling was used at several crossing points of the various lines to improve interpretation of the geophysical data. The most important drilling took place on the eastern Scandinavian Shield on the Kola Peninsula near Murmansk. The Kola Superdeep Borehole SG-3, located near the nickel deposit at Pechenga, north of the Polar Circle, was started in the mid-1970s. It had already reached a depth of twelve kilometres by 1984. On the one hand, the aim was to obtain knowledge of a possible continuation of the ore deposits in the deep. On the other hand, the drillhole was to contribute to our understanding of the deep structure of the crust. When drilling started, many geologists still assumed that the structure of the crust was layered like that of an onion, with an upper granite layer around ten kilometres thick and a basaltic layer beneath it.

The drilling work at Kola managed to outlast the Soviet Union, but after reaching 12 262 metres, it was unable to penetrate any deeper, despite several new attempts. This depth is a world record; even today, the Kola drillhole is still the deepest borehole on the Earth. In scientific terms, the Kola project provided fundamental knowledge about the structure of the continental crust. The most important finding was that the crust is as inhomogeneous in the deep as it is at the surface, it does not have a simple shell-like structure and it is not dry. Instead it has hydraulic properties similar to those of the uppermost crust. The detection of free-flowing deep water was nothing short of a revolutionary discovery. Although the temperatures rose along the previously assumed geothermal gradients, they were still below 200 °C at a depth of twelve kilometres in this old shield rock and thus hardly disrupted the drilling process. The use of lightweight, but high-strength aluminium pipes and twin-turbine underground motors had made it possible to reach this depth. However, the

leichten, aber hochfesten Aluminiumrohren und Doppelturbinen-Untertagemotoren hatte es möglich gemacht, diese Teufe zu erreichen. Allerdings zeigten die vielen Ablenkungen ab sieben Kilometern Tiefe, dass sogenannte Richtbohrungen nötig sind, um möglichst senkrecht – und damit mit möglichst geringer Reibungslast – sehr tief bohren zu können. Diese Erfahrung war wichtig für das deutsche Kontinentale Tiefbohrprogramm KTB.

# Die Kontinentale Tiefbohrung der Bundesrepublik Deutschland

Deutsche Geowissenschaftler begannen Ende der siebziger Jahre mit der Diskussion und Planung einer Forschungstiefbohrung. Nach einem intensiven wissenschaftlichen Austausch und einem ausführlichen Auswahlverfahren der am besten geeigneten Lokalität wurde zwischen September 1987 und April 1989 in der Oberpfalz in Nordost-Bayern nahe der Stadt Windischeschenbach eine Vorbohrung auf 4000 Meter Tiefe niedergebracht. Die Bohrung wurde komplett gekernt, intensiv vermessen und mit einem detaillierten Forschungsprogramm systematisch durch das KTB-Feldlabor untersucht, das personell und apparativ wie ein geowissenschaftliches Institut ausgestattet war. Die Bohrstelle lag an der Nahtzone der variszischen Kollision des damals entstehenden europäischen Kontinents mit afrikanischen Kontinentalschollen. Sie versprach daher nicht nur eine bedeutende geologische Geschichte, sondern auch einen reichen Schatz an geophysikalischen Strukturen, die mittels der Bohrung erklärt und mit Messungen von der Oberfläche verglichen werden konnten.

Auf die vier Kilometer tiefe Vorbohrung und nachfolgende Experimente folgte der eigentliche Vorstoß in größere Tiefen. Das Ziel war die Erforschung der Physik, Chemie und Geologie in der tieferen kontinentalen Kruste, um deren strukturellen Aufbau, ihre Dynamik und ihre Evolution besser zu verstehen. Nach einer Bohrzeit von knapp vier Jahren erreichte die Hauptbohrung, nur 200 Meter von der Pilotbohrung entfernt gelegen, im Oktober 1994 eine Endteufe von 9101 Metern bei einer Gesteinstemperatur von rund 280 °C. Zu den wichtigsten Ergebnissen der Bohrung gehört das Durchteufen einer aus Oberflächenexperimenten postulierten Störungszone in 7000 Metern Tiefe. Damit wurde es erstmals möglich, Oberflächenbefunde direkt mit einem so tief erbohrten Gesteinsprofil im Kristallin in Beziehung zu setzen. Dies bedeutete einen wichtigen Schritt zur Kalibrierung von Methoden zur seismischen Tiefenerkundung – ein Labor in der Erde. Vor-Ort-Untersuchungen zum Fließverhalten der Kruste und zu den tektonischen Spannungen im Übergangsbereich vom spröden Zustand des Gesteins in einen Bereich mit zunehmend plastischem Verhalten brachten grundlegende Erkenntnisse zu Erdbebenprozessen, Plattentektonik und Gebirgsbildung hervor.

Die Erkenntnisse aus der KTB waren nicht nur geowissenschaftlich bahnbrechend, auch aus technischer Sicht hat die KTB neue Maßstäbe gesetzt. Für die Vorbohrung wurde ein modifiziertes Diamantkernbohrverfahren entwickelt, mit dem ein wirtschaftliches Instrument für die kontinuierliche Probengewinnung in Tiefen bis zu 5000 m zur Verfügung stand. Wesentliche Bestandteile der KTB-Technologie in der Hauptbohrung waren der kontinuierliche Einsatz leistungsfähiger Untertagemotoren, das aktive Steuern des Bohrwerkzeuges zur Erzielung eines krümmungsfreien, vertikalen Bohrlochverlaufs, eine innovative Spültechnologie und Verrohrungstechnik, leistungsfähige Kernbohrverfahren und Verfahren zur Bereinigung komplizierter Bohrlochsituationen. Auch in der Messtechnik konnten enorme Fortschritte, etwa bei der Entwicklung von Hochtemperatur-Bohrlochmesssonden, erzielt werden.

Aus dem an der KTB entwickelten geowissenschaftlichen und technologischen Know-how ergab sich konsequenterweise die Idee, dieses Wissen in ein großes, internationals Programm für Forschungsbohrungen auf den Kontinenten zu überführen. Unter dem Namen International Continental Scientific Drilling Program (ICDP) wurde ein solches Vorhaben 1996 in Tokio vereinbart.

# ICDP: Bohren an Land

Bei der Erforschung des Systems Erde kommt den Kontinenten eine entscheidende Rolle zu, denn als älteste Gesteine tragen sie das am weitesten zurückreichende Gedächtnis der Prozesse in sich, die den Planeten formten und formen. Forschungsbohrungen sind für die Geowissenschaften ein unverzichtbares Werkzeug, sie sind jedoch teuer und deshalb nur in sehr begrenztem Umfang durchführbar. Daher sind Bohrungen in der Regel ein integraler Bestandteil von langfristig angelegten geowissenschaftlichen Forschungsprogrammen. Diese Programme umfassen umfangreiche Vorerkundungsarbeiten, begleitende Feldexperimente und Laboruntersuchungen, die eigentliche Bohrphase, Langzeitmessungen und -tests in den Bohrungen und eine

many deflections below a depth of seven kilometres indicated that directional drilling is necessary in order to be able to drill vertically – thus minimising friction – and to great depths. This experience was important for the German Continental Deep Drilling Program (KTB).

# The Continental Deep Drilling Program of the Federal Republic of Germany

At the end of the 1970s, German geoscientists began to discuss and plan a deep research drilling. Following intense scientific discussions, the most suitable location was selected: a site near the town of Windischeschenbach in Northeast Bavaria. Between September 1987 and April 1989, a pilot hole was sunk that reached 4000 metres. The hole was completely cored, thoroughly surveyed and, systematically examined by the KTB field laboratory, which was equipped like a geoscientific institute in terms of personnel and apparatus. The drilling site was located on the joint zone of the Variscan collision between the European continent, which was forming at the time, and the African continental plate. This location thus promised not only a significant piece of geological history, but also a rich treasure of geophysical structures that could be explained by means of the drilling and compared to measurements from the surface.

After sinking the four kilometre-deep pilot hole and the subsequent experiments, the drilling was advanced to greater depths. The objective was to research the physics, chemistry and geology of the deeper continental crust in order to improve our understanding of its structure, dynamics and evolution. In October 1994, following a drilling period of almost four years, the main borehole – only 200 metres from the pilot borehole – reached a final depth of 9101 metres at a rock temperature of around 280 °C. One of the most important results of the project included hitting a fault zone at a depth of 7000 metres. The existence of this zone had been postulated from surface experiments. This was the first time that surface findings could be directly related to a deep-drilled rock profile in crystalline rock. This represented an important step towards calibration of methods for seismic investigations of the deep – a laboratory in the Earth. In-situ investigations into the flow behaviour of the crust and of the tectonic stresses in the transition from brittle rock to increasingly plastic behaviour produced fundamental insights into earth-

quake processes, plate tectonics and formation of mountain ranges.

The findings from the KTB were not only pioneering in geoscience terms: the KTB had also set new standards from a technical point of view. A modified drilling method with a diamond core was developed for the pilot drilling. An economic instrument was now available for continuous sampling at depths of up to 5000 m. The key components of KTB technology in the main borehole were: continuous use of powerful underground motors; active control of the drill bit to achieve a curvature-free, vertical borehole; innovative flushing technology and casing technique; powerful core-drilling method and methods for adjusting to complicated borehole situations. Enormous progress was also achieved in measuring technology, for example, with the development of high-temperature down-hole measuring probes.

9.2 Location of the Continental Deep Drilling Program of the Federal Republic of Germany (KTB) near Windischeschenbach in Northeast Bavaria. The large derrick stands above the main borehole, which has a depth of 9101 metres.

9.2  Die Lage des Kontinentalen Tiefbohrprogramms der Bundesrepublik (KTB) in Windischeschenbach in der Oberpfalz. Der große Bohrturm steht über der 9101 Meter tiefen Hauptbohrung.

anschließende Auswertungsphase einschließlich numerischer Simulationen.

Hier setzt das Internationale Kontinentale Forschungsbohrprogramm (ICDP) an. Es ist das landbezogene Analogon zum Internationalen Tiefseebohrprojekt (IODP), das sich aus dem US-amerikanischen Deep Sea Drilling Project (DSDP) entwickelt hat, und erbohrt zu zentralen geowissenschaftlichen Fragestellungen an ausgewählten geologischen Schlüsselstellen (World Geological Sites) Probenmaterial. Es gibt faktisch keine Fragestellung bei der Erforschung des Systems Erde, zu welcher Bohrungen nicht wenigstens einen Teil der Antworten liefern können; das gilt erst recht für die Kontinente. Für das ICDP wurden daher vorrangig zu bearbeitende, übergeordnete Themen von globaler Bedeutung identifiziert:

- Klima-Dynamik und globale Umwelt
- Impaktstrukturen
- Aktive Störungszonen und Erdbebenprozesse
- Die Geobiosphäre
- Vulkanische Systeme und thermische Regime
- Natürliche Ressourcen
- Hotspot-Vulkane und magmatische Großprovinzen
- Konvergente Plattengrenzen und Kollisionszonen

Die Probenahme an Gesteinen aus der Tiefe ermöglicht, Lücken in unserem Verständnis vom Aufbau und der Zusammensetzung der Erdkruste zu schließen und kontinuierliche Probenabschnitte zu gewinnen. Zwar fördern auch Vulkane Material aus der Tiefe und die Gebirgsbildung bringt Gesteinspakete zutage. Aber diese natürliche „Probenahme" geschieht zufällig und nicht immer an den Orten, die zum Verständnis der Abläufe im System Erde beitragen. Man weiß also häufig, dass es bestimmte Gesteine in der Tiefe gibt, aber unklar bleibt, in welchem Verband die Gesteine auftreten. Besonders wichtig ist daher die systematische Beprobung, die kontinuierliches Bohren bietet. Aus einem Bohrkern lässt sich die ganze Ablagerungsgeschichte eines Sedimentbeckens im Meer oder einem See lesen, die Umweltbedingungen zur Zeit der Ablagerung sind in Fossilien, Pollen, Mineralbildungen und im Staubeintrag eingeschlossen. Diese Zeugnisse der Entwicklung werden übereinander gestapelt wie in einem Geschichtsbuch. Um aus diesen indirekten Zeigern Rückschlüsse auf frühere Klima- und Umweltbedingungen ziehen zu können, muss man die sogenannten Proxydaten eichen und möglichst lückenlos auslesen.

Das Aussterben der Dinosaurier an der Kreide-Tertiär-Grenze ist eine solche Fragestellung, die durch Forschungsbohrungen erschlossen werden konnte.

## Kosmische Kollisionen und Massensterben

Lichtstarke Teleskope offenbaren uns, dass unsere Nachbarplaneten und Monde von runden Narben übersät sind. Diese Einschlags- oder Impaktkrater stammen meistens aus der Frühzeit der Planetenbildung unseres Sonnensystems, als noch zahllose kosmische Trümmer die Bahnen der Planeten kreuzten und bei Kollisionen gleichsam Einschusslöcher erzeugten. Auf der Erde haben die Plattentektonik und die Erosion die Zeugen dieses alten Bombardements nahezu vollständig ausgelöscht. Dennoch sind inzwischen mehr als 170 Einschlagskrater auch auf der Erde entdeckt worden; die Krater haben Durchmesser von wenigen Dekametern bis zu mehreren hundert Kilometern und lassen sich in alle geologischen Epochen datieren.

Aus Meteoritenfunden lässt sich eine Herkunft der meisten Körper aus dem Asteroidengürtel nachweisen, der Zone zwischen Mars und Jupiter, in der ein früher Protoplanet zerbrochen ist und dessen Bruchstücke ständig weiter miteinander und mit den Planeten unseres Sonnensystems kollidieren. Durch die Zusammenstöße werden viele dieser Bruchstücke aus der Sonnenumlaufbahn geworfen, einige können dabei auf Kollisionskurs mit der Erde gehen. Die Erde ist also auch nach dem Nachlassen des frühen Dauerbeschusses vor 3,9 Milliarden Jahren ständig mit extraterrestrischem Material bombardiert worden. Hochgenaue Analysen von Spurenelementen wie Iridium, das nur in kosmischem Material in nachweisbaren Mengen vorkommt, zeigen daher eine gleichmäßige Verteilung in Ablagerungsgesteinen.

Ein dramatisches Ausnahmeereignis führte vor 65,5 Millionen Jahren zum Ende vieler Lebewesen. An der Kreide-Tertiär-Grenze, einer der wichtigsten geologischen Grenzen, kam es zu einem massenhaften Artensterben, bei dem auch die Dinosaurier ausgelöscht wurden. Dem amerikanischen Physiker Walter Alvarez fiel auf, dass alle Gesteinsschichten mit einem Ablagerungsalter von 65,5 Millionen Jahren an der Grenzschicht eine Lage aus Ton, ähnlich einer Vulkanasche, mit einem hohen Iridiumgehalt zeigen. Je näher der Fundort dem heutigen Zentralamerika liegt, desto mächtiger wird diese Lage. Weitere Untersuchungen ergaben, dass die Schicht in der zentralen Karibik mehrere Meter dick wird und außerdem viele Glaskügelchen enthält. Solche Schmelzprodukte können nur durch Transport durch die Luft an den Ablagerungsort gelangen, Umlagerung in Wasser hätten sie zerstört. Daneben kommen in den Ablagerungen Minerale vor, die nur aus Meteoriten bekannt sind, und auch Mineraltrümmer, die bei extrem

The geoscientific and technological know-how developed at the KTB logically gave birth to the idea of transferring this knowledge to a major, international programme for research drilling on the continents. In 1996, such a project was agreed upon in Tokyo – the International Continental Scientific Drilling Program (ICDP).

# ICDP: drilling on land

The continents play a decisive role in research into System Earth because, as the oldest rocks, they carry the oldest memories of the processes that shaped, and are still shaping, the planet. Research drilling is an indispensable tool for geoscientists. However, it is expensive and is thus used to only a very limited extent. Drilling is usually an integral part of long-term geoscientific research programmes. These programmes include extensive reconnaissance surveying; accompanying field experiments and laboratory investigations; the actual drilling phase; long-term measurements and tests in the boreholes; and a subsequent analysis and interpretation phase, including numerical simulations.

This is where the International Continental Scientific Drilling Program (ICDP) comes in. It is the land-based counterpart of the international Integrated Ocean Drilling Program (IODP), which developed from the American Deep Sea Drilling Project (DSDP). It is concerned with drilling in selected sites of particular geological importance (world geological sites) to acquire samples for research into central geoscientific issues. In fact, there are very few research issues into System Earth for which drilling cannot deliver at least part of the answer. This is especially true for the continents. Priority topics of overriding, global importance were therefore identified for the ICDP:

- Climate dynamics and the global environment
- Impact structures
- Active fault zones and earthquake processes
- The geobiosphere
- Volcanic system and thermal regime
- Natural resources
- Hotspot volcanoes and large igneous provinces (LIP)
- Convergent plate boundaries and collision zones

Sampling of rocks from the deep enables us to close gaps in our understanding of the structure and composition of the crust and to acquire samples of coherent sections of rock. Although volcanoes transport material out of the deep and mountain formation reveals rock packages, this natural "sampling" occurs randomly, and not always in locations that contribute to our understanding of the

processes within System Earth. Therefore, it is frequently the case that we know that certain rocks exist deep within the Earth, but we are unsure about the order or pattern in which they occur. The possibility of systematic sampling provided by continuous drilling is therefore particularly important. The whole depositional history of a sediment basin in the sea or in a lake can be read from a drill core; the environmental conditions at the time of deposition are can be elucidated from fossils, pollen, mineral formations and in dust input. These witnesses of the development are stacked on top of each other, just like in a history book. The so-called proxy data must be validated and, as far as possible, continuously read out, to enable us to draw conclusions about earlier climatic and environmental conditions from these indirect pointers.

The extinction of the dinosaurs at the transition between the Cretaceous and the Tertiary is one such issue that was deduced through research drilling.

## Cosmic collisions and mass extinction

Powerful telescopes have revealed that our neighbouring planets and moons are pitted with circular scars. These impact craters mainly stem from the early stages of formation of the planets in our solar system. Numerous pieces of cosmic debris were still crossing the planets' orbits, and collisions produced these cosmic "bullet" holes. On the Earth, plate tectonics and erosion have almost completely erased the evidence of this ancient bombardment. Nevertheless, more than 170 impact craters have been found on the Earth to date. These craters have diameters ranging from a few decametres up to several hundred kilometres and date from all geological epochs.

From meteorite finds it is possible to verify the origin of most bodies from the asteroid belt – the zone between Mars and Jupiter – where an early protoplanet broke up. Its fragments continue to collide with each other and with the planets in our solar system. The collisions cause these fragments to be ejected from their orbit around the sun, and some may then start on a collision course with the Earth. Therefore, even after the early sustained bombardment had abated 3.9 billion years ago, the Earth has been continuously bombarded with extra-terrestrial material. Highly accurate analyses of trace elements such as iridium, detectable quantities of which only occur in cosmic material, show that they are uniformly distributed in sedimentary rocks.

A dramatic and exceptional event that happened 65.5 million years ago led to the end of many living creatures.

hohem Druck durch sogenannte Schockmetamorphose entstehen. Daher musste gefolgert werden, dass ein gigantischer Meteorit im Karibikraum eingeschlagen sein müsste.

Nun war allerdings in der Karibik kein Einschlagkrater bekannt, bis Erdölgeologen sich an ungewöhnliche „Vulkanite" aus Yukatán in Mexiko erinnerten. Wenige Meter Bohrkerne, die bei Probebohrungen gefördert wurden, waren dann der Schlüssel zur Lösung dieses wissenschaftliches Rätsels: Die angeblichen Vulkangesteine waren Schmelzbrekzien, Gesteine, in deren Lavaähnliche Grundmasse zahllose Gesteinstrümmer eingeschlossen sind. Bei näherem Hinsehen konnten zudem sogenannte Schockminerale gefunden werden, das sind beispielsweise Quarze, die im Kristallgitter zahllose parallele Verschiebungen aufweisen, die künstlich nur durch Großexplosionen erzielt werden können. Geophysikalische Untersuchungen, insbesondere mittels Seeseismik zeigten nördlich der Halbinsel Yukatán eine halb im Karibischen Meer liegende Kraterstruktur, die den aus der Astrophysik bekannten sogenannten Multiringkratern gleicht. Eine Ringstruktur mit nahezu 200 Kilometern Durchmesser wurde dadurch unter tertiären Sedimenten identifiziert (▶ Abb. 9.3).

Schnell wurden Modelle berechnet, Laborexperimente durchgeführt und Spekulationen angestellt, was der Himmelskörper bei der Kollision mit der Erde alles ausgelöst haben könnte. Die gemessenen 200 Kilometer Kraterdurchmesser erfordern ein etwa zehn Kilometer großes Projektil, das mit der kosmischen Geschwindigkeit von 20 000 bis 70 000 Kilometer pro Sekunde ein 40 Kilometer tiefes und 70 Kilometer breites Loch durch die Erdkruste schlagen kann. Die Dramatik eines sol-

chen Ereignisses ist unvorstellbar: Gigantische Massen von Gestein werden sekundenschnell verflüssigt, verdampft und aus dem Kraterloch geschleudert. Minuten nach dem Impakt beginnt der Krater, in sich zusammenzurutschen und bildet eine Multiringstruktur aus. Zugleich quillt eine riesige Wolke aus Asche und Trümmern bis weit in die Stratosphäre, trübt die gesamte Erde ein und fällt erst nach Monaten als Asche oder mit Asche vermischtem Regen aus. Der Niederschlag enthält auch die chemischen Komponenten des Zielgesteins – hier also der Erdkruste. Karbonate und Sulfate bilden mit Wasser Säuren, beispielsweise Kohlensäure und Schwefelsäure. Die Nahrungskette wird unterbrochen und zahllose Arten, bis auf die Bewohner der tieferen Gewässer, überleben den Trümmer- und Chemieregen nicht. Die einzige Möglichkeit, den Hypothesen des wissenschaftlich umstrittenen Szenarios auf die Spur zu kommen, die Kratergröße zu überprüfen, die Dicke der Schmelzlage nachzuweisen und daraus Rückschlüsse auf die freigesetzte Energie und die tatsächlichen Folgen für Umwelt und Lebewelt zu ziehen, war natürlich eine Bohrung.

Mehrere Gruppen von Impaktforschern beantragten 1996 beim gerade gegründeten Internationalen Forschungsbohrprogramm ICDP Mittel für Forschungsbohrungen in Yukatán. Nachdem Ziele und Arbeitsgruppen koordiniert und alle Vorbereitungen in Mexiko abgeschlossen waren, wurde von Dezember 2001 bis Februar 2002 der Krater auf der Hacienda Yaxcopoil, 60 Kilometer vom Impaktzentrum entfernt, beprobt. Der Ort wurde aufgrund umfangreicher geophysikalischer Voruntersuchungen festgelegt; allerdings konnte keine direkte seismische Untersuchung erfolgen, denn das

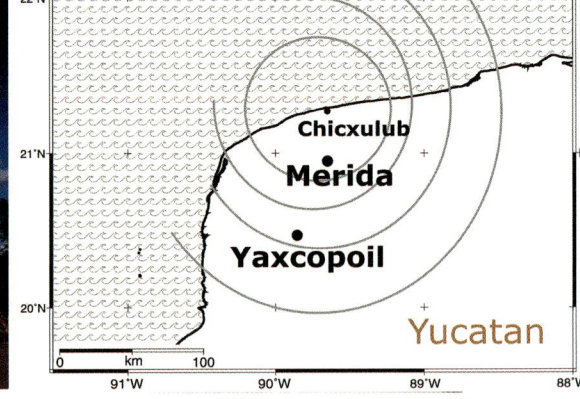

9.3  ICDP-Bohrprojekt am Chicxulub-Einschlagkrater am Golf von Mexiko.

9.3  ICDP drilling project at Chicxulub impact crater in the Gulf of Mexico.

At the Cretaceous/Tertiary boundary – one of the most important geological boundaries – a mass extinction occurred, which also wiped out the dinosaurs. The American physicist, Walter Alvarez, noticed that all rock strata with a deposition age of 65.5 million years at the boundary layer have a layer of clay, similar to a volcanic ash, with a high iridium content. This layer becomes thicker towards present-day Central America. Other investigations showed that this layer is several metres thick in the Central Caribbean and also contains many glass beads. Such melt products can only reach the deposition site from the air; redistribution in water would have destroyed them. In addition, the deposits contain minerals that are known only from meteorites as well as mineral debris that is produced at extremely high pressures by shock metamorphism. All this evidence leads to the conclusion that a gigantic meteorite must have struck the Earth somewhere in the Caribbean.

There was no known impact crater in the Caribbean, however, until oil geologists remembered unusual "igneous rocks" from Yukatán in Mexico. A few metres of drill cores extracted during exploratory drilling became the key to solving this scientific puzzle. The supposedly igneous rocks were melt breccia, which are rocks whose lava-like matrix contains innumerable pieces of rock debris. When looked at more closely, so-called shock minerals were also found, such as quartz having numerous parallel displacements in its crystal lattice that can only be achieved artificially by large explosions. Geophysical investigations, especially by means of marine seismics, showed a crater structure north of the Yukatán Peninsula with half lying under the Caribbean Sea. Its structure is similar to that of the multi-ring craters known from astrophysics. A ring structure with a diameter of almost 200 kilometres was thus identified under Tertiary sediments (▶ Fig. 9.3).

Models were quickly calculated, laboratory experiments performed and hypotheses proposed about what the celestial body could have triggered when it collided with the Earth. The resulting crater diameter of 200 kilometres would require a projectile diameter of around ten kilometres. With a cosmic speed of 20 000 to 70 000 kilometres per second, it would have punched a hole through the crust that was 40 kilometres deep and 70 kilometres wide. The dramatic effect of such an event is unimaginable: Within seconds, gigantic masses of rock are liquefied, evaporated and hurled out of the crater hole. Minutes after the impact, the crater begins to collapse to form a multi-ring structure. At the same time, an enormous cloud of ash and debris rises and swells far into the stratosphere, clouding the entire Earth, and not until months later does it fall as ash or ash mixed with rain. The fall-out also contains the chemical

components of the target rock – in this case, the crust. Carbonates and sulphates react with water to form acids such as carbonic acid and sulphuric acid. The food chain is interrupted and numerous species, apart from the inhabitants of deeper bodies of water, do not survive the debris and chemical rain. The only way of checking the hypotheses postulated for this scientifically disputed scenario is, of course, drilling – by checking the size of the crater and verifying the thickness of the melt layer in order to draw conclusions about the released energy and actual consequences for the environment as well as the fauna and flora.

In 1996, several groups of impact researchers submitted an application to the newly founded International Continental Scientific Drilling Program (ICDP) for funding of research drilling in the Yukatán. After the objectives and workgroups had been coordinated and all preparations in Mexico completed, drilling was carried out from December 2001 to February 2002 in the crater on the Hacienda Yaxcopoil, 60 kilometres from the impact centre. This site was chosen on the basis of extensive preliminary geophysical investigations. A direct seismic investigation was not possible because the area is covered by particularly hard, overlying carbonate rock that does itself to seismological investigations. Nevertheless, what the scientists had postulated was confirmed: at a depth of around 700 metres, they came across melt breccia produced by the impact. This is rock debris embedded in partially molten crust rocks. Only 100 metres deeper, the drill hit Cretaceous crustal rock, which continued to the final depth of 1511 metres (▶ Fig. 9.4).

The apparently thin layer of melt breccia initially appeared to contradict an extended crater. However, several breccia dykes in the target rock showed that they had been greatly altered by the impact. Borehole measurements were finally able to verify the rotation of diverse large blocks on the basis of different strata dips. Therefore, together with the vertical sequence of rocks, it was possible to prove that the drilling had come across severely disrupted peripheral blocks with a thin cover of suevite as well as melt rocks ("impactites"). Above this, due to the rotation of the target rock blocks, there are thinned and redistributed impact rocks, the aforementioned suevites, deposited from the atmosphere when the impact cloud sank.

The drilling project was able to verify large parts of the theoretical hypotheses relating to the impact scenario. The processes immediately after impact could not be continuously reconstructed owing to the extremely turbulent events during and after the impact, which were accompanied by gigantic earthquakes and tsunami. Additional drilling in the marine half of the crater is therefore being planned.

Gebiet ist von besonders harten Karbonatgesteinen überlagert, das sich seismologisch nicht leicht erschließt. Dennoch bestätigte sich, was die Wissenschaftler vermutet hatten: In etwa 700 Metern Tiefe stießen sie auf die durch den Einschlag erzeugte Schmelzbrekzie, das sind Gesteinstrümmer, die in die teilweise aufgeschmolzenen Krustengesteine eingebettet sind. Bereits 100 Meter tiefer wurde das kreidezeitliche Krustengestein bis zur Endteufe von 1511 Metern erbohrt (▶ Abb. 9.4).

Die scheinbar geringe Mächtigkeit der Schmelzbrekzie schien anfänglich gegen einen ausgedehnten Krater zu sprechen; allerdings zeigten einige Brekziengänge im Zielgestein, dass dieses durch den Einschlag stark verändert worden war. Bohrlochmessungen konnten schließlich eine Rotation von diversen großen Blöcken anhand von unterschiedlichen Schichtneigungen nachweisen. Zusammen mit der vertikalen Abfolge der Gesteine konnte so nachgewiesen werden, dass die Bohrung stark bewegte, randliche Blöcke mit einer dünnen Auflage aus Suevit- und Schmelzgesteinen („Impaktite") getroffen hatte. Darüber liegen aufgrund der Verstellung der Zielgesteinsblöcke wiederum ausgedünnte umgelagerte Impaktgesteine, die erwähnten Suevite, die beim Absinken der Impaktwolke aus der Atmosphäre abgelagert wurden.

Die Bohrung konnte in weiten Teilen die theoretischen Überlegungen zum Impaktgeschehen nachweisen. Wegen der extrem turbulenten Ereignisse beim Einschlag, die von gigantischen Erdbeben und Tsunami begleitet wurden, konnte aber die Vorgänge unmittelbar nach dem Einschlag nur lückenhaft nachvollzogen werden. Eine ergänzende Bohrung auf der marinen Hälfte des Kraters ist daher in Planung.

## Vulkane auf Hawaii: der höchste Berg der Welt

Die Erde ins Labor zu holen, ist der eine Weg zum Verständnis der Prozesse in der tiefen Kruste oder sogar im Erdmantel. Mantel-Plumes wiederum fördern Gestein aus dem Erdmantel an die Oberfläche. Eine Kombination von Laborexperiment und direkter Beprobung durch Bohrungen ist ein interessanter Ansatz, um die Austauschprozesse zwischen Mantel und Kruste zu erforschen. Hawaii, als vulkanisches Resultat von Konvektionsprozessen im Erdmantel, ist ein sehr gut geeignetes Objekt dafür.

Die mächtigsten Vulkangebäude unseres Sonnensystems sind der Olympus Mons auf dem Mars und Hawaii im Pazifik. Die Hawaii-Emperor-Inselkette ist das Paradebeispiel des Hotspot-Vulkanismus, dessen

heiße Quellen geologisch lange Zeiten, also mehrere zehn Millionen Jahre, aus dem tiefen Mantel aufsteigen und die über sie hinwegwandernde Lithosphärenplatte immer wieder wie ein Schweißbrenner durchbrechen. Mauna Kea, der jüngste der großen Vulkane Hawaiis, erhebt sich vier Kilometer über den hier 5400 Meter tiefen zentralen Pazifik und ist damit der höchste Berg der Erde (▶ Kapitel 05). Er wurde als Idealtyp des Ozeaninsel-Vulkanismus im Rahmen des ICDP von 1999 bis 2004 angebohrt, um mehr über die Schmelzzone im tiefen Mantel zu erfahren.

Um den Mantel-Plumes auf die Spur zu kommen, braucht man, neben seismischer Tomographie, direkte Proben. Der Mauna Kea ist dafür ein gut geeigneter Vulkan. Seine periodischen Ausbrüche fördern das Magma aus dem Plume zutage, eine Schicht nach der nächsten lagert sich an seinen Flanken ab, die jeweils jüngere immer oben. In diesen Feuerberg hineinzubohren bedeutet, dass man senkrecht durch eine Lavaschicht nach der nächsten bohrt, je tiefer, desto älter. Eine ein Kilometer tiefe Pilotbohrung hatte ergeben, dass tatsächlich die Zusammensetzung der Laven in der Tiefe variiert und man systematisch in immer ältere Lava hineinbohrt.

In der Hauptbohrung wurde ein etwa dreieinhalb Kilometer langer Bohrkern aus dem Vulkan gezogen, der etwa 700 000 Jahre der Geschichte des Mauna Kea und seiner Mantelquellen enthält. Zwar fand sich in dem Bohrkern praktisch nur das Basaltgestein Olivin-Tholeiit, aber dennoch variiert die Zusammensetzung im Detail. Die isotopen-geochemischen „Fingerabdrücke" in den Laven zeigen eine lange Entwicklungsgeschichte des Ausgangsmaterials. Es handelt sich nicht um unveränderte Mantelgesteine, sondern um Material, welches Isotopen- und Spurenelementverhältnisse aufweist, die sich nur mit einer vormaligen, sehr oberflächennahen Entwicklung erklären lassen. Andererseits weist die Mineralzusammensetzung auf eine Herkunft des Ausgangsgesteins aus dem tiefsten Mantel an der Grenze zum Kern hin. Die basaltischen Ozeaninsel-Gesteine zeigen damit den gigantischen Recyclingprozess der Subduktion an. Differenzierte Ozeanbodenbasalte aus primitiven Mantelerstschmelzen und darüber liegenden Meeressedimenten können nach vielen Hundert Millionen Jahren mit Subduktion in den Mantel und schließlich Wiederaufstieg im Hotspot die Zusammensetzung von Hawaiis Vulkanen erklären. Die Bohrergebnisse ergänzen perfekt die Resultate der seismischen Tomographie, nach welcher der Hawaii erzeugende Plume aus dem tiefen Erdmantel kommt (▶ Kapitel 05).

Die Variation der Spurengeochemie über die Geschichte des Vulkans zeigt auch, dass der Hotspot nicht eine homogene Fahne aufsteigender Schmelze ist, son-

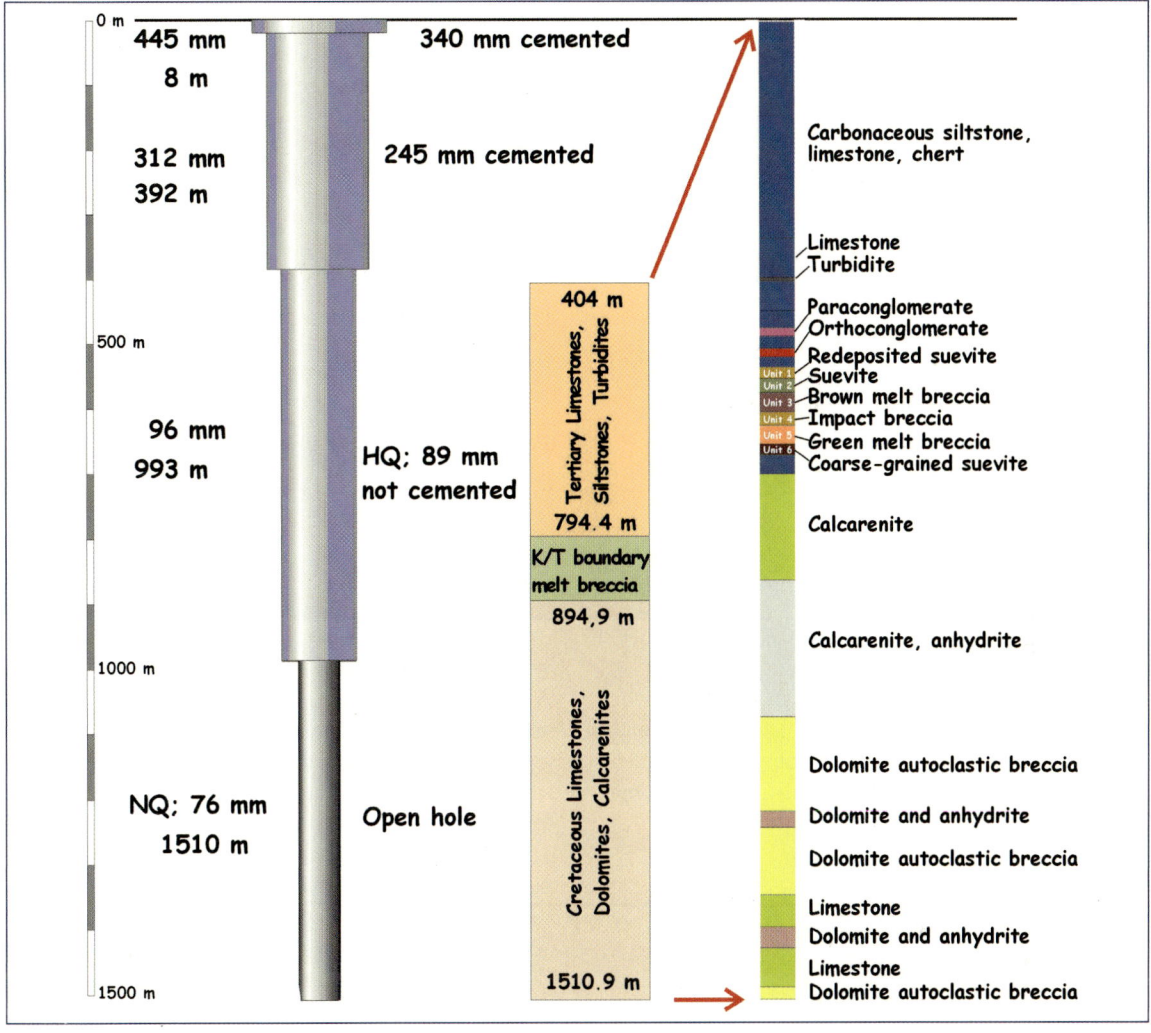

9.4  Borehole diagram and lithology of the impact drilling at Yaxcopoil, Mexico.

9.4  Bohrschema und erbohrte Lithologie der Impaktbohrung Yaxcopoil, Mexiko.

## Volcanoes on Hawaii: the highest mountain in the world

Fetching the Earth into the laboratory is one way of understanding the processes in the deep crust or even in the mantle. Mantle plumes, on the other hand, bring rock from the mantle to the surface. A combination of laboratory experiments and direct sampling through drilling is an interesting approach for researching exchange processes between the mantle and the crust. Hawaii, which is the volcanic result of convection processes inside the mantle, is a very suitable object to use for this purpose.

The mightiest volcanic structures in our solar system are the Olympus Mons on Mars and Hawaii in the Pacific. The Hawaiian-Emperor Island Chain is a perfect example of hotspot volcanism. Its hot sources have been rising from the deep mantle for several tens of millions of years and have repeatedly broken through the lithosphere plate like a welding torch as it wanders across them. Mauna Kea, the youngest of Hawaii's large volcanoes, rises four kilometres above the Central Pacific, which is 5400 metres deep at this point. This makes it the highest mountain on Earth (▶ Chapter 05). As an ideal example of ocean island volcanism, drilling was carried out from 1999 until 2004 as part of the ICDP in order to find out more about the molten zone in the deep mantle.

9.5  Manuelle Entnahme von Lavaproben am Kilauea, Hawaii.

9.5  Manual lava sampling on Mt. Kilauea, Hawaii.

dern verschiedene Teilschmelzen in konzentrischer Anordnung enthält. Der Erdmantel ist offenbar genau so inhomogen wie die Kruste, sehr komplex zusammengesetzt und, vor allem, auch er unterliegt einem permanenten Kreislauf.

## Aktive Störungszonen

Die aus den tektonischen Plattenbewegungen resultierenden Spannungen und geologisch junge Verwerfungen lassen sich an der Oberfläche und mit Satelliten inzwischen recht gut erfassen. Aber der Zeitpunkt des nächsten Deformationsereignisses und die physikalischen und chemischen Vorgänge vor, während und unmittelbar nach einem Beben sind auch heute noch unklar. Zwar ermöglichen, wie wir im vorigen Kapitel gesehen haben, felsmechanische Laborexperimente und Modellsimulationen einen grundsätzlichen Einblick in die Bruchvorgänge, aber ohne Experimente und Messungen direkt in der seismischen Zone ist eine Überprüfung der Laborergebnisse nur unvollständig. Bohrungen sind daher ein unerlässliches Instrument der Erdbebenforschung.

Latent bruchgefährdete Störungszonen zu erbohren, ist natürlich ein risikoreiches Unternehmen: Es kann während des Bohrens zu Erdbeben kommen, was das Experiment und die Mannschaft gefährden kann. Oder aber es geschieht nichts und es können keine Veränderung im gespannten Gestein beobachtet werden, was bei

Wiederholungsraten von großen seismischen Ereignissen im Bereich von Jahrzehnten oder gar Jahrhunderten sogar sehr wahrscheinlich ist. Man hat deshalb unterschiedliche Strategien entwickelt. So wurde schnell nach den großen Kobe-Erdbeben von 1995 die Nojima-Störung und nach dem Chichi-Beben, Taiwan, von 2000 jeweils die an der Oberfläche sichtbare Störung in etwa zwei Kilometern Tiefe beprobt. Dadurch war es möglich, den neu beginnenden Zyklus des Spannungsaufbaus mit Fluidaktivität, Veränderung der Permeabilität, Rekristallisation zerriebener Minerale und sogar Temperaturanomalien der Reibungswärme aus dem Beben zu beobachten.

Die andere Möglichkeit ist, Kleinbeben geringer Magnitude zu erbohren, die in wenigen Kilometern Tiefe in kurzen, zum Beispiel monatlichen Abständen immer wieder an der gleichen Stelle auftreten. Diese gewissermaßen schleichende Deformation erzeugt oft so schwache seismische Signale, dass diese nicht mit hinreichender Genauigkeit an der Oberfläche registriert werden können. Untertage-Messungen von Spannung und Deformation liefern dort neuartige Datensätze und bieten vor allem die Möglichkeit, wiederholt Messungen durchzuführen.

Eine der bekanntesten Störungszonen ist die San-Andreas-Verwerfung in Kalifornien, die mit Oberflächenmethoden bereits recht gut untersucht ist. Eine Forschungsbohrung erbrachte hier frisches Gesteinsmaterial direkt aus der Erdbebenzone.

In addition to seismic tomography, direct samples are required to investigate mantle plumes. Mauna Kea is a very suitable volcano for this. Its periodic eruptions transport magma from the plume to the surface. One layer after the other deposits on its flanks, the most recent always at the top. Drilling into this fiery mountain means drilling vertically through one lava layer after another – the deeper the older. A one kilometre-deep pilot borehole showed that the composition of the lava varied with depth and that it systematically drilled into increasingly older lava.

A core around three and a half kilometres long was obtained from the main borehole. It contains the around 700 000-year history of Mauna Kea and its mantle sources. Although the core was almost exclusively made up of basaltic olivine-tholeiite rock, its detailed composition nevertheless varied. The geochemical isotope "fingerprints" in the lava indicate that the parent material had a long history of development. It does not consist of unchanged mantle rocks, but contains fractions of isotopes and trace elements that can only be explained by a previous development that took place very close to the surface. In contrast, the mineral composition indicates that the parent rock originates from the deepest region of the mantle at the boundary to the core. The basaltic rocks from the ocean island thus exhibit the gigantic recycling process associated with subduction. The composition of Hawaii's volcanoes can be explained by a mixture of differentiated ocean-floor basalts from initial primitive mantle melts and overlying marine sediments that subduct into the mantle over many hundred million years and then rise again in hotspots. The drilling results perfectly complement those from seismic tomography, according to which, the plume producing Hawaii comes from the deep mantle (▶ Chapter 05).

The variation in trace geochemistry throughout the history of the volcano also shows that the hotspot is not a homogeneous plume of rising magma, but instead contains different partial magmas in a concentric arrangement. The mantle is apparently just as inhomogeneous as the crust, has a very complex composition and, above all, it is also subjected to a permanent cycle.

## Active fault zones

The stresses resulting from tectonic plate movements and geologically young faults can now be recorded on the surface and using satellites. However, when the next deformation event will occur and the physical and chemical processes before, during and immediately after an earthquake are still unclear. As seen in the previous chapter, rock mechanics experiments in the laboratory and model simulations provide fundamental insights into rupture processes, but without experiments and measurements directly in the seismic zone, any checking of the laboratory results is inherently incomplete. Therefore, drilling is an indispensable instrument of earthquake research.

Drilling through latent fault zones at risk of rupture is, of course, a risky undertaking because earthquakes may occur during drilling, which could endanger the experiment and the team. Or nothing happens, and no changes are observed in the stressed rock, which is very probable given the recurrence frequencies of decades or even centuries in the case of major seismic events. Therefore, a number of different strategies have been developed. Soon after the major Kobe earthquake of 1995, the Nojima fault and, after the Chichi earthquake, Taiwan, in 2000, the fault visible there at the surface was sampled at a depth of around two kilometres. This made it possible to observe a new beginning of the stress development cycle with its associated fluid activity, change in permeability, recrystallisation of crushed minerals, and even temperature anomalies of the frictional heat generated by the earthquake.

Another option is to drill into small quakes of lower magnitude, which repeatedly occur in the same place at a depth of a few kilometres at short intervals, for example, monthly. The seismic signals produced by such creeping deformation are often so weak that they cannot be registered with sufficient accuracy on the surface. Underground measurements of stress and deformation supply new types of datasets and, above all, provide the opportunity of repeated measurements.

One of the most well-known fault zones is the San-Andreas Fault in California. It has already been thoroughly investigated using surface methods. One research drillhole delivered fresh rock material directly from the earthquake zone.

## Drilling through earthquakes: a deep laboratory in the San-Andreas Fault

The San-Andreas Fault is a so-called transform fault made up of several individual faults, along which the Pacific plate drifts past the North American plate. It extends more than 1100 kilometres from Mexico to the area north of San Francisco and divides the US State of California into two halves. From 2004 until 2007, a borehole was drilled as part of the ICDP SAFOD project (San Andreas Fault Observatory at Depth). It was sunk pre-

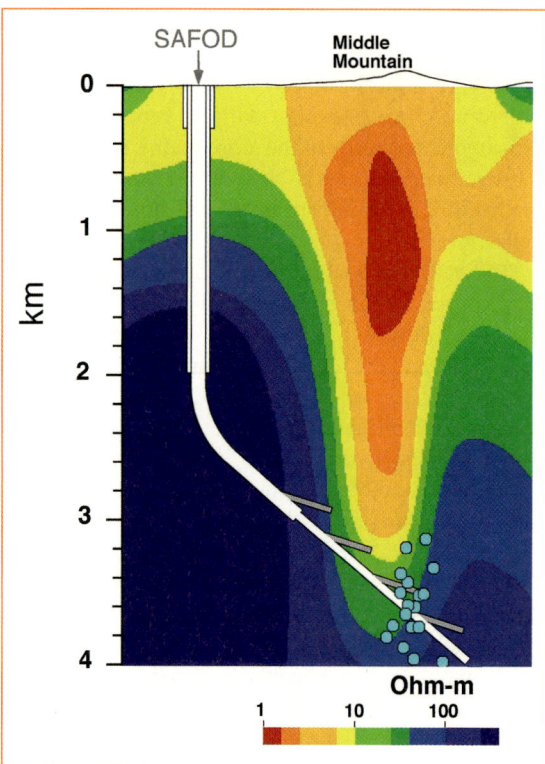

9.6  Schematische Darstellung des Bohrprojekts SAFOD (San Andreas Fault Observatory at Depth). Die abgelenkte Bohrung geht auf drei Kilometer Tiefe bei vier Kilometern Gesamtlänge. Die Störungszone bildet sich deutlich im magneto-tellurischen Bild ab (elektrische Leitfähigkeit in Ohm/m).

9.6  Schematic diagram of the SAFOD drilling project (San Andreas Fault Observatory at Depth). The diverted drillhole is three kilometres deep and has a total length of four kilometres. The fault zone is clearly represented in the magneto-telluric image (electric conductivity in ohm/m).

## Bohren durch die Beben: ein Tiefenlabor in der San-Andreas-Verwerfung

Die San-Andreas-Verwerfung ist eine aus mehreren Einzelstörungen bestehende sogenannte Transformstörung, entlang welcher die pazifische Platte an der nordamerikanischen Platte vorbeidriftet. Sie erstreckt sich über gut 1100 Kilometer von Mexiko bis in den Norden von San Francisco und teilt den US-Bundesstaat Kalifornien in zwei Hälften auf. Genau an der Grenze zwischen dem verhakten Segment bei Parkfield und dem Segment, an dem die beiden Platten aneinander vorbei kriechen, wurde von 2004 bis 2007 eine Bohrung im Rahmen des ICDP-Projekts SAFOD (San Andreas Fault Observatory at Depth) niedergebracht. Wie der Name ausdrückt, soll der Bereich in der Tiefe beprobt werden, in dem die Erdbeben entstehen. Dazu bohrte man neben der Verwerfung zunächst senkrecht hinunter und lenkte dann die Bohrung um 55 Grad ab, quer durch die Verwerfung. Präzise seismische Vorerkundungen machten es möglich, genau in die Zone wiederholter seismischer Mikroaktivität zu bohren (▶ Abb. 9.6). Das Bohrloch wurde mit Messgeräten zur dauerhaften Beobachtung bestückt.

Wiederholte Bohrlochmessungen zeigten, dass sich das Bohrloch tatsächlich in zwei Bereichen über mehrere Meter deformierte. Zusammen mit stark abnehmenden Werten von elektrischer Leitfähigkeit und seismologischen Messungen konnten diese Bohrlochdaten so interpretiert werden, dass hier seismisches Kriechen in zwei getrennten Bereichen vorliegt. Im Jahr 2007 wurde die Bohrung erneut geöffnet und seitlich aus dem Bohrloch Kerne gezogen, unter anderem ein 40 Meter langer Bohrkern aus einer der beiden größeren Störun-

9.7  Bohrkernprobe mit Bewegungsspuren auf einer Störungsfläche. Die Streifenlichtprojektion in der mittleren und rechten Abbildung zeigt, dass die Fläche durch die Deformation abgeschliffen wurde.

9.7  Core sample with traces of movement along a fault plane. The light stripe projections in the middle and right-hand images reveal that the surface was ground during the deformation.

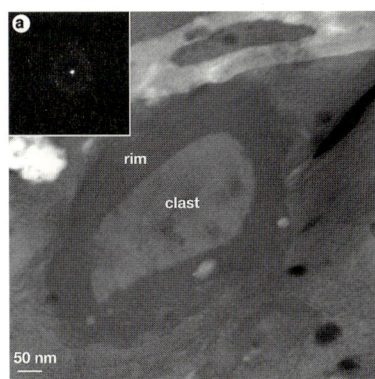
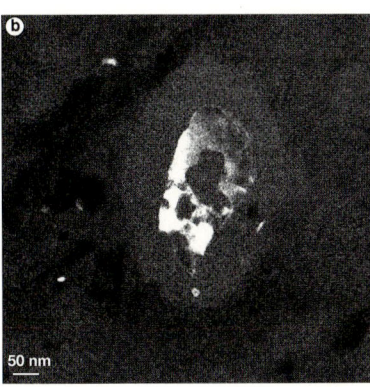

9.8  TEM images exhibiting two grain fragments with an amorphous border. The diffraction pattern in insert (top left) confirms the amorphous state of the border.

9.8  Die durch ein Transmissions-Elektronenmikroskop aufgenommenen Bilder zeigen zwei Kornfragmente mit einem amorphen Rand. Das Beugungs-muster im kleinen Bild links oben belegt den amorphen Zustand des Randes.

cisely at the boundary between the blocked segment at Parkfield and the segment where the two plates creep past each other. As its name implies, the aim was to take samples from the area in the deep where earthquakes occur. To do this, the team drilled next to the fault, initially vertically and then deflected the drilling by 55 degrees until it passed through the fault. Accurate preliminary seismic investigations made it possible to drill precisely in the zone of recurring seismic micro-activity (▶ Fig. 9.6). The borehole was equipped with measuring equipment for permanent observation.

Repeated borehole measurements showed that the borehole actually deformed by more than several metres in two areas. From the rapidly decreasing electrical conductivity, seismological measurements and the borehole data, it was concluded that seismic creep was taking place in two separate areas. In 2007, drilling was restarted and cores were taken laterally from the borehole. One of which was a 40 metre-long core from one of the two larger faults. The data was supplemented by additional core samples from the borehole wall. The installation of borehole seismometers directly in the zone of the microquakes enabled a previously unattained resolution of the processes occurring at the source. The sequence of undeformed rock from outside the fault zone up to the active fault was carefully examined in the laboratory.

Traces of movement along fault planes can be seen in the core with the naked eye (▶ Fig. 9.7).

Amorphous material from the fault core of the San-Andreas Fault was characterised for the first time with the help of microstructural investigations using a transmission electron microscope (TEM). This material is similar to glass and was formed as the result of extreme crushing of rock during the deformation (▶ Fig. 9.8). Amorphous phases can contribute to reducing friction at plate margins.

TEM investigations also revealed a conspicuous porosity within the nanometre range. The pores are

filled and lined with newly formed clay minerals, thus confirming that the pores were formed in situ and were not subsequently created by core extraction and sample preparation (▶ Fig. 9.9). Some of the pores are partially filled with amorphous material, which indicates that increased pore fluid pressure probably prevented closure of the pore voids, thus lowering the shear strength of the rock.

Once again, we can see that joint efforts by various specialist fields, like the work here in the field and in the laboratory, is what made it possible to reach an understanding about the processes in order to decipher System Earth. This leads to improved methods as well as improved technologies, including those for drilling into the Earth.

# InnovaRig – a modern drilling rig for scientific research

Unlike the generally standardised oil-field drilling, research drilling is often associated with technical innovations, particularly when previously unknown formations are to be tapped, sampled or tested at high temperatures, under progressive deformation or in the presence of aggressive fluids. It is therefore difficult to put together the right drilling equipment and to have it available at the right time, especially in view of the increasing oil and gas prices, which also drive up the costs of drilling.

The InnovaRig drilling rig (▶ Fig. 9.10), an innovative platform for research drilling, was developed by Potsdam scientists and drilling engineers and then thoroughly tested under real conditions in geothermal projects. The rig is designed for drilling up to five kilometres deep with a maximum hook load of 3500 kilo-

gen. Zusätzliche Bohrproben aus der Bohrlochwand ergänzten das Material, während der Einbau von Bohrloch-Seismometern direkt in der Zone der Mikrobeben eine bis dahin nicht erreichte Auflösung der Prozesse an der Quelle ermöglichte. Die damit zur Verfügung stehende Abfolge vom undeformierten Nebengestein bis zum Gestein aus dem aktiven Störungskern wurde im Labor sorgfältig untersucht.

Bereits mit bloßem Auge ließen sich an den Bohrkernen Bewegungsspuren auf Störungsflächen nachweisen (▶ Abb. 9.7).

Mithilfe von mikrostrukturellen Untersuchungen am Transmissions-Elektronenmikroskop (TEM) konnte erstmalig sogenanntes amorphes Material im Störungskern der San-Andreas-Verwerfung bestimmt werden. Dabei handelt es sich um glasähnliches Material, das als Ergebnis extremer Gesteinszerkleinerung während der Deformation gebildet wurde (▶ Abb. 9.8). Die amorphen Phasen können dazu beitragen, die Reibung an den Plattenrändern zu reduzieren.

Gleichfalls durch TEM-Untersuchungen konnte eine auffällige Porosität im Nanometerbereich beobachtet werden. Porenfüllung und Auskleidung der Porenwände mit neugebildeten Tonmineralen belegen, dass die Poren an Ort und Stelle gebildet wurden und nicht nachträglich durch Kerngewinnung und Probenpräparation entstanden sind (▶ Abb. 9.9). Die teilweise mit amorphem Material gefüllten Poren sind ein Beleg dafür, dass vermutlich erhöhter Porenfluiddruck die Schließung der Porenräume verhinderte und somit die Scherfestigkeit des Gesteins verringert wurde.

Es zeigt sich hier erneut, dass das Zusammenbringen der Fachdisziplinen, wie hier die Arbeit im Feld und im Labor, es überhaupt erst möglich macht, zu einem Prozessverständnis zu kommen, um das System Erde zu entschlüsseln. Daraus ergeben sich wiederum verbesserte Verfahren, aber auch verbesserte Technologien, auch beim Bohren in die Erde.

## InnovaRig – eine moderne Bohranlage für die Wissenschaft

Im Gegensatz zu vielfach standardisierten Ölfeld-Bohrungen wird bei Forschungsbohrungen oft technisches Neuland betreten, wenn bei hohen Temperaturen, voranschreitender Deformation oder aggressiven Fluiden bisher unbekannte Formationen erschlossen, beprobt und getestet werden sollen. Es ist daher schwierig, das richtige Bohrgerät zusammenzustellen und zur rechten Zeit zur Verfügung zu haben, insbesondere angesichts der steigenden Öl- und Gaspreise, die auch die Kosten für Bohrungen in die Höhe treiben.

Mit der Bohranlage InnovaRig (▶ Abb. 9.10) wurde von Potsdamer Wissenschaftlern und Bohringenieuren eine innovative Plattform für Forschungsbohrungen entwickelt und unter Realbedingungen in geothermischen Projekten ausführlich getestet. Das Anlagenkonzept ist ausgelegt auf bis zu fünf Kilometer tiefe Bohrungen bei einer maximalen Hakenlast von 3500 Kilonewton. Eine Besonderheit ist die Möglichkeit, schnell zwischen verschiedenen Bohrsystemen umschalten zu können, ohne zeit- und kostenintensive Umbauphasen. Es kann also spontan entschieden werden, aus einem interessanten Bereich mittels Diamantkernbohrung einen Bohrkern zu ziehen oder andererseits einen weniger versprechenden Abschnitt schnell mit dem sogenannten Rotary-Verfahren zu durchteufen. Das Gerät kann aufgrund seines flexiblen Designs und des geringen Personalbedarfs auch kostengünstig für nichtwissenschaftliche Bohrungen genutzt werden.

In der InnovaRig-Bohranlage ist kein sonst übliches Hebewerk installiert, das wie ein Flaschenzug mit Seilen und Rollen den Bohrstrang oder eine einzubauende Verrohrung führt. Die Anlage besitzt hydraulisch getriebene Zylinder mit einem Hub von 22 Metern, die das Handhaben von Gestängezügen mit jeweils zwei Stangen erlauben. Eine weitgehend automatisierte Verschraubung im Turm, ein neuartiger magnetischer Gestängeheber und eine vollautomatische Gestängebrücke auf dem Bohrplatz sollen die klassische Schwerarbeit von Bohrarbeitern auf ein Minimum reduzieren. Gestänge und Rohre in den Durchmessern von 2⅞ bis zu 24½ Zoll erlauben Aus- und Einbauzeiten von bis zu 500 Metern pro Stunde. Der Bohrstrang wird entweder durch den klassischen Drehtisch oder mittels zweier unabhängiger Kraftdrehköpfe angetrieben. Die Generatoren, das Spülsystem, die Tanks und Pumpen sind so konstruiert, dass sie für verschiedenartige Bohreinsätze nutzbar sind. Die gesamte Einheit ist sogar hydraulisch verschiebbar, sodass mehrere parallele Bohrungen ohne Umbau der Anlage durchgeführt werden können. Die gesamte Anlage ist darauf ausgerichtet, möglichst kostengünstig und umweltneutral zu operieren. Damit ist die InnovaRig eine der momentan modernsten Bohranlagen der Welt.

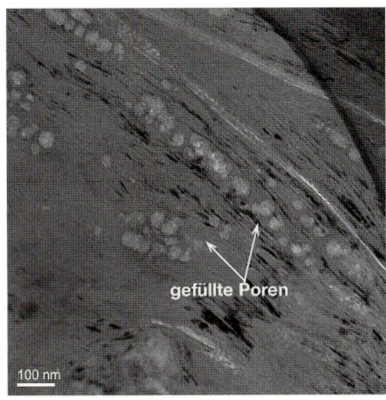
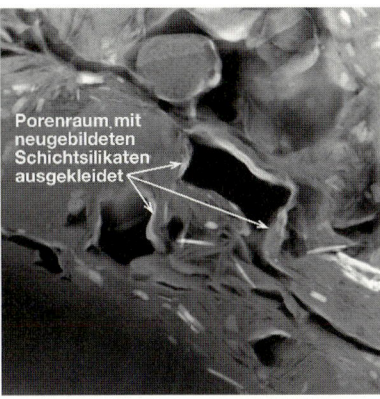

gefüllte Poren

100 nm

Porenraum mit neugebildeten Schichtsilikaten ausgekleidet

9.9 TEM images showing nanometre-sized pores. Fillings and linings of the pores prove that they were formed in-situ.

9.9 Aufnahmen mit dem Transmissions-Elektronenmikroskop zeigen Poren im Nanometerbereich. Porenfüllung und Auskleidung der Poren belegen, dass es sich um eine In-situ-Bildung handelt.

newtons. One of its special features is the possibility of quickly switching between different drilling systems without time-consuming and costly retooling and modification phases. It is thus possible to make spontaneous decisions, for example, to take a core from an interesting area using the diamond coring technique or to quickly drill through a less promising section using the rotary method. Owing to its flexible design and small drilling team, the equipment can also be used cost-effectively for non-scientific drilling.

The InnovaRig drilling rig is not equipped with any of the usual hoisting gear, which guides a string or casing like a block and tackle with ropes and rollers. The rig has hydraulically driven cylinders with a stroke of 22 metres that can handle drill strings with two sections at a time. Extensively automated joining of strings in the derrick, a new kind of magnetic string lifter and a fully automatic string bridge on the drilling site are intended to reduce the classic heavy work of rig workers to a minimum. String and casing pipes with 2⅞ to 24½ inch diameters allow installation and dismantling rates of up to 500 metres per hour. The drill string is either driven by the usual rotary table or by two independently powered rotary heads. The generators, flushing system, tanks and pumps are designed so that they can be used for different types of drilling tasks. The entire unit can even be moved hydraulically in the horizontal direction so that several boreholes can be drilled in parallel without modifying the rig. The whole rig is designed to operate as cost-effectively and environmentally neutrally as possible. At present, InnovaRig is one of the most modern drilling rigs in the world.

9.10 The modern InnovaRig drilling rig sinking a geothermal borehole.

9.10 Die moderne Bohranlage InnovaRig beim Abteufen einer Geothermiebohrung.

### Merkmale der Tiefbohranlage *InnovaRig*

- Modularer, containerisierter Aufbau, der zügige Umbauten und schnelles Versetzen ermöglicht
- Schnelle Umschaltmöglichkeiten zwischen Rotary-Bohren, Diamantkern-Bohren, Lufthebe-Bohren in großen Durchmessern (0 bis 500 Meter), Casing Drilling, Unterdruck-Bohren, großes Rotationsgeschwindigkeitsspektrum
- Hoher Automatisierungsgrad mit neuartigem Gestänge-Handling bei hohen Sicherheitsstandards und geringem Personalaufwand
- Komplette Integration von Einrichtungen für wissenschaftliche Messungen und Tests, die ohne Umbauten schnell durchgeführt werden können
- Minimierung der Flächennutzung für den Bohrplatz und eine projektspezifische Nutzung der jeweils nötigen Anlagen-Komponenten
- Wahlweiser Betrieb der Anlage mit Energie aus der öffentlichen Versorgung oder mit autarken Generatoren

## Ausblick

Wissenschaftliche Bohrungen stellen einzigartige Fenster in die Erdkruste dar: Sie verschaffen einen direkten Zugang zu den aktuellen Bedingungen in der Tiefe und den dort ablaufenden Prozessen, erlauben die Überprüfung von Hypothesen und Modellvorstellungen, ermöglichen eine Eichung der indirekten Verfahren der geophysikalischen Tiefenerkundung und lassen sich als Tiefenlabor zur Durchführung von Experimenten sowie als Tiefenobservatorium für Langzeitbeobachtungen von Vorgängen im Erdinneren nutzen. Die durch Bohrungen zu gewinnenden Informationen sind für das Verständnis der im System Erde ablaufenden Prozesse wesentlich, bei der Nutzung des unterirdischen Raums ist Bohren eine Schlüsseltechnologie. Bohren erweist sich so als unersetzliches Standardwerkzeug der Geowissenschaften.

### Features of the *InnovaRig* deep drilling rig

- Modular, containerised structure that allows quick modifications and retooling and fast relocation
- Fast switchover possible between rotary drilling, diamond core drilling, airlift drilling with large diameters (0 to 500 metres), casing drilling, vacuum drilling, large rotational speed range
- High degree of automation with new type of string handling, with high safety standards and small drilling team
- Complete integration of equipment for scientific measurements and tests, which can be quickly carried out without modifications
- Minimises the area required for the drilling site and project-specific use of the necessary rig components
- Optional operation of the rig using energy from the public supply or with autonomous generators

# Outlook

Scientific drilling provides a unique window into the crust as well as direct access to current conditions in the deep and the processes taking place there. This allows us to check hypotheses and modelling concepts and enables verification of indirect methods of geophysical exploration in the deep. It can also be used as a deep laboratory for performing experiments as well as a deep observatory for long-term monitoring of processes in the Earth's interior. The information acquired through drilling is essential for our understanding of the processes taking place in System Earth. Drilling is a key technology for the utilisation of underground resources and is an irreplaceable standard tool for the geosciences.

10.1  Flüsse transportieren gewaltige Sedimentfrachten; hier das Ganges-Delta aus 11 000 Metern Höhe. Das Flusssediment bildet sich hellgrau im Wasser des Indischen Ozeans ab.

10.1  Rivers transport huge quantities of sediment; here the Ganges Delta seen from an altitude of 11 000 metres. River sediment is indicated by the light grey discolouration of the water of the Indian Ocean.

# Kapitel 10
# Die Haut der Erde

# Chapter 10
# The Skin of the Earth

Versteht man die Erde als einen Gesamtorganismus, dessen einzelne Komponenten in einem perfekten Zusammenspiel stehen, drängt sich das Bild der Erdoberfläche als einer Haut geradezu auf. Die Oberfläche ist nicht lediglich eine Hülle, die das Ganze abdeckt, sondern sie lässt sich als ein eigener Wirkungsorganismus verstehen, der – ähnlich der menschlichen Haut – eine unabdingbare Rolle im Gesamtsystem spielt.

Fast drei Viertel der Erdoberfläche sind von Wasser bedeckt und es bedarf keiner großen Überlegung, sich der wichtigen Rolle bewusst zu werden, die das Wasser in seinen drei Phasenzuständen auf und in der Erde spielt. Das restliche Viertel sind die Landflächen – vom tropischen Regenwald über Kulturlandschaften bis hin zu Steppen, Permafrostgebieten, Gebirgen und Gletschern, wobei jeder dieser Landschaftsräume wieder eine große Vielfalt an Erscheinungsformen in sich birgt. Für uns Menschen ist die Erdoberfläche unser eigentlicher Lebensraum.

Die Erdoberfläche ist die Schnittstelle von Lithosphäre, Hydrosphäre, Atmosphäre und Biosphäre, wobei letztere die Anthroposphäre, den vom Menschen geschaffenen oder beeinflussten Teil des Systems Erde, einschließt. Die hier ablaufenden physikalischen, chemischen und biologischen Prozesse setzen gewaltige Stoffkreisläufe in Gang, die auch hier von vielfältigen Wechselwirkungen bestimmte Regelkreisläufe ergeben: Die natürlich ablaufende Erosion führt zu einem jährlichen Massentransport von 20 Milliarden Tonnen Sediment in den Wasserläufen; die Verwitterung setzt zwei Milliarden Tonnen chemischer Elemente pro Jahr aus dem Gestein frei; diese Verwitterung wiederum entzieht der irdischen Atmosphäre jedes Jahr etwa hundert Millionen Tonnen Kohlenstoff und „entsorgt" diesen in Karbonatablagerungen in die Ozeane. Der durch $CO_2$ verursachte Treibhauseffekt wird durch den Entzug von Kohlendioxid seit vermutlich Milliarden von Jahren abgemildert. Dadurch schwankt die mittlere Atmosphärentemperatur in einem Bereich, der zu der Form von Evolution des Lebens auf der Erde geführt hat, die auch uns hervorbrachte. Der biochemische Kohlenstoffkreislauf überführt über die Photosynthese etwa 60 Milliarden Tonnen Kohlenstoff jährlich aus der Atmosphäre in die Biosphäre. Dort wird dieser Kohlenstoff nach dem Absterben der Pflanzen wieder freigesetzt oder langfristig in Böden und Sedimenten gespeichert. Wir werden den Kohlenstoffkreislauf im ▶ Kapitel 12 näher betrachten.

Der Mensch greift seit Tausenden von Jahren und in stetig wachsendem Umfang in diese Stoffkreisläufe ein – durch Landnutzung, Siedlungen und, seit etwa hundert Jahren, vor allem durch den Verbrauch fossiler Brennstoffe. Er ist selbst zum geologischen Faktor geworden. Beispielsweise verursachen Aktivitäten des Menschen fünfmal mehr Bodenverlagerung, als es der natürliche Sedimenttransport vermag. Von etwa hundert Milliarden Tonnen an bewegtem Boden entfallen 70 Prozent auf die Landwirtschaft und 30 Prozent auf Bautätigkeit – *der* größte Eingriff überhaupt in terrestrische Systeme.

Die vielfältigen Prozesse der Erdoberfläche finden auf einer breiten Zeit- und Raumskala statt. Gebirgszüge können Tausende Kilometer lang sein, Verwitterungsprozesse finden in der Größenordnung von Atomen an Mineralen statt; Gebirgszüge und Becken bilden sich über Hunderte Millionen von Jahren, Klimarhythmen rechnen sich in Jahren, und der menschliche Einfluss auf große Agrarflächen liegt im Stundenbereich.

Das zentrale Agens dieser Prozesse ist Wasser: Als Lösungsmittel, erodierendes und transportierendes Medium und Klimafaktor formt Wasser die Oberfläche unseres Planeten ebenso sehr wie die tektonischen Prozesse, wie wir im ▶ Kapitel 03 über die Tektonik gesehen haben. Neuere Untersuchungen belegen, dass es zur Aufrechterhaltung der Tektonik notwendig ist, dass sich Wasser im Erdmantel befindet. Wasser in den vorliegenden Mengen und Phasenzuständen macht unseren Planeten einzigartig.

## Die Georessource Wasser

Wasser stellt die Grundlage des Lebens dar, ist jedoch eine begrenzte Ressource. Bevölkerungswachstum, Klimaänderungen und die zunehmende Umweltverschmutzung führen zu einer wachsenden Kluft zwischen Wasserbedarf und verfügbaren Wasserressourcen. Schon heute ist Wasser in einigen Regionen der Erde Anlass für politische Auseinandersetzungen.

Wasser wird nicht im eigentlichen Sinn verbraucht, sondern es wird durch die „Verwendung" unbrauchbar und kann erst nach aufwendiger technischer Aufbereitung wieder genutzt werden. Die Wassermenge, die für die Produktion von Nahrungsmitteln erforderlich ist, übertrifft den Bedarf an Trink-, Sanitär- und Industriewasser um ein Vielfaches. Die Experten erwarten, dass sich der globale Wasserbedarf bis zum Jahr 2025 im Vergleich zu den 1960er Jahren verdoppeln wird. Besonders ausgeprägt ist dieser Anstieg in Afrika und Südamerika.

Die geschätzten Wasserreserven in der Erdkruste bis in 2000 Meter Tiefe belaufen sich auf 23,4 Millionen Kubikkilometer. Doch nicht alles davon ist für den Menschen direkt nutzbar, denn mehr als die Hälfte dieses Wassers ist stark mineralisiert oder salzhaltig. Je tiefer

If we envisage the Earth as a complete organism whose individual components perfectly interact, the Earth's surface is obviously the skin. The surface is not only an envelope that covers the whole, but can also be regarded as a separate active organism, which – similar to human skin – plays an indispensable role in the overall system.

Almost three quarters' of the Earth's surface is covered by water, and it is thus very obvious that the three different states of water play an immensely important role in processes taking place on and in the Earth. The remaining quarter is land, and includes tropical rainforests, landscapes developed and cultivated by man, steppes, permafrost areas, mountain ranges, glaciers; each of these landscape areas contains a wide variety of features. For us humans, the Earth's surface is our living space, the human habitat.

The Earth's surface is the interface between the lithosphere, hydrosphere, atmosphere and biosphere; the latter includes the anthroposphere, or in other words, that part of System Earth which has been created or affected by humans. The physical, chemical and biological processes taking place here initiate vast material cycles which in turn lead to feedback cycles that are regulated by diverse interactions. For example, natural erosion leads to an annual mass transport of 20 billion tonnes of sediment in watercourses, and weathering releases two billion tonnes of chemical elements per year from rock. This weathering in turn extracts around one hundred million tonnes of carbon from the atmosphere each year and "disposes" of it in carbonate deposits in the oceans. The greenhouse effect caused by $CO_2$ has thus been reduced by this natural carbon dioxide sink, which has presumably been taking place for billions of years. As a result, the mean atmospheric temperature fluctuates within a range that has led to the type of evolution of life on the Earth which also produced us. The biochemical carbon cycle uses photosynthesis to transfer around 60

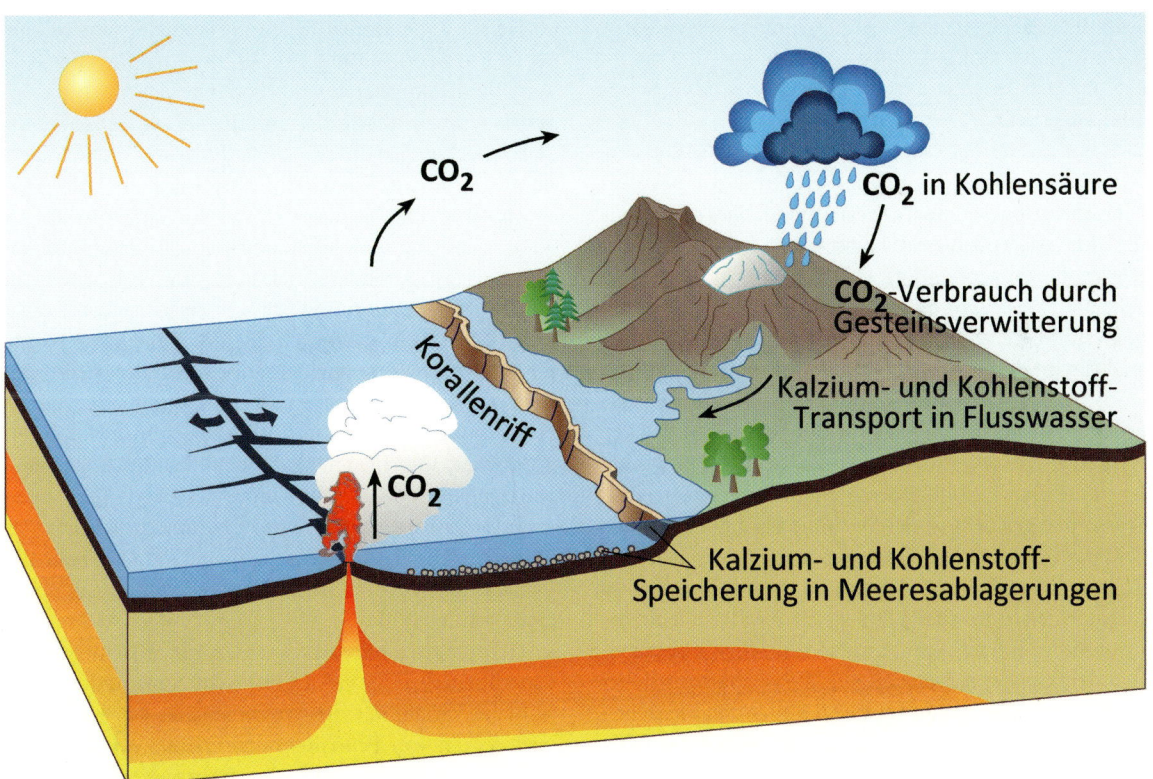

**$CO_2$ in Kohlensäure**

**$CO_2$-Verbrauch durch Gesteinsverwitterung**

**Kalzium- und Kohlenstoff-Transport in Flusswasser**

**Korallenriff**

**$CO_2$**

**Kalzium- und Kohlenstoff-Speicherung in Meeresablagerungen**

10.2  The geological cycle of carbon dioxide. Rock weathering chemically combines the $CO_2$ that is continuously escaping from volcanoes. Rivers transport it to the oceans, where it is bound for long periods in calcium carbonate deposits such as coral reefs or foraminiferal muds. Large amounts of $CO_2$ are also disposed of indirectly via photosynthesis in sediments rich in organic material.

10.2  Der geologische Kreislauf des Kohlendioxids. Die Gesteinsverwitterung bindet chemisch das $CO_2$, das aus Vulkanen ständig entweicht. Über Flüsse gelangt es in die Ozeane, wo es in Kalkablagerungen wie Korallenriffen oder Foraminiferenschlämmen langfristig gebunden wird. Auch in Sedimenten, die reich an organischem Material sind, wird auf dem Umweg über die Photosynthese viel $CO_2$ entsorgt.

sich das Wasser in der Erdkruste befindet, desto weniger intensiv ist es in den globalen Wasserkreislauf eingebunden: Die mittlere Verweildauer von Grundwasser in den Gesteinen der Erdoberfläche liegt bei 1400 Jahren, fossiles Grundwasser kann 30 000 Jahre und älter sein. Tiefes Grundwasser, das mehrere hundert Meter unter der Erdoberfläche liegt, nimmt in Zeiträumen von Jahrtausenden am Wasserkreislauf teil.

Im Jahr 2000 verbrauchte die Landwirtschaft im globalen Durchschnitt rund 70 Prozent des Wasserbedarfs, vor allem zur Bewässerung. Die Industrie benötigte 22 Prozent, und nur acht Prozent wurden für die Trinkwasserversorgung genutzt. Etwa 15 Prozent der landwirtschaftlich genutzten Flächen werden künstlich bewässert, wobei diese etwa die Hälfte des ökonomischen Wertes der weltweit produzierten Nahrungsmittel liefern. In den modernen Industriegesellschaften liegt der Wasserverbrauch pro Kopf bei 300 bis 600 Litern pro Tag, und man geht davon aus, dass der Bedarf auf 500 bis 800 Liter pro Tag ansteigen wird. In den landwirtschaftlich geprägten Entwicklungsländern Asiens, Afrikas und Südamerikas können pro Kopf und Tag nur 50 bis 100 Liter bereitgestellt werden, vielerorts sogar nur 10 bis 40 Liter.

Die Erde verfügt insgesamt über große Süßwasservorkommen, die allerdings im Verhältnis zur Bevölkerungsdichte ungleichmäßig verteilt sind. Dies gilt besonders für Asien: In dieser Region leben etwa 60 Prozent der Weltbevölkerung, dort sind aber nur etwa 36 Prozent der Wasserressourcen vorhanden. Außer dem Bevölkerungswachstum sorgen der ungerechte Zugang und die ungleiche Verteilung des Wassers für Konfliktstoff. Länder, in denen der Wasserverbrauch die erneuerbaren Wasservorräte um 40 Prozent überschreitet, werden als „Wasserstress"-Regionen bezeichnet. Derzeit leben mehr als 1,2 Milliarden Menschen in Gebieten mit Wassermangel; dort ist der Verbrauch höher als 75 Prozent der erneuerbaren Wasserressourcen. Zwischen dem Zugang zu sauberem Wasser und Armut besteht ein direkter Zusammenhang. In vielen Ländern fehlt die notwendige Infrastruktur, um die Menschen mit sauberem Trinkwasser zu versorgen und das Abwasser sicher zu entsorgen; derzeit sind etwa 2,6 Milliarden Menschen davon betroffen. Fehlende Abwasserbehandlung führt zu hygienischen Problemen und Seuchen. Man schätzt, dass jährlich etwa 2,3 Millionen Menschen sterben, weil ihnen sauberes Wasser fehlt, die sanitären Anlagen unzureichend oder die Hygienestandards mangelhaft sind.

Eine nachhaltige Entwicklung erfordert eine effiziente Verwendung der Ressource Wasser sowie ein integriertes Wassermanagement. Für eine effiziente Wassernutzung ist das Wissen, wo und in welchen Mengen Wasservorräte auf der Erde vorhanden sind und wie schnell sie sich erneuern, eine unverzichtbare Voraussetzung.

## Hydrologische Prozessforschung

Zwar ist der hydrologische Kreislauf im Allgemeinen bekannt. Wir wissen, dass Wasser als Grundwasser, im Boden, in Flüssen und Seen oder auch in Gletschern gespeichert ist. Ein Teil des Niederschlagswassers wird von Pflanzen genutzt und verdunstet, ein Teil verdunstet direkt von offenen Wasser- und Bodenflächen und ein weiterer Teil wird über Bäche und Flüsse dem Meer zugeführt. Aber wie geschieht das genau? Wie viel von dem Wasser wird von der Vegetationsdecke aufgefangen und erreicht nie den Boden? Was passiert mit dem Wasser, wenn es den Boden erreicht? Was sind die Fließwege? Wie schnell erreicht es das Grundwasser, wie schnell erscheint es in Oberflächengewässern?

Genau diese Fragen liegen im Fokus der hydrologischen Prozessforschung. Die Abflussdynamik, zum Beispiel die Reaktionszeit und die Höhe der Hochwasserspitzen, wird durch die Abflussbildungsprozesse im Einzugsgebiet bestimmt. Diese Prozesse kontrollieren damit zu großen Teilen den terrestrischen Teil des Wasserkreislaufs und beeinflussen sowohl Wasserqualität als auch -quantität. Das Verständnis von Abflussbildungsprozessen ist besonders wichtig für die Vorhersage von Hochwasser, Erosion und Massenbewegungen wie etwa Erdrutsche, da hydrologische Systeme oft ein sogenanntes Schwellenwertverhalten aufweisen, das heißt bei Erreichen eines „kritischen" Werts rasch in einen anderen Zustand wechseln. Abflussbildungsprozesse werden durch viele verschiedene Faktoren beeinflusst, wesentliche Größen sind Vegetation, Böden, geologischer Untergrund und Topographie. Hinzu kommen Einflüsse des Menschen durch landwirtschaftliche Nutzung oder die Versiegelung von Flächen. Auch der Faktor Zeit spielt eine wichtige Rolle.

Hydrologische Prozesse werden mit verschiedensten experimentellen Methoden erforscht. So wird die raumzeitliche Variabilität des Wassergehaltes im Boden mit Netzwerken von Feuchtesonden erfasst. Wasserstandssensoren und Messwehre liefern Informationen über die Abflussdynamik. Klimastationen messen alle wichtigen atmosphärischen Zustandsgrößen. Hinzu kommen hydrogeophysikalische Messmethoden, bei denen elektrischer Strom in den Boden eingespeist wird oder der Boden mit elektromagnetischen Mikrowellen beschallt wird. Diese Experimente geben Aufschluss über Untergrundstrukturen und die Verteilung des Wassers im Untergrund. Dem Wasser können auch Spurenstoffe

billion tonnes of carbon a year from the atmosphere into the biosphere. After vegetation dies, its carbon is re-released or is stored for long periods in soils and sediments. We will examine the carbon cycle more closely in ▶ Chapter 12.

For thousands of years, and to an ever increasing extent, humans have intervened in these material cycles through land usage, settlements and, for the last one hundred years or so, above all through the consumption of fossil fuels. Humans have themselves become a geological factor. For example, translocation of soil and rock by human activities is five times greater than that possible by natural sediment transport. Around seventy percent of some one hundred billion tonnes of translocated material is due to agriculture and thirty percent is due to construction – the greatest intervention of all in terrestrial systems.

The diverse processes of the Earth's surface take place on a broad timescale and spatial scale: mountain ranges can be thousands of kilometres long; weathering of minerals is on the atomic scale; mountain ranges and basins are formed over hundreds of millions of years; climate rhythms are calculated in years; and human influence on large agricultural areas lies within a range of hours.

The central agent in these processes is water: as a solvent, eroding and transporting medium, and climate factor, water shapes the surface of our planet just as much as the tectonic processes, as we saw in ▶ Chapter 03 on tectonics. More recent studies verify that water is required in the mantle for tectonics to be maintained. Water, in the quantities and states that exist on Earth, makes our planet unique.

## Water as a geo-resource

Water is the basis of life; however, it is a limited resource. Population growth, climate changes and increasing environmental pollution are widening the gap between the demand for water and the available water resources. Water is already the cause of political disputes in several regions on our planet.

Water is not consumed in the true sense of the word. Instead, it becomes unusable through "use" and can only be re-used after special treatment. The quantity of water required for food production is many times greater than the demand for drinking, sanitary and industrial water. Experts expect the global water demand to be twice as high in 2025 as that in the 1960s. This rise is particularly pronounced in Africa and South America.

The water reserves in the crust to a depth of 2000 metres are estimated to be 23.4 million cubic kilometres.

However, not all of this water can be used directly by humans because more than half is highly mineralised or is saline. The deeper in the crust the water is stored, the less intensively it is involved in the global water cycle: The average residence time of groundwater in surface rocks is 1400 years; fossil groundwater may reach ages of more than 30,000 years. Deep groundwater in layersseveral hundred metres below the Earth'ssurface participates in the water cycle at time scales of millennia.

In the year 2000, agriculture accounted for 70 percent of the total global water consumption, mainly for irrigation. Industry required 22 percent, and only eight percent was used as drinking water. Around 15 percent of cultivated areas are artificially irrigated yielding around half the economic value of the food produced worldwide. In modern industrial societies, water consumption is 300 to 600 litres per person per day, and it is assumed that demand will increase to 500 to 800 litres per day. In the predominantly agricultural developing countries of Asia, Africa and South America, only 50 to 100 litres per person per day can be provided, in many places even less with only 10 to 40 litres.

Although the Earth has large freshwater resources, they are unevenly distributed in relation to the population density. This is especially true of Asia: around 60 percent of the world's population live in this region, but only around 36 percent of the water resources are available there. Causes for conflict, in addition to population growth, are inequitable access and unequal distribution of water. Countries in which the water consumption exceeds the renewable water resources by 40 percent are called "water stress" regions. At present, more than 1.2 billion people live in areas with water shortages; consumption there is higher than 75 percent of the renewable water resources. There is a direct relationship between access to clean water and poverty. Many countries lack the necessary infrastructure to supply people with clean drinking water and to safely dispose of wastewater. At the present time, around 2.6 billion people are affected by this. A lack of wastewater treatment leads to hygiene problems and epidemics. It is estimated that around 2.3 million people die each year because they lack clean water, sanitary facilities are inadequate, or hygiene standards are poor.

Sustainable development requires efficient use of water resources and integrated water resources management. Knowledge of where water resources are available on the Earth, in which quantities, and how fast they renew themselves are absolutely essential for efficient utilisation of water.

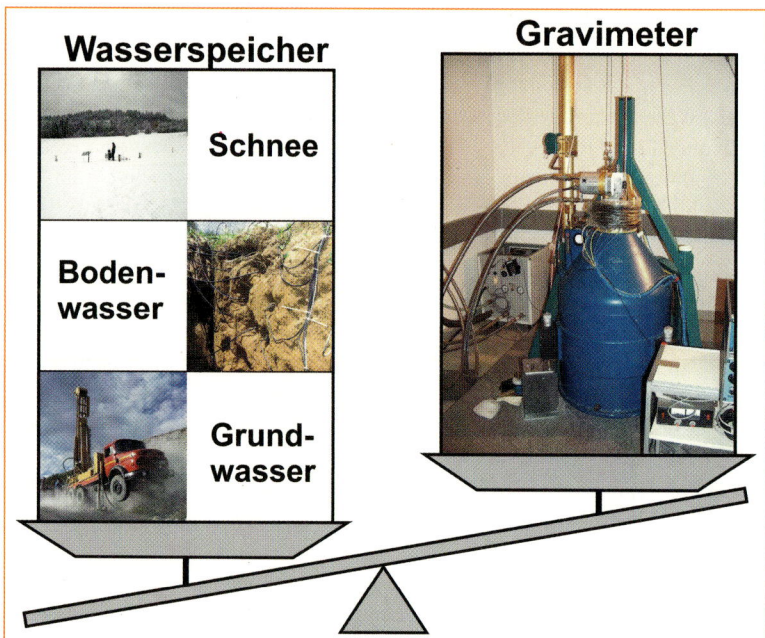

10.3 Prinzip der Messung von Variationen der Wasserspeicherung mit hochpräzisen Supraleit-Gravimetern.

10.3 Principle of measuring variations in water storage using high-precision superconducting gravimeters.

beigefügt werden, um seine Wege zu verfolgen. Dabei werden beispielsweise stabile Isotope oder Farbstoffe als sogenannte Tracer genutzt. Sie liefern qualitative und quantitative Informationen über die Fließpfade des Wassers und seine Verweilzeit im Untergrund. Wechselwirkungen zwischen Grundwasser und Oberflächenwasser lassen sich unter günstigen Bedingungen mit hochaufgelösten Temperaturmessungen auf Basis von Glasfaserkabeln erfassen. Da sich Grundwasser und Oberflächenwasser in ihren Temperaturen und ihrer Dynamik voneinander unterscheiden, können linienhafte Messungen der Temperatur beispielsweise Auskunft über den Eintritt von Grundwasser in Bäche oder Seen geben.

Wasser ist Masse, seine Verteilung äußert sich daher, wie wir im ▶ Kapitel 02 gesehen hatten, im Schwerefeld; so zeigen die Messungen der GRACE-Satelliten die Änderungen der kontinentalen Wasserspeicherung im globalen Maßstab (▶ Abb. 2.8 und ▶ Abb. 2.9). Das Schwerefeldsignal kann aber auch im kleinräumigen Maßstab genutzt werden, um Wasserspeicheränderungen mithilfe hochgenauer Gravimeter zu messen. Nehmen Pflanzen das Wasser im Boden auf und verdunsten es in die Atmosphäre oder wird Grundwasser aus dem Untergrund gepumpt, kann die daraus resultierende Massenänderung mittels Gravimetern festgestellt werden (▶ Abb. 10.3).

So werden über verschiedenste Messungen und Experimente die Puzzleteile des hydrologischen Pro

zessgeschehens zusammengetragen. Das Zusammensetzen des Puzzles erfolgt mithilfe computergestützter Modellierungen, in denen die hydrologischen Prozesse des Wasserkreislaufs simuliert werden. Diese wiederum dienen als Plattform zur Überprüfung von Hypothesen über die Fließprozesse im Boden und in Flusseinzugsgebieten (▶ Abb. 10.4). Die Kombination von Monitoringsystemen und Simulationsmodellen ermöglicht ein verbessertes Verständnis darüber, wie sich Umweltveränderungen auf Abflussbildungsprozesse auswirken. Mit diesem Wissen ist ein verantwortungsvolleres Management der Ressource Wasser wie auch ihrer Risiken möglich.

## Modellfall Zentralasien: Auswirkungen des Klimawandels auf die Wasserverfügbarkeit

Welche Bedeutung Wasser als Georessource haben kann, zeigt sich exemplarisch in Zentralasien. Diese Region ist durch große landschaftliche und klimatische Gegensätze geprägt: Während in den Hochgebirgen des Tien Shan, Pamir und Alai mit ihren bis zu 7700 Meter hohen Gipfeln die Quellgebiete der beiden mächtigsten Ströme Zentralasiens, Amudarya und Syrdarya, liegen, ist der stromabwärts in der kasachisch-usbekischen Steppe

# Research into hydrological processes

In general, the hydrological cycle is well-understood. We know that water is stored as groundwater, in the soil, in rivers and lakes, and in glaciers. Part of the precipitation is taken up by plants and released through transpiration, part evaporates directly from open water surfaces or bare soil, and another part is routed to the sea via streams and rivers. But what exactly is going on? How much of the water is absorbed by the vegetation cover and never reaches the soil? What happens to the water when it reaches the soil? Which flow paths are dominant? How fast does it arrive in the groundwater? How quickly does it appear in surface waters?

Precisely these questions are the focus of research into hydrological processes. Runoff dynamics, for example, the response times and level of flood peaks, is determined by the runoff formation processes within the catchment area. These processes largely control the terrestrial part of the water cycle and affect both the quality and quantity of water. Understanding runoff formation processes is particularly important for predicting floods, erosion and mass movements such as landslides because hydrological systems often show a so-called threshold behaviour; this means, on reaching a "critical" value, they rapidly change into another state. Runoff formation processes are affected by many different factors. Important variables are vegetation, soils, geological setting and topography. Time and man-made effects e. g. resulting from agriculture or surface sealingplay an important role as well.

Hydrological processes are investigated using all kinds of different experimental methods. For example, the spatio-temporal variability of the water content in the ground is recorded using networks of moisture probes. Runoff gauges and measuring weirs provide information on runoff dynamics. Climate stations measure all the important atmospheric parameters. Hydro-geophysical methods are also used, for example, an electrical current is fed into the ground or the ground is exposed to electromagnetic microwaves. These experiments provide information about underground structures and the distribution of the water in the subsurface. Furthermore, trace substances can be injected into the water to track its paths. For example, stable isotopes or dyes are used as tracers. They supply qualitative and quantitative information about the flow paths of the water and its residence time in the ground. Interactions between groundwater and surface water can be captures under favourable conditions using highly resolved temperature measurements with fibre optic cables. As the temperatures and dynamics of groundwater and surface water differ, linear measurements of the temperature can provide information, for example, about groundwater feeding into streams or lakes.

Water has mass; its distribution thus expresses itself in the gravity field, as we saw in ▶ Chapter 02. Measurements by the GRACE satellites show changes in continental water storage on a global scale (▶ Fig. 2.8 and ▶ Fig. 2.9). The gravity field signal can also be used on a small scale to measure changes in water storage with the help of high-precision gravimeters. When plants absorb water from the soil and transpire it into the atmosphere or if groundwater is pumped from the subsoil, the resulting mass change can be determined by means of gravimeters (▶ Fig. 10.3).

The pieces of the hydrological jigsaw puzzle can be collected by taking all kinds of measurements and performing many different experiments. The piecing together of the puzzle is supported by computer models that simulate the hydrological processes of the water cycle. These models are in turn used as a platform for checking hypotheses on the flow processes in the ground and within catchment areas (▶ Fig. 10.4). The combination of monitoring systems and simulation models improves our understanding of how environmental changes affect runoff formation processes. This knowledge allows for more responsible water resources and risk management.

# The textbook case of Central Asia: effects of climate change on water availability

The importance water can have as a georesource can be seen in Central Asia. This region is characterised by very contrasting landscapes and climates: the headwaters of the two mightiest rivers in Central Asia, the Amu Darya and Syr Darya, are located in the high mountains of the Tien Shan, Pamir and Alai, with peaks up to 7700 metres high. Downstream in the Kazakh-Uzbeki Steppe the Aral Sea has now almost completely dried out and has become a symbol of man-made environmental disasters.

In a region like Central Asia, where water is the decisive prerequisite for economic development, the question of the potential effects of climate change on the available water resources is of enormous political significance. The upstream states of Kyrgyzstan and Tajikistan use the limited water resources for power generation, primarily in winter. The downstream states of Kazakhstan, Uzbekistan and Turkmenistan need the water for irrigation of agricultural areas during the summer. Thus

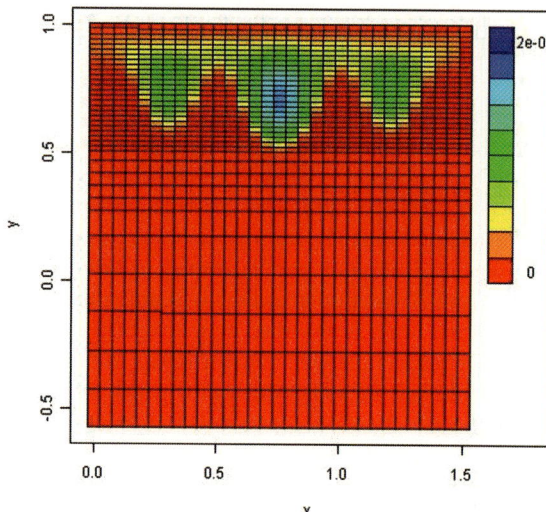

gelegene und mittlerweile fast vollständig ausgetrocknete Aralsee zu einem Symbol für menschlich verursachte Umweltkatastrophen geworden.

In einer Region wie Zentralasien, in der Wasser die entscheidende Grundvoraussetzung für wirtschaftliche Entwicklung ist, erhält die Frage nach den möglichen Auswirkungen des Klimawandels auf die verfügbaren Wasserressourcen eine enorme politische Bedeutung. Die Oberlieger-Staaten Kirgisien und Tadschikistan wollen die begrenzten Wasservorräte vorwiegend im Winter zur Energiewandlung nutzen. Die Unterlieger-Staaten Kasachstan, Usbekistan und Turkmenistan wiederum benötigen das Wasser im Sommer für die Bewässerung ihrer landwirtschaftlichen Nutzflächen. Um diese konkurrierenden Nutzungsinteressen zu bedienen, ist ein ausgeklügeltes Speichermanagement nötig. Das setzt Kenntnisse über die zu erwartenden Änderungen des Wasserhaushaltes voraus.

## Modelle für die Änderung des Wasserkreislaufs

Hydrologisch-mathematische Modelle können für lange Zeiträume aus den Klimadaten die Abflussmengen in den Flüssen berechnen und sogar Abschätzungen für die Zukunft abgeben. Dazu werden allerdings für das jeweilige Flusseinzugsgebiet langjährige Zeitreihen meteoro-

logischer und hydrologischer Daten sowie verlässliche Szenarien der zukünftigen Klimaentwicklung benötigt.

Bei Modellrechnungen für Zentralasien werden täglich gewonnene Wetter-Messwerte für die Periode 1960 bis 2000 eingespeist und die Modellergebnisse mit den gemessenen Abflusswerten verglichen. Auf diese Weise kann das Modell kalibriert, also so angepasst werden, dass die Modellergebnisse mit den Messwerten gut übereinstimmen – eine Voraussetzung für den computergestützten Blick in die Zukunft.

Das Computermodell berücksichtigt die landschaftlichen Bedingungen im ausgewählten Flusseinzugsgebiet. So wird aus Satellitendaten die räumliche Verteilung der Landbedeckung abgeleitet, denn Wiesen, Wald, Acker- oder Siedlungsflächen reagieren bei Niederschlägen unterschiedlich. Während beispielsweise Wälder einen Teil des Niederschlagswassers in den Blättern oder Nadeln zwischenspeichern, kann eine feuchtegesättigte Grasfläche das Wasser nicht speichern, sodass das Regenwasser unter Umständen innerhalb von Minuten in die Bäche weitergeleitet wird.

## Welche Rolle spielen Schnee und Eis?

Eine besondere Rolle im Wasserkreislauf Zentralasiens spielen Schnee und Gletscher. Denn die aus den Hochgebirgen der Region in den Flüssen abfließenden Was-

10.5 The dried out Toktogul reservoir in Kyrgyzstan in summer 2008. (Photo: CAIAG 2008)

10.5 Die ausgetrocknete Toktogul-Tal-sperre in Kirgisien im Sommer 2008. (Foto: CAIAG 2008)

sophisticated storage management is required to meet these competing usage interests. However, this requires knowledge of the expected changes in the water balance.

## Modelling changes in the water cycle

Mathematical hydrological models fed with climate data can be used to compute river discharge over long periods. They may even estimate future river discharge. However, this requires long time series of meteorological and hydrological data collected over many years for the respective river catchment as well as reliable scenarios of future climate change.

In model calculations for Central Asia, daily weather readings for the period 1960 to 2000 are fed in and the modelling results are compared with the observed runoff values. In this way, the model can be calibrated, i.e. adjusted so that the model results are in good agreement with the observed values – a prerequisite for a computer-aided view of the future.

The computer model takes account of the landscape parameters in the selected river catchment. For example, the spatial distribution of the land cover is derived from satellite data to account for the different behaviour of meadows, forest, arable land and settlement areas in case of rainfall. Whereas forests temporarily store part of the rainwater in the leaves or needles of trees, water-saturated grassland cannot store any more water, which may result in the occurrence of direct runoff to the river within minutes.

## What is the role of snow and ice?

Seasonal snow and glaciers play a special role in the water cycle of Central Asia because most of the water flowing from the region's high mountains into the rivers originates from melted snow.

Climate models have predicated a global warming of one to three degrees by 2050, relative to the period 1960 to 1990. This could lead to a reduction in the winter snow cover, which acts as seasonal water storage, and earlier start of the snow melt season. This might cause the peak flow in the rivers to occur far earlier than to date, namely in March/April rather than in May/June at the start of the agricultural irrigation period.

We can already see that most of the glaciers in Kyrgyzstan are shrinking (▶ Fig. 10.7). In the short-term, this has a positive effect for water management because more water from glacial melt is available in the summer. However, in the long-term, glacial retreat will lead to a reduction in glacial runoff into Central Asian rivers.

## Soil as a geo-resource

The Earth's surface is the actual living space of humans. Soils are the existential basis of the "human habitat". We obtain most of our food from soils and settle on them. Soils are like petroleum: they re-form over long geological periods. However, they have been disproportionately used for some quite some time and the result is soil

10.6  Der Fluss Naryn in Kirgisien bringt als wichtigster Zufluss des Syrdarya das Schmelzwasser aus dem Tien Shan zu den Unterliegern.

10.6  River Naryn in Kyrgyzstan is the most important tributary of the Syr Darya, carrying meltwater from Tien Shan to the downstream users.

sermengen stammen zu einem großen Teil aus geschmolzenem Schnee.

Die von Klimamodellen vorhergesagte globale Erwärmung um ein bis zu drei Grad bis zum Jahr 2050, bezogen auf die Periode 1960 bis 1990, kann dazu führen, dass die als jahreszeitlicher Wasserspeicher fungierende winterliche Schneedecke abnimmt und die Schneeschmelze im Jahresverlauf vorzeitig einsetzt. Dadurch könnte die Abflussspitze in den Flüssen weitaus früher als bisher, nämlich bereits in den Monaten März/April auftreten, während das im Mai/Juni und damit zu Beginn der landwirtschaftlichen Bewässerungsperiode gelegene Abflussmaximum entfällt.

Bereits jetzt lässt sich auch in Kirgisien beobachten, dass die meisten Gletscher schrumpfen (▶ Abb. 10.7). Dies hat für die Wasserwirtschaft kurzfristig den positiven Effekt, dass im Sommer mehr Wasser aus der Gletscherschmelze zur Verfügung steht. Langfristig jedoch wird der Rückgang der Gletscher zu einer Ab-

nahme der Gletscherabflüsse in den zentralasiatischen Flüssen führen.

## Georessource Boden

Die Erdoberfläche ist der eigentliche Lebensraum des Menschen. Existenzielle Grundlage für das „human habitat" sind die Böden. Aus ihnen bezieht der Mensch den Großteil seiner Nahrungsmittel und auf ihnen siedelt er. Dabei ist es mit den Böden wie beim Erdöl: Sie bilden sich nur in langen geologischen Zeiträumen neu, werden aber teilweise seit Längerem überproportional genutzt, Bodendegradation ist die Folge. Eine bis zum Jahr 2050 auf vermutlich neun Milliarden Menschen anwachsende Erdbevölkerung wird an die Ressource Boden in den Bereichen Ernährung, Rohstoffbereitstellung, Biodiversität, aber auch Wasserversorgung ständig größere und vielfältigere Anforderungen stellen. Der Grenzschicht „Erdoberfläche" kommt dabei entscheidende Bedeutung zu.

### „Critical Zone"

Mit dem Begriff „Critical Zone" bezeichnen die Geowissenschaften die Grenzschicht der Erdoberfläche, den obersten Teil der Erdkruste, von der Oberseite der unverwitterten Gesteine bis zur Oberseite der Vegetationsdecke der Erde (▶ Abb. 10.12). In dieser „kritischen Zone" laufen die meisten terrestrischen, chemischen, physikalischen und bio- bzw. mikrobiologischen Austausch- und Umsatzprozesse ab. Diese werden in zunehmendem Maß vom Menschen beeinflusst. Zentraler Bestandteil der „Critical Zone" ist die Pedosphäre, also die Böden. Böden kontrollieren den Umsatz der globalen Stoffkreisläufe, wirken als Stoffpuffer reinigend auf Hydrosphäre und Atmosphäre und garantieren weitgehend die Versorgung mit Nahrungsmitteln. Flusstäler und Flussdeltas enthalten Erosionsprodukte der Böden und stellen wichtige Habitate des Menschen dar. Sie sind gleichzeitig auch die verwundbarsten Regionen unseres Planeten. Im Rahmen des globalen Wandels nimmt der Mensch verstärkt auch Einfluss auf die Prozesse der Landschaftsentwicklung, allerdings zumeist in negativer Weise. Ein nachhaltiges Management der Böden, das heißt vor allem die Entwicklung neuer Möglichkeiten für eine bessere Nutzung der Produktions-, Rohstoff- sowie Puffer- und Transformationsfunktionen der Böden, ist eine der großen Zukunftsaufgaben.

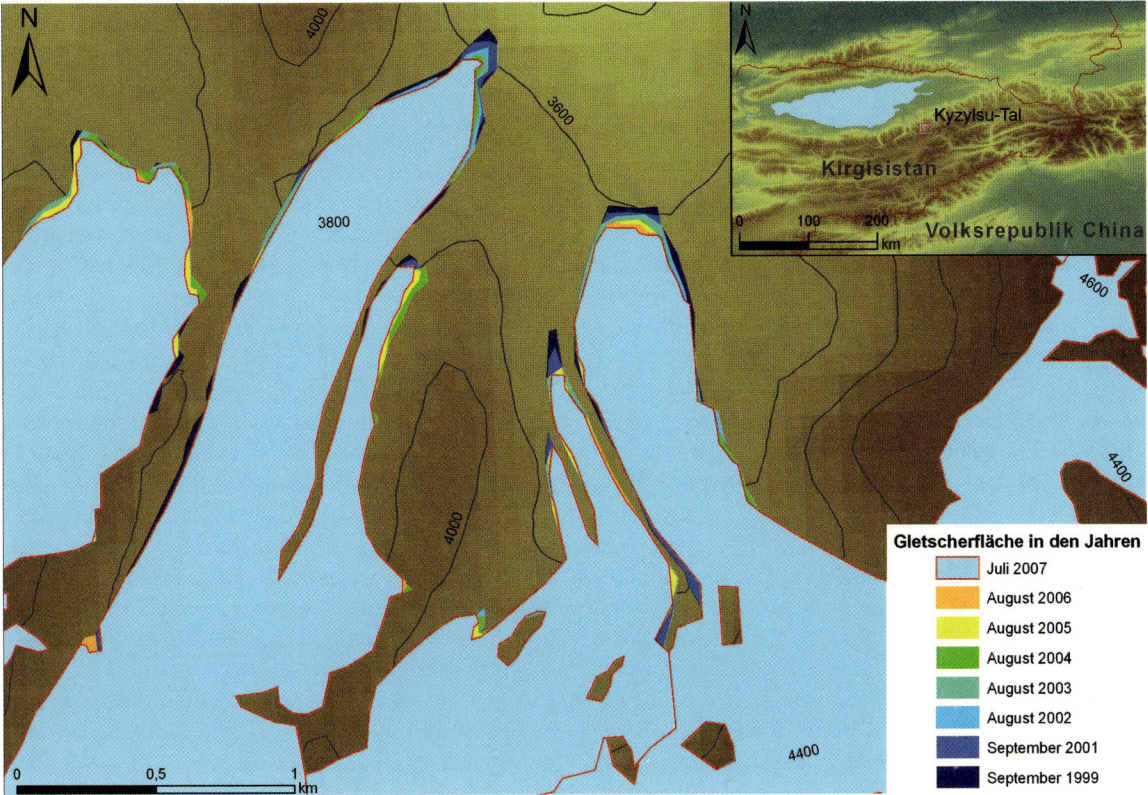

10.7  Glacial retreat over the past ten years in the Kyzyl-Su region (Tien Shan, Kyrgyzstan), derived from satellite data.

10.7  Der aus Satellitendaten abgeleitete Rückgang der Gletscher in den letzten zehn Jahren im Kyzyl-Su-Gebiet (Tien Shan, Kirgisien).

degradation. The world population, which is expected to grow to nine billion people by 2050, will impose ever greater and more diverse demands on the soil and the ground as a resource, particularly with regard to food, raw material supply, biodiversity, and as a water supply. The boundary layer of the "Earth's surface" is of decisive importance here.

## "Critical zone"

The term "critical zone" is used in the geosciences to describe the boundary layer of the Earth's surface (▶ Fig. 10.12). It is the outermost part of the crust, from the top of unweathered rock to the top of the Earth's vegetation cover. Most of the terrestrial, chemical, physical and bio- or microbiological exchange, conversion and turnover processes take place in this "critical zone". These are increasingly affected by humans. A central component of the "critical zone" is the pedosphere, i.e.

the soils. Soils not only control the turnover of the global material cycles, they also act as a material buffer, have a cleansing effect on the hydrosphere and atmosphere, and play a major role in the food supply. River valleys and deltas contain soil erosion products and are important human habitats. At the same time, soils are also the most vulnerable component of our planet. Within the scope of global change, humans are having an increasing effect on the processes of landscape development, and mostly in a negative way. Sustainable management of soils is one of the major tasks of the future. Above all, this means the development of new opportunities for improved utilisation of the various functions of the soil, including production, transformation, as a raw material and a buffer.

Soils are mainly formed by weathering of rock and accumulation of organic material. Water is in turn an essential medium in these processes because the exchange of geochemical materials generally occurs on mineral surfaces and in organic soils. These processes also control the global cycles of elements such as carbon,

Böden werden insbesondere aus Verwitterungsprozessen von Gesteinen und Zersetzungsprozessen von organischem Material gebildet. Dabei ist das Wasser wiederum ein wichtiges Medium, denn der geochemische Stoffaustausch findet vor allem an Mineraloberflächen und an organischer Bodensubstanz statt – für das Ablaufen dieser Prozesse ist Wasser unabdingbar. Dieses sind auch die Prozesse, durch die die globalen Kreisläufe der Elemente, wie Kohlenstoff, Stickstoff, Schwefel und auch Sauerstoff, gesteuert werden. Viele Bodeneigenschaften und insbesondere die Fruchtbarkeit der Böden sind durch diese Verwitterungsprozesse geprägt.

Die begriffliche oder wissenschaftliche Trennung von Wasser und Böden verliert hier im Grunde ihren Sinn, denn beide Komponenten wirken unmittelbar zusammen: Böden sind nur bei Anwesenheit von Wasser fruchtbar; Stofftransporte, insbesondere auch Schadstoffbewegungen, lassen sich nur nachvollziehen, wenn die Fließwege des Wassers im Boden bekannt sind. Das Wasser übernimmt den Transport dieser Stoffe, und bei diesem Transport können sich die Stofffrachten auch verändern. Bislang existieren, insbesondere auf der Skala von Landschaften, nur grobe Abschätzungen zu diesen Mechanismen. Manche Schadstoffe dringen in größere Bodentiefen ein und verbleiben vermutlich über Jahrhunderte bis Jahrtausende im Untergrund. Die anhaltende atmogene Immission einer zunehmenden Zahl toxischer und persistenter, das heißt sich akkumulierender Stoffe, beispielsweise durch Verkehr, Industrie und Landnutzung, führt zu einer flächenhaften Belastung der Böden und anderer Umweltkompartimente. Im Vergleich zu Schadstoffpunktquellen (z. B. Altlasten) mit gewöhnlich sehr hohen Konzentrationen sind die absoluten Gehalte großflächig verteilter Schadstoffe meist nur gering. Allerdings bewirkt der Eintrag von Schadstoffen über die Luft, dass es praktisch weltweit keine vom Menschen komplett unbeeinflussten Böden mehr gibt. Zudem können sich solche Stoffe an dafür geeigneten Orten, etwa in den Sedimenten der Flüsse, beträchtlich anreichern.

# Erkundung der Erdoberfläche

Soll die knappe Ressource Boden nachhaltig genutzt bzw. geschützt werden, sind dafür bestimmte Informationen und entsprechende Instrumente notwendig. Auch für diese wichtige Fragestellung haben sich satellitengestützte Fernerkundungsmethoden als sehr hilfreich erwiesen. Durch Fernerkundung lassen sich quantitative und qualitative Daten erfassen, und zwar sowohl von unbedeckten Gesteins- und Bodenoberflächen wie auch von mit Vegetation bedeckten Flächen. Diese Informationen werden zudem für unterschiedliche Flächengrößen, vom Ackerschlag bis zur globalen Ebene, zur Verfügung gestellt.

Für die optische Beobachtung der Erdoberfläche stellt die abbildende Spektrometrie derzeit die innovativste und zukunftsweisendste Methodik dar. Dieser Ansatz beruht darauf, dass alle Materialien – Pflanzen wie Minerale – eindeutige spektrale Eigenschaften aufweisen. Großflächig können diese nur mit einem Hyperspektralsensor erfasst werden. Damit lassen sich, im Gegensatz zu Multispektralansätzen, Materialien identifizieren und analysieren sowie grundsätzlich auch Oberflächenkomponenten wie Vegetation, Böden und Gesteine quantitativ erfassen. Multispektrale Systeme messen die Reflexion der Erdoberfläche in wenigen spektralen Bändern (n < 10). Der Vorteil ist jedoch, dass sie teilweise schon seit vielen Jahren eingesetzt werden und die Aufnahmen somit Zeitreihenanalysen erlauben. Hyperspektrale Systeme dagegen lösen die Signale deutlich höher auf; sie besitzen eine hohe Bänderzahl (n > 100) und liefern so wesentlich genauere Analysen. Der Hyperspektralsatellit EnMAP, der ab 2015 zum Einsatz kommen soll, wird erstmalig hyperspektrale Daten hoher Qualität für großflächige Untersuchungen bis hin zum globalen Maßstab ermöglichen.

EnMAP wird die Erdoberfläche mithilfe von 228 Bändern in den Wellenlängenbereichen des sichtbaren Lichts sowie des nahen und kurzwelligen Infrarots (0,42 µm bis 2,45 µm) bei einer Oberflächenauflösung von 30 m × 30 m global abtasten. Im Gegensatz zu Multispektraldaten, die, wenn überhaupt, nur eine geringe Identifikationsmöglichkeit von Oberflächenmaterialien (z. B. Minerale) zulassen, ermöglichen hyperspektrale Messsignale, sogenannte Spektren, die eindeutige diagnostische Ableitung einer Vielzahl biochemischer, geochemischer und geophysikalischer Parameter von Pflanzen, Mineralen, aber auch von künstlichen Materialien (▶ Abb. 10.7).

Weltraumgestützte Hyperspektralverfahren legen damit die Datengrundlage zur detaillierten Analyse und einem verbesserten Verständnis der auf der Erdoberfläche ablaufenden Prozesse. Die Nutzung dieser Daten ist nicht nur für die Land- und Forstwirtschaft oder die Geologie relevant, sondern auch für die Beurteilung von Binnengewässern und Küstenbereichen sowie für Desertifikations- und Erosionsprobleme. Die global vergleichbaren Messungen sind für die internationale Wissenschaftsgemeinschaft vor allem zur Optimierung von Modellierungsansätzen einsetzbar. Wiederholte Analysen der messbaren biophysikalischen, biochemischen und geochemischen Parameter, aufgezeichnet über Schlüsselregionen, lassen unter Verwendung von Model-

nitrogen, sulphur and oxygen. Many soil properties, especially its fertility, are characterised by these weathering processes.

In principle, the conceptual and scientific separation of water and soils lose their meaning here because both components act directly together: soils are only fertile in the presence of water. Transport of materials, especially pollutants, can only be reconstructed and understood if we know the water's flow paths in the ground. Water transports these substances, and the material loads may also change during this transport. Until now, only rough estimates of these mechanisms have existed, especially on the landscape scale. Some pollutants penetrate deep into the ground and probably remain there for centuries or millennia. The sustained atmogenic immission of an increasing number of toxic and persistent (accumulating) substances, due to traffic, industry and land use, leads to extensive contamination of the soils and other environmental compartments. Compared to pollutant point sources (e. g. contaminated land due to prior use), which usually have very high concentrations, the absolute levels of pollutants distributed over large areas are generally low. However, the input of pollutants from the air means that there is now virtually nowhere in the world that has soils which are completely unaffected by humans. In addition, such substances can accumulate considerably in suitable places, for example, river sediments.

# Exploring the Earth's surface

Soil is a scarce resource and should be protected and used sustainably. This requires certain information and appropriate instruments. Satellite-based remote-sensing methods have also proven to be very helpful in this respect. Remote methods can be used to record quantitative and qualitative data of uncovered rock and soil surfaces and of areas covered with vegetation. This information is also available for different sizes of areas, from a farm field through to the global level.

Imaging spectrometry is currently the most innovative and future-oriented method for visual observation of the Earth's surface. This approach is based on the fact that all materials – plants and minerals – have unique spectral properties. These can only be recorded over large areas by means of a hyperspectral sensor. Unlike multispectral approaches, this can be used for identification and analysis of materials and for quantitative recording of surface components such as vegetation, soils and rocks. Multispectral systems measure the reflection of the Earth's surface within a few spectral bands (n < 10). However, they have the advantage that in some cases they have already been used for many years so that the recordings allow time series analyses. Hyperspectral systems, on the other hand, provide signals with a much higher resolution, they have a large number of bands (n > 100) and therefore supply far more accurate analyses. The hyperspectral satellite EnMAP, which will be launched in 2015, will provide the first high-quality hyperspectral data for extensive investigations up to a global scale.

EnMAP will scan the Earth's surface with the help of 228 bands within the wavelength ranges of visible light as well as near- and short-wave infrared (0.42 μm to 2.45 μm), and with a surface resolution of 30 m × 30 m. Unlike multispectral data, which is associated with an at most small possibility of identifying surface materials (e. g. minerals), hyperspectral signals, allow unambiguous diagnostic derivation of a large number of biochemical, geochemical and geophysical parameters of plants, minerals and man-made materials (▶ Fig. 10.7).

Satellite-based hyperspectral methods thus provide data for detailed analysis and improved understanding of the processes taking place on the Earth's surface. This data is not only relevant for agriculture and forestry or geology, but also for the evaluation of inland waters and coastal areas, as well as for desertification and erosion problems. The globally comparable measurements can be used by the international scientific community and are particularly useful for optimising modelling concepts. The use of modelling approaches to perform repeated analyses of the measurable biophysical, biochemical and geochemical parameters, recorded over key regions, provides new, globally comparable and informative results on the condition of planet Earth.

# A look at the vegetation

Optical remote sensing of vegetation use visible light, near-infrared (450 nm to 850 nm) and short-wave infrared (2000 nm to 2200 nm) because these sections of the electromagnetic spectrum contain a wealth of information that can be used to evaluate vegetation (▶ Fig. 10.9).

Agricultural areas are characterised by high vegetation dynamics (growth dynamics), which is determined by the phenological development of the inventory over the course of the year and, in addition, is frequently determined by an annual change in the cultivated plants. In recent years, remote-sensing methods have enabled us to reproduce these dynamics to a large extent. However, the effects of inventory parameters, such as row

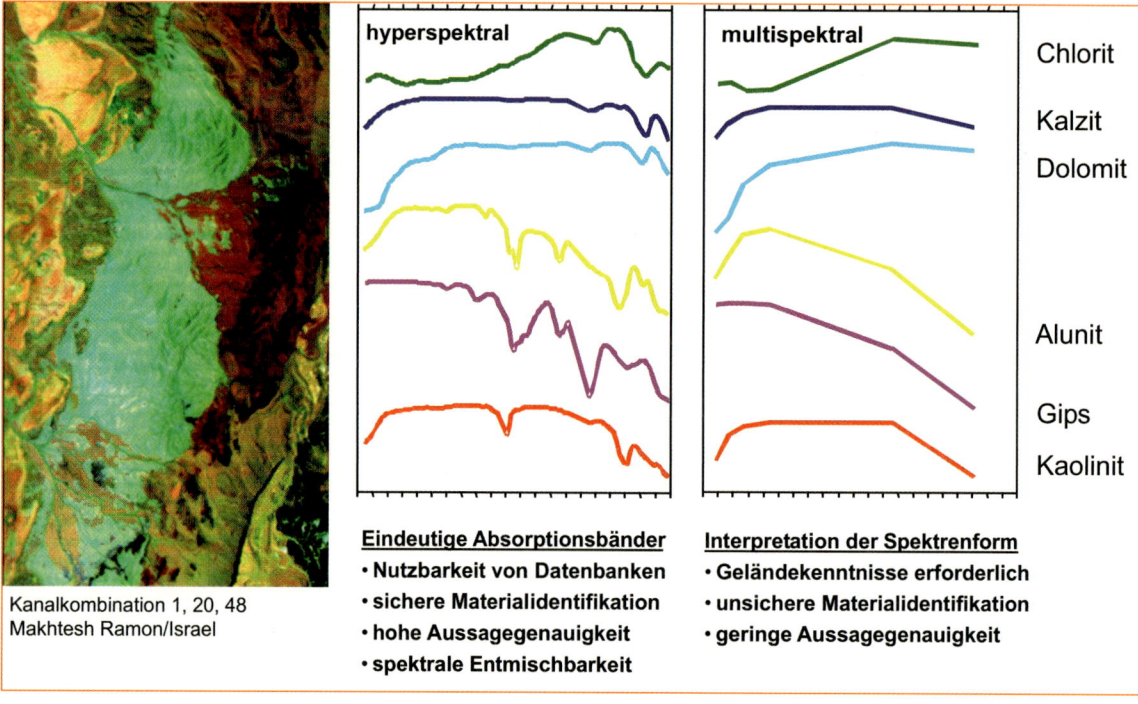

Kanalkombination 1, 20, 48
Makhtesh Ramon/Israel

**hyperspektral**

**multispektral**

Chlorit

Kalzit

Dolomit

Alunit

Gips

Kaolinit

**Eindeutige Absorptionsbänder**
- **Nutzbarkeit von Datenbanken**
- **sichere Materialidentifikation**
- **hohe Aussagegenauigkeit**
- **spektrale Entmischbarkeit**

**Interpretation der Spektrenform**
- **Geländekenntnisse erforderlich**
- **unsichere Materialidentifikation**
- **geringe Aussagegenauigkeit**

10.8  Gegenüberstellung multispektraler und hyperspektraler Messergebnisse für das Gebiet des Makhtesh Ramon, Israel.

10.8  Comparison of multispectral and hyperspectral measurements of the Makhtesh Ramon area, Israel.

lierungsansätzen neue, global vergleichbare und aussagekräftige Ergebnisse zum Zustand unseres Planeten Erde zu.

## Ein Blick auf die Vegetation

In der optischen Fernerkundung von Vegetation sind die Bereiche des sichtbaren Lichts und des nahen Infrarots (450 nm bis 850 nm) sowie der Bereich des kurzwelligen Infrarots (2000 nm bis 2200 nm) von besonderem Interesse. Diese Wellenlängen des elektromagnetischen Spektrums beinhalten eine Fülle von Informationen zur Bewertung von Vegetation (▶ Abb. 10.9).

Landwirtschaftliche Flächen zeichnen sich bekanntlich durch eine hohe Vegetationsdynamik (Wachstumsdynamik) aus, die innerhalb eines Jahres von der phänologischen Entwicklung des Bestandes bestimmt wird und zudem häufig durch einen jährlichen Wechsel der angebauten Kulturen geprägt ist. Mit Mitteln der Fernerkundung gelingt es in den letzten Jahren weitgehend, diese Dynamik abzubilden. Allerdings entstehen durch Einflüsse von Bestandsparametern, wie Reihenabstand, Reihenausrichtung oder Pflanzdichte, immer noch

Probleme für die exakte Klassifikation einer bestimmten Kultur aus dem Satellitenbild. Die Einflüsse dieser Parameter auf das Reflexionsverhalten eines Bestandes müssen noch weiter untersucht und Korrekturmethoden entwickelt werden, um verlässlichere Flächeninformationen über Vegetationsart und Entwicklungszustand zu erhalten. Für diese Fragestellungen wurden virtuelle dreidimensionale Bestandsmodelle entwickelt (▶ Abb. 10.10), die als Grundlage für die Ableitung neuer Analysemethoden dienen. Sie ermöglichen eine naturnahe Modellierung der Strahlungsflüsse innerhalb eines Bestandes, gleichzeitig lassen sich einzelne Parameter variieren, um ihre Einflüsse auf die Bestandsreflexion zu untersuchen. So lässt sich studieren, mit welcher Güte Informationen über Biomasse, Chlorophyllgehalt, Pflanzenwassergehalt, photosynthetisch aktive Strahlung, pflanzenverfügbares Bodenwasser, Gehalt der organischen Substanz im Oberboden, Reifezeitpunkt und Ernteertrag gewonnen werden können. Unter dem wachsenden Nutzungsdruck auf die noch verfügbaren Landflächen sowie unter den Bedingungen des Klimawandels wird es in Zukunft wesentlich darauf ankommen, die Ressource Boden für die Pflanzenproduktion möglichst effizient und nachhaltig zu nutzen. Die Langzeitbeobachtung des Erhaltungszustandes von landwirt-

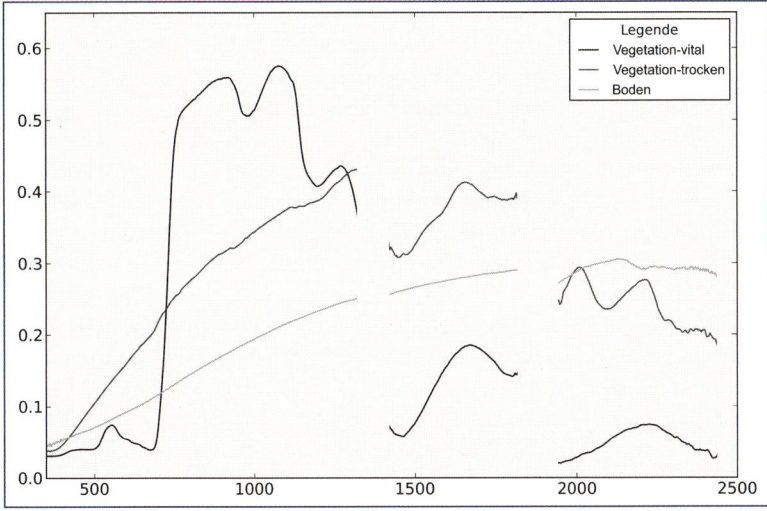

10.9  Spectral curves of soil and vegetation (active and dead).

10.9  Spektralkurven von Boden und Vegetation (aktiv und abgestorben).

spacing, row alignment and plant density still cause problems when it comes to exact classification of a specific crop type from a satellite image. The effects of these parameters on the reflection characteristics of an inventory have to be studied further and correction methods must be developed in order to obtain more reliable spatial information about the type of vegetation and development status of areas of land. These issues led to the development of virtual three-dimensional inventory models (▶ Fig. 10.10), which serve as the basis for deriving new analysis methods. They enable near-natural modelling of radiation flows within a plant stand, and at the same time, individual parameters can be varied in order to examine their effect on the stand reflection. In this way it is possible to study the quality of the resulting data on biomass, chlorophyll content, plant water content, photosynthetically active radiation, soil water available to the plants, content of organic substances in the topsoil, maturing time and harvest yield. Owing to the growing pressure to use the still available land areas and under the conditions of climate change, it will be necessary in future to use the resource soil for plant production as efficiently and sustainably as possible. In this respect, long-term observation of the conservation condition of land available for agriculture and the plant stands under cultivation using remote-sensing data has a very special significance.

Areas of near-natural vegetation frequently differ from arable land, grassland and forests having the same shape because their pattern has small areas with different plant species and, in some areas, varying vegetation densities (▶ Fig. 10.11). To check the status of nature conservation areas in Europe (e.g. EU-Natura 2000), indicators were developed that are based on monitoring the conservation condition of species and biological communities. Remote sensing, with its options for

10.10  Three-dimensional plant inventory model of rye in the growth phase.

10.10  Dreidimensionales Bestandsmodell von Roggen im Stadium der Bestockung.

schaftlichen Nutzflächen und der angebauten Pflanzenbestände mit Fernerkundungsdaten hat unter diesem Aspekt eine ganz besondere Bedeutung.

Naturnahe Vegetationsflächen unterscheiden sich von gleichförmigen Acker-, Grünland- und Forstflächen häufig durch ihr kleinteiliges Muster aus verschiedenen Pflanzenarten und gebietsweise auch durch einen Wechsel von dichtem und weniger dichtem oder fehlendem Bewuchs (▶ Abb. 10.11). Um den Erhalt von Naturschutzgebieten in Europa (z. B. EU-Natura 2000) zu kontrollieren, wurden Indikatoren entwickelt, die auf einem Monitoring des Erhaltungszustandes von Arten und Artengemeinschaften beruhen. Die Fernerkundung mit ihren Möglichkeiten, große Landschaftsausschnitte wiederholt und gleichzeitig abzubilden, hat sich in zahlreichen Anwendungsbeispielen als ein geeignetes Mittel für das Monitoring von Prozessen an der Erdoberfläche erwiesen. Die Fernerkundung muss hierfür Analysedaten in hoher räumlicher und spektraler Auflösung liefern, nur dann lässt sich das detaillierte Muster aus im Prinzip sehr ähnlich aussehenden Objekten (grüne Pflanzen) differenziert darstellen. Da es Satelliten mit diesen Eigenschaften derzeit nicht gibt, sucht man Möglichkeiten, durch die Verknüpfung verschiedener Datensysteme dennoch Ansätze mit entsprechender Genauigkeit zu entwickeln. So werden Hyperspektraldaten auf charakteristische Spektralmerkmale für einzelne Artengruppen geprüft, um aus gemischten Spektren Rückschlüsse auf die beteiligten Arten ziehen zu können. Zudem testen die Wissenschaftler Satellitendaten mit einer Bodenauflösung um 50 Zentimeter auf ihr Potenzial für diese Aufgabe. Mit den entstehenden Methoden wird es möglich sein, das naturschutzfachliche Monitoring auf der Basis von Fernerkundungsdaten in Zukunft objektiver und effizienter durchzuführen.

## Isotopengeochemische „Fingerabdrücke" in Erdoberflächenprozessen

Wie die menschliche Haut etwas über den Gesamtorganismus aussagen kann, so ist auch die Erdoberfläche in der Lage, Auskunft über erdgeschichtliche Prozesse zu geben. An der Erdoberfläche sind gewaltige Stoffkreisläufe aktiv. Wie oben beschreiben, werden kontinuierlich große Mengen Sediment erodiert und in Flüssen transportiert. Jährlich werden etwa zwei Milliarden Tonnen chemischer Elemente aus Gesteinen durch Verwitterung mobilisiert und in die Ozeane verfrachtet. Auch Mikro-

ben und Pflanzen erzeugen bemerkenswerte biogeochemische Stoffflüsse, indem sie Metalle aufnehmen und in die Biosphäre einspeisen. Die biogeochemischen Kreisläufe bestimmter Elemente bewegen ein Vielfaches dessen, was Flüsse transportieren. So kann ein gelöstes chemisches Element, beispielsweise Kalium, nachdem es durch Verwitterung aus dem Gestein freigesetzt wird, bis zu 50 Mal durch höhere Pflanzen zirkulieren, bevor es aus dem Grundwasser durch Flüsse in das Meer transportiert wird. Jeder Zyklus hinterlässt dabei gewissermaßen einen isotopengeochemischen Fingerabdruck in den verschiedenen erdoberflächennahen Kompartimenten der „Critical Zone" (▶ Abb. 10.12). Moderne isotopengeochemische Verfahren erlauben erst seit wenigen Jahren, mit hoher Präzision die Geschwindigkeit und die Prozesse nachzuvollziehen, welche die Erdoberfläche formen.

So können chemische, physikalische und biologische Vorgänge, die an der Grenze zwischen der Lithosphäre, Hydrosphäre, Biosphäre und Atmosphäre ablaufen, die relative Häufigkeit stabiler Isotope der Metalle und Halbmetalle verändern. Diese sogenannte Isotopenfraktionierung ist meist sehr klein und verlangt deshalb eine hohe Messpräzision. Die Herausforderung gleicht der, die Länge eines Fußballfeldes auf die Länge einer Streichholzschachtel genau zu vermessen. Seit etwa zehn Jahren ist es möglich, mit der Multikollektor-ICP-Massenspektrometrie (ICP: Inductively Couples Plasma) bis dahin nicht erfassbare Isotopenfraktionierungen der Metalle und Halbmetalle zu messen. Eine Vielzahl von Reaktionen, die Isotopenfraktionierungen hervorrufen, spielen sich im Mikrobereich ab. Deshalb ist es wichtig, geeignete mikroanalytische Verfahren für die schweren stabilen Isotope zu entwickeln und vorhandene Methoden weiterzuentwickeln.

Wichtige Prozesse in der „Critical Zone", die potenziell einen charakteristischen Isotopenfingerabdruck hinterlassen, lassen sich in einem biogeochemischen Kreislauf beschreiben: Frisches Gestein wird durch Gebirgshebung an die Erdoberfläche gebracht (vgl. weiter unten). Dort ist es physikalischen und chemischen Verwitterungsreaktionen ausgesetzt. Primärminerale aus dem Gestein lösen sich auf, sodass sich gelöste Ionen im Bodenwasser anreichern. Es bilden sich Sekundärminerale (Tonminerale und Eisenoxide), welche die Bodenbildung kennzeichnen. Gleichzeitig wird die Erdoberfläche durch Erosionsprozesse abgetragen. Pflanzen nehmen Metalle und andere Elemente (Pflanzennährstoffe) durch ihre Wurzeln auf und transportieren sie in Zweige, Blätter und Früchte. Mikroorganismen unterstützen durch ihren Stoffwechsel die Verfügbarkeit von Nährstoffen für Pflanzen und sind an der chemischen Gesteinsverwitterung beteiligt. Im Boden werden Pflan-

10.11  An oblique aerial photograph of the Natura-2000 area "Döberitzer Heide" in Brandenburg shows a pattern of small areas with different groups of plant species.

10.11  Das Schrägluftbild der Natura-2000-Fläche „Döberitzer Heide" in Brandenburg zeigt ein kleinteiliges Muster verschiedener Gruppen von Pflanzenarten.

repeated and simultaneous imaging of large sections of landscapes, has often proven itself in practice to be a suitable instrument for monitoring processes on the Earth's surface. However, remote sensing of natural vegetation areas requires analysis data with high spatial and spectral resolution in order to differentiate between objects that look very similar (green plants) within the detailed pattern. As satellites with these properties are currently not available, possibilities are being sought for linking different data systems to develop approaches with the appropriate accuracy. For example, hyperspectral data is checked for spectral features that are characteristic of individual species groups so that conclusions can be drawn about the species involved from mixed spectra. In addition, scientists are testing satellite data with a ground resolution of 50 centimetres to find out whether it is suitable for this task. The resulting methods will provide a more objective and efficient monitoring of nature conservation areas in future.

## Geochemical isotope "fingerprints" in the Earth's surface processes

In the same way as the human skin is able to convey something about the whole organism, the Earth's surface is also capable of providing information about geological processes. Huge material cycles are active on the Earth's surface. As described above, large quantities of sediment are continuously eroded and transported in rivers. Around two billion tonnes of chemical elements from rocks are mobilised annually by weathering and are transported into the oceans. Microbes and plants also produce remarkable biogeochemical material flows by absorbing metals and feeding them into the biosphere. The biogeochemical cycles of certain elements move many times as much as rivers transport. In this way, after it has been released from the rock by weathering, a dissolved chemical element, for example, potassium, can circulate up to 50 times through higher plants before it is transported out of the groundwater and into the sea by rivers. Each cycle leaves behind a geochemical isotope "fingerprint" in the different compartments of the "critical zone" close to the Earth's surface (▶ Fig. 10.12). Only in the past few years have modern geochemical isotope methods enabled highly precise studies of the speed and processes that shape the surface of the Earth.

For example, chemical, physical and biological processes, which take place at the boundary between the lithosphere, hydrosphere, biosphere and atmosphere, can change the relative frequency of stable isotopes of metals and semi-metals. This so-called isotope fractionation is generally very small and thus requires a high measuring accuracy. This challenge can be compared to measuring the length of a football field with the same accuracy as for the length of a box of matches. For around ten years it has been possible to measure previous unrecordable isotope fractionation of metals and semi-metals using multi-collector ICP mass spectrometry (ICP: inductively coupled plasma). A large number of reactions that cause isotope fractionation take place on the microscale. Therefore, it is important to develop suitable microanalytical methods for the

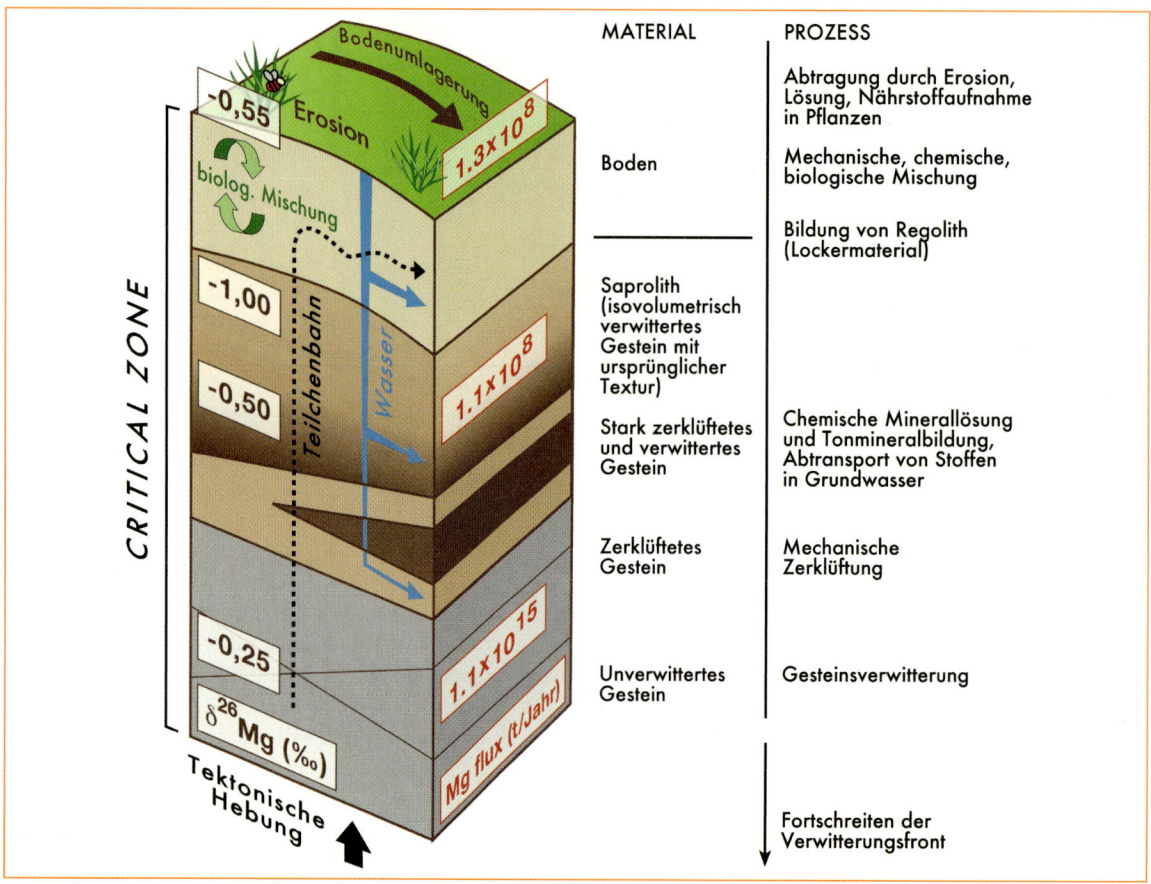

| | MATERIAL | PROZESS |
|---|---|---|
| Bodenumlagerung | | Abtragung durch Erosion, Lösung, Nährstoffaufnahme in Pflanzen |
| −0,55  Erosion  1,3×10⁸ | Boden | Mechanische, chemische, biologische Mischung |
| biolog. Mischung | | Bildung von Regolith (Lockermaterial) |
| −1,00 | Saprolith (isovolumetrisch verwittertes Gestein mit ursprünglicher Textur) | |
| −0,50  1,1×10⁸ | Stark zerklüftetes und verwittertes Gestein | Chemische Minerallösung und Tonmineralbildung, Abtransport von Stoffen in Grundwasser |
| | Zerklüftetes Gestein | Mechanische Zerklüftung |
| −0,25  1,1×10¹⁵ | Unverwittertes Gestein | Gesteinsverwitterung |
| $\delta^{26}$Mg (‰)  Mg flux (t/Jahr) | | Fortschreiten der Verwitterungsfront |

CRITICAL ZONE · Teilchenbahn · Wasser · Tektonische Hebung

10.12 Schematische Darstellung der „Critical Zone", bestehend aus frischem Gestein, verwittertem Gestein und Gesteinszersatz (Saprolit) sowie Boden und Vegetation. Die braunen Rechtecke zeigen, wie sich die Magnesium-Isotopenzusammensetzung (in Promille) zwischen den verschiedenen Kompartimenten verschiebt, die roten Rechtecke zeigen die globalen Magnesium-Stoffflüsse (in Tonnen Mg pro Jahr) aus den verschiedenen Kompartimenten. Die Verwitterung setzt bevorzugt leichte Magnesiumisotope frei; diese werden in das Grundwasser transportiert. Pflanzen hingegen nehmen bevorzugt schwere Isotope aus dem Bodenwasser auf. Mit diesen Isotopen-„Fingerabdrücken" lassen sich die Prozesse der Metallumsetzung in den Kompartimenten der „Critical Zone" genau charakterisieren.

10.12 Schematic diagram of the "critical zone", consisting of fresh rock, weathered rock and rock detritus (saprolite), soil and vegetation. The brown rectangles show how the magnesium isotope composition (in parts per thousand) differs between the various compartments, and the red rectangles indicate the global flow of magnesium (in tonnes Mg per year) between the various compartments. Weathering preferentially releases the lighter magnesium isotopes; these are transported in groundwater. Plants, on the other hand, preferentially absorb heavy isotopes out of the soil water. These isotope "fingerprints" can be used to precisely characterise metal-transfer processes within the compartments of the "critical zone".

zenreste aufgearbeitet und sind dadurch zusammen mit den Produkten von Mineralverwitterungsreaktionen erneut für den biogeochemischen Kreislauf verfügbar. Weitere Stoffflüsse in und aus dem System sind zum Beispiel Staubeinträge und Regen oder der Lösungstransport über das Grundwasser in Flüsse und Ozeane. Dabei sind verschiedene elementspezifische Eigenschaften für die Isotopenfraktionierung von Bedeutung. Elemente, die in der Natur in mehr als einem Redoxzustand vorliegen, zeigen besonders große Isotopenfraktionen,

wenn sie ihren Oxidationszustand – und damit auch oft ihre Bindungsstärke und Koordination in einem Molekül – verändern. Mit Eisen-, Chrom- oder Molybdänisotopen lassen sich daher Redoxprozesse in der Umwelt, in Böden und in Klimaarchiven in der Form hochaufgelöster feingeschichteter Sedimente rekonstruieren.

Besonders interessant ist der Kreislauf dieser Metalle durch die Biosphäre, wobei sowohl höhere Tiere als auch Pflanzen große, teils Spezies-abhängige Isotopenfraktionierungen produzieren (▶ Abb. 10.13).

heavy, stable isotopes and to continue developing existing methods.

Important processes in the "critical zone", which may leave behind a characteristic isotope fingerprint, can be described by the following biogeochemical cycle: Fresh rock is brought to the Earth's surface by mountain uplift (see below). There it is exposed to physical and chemical weathering reactions. Primary minerals in the rock dissolve and the resulting dissolved ions accumulate in the groundwater. Secondary minerals then form (clay minerals and iron oxides), which characterise soil formation. At the same time, the Earth's surface is removed by erosion processes. Plants absorb metals and other elements (plant nutrients) through their roots and transport them into branches, leaves and fruits. Metabolic processes of microorganisms produce nutrients for plants and also participate in chemical weathering of rock. Plant residues are broken down in the soil and, together with the products of mineral weathering reactions, they are once again available for the biogeochemical cycle. Further materials entering and leaving the system include airborne dust, and rain, or the transport of solutions via the groundwater into rivers and oceans. Various element-specific properties play a role in isotope fractionation. Elements that exist in more than one redox state in nature exhibit a particularly high degree of isotope fractionation when they change their oxidation state – and thus generally their bonding strength and coordination in a molecule as well. Therefore, iron, chromium and molybdenum isotopes can be used to reconstruct redox processes in the environment, in soils and in climate archives, available in the form of highly resolved fine-layered sediments.

The cycle of these metals through the biosphere is particularly interesting. Isotope fractionation is carried out by both higher animals and plants, and is species-dependent in some cases (▶ Fig. 10.13).

Silicon, magnesium and lithium isotopes fractionate during rock weathering (and also on absorption into plants). The resulting isotope fractions are characteristically influenced by a number of factors, including the type of weathered rocks, different chemical weathering rates and soil formation rates, or even different plant species. The isotope systems already known for a long time also reveal much about the processes on the Earth's surface. For example, hydrogen isotopes in clay minerals of the soil and in plant substances inform us about where the precipitation originated, carbon isotopes in organic matter reveal plant types, and oxygen isotopes are "palaeo-thermometers": they shift depending on the temperature of the precipitation.

The scientific challenge of this young georesearch discipline lies in acquiring a better understanding of

10.13 The $^{56}Fe/^{54}Fe$ isotopic abundance ratio (as ‰$^{56}$Fe value in parts per thousand) in a dicotyledonous plant. The roots of this type of plant reduce trivalent iron from the soil and at the same time preferentially absorb the lighter iron isotope $^{54}$Fe from the soil rather than its heavier sister $^{56}$Fe. The light iron isotopes are also preferentially mobilised during iron transfer in the plant and thus accumulate in the youngest leaves and in the fruit.

10.13 Das $^{56}Fe/^{54}Fe$ Isotopenverhältnis (als d$^{56}$Fe-Wert in Promille) in einer zweikeimblättrigen Pflanze. Dieser Pflanzentyp reduziert das dreiwertige Eisen des Bodens an der Wurzel und nimmt dabei bevorzugt das leichte Eisenisotop $^{54}$Fe gegenüber der schweren Schwester $^{56}$Fe aus dem Boden auf. Auch bei der Eisenumlagerung in der Pflanze werden die leichten Eisenisotope bevorzugt mobilisiert, sie reichern sich daher in den jüngsten Blättern und in der Frucht an.

the chemical, physical and biological processes on the surface of the Earth by identifying and quantifying geochemical isotope fingerprints in interdisciplinary research approaches. These modern isotope geochemistry tools should answer questions on the different spatial and timescales: from the resolution of a single mineral grain within a climate cycle to the formation of mountain ranges over several million years.

Silizium-, Magnesium- und Lithiumisotope fraktionieren bei der Gesteinsverwitterung (oder auch bei der Aufnahme in Pflanzen), wobei verschiedene Einflussfaktoren, zum Beispiel die Art der verwitternden Gesteine, unterschiedliche chemische Verwitterungsraten und Bodenbildungsraten oder auch verschiedene Pflanzenarten, die resultierende Isotopenfraktionierung charakteristisch verändern. Aber auch die schon länger bekannten Isotopensysteme geben viel über die Prozesse an der Erdoberfläche preis. So unterrichten uns die Isotope des Wasserstoffs in Tonmineralen des Bodens und in Pflanzenstoffen über die Herkunft des Niederschlags, Kohlenstoffisotope in organischer Materie verraten Pflanzentypen, und Sauerstoffisotope sind „Paläo-Thermometer": sie verschieben sich je nach Temperatur des Niederschlags.

Die wissenschaftliche Herausforderung dieser noch jungen Geoforschungsdisziplin besteht darin, chemische, physikalische und biologische Erdoberflächenprozesse durch Identifizierung und Quantifizierung von isotopengeochemischen Fingerabdrücken in interdisziplinären Forschungsansätzen besser zu verstehen. Diese modernen isotopengeochemischen Werkzeuge sollen Fragen auf den verschiedenen Raum- und Zeitskalen beantworten: von der Auflösung eines einzelnen Mineralkorns innerhalb eines Klimazyklus bis zur Gebirgsbildung über mehrere Millionen Jahre.

## Die scheinbar schneller schwindenden Gebirge

In Fragen der Gebirgsbildung verbindet die moderne Isotopengeochemie tektonische Größenmaßstäbe mit der atomaren Ebene, um daraus auf den Zusammenhang von Gebirgserosion und Sedimentbildung schließen zu können. Erosion durch Wasser und Eis sowie die chemische Verwitterung von Gesteinen der Erdoberfläche tragen bekanntlich Gebirge über Millionen von Jahren ab. Das erodierte Gestein wird durch Flüsse und Gletscher fortgetragen und findet sich im Sediment der Ozeane und auf den Kontinenten in der Umgebung großer Gebirge wieder. Doch während diese Abtragung über Jahrtausende und Jahrmillionen das Gesicht unserer Erdoberfläche entscheidend geformt hat, ist die Abtragungsrate doch so langsam, dass wir sie – mit der Ausnahme von Extremereignissen wie Bergstürzen – nicht direkt wahrnehmen können.

Um die Abtragungsgeschwindigkeiten dennoch sichtbar zu machen, bedienen sich die Geochemiker heute der hochempfindlichen Methode der kosmogenen Nuklide. Diese entstehen zum großen Teil in der Atmosphäre („meteorisch"), von wo sie mit Niederschlag auf die Erdoberfläche transportiert werden. Einige wenige Nuklide entstehen aber auch direkt im Gestein oder Boden („in situ"), wo ihre Produktionsrate nur wenige bis einige hundert Atome pro Gramm Mineral pro Jahr beträgt. Je schneller nun ein Boden abgetragen wird, desto weniger Zeit bleibt zur Akkumulation dieser

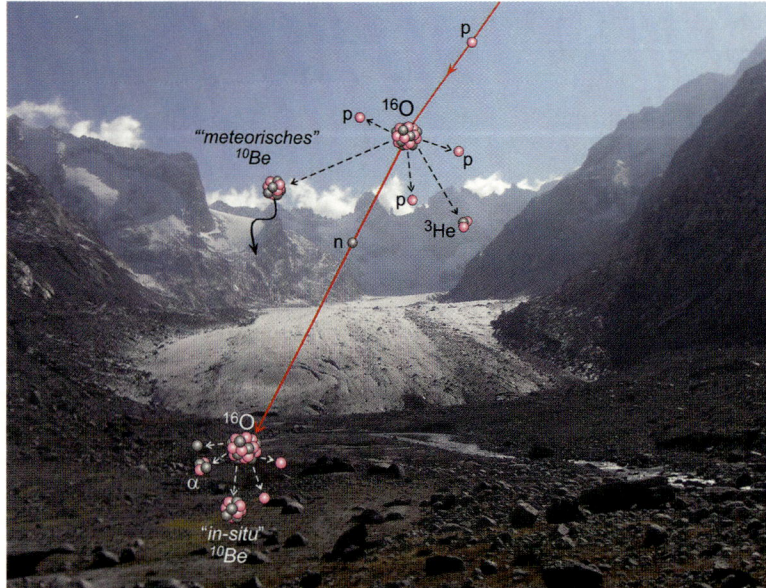

10.14 Kosmische Strahlen und Produktion des Isotops Beryllium-10 in der Atmosphäre („meteorisch") oder im Gestein („in situ") vor dem Hintergrund des Forno-Gletschers in den Schweizer Alpen.

10.14 Cosmic rays and production of the isotope beryllium-10 in the atmosphere ("meteoric") or in the rock ("in situ") against the background of the Forno Glacier in the Swiss Alps.

## The apparently faster disappearance of mountains

In questions of mountain formation, modern isotope geochemistry connects scales of tectonic size with the atomic level in order to be able to draw conclusions about the relationship between mountain erosion and sediment formation. Erosion due to water and ice and chemical weathering of rocks on the Earth's surface wears away mountains over millions of years. The eroded rock is carried away by rivers and glaciers and is deposited on the continents in the areas surrounding large mountain ranges and in ocean sediments. Even though this erosion has decisively shaped the face of our Earth's surface over thousands and millions of years, the erosion rate is so slow that we are unable to discern it directly – except when extreme events such as rockfalls or landslides occur.

To make the erosion rates nevertheless visible, geochemists are using a highly sensitive method based on cosmogenic nuclides. These are mainly produced in the atmosphere ("meteoric"), from where they are transported to the Earth's surface by precipitation. A few nuclides are also formed directly in the rock or soil ("in situ"), where their production rates are only a few to several hundred atoms per gram of mineral per year. The faster a soil or rock is removed, the less time remains for the accumulation of these nuclides and thus the lower their concentration. If the nuclides are now measured in the laboratory using accelerometer mass spectrometry, a highly sensitive particle physics method, the erosion rate of a soil or rock can be determined. The period over which the method averages roughly equals the time taken to erode half a metre of rock, i.e. several hundred to a thousand years. If the object of our investigation is a whole river catchment area, then the sampled river sediment forms a natural mean over all erosion processes taking place within the catchment area. The erosion rate of an area that extends over an individual slope or even the entire catchment area of the Amazon can be measured in a single sample of river sand.

Measurements of cosmogenic beryllium-10 in sediments from Swiss Alpine rivers were used to prove a long-postulated hypothesis regarding the relationship between tectonic mountain forces and erosion controlled by climate effects. The erosion rate due to rivers and glaciers is 0.3 to 1.3 millimetres per year (▶ Fig. 10.15), which is equal to 0.3 to 1.3 kilometres in one million years. Given this relatively fast erosion, in geological terms, why do the Alps still exist? Geodetic measurements supply the answer: the mountain range is being constantly uplifted at the same rate as it erodes. Mountain ranges float isostatically, and to maintain isostasy (buoyant stability), mountain uplift is driven by the erosion process in this case. Or in other words, climate-controlled erosion causes the mountain range to become lighter and therefore rise.

If glaciers and rivers drive both erosion and uplift of mountains, what were the starting conditions? A popular hypothesis states that the initial cause was global cooling since the late Tertiary and in the Quaternary with the worldwide growth of glaciers. But it could just as well have been the other way around: A stronger tectonic thrust caused the formation of the large mountain ranges such as the Himalayas or the Andes. In the past, measurements of the thickness of sediment layers around the globe indicated that the quantities of sediment deposited worldwide per time period over the past five million years have continuously multiplied. To produce this surplus of sediments, the mountains would have to erode with equally higher speed. The faster rock weathering accompanying the accelerated erosion would have drawn more $CO_2$ from the atmosphere (▶ Fig. 10.2). The resulting smaller greenhouse effect would have caused global cooling.

However, this hypothesis leads to another paradox that geoscientists have not yet been able to solve. Reconstructions of the former concentrations of the greenhouse gas carbon dioxide ($CO_2$) in the atmosphere using indirect chemical and biological methods have shown that, for more than ten million years, it has roughly fluctuated around the value that the atmosphere had before the start of the present-day rapid rise in $CO_2$ concentration caused by humans. However, if worldwide erosion had increased, the withdrawal of $CO_2$ due to the large amount of weathering would have increased considerably and today's atmosphere would contain hardly any noteworthy quantities of this greenhouse gas. The consequence would be an extremely cold Earth on which all water would be frozen.

The solution to this paradox is explained by the fact that the measured fourfold increase in worldwide sedimentation is purely an observation artefact. This can be substantiated with measurements of geochemical isotopes in ocean deposits. The information about the input of materials into the oceans in the past was obtained from changes in the metal concentrations in the centimetre-thick, deep-sea iron-manganese crusts that grow extremely slowly over millions of years. The isotope with mass 9 of the rare element beryllium can be used to determine the quantity of sediment entering the oceans via rivers (▶ Fig. 10.17). If erosion-induced sedimentation had increased, we would find more of this beryllium-9 in the younger layers of these crusts.

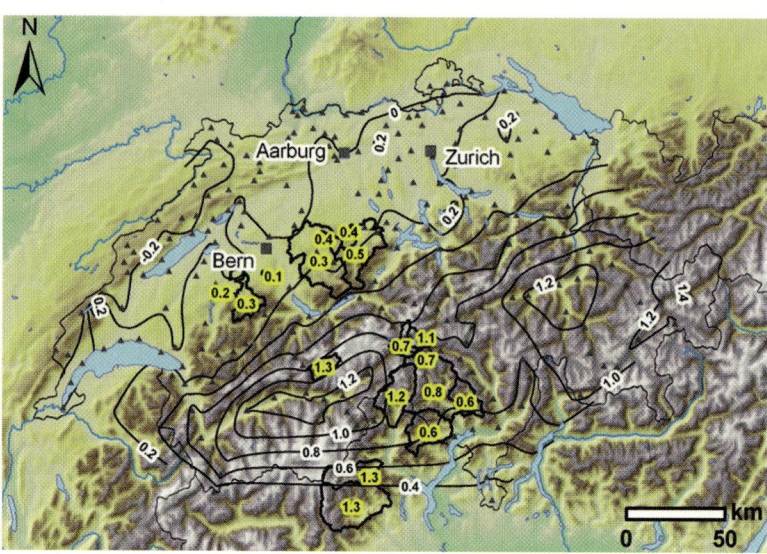

Nuklide, und desto geringer ist folglich deren Konzentration. Werden die Nuklide nun im Labor mit der hochempfindlichen teilchenphysikalischen Methode der Beschleuniger-Massenspektrometrie gemessen, kann die Abtragungsrate eines Bodens bestimmt werden. Der Zeitraum, über den die Methode mittelt, entspricht dabei ungefähr der Zeit der Erosion eines halben Meters Boden, also einige hundert bis tausend Jahre. Ist unser Untersuchungsobjekt ein gesamtes Flusseinzugsgebiet, dann bildet das beprobte Flusssediment einen natürlichen Mittelwert über sämtliche im Einzugsgebiet stattfindenden Erosionsprozesse. Eine Abtragungsrate, die über einen einzelnen Gebirgshang bis hin zum Einzugsgebiet des gesamten Amazonas reicht, kann an einer einzelnen Probe Flusssand gemessen werden.

Mit der Vermessung von kosmogenem Beryllium-10 in Sediment aus Schweizer Alpenflüssen konnte eine lang postulierte Hypothese für den Zusammenhang zwischen tektonischen Gebirgskräften und durch Klimaeinflüsse gesteuerte Erosion nachgewiesen werden. Die Erosionsgeschwindigkeit durch Flüsse und Gletscher beträgt 0,3 bis 1,3 Millimeter pro Jahr (▶ Abb. 10.15), das entspricht 0,3 bis 1,3 Kilometern in einer Million Jahre. Wieso gibt es das Gebirge bei – geologisch gesehen – derart schneller Abtragung überhaupt noch? Die Antwort liefern geodätische Messungen: Das Gebirge hebt sich mit der gleichen Geschwindigkeit auch ständig heraus. Gebirge schwimmen isostatisch auf: Um das Schwimmgleichgewicht des Gebirges zu erhalten, wird der Prozess der Gebirgshebung in diesem Fall durch den Prozess der Abtragung angetrieben. Die klimagesteuerte Erosion lässt das Gebirge leichter werden und daher aufschwimmen.

Wenn also Gletscher und Flüsse sowohl die Erosion als auch die Hebung von Gebirgen antreiben, so stellt die Frage nach den Startbedingungen. Eine populäre Hypothese besagt, dass die globale Abkühlung seit dem späten Tertiär und im Quartärzeitalter mit dem weltweiten Wachstum der Gletscher die Anfangsursache war. Es könnte aber auch umgekehrt gewesen sein: Ein stärkerer tektonischer Zusammenschub hat das Relief der großen Gebirge wie des Himalajas oder der Anden entstehen lassen. Die weltweite Vermessung der Dicke von Sedimentschichten hatte in der Vergangenheit nämlich das Ergebnis erbracht, dass die Mengen Sediment, die pro Zeitabschnitt weltweit in den letzten fünf Millionen Jahren abgelagert wurde, sich kontinuierlich vervielfacht hat. Um diesen Überschuss an Sediment zu produzieren, müssten die Gebirge eigentlich mit ebenso höherer Geschwindigkeit erodieren. Die mit der beschleunigten Erosion einhergehende schnellere Gesteinsverwitterung hätte demnach aus der Atmosphäre auch mehr $CO_2$ entzogen (▶ Abb. 10.2). Der somit geringere Treibhauseffekt hätte die globale Abkühlung verursacht.

Diese Hypothese führt aber zu einem weiteren Paradoxon, das Geowissenschaftler ebenfalls bisher nicht lösen konnten. Rekonstruktionen der früheren Konzentrationen des Treibhausgases Kohlendioxid ($CO_2$) in der Atmosphäre mit indirekten chemischen und biologischen Methoden ergaben, dass diese schon seit über zehn Millionen Jahren ungefähr um den Wert schwankt, den die Atmosphäre auch vor Beginn des heutigen schnellen, vom Menschen verursachten Anstiegs der $CO_2$-Konzentration hatte. Hätte jedoch die Erosion weltweit zugenommen, hätte sich auch der Entzug von $CO_2$ durch die hohe Verwitterung vervielfacht und die

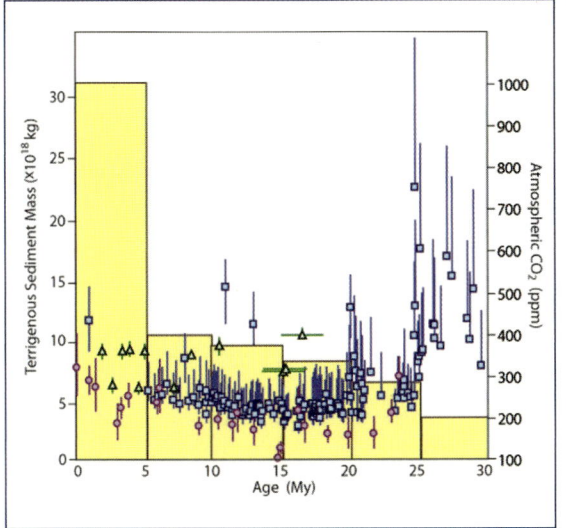

◄ 10.16 Supposed increase in global ocean sedimentation (yellow bar) and results from indirect measurements of the geological atmospheric $CO_2$ content (blue: alkenones in ocean deposits; violet: stable boron isotopes from calcite shells of oceanic foraminifera; green: stomata in fossil leaves). Atmospheric $CO_2$ concentrations were almost constant at a pre-industrial level of 200 to 400 ppm for 20 million years. If erosion and weathering had increased as shown by the yellow bar, large quantities of $CO_2$ would have had to be withdrawn from the atmosphere. Therefore, the increase in sedimentation rates is not real. It is due to a timescale artefact.

10.16 Vermeintliche Zunahme der globalen Ozeansedimentation (gelbe Balken) und Resultate aus indirekten Messungen des erdgeschichtlichen atmosphärischen $CO_2$-Gehaltes (blau: Alkenone in Ozeanablagerungen; violett: stabile Bor-Isotope aus Kalkschalen ozeanischer Foraminiferen; grün: Stomata in fossilen Blättern). Die atmosphärischen $CO_2$-Konzentrationen waren seit 20 Millionen Jahren fast konstant auf einem vorindustriellen Niveau von 200 bis 400 ppm. Hätten Erosion und Verwitterung so zugenommen, wie durch die gelben Balken gezeigt, hätten der Atmosphäre große Mengen $CO_2$ entzogen werden müssen. Die Zunahme der Sedimentationsgeschwindigkeiten ist also nicht real. Sie ist auf ein Zeitskalen-Artefakt zurückzuführen.

Beryllium-10 is used as a *countercheck*. This very rare isotope is produced in the atmosphere by cosmic radiation and always in the same quantities, which reach the oceans via precipitation. These constant quantities of [10]Be are incorporated into the iron-manganese crusts as they grow. Therefore, if the isotope ratio of [10]Be to [9]Be fluctuates, this must be due to changes in input of [9]Be from erosion. However, measurements show that the ratio between the two isotopes in the iron-manganese crusts from all the oceans has hardly changed during the past ten million years.

The increase in sediment is thus only apparent, an observation artefact that can be easily explained. The closer geologists look, the more sediment deposition they discover. And we can look at the more recent geological past more easily than a very long time ago because sediments do not always survive over time. The older they are, the fewer survive. Therefore, geological sedimentation rates appear to increase the younger the geological time and the shorter the observation period.

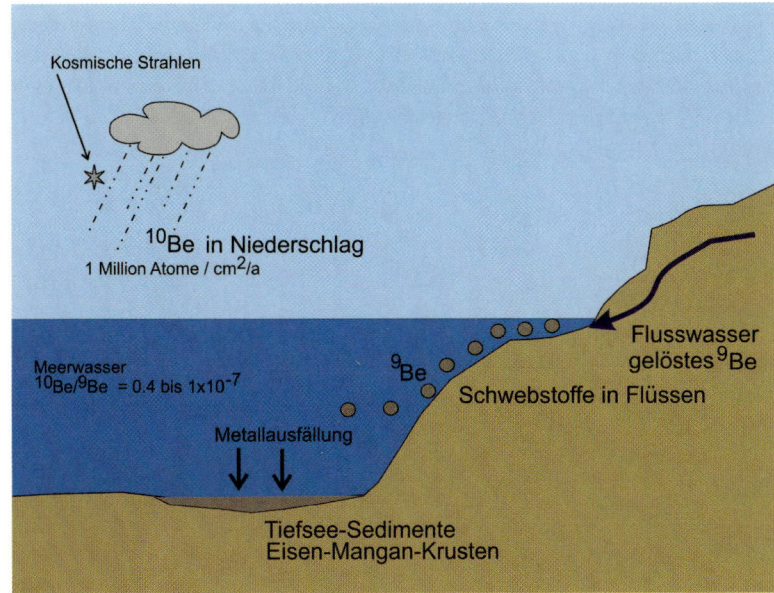

10.17  The global beryllium cycle.

10.17  Der globale Berylliumzyklus.

Atmosphäre enthielte heute kaum noch nennenswerte Mengen dieses Treibhausgases. Die Folge wäre eine extrem kalte Erde, auf der alles Wasser gefroren wäre.

Die Lösung dieses Paradoxons erklärt sich damit, dass die weltweit beobachtete vierfache Zunahme der Sedimentation ein reines Beobachtungsartefakt ist. Dies lässt sich isotopengeochemisch mit Messungen in Ozeanablagerungen begründen. In zentimeterdicken Eisen-Mangankrusten, die tief im Meer über Jahrmillionen extrem langsam wachsen, steckt in Form veränderlicher Metallkonzentrationen die Information über den Eintrag von Stoffen in die Ozeane in der Vergangenheit. Mit dem Isotop der Masse 9 des seltenen Elements Beryllium lässt sich die Menge an Sediment, das über Flüsse in die Ozeane eingetragen wird, bestimmen (▶ Abb. 10.17). Hätte die erosionsbedingte Sedimentation zugenommen, würden wir in den jüngeren Lagen dieser Krusten mehr von diesem $^9$Beryllium finden.

Zur Gegenkontrolle dient Beryllium-10. Das sehr seltene Isotop entsteht in der Atmosphäre durch kosmische Strahlung in immer gleichen Mengen und gelangt über den Niederschlag in die Ozeane. Während die Eisen-Mangankrusten wachsen, wird das $^{10}$Beryllium in konstanten Mengen in die Eisen-Mangankrusten eingebaut. Schwankt also das Isotopenverhältnis von $^{10}$Be zu $^9$Be, so liegt das nur an Änderungen des Eintrages des aus der Erosion stammenden $^9$Berylliums. Wie Messungen zeigen, hat sich aber das in die Eisen-Mangankrusten aller Ozeane eingebaute Verhältnis der beiden Isotope zueinander in den letzten zehn Millionen Jahren kaum geändert.

Die Sedimentzunahme ist also nur scheinbar, ein Beobachtungsartefakt: Je genauer Geologen hinschauen, desto mehr Sedimentablagerung entdecken sie. Und in die jüngere geologische Vergangenheit kann man besser hineinschauen als in die Geschichte vor sehr langer Zeit, denn auch Sediment überdauert nicht immer den geologischen Wandel. Je älter es ist, desto weniger wird überliefert. So nimmt scheinbar die geologische Sedimentationsrate zu, je jünger die geologische Zeit und je kürzer der Beobachtungszeitraum ist. Das Phänomen der Zunahme der Sedimentation ist damit nicht real, sondern spiegelt lediglich die Sedimenterhaltung wider. Die Erosion der Kontinente war über die vergangenen Millionen Jahre stabil, eine Zunahme hat es nie gegeben – eine für die globale Tektonik weitreichende Konsequenz.

# Ausblick

Die Erdoberfläche und die dort ablaufenden vielschichtigen Prozesse prägen unmittelbar die Bedingungen menschlicher Existenz. Das System Erde ist ein gewaltiger Apparat, der mit umfangreichen Regelungs- und Rückkopplungsprozessen beständig seine eigene und damit auch unsere Evolution formt; in diese Prozesse ist die Erdoberfläche direkt eingebunden. Der Mensch ist eng an diesen Ausschnitt im System Erde angepasst, und selbst diesen kann er nur in beschränktem Maß dauerhaft besiedeln. Der Mensch ist durch seine Aktivitäten dabei, diese Oberfläche nachhaltig umzugestalten, kennt dabei aber die Rahmenbedingungen des Systems und damit die Konsequenzen seines Handelns nur unvollständig. Die Verwitterung von Gesteinen, deren Wechselwirkung mit der Tektonik, Bodenentwicklung und insbesondere die Humusbildung, globale Stoffkreisläufe und ihre Interaktion mit dem Klimasystem – alle diese Prozesse an der Erdoberfläche verstehen wir erst in Ansätzen. Diese komplexen Probleme sind aber andererseits elementare Bestandteile des „human habitat". Das Ziel der modernen Geoforschung besteht darin, diese Prozesse physikalisch, chemisch und (mikro-)biologisch zu verstehen. Damit liefern die Geowissenschaften einen essenziellen Beitrag, das Leben auf unserem Planeten nachhaltig zu sichern.

This phenomenon of increased sedimentation is thus not real, it merely reflects the degree of sediment preservation. Erosion of the continents was stable over millions of years in the past. There was never an increase – this would have had far-reaching consequences for global tectonics.

# Outlook

The Earth's surface and the diverse processes taking place there, have a direct influence on the conditions of human existence. System Earth is an enormous apparatus, which, with extensive control and feedback processes, constantly shapes its own evolution – and thus ours as well. The Earth's surface is directly integrated into these processes. Humans are closely adapted to this section of System Earth, and can permanently inhabit only parts of this section. Through their activities, humans are constantly reshaping this surface, but their knowledge and understanding of the system's basic conditions, and thus the consequences of their actions, are incomplete. Weathering of rocks, their interaction with tectonics, soil development and in particular humus formation, global material cycles and their interaction with the climate system – we are only just beginning to understand all these processes on the surface of the Earth. On the other hand, these complex issues are elementary parts of the "human habitat". The aim of modern georesearch is to chemically and (micro-)biologically understand these processes. The geosciences are thus making an essential contribution to sustaining life on our planet.

11.1 Erbohren eines Sedimentkerns für die warvenanalytische Untersuchung.

11.1 Drilling a sediment core for varve analysis.

# Kapitel 11

# Der Klimawandel im System Erde

## Chapter 11

## Climate Changes in System Earth

An kaum einer Stelle wird so deutlich, dass im System Erde fast alles mit allem zusammenhängt, wie beim Klima. Das irdische Klimasystem ist kein eigentliches Subsystem unseres Planeten, sondern eine der Schnittstellen, wo die Teilsysteme Geosphäre, Atmosphäre, Hydrosphäre, Kryosphäre und Biosphäre in engem Austausch stehen. Seit wir wissen, dass der Mensch durch den Ausstoß von Treibhausgasen und durch Landnutzung in das Klimageschehen eingreift, müssen wir die Biosphäre weiter differenzieren und um die sogenannte Anthroposphäre ergänzen. Unsere Kenntnis vom Klimasystem ist so weit gediehen, dass wir eindeutig den menschgemachten Einfluss feststellen können. Die Quantifizierung dieses Einflusses jedoch ist noch mit etlichen Unsicherheiten behaftet. Daraus resultieren nicht nur leidenschaftliche Debatten der Wissenschaftler untereinander, sondern auch handfeste politische Differenzen.

Eines jedoch ist in den letzten Jahren deutlich geworden: Die rein meteorologische Definition des Klimas als dreißigjähriges Mittel der atmosphärischen Zustandsgrößen greift viel zu kurz. Klima ist eine multivariable Größe im Gesamtsystem Erde, daher kommt den Geowissenschaften, über die Meteorologie hinaus, eine entscheidende Rolle in seiner Erforschung zu.

Nichts ist beim Klima konstanter als der Wechsel, die Erdgeschichte ist durch fortwährenden Klimawandel geprägt. Dabei laufen diese Änderungen, wie fast überall im System Erde, auf sehr unterschiedlichen Raum- und Zeitskalen ab und enthalten hochgradig komplexe und nichtlineare Wechselwirkungen mit internen und externen Einflussgrößen. Trotz unserer Kenntnis über einige grundlegende Mechanismen verstehen wir das Klimasystem mit seiner Dynamik als Ganzes erst in Ansätzen. Wir wissen, dass verschiedene Faktoren das Klimasystem auf sehr unterschiedlichen Zeitskalen von Dekaden bis hin zu Zehnermillionen Jahren antreiben. Sehr langfristige Wechsel von zehn bis hundert Millionen Jahren zwischen Treibhausphasen, in denen es keine permanenten Gletscher auf der Erde gab, und Phasen mit niederen globalen Temperaturen und ausgedehnten kontinentalen Eismassen werden vermutlich von Prozessen in der Erde selbst angetrieben. Die Plattentektonik führt zu einer Verlagerung von Kontinenten und damit auch der großen Ozeanströmungen, die den globalen Wärmeaustausch vom Äquator zu den Polen steuern. Die Auffaltung hoher Gebirge wie der Anden, des Kaskadengebirges und des Himalajas hat Änderungen der atmosphärischen Zirkulation zur Folge; wir haben im ▶ Kapitel 03 auch gesehen, dass das Klima wiederum die Plattentektonik beeinflusst. Zudem steigen in Phasen starken Vulkanismus während des Auseinanderbrechens von Kontinenten vermutlich die Treibhausgaskonzen-

trationen. Einzelne starke Vulkanausbrüche, wie der Ausbruch des Tambora 1815, führen hingegen nur zu kurzzeitigen Abkühlungen über zwei bis fünf Jahre.

Kohlenstoffverbindungen wie Methan ($CH_4$) und vor allem Kohlendioxid ($CO_2$) spielen eine zentrale Rolle im Klimageschehen. Die gewaltigen Kohlenstoffmengen, die an der Erdoberfläche und in Sedimenten gebunden sind, waren im vorigen Kapitel bereits Thema. Der natürliche Kreislauf dieser Kohlenstoffe durch Sedimentation und Verwitterung bewegt gigantische Mengen dieser klimarelevanten Kohlenstoffverbindungen. Der menschgemachte Anteil nimmt sich dagegen zwar klein aus, aber durch die Nutzung fossiler Brennstoffe wird ein beträchtlicher Teil von Kohlenstoffverbindungen aus einem geologischen Langfristspeicher in den Kurzfristspeicher Atmosphäre entlassen. Dieser Effekt ist messbar und damit klimawirksam – selbstverständlich muss also der anthropogene Treibhauseffekt deutlich reduziert werden. Es darf aber nicht übersehen werden, dass in der derzeitigen Klimaänderung auch natürliche Faktoren am Werk sind. Die wichtigsten dieser Prozesse sind zwar grundsätzlich bekannt, aber man muss sie auch quantifizieren können, um die Dynamik des Klimasystems zu verstehen.

# Strahlende Sonne, schräge Bahn

Es war der serbische Astrophysiker Milutin Milanković, der die Änderungen der Erdumlaufbahn erstmals 1920 exakt berechnet hat. Daraus ergeben sich drei „Milanković-Zyklen" von Bedeutung: die Wechsel von kreisförmiger zu einer ellipsoiden Umlaufbahn, die Exzentrizität, mit einer Periode von etwa 100 000 Jahren, die Änderungen der Neigung der Erdachse (Obliquität) von 22,1° bis 24,5° alle 41 000 Jahre, und die Präzession, das Kreiseln der Erdachse in Zyklen von 19 000 bis 23 000 Jahren. Seit einer halben Million Jahre bestimmt vor allem der Exzentrizitätszyklus das Klima und führt zu besonders starken Schwankungen zwischen Eiszeiten (Kaltzeiten) und Warmzeiten. Dabei sind Warmzeiten wie das Holozän, in dem wir seit 11 600 Jahren leben, zeitlich gesehen die Ausnahme und machen nur etwa zehn Prozent eines Zyklus aus. Das Klima ist in Warmzeiten generell stabiler als in Eiszeiten, die von vielen deutlichen Schwankungen zwischen sehr kalten und weniger kalten Phasen geprägt sind. Die Temperaturschwankungen im Holozän blieben im Rahmen von ein bis zwei Grad. Neben einem langfristigen Abkühlungstrend durch die Änderungen der Erdbahnparameter tra-

The fact that almost everything is inter-related in System Earth is particularly true for the climate. Earth's climate system is not actually a subsystem of our planet, it is one of the interfaces where the geosphere, atmosphere, hydrosphere, cryosphere and biosphere subsystems are in close exchange. Owing to human interference with the climate due to the emission of greenhouse gases and land use, we have to differentiate the biosphere further and add the so-called anthroposphere. Our knowledge of the climate system has progressed to such an extent that we are now able to unambiguously determine anthropogenic effects. However, quantification of these effects is fraught with rather a lot of uncertainties. This not only gives rise to passionate debates between scientists, it also fosters substantial political differences.

However, one thing has become clear in recent years: the purely meteorological definition of the climate as a thirty year average of atmospheric state variables does not go far enough. The climate is a multivariable entity in System Earth. This is why geoscientists play a decisive role in researching it, alongside meteorologists.

Nothing is more certain in the climate than its continuously changing nature, which has had a formative influence on the history of the Earth. These changes, like almost everywhere within System Earth, take place on very different spatial and timescales, and they involve highly complex and non-linear interactions with internal and external influencing variables. Despite our knowledge of some of the fundamental mechanisms, we are only just beginning to understand the climate system and its dynamics as a whole. We know that different factors drive the climate system on very different timescales, from decades through to tens of millions of years. These include the very long periods of ten to one hundred million years between greenhouse phases, in which there were no permanent glaciers on the Earth, alternating with phases having lower global temperatures and extensive continental ice masses. These changes are presumably driven by processes within the Earth. Plate tectonics shift not only the continents but also the large ocean currents, which control global heat exchange from the equator to the poles. The formation of high mountain ranges, such as the Andes, the Cascade Mountains and the Himalayas, alters atmospheric circulation. In ▶ Chapter 03, we saw that the climate affects plate tectonics. In addition, greenhouse gas concentrations presumably increase during phases of strong volcanism that occur when continents break up. On the other hand, individual strong volcanic eruptions, such as the eruption of Tambora in 1815, lead to only short-term cooling for two to five years.

Carbon compounds such as methane ($CH_4$) and carbon dioxide ($CO_2$), in particular, play a central role in climate behaviour. The huge quantities of bound carbon on the Earth's surface and in sediments were discussed in the previous chapter. The natural cycle of these carbons moves gigantic quantities of these climate-relevant compounds by means of sedimentation and weathering. The anthropogenic share is small by comparison, but the use of fossil fuels has transferred a considerable fraction of the carbon compounds from long-term geological storage into short-term atmospheric storage. This effect is measurable and therefore affects the climate. Therefore the anthropogenic greenhouse effect must be significantly reduced in the future. Nonetheless, we must not overlook the fact that natural factors are also involved in the current climate change. Although the most important of these processes are already known, we must be able to quantify them in order to understand the dynamics of the climate system.

# Radiant sun, oblique orbit

It was the Serbian astrophysicist Milutin Milanković who precisely calculated the changes in the Earth's orbit for the first time in 1920. The results revealed three significant "Milanković cycles": transition from a circular to an ellipsoidal orbit, with an eccentricity period of around 100 000 years; changes in the tilt of the Earth's axis (obliquity) of 22.1° to 24.5° every 41 000 years; and the precession, spinning of the Earth's axis in cycles of 19 000 to 23 000 years. For the last half a million years, the eccentricity cycle has primarily determined the climate and leads to particularly large fluctuations between ice ages (cold periods) and interglacial periods. Interglacial periods such as the Holocene – in which we have been living for the past 11 600 years – are the exception in terms of time and account for only around ten percent of a cycle. The climate is generally more stable during interglacial periods than during ice ages, which are characterised by many clear fluctuations between very cold and less cold phases. The temperature fluctuations in the Holocene remain within one to two degrees. In addition to a long-term cooling trend due to changes in the orbital parameters, there have been cyclical fluctuations of decades to centuries. This is caused by fluctuations in the radiation intensity of the sun itself. The eleven-year sunspot cycle is particularly well-known, but clear effects on the climate are primarily found when this cycle fails to materialise for several decades. The last time this occurred was from 1645 to 1715 AD. This phase is known as the Maunder Minimum, named after

ten vor allem zyklische Schwankungen von Dekaden bis Jahrhunderten auf. Ursache dafür sind Schwankungen der Strahlkraft der Sonne selbst. Bekannt ist besonders der elfjährige Sonnenfleckenzyklus, aber deutliche Auswirkungen auf das Klima sind vor allem dann festzustellen, wenn dieser Zyklus für einige Jahrzehnte ganz ausblieb. Das letzte Mal geschah das während der als Maunder-Minimum bezeichneten Phase von 1645 bis 1715 n. Chr., benannt nach seinem Entdecker, dem englischen Astronomen Edward Maunder. In der Folge kam es zu einer Abkühlung von etwa 1,5 °C und einer Häufung extrem kalter Jahre, was dieser Periode auch den Namen „Kleine Eiszeit" gab.

## Solare Strahlungsvariation

Die wichtigste äußere Einflussgröße ist unsere Sonne. Jeder Meteorologe lernt bereits im Grundstudium die Solarkonstante kennen, welche die langjährig gemittelte extraterrestrische Sonneneinstrahlung bezeichnet. Zugleich schärft man den Studenten aber ein, dass ihr Wert von $I_0 = 1367$ W/m$^2$ eigentlich gar nicht konstant ist. Zwar ist – Sonnenfleckenrhythmen hin, Gesamtstrahlungsmenge her – die mittlere Strahlungsleistung unseres Zentralgestirns seit Millionen von Jahren nahezu konstant und variiert sowohl im sichtbaren Spektrum als auch in der Gesamtstrahlung um weniger als 0,1 Prozent. Aber das ist nur eine erste Näherung. Differenziert man die Gesamtstrahlung nämlich nach Spektralbereichen, ergibt sich ein anderes Bild: In dem für die Ozonabsorption wichtigen UV-Bereich von 200 bis 300 nm finden sich Variationen von 5 bis 8 Prozent, im Röntgenbereich zwischen 0,2 und 3 nm kann sich die Strahlungsleistung um bis zu zwei Größenordnungen ändern. Noch extremer variiert die abgegebene Strahlung bei Sonneneruptionen: Hier sind im Röntgenbereich zwischen 0,1 bis 0,8 nm auch Änderungen um mehr als fünf Größenordnungen möglich.

Hinzu kommen die Variationen durch den veränderlichen Abstand zwischen Erde und Sonne. Infolge der Bahnexzentrizität ändert sich der Abstand zur Erde jahresperiodisch zwischen 147 und 152 Millionen Kilometern. Folglich schwankt die Bestrahlungsstärke auf der Erde zwischen 1325 W/m$^2$ und 1420 W/m$^2$. Im Perihel, dem sonnennächsten Punkt der elliptischen Erdbahn, liegt der Wert somit etwa 3,4 % oberhalb und im Aphel, dem sonnenfernsten Punkt des Erdorbits, etwa 3,3 % unterhalb des Jahresmittels.

Derzeit leben wir seit rund 2,7 Millionen Jahren in dem besonderen Zustand einer an beiden Polen permanent vereisten Welt. Diese Situation ist besonders anfällig gegenüber Veränderungen der Erdumlaufbahn um die Sonne und den damit verbundenen Schwankungen der auf die Erde auftreffenden Solarstrahlung. Die bekanntesten Folgen sind die regelmäßigen Wechsel zwischen Eis- und Warmzeiten.

Die extraterrestrischen Antriebe wie Solarstrahlung, kosmische Strahlung und Erdbahnänderungen sind jedoch zu gering, um die beobachteten Auswirkungen auf das Klima erklären zu können. Es muss also verstärkend wirkende Rückkopplungsmechanismen geben. Einige dieser Mechanismen sind in ihren Grundzügen bekannt, wie etwa Eisbedeckung und Vegetation über ihr Rückstrahlvermögen, die Albedo, und Ozeanströmungen ( ▶ Abb. 2.10) über ihren Wärmetransport. Insgesamt sind die komplexen Wechselwirkungen von Antriebsfaktoren und Rückkopplungen noch nicht ausreichend erforscht. Das liegt auch an den unterschiedlichen Zeitskalen, auf denen die einzelnen Prozesse wirken. Daher ist eine Betrachtung von Mechanismen auf allen relevanten Zeitskalen für ein besseres Gesamtverständnis des Klimasystems unabdingbar. Da instrumentelle Messdaten nur die jüngste Klimageschichte abdecken, müssen längere Zeitreihen aus natürlichen Archiven gewonnen werden. Die notwendigen Methoden, um diese Zeiträume gedanklich und messtechnisch zu erfassen, sind in der Geologie entwickelt worden. Trotz gewaltiger Fortschritte bei der Datierung von Sedimentprofilen gilt aber auch heute noch, dass die Ungenauigkeiten größer werden, je weiter man in der Zeit zurückgeht. Können wir den Beginn des Holozäns heute bis auf zehn Jahre genau bestimmen, weist die Altersbestimmung der letzten Warmzeit noch Ungenauigkeiten von zweihundert Jahren auf. Mit zunehmender Genauigkeit der Altersbestimmungen und präziser Auswertung von Geoarchiven ergeben sich verbesserte Möglichkeiten zur Klärung der zentralen Fragen: Welche Klimawirkung haben die externen Steuerfaktoren? Wie wirken sich starke Klimawechsel auf den Lebensraum des Menschen aus? Die meisten Untersuchungen zielten bisher auf Abkühlungsphasen, bis vor wenigen Jahren war Abkühlung das befürchtete Zukunftsszenarium; daher wissen wir heute noch sehr wenig darüber, wie die Umweltbedingungen in wärmeren Phasen waren. Wie verändern sich Vegetationszonen, Häufigkeiten von Extremereignissen oder die Jahreszeiten von Jahr zu Jahr?

Auch abrupte Klimawechsel sind noch weitestgehend unverstanden: Wie schnell kann sich das Klima wandeln, wann treten solche Wechsel auf, und gibt es Vorzeichen, die eine Früherkennung möglich machen? Antworten auf diese Fragen sind in sogenannten Geoarchiven gespeichert. Die große wissenschaftliche Herausforderung besteht in der Verknüpfung dieser Geodaten mit

11.2 The painting "Winter Landscape with Ice Skaters" by Hendrick Avercamp (c. 1608, oil on wood, 77.3 × 131.9 cm, Inv. No. SK-A-1718, with kind permission of the Rijksmuseum Amsterdam). The winter scenes of the 17th century Dutch landscape painter reflect the effect of the Little Ice Age on human society. However, the paintings are not precise climate archives (▶ Chapter 14).

11.2 Das Gemälde „Winterlandschaft mit Schlittschuhläufern" von Hendrick Avercamp (um 1608, Öl auf Holz, 77,3 × 131,9 cm, Inv.-Nr. SK-A-1718, mit freundlicher Genehmigung des Rijksmuseums Amsterdam). Die Winterdarstellungen der holländischen Landschaftsmaler des 17. Jahrhunderts reflektieren die Einwirkung der Kleinen Eiszeit auf die menschliche Gesellschaft. Die Gemälde sind allerdings keine präzisen Klimaarchive (▶ Kapitel 14).

its discoverer, the English astronomer Edward Maunder. This period was followed by cooling of around 1.5 °C and a greater frequency of extremely cold years, which also gave this period the name of the "Little Ice Age".

## Variation in solar radiation

The most important external influencing variable is our Sun. As part of their basic studies, every meteorologist is introduced to the solar constant, which denotes the long-term averaged extra-terrestrial insolation (incoming electromagnetic solar radiation). At the same time, it is impressed upon students that its value of $I_0 = 1367$ W/m² is not really constant at all. Regardless of sunspot rhythms and total quantity of radiation, the average radiant power of our central star has been virtually constant for millions of years and varies by less than 0.1 percent, both within the visible spectrum and in its total radiation. But this is only an initial approximation. A different picture emerges if we differentiate the total radiation according to spectral ranges: variations of 5 to 8 percent are found within the UV range of 200 to 300 nm, which is important for ozone absorption. The radiant power within the X-ray range between 0.2 and

3 nm can vary by up to two orders of magnitude. The radiation emitted during solar eruptions varies even more extremely: variations of more than five orders of magnitude are also possible within the X-ray range between 0.1 to 0.8 nm.

In addition, there are variations caused by the constantly changing distance between the Earth and the Sun. Due to the orbital eccentricity, the distance to the Earth ranges between 147 and 152 million kilometres over the course of a year. As a result, the irradiance (radiation intensity) on the Earth fluctuates between 1325 W/m² and 1420 W/m². At the perihelion, the point in the Earth's elliptical orbit closest to the Sun, this value is around 3.4 % above the annual average, and at the aphelion, the point in the Earth's orbit furthest from the Sun, it is around 3.3 % below the annual average.

At present, we are living in a world with a special state because both poles have been permanently frozen for the last 2.7 million years or so. This situation is particularly sensitive to changes in the Earth's orbit around the Sun and the associated fluctuations in solar radiation reaching the Earth. The bestknown consequences are regular alternations between ice ages and interglacial periods.

The extra-terrestrial driving factors, such as solar radiation, cosmic radiation and the Earth's orbital changes are, however, too small to explain the observed

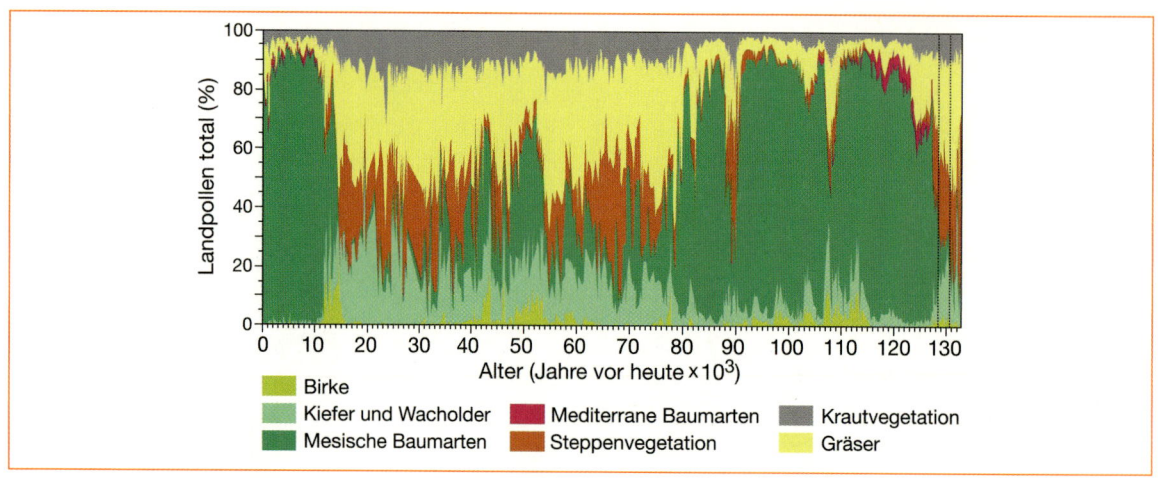

11.3 Mediterrane Vegetationsentwicklung während des letzten Warmzeit-Eiszeit-Zyklus (vor 130 000 Jahren) anhand von Pollen in jahresgeschichteten Seeablagerungen aus dem Maarsee Lago Grande di Monticchio, Süditalien. Bis zum Eingreifen des Menschen in die Pflanzendecke vor etwa 4000 Jahren sind alle Änderungen eine Folge von Klimaschwankungen. Das Alter des hundert Meter langen Sedimentkerns wurde durch Zählen von Jahreslagen unter dem Mikroskop bestimmt.

11.3 Development of Mediterranean vegetation during the last interglacial period/ice age cycle (130 000 years ago to present) on the basis of pollen found in annually layered marine deposits from the maar lake, Lago Grande di Monticchio, Southern Italy. Until humans intervened in the plant cover around 4000 years before present, all changes had been a consequence of climate fluctuations. The age of the hundred metre-long sediment core was determined by counting annual layers under a microscope.

modernen instrumentellen Messdaten. Auch hierbei kommt dem Faktor Zeit eine entscheidende Rolle zu. Minutengenaue Messdaten sind mit Geoarchiven kaum zu erreichen, aber die frühere Beschränkung auf dekadische oder noch gröbere Auflösung konnte überwunden werden: Die Analyse jahresgeschichteter Archive wie Seesedimente oder Baumringe mit neuen Methoden stellt heute Daten mit jahreszeitlicher Auflösung zur Verfügung. Allerdings gibt es im Vergleich zu dem dichten Netz von Wetterstationen zur Wettervorhersage bisher nur wenige Archivstationen zur „Klima-Nachhersage". Damit ist die zum Erkennen regionaler Klimamuster notwendige räumliche Abdeckung bisher nicht gegeben und muss in den nächsten Jahren durch die Suche nach hochauflösenden Geoarchiven erarbeitet werden, vor allem in Regionen, aus denen bisher noch keine Informationen vorliegen.

## Kleine Schwankung der Sonnenaktivität, große Wirkung im Klima

Welchen Effekt die erwähnten Rückkopplungs- und Selbstverstärkungsmechanismen haben können, zeigt eine Untersuchung, in der die variierende Solarstrahlung erstmals mit der Wolkenbildung in Verbindung gebracht werden konnte. Das bekannteste Beispiel der

Strahlungsschwankungen ist der berühmte Elfjahreszyklus der Sonnenflecken. Seinen Einfluss auf die natürliche Klimavariabilität bestreitet niemand, aber die bisherigen Klimamodelle konnten seine Wirkung im Klimageschehen bisher nicht zufriedenstellend nachvollziehen.

Forschern aus den USA und aus Deutschland ist es gelungen, die komplexe Wechselwirkung zwischen Solarstrahlung, Atmosphäre und Ozean zu simulieren. Sie konnten in numerischen Modellen berechnen, wie die äußerst geringe Strahlungsvariation eine vergleichsweise große Änderung im System Atmosphäre-Ozean zustande bringt. Über das gesamte Strahlungsspektrum der Sonne betrachtet, ändert sich die Strahlungsintensität innerhalb eines Sonnenfleckenzyklus nur um 0,1 Prozent. Komplexe Wechselwirkungsmechanismen in der Stratosphäre und Troposphäre erzeugen dennoch messbare Änderungen in der Wassertemperatur des Pazifiks und im Niederschlag.

Damit es zu einer solchen Verstärkung kommen kann, müssen mehrere Rädchen ineinander greifen. Der erste Prozess läuft von oben nach unten. Erhöhte Solarstrahlung führt zu mehr Ozon und höheren Temperaturen in der Stratosphäre. Der ultraviolette Strahlungsanteil variiert, wie erwähnt, viel stärker als die anderen Anteile im Spektrum, nämlich um fünf bis acht Prozent. Mehr UV-Strahlung führt zur Bildung von mehr Ozon. In der Folge wird vor allem die tropische Stratosphäre

effects on the climate. Therefore, there must be intensifying feedback mechanisms. The fundamental principles of some of these mechanisms are known, and include the effects of ice cover and vegetation via their reflective capacity (albedo), and ocean currents via their heat transport (▶ Fig. 2.10). The complex interactions between driving factors and feedback have not yet been sufficiently researched. This is also due to the different timescales on which the individual processes act. Therefore, consideration of the mechanisms on all relevant timescales is indispensable if we are to improve our overall understanding of the climate system. As instrumentally measured data only covers the most recent climate history, longer time series must be acquired from natural archives. The methods required to record these periods both intellectually and metrologically, have been developed by geologists. Despite enormous advances in the dating of sediment profiles, inaccuracies increase as the age of the material increases. Although we are now able to precisely determine the start of the Holocene to within ten years, dating of the last interglacial period still contains inaccuracies of two hundred years. Greater dating accuracy and more precise evaluation of geoarchives will improve our chances of clarifying central issues, such as: What is the climate effect of external controlling factors? How do severe climate changes affect the human habitat? Until a few years ago, cooling was the most feared future scenario so that most investigations to date have targeted cooling phases, and consequently, we still know very little about the environmental conditions during warmer phases. How do vegetation zones, frequency of extreme events or the seasons change from year to year?

Abrupt climate changes are still not properly understood: How fast can the climate change? When do such changes occur? Are there any signs that would enable their early detection? Answers to these questions are stored in so-called geoarchives. The main scientific challenge consists of linking this geodata with modern instrumentally measured data. Here too, the decisive factor is time. Geoarchives cannot provide data accurate to the nearest minute, but we have managed to overcome the previous limitation to decadic or coarser resolution. Analysis of annually layered archives, such as lake sediments or tree rings, using modern methods now provides data with seasonal resolution. However, unlike the dense network of weather stations for weather forecasting, there are only a few archive stations for "climate postdiction". The spatial coverage required to recognise regional climate patterns does not yet exist and must be set up in the near future by searching for high-resolution geoarchives, especially in regions in which we do not yet have any information.

## Small fluctuation in solar activity, large effect on the climate

The effect the mentioned feedback and self-intensifying mechanisms can have is shown by the first study to link variations in solar radiation to cloud formation. The best-known example of fluctuating radiation is the famous eleven-year sunspot cycle. Nobody disputes its effect on natural climate variability; however, the climate models to date have been unable to satisfactorily simulate its effect on climatic processes.

Researchers from the USA and Germany have succeeded in simulating the complex interaction between solar radiation, the atmosphere and the oceans. They used numerical models to calculate how the extremely small variation in radiation causes a comparatively large change in the atmosphere/ocean system. Viewed over the entire radiation spectrum of the Sun, the radiation intensity changes by only 0.1 percent within a sunspot cycle. Nevertheless, complex interaction mechanisms in the stratosphere and troposphere generate measurable changes in the water temperature of the Pacific and in the precipitation.

Several cogs have to mesh for such an intensification to occur. The first process runs from the top down: increased solar radiation leads to more ozone and higher temperatures in the stratosphere. As already mentioned, the ultraviolet radiation component varies more strongly than the other components in the spectrum, namely by five to eight percent. More UV radiation causes more ozone to form. As a consequence, the tropical stratosphere becomes warmer and thus alters atmospheric circulation, which shifts the associated typical precipitation patterns. The second process takes the reverse path: higher solar activity increases evaporation in cloud-free areas. Trade winds transport the increased quantities of moisture to the equator, where they lead to heavier precipitation, lower water temperatures in the Eastern Pacific and less cloud formation, which in turn increases evaporation. The positive feedback intensifies the process. This can also be used to explain the corresponding measurements and observations on the Earth.

wärmer, was wiederum zu veränderter atmosphärischer Zirkulation führt. Dadurch verlagern sich auch die damit zusammenhängenden typischen Niederschlagsmuster. Der zweite Prozess geht den umgekehrten Weg. Die höhere Sonnenaktivität führt zu mehr Verdunstung in den wolkenfreien Gebieten. Mit dem Passat werden die erhöhten Feuchtigkeitsmengen zum Äquator gebracht, wo sie zu stärkerem Niederschlag, niedrigeren Wassertemperaturen im Ostpazifik und geringerer Wolkenbildung führen, die wiederum mehr Verdunstung erlaubt. Diese positive Rückkopplung verstärkt den Prozess. Damit lassen sich auch die entsprechenden Messungen und Beobachtungen auf der Erde erklären.

## Warvierte Seeablagerungen: ein hochgenaues natürliches Klima- und Umweltarchiv der Kontinente

Ein hochpräzises natürliches Klimaarchiv findet sich in Binnenseen. Schon bei seiner ersten Begegnung mit feingeschichteten, von Gletschern und im Meer abgelagerten Tonen Mittel- und Südschwedens (den sogenannten *varvig lera*) im Jahr 1878 fiel dem schwedischen Geologen Gerard de Geer die verblüffende Ähnlichkeit dieser Sedimente mit den Jahrringen eines Baumes auf. Als Ergebnis jahrelanger Geländestudien konnte er 1910 dem XI. Internationalen Geologenkongress in Stockholm eine erste Geochronologie der letzten 12 000 Jahre vorstellen – das war die Geburtsstunde der Warvenanalyse.

Unter Warven versteht man in der modernen Geologie und Paläoklimatologie mittlerweile nicht mehr nur rhythmische Absätze von gröberen und feineren Partikeln aus Schmelzwässern der zurückweichenden Gletscher am Ende der letzten Eiszeit, sondern alle Formen feingeschichteter Ablagerungen, die in ihrem Materialkontrast eine deutliche, über viele Jahre wiederkehrende saisonale Abfolge erkennen lassen. Zumeist sind es Ablagerungen aus kleineren oder, seltener, größeren Seen, es gibt aber auch – noch seltener – warvierte marine Sedimente.

Warven bauen sich zumeist aus jahreszeitlich variierenden See-internen und von außen eingetragenen biogenen und minerogenen Komponenten auf. Typische Warven gemäßigter Breiten mit Winterfrost zeigen zumeist eine markante Schneeschmelz-Lage aus überwiegend minerogenem Eintrag im Frühjahr und Lagen aus abgesetzten Kieselalgen-Blüten (▶ Abb. 11.5) im Sommerhalbjahr. Ebenfalls im Sommerhalbjahr bilden sich häufig feine Lagen aus Kalzitkristallen, die meist durch Mitwirkung von Organismen ausfällen. In trockeneren und wärmeren Klimazonen können sich evaporitische, das heißt durch chemische Fällung von zumeist Karbonaten und Sulfaten entstandene Warven bilden; und in kalten hohen Breiten sowie in Hochgebirgsseen gibt es oft rein klastische, aus Ton, Silt oder Sand bestehende Warven ohne nennenswerte biogene Komponenten.

Nicht alle einmal entstandenen Warven bleiben aber am und im Seeboden bestehen, nur etwas tiefere und nicht ständig durchmischte Seen mit zumindest jahreszeitlich eingeschränkter Sauerstoffzufuhr haben das Potenzial zur Erhaltung warvierter Sedimente.

Verschiedene minerogene oder biogene Sedimentkomponenten oder physikochemische Eigenschaften bestimmter Sedimentbestandteile – das können Diatomeen (▶ Abb. 11.5), Pollen, Staubpartikel, stabile Isotope von Karbonaten, Gehalte bestimmter Spurenelemente und viele mehr sein – werden als indirekte Anzeiger des Klimas genutzt. Solche sogenannten Proxydaten sind eigentlich Stellvertreterdaten für bestimmte Klimaparameter. Da man an Sedimenten keine Klimagrößen wie Temperaturen oder Niederschlagsmengen direkt bestimmen kann, werden definierte, klimaabhängige Parameter gemessen und an jungen Vergleichsserien geeicht. Mithilfe dieser Proxydaten können dann Aussagen zu Klimaänderungen über Hunderte von Jahren bis hin zu Jahrmillionen gemacht werden. Heutige, meist kleinere Seen mit warvierten Sedimenten haben in der Regel Höchstalter von einigen zehntausend, zum Teil bis über hunderttausend Jahren. Je nach Erhaltungszustand der Warven können für jeden einzelnen See präzise Zeitabfolgen, sogenannte Chronologien, aufgestellt werden. Im Gegensatz zu physikalischen Methoden der Altersbestimmung, wie etwa der Isotopenanalyse, ergeben auf Warven basierende Chronologien eine absolute Altersbestimmung, also echte Kalenderjahre.

Mit warvierten Sedimenten aus Eifelmaaren konnte eine Kalenderjahr-Chronologie für die letzten 23 000 Jahre aufgestellt werden, im nordostchinesischen Sihailongwan-Maarsee für die letzten 65 000 Jahre, und im italienischen Lago Grande di Monticchio reicht die Warvenchronologie sogar mehr als 130 000 Jahre zurück. Mittels saisonal aufgelöster Daten aus warvierten Sedimenten des Meerfelder Maares konnten abrupte Änderungen des Windsystems in der Spätphase der letzten Eiszeit nachgewiesen werden. An jüngeren Sedimenten desselben Sees und des benachbarten Holzmaares lassen sich bis ins Detail Besiedlungsphasen vom Neolithikum bis in die Neuzeit rekonstruieren. Über statistische Verfahren lassen sich auch großräumige klimasteuernde

# Varved lake deposits: a high-precision natural climate and environmental archive of the continents

A high-precision natural climate archive can be found in inland lakes. Even on his first encounter with finely layered clays of Central and Southern Sweden, deposited by glaciers and in the sea (the so-called *varvig lera*) in 1878, the Swedish geologist Gerard de Geer noticed the astonishing similarity of these sediments with the annual rings of a tree. As a result of years of reconnaissance studies, in 1910 he was able to present an initial geochronology of the last 12 000 years to the XI International Geologists' Congress in Stockholm – this was the birth of varve analysis.

In modern geology and palaeoclimatology, varves are no longer solely regarded as rhythmic deposits of coarser and finer particles from melt waters of the retreating glaciers at the end of the last ice age. Instead, the term is used to describe all forms of finely layered deposits, whose contrasting materials enable us to identify a seasonal sequence recurring over many years. These are mostly deposits from smaller or, more rarely, larger lakes, although varved marine sediments also exist, albeit even more rarely.

Varves are essentially composed of seasonally varying biogenic and minerogenic components from inside the lake and input from the outside. Typical varves in temperate latitudes with winter frost generally exhibit a distinctive snow-melt layer primarily composed of minerogenic input in the spring and layers of deposited diatom bloom in the summer (▶ Fig. 11.5). Fine layers of calcite crystals, mostly precipitated through the participation of organisms, also frequently form during the summer. In drier and hotter climate zones, evaporitic varves can form due to chemical precipitation of minerals, usually carbonates and sulphates. In the cold climate in high latitudes and in high mountain lakes there are often pure clastic varves consisting of clay, silt or sand without any noteworthy biogenic components.

However, not all varves survive on and in the bottom of a lake; only relatively deep lakes with calm, stable current conditions and with an at least seasonally limited oxygen supply, have the potential to preserve varved sediments.

Various minerogenic or biogenic sediment components or physico-chemical properties of certain sediment components are used as indirect indicators of the climate. These can be diatoms (▶ Fig. 11.5), pollen, dust particles, stable isotopes of carbonates, levels of specific trace elements and many more. Such proxy data functions as substitute data that is representative of certain climate parameters. As it is not possible to directly determine climate variables such as temperatures or precipitation quantities in sediments, defined climate-dependent parameters are measured and validated using young comparative series (reference series). This proxy data can then be used to make statements about climate changes over hundreds of years or even millions of years. Present-day lakes, which are generally smaller, with varved sediments usually have a maximum age of several ten thousand years, although some are more than one hundred thousand years old. Depending on the preserved condition of the varves, precise time sequences, so-called chronologies, can be drawn up for each indi-

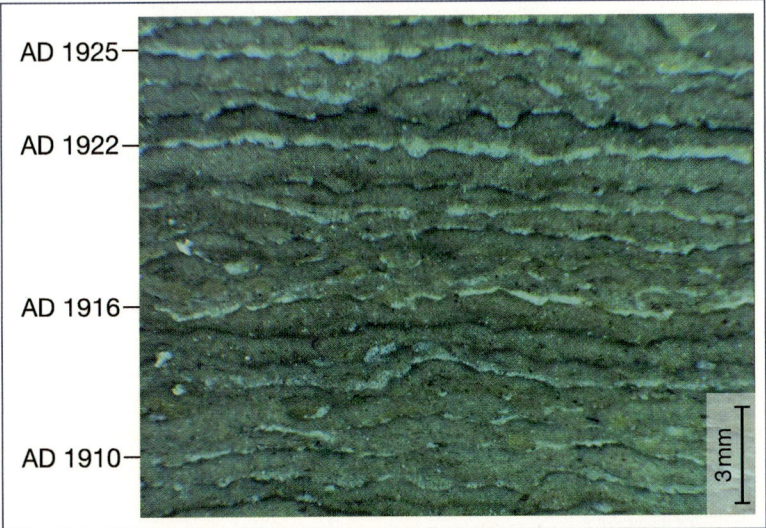

AD 1925—
AD 1922—
AD 1916—
AD 1910—

3 mm

11.4 Young varves from the Sihailong-wan Maar Lake, China. The light-coloured layers (four of which with years indicated) are mineral layers resulting from melted snow.

11.4 Junge Warven aus dem Sihailong-wan-Maarsee, China. Die hellen Schichten (davon vier mit indizierten Jahreszahlen) sind mineralische, durch Schneeschmelze entstandene Lagen.

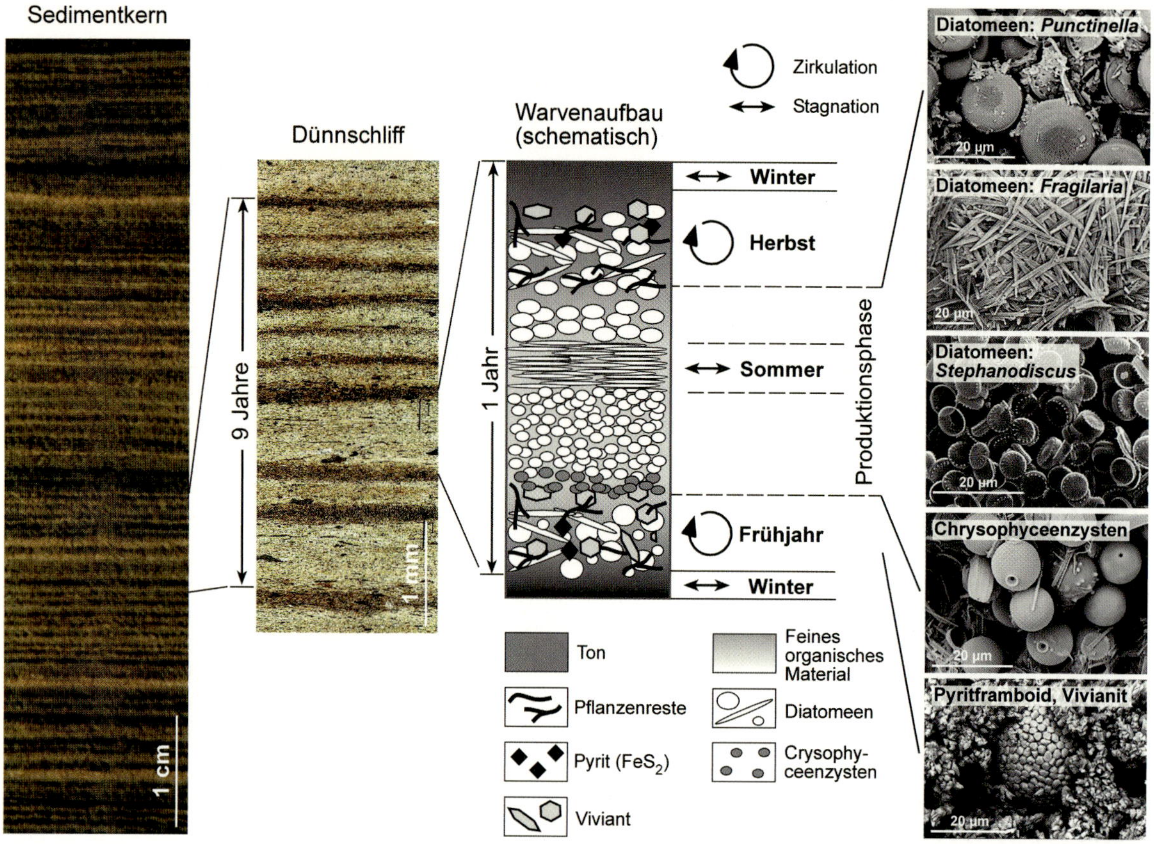

**Sedimentkern**

**Dünnschliff**

**Warvenaufbau (schematisch)**

○ Zirkulation
↔ Stagnation

↔ **Winter**
○ **Herbst**

**Produktionsphase**

↔ **Sommer**

○ **Frühjahr**
↔ **Winter**

9 Jahre

1 Jahr

1 mm

1 cm

Diatomeen: *Punctinella*
20 μm

Diatomeen: *Fragilaria*
20 μm

Diatomeen: *Stephanodiscus*
20 μm

Chrysophyceenzysten
20 μm

Pyritframboid, Vivianit
20 μm

■ Ton
↶ Pflanzenreste
◆ Pyrit (FeS₂)
▱ Viviant

□ Feines organisches Material
⬭ Diatomeen
⬚ Crysophyceenzysten

11.5 Die Ablagerung von Kieselalgen (Diatomeen) bildet ein außergewöhnlich präzises Klimaarchiv, das sogar eine jahreszeitliche Auflösung über Zehntausende von Jahren erlauben kann; rechts eine Mikroskopaufnahme von *Stephanodiscusparvus*-Diatomeen. Oben: Schematischer Aufbau eines warvierten Sedimentbohrkerns mit jahreszeitlich strukturierten Ablagerungen.

11.5 The deposition of diatoms (algae) provides an unusually precise climate archive, which may even allow seasonal resolution over ten thousands of years. Right: a microscope image of *Stephanodiscus parvus* diatoms. Top: schematic structure of a varved sediment drill core with seasonally structured deposits.

Prozesse wie Veränderungen der Sonnenaktivität oder Schwankungen der Erdbahnparameter aus warvierten Sedimenten ablesen. In Sedimenten des süditalienischen Monticchio-Maarsees sind Hunderte vulkanischer Aschenlagen eingebettet, die das vollständigste und am genauesten datierte Archiv der vulkanischen Aktivität der gesamten Region darstellen. Aber auch gestörte Warven können unter Umständen noch wert-

volle Informationen liefern. Über einen Vergleich sogenannter Seismite, durch Erbeben gestörter Sedimentschichten, aus dem Toten Meer mit historisch verbürgten Erdbeben der Region gelang es, die Wiederholrate starker Erdbeben für die letzten 10 000 Jahre zu ermitteln (▶ Abb. 11.6).

11.6  Drilling cores in the Dead Sea: The deposits contain seismites, from which not only climate information but also the recurrence rates of strong earthquakes were determined for the past 10 000 years.

11.6  Erbohren von Kernen am Toten Meer: In den Ablagerungen zeigen sich Seismite, aus denen sich neben Klimainformationen auch Wiederholraten starker Erdbeben für die letzten 10 000 Jahre ermitteln ließen.

vidual lake. Unlike physical methods of dating, such as isotope analysis, chronologies based on varves provide absolute dating, i.e. real calendar years.

Varved sediments from maar volcanoes in the Eifel region were used to draw up a calendar year chronology for the last 23 000 years, those from the Sihailongwan Maar Lake in Northeast China cover the last 65 000 years, and the varve chronology in Lago Grande di Monticchio in Italy extends back by more than 130 000 years. Seasonally resolved data from varved sediments from the Meerfelder Maar was used to detect abrupt changes in the wind system in the late phase of the last ice age. Younger sediments from the same lake and the adjacent Holz Maar enabled a detailed reconstruction of settlement phases, from the Neolithic period up to the modern age. Statistical methods can also be used to read out extensive climate-controlling processes, such as changes in solar activity or fluctuations in the Earth's orbital parameters, from varved sediments. Hundreds of volcanic ash layers are embedded in the sediments from the Monticchio Maar Lake in Southern Italy. They represent the most complete and most precisely dated archive of volcanic activity in the entire region. Under certain circumstances, disturbed varves may still provide valuable information. By comparing so-called seismites, sediment layers disturbed by earthquakes, from the Dead Sea with historically authenticated earthquakes of the region, it was possible to determine the recurrence rate of strong earthquakes over the last 10 000 years (▶ Fig. 11.6).

## Abrupt climate changes and regional effects

The climate is always perceived regionally, and climate changes do not affect geographic zones in a uniform manner. Based on present-day knowledge, the high latitudes currently appear to be heating up faster and to a greater extent than the temperate latitudes. The natural climate variations over the continents are also more drastic than over the oceans. This means they directly affect the human habitat.

Proof that extreme cooling within a few years occurred 12 700 years before present was found in the sediment of the Meerfelder Maar volcanic lake in the Eifel, Germany. The seasonally layered deposits found here enabled the speed of climate changes to be precisely determined. With a combination of microscopic investigation methods and modern geochemical scanning methods, researchers were even able to reconstruct the climatic conditions of individual seasons. According to this information, it was mainly changes in wind strength and direction in the winter season that, after a short unstable phase of a few decades, caused the climate to flip within a year to a completely different mode. Until then it was assumed that weakening of the Gulf Stream was solely responsible for severe cooling in Western Europe. However, the examined inland lake deposits revealed that atmospheric circulation played an important role, probably in conjunction with the spread of sea ice. The results also indicate that we still have a long way to go before we understand the climate system. In par-

## Abrupte Klimaänderungen und regionale Effekte

Klima wird immer regional wahrgenommen und Klimaänderungen treffen die geographischen Zonen nicht gleichmäßig. Insbesondere scheinen sich nach heutigem Wissensstand die hohen Breiten zurzeit schneller und stärker zu erwärmen als die gemäßigten Breiten. Auch sind wohl die natürlichen Klimavariationen auf den Kontinenten drastischer als über den Weltmeeren. Damit betreffen sie unmittelbar den menschlichen Lebensraum.

Der Nachweis einer extremen Abkühlung innerhalb weniger Jahre vor 12 700 Jahren gelang im Sediment des Vulkansees Meerfelder Maar in der Eifel. Die hier gefundenen jahreszeitlich geschichteten Ablagerungen ermöglichten es, die Geschwindigkeit von Klimawechseln präzise zu bestimmen. Mit einer Kombination mikroskopischer Untersuchungsmethoden und moderner geochemischer Scanner-Verfahren konnten die Forscher die klimatischen Bedingungen selbst einzelner Jahreszeiten rekonstruieren. Danach waren es vor allem Änderungen der Windstärke und der Windrichtungen im Winterhalbjahr, die das Klima nach einer kurzen instabilen Phase von wenigen Jahrzehnten innerhalb eines Jahres in einen völlig anderen Modus kippen ließen. Bisher ging man davon aus, dass allein Abschwächungen des Golfstroms für starke Abkühlungen in Westeuropa verantwortlich sind. Die untersuchten Binnenseeablagerungen jedoch zeigen, dass die atmosphärische Zirkulation wahrscheinlich in Verbindung mit der Ausbreitung von Meereis eine wichtige Rolle gespielt hat. Die Ergebnisse weisen aber auch darauf hin, dass wir das Klimasystem noch lange nicht verstanden haben. Besonders die Mechanismen kurzfristiger Umschwünge und der Zeitpunkt ihres Eintretens geben immer noch Rätsel auf.

Einen Hinweis auf die Komplexität des Zusammenhangs von Windsystem, Meereis und Golfstrom ergab eine Untersuchung nicht-warvierter Sedimente in Südwest-Norwegen. Diese Untersuchung zeigte, dass es vor Beginn der heutigen Warmzeit sehr schnelle Klimaänderungen gab. Der Übergang aus der Kaltphase lief über sehr rasche Fluktuationen im Zeitraum vor etwa 12 150 bis 11 600 Jahren bis zu einem Temperatur-Schwellenwert, mit dem sich das aktuelle, wärmere Klima etablierte. Sedimente aus dem Kråkenes-See lieferten dazu die Datenbasis. Wie sich bei der geochemischen Bestimmung von Titan im Sediment herausstellte, war es in dieser Phase zu sehr kurzfristigen Schwankungen des Eintrags dieses Elements in den See gekommen. Das konnte auf schnelle Schwankungen im Schmelzwasser der Inlandgletscher zurückgeführt werden, die diesen See speisen. Die fluktuierende Gletscherschmelze wurde durch das stoßweise Vordringen des Golfstroms und den dadurch verursachten schrittweisen Rückgang der Meereisbedeckung vor Norwegen angestoßen. Dieser Prozess ist eng mit einer ebenso hochfrequenten Änderung des Westwindsystems und dem damit zusammenhängenden Wärmetransport nach Europa gekoppelt. Dieses „Herzflimmern" des Klimas spiegelt sich im schnell variierenden Schmelzwasserzufluss in den untersuchten See wider, der zu diesem Zeitpunkt am wohl klimasen-

11.7  Der Challa-See am östlichen Fuß des Kilimandscharo birgt in seinen Sedimentschichten Informationen über den Klimawandel in den Tropen.

11.7  The sediment layers of Lake Challa, at the eastern foot of Kilimanjaro, store information about climate changes in the tropics.

ticular, the mechanisms of short-term swings and the times that they occur still baffle us.

One indication of the complexity of the relationship between the wind system, sea ice and the Gulf Stream was provided by a study of non-varved sediments in Southwest Norway. This study showed that very rapid climate changes occurred before the beginning of the present-day interglacial period. The transition from the cold phase took place via very rapid fluctuations in the period around 12 150 to 11 600 years before present, up to a temperature threshold, with which the current, warmer climate was established. Sediments from Lake Kråkenes provided the database for this. As established from the geochemical analysis of titanium in the sediments, very short-term fluctuations in the input of this element into the lake occurred during this phase. This was traced back to rapid fluctuations in the meltwater of the inland glaciers that feed this lake. The fluctuating glacial melts were triggered by intermittent penetration of the Gulf Stream and the resulting gradual retreat of sea ice off Norway. This process is closely coupled with an equally highly frequent change in the west wind system and the related heat transport to Europe. This "cardiac fibrillation" of the climate is reflected by the rapidly varying inflow of meltwater into the studied lake, which at that time was located in the most climate-sensitive place in Europe, namely at the point where the Gulf Stream and cover of sea ice were changing.

## Large climate fluctuations in the tropics

In recent years, research has increasingly focussed on climate variations in tropical latitudes because climate changes do not occur uniformly over the entire planet, and climate fluctuations near the equator have a very different pattern compared to those in the Arctic and Antarctic. In the tropics, there are clearly identifiable 11 500-year fluctuations between humid and arid phases that display a different pattern to the temperature reconstructions from the Polar ice cores. Studies of the climate in tropical Africa over the past 25 000 years show that dry phases with lower solar radiation prevailed in March and September, which weakened the subsequent rainy season. This emphasises the importance of hydrological changes in regional climate changes.

The causes of the humidity changes are seasonal effects of the cyclical changes in the Earth's orbit around the Sun. The fundamental rhythm is defined by the annual rainy seasons, which are also linked to the inner tropical convergence zone. This is the band of cloud near the equator that consists of thunderstorms formed by insolation and strong evaporation. This band of cloud wanders northwards and southwards as the sun reaches its highest point in June in the northern hemisphere and in January in the southern hemisphere.

How is the long-term change reflected in these rhythms? To find an answer to this question, a group of European researchers examined the regional climate of East Africa. Until now, there has been very little data on climate changes in the tropics. Unlike hydrological changes, changes in temperature do not play a major role in this region. The deposits in Lake Challa (▶ Fig. 11.7), a crater lake at the eastern foot of the Kilimanjaro, is reflected in a 21 metre-long drill core that covers the last 25 000 years. This is the only long sediment profile of finely layered marine deposits in the tropics to have been studied so far. Microscopic, geochemical and geophysical methods indicated that the fluctuations in insolation exactly follow the chronological pattern of changes in the Earth's orbit, which in turn is expressed in climate cycles. Transport of moisture from the Indian Ocean to East Africa by the trade winds increased with increasing insolation, which led to more air rising at the equator. Conversely, this moisture transport decreased when the lower insolation led to weaker air uplift and subsequently to a weaker trade wind. Understanding tropical climate variability, and especially the changes in position of the inner tropical convergence zone, is especially important because it will help us to decipher the relationships between temperature and precipitation in tropical latitudes in greater detail.

# Annual growth rings of trees as an archive of the carbon and water cycle

As part of the terrestrial biosphere, trees grow at the most important interface between the soil and the atmosphere, where the water and carbon cycles meet. On the one hand, water emission by evapotranspiration from leaves and needles is an important influencing variable for atmospheric moisture. On the other hand, soil water and atmospheric carbon in the form of $CO_2$ are absorbed and then converted into carbohydrates by photosynthesis using solar energy. Trees use these carbohydrates to build up their wood in continuous concentric layers, known as annual rings. The tree's annual rings store the dynamics of changes in their environment in an encoded form because changes in material flows in

sibelsten Punkt Europas lag, nämlich dort, wo sich Golfstrom und Meereisbedeckung änderten.

## Starke Klimaschwankungen in den Tropen

Die Klimavariation in den tropischen Breiten ist in den letzten Jahren verstärkt in den Blick der Forschung geraten. Der Grund dafür ist: Klimaänderungen geschehen nicht global gleichmäßig, und Klimaschwankungen in der Nähe des Äquators weisen ein deutlich anderes Muster auf als die Klimaänderungen in Arktis und Antarktis. In den Tropen lassen sich deutliche 11 500-jährige Schwankungen zwischen Feucht- und Trockenphasen identifizieren, die ein anderes Muster als die Temperatur-Rekonstruktionen aus den polaren Eiskernen zeigen. Die Untersuchungen des Klimas der vergangenen 25 000 Jahre im tropischen Afrika zeigen, dass Trockenphasen bei niedrigerer Solarstrahlung im März und September herrschten, was die folgende Regenzeit schwächer ausfallen ließ. Dieses unterstreicht die Bedeutung hydrologischer Veränderungen im regionalen Klimawandel.

Die Ursachen für die Feuchtigkeitsänderungen sind jahreszeitliche Effekte der zyklischen Veränderungen der Erdumlaufbahn um die Sonne. Den grundlegenden Rhythmus geben die jährlichen Regenzeiten vor, die mit der Innertropischen Konvergenzzone verbunden sind. Darunter versteht man das Wolkenband in Äquatornähe, welches aus Gewittern besteht, die sich durch Sonneneinstrahlung und starke Verdunstung bilden. Mit dem Sonnenhöchststand im Juni auf der Nord- und im Januar auf der Südhalbkugel wandert dieses Wolkenband nord- und südwärts.

Wie spiegelt sich die langfristige Veränderung der Solarstrahlung in diesen Rhythmen wider? Um eine Antwort auf diese Frage zu finden, untersuchte eine europäische Forschergruppe das Regionalklima Ostafrikas. Bisher gab es kaum Daten über Klimawandel in den Tropen. Änderungen der Temperatur spielen dort im Gegensatz zu hydrologischen Änderungen keine große Rolle. Die Ablagerungen im Challa-See (▶ Abb. 11.7), einem Kratersee am östlichen Fuß des Kilimandscharos, spiegeln sich in einem 21 Meter langen Bohrkern wider und decken damit die letzten 25 000 Jahre ab. Mikroskopische, geochemische und geophysikalische Verfahren, mit denen dieses weltweit bisher einzige lange Sedimentprofil feingeschichteter Seeablagerungen in den Tropen untersucht wurde, zeigten, dass die Schwankungen in der Sonneneinstrahlung genau dem zeitlichen Muster der Änderung der Erdumlaufbahn folgen, die

sich wiederum in Klimazyklen niederschlagen. Der Feuchtetransport nach Ostafrika durch die Passatwinde aus dem Indischen Ozean war stärker, wenn die Einstrahlung und folglich das Aufsteigen der Luft am Äquator zunahm. Umgekehrt schwächte sich dieser Feuchtetransport ab, wenn die geringere Einstrahlung zu schwächerem Luftaufstieg und nachfolgend zu schwächerem Passat führte. Das Verständnis tropischer Klimavariabilität und speziell der Lageveränderungen der Innertropischen Konvergenzzone ist von besonderer Bedeutung, weil damit die Zusammenhänge zwischen Temperatur und Niederschlag in tropischen Breiten besser entschlüsselt werden können.

# Baumjahrringe als Archiv von Kohlenstoff- und Wasserkreislauf

Als Teil der terrestrischen Biosphäre wachsen Bäume an der wichtigen Schnittstelle zwischen Boden und Atmosphäre, an der sich Wasser- und Kohlenstoffkreislauf treffen. Einerseits stellt die Wasserabgabe durch die Evapotranspiration der Blätter und Nadeln eine bedeutende Einflussgröße für die atmosphärische Feuchte dar. Andererseits werden bei der Photosynthese Bodenwasser und atmosphärischer Kohlenstoff in Form von $CO_2$ aufgenommen und mit der Energie des Sonnenlichts in Kohlenhydrate umgewandelt. Mithilfe der Kohlenhydrate der Photosynthese bauen die Bäume ihr Holz in kontinuierlichen, konzentrischen Lagen auf, den Jahrringen. In den Baumjahrringen wird die Dynamik der Veränderungen ihrer Umgebung in verschlüsselter Form gespeichert, denn Veränderungen der Stoffflüsse in Wasser- und Kohlenstoffkreislauf sind eng an die Interaktion von Klimaänderungen mit regionalspezifischen Verhältnissen ihrer Standorte geknüpft.

Bäume sind Teil des menschlichen Lebensraums, sie sind auf der Erde nahezu flächendeckend zwischen 50° S und 70° N verbreitet. Aufgrund der weiten Verbreitung liefert die Analyse ihrer Jahrringe einzigartige Informationen sowohl über Regionen mit hoher Bevölkerungsdichte, wie etwa Mitteleuropa, als auch über Randgebiete mit dünner menschlicher Besiedlung wie beispielsweise in Nordost-Australien. Die Dendroklimatologie kann damit wesentlich zur Aufklärung lokaler und regionaler Auswirkungen globaler Klimaänderungen beitragen. Baumringarchive werden dadurch zu einem wichtigen Bindeglied zwischen flächenbezogenen, aber relativ kurzen Datenreihen der modernen

the water and carbon cycle are closely linked to the inter-action of climate changes with the regionally-specific conditions of their locations.

Trees are an integral part of the human habitat. They are distributed over most of the land between 50° S and 70° N. Owing to their wide distribution, analysis of their annual rings provides unique information, not only about regions with a high population density, such as Central Europe, but also marginal areas with thinner human settlement, such as Northeast Australia. Dendro-climatology can thus play an important role in explain-ing local and regional effects of global climate changes. Tree-ring archives have become an important link between surface-based, but relatively short-term data series from modern remote sensing, and point-based, very long-term data series from geoarchive research.

Scientific deciphering of climate and environmental information on the basis of precisely dated annual-ring chronologies allows us to record the spatial and tempo-ral dynamics of certain climate and landscape develop-ment processes since the last ice age, around 10 000 years before present.

11.8 Tree rings as climate archives. Section of a sequence of narrow and wide annual rings of a thousand year-old juniper tree (Antalya, Turkey, approx. 1800 m asl.). An annual ring is made up of a wide band of light wood (earlywood or spring-wood) and a narrow band of dark wood (latewood or summer-wood). Every fifth annual ring is marked with pinholes to make it easier to determine the age of the wood sample by counting the annual rings.

11.8 Baumringe als Klimaarchive. Ausschnitt einer Abfolge schmaler und breiter Jahrringe eines tausendjährigen Wacholderbaums (Antalya, Türkei, ca. 1800 m ü. NN). Ein Jahrring setzt sich jeweils aus einer hellen, breiten Holz-schicht (Frühholz) und einer dunklen, schmalen Holzlage (Spätholz) zusammen. Mithilfe von Nadeleinstichen wird jeder fünfte Jahrring markiert, um die Altersbestimmung der Holz-probe durch Auszählen der Jahrringe zu erleichtern.

This involves defining a large number of anatomical and chemico-physical parameters of the annual rings in up to a thousand year-old living trees and archaeologi-cal wood samples. Their interdisciplinary evaluation on the basis of eco-physiological through to palaeoclimatic research approaches produces high-quality data series with a temporal resolution that is otherwise only possi-ble with instrumentally measured data. These series are used to prepare precise climate reconstructions with detailed quantitative error limits.

In the dendrochronology laboratory, classical meth-ods of annual-ring analysis, such as the determination of wood growth data (width analysis of the annual rings), are combined with modern scientific techniques, for example, isotopic analysis of stable chemical elements such as carbon, oxygen and hydrogen. This combination allows comprehensive reconstructions of climate-rele-vant parameters such as air temperature and atmo-spheric moisture (precipitation, relative humidity).

With the help of oxygen and carbon isotope parame-ters in the annual rings of pine (*Pinus uncinata*) from locations in the Spanish Pyrenees and the Sierra Nevada, it was possible to develop a reconstruction of the mois-ture conditions on the Iberian Peninsula reaching back over 400 years (▶ Fig. 11.10). The data shows a clear increase in the frequency and intensity of dry periods since about 1850 AD. These dry periods are accompa-nied by phases of low wood growth. It is also worth not-ing that even damp and cold locational conditions, such as those reconstructed for the time around 1825 AD, can result in narrow annual-ring widths (grey shading, around 1825 and after 1997). The results clearly show how the use of modern methods in the dendrochronol-ogy laboratory can contribute to an unambiguous explanation of the causes of marked decline in tree growth in the past.

## Tree rings in tropical Australia

In the temperate latitudes of our Earth, growth of the annual rings mainly depends on temperature and pre-cipitation. For the tropics, with their less distinct sea-sons, this relationship is not as clear. Tree growth in Northeast Australia thus mainly depends on annual pre-cipitation. The annual rings of trees are therefore a suit-able climate archive for recording the precipitation dynamics of Australia. The red continent is periodically affected by the ENSO (El Niño Southern Oscillation) climate phenomenon and is thus regularly struck by strong droughts with bush fires or flooding due to heavy precipitation. Climate researchers took samples from

Fernerkundung und den punktbezogenen, sehr langen Datenreihen der Geoarchivforschung.

Die wissenschaftliche Entschlüsselung von Klima- und Umweltinformationen anhand exakt datierter Jahrringchronologien erlaubt es, die räumliche und zeitliche Dynamik bestimmter Klima- und Landschaftsentwicklungsprozesse seit der letzten Eiszeit vor etwa 10 000 Jahren zu erfassen.

An bis zu tausendjährigen lebenden Bäumen und archäologischen Hölzern werden dazu eine Vielzahl holzanatomischer und chemisch-physikalischer Jahrringparameter bestimmt. Deren interdisziplinäre Auswertung auf Basis von ökophysiologischen bis hin zu paläoklimatischen Forschungsansätzen schafft hochwertige Datenreihen mit einer zeitlichen Auflösung, die man sonst nur von instrumentellen Messdaten kennt. Aus ihnen lassen sich genaue Klimarekonstruktionen unter Angabe quantitativer Fehlergrenzen erstellen.

Im Dendrochronologie-Labor werden klassische Methoden der Jahrringanalyse, wie etwa die Bestim-mung von Holzzuwachsdaten (Jahrringbreitenanalyse), mit modernen wissenschaftlichen Verfahren kombiniert, etwa der Isotopenanalyse stabiler chemischer Elemente wie Kohlenstoff, Sauerstoff und Wasserstoff. Diese Kombination ermöglicht umfassende Rekonstruktionen klimarelevanter Parameter wie der Lufttemperatur und der atmosphärischen Feuchte (Niederschlag, relative Luftfeuchte).

Mithilfe von Sauerstoff- und Kohlenstoff-Isotopenparametern in Kiefernjahrringen (*Pinus uncinata*) von Standorten der spanischen Pyrenäen und der Sierra Nevada konnte beispielsweise eine 400 Jahre zurückreichende Rekonstruktion der Feuchteverhältnisse auf der Iberischen Halbinsel entwickelt werden (▶ Abb. 11.10). Seit etwa 1850 n. Chr. zeigte sich in den Daten eine deutliche Zunahme der Häufigkeit und Intensität von Trockenperioden. Diese Trockenperioden gehen einher mit Phasen von geringem Holzzuwachs. Bemerkenswert ist, dass auch feucht-kalte Standortbedingungen, wie sie für die Zeit um 1825 n. Chr. rekonstruiert wurden, zu gerin-

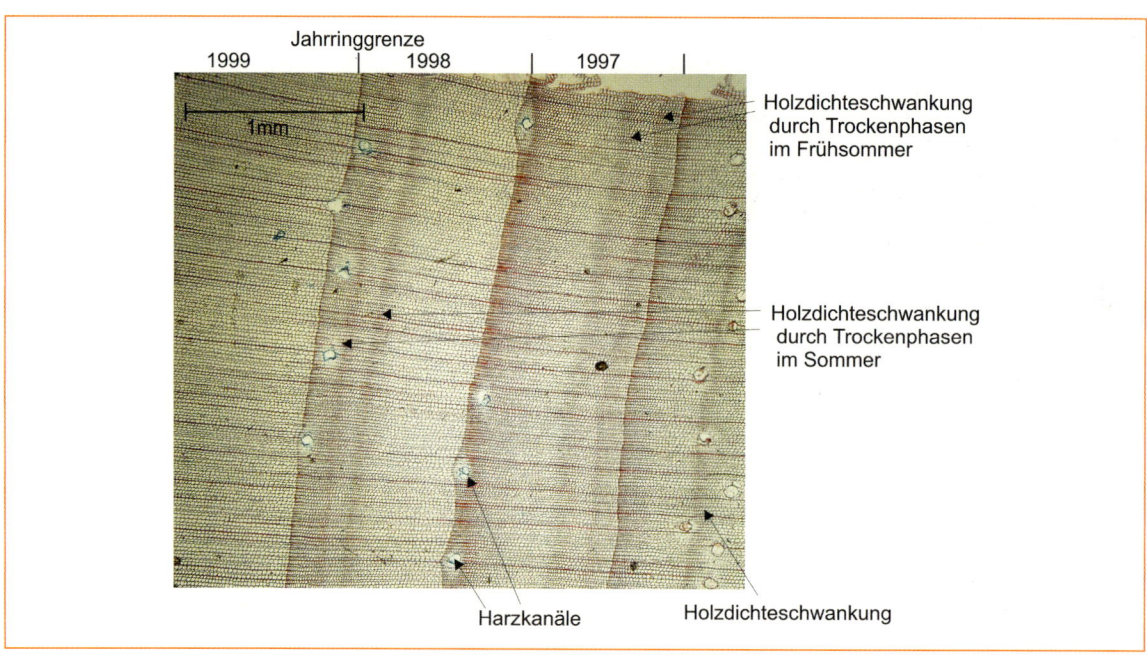

11.9  Mikroskopische Aufnahme (10-fache Vergrößerung) eines eingefärbten Dünnschnitts von etwa 60 μm Dicke mit einer Abfolge von Jahrringen (Weymouth-Kiefer, *Pinus strobus*). Anhäufungen von Harzkanälen (blau) und Bereiche mit erhöhter Holzdichte weisen auf Trockenphasen während der Vegetationsperiode hin. Durch die Bildung von dichterem Holz mit kleineren Holzzellen und dickeren Zellwänden hat der Baum versucht, Schädigungen durch einen zu hohen Wasserverlust infolge der Trockenheit zu vermeiden, indem er den Querschnitt der wasserleitenden Holzzellen verkleinert hat. Nach Ende einer jeweiligen Trockenphase setzte der Baum sein normales Holzwachstum fort.

11.9  Microscope image (10-fold magnification) of a stained thin section around 60 μm thick with a sequence of annual rings (Weymouth Pine, *Pinus strobus*). Accumulations of resin ducts (blue) and areas with increased wood density indicate dry phases during the vegetation period. The tree tried to prevent damage due to high water loss as a result of a drought by reducing the cross-section of the water-bearing wood cells and forming denser wood with smaller cells and thicker cell walls. The tree continued its normal wood growth rate after the end of each dry phase.

11.10 Investigated tree locations in Northern and Southern Spain. A drought index was prepared using analytical data of stable isotopes in the annual rings of pines. Pine location on Pedraforca Mountain, Spanish Pyrenees (top). Drought index for the Spanish peninsula since 1600 AD (bottom). Grey shading represent periods with highly reduced tree growth.

11.10 Untersuchte Baumstandorte in Nord- und Südspanien zur Erstellung eines Trockenheitsindex mithilfe der Analyse stabiler Isotope in Kiefernjahrringen. Kiefernstandort am Berg Pedraforca, spanische Pyrenäen (oben). Trockenheitsindex für die spanische Halbinsel seit 1600 n. Chr. (unten). Graue Schattierungen stellen Zeiträume mit stark vermindertem Baumwachstum dar.

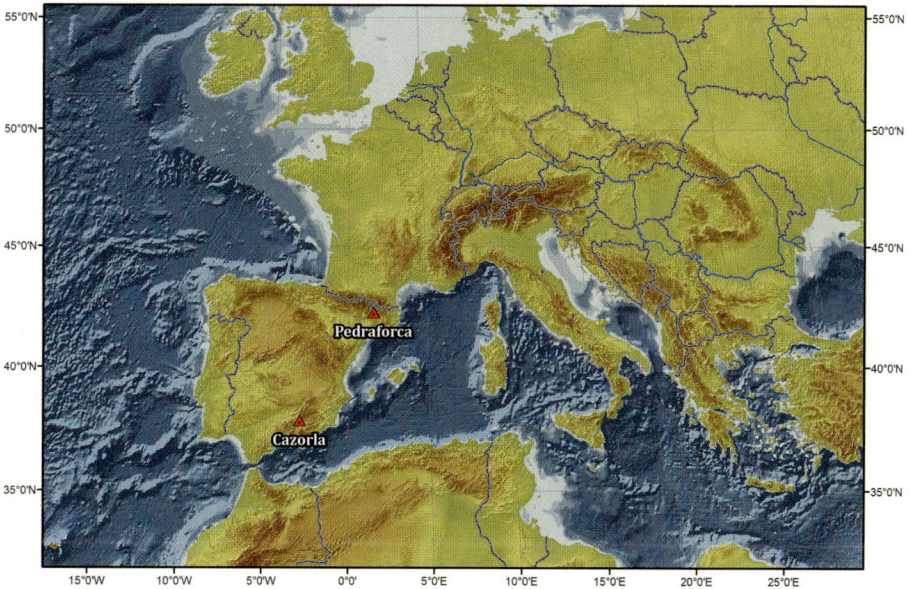

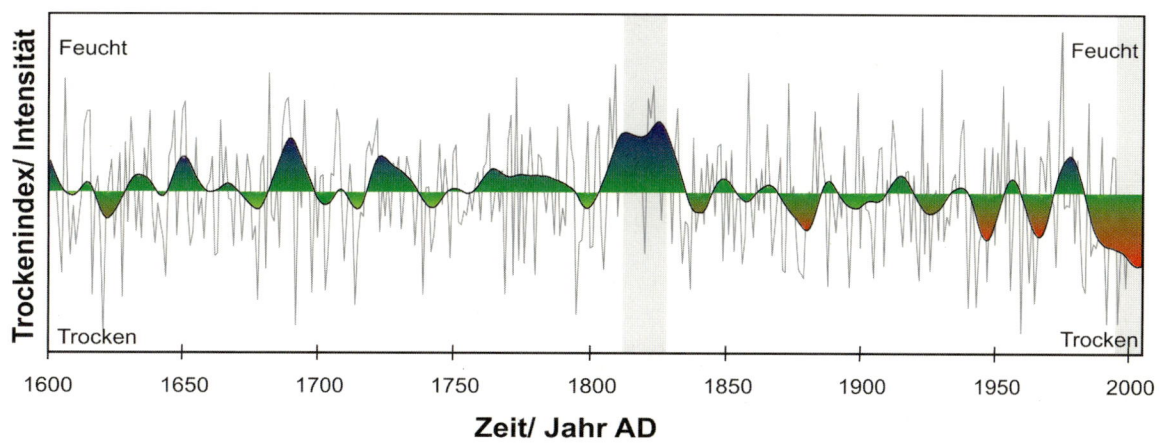

gen Jahrringbreiten führen können (graue Schattierungen, um 1825 und nach 1997). Die Ergebnisse machen deutlich, wie der Einsatz moderner Methoden im Dendrochronologie-Labor zur eindeutigen Aufklärung der Ursachen von Wachstumseinbrüchen der Bäume in vergangen Zeiten beitragen können.

## Baumringe im tropischen Australien

In den gemäßigten Breiten unserer Erde hängt das Wachstum der Jahrringe hauptsächlich von Temperatur und Niederschlag ab. Für die Tropen mit ihren nur schwach ausgeprägten Jahreszeiten ist dieser Zusammenhang nicht so deutlich. So hängt das Baumwachstum im Nordosten Australiens hauptsächlich vom Jahresniederschlag ab. Die Baumjahrringe eignen sich daher als Klimaarchiv zur Erfassung der Niederschlagsdynamik Australiens. Der rote Kontinent wird periodisch von dem Klimaphänomen ENSO (El Niño Southern Oscillation) beeinflusst und so regelmäßig von starken Dürren mit Buschbränden und auch Überschwemmungen durch Starkniederschläge heimgesucht. Um die für Australien so wichtigen Niederschlagsschwankungen der vergangenen Jahrhunderte genauer zu untersuchen, beprobten Klimaforscher deshalb tropische Bäume in entlegenen Hochlandregenwäldern Australiens. Die wissenschaftliche Analyse mündete in eine der wenigen weltweit vorhandenen Jahrringchronologien aus tropischen Regenwäldern, die erstellte Zeitreihe repräsentiert die erste Jahrringchronologie im tropischen Australien überhaupt. Die Datenreihe wird genutzt, um atmosphärische Zirkulationsmodelle zu überprüfen und die Genauigkeit ihrer Prognosen zur künftigen Entwicklung der Niederschlagsverhältnisse in Australien zu verbessern.

## Ausblick

Das Klima als Schnittstelle aller relevanten Teilsysteme unseres Planeten weist eine enorme Vielzahl an nichtlinearen Prozessen, an Rückkopplungen und hoher dynamischer Spannbreite auf. Faktisch ist es nach heutigem Wissen nicht möglich, dieses System zu durchschauen. So geben uns satellitengestützte Verfahren zur Meereshöhenbestimmung und Erfassung von Ozeanströmungen zwar einen Einblick in den derzeitigen Zustand und erlauben Abschätzungen über mögliche Änderungen. Auch lässt sich die klimagetriebene Änderung des Wassergehalts auf den Kontinenten vom Satelliten aus erfassen, und moderne geologisch-geochemische Methoden erlauben eine hochpräzise Auflösung natürlicher Klimaarchive. Aber das Klimageschehen läuft über eine riesige Spanne der Zeit- und Raumskala ab und zugleich springen scheinbar kontinuierliche Prozesse plötzlich in neue Gleichgewichtszustände um – kurzum, das Klima stellt uns immer wieder vor neue Überraschungen. Die Klimaforschung kann deshalb nur in der Zusammenschau von geophysikalischen, geologischen, chemischen, biologischen und meteorologischen Methoden neues Wissen und neue Erkenntnisse hervorbringen. Der Mensch greift ganz offensichtlich in das Klimageschehen ein, deshalb führt – bei aller Unsicherheit im Wissen – kein Weg an der Notwendigkeit zu handeln vorbei. Den Geowissenschaften kommt dabei entscheidende Bedeutung zu, denn sie arbeiten auf diesen gigantischen Skalen und können so dem Handeln die notwendige Wissensbasis zur Verfügung stellen.

tropical trees in remote highland rainforests of Australia for a more detailed study of fluctuations in the precipitation of past centuries. These fluctuations are particularly important for Australia. The scientific analysis led to one of the few annual-ring chronologies of tropical rainforests available worldwide. The resulting time series represents the first ever annual-ring chronology of tropical Australia. The data series is used to check atmospheric circulation models and to improve the accuracy of their forecasts of future development of the precipitation conditions in Australia.

## Outlook

The climate, as an interface of all relevant subsystems of our planet, has an enormous number of non-linear processes, feedback systems and a wide dynamic range. In fact, we still do not have enough knowledge to understand this system. For instance, satellite-based methods for determining sea levels and recording ocean currents thus give us an insight into the current conditions and allow us to estimate possible changes. Also climate-driven changes in water content on the continents can be recorded from satellites, and modern geological and geochemical methods allow highly precise resolution of natural climate archives. However, climatic processes take place over enormous ranges of time and space, and at the same time, apparently continuous processes suddenly switch to new equilibrium states – in short, the climate repeatedly presents us with new surprises. Climate research thus requires a broader multidisciplinary approach based on geophysical, geological, chemical, biological and meteorological methods if we are to gain new knowledge and insights. Humans are obviously interfering with climatic processes, which is why – despite all uncertainties in our knowledge – there is no way of avoiding the need to take action. Geosciences are decisively important in this because they work on these gigantic scales and can thus provide the necessary knowledge base for appropriate measures.

12.1  Heißes Wasser aus 4300 Metern Tiefe: Fördertest zur Geothermie am In-situ-Geothermielabor Groß Schönebeck im Norddeutschen Becken.

12.1  Hot water from a depth of 4300 metres. Geothermal pumping test at the in-situ geothermal laboratory near Groß Schönebeck in the North German Basin.

# Kapitel 12
# Geo-Energie

# Chapter 12
# Geo-Energy

Fast sieben Milliarden Menschen bevölkern derzeit die Erde, und diese Zahl wird bis auf mehr als neun Milliarden im Jahr 2050 anwachsen. Die Versorgung dieser vielen Menschen mit Rohstoffen aller Art stellt – neben der Bereitstellung ausreichender Nahrungsmittel – eine gewaltige Herausforderung dar. Die Geowissenschaften werden dabei eine Schlüsselrolle spielen, denn ohne ein wenigstens in Ansätzen funktionierendes Erdsystem-Management wird sich das Problem nicht lösen lassen.

Wir diskutieren anhand der Energierohstoffe, ihrer Verwendung und ihrer Abfallprodukte diese zukünftige Fragestellung bereits heute. Die Bereitstellung von Energie beruht in ihrer heutigen Form im Wesentlichen auf fossilen Brennstoffen. Der Weltmarkt regelt die globale Nachfrage nach Kohle, Öl und Erdgas, wenn auch nicht immer in zufriedenstellender Weise. Und schließlich erweist sich heute das Abfallprodukt aus den Verbrennungsprozessen, das Kohlendioxid, als globales Problem im System Erde.

# Der Kohlenstoffkreislauf und die Lagerstätten

Kohlenstoff ist der wichtigste Baustein der organischen Verbindungen, aus denen die fossilen Brennstoffe bestehen. Kohlenstoff findet sich als zwölfthäufigstes Element überall in der Erdkruste. Unter hohem Druck und bei passenden Temperaturen kann er die Form von Graphit oder gar Diamanten annehmen, dem härtesten natürlichen Material, das wir kennen. Uns interessiert an dieser Stelle jedoch vor allem der biogeochemische Kohlenstoffkreislauf. Was verstehen wir darunter?

Das heute als Klimaschädling verrufene Kohlendioxid ist – auch für uns Menschen – lebenswichtiger natürlicher Bestandteil der Atmosphäre. Lebende Organismen entnehmen der Luft beträchtliche Mengen an Kohlendioxid ($CO_2$), verleiben es sich ein und lagern es nach ihrem Tod als organisches Material in Sedimenten ab. Hier, in der Lithosphäre, verbleibt es über sehr lange

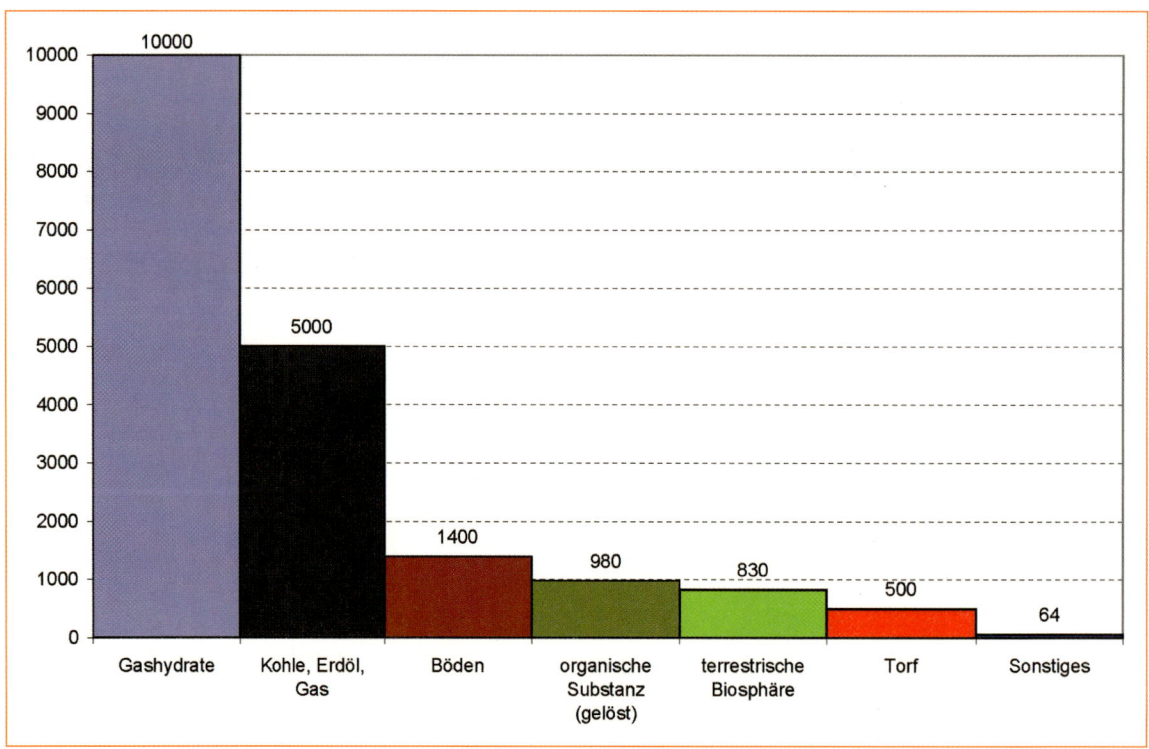

12.2  Angenommene globale Verteilung des Kohlenstoffs aus ausgewählten Ressourcen. In dieser Darstellung wurden feinverteilte Kohlenstoffressourcen, wie etwa Erdölmuttergestein (Kerogen) oder in Luft gelöster Kohlenstoff, nicht einbezogen. Die in Gashydraten gebundene Menge an Kohlenstoff ist demnach doppelt so hoch wie in Erdöl, Erdgas und Kohle.

12.2  Assumed global distribution of carbon from selected resources. Dispersed carbon resources, such as petroleum source rock (kerogen) or carbon dissolved in air, are not included in this diagram. The amount of carbon bound in gas hydrates is thus twice as high as that in petroleum, natural gas and carbon.

Almost seven billion people currently populate the Earth, and this number will grow to more than nine billion in 2050. Supplying this huge number of people with all kinds of raw materials – as well as sufficient food – is an enormous challenge. The geosciences will have a key role to play because, without at least the beginnings of a functioning Earth management system, the problem will be unsolvable.

This issue is already being discussed with particular emphasis on energy resources, their uses and their waste products. Today's supply of energy is essentially based on fossil fuels. The world market controls the global demand for coal, oil and natural gas, even if not always in a satisfactory way. And carbon dioxide, as the waste product of combustion processes, is now proving to be a global problem for System Earth.

# The carbon cycle and underground reservoirs

Carbon is the most important component in organic compounds, of which fossil fuels are composed. As the twelfth most common element, carbon is found everywhere in the Earth's crust. Under high pressures and at suitable temperatures, it can take the form of graphite, or even diamonds, the hardest natural material we know. However, at this point, we are primarily interested in the biogeochemical carbon cycle. But what do we mean by this?

Carbon dioxide, now in disrepute as a climate-damaging greenhouse gas, is – even for us humans – a vital natural component of the atmosphere. Living organisms withdraw considerable quantities of carbon dioxide ($CO_2$) from the air, assimilate it and, after their death, deposit it as organic material in sediments. It remains here, in the lithosphere, for very long periods and is subjected to increased temperatures and pressures, which cause chemical changes and spatial redistributions. Through erosion and tectonic processes, these organic compounds are eventually returned to the Earth's surface where they are once again oxidised to $CO_2$ and thus re-enter the atmosphere.

When looked at more closely, the organic carbon cycle in nature consists of two parts (▶ Fig. 12.3). Firstly, there is the primary, "biochemical" subcycle, in which around $10^{12}$ tonnes of organic carbon are participating. The processes in this subcycle take place quickly, on timescales of days to decades. The secondary, "geochemical" subcycle is very much slower; a cycle may last several million years. However, it involves ten thousand

times the amount of organic carbon. Soils and sediments are the main interfaces at which processes such as deposition or weathering of organic material take place and through which the biochemical and the geochemical carbon cycles are linked into a biogeochemical carbon cycle.

Carbon dioxide is the basic source of all organic materials, regardless of whether it is an atmospheric gas or dissolved in the water of oceans, lakes and rivers. Photosynthesis in terrestrial plants and marine algae binds carbon dioxide and converts it into complex biochemical compounds, which are the basic materials of life processes in all organisms. After their death, more than 99 percent of this biochemical material is oxidised back into carbon dioxide in a comparatively short time. Methane, in the form of marsh gas, is an important intermediate stage in this fast carbon cycle. The eerie lights that flit about in a moor or a marsh are nothing other than methane that has been produced by microbes and which has escaped into the atmosphere in these areas and spontaneously ignites from time to time. Unlike the natural gas of our energy supply, it does not come from the methane gas fields in the rocks deep below the surface.

Less than one percent of all biogenic organic material reaches the geochemical cycle with its enormous timescales. The long-term fate of this relatively small fraction of organic matter, which has escaped the fast near-surface cycle, is essentially determined by tectonic processes. Deposited in the silt of rivers, marshes or seas, it is progressively covered with younger sediment layers. Temperature and pressure increase with the ever greater thickness of the overlying sediments. This causes the organic material to change and to be converted into fossil fuels – natural gas, petroleum, and coal. Such thick sediment layers generally occur in basin structures, into which streams and rivers dump their freight of silt, sand and plant matter over thousands or even millions of years. Petroleum generated in deep organic-rich sedimentary rocks, accumulates in much sought-after reservoirs from which we now satisfying our current hunger for energy.

However, these reservoirs must fulfil several other requirements: the rock must have abundant voids, i.e. it must be porous enough to be able to accommodate these substances, and these pores must be connected to each other, i.e. the rock must be sufficiently permeable to allow the entry of hydrocarbons, such as natural gas and petroleum. These hydrocarbons consist of small organic molecules that are very mobile and can migrate freely in permeable sediments, whereby their low density and hence buoyancy generally drives them upwards towards the Earth's surface. Thus, they would quickly

Zeiträume und unterliegt dort erhöhten Temperaturen und Drücken, die chemische Veränderungen und räumliche Umverteilungen bewirken. Durch Erosion und tektonische Prozesse werden diese organischen Verbindungen schließlich wieder an die Erdoberfläche und in die Atmosphäre zurückgeführt, wo sie erneut zu $CO_2$ oxidiert werden.

Dieser Kreislauf des organischen Kohlenstoffs in der Natur besteht bei genauerem Hinsehen aus zwei Teilen (▶ Abb. 12.3). Zunächst gibt es den primären „biochemischen" Teilkreislauf, an dem etwa $10^{12}$ Tonnen organischer Kohlenstoff beteiligt sind. Die Prozesse in diesem Teilkreislauf laufen schnell ab, auf Zeitskalen von Tagen bis zu Jahrzehnten. Der sekundäre „geochemische" Teilkreislauf ist sehr viel langsamer, ein Zyklus kann mehrere Millionen Jahre dauern. Er umfasst dabei aber eine zehntausendfach größere Menge an organischem Kohlenstoff. Vor allem Böden und Sedimente sind die Schnittstellen, an denen Prozesse wie Ablagerung oder Verwitterung von organischem Material stattfinden, durch die der biochemische und der geochemische zum biogeochemischen Kohlenstoffkreislauf verknüpft werden.

Gasförmig in der Erdatmosphäre oder gelöst im Wasser von Ozeanen, Seen und Flüssen ist Kohlendioxid die grundlegende Quelle allen organischen Materials. Die Photosynthese von Landpflanzen und Meeralgen bindet das Kohlendioxid und wandelt es zu komplexen biochemischen Verbindungen um, welche die materielle Grundlage der Lebensvorgänge in den Organismen darstellen. Nach deren Tod wird dieses biochemische Material zu mehr als 99 Prozent in vergleichsweise kurzer Zeit wieder zu Kohlendioxid oxidiert. Methan als Sumpfgas ist in diesem schnellen Kohlenstoffzyklus eine wichtige Zwischenstufe. Schaurig ist's, übers Moor zu gehen, wenn es irrlichtert, aber was da leuchtet, ist nichts anderes als von Mikroben produziertes Methan, das aus Moor- und Sumpfgebieten in die Atmosphäre entweicht und sich dabei ab und an entzündet. Es stammt aber nicht, wie unser Energielieferant Erdgas, aus tief im Gestein liegenden Methanlagerstätten.

Weniger als ein Prozent des biogenen organischen Materials gelangt in den geochemischen Kreislauf mit seinen gewaltigen Zeitskalen. Das langfristige Schicksal dieses relativ kleinen Anteils organischer Materie, der dem oberflächennahen, schnellen Kreislauf entgeht, wird wesentlich durch tektonische Prozesse bestimmt. Im Schlamm von Flüssen, Sümpfen oder Meeren eingelagert, wird es fortschreitend mit jüngeren Sedimentschichten überdeckt. Mit zunehmender Dicke der Sedimentschicht steigen Temperatur und Druck. Dadurch verändert sich das organische Material und wandelt sich in fossile Brennstoffe – Erdgas, Erdöl, Kohle – um.

Solche dicken Sedimentlagen entstehen vor allem in Beckenstrukturen, in die sich Bäche und Flüsse über Jahrtausende bis Jahrmillionen mit ihren Schlamm- und Pflanzenlasten ergießen. Eingebettet in Sedimentgestein in der Tiefe, sind diese Ansammlungen fossiler Materialien nichts anderes als die heiß begehrten Lagerstätten, aus denen wir heute unseren Energiehunger stillen.

Dazu müssen aber noch einige Bedingungen erfüllt sein: Das Gestein muss Hohlräume aufweisen, also porös genug sein, um diese Stoffe aufsammeln zu können. Zudem müssen diese Poren miteinander verbunden, also permeabel sein, nur dann können Kohlenwasserstoffe wie Erdgas und Erdöl in sie hineinwandern. Diese Kohlenwasserstoffe bestehen aus kleinen organischen Molekülen, sind recht mobil und wandern in durchlässigen Sedimenten nach Herzenslust dorthin, wo das Gestein sie lässt, wobei sie vor allem aufgrund ihres Leichtgewichts nach oben, also zur Erdoberfläche streben. Sie würden also recht zügig wieder am schnellen Kohlenstoffzyklus der Oberfläche teilnehmen, wenn sie nicht durch undurchlässige Gesteinsschichten aufgehalten würden. Lagerstätten von Erdöl und Erdgas entstehen daher unterhalb von dichten Deckschichten in sogenannten „Fallen".

Es ist also durchaus nützlich, sich Gedanken darüber zu machen, wie solche Beckenstrukturen entstehen und wie sie funktionieren.

# Kohlenwasserstoffe und Beckenmodellierung

Die Rolle von Beckenstrukturen im tektonischen Geschehen unserer Erde haben wir bereits im ▶ Kapitel 04 beleuchtet. Hier geht es uns um die Lagerstätten fossiler Energieträger und die numerischen Methoden, mit denen sie untersucht werden können. Dazu gehören die Entstehungsgeschichte und die geologischen, chemischen, biologischen und physikalischen Prozesse, die über Jahrmillionen der Beckenentwicklung auf enorm variierenden räumlichen und zeitliche Skalen ablaufen. Dieses Spezialgebiet der Sedimentbeckenmodellierung wird zwar Erdölsystemmodellierung genannt, es umgreift aber auch die Modellierung von Methanlagerstätten.

Erdöl und Erdgas kommen, je nach Muttergestein, in durchaus unterschiedlicher Qualität und Menge vor. So bestehen organisch reiche Seesedimente, die in sauerstoffarmen Seen abgelagert wurden, vor allem aus Algenresten. Daraus kann hochwertiges Erdöl entstehen. Aber auch marine Ablagerungsräume eignen sich zur

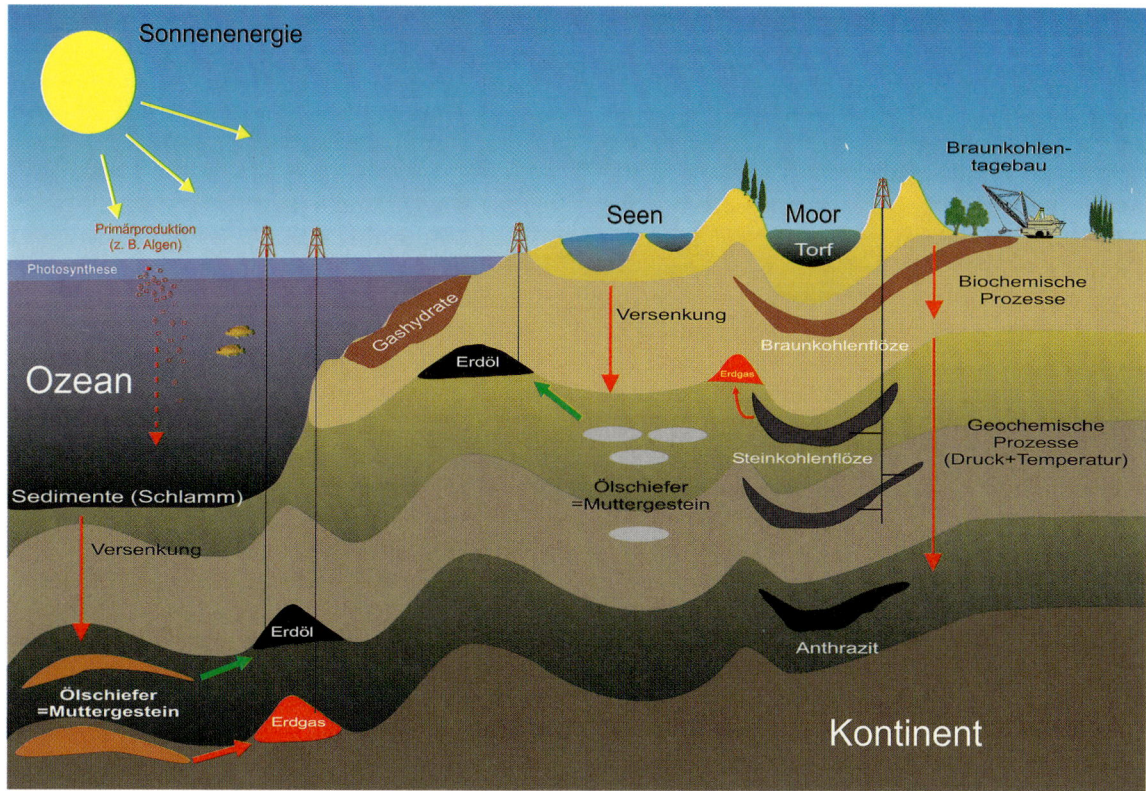

12.3 Most of the organic remains of dead organisms are returned to the global carbon cycle through microbial degradation. The remainder is deposited in sediments, where it may stay embedded for immensely long geological periods.

12.3 Der größte Teil der organischen Überreste abgestorbener Organismen wird durch mikrobiellen Abbau wieder dem globalen Kohlenstoffkreislauf zugeführt, der restliche Teil wird in Sedimente eingelagert und bleibt dort über geologische Zeiträume eingebettet.

return to the fast carbon cycle at the surface if they weren't held back by impermeable rock strata. Reservoirs of oil and natural gas therefore occur below dense layers of cap rock in so-called "traps".

Therefore, it is very useful to think about how such basin structures are formed and how they function.

# Hydrocarbons and basin modelling

We have already examined the role of basin structures in the tectonic events of our planet in ▶ Chapter 04. Here we are interested in the reservoirs of fossil energy sources and the numerical methods with which they can be investigated. This includes their genesis as well as the geological, chemical, biological and physical processes that take place over millions of years of basin develop-

ment on enormously varying spatial and temporal scales. This special field of sediment basin modelling is called petroleum system modelling.

Petroleum and natural gas occur in very different qualities and quantities, depending on the source material. For example, organically rich sediments deposited in low-oxygen lakes mainly consist of algae residues. High-quality petroleum can be formed from these precursors. Marine depositional sites are suitable for sedimentation and preservation of organic material, especially if the sediments were deposited on the sea floor in the absence of oxygen. Most of the world's petroleum-generating source rocks were formed in marine deposits, for example, in the North Sea and in the Middle East. Organic-rich onshore deposits, on the other hand, occur predominantly in the sediments of river deltas. Marshes and peats are the starting materials for lignite and subsequent formation of (hard) coal. These terrestrially influenced source rocks are also preferred starting points for the formation of natural gas.

Sedimentation und Erhaltung von organischem Material, vor allem, wenn die Sedimente am Meeresboden unter Abschluss von Sauerstoff abgelagert werden. In Meeresablagerungen entstanden die meisten der Erdöl generierenden Muttergesteine der Welt, wie in der Nordsee oder im Mittleren Osten. Festländische Ablagerungen wiederum bilden besonders in den Sedimenten der Flussdeltas fossile Lagerstätten. Moore und Torfe sind Ausgangsmaterialien für die Braun- und nachfolgend Steinkohlenbildung. Auch sind diese terrestrisch beeinflussten Muttergesteine bevorzugte Ausgangspunkte für die Bildung von Erdgas.

Will man die Entstehung von Erdöl oder Erdgas im Computer simulieren, müssen die ablaufenden chemischen Prozesse rekonstruiert und quantifiziert werden, und zwar für die verschiedenen Typen organischen Materials, denn der organische Abbau beispielsweise von Algen verläuft anders als der von Laub. Nutzt man geeignete Labormethoden und setzt die Ergebnisse in die Modellierung der chemischen Abläufe ein, kann man damit die Zusammensetzung der entstehende Fluide in Abhängigkeit von wechselnden Temperatur- und Druckverhältnissen berechnen. Solche Beschreibungen werden im Computermodell einer Beckenstruktur eingebaut; sie erlauben nicht nur die Berechnung, wo und wann Kohlenwasserstoffe entstehen, sondern auch, welche Kohlenwasserstoffe – Erdöl oder Erdgas – sich ausbilden. Sogar die physikalischen Eigenschaften diese Fluide lassen sich so hinreichend genau bestimmen. Für die Energieunternehmen ist diese Art der Modellierung ein wichtiges Hilfsmittel, denn das vergebliche Anbohren einer Lagerstätte kann bedeuten, eine Millioneninvestition buchstäblich zu versenken, Bohren ist nämlich sehr teuer.

Eine solche Erdölsystemmodellierung besteht grundsätzlich aus vier Elementen: erstens dem Erdölmuttergestein als Quelle für das Entstehungsmaterial, dem sogenannten Kerogen; zweitens dem Trägergestein, in dem sich die Fluide, also die Gase und Flüssigkeiten ausbreiten; drittens dem Reservoir, der eigentlichen Lagerstätte, die, viertens, durch das Abdeckgestein begrenzt wird, welches eine weitere Migration aus dem Reservoir verhindert. Diese vier Elemente müssen im Modell korrekt nachgebildet und ihre Entwicklung über geologische Zeiträume richtig rekonstruiert werden, um das Erdölsystem als Ganzes zu erfassen.

Eine solche Computersimulation benötigt, wie immer in den Geowissenschaften, eine riesige Datenmenge. Ein Beckenmodell muss die zeitliche Abfolge von Ablagerungs- und Erosionsprozessen, aber auch etwaige Brüche und Verschiebungen im Gestein berücksichtigen (▶ Kapitel 04). Es muss die Ablagerungseigenschaften des Sedimenttyps (z. B. Tonstein, Kalkstein, Sandstein)

und die Entwicklung der physikalischen und chemischen Eigenschaften der Ablagerung beschreiben. Hinzu kommt, dass die Gesteine in langen Zeiträumen immer tiefer absinken und dabei weniger porös und permeabel werden. Kurzum, eine Vielzahl von geologischen, physikalischen, chemischen und biologischen Eigenschaften müssen in so ein Modell eingebaut werden.

Am Ende der Berechnungen steht eine Reproduktion des jetzigen Zustandes des Beckens. Aber woher weiß man, ob das Errechnete richtig ist? Zur Überprüfung der Modellergebnisse benutzt man Kalibrierungsdaten, also Messungen des heutigen Zustands des Beckens mit Größen wie Temperatur, Porendruck, Porosität oder Permeabilität. Es gibt aber auch Messwerte, die es erlauben, Ereignisse in der Vergangenheit der Beckenentwicklung zu kalibrieren. Dazu benutzt man Gesteinsproben, mit denen man die Erde ins Labor holt. Mikroskopische, geochemische und petrophysikalische Untersuchungen dienen zur Überprüfung und Kalibrierung der Modellbildung.

Erst nach dem Kalibrieren eines Sedimentbeckenmodells beginnt die Erdölsystemmodellierung (▶ Abb. 12.4). Für die Erdölförderung sind die Abschätzung der Dichte und des Schwefelgehaltes wichtige Faktoren. In vielen Erdöllagerstätten ist die ursprüngliche Zusammensetzung des Rohöls durch biologische und physiko-chemische Prozesse wie zum Beispiel biologischer Abbau, Lücken im Deckgestein, Verdunstung flüchtiger Bestandteile und Auswaschung, modifiziert worden. Da diese Prozesse zu einer Verminderung der Qualität führen und die Produktion des Erdöls erschwert wird, sind sie von großer ökonomischer Bedeutung. Letztlich bestimmen alle diese Prozesse die Gesamtkosten für die Ausbeutung einer Erdöllagerstätte. Diese Verfahren zur Vorhersage der Güte eines Erdöls und seines Schwefelgehalts sowie die Charakterisierung von Sekundärprozessen im Muttergestein, etwa die Zersetzung des Erdöls zu Erdgas, sind, so kompliziert sie auch erscheinen mögen, wichtige Voraussetzungen für eine effizientere Nutzung dieser Art fossiler Energiequellen.

# Brennendes Eis: Methanhydrate

Erdöl und Erdgas treten häufig kombiniert auf. Eine spezielle Variante der Erdgaslagerstätten sind Methanhydratvorkommen, die zu ihrer Entstehung zwar hohe Drücke, aber niedrige Temperaturen brauchen. In den Tiefen der Ozeane und den Permafrostgebieten der nördlichen Hemisphäre lagern große Mengen an Koh-

If we want to simulate the genesis of petroleum or natural gas in a computer, we have to reconstruct and quantify the chemical processes taking place. This must be done for each of the different types of organic material because the organic degradation of, for example, algae differs from that of wood. If we use suitable laboratory methods and incorporate the results in the modelling of the chemical processes, we can calculate the composition of the resulting fluids as a function of the temperature and pressure conditions. Such descriptions are integrated into the computer model of basin evolution. They not only allow us to calculate where and when hydrocarbons are formed, but also which hydrocarbons result – oil or natural gas. It is even possible to determine the physical properties of these fluids with sufficient accuracy. For exploration companies, this type of modelling is an important tool as the unsuccessful drilling of a reservoir can literally mean sinking a multi-million investment because drilling is very expensive.

Such petroleum system models consist of four main elements: firstly, the petroleum source rock as the source of the original material – kerogen; secondly, the reservoir rock in which the fluids, i.e. the gases and liquids, spread; thirdly, the reservoir, the actual field or deposit, which, fourthly, is covered by the cap rock that prevents further migration out of the reservoir. These four elements must be correctly reproduced in the model and their development over geological periods correctly reconstructed in order to simulate the petroleum system as a whole.

As always in the geosciences, such a computer simulation requires an enormous quantity of data. A basin model must take account of the time sequence of deposition and erosion processes as well as any fractures and displacements in the rock (▶ Chapter 04). It must describe the deposition properties of the sediment type (e. g. claystone, limestone, sandstone) and the development of the physical and chemical properties of the deposit. In addition, the rocks sink increasingly deeper over long periods of time, becoming less porous and permeable. In short, a large number of geological, physical, chemical and biological properties must be integrated into the model.

The final result of the calculations is a reproduction of the current state of the basin. But how do we know whether this reproduction is correct or not? The modelling results are checked using calibration data obtained from measurements of the present-day state of the basin. These include parameters such as temperature, pore pressure, porosity and permeability. There are also measured values that allow calibration of past events that occurred during development of the basin. This is carried out using rock samples, or in other words, the Earth is brought into the laboratory. Microscopic, geochemical and petrophysical investigations are used to check and calibrate the model. Petroleum system modelling does not start until a sediment basin model has been calibrated (▶ Fig. 12.4).

Estimations of the density and sulphur content are important factors for petroleum production. In many petroleum reservoirs, the original composition of the crude oil has been modified by biological and physico-chemical processes, for example, biological degradation, leakage through gaps in the cap rock, evaporation of volatile components and loss of water soluble compounds (water-washing). These processes are very important economically because they reduce the quality and make petroleum production more difficult. Ultimately, all these processes determine the total costs of

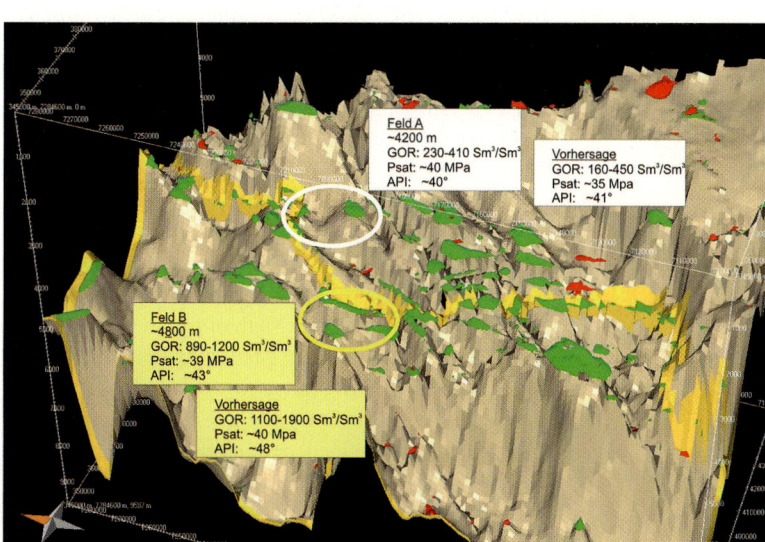

12.4 Example of a numerical simulation of the fluid properties for a study area in the Norwegian North Sea. The calculations provide very accurate values of the gas/oil ratio (GOR) of the fluids, the saturation pressure (Psat) and the petroleum density (or specific gravity; Index of the American Petroleum Institute, API).

12.4 Beispiel einer numerischen Simulation der Fluideigenschaften für ein Studiengebiet in der norwegischen Nordsee. Das Gas/Öl-Verhältnis (GOR) der Fluide sowie der Sättigungsdruck (Psat) und die Erdöldichte (Index des American Petrol Institute, API) wurden recht gut berechnet.

lenwasserstoffen in Form von Gashydraten. Sie stellen eine mögliche Energiequelle für die Zukunft dar, ihnen wird aber auch eine für unser Klimasystem wichtige Pufferrolle im biogeochemischen Kohlenstoffkreislauf zugeschrieben.

Gashydrate sind sogenannte Einschlussverbindungen, die wie Eis aussehen, die aber brennen können, wenn man sich ihnen mit einer Flamme nähert (▶ Abb. 12.5). Das funktioniert so: Wassermoleküle bilden über Wasserstoffbrückenbindungen Käfigstrukturen aus, die zu einem dreidimensionalen Netzwerk zusammengefügt werden. Aber dieses Netzwerk hat es buchstäblich in sich, denn seine Käfigstrukturen enthalten Gastmoleküle, die ihrerseits wiederum die Netzwerkstrukturen stabilisieren. Als Gastmoleküle eignen sich beispielsweise leichtere Kohlenwasserstoffe, aber auch Stickstoff oder Kohlendioxid. Natürliche Gashydrate enthalten überwiegend Methan, man spricht dann von Methanhydraten. Sie können zusätzlich aber auch höhere Kohlenwasserstoffe, etwa Ethan oder Propan enthalten, oder andere Gase wie Schwefelwasserstoff oder Kohlendioxid. In einem solchen Fall nennt man sie Mischhydrate.

Ein Kubikmeter Gashydrat kann bei 0 °C bis zu 164 m³ Gas enthalten. Die weltweite Verbreitung der

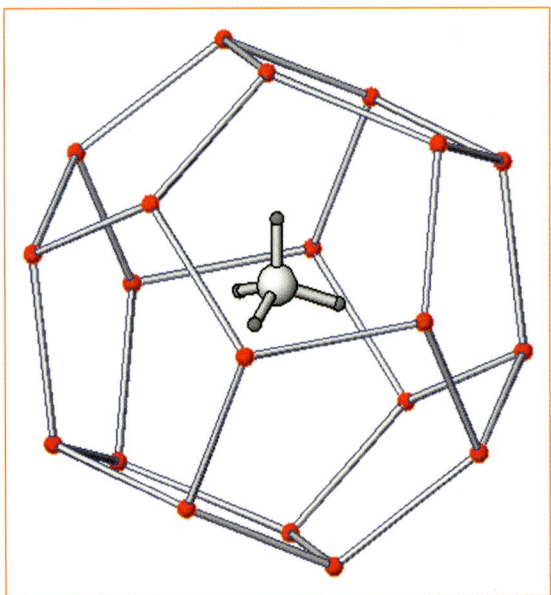

**12.5** Molekularer Aufbau der Gashydrate. Die Wassermoleküle (rot) sind über Wasserstoffbrückenbindungen (blau) vernetzt. Die resultierenden Käfigstrukturen werden durch eingeschlossene Gasmoleküle stabilisiert.

12.5 Molecular structure of gas hydrates. The water molecules (red) are cross-linked via bridging hydrogen bonds (blue). The resulting cage structures are stabilised by enclosed gas molecules.

Gashydrate lässt daher enorme Mengen Methan in den natürlichen Gashydratvorkommen vermuten: Der in natürlichen Gashydraten gebundene Anteil an Kohlenstoff wird auf etwa 10 000 Gigatonnen geschätzt und ist somit doppelt so hoch wie in den fossilen Brennstoffträgern Erdgas, Kohle und Erdöl zusammen. Warum fördert man diese Gase also noch nicht in großem Maßstab? Das hat viel zu tun mit ihren besonderen Eigenschaften und der Lage ihres Vorkommens.

Gashydrate kommen nämlich in der Natur vorwiegend in Permafrostgebieten oder unter dem Meer an Kontinentalhängen vor. Das Methangas in den Sedimenten der Ozeanböden entsteht durch mikrobiellen Abbau von organischem Material und durch bakterielle Kohlendioxid-Reduktion. In tieferen Sedimentschichten dienen wärmebedingte Umwandlungsprozesse in Erdöllagerstätten als eine andere mögliche Kohlenwasserstoffquelle. Wie hoch jedoch genau der Druck sein muss oder wie tief die Temperatur sein muss, bei der sich aus Gas und Wassermolekülen die Gashydrate bilden und stabil bleiben, hängt von ihrer Zusammensetzung ab. Reines Methanhydrat zersetzt sich beispielsweise bei Temperaturerhöhung und gleichbleibendem Druck sehr viel eher als Mischhydrate, wenn diese neben Methan auch höhere Kohlenwasserstoffe enthalten.

Das hat ganz praktische wie auch unter Umständen dramatische Folgen: Gashydrate können die schlammigen Abhänge der untermeerischen Kontinentränder stabilisieren. Wenn nun infolge von Druckabnahme oder Temperaturzunahme, beispielsweise durch die globale Erwärmung, die Gashydrate instabil werden, kann das auch zu einer Destabilisierung der Kontinentabhänge führen, in die sie eingebettet sind. Das bekannteste Beispiel ist die Storrega-Rutschung vor der mittelnorwegischen Küste. Diese untermeerische Schutt- und Geröllhalde rutschte in mehreren gigantischen Schüben vor etwa 7000 bis 25 000 Jahren ab, vermutlich als die darin enthaltenen Gashydrate sich zersetzten. Mehrere Tsunami wurden durch diese Hangrutschungen ausgelöst und haben nachweislich Schottland und Island überrollt.

Also ist das Verständnis des Verhaltens von Gashydraten in Abhängigkeit von ihrer Zusammensetzung alles andere als akademisch. Sie können Hangrutschungen verursachen, aber ebenso wichtig ist ihr Verhalten im Klimageschehen, denn Methan ist ein stark wirkendes Treibhausgas. Will man Methanhydrate als Energiequelle nutzen, muss man also vorher sorgfältig ihre Eigenschaften studieren (▶ Abb. 12.6). Die Wissenschaftler setzen verschiedene Analysemethoden wie etwa die Raman-Spektroskopie oder Röntgendiffraktometrie ein, um im Labor die Stabilitätsbereiche, die Wachstums- und Zersetzungsgeschwindigkeiten und die Ener-

exploiting a petroleum reservoir. However complicated they may appear to be, these methods of predicting the quality of a petroleum and its sulphur content as well as characterising secondary processes in the source rock, such as decomposition of petroleum into natural gas, are important prerequisites for increasing petroleum exploration success rates as well as for the use of such fossil energy sources.

# Burning ice: methane hydrates

Petroleum and natural gas frequently occur together. A special type of natural gas reservoirs are methane hydrate deposits, which need high pressures but low temperatures in order to form. Large quantities of hydrocarbons are found as gas hydrates in the depths of the oceans and in permafrost regions of the Northern Hemisphere. They are not only a possible energy source for the future, but they also act as a buffer in the biogeochemical carbon cycle and thus play an important role in our climate system.

Gas hydrates are inclusion compounds of water and resemble ice; however, they can burn if they are approached with a flame (▶ Fig. 12.5). This is how it works: Water molecules form cage structures with hydrogen bonds, and these cage structures can join together to form a three-dimensional network. But this network really does have what it takes because its cages contain guest molecules, which in turn stabilise the network structures. Suitable guest molecules include the lighter hydrocarbons, nitrogen and carbon dioxide. Natural gas hydrates containing mainly methane are called methane hydrates, but they may also contain higher hydrocarbons, such as ethane or propane, or other gases, such as hydrogen sulphide or carbon dioxide. In these cases, they are called mixed hydrates.

At 0 °C, one cubic metre of gas hydrate can contain up to 164 m$^3$ gas. The worldwide distribution of gas hydrates thus gives rise to the assumption that natural gas hydrate deposits contain enormous quantities of methane. The amount of carbon estimated to be bound in natural gas hydrates is 10 000 gigatonnes, and is therefore twice as high as the fossil fuel sources natural gas, coal and petroleum put together. So why aren't these gases being extracted on a large scale? The answer has a lot to do with their special properties and the location of their deposits.

Primary locations of gas hydrates in nature are permafrost regions or submarine continental slopes. The methane gas in the sediments of the ocean floors is produced by microbial degradation of organic material and by bacterial reduction of carbon dioxide. In deeper sediment layers, heat-induced conversion processes in petroleum reservoirs serve as another possible hydrocarbon source. However, the precise pressure (high) and temperature (low) conditions at which the gas hydrates are formed from gas and water molecules and remain stable, depends on their composition. At a given pressure but an increasing temperature, pure methane hydrate decomposes far more readily than mixed hydrates if they contain higher hydrocarbons in addition to methane.

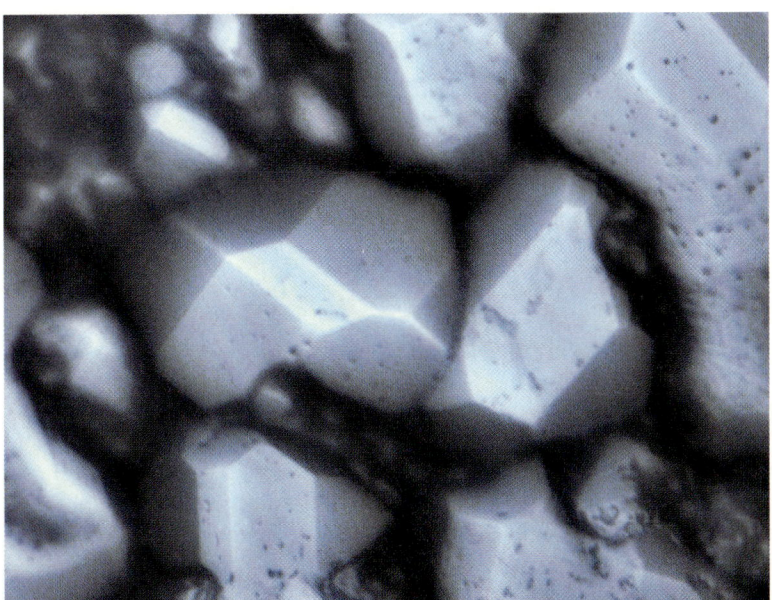

12.6  Synthetically produced methane hydrate under a scanning electron microscope.

12.6  Synthetisch erzeugtes Methanhydrat unter dem Raster-Elektronenmikroskop.

12.7  Methanhydrat-Produktionstest im Mackenzie-Delta im Nordwesten Kanadas. Unter eisigen Bedingungen beobachteten die Wissenschaftler die bei der Förderung verursachten Veränderungen über und unter Tage in der Nähe des Bohrlochs.

12.7  Methane hydrate production test in the Mackenzie Delta in Northwest Canada. Under icy conditions, scientists observed above-ground and underground changes taking place near the well during production.

gie zu bestimmen, die für die Zersetzung gemischter Gashydrate notwendig ist. Bei diesen Studien werden die Zusammensetzung der Gashydrate sowie die Temperatur- und Druckbedingungen systematisch variiert und der Einfluss der verschiedenen Gasmoleküle auf die Stabilität der Hydrate bestimmt. Aus den gewonnenen Daten lassen sich dann Aussagen über Hydratvorkommen in der Natur und ihr Verhalten bei einer Veränderung ihrer Umgebungsbedingungen ableiten. Die Daten sind außerdem für die Entwicklung von Methoden zur Gewinnung von Gas aus hydratführenden Sedimenten wichtig.

Die Gashydrat-Vorkommen liegen in mehreren hundert Metern Tiefe am Meeresboden oder auf den Festländern unterhalb des Dauerfrostbodens. Das bedeutet für die Gewinnung von Methan aus diesen Lagerstätten eine große technische Herausforderung. Aus dem Labor weiß man: Um das Methan aus den Gashydraten zu lösen, müssen diese zersetzt werden, das heißt Druck und Temperatur der Umgebung müssen verändert werden. Dies wird durch thermische Stimulation oder Druckabsenkung erreicht. Aber geht das auch in der freien Natur und nicht nur im Labor? Im Winter 2001/2002 gingen Wissenschaftler unter eisigen Bedingungen nach Mallik am nördlichen Rand der Northwest Territories in Kanada und brachten dort drei Bohrungen nieder (▶ Abb. 12.7). Ein heißes Fluid wurde in eines der Bohrlöcher gepumpt, was zur Zersetzung der Gashydrate führte; das Methan wurde gelöst und konnte gefördert werden. Die beiden anderen Bohrungen und die Geländeoberfläche rund um die Bohrungen wurden

mit Messapparaturen aus dem gesamten Arsenal der Geowissenschaften bestückt, um genau zu beobachten, was im Untergrund passierte. Dieser Test im tiefgefrorenen Mackenzie-Delta nördlich der Ortschaft Innuvik zeigte erfolgreich, dass eine Produktion von Methan aus natürlichen Gashydraten prinzipiell möglich ist. Hinsichtlich der Energiebilanz war das Verfahren allerdings nicht besonders effizient. Daher werden heute neue Methoden zur Förderung von Gas aus Gashydraten im Technikumsmaßstab entwickelt und getestet, das heißt die im Labor gefundenen Verfahrensgrößen werden in maßstäblich verkleinerten Anlagen optimiert, bevor man sie später im Feld einsetzt. Obwohl einige dieser Verfahren vielversprechend erscheinen, ist es noch ein weiter Weg, bis natürliche Gashydrate als Energiequelle genutzt werden können.

## Shale Gas: eine unkonventionelle fossile Energieressource

Wir hatten gesehen, dass Erdgas von seinem Entstehungsort im tiefen Muttergestein durch das Trägergestein in die eigentliche Methanlagerstätte wandert, wo es durch undurchlässiges Deckgestein festgehalten wird. Dieses kennzeichnet es als sogenannten konventionellen fossilen Brennstoff.

This has very practical and, under certain circumstances, dramatic consequences. For example, gas hydrates can stabilise the silty slopes of submarine continental margins. If the gas hydrates become unstable as a result of a pressure reduction or a temperature rise, for example, due to global warming, this can cause destabilisation of the continental slopes in which they are embedded. The best-known example of this is the Storrega Slide off the central Norwegian coast. This submarine scree and debris slope slid in several gigantic shearing events around 7000 to 25 000 years ago, presumably due to the decomposition of its gas hydrates. Several tsunami were triggered by these landslides and verifiably swept over parts of Scotland and Iceland.

Therefore, our understanding of the composition-dependent behaviour of gas hydrates is anything but academic. They can cause landslides, but their interactions with climatic processes are just as important because methane is a very potent greenhouse gas. If we want to use methane hydrate as an energy source, we must first study its properties in detail (▶ Fig. 12.6). Scientists use different analysis methods, such as Raman spectroscopy or X-ray diffractometry, in the laboratory to determine the stability ranges, growth and decomposition rates as well as the energy necessary to decompose mixed gas hydrates. In these studies, the composition of the gas hydrates and the temperature and pressure conditions are systematically varied, and the effect of the various guest molecules on the stability of the hydrates is determined. The acquired data can then be used to draw conclusions regarding natural hydrate deposits and their behaviour should their ambient conditions change. The data is also important for developing methods of extracting gas from hydrate-bearing sediments.

The gas hydrate deposits are located several hundred metres deep on the sea floor or underneath permafrost on the mainland. This represents major technical challenges for the extraction of methane from these reservoirs. From laboratory experiments, we know that gas hydrates have to be decomposed in order to release the methane. This means changing their ambient pressure and temperature by thermal stimulation or by lowering the pressure. But is this possible outdoors too, and not only in the laboratory? In the winter of 2001/2002, scientists went to Mallik, on the northern border of the Northwest Territories in Canada, where they drilled three boreholes under icy conditions (▶ Fig. 12.7). A hot fluid was pumped into one of the boreholes, which led to the decomposition of the gas hydrates and the release of methane that was then extracted. The two other boreholes and the surface of the ground around the holes were equipped with an arsenal of geoscientific equipment to precisely observe what happened below the surface. This test in the frozen Mackenzie Delta to the north of Innuvik successfully showed that it is possible, in principle, to produce methane from natural gas hydrates. However, the process was not particularly efficient with respect to the energy balance. Therefore, new methods of extracting gas from gas hydrates are now being developed and tested on a prototype scale. This involves optimising the process variables found in the laboratory in small-scale pilot plants before they are subsequently used in the field. Although several of these methods appear to be very promising, there is still a long way to go before natural gas hydrates can be used as an energy source.

# Shale gas: an unconventional fossil energy resource

We have seen that natural gas migrates from its origin in deep source rock into the reservoir rock of the actual methane reservoir, where it is kept trapped by an impermeable cap rock. This is what identifies it as a conventional fossil fuel.

In the case of *shale gas*, the circumstances are slightly different: before it can seep into large reservoirs, the gas is either retained in its site of generation, or captured in the rock en route (▶ Fig. 12.8). This rock must therefore be correspondingly compact, i.e. made from very small, agglomerated individual grains. Claystone, or more specifically shale, has such properties. Shale gas deposits are termed "unconventional", because, unlike conventional petroleum and natural gas systems, the gas-containing claystone has three individual functions: as a source rock in which the gas is generated, as a reservoir rock in which the gas is contained, and as a cap rock that prevents the methane from migrating.

Shale gas already currently accounts for more than ten percent of natural gas production in the USA. This share is scheduled to rise to 20 percent by 2020. The Newark field in Texas, which extracts methane from Barnett shale, is now the second largest onshore natural gas field in the United States. High raw material prices and continued development of drilling and extraction technology mean that shale gas is a future option in Europe too. However, little research has been carried out to date on the basic geological conditions that lead to the formation and retention of shale gas. Therefore, it is worth taking a look at shale gas.

From the USA, we know that shale gas systems are complex and differ greatly with regard to their geological genesis. The shale gas in US fields is successfully

12.8 Gesteinsdünnschliffe eines porösen Sandsteins als möglichem konventionellem Methan-Speichergestein (oben; Buntsandstein) und eines dichten Tonsteins (unten; Kupferschiefer des basalen Zechsteins).

12.8 Thin sections of a porous sandstone as a possible conventional methane reservoir rock (top; Bunter sandstone) and a dense claystone (bottom; copper shale of the basal Zechstein).

Bei *shale gas* – manchmal als „Schiefergas" übersetzt – ist der Sachverhalt ein wenig anders: Bevor es in große Lagerstätten sickern kann, wird es auf dem Weg dorthin im Gestein eingefangen (▶ Abb. 12.8). Dieses Gestein muss daher entsprechend kompakt sein, also aus sehr kleinen Einzelkörnern zusammengebacken sein. Tonstein, also Schiefer, hat solche Eigenschaften. Shale-Gas-Vorkommen heißen deshalb unkonventionell, weil im Unterschied zu konventionellen Erdöl- und Erdgassystemen das gashaltige Tonsteinpaket drei Einzelfunktionen übernimmt: als Muttergestein, in dem sich das Ursprungsmaterial ansammelt, als Speichergestein, in dem das fertige Gas enthalten ist, und als Abdeckgestein, das ein Wandern des Methans verhindert.

Schiefergas ist eine Gasressource, die heute in den USA bereits sechs bis acht Prozent der Erdgasproduktion ausmacht. Dieser Anteil soll dort auf 20 Prozent bis zum Jahr 2020 ansteigen. Mittlerweile ist das Newark-Feld in Texas, das aus dem Barnett-Schiefer Methan fördert, das zweitgrößte Onshore-Erdgasfeld in den Vereinigten Staaten. Hohe Rohstoffpreise und die Weiterentwicklungen der Bohr- und Fördertechnik lassen auch in Europa Schiefergas zu einer Zukunftsoption werden. Allerdings sind hier die geologischen Rahmenbedingungen, die zur Bildung und Erhaltung von Shale Gas führen, bislang wenig erforscht. Es lohnt sich also, einen Blick auf shale gas zu werfen.

Aus den USA weiß man, dass Shale-Gas-Systeme hinsichtlich ihrer geologischen Bildungsgeschichte komplex und höchst unterschiedlich sind. Dort wird das Gas erfolgreich aus mächtigen, bis zu 500 Millionen Jahre alten Tonsteinpaketen gefördert, die reich an organischem Kohlenstoff sind. Hier tritt das Gas entweder gasförmig in Brüchen des Gesteins auf oder aber adsorbiert an das organische Material oder Tonminerale, das heißt es klebt sozusagen im Stein.

Zur Produktion werden heute in Shale-Gas-Lagerstätten meist Horizontalbohrungen abgeteuft, um größere Gasbereiche ausbeuten zu können (▶ Abb. 12.9). Fördertechnisch wichtige Gesteinseigenschaften sind die Porosität und Durchlässigkeit der dichten Gesteine. Wichtig ist ferner, dass das Gestein hinreichend fest ist, damit man es künstlich aufbrechen kann. Dazu pumpt man Wasser in das Bohrloch und setzt es unter hohen Druck. Mit dieser in der Ölindustrie gebräuchlichen sogenannten Hydrofrac-Methode werden lange Risse erzeugt, entlang derer das Methan entgasen und zum Bohrloch strömen kann. Damit die Risse sich nicht wieder schließen, werden kleine Partikel als Stützmittel in das Wasser gemischt.

Zurzeit beginnen auch in Nordafrika, Asien, Australien und China intensive Explorationsaktivitäten auf potenzielle Shale-Gas-Vorkommen. Auch europäische Sedimentbecken sind Untersuchungsziele internationaler Energiekonzerne, da sie Potenzial für Shale-Gas-Anreicherungen bieten und in ihnen erdgeschichtlich alte Sedimentschichten mit höheren Anteilen organischer Komponenten auftreten, teils sogar in großer Mächtigkeit. Allerdings wurden hier die geologischen Rahmenbedingungen, die zur Shale-Gas-Bildung und seiner Erhaltung führen, bislang wenig erforscht. Zwar kann man zu Vergleichszwecken Untersuchungsergebnisse aus Nordamerika heranziehen, aber in Europa können sich wichtige Steuerfaktoren für eine Shale-Gas-Bildung gänzlich von denen der nordamerikanischen Sedimentbecken unterscheiden.

Sowohl bei Methanhydraten als auch bei Schiefergas ist es noch ein langes Wegstück bis zur Nutzung als Energieressource, mit der der weltweite Energiebedarf befriedigt werden kann. Und vor allem: Auch bei ihrer

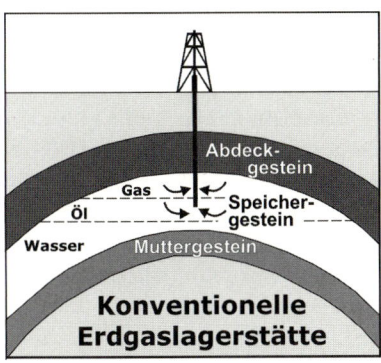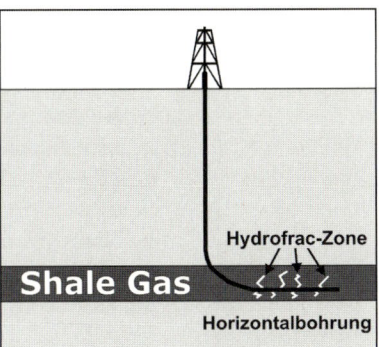

12.9 Elements, processes and extraction in conventional gas reservoirs and shale gas deposits.

12.9 Elemente, Prozesse und Förderung in konventionellen Gaslagerstätten und Shale-Gas-Vorkommen.

extracted from thick claystone sequences that are rich in organic carbon and are up to 500 million years old. The gas occurs either in the rock porosity, in rock fractures or it is adsorbed onto organic material or clay minerals, or in other words, it quasi sticks to the rock.

Horizontal drilling is currently used for gas production from most shale gas reservoirs in order to exploit larger areas of the reservoir (▶ Fig. 12.9). Important rock properties for successful extraction are the porosity and permeability of the dense rocks. It is also important for the rock to be sufficiently strong, so that it can be broken open artificially. This is achieved by pumping water into the borehole under pressure. This method, commonly called the hydrofrac (hydraulic fracturing) method in the oil industry, creates long fractures along which the rock can degas and methane flow to the well. Small particles are added to the water to support the fractures and prevent them from closing.

Intensive exploration activities for potential shale gas deposits are currently beginning in North Africa, Asia, Australia and China. European sediment basins are also investigation targets for international energy corporations because they have potential for shale gas accumulation and also contain high fractions of organic components in geologically old sediment strata, some of which are very thick. However, very little research has as yet been carried out on the basic geological conditions that lead to the formation and retention of shale gas. Although investigation results from North America can be used for comparative purposes, important control factors for the formation of shale gas in Europe may be completely different to those of the North American sediment basins.

There is still a long way to go before either methane hydrates or shale gas can be used as an energy resource with which the worldwide energy demand can be satisfied. And above all, as with all fossil fuel processes, their combustion also produces the greenhouse gas carbon dioxide. So what should we do?

# Returning carbon dioxide into the Earth

At the beginning of this chapter, we examined the carbon cycle and found that the fast, near-surface cycle moves tens of thousands times less carbon than the slow circulation of carbon in deep rocks. These two cycles unavoidably mix due to global use of fossil fuel sources. The quantities of carbon dioxide released as a result are now made responsible for the larger part of the anthropogenic greenhouse effect. An obvious idea, therefore, is to lower the $CO_2$ content of the atmosphere by returning the carbon dioxide from the fossil fuels to the geological reservoirs and thus back into the geological cycle. This is necessary because we will not be able to set up a sustainable, global energy supply based on renewable sources in the near future. At present, more than 80 percent of the worldwide energy supply is based on fossil energy sources. Energy production from fossil resources, especially from coal, will probably continue to be indispensable in covering the rising global demand for a long time to come. According to the most recent forecasts from the International Energy Agency, global electricity generation will almost double from 2005 to 2030, and thus 70 percent of the electricity demand will have to be covered by fossil fuels for a long time. Consequently, carbon dioxide emissions will continue to rise unless we implement technical countermeasures.

In addition to increasing the energy efficiency when using fossil raw materials and greater use of alternative energy sources, CCS technology (carbon capture and storage) is an important option to reduce anthropogenic $CO_2$ emissions in the short term. The separation of $CO_2$ from the flue gas of power stations and other large emission point sources is already technically feasible. The storage of carbon dioxide in geological reservoirs can help us gain time for the necessary reorganisation of the world's energy system because the developing

Verbrennung entsteht, wie bei allen fossilen Brennprozessen, das Treibhausgas Kohlendioxid. Was also tun?

# Kohlendioxid zurück in die Erde

Eingangs hatten wir den Kohlenstoffzyklus untersucht und festgestellt, dass der schnelle, oberflächennahe Kreislauf um das Zehntausendfache kleinere Kohlenstoffmengen bewegt als der langsame Umlauf des Kohlenstoffs in tiefen Gesteinen. Unvermeidlich vermischen sich diese beiden Kreisläufe aber durch die global verbreitete Nutzung fossiler Brennstoffquellen. Die dadurch freigesetzten Kohlendioxidmengen werden heute für den Großteil des anthropogenen Treibhauseffekts verantwortlich gemacht. Ein naheliegender Gedanke ist daher, das Kohlendioxid der fossilen Brennstoffe wieder in den geologischen Speicher und damit in den geologischen Kreislauf zurückzuführen, um die Atmosphäre davon zu entlasten. Denn eine nachhaltige und nur auf regenerativen Quellen beruhende Energieversorgung wird sich global nicht in wenigen Jahren aufbauen lassen. Gegenwärtig basieren über 80 Prozent der weltweiten Energieversorgung auf fossilen Energieträgern. Die Energiegewinnung aus fossilen Rohstoffen, insbesondere aus Kohle, wird zur Deckung der weltweit steigenden Nachfrage wahrscheinlich noch über einen längeren Zeitraum unverzichtbar sein. Nach jüngsten Prognosen der Internationalen Energieagentur wird sich zum Beispiel die globale Stromerzeugung von 2005 bis 2030 nahezu verdoppeln; daher werden 70 Prozent des Strombedarfs noch über lange Zeit aus fossilen Brennstoffen gedeckt werden müssen. Folglich werden die Kohlendioxidemissionen noch steigen, wenn man nicht technisch gegensteuert.

Neben einer Erhöhung der Energieeffizienz bei der Nutzung fossiler Rohstoffe und dem verstärkten Einsatz alternativer Energiequellen ist daher die CCS-Technologie (Carbon Capture and Storage) eine wichtige Option, um den vom Menschen verursachten $CO_2$-Ausstoß kurzfristig zu verringern. Die Abscheidung von $CO_2$ aus dem Abgas von Kraftwerken und anderen großen Emissionspunktquellen ist heute technisch machbar. Daher kann die Einlagerung von Kohlendioxid in geologische Speicherstätten helfen, Zeit für die notwendige Umgestaltung des Weltenergiesystems zu gewinnen, denn die sich entwickelnden Volkswirtschaften Asiens, Südamerikas und Afrikas werden in naher Zukunft nicht auf die energetische Nutzung ihrer Kohle verzichten können. Die Bereitstellung der CCS-Technologie kann den auf-strebenden Nationen in ihrer wirtschaftlichen Entwicklung helfen und sie zugleich bei der Begrenzung ihrer Treibhausgasemissionen unterstützen.

Die geologische Speicherung von $CO_2$ im Untergrund stellt eine der Schlüsselaufgaben bei der Umsetzung der CCS-Technologie dar. Die Idee, Gas in porösen Gesteinsschichten einzulagern, fußt auf dem Beispiel der Natur, denn natürliche Erdgasvorkommen belegen, dass Gas unterirdisch über einen sehr langen Zeitraum gespeichert bleiben kann.

## $CO_2$-Untergrundspeicher

Kohlendioxid kann an Punktquellen, wie zum Beispiel Kohlekraftwerken, Raffinerien, Zementwerken oder aber auch Biomassekraftwerken, abgetrennt (Capture) und in den Poren von Gestein gespeichert werden (Storage). Besonders geeignete geologische Speicherstätten für $CO_2$ sind salzwassergefüllte tiefe Sandsteinschichten, sogenannte saline Aquifere, ab einer Tiefe von 1000 Metern unter der Erdoberfläche. Nach heutigem Kenntnisstand bieten diese Aquifere das größte Speicherpotenzial. Tiefe Kohleflöze und ausgeförderte Erdgasfelder sind eine weitere Option.

Wie injiziert man Kohlendioxid sicher und effektiv in eine tief liegende Gesteinsformation? Welche Verfahren zur Beobachtung der $CO_2$-Ausbreitung im Untergrund sind notwendig, welche besonders gut geeignet? Was sind die Anforderungen an die geologische Struktur und an das Überwachungsprogramm für eine nachhaltige Einlagerung von $CO_2$ in den Untergrund?

Im Rahmen des Leitprojektes der Europäischen Union $CO_2$SINK ($CO_2$ Storage by Injection into a Natural Saline Aquifer at Ketzin) wurden die im Untergrund ablaufenden Prozesse bei einer Einlagerung von $CO_2$ in die Sandsteinschichten einer geeigneten geologischen Struktur, der sogenannten Stuttgart-Formation, im brandenburgischen Ketzin wissenschaftlich untersucht (▶ Abb. 12.10). Das $CO_2$SINK-Konsortium umfasste 18 Partner aus Wissenschaft und Industrie aus neun europäischen Ländern. Ziel des Projektes war es, ein Untertagelabor für die $CO_2$-Speicherung aufzubauen, zu betreiben und mithilfe eines umfangreichen Überwachungsprogramms zu beobachten. Dazu wurde ein Großlabor unter Tage in der Nähe der Stadt Ketzin, etwa 20 Kilometer westlich von Berlin angelegt. Das Forschungsprojekt startete im April 2004.

Zur Errichtung des $CO_2$SINK-Untertagelabors wurden eine Injektionsbohrung zum Einspeisen des Kohlendioxids und zwei Beobachtungsbohrungen bis auf etwa 800 Meter Teufe niedergebracht. Sie bilden ein

economies of Asia, South America and Africa will not be able to do without energetic utilisation of their coal in the near future. The provision of CCS technology can help emerging nations with their economic development and also support them in limiting their greenhouse gas emissions.

Geological underground storage of $CO_2$ is one of the key tasks in the implementation of CCS technology. The idea of storing gas in porous rock strata is based on an example provided by nature, because natural gas deposits prove that gas can remain stored underground for a very long time.

## Underground storage of $CO_2$

Carbon dioxide can be separated (captured) from point sources, such as coal-fired power stations, refineries, cement mills, or even biomass power stations, and then stored in the pores of rocks. Particularly suitable geological reservoirs for $CO_2$ are deep, saltwater-filled sandstone strata, so-called saline aquifers, located at a depth of 1000 metres or more below the Earth's surface. Based on current knowledge, these aquifers provide the greatest storage potential. Deep coal seams and depleted natural gas fields are further options.

How can carbon dioxide be injected safely and effectively into a deep rock formation? Which methods of monitoring underground $CO_2$ migration are necessary and which are particularly suitable? What are the requirements regarding the geological structure and the monitoring programme to enable sustainable underground storage of $CO_2$?

As part of the European Union's flagship project "$CO_2$SINK" (*$CO_2$ Storage by Injection into a Natural Saline Aquifer at Ketzin*), scientists studied the processes that take place underground when $CO_2$ is stored in the sandstone strata of a suitable geological structure, in this case the Stuttgart Formation at Ketzin in Germany (▶ Fig. 12.10). The $CO_2$SINK consortium included 18 science and industry partners from nine European countries. The objective of the project was to set up and operate an underground laboratory to study $CO_2$ storage and to make observations with the help of a comprehensive monitoring programme. To this end, a large underground laboratory was set up near the town of Ketzin, around 20 kilometres to the west of Berlin. The research project started in April 2004.

To set up the underground $CO_2$SINK laboratory, an injection well for the carbon dioxide and two observation wells were sunk to a depth of around 800 metres. They form a right-angled triangle with side lengths of 50 metres and 100 metres, respectively (▶ Fig. 12.11).

The geological reservoir used for storage has a thickness of 80 metres, around 20 metres of which consist of permeable and porous sandstones. The overlying rock consists of clay-rich deposits with very low permeability

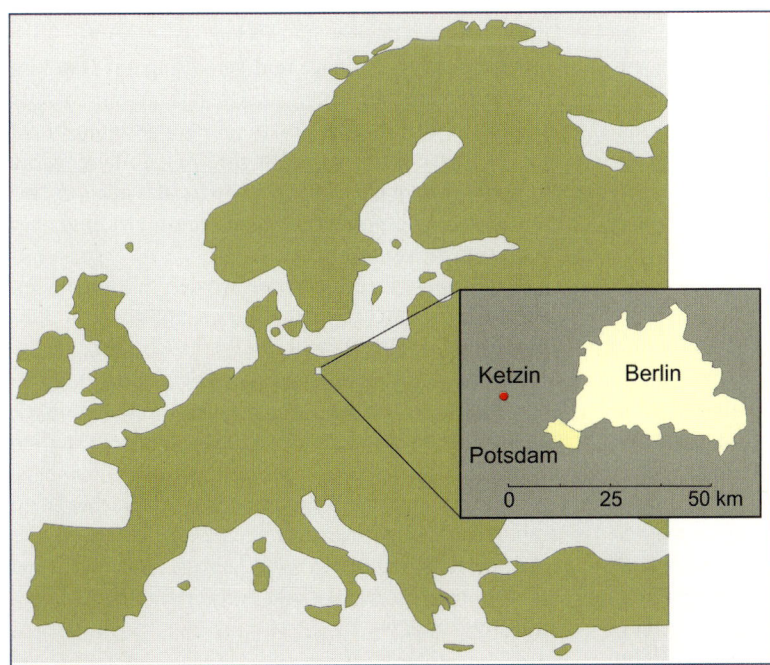

12.10 Geological $CO_2$ storage research project: location of Ketzin (Brandenburg, Germany).

12.10 Forschungsprojekt zur geologischen $CO_2$-Speicherung: Lage des Standorts Ketzin.

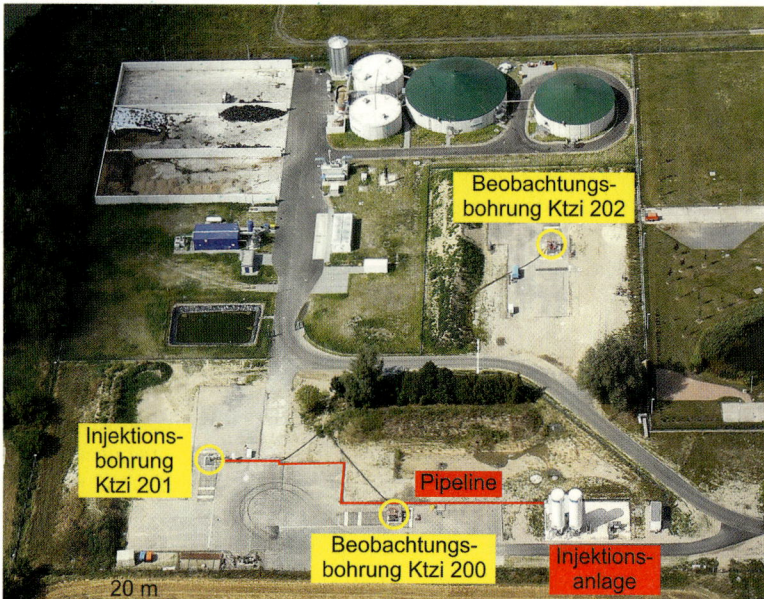

12.11 Die drei Forschungsbohrungen im $CO_2$-Labor Ketzin sind aus mess- und überwachungstechnischen Gründen im rechten Winkel angelegt.

12.11 The three research wells in the $CO_2$ laboratory at Ketzin are set up at right-angles for measuring and monitoring reasons.

rechtwinkliges Dreieck mit den Seitenlängen 50 Meter beziehungsweise 100 Meter (▶ Abb. 12.11).

Das zur Speicherung genutzte Reservoir hat eine Mächtigkeit von 80 Metern. Davon sind etwa 20 Meter als permeable und poröse Sandsteine ausgebildet. Diese Schicht bildet den geologischen Speicher. Das darüber liegende Deckgebirge besteht aus tonreichen Ablagerungen mit sehr geringer Durchlässigkeit und hoher Festigkeit. Ende Juni 2008 wurde mit der Einspeisung begonnen. Der Injektionsdruck, die Injektionstemperatur und die Injektionsrate wurden permanent überwacht und geregelt. Da noch kein abgeschiedenes $CO_2$ von zum Beispiel Kraftwerken zur Verfügung steht, wurde Kohlendioxid in Lebensmittelqualität verwendet.

## Monitoring und Modellierung der $CO_2$-Ausbreitung

Der Schwerpunkt des EU-Projekts $CO_2$SINK lag auf der Entwicklung, Erprobung und dem Vergleich verschiedener Überwachungs- und Beobachtungskonzepte. Die ersten Ergebnisse zeigen bisher nichts, was gegen die geologische Kohlendioxidspeicherung spricht. Viele grundlegende Erfahrungen in Bezug auf die Genauigkeit und Sensitivität der verschiedenen Überwachungsverfahren wurden gesammelt, die auf andere potenzielle Speicherstandorte übertragen werden können. Durch die Anwendung unterschiedlicher Verfahren ist es möglich, die Ausbreitung des eingebrachten $CO_2$ in Raum

und Zeit abzubilden und Wechselwirkungen des Gases mit dem Reservoir zu beobachten. Der interdisziplinäre Ansatz des Konzeptes soll dazu beitragen, die Machbarkeit und Sicherheit der Speicherung von $CO_2$ auch in anderen geologischen Formationen zu beurteilen.

Doch ist noch weitere Forschung nötig, um die Aussagen zur Ausbreitung des Kohlendioxids im Untergrund zu untermauern. Eine gemeinsame Auswertung der verschiedenen geophysikalischen Untersuchungen, Modellierungen und Laborversuche soll eine Aussage liefern, die neben der räumlichen Ausdehnung auch Informationen zur Menge und Verteilung des Gases im Untergrund enthält.

Dazu ist die Lokalität Ketzin sehr gut geeignet. Nicht nur die drei Bohrlöcher selbst sind mit umfangreicher Sensorik ausgestattet: In Ketzin wird das für ein solches Forschungsprojekt umfangreichste Monitoring-Programm weltweit umgesetzt.

Die Prozesse im Untergrund werden mit einer Vielzahl unterschiedlicher methodischer Ansätze und Programme modelliert. Durch den Vergleich mit den Beobachtungen vor Ort können in Ketzin die Vorhersagbarkeit und auch die Sicherheit der von den numerischen Modellen gelieferten Prognosen überprüft werden (▶ Abb. 12.12).

Eine gemeinsame Auswertung der verschiedenen geophysikalischen Untersuchungen, Modellierungen und Laborversuche ermöglicht eine Aussage zur räumlichen Ausdehnung, zur Menge und zur Verteilung des Gases im Untergrund.

and high strength. Injection of carbon dioxide began at the end of June 2008. The injection pressure, temperature and rate were permanently monitored and controlled. Since captured $CO_2$, for example, from power stations, was not yet available so food-quality carbon dioxide was used instead.

## Monitoring and modelling $CO_2$ migration

The EU $CO_2$SINK project focused on the development, testing and comparison of different monitoring and observation concepts. The initial results have not yet indicated any arguments against geological storage of carbon dioxide. Much fundamental experience was acquired with regard to the accuracy and sensitivity of the various monitoring methods, which can be applied to other potential storage sites. By using different methods, it is possible to track the migration of the injected $CO_2$ in time and space and to observe interactions of the gas with the reservoir. The interdisciplinary approach of the concept is intended to help assess the feasibility and safety of $CO_2$ storage in other geological formations.

However, further research is necessary to corroborate the information on underground migration of carbon dioxide. Joint evaluation of the various geophysical investigations, modelling and laboratory tests should convey information not only about the spatial extent, but also on the quantity and distribution of the gas underground.

The Ketzin locality is very suitable for this. Not only are the three wells themselves equipped with extensive sensor technology, the world's most comprehensive monitoring programme for such a research project is implemented in Ketzin.

The processes underground are modelled using a large number of different methodological approaches and programs. By comparing the resulting data with the observations at Ketzin, it is possible to check the predictability and reliability of the forecasts provided by the numerical models (▶ Fig. 12.12).

Joint evaluation of the various geophysical investigations, modelling and laboratory tests enables conclusions to be drawn regarding the spatial extent, quantity and migration of the gas underground.

## Opportunities and risks of geological $CO_2$ storage

Geological $CO_2$ storage provides an opportunity to substantially reduce carbon dioxide emissions in a comparatively short time and can therefore contribute to curbing the greenhouse effect. But how safe is storage of carbon dioxide underground?

Nature herself shows us which rock formations are suitable. Natural gas fields remain sealed tight for mil-

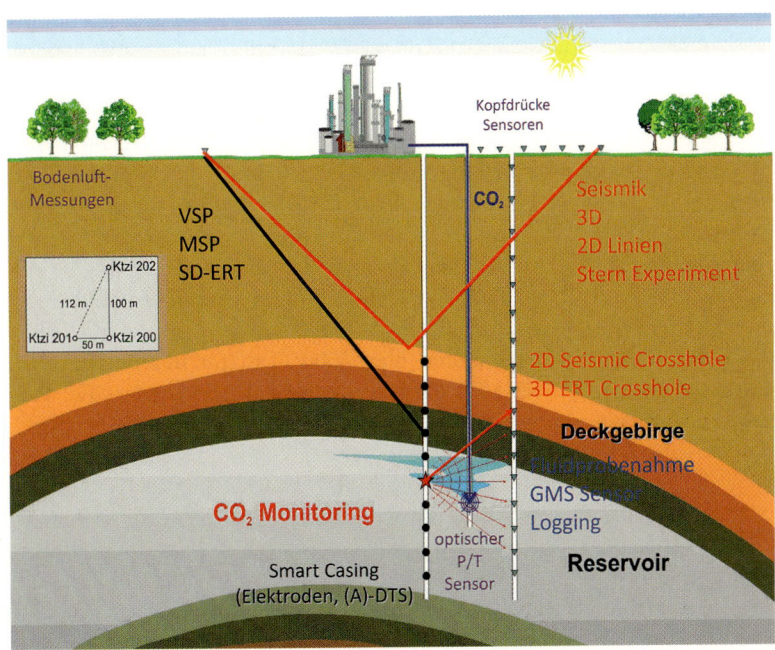

**12.12** The concept for monitoring the storage project in Ketzin has a unique density of different methods of measurement, including vertical seismic profiling (VSP), moving source seismic profiling (MSP), surface downhole electrical resistivity tomography (SD-ERT), active distributed temperature sensing ((A)-DTS), gas membrane sensor (GMS), electrical resistivity tomography (ERT), pressure/temperature (P/T) sensors.

**12.12** Das Konzept zur Überwachung des Speicherprojekts in Ketzin verfügt über eine weltweit einzigartige Dichte verschiedener Messverfahren: Vertical Seismic Profiling, VSP; Moving Source Seismic Profiling, MSP; Surface Downhole Electrical Resistivity Tomography, SD-ERT; Active Distributed Temperature Sensing, (A)-DTS; Gas Membrane Sensor, GMS; Electrical Resistivity Tomography, ERT; Pressure/Temperature, P/T.

## Chancen und Risiken der geologischen CO$_2$-Speicherung

Die geologische CO$_2$-Speicherung bietet die Chance, in vergleichsweise kurzer Zeit die Kohlendioxidemission erheblich zu reduzieren; sie kann damit zur Eindämmung des Treibhauseffektes beitragen. Aber wie sicher ist die Speicherung von Kohlendioxid unter Tage?

Die passenden Gesteinsformationen zeigt uns die Natur selbst. Natürliche Erdgasfelder sind über Zeiträume von Millionen Jahren dicht, aus ihnen entweicht kein Gas. Es gibt also dichtes Deckgestein. Eine Gefahr durch unkontrolliertes Austreten großer CO$_2$-Mengen besteht dann, wenn das Kohlendioxid aus einem unterirdischen Speicher direkt entweichen kann. Die eigentliche Verletzung des an sich dichten Untertagereservoirs stellen die Bohrungen selbst dar. Daher müssen sie überwacht werden. Das lässt sich mit einem geeigneten Netz von Beobachtungssensoren ohne allzu großen Aufwand realisieren. Und im Falle einer Leckage können solche Bohrlöcher schnell verschlossen werden. Wenn tatsächlich ein CO$_2$-Austritt an einer Bohrung erfolgen sollte und durch einen unglücklichen Umstand das Netz von Sensoren gleichzeitig versagen würde, wären die negativen Auswirkungen des unkontrollierten Austritts von CO$_2$ lokal begrenzt. Die hiermit für die Bevölkerung verbundenen Risiken sind als vergleichsweise gering einzustufen, weil Kohlendioxid nur in höheren Konzentrationen gefährlich ist. Erst CO$_2$-Konzentrationen über sechs bis acht Volumenprozent in der Atemluft führen zu Vergiftungserscheinungen.

Das größte Risiko der CO$_2$-Speicherung liegt, das mag verblüffend klingen, eher in einer zu positiven Beurteilung der Verfahrenseffizienz. Wenn die geologischen Speicher ein geringeres Rückhaltevermögen aufweisen als angenommen, verschlechtert sich das Verhältnis von eingesetzter Energie für Abscheidung und Speicherung zur erzielten CO$_2$-Minderung.

Würde man das CCS-Verfahren mit Prozessen zur Gewinnung erneuerbarer Energie wie der Geothermie und der energetischen Biomassenutzung kombinieren, ließen sich die Kohlendioxidemissionen weiter senken. Und eine hervorragende Ökobilanz ergäbe sich, wenn man die geologische CO$_2$-Speicherung mit der energetischen Nutzung von Biomasse koppelt, weil der Atmosphäre, also dem schnellen Oberflächenkreislauf des Kohlenstoffs, dann sogar CO$_2$ entzogen würde.

Der Begriff geologische *Speicherung* deutet auf eine weitere, interessante Facette: Es handelt sich um enorme Mengen Kohlenstoff, die unter Tage gespeichert, nicht endgelagert werden sollen. Kohlenstoff wird für eine Vielzahl industrieller Prozesse benötigt. Wir sollten die

geologische Lagerung von Kohlendioxid auch unter diesem Aspekt betrachten, sprich, wir sollten uns die Möglichkeit offenhalten, bei Bedarf das gespeicherte CO$_2$ zurückholen und in Wert setzen zu können.

Die Kohlenwasserstoffe der fossilen Brennstoffe sind eigentlich zum Verbrennen auch viel zu schade (▶ Abb. 12.13). Aus der Petrochemie stammen nicht nur Entwicklungen wie der Nylonstrumpf und die Plastiktüte. Die Möglichkeiten, aus Erdöl, Kohle und Erdgas andere Produkte herzustellen als Benzin und Brennstoff, sind unüberschaubar, sie reichen von Kosmetikprodukten bis zu medizinischen Präparaten. Aber dieser sogenannte nichtenergetische Verbrauch lag in Deutschland im Jahre 2008 unter acht Prozent des Primärenergieeinsatzes. Der Rest geht großteils durch Kamin und Auspuff und hinterlässt Kohlendioxid in der Atmosphäre.

Am allerbesten wäre natürlich, fossiles CO$_2$ bei der Energiebereitstellung gar nicht erst entstehen zu lassen. Auch dazu macht uns das System Erde ein Angebot.

## Energie aus der Tiefe: Geothermie

Unsere Erde ist ein Ball voller Glut und ist geladen mit Energie. In Zahlen ausgedrückt, beträgt die gesamte Wärmeenergie des Planeten 12 bis $24 \times 10^{30}$ Joule (J). Der jährliche Primärenergiebedarf der Welt liegt derzeit bei etwa $5 \times 10^{20}$ J, in Deutschland ist der jährliche Primärenergiebedarf $15 \times 10^{18}$ J. Ersparen wir uns hier die übliche Umrechnerei in Anzahl Kohlewaggons von hier bis zum Mond; es reicht ein Blick auf die Exponenten, um festzustellen, dass unsere Erde unendlich viel Energie in Form von Wärme in sich hat.

Ein Drittel bis zur Hälfte dieser Wärmeenergie stammt noch aus der Entstehung des Erdkörpers vor 4,6 Milliarden Jahren, 50 bis 70 Prozent entspringen dem natürlichen radioaktiven Zerfall von Elementen in Erdkruste und Erdmantel. Für die Nutzung dieses riesigen Energiepotenzials kommt natürlich nicht diese Gesamtmenge in Frage, denn der Erdkern mit seinen Temperaturen über 5500 °C ist für uns unerreichbar. Aber auch die für uns zugänglichen Bereiche der Erdkruste enthalten ausreichend viel Energie zur Bereitstellung von Wärme. Anfang 2010 wurde in Deutschland mehr als ein Gigawatt Wärmeleistung aus Geothermie gewonnen. Davon verteilten sich 150 MW$_{th}$ (Megawatt thermisch) auf größere Anlagen, der überwiegende Anteil von allein schon über 1 GW$_{th}$ (Gigawatt thermisch) stammt jedoch aus Erdwärmesonden. Die letztgenannte oberflächennahe Nutzung mit Wärmepumpen ist heute

12.13 Fossil fuels, already an image of yesteryear: petroleum production in Baku.

12.13 Heute schon ein Bild von gestern: fossile Brennstoffe, hier: Erdöl-förderung in Baku.

lions of years; no gas can escape through the impermeable dense cap rock. A risk due to uncontrolled leakage of large quantities of $CO_2$ exists if the carbon dioxide from an underground reservoir can escape directly. The greatest threat to an inherently tightly sealed underground reservoir is in fact the drilled wells themselves, which is why they have to be monitored. This can be achieved with relatively little effort using a suitable network of monitoring sensors. And if a leak does occur, such boreholes can be quickly sealed. If $CO_2$ should indeed leak from a well and, through some unfortunate circumstance, the network of sensors were to simultaneously fail, the negative effects of the uncontrolled escape of $CO_2$ would be limited to a local area. The associated risks for the population are relatively low because carbon dioxide is only dangerous in high concentrations: $CO_2$ concentrations of more than six to eight percent by volume in respiratory air are required before symptoms of poisoning occur.

It is rather surprising that the greatest risk associated with $CO_2$ storage lies in over-assessing the method's efficiency. If the geological reservoirs have a smaller retention capacity than assumed, this would worsen the ratio of energy used for capture and storage versus the achieved reduction in $CO_2$.

If the CCS process were to be combined with processes for the production of renewable energy, such as geothermal energy and energetic biomass utilisation, the carbon dioxide emissions could be reduced even further. And an excellent ecobalance could be achieved if geological $CO_2$ storage were to be coupled with energetic use of biomass because this would remove $CO_2$ from the atmosphere, i.e. the fast surface-carbon cycle.

The term geological *storage* points to another interesting facet: the method involves enormous quantities of carbon that are to be stored underground and not disposed of permanently. Carbon is required for a large number of industrial processes. We should also view the geological storage of carbon dioxide under this aspect, that is to say, we should leave open the option of retrieving the stored $CO_2$ and generating value, if necessary.

In fact, the hydrocarbons in fossil fuels are far too good to burn (▶ Fig. 12.13). Petrochemistry has not only developed products such as nylon stockings and plastic bags. The possibilities of manufacturing products other than petrol and fuel from petroleum, coal and natural gas are vast; they range from cosmetic products to medical preparations. Yet in Germany in 2008, this so-called non-energetic consumption accounted for less than eight percent of that used for primary energy. Most of the remainder went up the chimney and out the exhaust pipe, leaving behind carbon dioxide in the atmosphere.

Of course, the ideal case would be zero fossil $CO_2$ produced by energy generation. System Earth has a possible solution to this problem as well.

# Energy from the deep: geothermal energy

Our Earth is a ball full of blazing heat and is brimming with energy. Expressed in figures, the planet's total thermal energy is 12 to $24 \times 10^{30}$ joule (J). The annual pri-

schon ein Standard, in Deutschland gibt es gegenwärtig rund 200 000 Nutzungen mit einem Zuwachs um 35 000 weitere Anlagen jährlich. Hinzu kommen etwa fünfzig geothermische Tiefenbohrungen.

Die Geothermie hat gegenüber den anderen regenerativen Energieträgern den Vorteil, dass sie nicht von Sonnenschein, Wind und Wetter abhängig ist, sondern 365 Tage im Jahr zur Verfügung steht. Sie ist damit grundlasttauglich, sowohl für die Wärme- als auch die Stromversorgung. Geothermie als Wärmequelle findet sich bereits weit verbreitet, von der Nutzung in Heilbädern bis zur Wärmepumpe des Einfamilienhauses.

Wärme ist indes nur eine Form der Energie, die wir täglich nutzen. Unsere technische Zivilisation ist aber vor allem auf der Nutzung von Strom aufgebaut. Kann man auch hierzulande Erdwärme zur Stromerzeugung verwenden wie etwa in Island?

Das italienische Larderello ist der Geburtsort der Gewinnung von elektrischer Energie aus Erdwärme. Im Jahr 1904 installierte dort Graf Piero Ginori Conti einen Dynamo, der von Dampf aus dem vulkanischen Boden angetrieben wurde. Er brachte im Dorf fünf Glühbirnen zum Leuchten. Seitdem hat sich einiges getan: Weltweit dürften im Jahr 2010 etwa elf Gigawatt elektrische Leistung aus geothermischen Anlagen bereitgestellt werden. Aber das ist im Vergleich zum phantastischen Potenzial der Erdwärme erst ein kleiner Anfang. Zum Vergleich: Im selben Jahr 2010 lag die installierte Gesamtleistung der Windenergieanlagen der Welt bei über 100 GW. Allerdings hängt die Windkraft vom Wetter ab, weshalb alle Windenergieanlagen auf dem Globus praktisch nie zusammen die maximale Leistung bringen. Bei der Geothermie hingegen ist das im Prinzip möglich.

Erdwärme findet sich nicht nur in ausgeprägt vulkanischen Gebieten, Erdwärme gibt es überall, auch in Mitteleuropa. In Deutschland eignen sich für die tiefe Geothermie zur Stromerzeugung bevorzugt drei Regionen: das süddeutsche Molassebecken, der Oberrheingraben und das Norddeutsche Becken (▶ Abb. 12.14). Allerdings muss man hier wie dort mehrere Kilometer tief bohren, um auf Temperaturen zu stoßen, die es erlauben, über Dampfturbinen elektrische Generatoren anzutreiben. Die Erschließung stellt spezifische Anforderungen an Technik und Verfahren und ist beim aktuellen Entwicklungsstand noch mit hohen Investitionen verbunden.

12.14 Hydrothermales Potenzial in Deutschland.

12.14 Potential hydrothermal sites in Germany.

Hydrothermale Ressourcen

Potenzielle hydrothermale Ressourcen

keine nachgewiesenen hydrothermalen Energieressourcen

Grundgebirge ohne oder unter geringer Sedimentbedeckung

mary energy requirement of the world is currently around $5 \times 10^{20}$ J and that of Germany is $15 \times 10^{18}$ J. Let's spare ourselves the usual conversion into the number of coal wagons from here to the moon; we simply have to look at the exponents to see that our Earth contains an infinite quantity of energy in the form of heat.

Between one third and a half of this thermal energy still originates from the origin of the Earth's body 4.6 billion years ago, 50 to 70 percent is derived from the natural radioactive decay of elements in the crust and the mantle. Of course, we cannot tap this total quantity because we cannot access the core with its temperatures of over 5500 °C. But even the areas of the crust that are accessible to us contain sufficient energy in the form of heat. In Germany, at the beginning of 2010, more than one gigawatt heat output was generated from geothermal energy. Of this, 150 $MW_{th}$ (megawatt thermal) was produced by large plants; however, the largest share of over 1 $GW_{th}$ (gigawatt thermal) came from borehole heat exchangers. The latter, near-surface extraction with heat pumps is already a standard in Germany where there are currently around 200 000 heat-extraction facilities with an annual growth rate of around 35 000 units. There are also about fifty deep geothermal wells.

Compared to other renewable energy sources, geothermal energy has the advantage of not being dependent on sunshine, wind or weather, but is available 365 days a year. It is therefore suitable for supplying the base load of thermal and electrical energy. Use of geothermal energy as a heat source is already widespread and includes thermal waters to spas and to the heat pump of a single dwelling.

However, heat is only one form of energy that we use daily. Our technical civilisation is mainly based on the use of electricity. Is it possible to use geothermal heat to generate electricity here in Germany as they do in Iceland?

Larderello in Italy is the birthplace of electrical energy generation from geothermal energy. In 1904, Count Piero Ginori Conti installed a dynamo that was driven by steam from the volcanic soil. He managed to light up five light bulbs in the village. Much has happened since then. In 2010, a total of around eleven gigawatts of electrical power was generated by geothermal plants around the world. But this is only a small beginning compared to the incredible potential of the Earth's heat. As a comparison: for the same year, 2010, the total installed output of the world's wind turbines was more than 100 GW. However, wind power depends on the weather, which is why all the wind turbines on the globe put together will never produce this maximum output. In contrast, this is in principle possible with geothermal energy.

Geothermal energy is not only found in distinctive volcanic areas, it exists everywhere, even in Central Europe. Germany has three regions that are particularly suitable for generating electricity from deep geothermal energy: the southern German Molasse Basin, the Upper Rhine Graben and the North German Basin (▶ Fig. 12.14). However, it is necessary to drill several kilometres deep to reach temperatures that allow electrical generators to be driven by steam turbines. Tapping this resource makes specific demands on technology and processes and, with the current level of development, it still involves high investment costs.

But what are the drawbacks? Hydrothermal systems are water-bearing systems in the deep. The constituents of this deep water, which includes salts, heavy metals such as iron and manganese, and sometimes even hydrogen sulphide, present a considerable engineering challenge for reliable operation. They cause corrosion, threaten to block the wells and can produce wastewater that pollutes the environment. However, with today's state-of-the-art technology, we are able to make plant components corrosion-proof so that they reliably pump the thermal water back into the deep.

In Southern Germany and in the North European Plain, there are regions with warm or hot water-bearing aquifers from which the more or less salty water is withdrawn through deep boreholes. These strata are located at depths of around 3000 metres. With a temperature of between 60 and 120 °C, this water is hardly suitable for the efficient generation of electric current. Therefore, it is mainly used to heat buildings. Typical examples are centralised heating plants for the provision of local and district heating for households, small-scale energy users and industrial applications. Classic examples are direct use of thermal water as medicinal mineral water and bathing water in spas.

The situation becomes really interesting in deeper strata. Below a depth of 4000 metres, rock formations with temperatures of more than 150 °C are found practically everywhere. They contain by far the largest reservoir of geothermal energy that is currently technically accessible and interesting for electricity generation. Technology for utilisation of deep geothermal energy usually requires at least two wells. One well is used to extract the hot water with sufficient temperature from a deep aquifer and then send it through the heat exchanger of a power station that extracts the heat; the cooled water is then pumped back into the same rock layer via the second well (▶ Fig. 12.15).

In the North German Basin, there are two problems to solve. Firstly, the temperature at a depth of 4300 metres is only 150 °C, but power stations usually operate with steam temperatures of 250 °C. This problem is

Wo liegen die Probleme? Hydrothermale Systeme sind wasserführende Systeme in der Tiefe. Die in solchem Tiefenwasser enthaltenen Salze, Schwermetalle wie Eisen und Mangan und manchmal sogar Schwefelwasserstoff stellen für den verlässlichen Betrieb eine beträchtliche ingenieurtechnische Herausforderung dar. Sie bewirken Korrosion, drohen die Bohrlöcher zuzusetzen und können Abwasser erzeugen, das die Umwelt belastet. Mit dem heutigen Stand der Technik ist man jedoch in der Lage, die Anlagenkomponenten korrosionssicher aufzubauen und die Thermalwässer sicher in die Tiefe zurückzupumpen.

In Süddeutschland und in der Norddeutschen Tiefebene gibt es Regionen mit Warm- oder Heißwasser führenden Grundwasserleitern, den bereits mehrfach genannten Aquiferen, denen über Tiefbohrungen das mehr oder weniger salzhaltige Wasser entzogen wird. Diese Schichten liegen in Tiefen bis etwa 3000 Meter. Da das Wasser hier Temperaturen zwischen 60 und 120°C aufweist, eignet es sich allerdings kaum für eine effektive Produktion von elektrischem Strom. Deshalb wird es vorwiegend zur Gebäudeheizung eingesetzt. Typische Beispiele sind Heizzentralen zur Bereitstellung von Nah- und Fernwärme für Haushalte, Kleinverbraucher und Industrieanwendungen. Klassisch ist die direkte Nutzung der Thermalwässer als Heil- und Badewasser.

Richtig interessant wird es in tieferen Schichten. Ab 4000 Metern Tiefe stößt man praktisch überall im Untergrund auf über 150°C heiße Gesteinsformationen. Sie enthalten das bei weitem größte Reservoir an geothermischer Energie, das derzeit technisch zugänglich und für die Stromerzeugung interessant ist. Die Technologie zur Nutzung der tiefen Geothermie erfordert in der Regel jeweils mindestens zwei Bohrlöcher: Mit der einen Bohrung wird das heiße Wasser mit ausreichender Temperatur aus einem tiefen Aquifer erschlossen und zur Wärmenutzung durch den Wärmetauscher eines Kraftwerks geschickt; anschließend pumpt man das abgekühlte Wasser im zweiten Bohrloch wieder in die gleiche Gesteinsschicht zurück (▶ Abb. 12.15).

Im Norddeutschen Becken stößt man dabei auf zwei Probleme. Erstens liegt die Temperatur in 4300 Metern Tiefe bei nur 150°C, übliche Kraftwerke arbeiten aber mit Dampftemperaturen von 250°C. Dieses Problem löst man, indem man nicht mit Wasser in der Dampfturbine arbeitet, sondern mit organischen Flüssigkeiten, die bei Temperaturen weit unter 100°C verdampfen. Die ORC-Kraftwerke (Organic Rankine Cycle) sind Stand der Technik.

Das zweite Problem ist ein wenig aufwendiger zu lösen: Was, wenn das Gestein in der Tiefe zwar warm genug ist, aber kein oder zu wenig Wasser führt?

## Stimulierte Gesteine

Will das Wasser nicht fließen, muss man es zum Fließen bringen. Auch in 4300 Metern Tiefe haben die Sandsteine und Vulkanite der Norddeutschen Tiefebene noch Poren und Klüfte, in denen das Wasser sitzt. Wenn das Gestein porös und durchlässig genug ist, verfügt man also über ein Warmwasserreservoir in der Tiefe. Um die Wassermenge soweit zu erhöhen, dass ein wirtschaftlicher Betrieb des Geothermal-Kraftwerks möglich ist, vergrößert man den Zufluss, indem man das Gestein stimuliert: Man pumpt Wasser in das Bohrloch und baut einen Druck auf, sodass sich die vorhandenen Poren und Klüfte im Gestein aufweiten. Durch diese Stimulation kann mehr Wasser aus dem umgebenden Gestein zufließen. Dieses Konzept nennt man „Enhanced Geothermal System (EGS)". Das heiße Tiefenwasser wird nach oben gepumpt und nach Abkühlung wieder in die Tiefe zurückgebracht. EGS-Technologien werden für Standorte entwickelt, an denen die Wirtschaftlichkeit nicht von vorn herein gegeben ist. Etwa 95 Prozent des geothermischen Potenzials in Deutschland sind nur mit dieser Technologie erschließbar. Alle dazu notwendigen Systemkomponenten sind zwar prinzipiell verfügbar, sie arbeiten aber in der Zusammenschaltung oft noch nicht ausreichend zuverlässig und effizient.

Die im Norddeutschen Becken weit verbreiteten, Heißwasser führenden sedimentären Beckensysteme stellen ein vielversprechendes Potenzial für die Erdwärmenutzung dar. Da solche Systeme weltweit verbreitet sind, sind die hier entwickelten Technologien nicht nur in Deutschland für die Geothermienutzung interessant. Sie können weltweit auf andere Standorte mit vergleichbaren geologischen Bedingungen übertragen werden.

Zu EGS-Systemen gehören auch die sogenannten HDR-Systeme. Das sind Gesteinsformationen, die in der Tiefe zwar heiß, aber trocken sind (Hot Dry Rock). In HDR-Systeme pumpt man von oben Wasser hinein, lässt es sich erwärmen und wieder nach oben steigen.

## Forschungslabor Groß Schönebeck

Um neue technologische Ansätze in der praktischen Anwendung zu entwickeln und Probleme im Testbetrieb auf den Grund zu gehen, sind Demonstrationsanlagen unverzichtbar. Im brandenburgischen Groß Schönebeck steht ein Geothermieforschungslabor mit zwei jeweils über 4000 Meter tiefen Bohrungen, die weltweit einzige Einrichtung zur Untersuchung der geothermischen Nutzung sedimentärer Großstrukturen unter

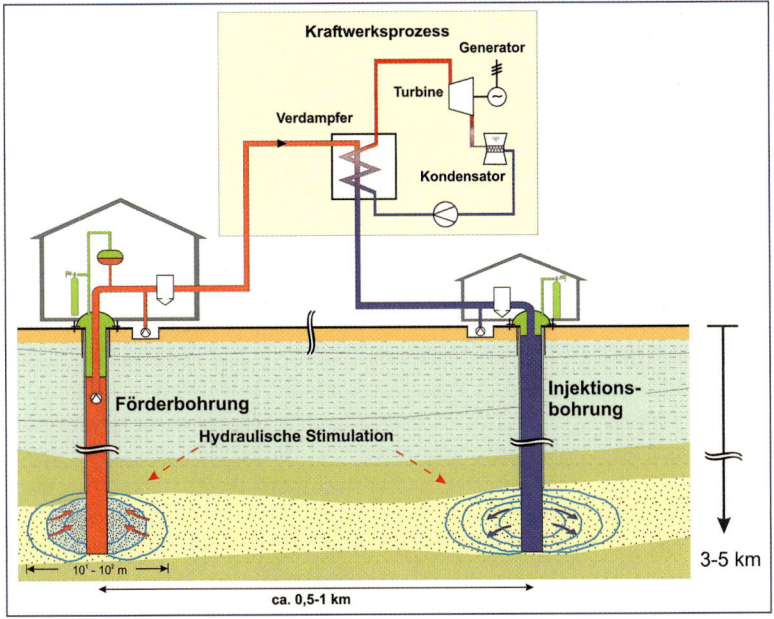

Kraftwerksprozess
Generator
Turbine
Verdampfer
Kondensator

Förderbohrung
Hydraulische Stimulation
Injektions-
bohrung

10¹ - 10² m
ca. 0,5-1 km
3-5 km

12.15  Schematic diagram of a well doublet for geothermal electricity generation.

12.15  Prinzipskizze einer Bohrloch-doublette zur geothermischen Strom-erzeugung.

solved by not using water in the steam turbine, but organic liquids are used instead that evaporate at temperatures far less than 100 °C. These ORC (Organic Rankine Cycle) power stations are state-of-the-art.

The second problem takes more effort to solve. What if the rock in the deep is hot enough, but bears no or too little water?

## Stimulated rocks

If the water doesn't want to flow, we have to make it flow. Even at depths of 4300 metres, the sandstones and igneous rocks of the North European Plain have pores and fissures containing water. If the rock is porous and permeable enough, a reservoir for hot water is available in the deep. To increase the quantity of water sufficiently to enable economic operation of a geothermal power station, the inflow is increased by stimulating the rock. This involves pumping water into the well under pressure so that the pores and fissures in the rock expand, thus increasing the inflow rate of water from the surrounding rock. This concept is called the "Enhanced Geothermal System (EGS)". The hot water is pumped upwards and, after cooling, is returned to the deep. EGS technologies are developed for locations that are not economically viable from the outset. Around 95 percent of the geothermal potential in Germany can only be tapped with this technology. All the necessary compo-

nents are already available, but often they do not yet work efficiently and reliably enough as a system.

The hot water-bearing sedimentary basin systems that exist in large parts of the North German Basin provide very promising potential for geothermal use. As such systems exist worldwide, the technologies developed for geothermal use are interesting not only in Germany, they can be transferred to other locations around the globe that have comparable geological conditions.

EGS systems also include the so-called HDR systems. These are deep rock formations that are hot, but are also dry (hot dry rock). In these systems, water is pumped in from above, allowed to heat up and then pumped back to the surface.

## Groß Schönebeck research laboratory

Demonstration plants are indispensable in the development of new technological solutions into practical applications and to resolve any problems during tests. A geothermal research laboratory with two deep wells, each more than 4000 metres deep, has been set up near Groß Schönebeck in Germany. It is the world's first facility for investigating geothermal utilisation of large sedimentary structures under natural conditions. It enables hydraulic experiments and well measurements that provide information about the geological and hydrogeological conditions in the deep. The two wells tap geother-

natürlichen Bedingungen. Es ermöglicht hydraulische Experimente und Bohrlochmessungen, die Aufschluss über die geologischen und hydrogeologischen Verhältnisse in der Tiefe geben. Die beiden Bohrungen erschließen geothermisch interessante Horizonte des Norddeutschen Beckens mit Temperaturen um 150 °C.

Geothermiebohrungen stellen eine besondere Herausforderung dar. Zwar kann man hier auf Erfahrungen der Bohrungen in der Erdölindustrie zurückgreifen, aber die Geothermie kann die Methoden der Kohlenwasserstoffindustrie nicht unverändert übernehmen. Die Geothermie fördert kein Öl, sondern heißes Wasser. Daher müssen zum Beispiel neue Lösungen für Bohrlochspülungen (▶ Kapitel 09 über wissenschaftliches Bohren) und für den fertigen Ausbau des Bohrlochs einschließlich Verrohrung gefunden werden. Die angestrebte Nutzung eines geothermischen Reservoirs über zwanzig bis dreißig Jahre erfordert ein möglichst schonendes Anbohren des Speichergesteins und einen sicheren Bohrungsausbau. Deshalb werden in Groß Schönebeck neben den bereits erwähnten Stimulationsverfahren auch neue Methoden zum speicherschonenden Aufschluss geothermischer Lagerstätten und zum gerichteten Bohren untersucht.

Ein schonendes und gezieltes Anbohren des Reservoirgesteins ist essenziell für die Ergiebigkeit geothermischer Lagerstätten und ebenso wichtig für die Wirtschaftlichkeit einer Geothermieanlage, da es einen ungehinderten Thermalwasserzufluss ermöglicht. Geothermische Lagerstätten können so für die langfristige Nutzung über viele Jahre vorbereitet werden. Ebenso wichtig für die Wirtschaftlichkeit ist die künstliche Verstärkung des Thermalwasserzuflusses, denn sie erhöht die Produktivität der Bohrung (▶ Abb. 12.16), und schließlich müssen die Verfahren auf verschiedene Erdwärmestandorte übertragbar sein.

Standortunabhängig anwendbare Nutzungskonzepte sollen langfristig eine breitere Nutzung geothermischer Ressourcen auch außerhalb geothermischer Anomalien, wie zum Beispiel vulkanischer Gebiete, ermöglichen. Die Untersuchungsergebnisse am Referenzstandort Groß Schönebeck stellen damit die Voraussetzung für eine weiträumige Erschließung des Norddeutschen Beckens und ähnlicher geologischer Strukturen mit geothermischen Anlagen dar.

## Forschungsbedarf und Risiken

Im Dezember 2006 verstörte ein Erdbeben der Stärke 3,4 auf der Richterskala die Einwohner der Stadt Basel. Ursache dafür waren Arbeiten an einer Geothermiebohrung. Auch an den geothermischen Anlagen in Soultz-sous-Forêts in den Vogesen und in Landau am Fuß des Pfälzer Waldes wurden schon leichte Erschütterungen gemessen. Die Ereignisse lenkten die öffentliche Aufmerksamkeit auf die tiefe Geothermie und ihre Risiken. Ist Geothermie gefährlich?

Über hundert Jahre geothermische Stromerzeugung haben noch nie, auch nicht in tektonisch aktiven Gebieten, zu schweren Schäden geführt oder gar Menschenleben gefordert. Trotzdem muss, wie bei jeder Technologie, auch das Risiko der Nutzung von Geothermie untersucht werden. Der Untergrund unter unseren Füßen ist komplex, jeder potenzielle Projektstandort erfordert deshalb umfangreiche geologische Voruntersuchungen und ein auf den jeweiligen Standort abgestelltes Erschließungskonzept. Gerade die Geowissenschaften verfügen über ein breit gefächertes Instrumentarium, mit dem Gefahrenabschätzungen vorgenommen und Szenarien zur Risikominimierung entwickelt werden können. Bereits diese Voruntersuchungen sollten über das Für und Wider eines Projektes entscheiden. In geothermisch begünstigten Gebieten wie dem Oberrheingraben bei Basel ist das natürliche Risiko seismischer Aktivität generell höher einzustufen als etwa im norddeutschen Sedimentbecken, wo kaum Erdstöße zu erwarten sind.

Mit Forschung und Entwicklung, Demonstrations- und Pilotanlagen wurden in den vergangenen Jahren in Deutschland die Grundlagen für viele erfolgreiche geothermische Projekte gelegt. Die tiefe Geothermie steckt aber noch in den Kinderschuhen, die technologischen Herausforderungen sind groß und verlangen Zeit und Ausdauer. Dafür sind aber die Potenziale der Geothermie im Wortsinn ewig und gewaltig.

In Deutschland leistet die Geothermie heute erst einen geringen Beitrag zur Energieversorgung, ihre Nutzung hat jedoch in den letzten Jahren einen deutlichen Zuwachs zu verzeichnen gehabt. Erste Anlagen zur gekoppelten Wärme- und Stromerzeugung sind ans Netz gegangen. Sie demonstrieren, dass geothermische Ressourcen auch unter hiesigen geologischen Gegebenheiten ein energiewirtschaftlich interessantes Potenzial darstellen. Für eine zukünftige Energieversorgung, die nicht mehr auf fossile Energieträger zurückgreifen will, ist die Erdwärme auch global auf Dauer unverzichtbar.

## Ausblick

Unser Planet, das System Erde, stellt uns unendlich viel Energie zur Verfügung, mit der wir unseren Energiehunger stillen könnten, die wir aber bisher nicht nach-

mally interesting horizons of the North German Basin with temperatures of around 150 °C.

Geothermal wells are a particular challenge. Although we can draw upon drilling experience acquired by the petroleum industry, methods used by the hydrocarbon industry cannot be directly applied to tapping geothermal energy. Geothermal wells extract hot water, not oil. Therefore, new solutions are required for well flushing (▶ Chapter 09 on scientific drilling) and for complete construction of the borehole, including casing. The targeted service life of twenty to thirty years for a geothermal reservoir requires tapping the reservoir rock with the least possible damage and the construction of safe and reliable wells. Therefore, work at Groß Schönebeck is focussing not only on the aforementioned stimulation methods, but also on new methods of developing geothermal resources that do not damage the reservoir as well as innovative directional drilling techniques.

Careful and well-planned tapping of the reservoir rock is essential to obtain a high yield from a geothermal reservoir and is also important for the economic viability of a geothermal plant because it enables unobstructed inflow of thermal water. In this way, geothermal reservoirs can be prepared for long-term use. Artificial enhancement of the thermal water inflow is also very important for economic efficiency because it increases the productivity of the well (▶ Fig. 12.16), and finally, the methods must be transferable to different geothermal locations.

In the long term, locationally independent, practicable utilisation concepts should enable broader use of geothermal resources, including those outside geothermal anomalies, for example, volcanic areas. The results of the investigations at the Groß Schönebeck reference site are thus essential for the extensive development of the North German Basin and similar geological structures with geothermal plants.

12.16 Performance test at Groß Schönebeck geothermal research facility.

12.16 Leistungstest an der Geothermieforschungsanlage Groß Schönebeck.

## The need for research and the risks

In December 2006, an earthquake of magnitude 3.4 on the Richter scale disturbed residents in of the city of Basel in Switzerland. It was caused by work on a geothermal well. Light tremors were also measured at the geothermal plants in Soultz-sous-Forêts in the Vosges Mountains and in Landau at the foot of the Palatinate Forest. The events drew public attention to deep geothermal energy and its risks. Is geothermal energy dangerous?

More than one hundred years of geothermal electricity generation has never led to serious damage and has never cost human lives, not even in tectonically active areas. Nevertheless, as with every technology, the risks associated with geothermal energy utilisation must be examined. The ground beneath our feet is complex, and every potential project location thus requires extensive geological preliminary investigations and a development concept tailored to the respective site. The geosciences, in particular, have a wide range of instruments for performing risk assessments and developing scenarios for risk minimisation. These preliminary investigations should enable us to weigh up the pros and cons of a project. In geothermally favourable areas, such as the Upper Rhine Graben near Basel, the natural risk of seismic activity is generally higher than in the North German sediment basin, where there is very little likelihood of earth tremors.

The basic fundamentals for many successful geothermal projects have been established in recent years in Germany by means of research and development, demonstration and pilot plants. However, deep geother-

haltig nutzen. An kaum einer Stelle wird so dramatisch deutlich, was es heißt, dass wir nicht nur auf, sondern auch von der Erde leben. Alle unsere Rohstoffe, von Nahrungsmitteln über Erze bis hin zu energetischen Ressourcen, stammen aus diesem System. Im Zusammenspiel der einzelnen Komponenten des Systems Erde müssen wir darauf achten, dass sich unser Teilsystem, die Anthroposphäre, in das Gesamtsystem Erde einpasst; unser Lebens- und Gestaltungsraum ist eingebettet in diesen großen Wirkungsmechanismus. Energie und ihre Nutzung sind dazu Schlüsselelemente, für die menschliche Gesellschaft wie für das Leben überhaupt.

mal energy is still in its infancy, there are major techno-logical challenges that require time and perseverance. In return, the potential of geothermal energy is, quite literally, eternal and enormous.

Geothermal energy is currently making only a small contribution to the energy supply in Germany; however, its use has increased considerably in recent years. The first plants for combined heat and power generation are already feeding the grid. They demonstrate that geothermal resources represent an interesting potential for the energy industry, even under the geological conditions that exist in Germany. In the long term, geothermal energy will be indispensable in securing a future global energy supply that no longer depends on fossil energy sources.

# Outlook

Our planet, System Earth, provides us with an infinite supply of energy with which we could satisfy our hunger for energy, but which we are not yet using sustainably. Hardly anywhere else is it so dramatically clear what it means when we say that we live not only on but also from the Earth. All our raw materials, from our food to ores through to energy resources, come from this system. In the interaction of the individual components of System Earth, we must take care to ensure that our subsystem, the anthroposphere, fits into System Earth as a whole because this place where we live and work is embedded in this large active mechanism. Energy and its utilisation are thus, key elements for human society as well as for life itself.

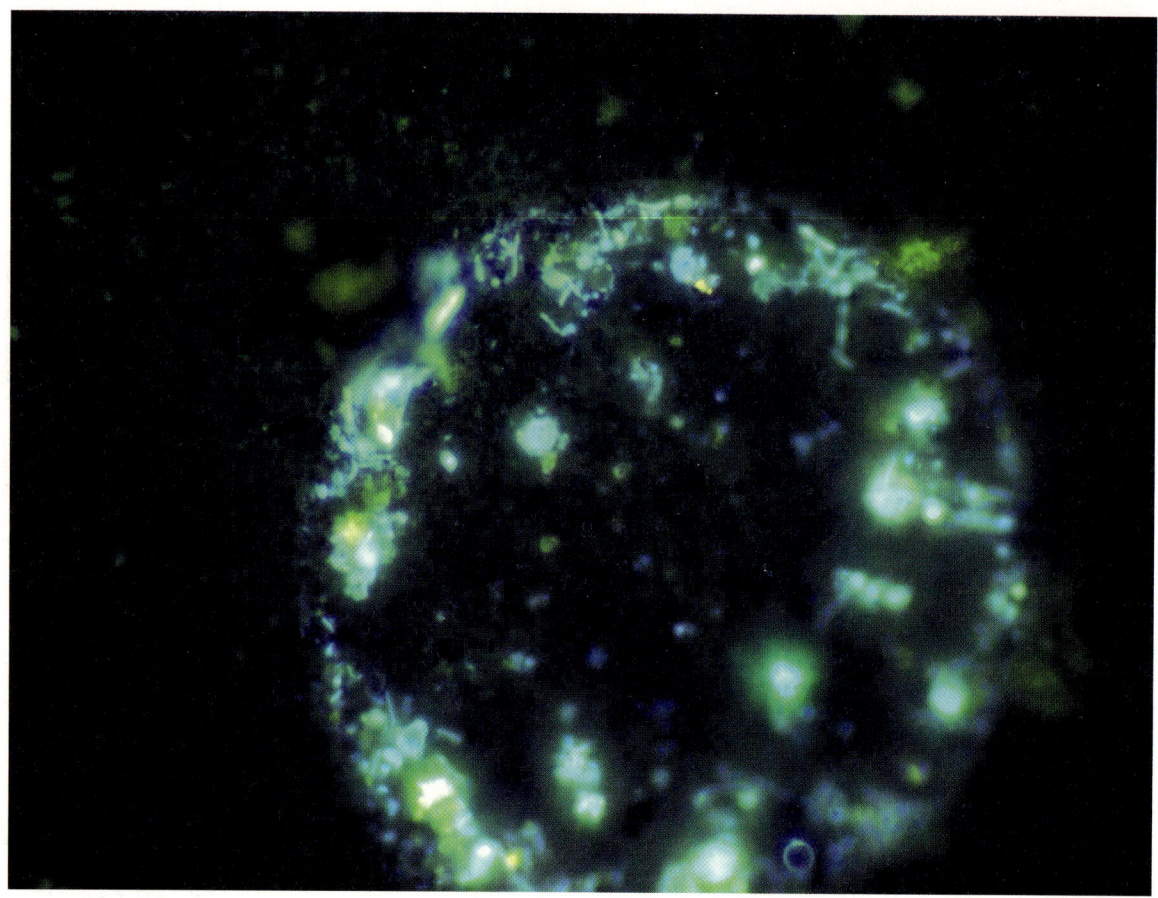

13.1  Mehrere Populationen von Mikroorganismen in einem Fluid aus 670 Metern Tiefe der Injektionsbohrung am $CO_2$-Labor im brandenburgischen Ketzin. Die bis zu 5 µm kleinen stäbchen- und kokkenförmigen Zellen bilden eine ringartige Struktur.

13.1  Several populations of microorganisms in a fluid taken at a depth of 670 metres from the injection well at the $CO_2$ laboratory in Ketzin (Germany). The small bacilliform and coccoid cells, up to 5 µm in size, form an annular structure.

# Kapitel 13

# Leben in der tiefen Biosphäre

# Chapter 13

# Life in the Deep Biosphere

Unsere Erde erscheint aus dem Weltraum als blauer Planet. Die Färbung weist auf ein bis heute nicht gelöstes Rätsel hin. Das Blau als solches können wir deuten, seit Lord Rayleigh 1871 die Streuung des Sonnenlichts in der Atmosphäre erklärte: je kürzer die Wellenlänge, desto größer die Streuung des Lichts. Die kurzen Wellenlängen liegen im blauen Spektralbereich, dieser Anteil des für unser Auge sichtbaren Lichts wird an den kleinsten Bestandteilen, den Luftmolekülen, gestreut. Der blaue Himmel spiegelt sich im Wasser, das drei Viertel der Erdoberfläche bedeckt. Und hier beginnt das Rätsel. Wieso hat die Erde so viel Wasser? Bisher kennen wir keinen anderen Himmelskörper, der $H_2O$ in solchen Mengen aufweist, der Nachweis von geringen Mengen gefrorenen Wassers auf dem Mond und auf anderen Planeten ist immer noch eine aufregende Entdeckung. Und das, obwohl Wasser im All reichlich vorhanden ist.

Bisher ist nicht geklärt, woher das irdische Wasser kommt: Stammt es aus den Ausgasungen während der Ursprungsphase des Erdkörpers? Ist es durch den Kometenbeschuss, der vor allem in der Frühgeschichte des Planeten einem Trommelfeuer glich, auf die Erde gebracht worden? Wir wissen es nicht. Derzeit geht die Forschung von einer Kombination beider Faktoren aus, wobei unsicher ist, welcher dieser beiden Mechanismen welchen Anteil am Gesamtwasser der Erde hat. Das gesamte Flüssigwasseraufkommen der Erde ist mit rund 1380 Millionen Kubikkilometern eine gewaltige Menge, davon sind nur 35 Millionen Kubikkilometer Süßwasser. Die Hydrosphäre und Kryosphäre (Ozeane, Seen, Flüsse und Eis) halten mehr als 99 Prozent dieses freien, nicht chemisch gebundenen Wassers, weniger als ein Prozent findet sich im Grundwasser, in Boden- und Gesteinsfeuchte; die Atmosphäre trägt in Form von Wolken, Niederschlag und Luftfeuchte weniger als ein Tausendstel der Gesamtmenge.

Die Größe der Erdmasse, also letztlich ihre Gravitation, und die passende Entfernung vom Zentralgestirn haben dafür gesorgt, dass die Erde eine Atmosphäre hat. Die im Lauf der Erdgeschichte sich ändernde Chemie des Planeten brachte schließlich die heutige Atmosphäre mit ihrem je nach Druck und Temperatur variierenden Wassergehalt zustande; der Kreislauf des Wassers ist eines von vielen wichtigen Getrieberädchen im System Erde.

Allgemein gilt: Leben, wie wir es kennen, wäre ohne Wasser nicht möglich. Und Leben macht unseren Planeten, soweit wir wissen, einzigartig. Aber woher kommt das Leben?

Über die Entstehung von Leben auf der Erde vor rund 3,8 Milliarden Jahren gibt es eine Reihe von Hypothesen, aber bisher keine eindeutige Erklärung. Man geht davon aus, dass am Anfang die sogenannte chemische Evolution stand, in deren Verlauf sich aus anorganischen Molekülen einfache organische Moleküle, das heißt auf Kohlenwasserstoff basierende Verbindungen, gebildet haben. Diese haben sich dann zu komplexeren Formen von Fett (Lipiden) und Makromolekülen vereint. Während die Lipide Membranen bildeten, haben in diesem evolutionären Prozess irgendwann und irgendwie andere Molekülstrukturen die Fähigkeit der chemischen Selbsterneuerung entwickelt. Durch eine Vereinigung der Membranen und selbstreplizierenden Moleküle trat die Entwicklung dann in das Stadium der biologischen Evolution ein.

Eine der großen Fragen ist, wo diese Prozesse stattgefunden haben. Als Lösungs- und Transportmedium gilt wieder das Wasser. Nach der Ursuppentheorie sind diese Vorgänge in abgeschnürten Küstenbecken abgelaufen, in denen durch Verdunstung und neuerliche Überspülung die Konzentration der Moleküle so stark zunahm, dass Reaktionen zwischen ihnen möglich waren. Dass so etwas in hochkonzentrierten Medien passieren kann, zeigten Stanley Lloyd Miller und Harold Urey 1953 in einem berühmten Experiment. In ihrem Versuchsaufbau entstanden aus einem Gasgemisch, welches die urzeitliche Atmosphäre nachstellte, und einem Lichtbogen, der die Energiezufuhr durch Blitze in der turbulenten Uratmosphäre simulierte, zahlreiche organische Moleküle. Eine andere Theorie besagt, dass sich die zum Leben führenden Prozesse in der vor der starken UV-Strahlung schützenden Tiefsee an den sogenannten Schwarzen Rauchern abgespielt haben (▶ Abb. 13.3). Grundbausteine und Energie sind in diesen Unterwassersystemen durch die heißen und stoffreichen vulkanischen Fluide und die dort ablaufenden chemischen Prozesse im Übermaß vorhanden. Die komplexeren Moleküleinheiten könnten sich an den Oberflächen von Mineralen mit Katalysatoreigenschaften gebildet haben.

Eine ganz andere Variante zur Erklärung des Lebens auf der Erde lautet: *It Came from Outer Space*. Vor Jahren noch als esoterische Flausen abgetan, scheint diese Hypothese heute durchaus sinnvoll. Die NASA-Raumsonde „Stardust" konnte auf dem Kometen „Wild-2" Aminosäuren nachweisen. Kürzlich untersuchten Forscher des Helmholtz-Zentrums München den 1969 in Australien niedergegangenen Meteoriten „Murchison", der wahrscheinlich älter als das Sonnensystem ist. Sie entdeckten 14 000 chemische Verbindungen, darunter allein 40 Aminosäuren. Bei seiner langen Reise durch das All hat dieser Meteorit eine Fülle verschiedener organischer Moleküle eingesammelt. Aminosäuren, der Grundstoff des Lebens, können sich offenbar im kosmischen Staub bilden, über Milliarden Jahre stabil bleiben und selbst den Sturz auf die Erde überstehen.

From space, our Earth appears as a blue planet. The colouring indicates a puzzle that has not yet been solved. We have been able to interpret the blue as such, since 1871 when Lord Rayleigh explained the scattering of sunlight in the atmosphere: the shorter the wavelength the greater the scattering. The short wavelengths lie within the blue spectral range, this component of light visible to the human eye is scattered off the smallest constituents – the air molecules. The blue sky is reflected in the water covering three quarters of the Earth's surface. And this is where the puzzle begins. Why does the Earth have so much water? We have not yet found any other celestial body with such quantities of $H_2O$; the detection of small quantities of frozen water on the moon and other planets is still an exciting discovery, despite the fact that water is in plentiful supply throughout the universe.

Scientists have not yet been able to explain where terrestrial water comes from. Did it arise by outgassing during the Hadean eon of the Earth's formation? Was it brought to the Earth by comet bombardment, which was like a constant barrage, especially during the early history of the planet? We do not know. Research currently assumes a combination of both factors, although it is uncertain which of these two mechanisms is responsible for what proportion of the total water on Earth. With around 1380 million cubic kilometres, the Earth's total amount of liquid water is a huge quantity, of which only 35 million cubic kilometres is freshwater. The hydrosphere and cryosphere (oceans, lakes, rivers and ice) hold more than 99 percent of this free, not chemically bound water, less than one percent is groundwater and moisture in soil and rock. The atmosphere holds less than one thousandth of the total quantity in the form of clouds, precipitation and humidity.

The magnitude of the Earth's mass, i.e. ultimately its gravitation, and the right distance from the central star have ensured that the Earth has an atmosphere. The changing chemistry of the planet during the Earth's history finally produced the present-day atmosphere with its varying water content that depends on pressure and temperature. The water cycle is one of many important cogs driving System Earth.

Life as we know it would not be possible without water. And, as far as we know, life makes our planet unique. But where does life come from?

There are a number of hypotheses about the origin of life on Earth, which happened around 3.8 billion years ago, but there is still no clear explanation. It is assumed that it all started with "chemical evolution", during the course of which simple organic molecules, i.e. carbon-based compounds, formed from inorganic molecules. These organic molecules then combined into more complex forms, such as fats (lipids) and macromolecules. Whereas the lipids formed membranes, at some time and somehow during this evolutionary process, other molecular structures developed the ability of chemical self-renewal. Through the union of membranes and self-replicating molecules, the development then entered the stage of biological evolution.

One of the biggest questions is where these processes took place. Water is once again thought to have been the solution and transport medium. According to the primordial soup theory, these processes took place in segregated coastal basins in which the concentration of molecules increased through evaporation and replenish-

13.2 The total mass of free water on the Earth is 1380 million cubic kilometres; only one thousandth of which is present in the atmosphere as water vapour, clouds, and precipitation.

13.2 Die Gesamtmasse des freien Wassers auf der Erde beträgt 1380 Millionen Kubikkilometer, lediglich ein Tausendstel davon findet sich in Form von Wasserdampf, Wolken und Niederschlag in der Atmosphäre.

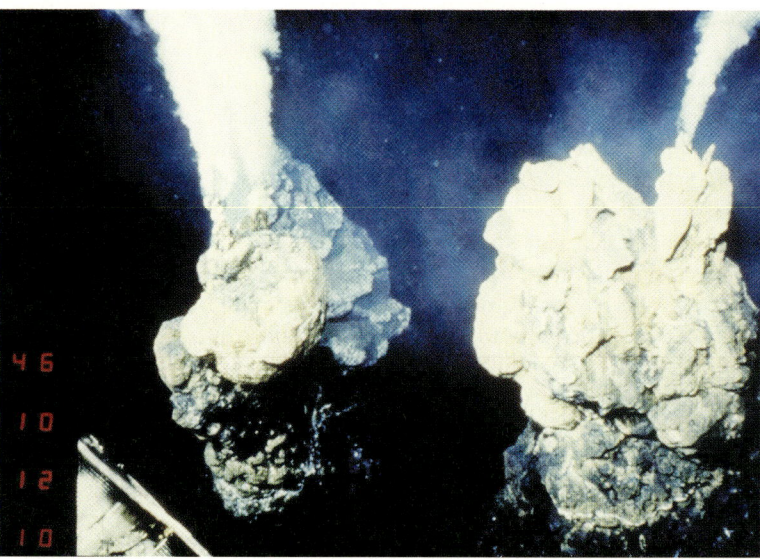

13.3 Sogenannte Black Smokers
(„Schwarze Raucher") in der Tiefsee
unweit der Tongainseln im Südpazifik.
Heiße Quellen am Meerboden boten
wahrscheinlich die Umweltbedingungen
zur Entstehung der ersten Formen primitiven Lebens.

13.3  Black smokers in the deep sea,
not far from the Tonga Islands in the
South Pacific. These hot springs on the
sea floor probably provided the environmental conditions for evolution of
the first forms of primitive life.

Damit diese Bausteine aber zu einem komplexeren Gebilde werden, das beginnt, sich selbst oder wenigstens Teile von sich selbst zu reproduzieren, muss noch einiges geschehen, insbesondere muss Energie zugeführt werden. Aus Frankenstein-Filmen hat man sofort das Bild der Blitze vor Augen, die in den Tank mit Nährflüssigkeit gelenkt werden, woraufhin der Homunkulus zum Leben erwacht. So abstrus das Bild auch ist: Die Hochenergiephysiker des europäischen Forschungszentrums CERN bei Genf untersuchen ernsthaft, ob in der Frühphase der Erdgeschichte durch solche elektrischen Entladungen die Aminosäuren zum Leben erweckt wurden.

Wie auch immer das Leben auf der Erde entstand, exogen durch extraterrestrisches Bombardement oder endogen durch Selbstorganisation im System Erde: Eigentlich dürfte es Leben gar nicht geben. Erwin Schrödinger stellte sich 1943/44, mitten im Krieg, die Frage: „Was ist Leben?" Als Physiker, der den Zweiten Hauptsatz der Thermodynamik verinnerlicht hatte, wusste er, dass die Zunahme der natürlichen Unordnung, die Entropie, eine solche hochorganisierte Anordnung organischer Moleküle, wie sie das Leben darstellt, eigentlich nicht erlauben sollte. Sein genialer Schluss war, dass Molekülketten, die sich selbst nicht nur regenerieren, sondern sogar zu höherer Ordnung streben, einerseits auf purem Zufall beruhen, also ein statistisch-stochastisches Phänomen sind. Andererseits muss ihnen ein Prozess innewohnen, der „Ordnung aus Ordnung" schafft, wie er es nannte – wir würden heute sagen: der die Fähigkeit zur Selbstorganisation besitzt. Der Chemienobelpreisträger Ilya Progogine brachte es knapp vierzig Jahre später auf den Punkt. Er stellte fest, dass das Leben nur entstehen und erhalten bleiben kann, wenn es sich weit genug vom thermodynamischen Gleichgewichtszustand entwickelt, aber eben auch nicht *zu* weit weg, weil sonst das thermodynamische Chaos die empfindliche Struktur wieder zerstören würde.

Wir wissen damit noch nicht, wie genau das Leben entstanden ist. Aber wir können aus den Erkenntnissen der beiden Nobelpreisträger ermessen, dass offenbar unser Planet die Bedingungen erfüllt hat, die dazu führten, dass sich Ketten von Aminosäuren zu komplexeren Wirkungsmechanismen zusammenschließen konnten. Leben entstand im System Erde und wirkt auf dieses System zurück.

Die ersten, sehr einfach aufgebauten Mikroorganismen konnten in grönländischen Gesteinen nachgewiesen werden; diese ersten Lebewesen hinterließen vor 3,8 Milliarden Jahren mit den von ihnen verursachten Kohlenstoff-Isotopensignaturen eine Spur. Solches Leben entstand unter sauerstofffreien Bedingungen, die Erde besaß zu diesem Zeitpunkt eine kohlendioxid- und methanreiche Atmosphäre. Der Stoffwechsel dieser Mikrolebewesen beruhte auf Methan und Schwefelwasserstoff. Hydrothermale Umgebungen wie an heißen Quellen oder Vulkanen im Meer gelten, wie erwähnt, als mögliche Ursprungsorte des Lebens.

Damit das Leben an die Oberfläche kommen konnte, musste es sich ein neues Energieversorgungssystem einfallen lassen. Um sich die Energie der Sonne zunutze zu machen, erfand das Leben die Photosynthese, mit deren Hilfe aus Kohlendioxid organische Moleküle gebildet und Sauerstoff produziert wurde. Zuerst reicherte sich der Ozean mit Sauerstoff an, Sauerstoff in der Atmosphäre führte danach auch zum Aufbau der Ozonschicht in der oberen Atmosphäre. Die wiederum bildete einen

ment to such an extent that reactions between them were possible. In 1953, Stanley Lloyd Miller and Harold Urey showed that this was possible in highly concentrated media in their famous experiment. In their test set-up, a gas mixture simulated the turbulent primordial atmosphere and an electric arc simulated the supply of energy from lightning flashes. They managed to produce numerous organic molecules. Another theory states that the processes leading to life took place at "black smokers" in the deep sea, where they were protected from strong UV radiation (▶ Fig. 13.3). Basic building blocks and energy exist in these underwater systems due to the hot and mineral-rich volcanic fluids and the abundant chemical processes taking place there. More complex molecular units could have formed on the surfaces of minerals with catalytic properties.

Another explanation of life on Earth is: *It Came from Outer Space.* Brushed aside as esoteric nonsense several years ago, this hypothesis now seems to make sense. The NASA Stardust space probe detected amino acids on the comet Wild-2. Researchers at the Helmholtz Centre Munich recently examined the "Murchison" meteorite that fell to the Earth in Australia and which is probably older than our solar system. They discovered 14 000 chemical compounds, including 40 amino acids. During its long journey through space, this meteorite collected a wealth of different organic molecules. Amino acids, the fundamental substance of life, can apparently form in cosmic dust, remain stable for billions of years and even survive the fall to Earth.

A lot has to happen in order for these building blocks to become a more complex structure that begins to reproduce itself, or at least parts of its self. This requires energy, in particular. Scenes from Frankenstein films immediately conjure up the image of lightning flashes that are directed into a tank of nutrients, whereupon the Homunculus awakens to life. As abstruse as this image might be, high-energy physicists at the European research centre CERN near Geneva are seriously investigating whether the amino acids were awoken to life by such electric discharges in the early phase of Earth's history.

No matter how life on Earth began, exogenetically through extra-terrestrial bombardment or endogenetically through self-organisation within System Earth, there should not, in fact, be any life at all. In 1943/44, in the middle of the war, Erwin Schrödinger posed the question: "What is life?" As a physicist who had internalised the second law of thermodynamics, he knew that the increase in natural disorder – entropy – should not allow such a highly organised arrangement of organic molecules such as that represented by life. His brilliant conclusion was that molecular chains which not only regenerate themselves but also strive to achieve greater

order are based on pure chance, i.e. they are a statistical-stochastic phenomenon. Furthermore, they must possess an inherent process that creates "order from order", as he called it – today we would say: the ability to self-organise. The chemistry Nobel laureate Ilya Progogine summed it up almost forty years later. He stated that life can only evolve and survive if it develops far enough from thermodynamic equilibrium, but not *too* far away either, otherwise thermodynamic chaos would destroy the sensitive structure.

Yet this still does not explain precisely how life evolved. Nevertheless, from the findings of these two Nobel laureates, we are able to appreciate that our planet obviously fulfilled the conditions that enabled chains of amino acids to join together to form more complex active mechanisms. Life evolved in System Earth and has an effect on this system.

The first, very simply structured microorganisms have been detected in Greenlandic rocks; 3.8 billion years ago, these first living beings left behind a trace in the form of the carbon isotope signatures they caused. Such life evolved under oxygen-free conditions because, at this time, the Earth's atmosphere was rich in carbon dioxide and methane. The metabolism of these micro-creatures was based on methane and hydrogen sulphide. As already mentioned, hydrothermal conditions, such as those in hot springs or submarine volcanoes, are considered to be possible locations for the origin of life.

In order for the lifeforms to reach the surface, they needed a new energy supply system. They invented photosynthesis to utilise the energy of the sun, thus converting carbon dioxide into organic molecules and releasing oxygen. First the ocean oxygenated; oxygen in the atmosphere then led to the development of the ozone layer in the upper atmosphere. This in turn formed a shield that protected the sensitive microorganisms against the lethal ultraviolet radiation from the sun. System Earth, however, has a second special feature: compared to the other planets, our home planet has an unusually large moon, which generates the sea tides. Because water is virtually impervious to UV radiation, life that settles in the zone between land and sea, where it is periodically immersed in water, has a better chance of becoming accustomed to this short-wave solar radiation.

Around 900 to 920 million years ago, life finally developed more solid organic structures in the form of large calcium molecules. This process of biomineralisation allowed the growth of hard parts and skeletons. At the start of the Cambrian period, 545 million years ago, life was able to expand the space it occupied by a phenomenal extent, initially in the water, from which it then began to conquer dry land around 57 million years later (in the Ordovician period).

Schutzschild, unter dem das empfindliche Leben der Mikroorganismen vor der tödlichen Ultraviolettstrahlung der Sonne geschützt war. Eine zweite Besonderheit des Systems Erde kam hinzu: Unser Heimatplanet besitzt einen im Vergleichsmaßstab außergewöhnlich großen Mond, der Meeresgezeiten erzeugt. Wasser ist nahezu undurchlässig für UV-Strahlung. Daher hat Leben, das im Grenzraum zwischen Land und Meer angesiedelt ist, durch das periodische Überspülen mit Wasser bessere Möglichkeiten, sich an die kurzwellige Sonnenstrahlung zu gewöhnen.

Vor rund 900 bis 920 Millionen Jahren schließlich entwickelte das Leben festere organische Strukturen; die Biomineralisation genannte Entwicklung von großen Kalziummolekülen erlaubte die Herausbildung von Hartteilen und Skeletten. Mit Beginn des Kambriums vor 545 Millionen Jahren konnte das Leben seinen Raum explosionsartig erweitern, zunächst im Wasser, von dem aus es dann rund 57 Millionen Jahre später (im Ordovizium) begann, das Festland zu erobern.

Diese Geschichte des Lebens leiten Wissenschaftler aus dem geologischen Tagebuch der Erde ab. Sedimentlagen, Phosphatschichten, Bänder von Eisenerzen sind geologische Ergebnisse organischer Aktivität und zeugen davon, welchen mächtigen Einfluss das Leben auf die Chemie und mineralogische Zusammensetzung der Erde hat.

# Leben tief im Gestein

Die Definition von „primitivem Leben", das auf Flüssigwasser basiert, muss allerdings überdacht werden. Als nämlich Geowissenschaftler kilometertief unter unseren Füßen, im Gestein und in Kohlenstofflagerstätten, ein üppiges Leben in der sogenannten tiefen Biosphäre entdeckten, war die Überraschung groß. Hier hat sich Leben entwickelt, das unsere gängigen Vorstellungen in die Revision zwingt.

Lange dachte man, Leben könne nur in den oberen zehn, zwanzig, fünfzig Metern der Erdkruste existieren. Mit neuen Analyseverfahren und empfindlicheren Nachweistechniken zeigte sich aber, dass Leben offenbar noch in Tiefen von über tausend Metern zu finden ist. Der tiefste Nachweis in Meeressedimentablagerungen liegt derzeit bei etwa 1600 Metern Tiefe, in Bergwerken konnte mikrobielles Leben in Tiefen von zwei bis drei Kilometern nachgewiesen werden. Zwar ist die Anzahl der Mikroorganismen je Kubikzentimeter in der tiefen Biosphäre in der Regel weitaus geringer als in Oberflächensedimenten und Böden. Aber aufgrund ihrer weiten Verbreitung in tiefen Sedimenten und Gesteinen und

des riesigen besiedelbaren Raums stößt die Biomasse der tiefen Biosphäre in eine Größenordnung vor, die der Oberflächenbiosphäre entspricht. Die tiefe Biosphäre muss also eine fundamentale Rolle für den globalen Kohlenstoffkreislauf über kurze und längere Zeitskalen hinweg spielen. Ihre genaue Funktion ist aber bisher noch weithin ungeklärt.

Aus der Erkenntnis, dass es eine weit verbreitete tiefe Biosphäre gibt, folgen eine ganze Reihe ungelöster Fragen: Aus welchen Mikroorganismen besteht die tiefe Biosphäre? Welche Prozesse werden von ihnen im tiefen Untergrund initiiert? Welche Nahrungsquellen nutzen die Mikroorganismen? Wo genau leben sie im Untergrund und wie konnten sie sich an die extremen Lebensbedingungen anpassen? Mit diesen Rätseln beschäftigen sich verschiedene wissenschaftliche Disziplinen: die Biogeochemie untersucht die molekularen und isotopischen Spuren der mikrobiellen Gemeinschaften, die Mikrobiologie charakterisiert Struktur und Funktion dieser Lebensgemeinschaften, die Geologie befasst sich mit der Beschaffenheit und der geologischen Geschichte des Lebensraumes; die Geochemie schließlich erforscht das Nahrungspotenzial des organischen Materials und – zusammen mit der Mikrobiologie – Stoffwechselprozesse der Mikroorganismen.

## Unwirtliche Bedingungen unter Tage

Dem unterirdischen mikrobiellen Leben geht es wie den Bergleuten: Je tiefer man kommt, desto wärmer und sauerstoffärmer wird die Umgebung. Mit größer werdender Tiefe haben Kleinstlebewesen genauso wie der Bergmann mit zunehmend extremeren Lebensbedingungen zu kämpfen. Temperatur und Druck nehmen zu, die Porosität und Permeabilität des umgebenden Lebensraums verringert sich, Nährstoffe sowie verfügbare Kohlenstoff- und Energiequellen werden immer knapper. Während aber der Mensch sich mit seiner technischen Zivilisation die Hilfsmittel schuf, um in größeren Tiefen überhaupt überleben und arbeiten zu können, haben sich Mikroorganismen an diese für uns feindliche Umgebung angepasst.

Die winzigen Überlebenskünstler haben eine Vielzahl von Mechanismen entwickelt, um den erhöhten Temperaturen zu widerstehen. So werden Proteine, DNA-Stränge und Zellmembranen in wärmeliebenden Mikroorganismen durch besonders stabile strukturelle Veränderungen geschützt, die eine frühzeitige thermische Zersetzung verhindern. Dennoch ist auch für die tiefe Biosphäre die Temperatur ein limitierender Faktor. In Deutschland nimmt die Temperatur durchschnittlich

13.4 Fossilised bony fish (*Dastilbe* sp.), Early Cretaceous, approx. 135 million years old; found in the Araripe Basin, Eastern Brazil.

13.4 Fossiler Knochenfisch (*Dastilbe* spec.), Untere Kreide, ca. 135 Mio. Jahre alt; Fundort: Araripe-Becken, Ostbrasilien.

Scientists derived this history of life from the Earth's geological diary. Sediment layers, phosphate layers and bands of iron ore are the geological results of organic activity and provide evidence of the powerful influence life has on the chemistry and mineralogical composition of the Earth.

## Life deep in rocks

However, the definition of "primitive life" based on liquid water has to be revised. When geoscientists discovered abundant life in the deep biosphere, kilometres below our feet in rocks and carbon deposits, they were very surprised indeed. The fact that life has developed here forces us to revise our conventional ideas.

For a long time, it was thought that life can only exist in the upper ten, twenty or fifty metres of the crust. However, with new analysis methods and more sensitive detection techniques, life can still be found at depths of more than one thousand metres. The deepest proof in marine sediment deposits currently lies at a depth of around 1600 metres; in mines microbial life has been found at depths of two to three kilometres. The number of microorganisms per cubic centimetre found in the deep biosphere is generally far less than in surface sediments and soils. However, due to their wide distribution in deep sediments and rocks and the enormous inhabitable space, the biomass of the deep biosphere comes into the order of magnitude corresponding to the biomass of the surface biosphere. The deep biosphere must thus play a fundamental role in the global carbon cycle over both short and long timescales although its precise function is still far from being explained.

The knowledge that there is a widespread deep biosphere poses a number of unsolved questions: Which microorganisms are present in the deep biosphere? Which processes do they initiate deep underground? What nutrient sources do the microorganisms use? Where precisely in the underground do they live and how were they able to adapt to the extreme living conditions? Different scientific disciplines are busy studying these puzzles: biogeochemistry examines the molecular and isotopic traces of the microbial communities, microbiology characterises the structure and function of these biocoenoses, geology examines the properties and geological history of their habitat; and finally, geochemistry researches nutrient potential of the organic material and – together with microbiology – the metabolic processes of the microorganisms.

## Inhospitable conditions underground

Underground microbial life experiences the same conditions as miners: the deeper we go, the hotter and more oxygen-deficient the surroundings. Just like a miner, micro-organisms have to contend with increasingly more extreme living conditions they deeper they are. Temperature and pressure increase, the porosity and permeability of the surrounding habitat decrease, nutrients and available carbon and energy sources become increasingly scarce. Whereas humans with their technical civilisation have created the means by which to survive and work at greater depths, microorganisms have had to adapt to this, for us, hostile environment.

These tiny survivors have developed a large number of mechanisms with which they withstand the increased

um etwa 3 °C pro 100 Meter Tiefe zu. In vulkanischen Gebieten oder an aktiven Plattengrenzen kann die Hitze mit der Tiefe aber auch wesentlich schneller zunehmen. Die derzeit bekannte obere Temperaturgrenze, bei der bestimmte Mikroorganismen nicht nur überleben, sondern auch wachsen können, liegt bei 121 °C. Streng genommen ist das aber nicht die eigentliche tiefe Biosphäre, denn hierbei handelt es sich um Mikroorganismen, die an Hydrothermalquellen auf dem Meeresgrund leben und die sich dort an die extremen Temperaturbedingungen angepasst haben. Diese Zone mit hohen Stoffflüssen ermöglicht einen vergleichsweise schnellen Stoffwechsel, den diese Lebewesen auch brauchen, denn bei so hohen Temperaturen geht am Organismus schon mal was kaputt, was schnell repariert werden muss.

Dagegen haben die mikrobiellen Gemeinschaften im tiefen Gestein einen sehr langsamen Stoffwechsel, weil im Allgemeinen nur geringe Mengen an verwertbaren Substraten als Nahrung zur Verfügung stehen. Bei durchschnittlichen Zellteilungsraten von bis zu hundert Jahren werden Bauteile dieser Organismen also nur sehr langsam ersetzt. Ein Überleben in Hochtemperaturbereichen wäre bei solchen geringen Stoffumsetzungen nur sehr schwer möglich. Untersuchungen an Erdöllagerstätten haben tatsächlich gezeigt, dass der biologische Abbau von Erdöl vornehmlich in den Lagerstätten auftritt, deren Reservoirgestein vor dem Einfließen des Erdöls während ihrer geologischen Geschichte nie Temperaturen höher 80 °C ausgesetzt waren. Dieser Temperaturbereich wird deshalb auch häufig als eine Grenze für das Überleben tiefer mikrobieller Gemeinschaften angesehen. In geothermisch genutzten, Salzwasser führenden Gesteinsschichten wurden allerdings bereits speziell angepasste Mikroorganismen gefunden, die auch bei noch höheren Temperaturen überleben. Nimmt man aber allein die 80-Grad-Marke als Grenze, so könnte demnach mikrobielles Leben bei einem durchschnittlichen geothermalen Gradienten bis zu einer Tiefe von zwei bis drei Kilometern unterhalb der Erdoberfläche zu finden sein, bei 121 °C wären es schon vier Kilometer. Irgendwann aber wird das Gestein für jegliches Leben zu warm, es wird geothermisch sterilisiert.

## Woher kommen die Mikroben?

Die Mikroorganismen der tiefen Biosphäre könnten die Nachkommen von mikrobiellen Gemeinschaften sein, die während der Ablagerung in die Sedimente gerieten. Sie überlebten, als die Sedimentpakete während der geologischen Geschichte in die Tiefe sanken.

Dies würde bedeuten, dass mikrobielle Gemeinschaften seit Millionen von Jahren in diesen Sedimenten existieren. Allerdings könnten Mikroorganismen in geologischen Zeiträumen auch über das Medium Wasser von der Oberfläche in die tieferen Zonen eingetragen worden sein.

Zunehmende Temperatur mit der Tiefe ist die eine Barriere, aber was ist mit der ebenso unvermeidlichen Druckzunahme mit der Tiefe? Es scheint, dass hoher Druck das Leben in der tiefen Biosphäre nicht so stark begrenzt wie hohe Temperaturen. Experimente haben gezeigt, dass mikrobielle Aktivität noch bei einem Druck von 1600 Megapascal möglich ist. Das entspricht einer Tiefe von 50 Kilometern unterhalb der Erdoberfläche. Zum Vergleich: Der mittlere Atmosphärendruck beträgt 0,1 Megapascal. Trotzdem erfordert die Erhöhung des Umgebungsdruckes von den Mikroorganismen eine deutliche Anpassung. Potsdamer Biogeochemiker konnten anhand von mikrobiellen Anreicherungskulturen aus der tiefen Biosphäre zeigen, dass die unter Hochdruckbedingungen lebenden Organismen einen höheren Anteil von Membranbestandteilen mit einem höheren Raumbedarf in die Zellmembranen einbauen. Dieser höhere Raumbedarf führt zu einer Auflockerung der Membranen und wirkt damit dem erhöhten Umgebungsdruck entgegen. Mikroorganismen sind, das kann als Resultat formuliert werden, durchaus in der Lage, ihre Zellfunktion an sehr hohe Temperaturen oder an große Drücke anzupassen.

## Mikrobielle Stoffwechselprobleme

Die weit verbreitete Besiedlung des tiefen Erdreichs wirft zwangsläufig die Frage nach den Nahrungs- und Energiequellen für dieses Leben auf. Dieser Frage kann man in der tiefsten Goldmine der Welt in Südafrika nachgehen. Ein interdisziplinäres Team von Wissenschaftlern hat dort in 2,8 Kilometern Tiefe eine völlig autark, von oberirdischen Nährstoffquellen unabhängig lebende Bakteriengemeinschaft ausfindig gemacht, die ausschließlich von geologisch erzeugtem Schwefel und Wasserstoff lebt. Diese Bakterien überleben seit Millionen von Jahren unabhängig von photosynthetisch erzeugten organischen Kohlenstoffverbindungen, isoliert von der Oberfläche der Erde, der Atmosphäre und der jüngeren Biosphäre. Das erstaunliche Resultat: Die erforderliche Energie für die mikrobielle Reduktion von Sulfat zu Sulfid stammt aus radiolytisch produziertem Wasserstoff, das heißt von Wasserstoff, der beim Zerfall von natürlich vorkommenden radioaktiven Stoffen – Uran, Thorium, Kalium – im Untergrund entsteht.

temperatures. For example, the proteins, DNA strands and cell membranes of thermophilic microorganisms are protected by particularly stable structural changes that prevent premature thermal decomposition. Nevertheless, temperature is a limiting factor even for the deep biosphere. Below Germany, the temperature increases on average by around 3 °C per 100 metres depth. In volcanic areas or at active plate boundaries, however, heat can also increase must faster with depth. The currently known upper temperature at which certain microorganisms can not only survive but also grow is 121 °C. However, strictly speaking, this is not the actual deep biosphere because this applies to microorganisms that live in hydrothermal springs on the ocean floor and which have adapted to the extreme temperature conditions that exist there. This zone with large material flows enables a comparatively fast metabolism, which these creatures need because, at such high temperatures, parts of the organism can break down and have to be repaired quickly.

In contrast, microbial communities in deep rocks have a very slow metabolism because only small quantities of utilisable substrates are generally available as food. With average cell division rates of up to one hundred years, components of these organisms are replaced very slowly. Surviving within high-temperature ranges with such low material conversion rates would be very difficult to achieve. Studies of petroleum reservoirs have shown that the biological degradation of petroleum primarily occurs in reservoirs whose rock was never exposed to temperatures higher than 80 °C during its geological history prior to the entry of petroleum. This temperature range is thus frequently considered to be a limit for the survival of deep microbial communities. However, in geothermally utilised saltwater-bearing rock strata, specially adapted microorganisms have been found that can survive at even higher temperatures. If we take 80 °C as the limit and with an average geothermal gradient, microbial life could be found up to a depth of two to three kilometres below the Earth's surface, at 121 °C it would be four kilometres. But at some stage or other, the rock becomes too hot for any life – it is geothermally sterilised.

## Where do the microbes come from?

The microorganisms in the deep biosphere could be the descendants of microbial communities that were trapped in the sediments during deposition. They managed to survive as the sediment deposits subsided into the deep during geological history. This would mean that microbial communities have existed in these sediments for millions of years. However, during the long geological periods, water alsocould have transported microorganisms from the surface into the deep.

Increasing temperature with depth is one barrier, but what about the equally unavoidable increase in pressure with depth? It appears that high pressure does not restrict life in the deep biosphere as much as high temperatures. Experiments have shown that microbial activity is still possible at a pressure of 1600 megapascals (the average atmospheric pressure is 0.1 megapascals). This corresponds to a depth of 50 kilometres below the Earth's surface. Nevertheless, the increase in ambient pressure requires a substantial adjustment by the microorganisms. Using enriched microbial cultures from the deep biosphere, biogeochemists in Potsdam were able to show that the organisms living under high-pressure conditions integrate a higher proportion of bulkier membrane constituents in their cell membranes. This loosens the membrane packing and thus counteracts the increased ambient pressure. These results show that microorganisms are definitely capable of adapting their cell function to very high temperatures or high pressures.

## Microbial metabolism problems

The widespread colonisation of the deep underground necessarily raises the question about which nutrient and energy sources these lifeforms use. Answers to this question can be sought in the world's deepest gold mine in South Africa. At a depth of 2.8 kilometres, an interdisciplinary team of scientists found a fully autonomous bacterial community living independently of surface nutrient sources. Their sole supply of nutrients is geologically produced sulphur and hydrogen. These bacteria have survived for millions of years, independent of photosynthetically generated organic carbon compounds and isolated from the surface of the Earth, the atmosphere and the younger biosphere. The findings were astonishing: the energy required for microbial reduction of sulphate to sulphide comes from radiolytically produced hydrogen, or in other words, from hydrogen produced underground during the decay of naturally occurring radioactive isotopes of uranium, thorium and potassium.

The nutrient turnover of the organisms and thus the period required for cell division can be estimated based on age-dating of their metabolic products: it is 45 to 300 years! Only their adaptation to low nutrient concentrations and the associated low metabolic activity ensures the survival of the microbial biocoenosis at apparently

Anhand von Altersdatierungen der gefundenen Stoffwechselprodukte lässt sich der Nährstoffumsatz der Organismen und damit die Zeitdauer für die Zellteilung abschätzen: Sie beträgt 45 bis 300 Jahre! Nur die Anpassung an geringe Nährstoffkonzentrationen und die damit verbundene geringe Stoffwechselaktivität sichert das Überleben der mikrobiellen Lebensgemeinschaft in einer scheinbar unwirtlichen Tiefe, denn die Geschwindigkeit, mit der Nährstoffe und damit die verfügbare Energie nachgeliefert wird, ist sehr gering.

Dieses Beispiel zeigt die Strategie der Lebewesen der tiefen Biosphäre auf. In Formationen mit nur wenig organischem Material, wie Basalte und Granite, existieren mikrobielle Gemeinschaften, die in der Lage sind, organische Moleküle aus anorganischen Energiequellen wie radiolytisch generiertem Wasserstoff und Kohlenstoffdioxid zu erzeugen. Derartige Gemeinschaften bilden somit tiefe mikrobielle Ökosysteme, deren Stoffwechsel völlig unabhängig von der Energie der Sonnenstrahlen ist.

In Sedimentbecken ist das anders. Das an der Oberfläche entstandene und nach dem Absterben der Lebewesen eingelagerte organische Material ist hier eine bevorzugte Nahrungsquelle. In den sehr oberflächennahen Sedimenten verwenden aerobe Mikroorganismen freien Sauerstoff, um organische Substrate in ihren Stoffwechsel zu bringen. In den tieferen, sauerstoffarmen Sedimenten hingegen sind anaerobe Mikroorganismen aktiv, die in den chemischen Abbauprozessen andere Substanzen zur Oxidation des organischen Materials nutzen, wie etwa Sulfat, Nitrat, Mangan, Eisen und Kohlendioxid. In der Regel wird ein Großteil des sedimentierten organischen Materials durch intensive Abbauprozesse in den oberen Sedimentschichten wieder in den Oberflächenkohlenstoffkreislauf zurückgeführt. Ein Teil des organischen Materials wird aber auch in gerade entstehenden Sedimente eingelagert und ist auf seinem Weg durch die geologische Geschichte weiteren Umwandlungen ausgesetzt. Diese sind in den oberen Erdschichten geochemisch, in den tieferen Erdschichten dann zunehmend geothermisch induziert. Dieses organische Material kann, je nach den Umweltbedingungen während der Einlagerung, in ganz verschiedenen Formen vorliegen: So kann es unter bestimmten Umständen, wie einer hohen Bioproduktion oder anoxischen (nicht oxidierenden) Ablagerungsbedingungen, zu Akkumulationen von mächtigen Sedimentpaketen mit hohen Anteilen an organischem Material kommen; in Abhängigkeit von ihrer geologischen Absenkungs- und Umwandlungsgeschichte können sich daraus Kohlelagen (aus vorwiegend terrestrischem organischem Material) und Erdölmuttergesteine (aus vorwiegend marinem organischem Material) bilden. Neben dem fein in den Sedimenten verteilten organischen Material sind gerade die organisch reichen Ansammlungen, wie die Kohle- und Erdöllagerstätten, potenzielle Kohlenstoff- und Energiequellen für mikrobielle Ökosysteme der tiefen Biosphäre.

## Der Kampf ums Erdöl

Erdöl- und Erdgaslagerstätten sind ein beliebter Lebensraum für Mikroorganismen, weil sie energiereiche Nährstoffe in nahezu unbegrenzter Menge anbieten. Spezialisierte Mikroorganismen haben Stoffwechselwege entwickelt, die es ihnen erlauben, diese Energiequellen auch unter sauerstofffreien Bedingungen zu nutzen. Durch die mikrobielle Aktivität in Lagerstätten werden die charakteristischen Bestandteile des Erdöls, zum Beispiel die früher Paraffine genannten *n*-Alkane, in Kohlendioxid und Methan umgewandelt. Über geologische Zeiträume spielen diese Prozesse, wie wir in den Kapiteln über die Geo-Energie und die Haut der Erde gesehen haben, eine wichtige Rolle im globalen biogeochemischen Kohlenstoffkreislauf. Welche Einfluss die natürlich-biologische Entstehung von Treibhausgasen in Lagerstätten auf das irdische Klimasystem hat, ist bislang nur unzureichend bekannt.

Unzweifelhaft ist jedoch, dass der größte Teil der bekannten Erdölreserven auf der Erde mehr oder weniger stark durch mikrobielle Tätigkeit beeinflusst wurde. Diese Aktivität führt nicht nur zu einer beträchtlichen Verminderung der Reserven: das, was von den Mikroorganismen übrig gelassen wird, ist darüber hinaus auch noch von erheblich schlechterer Qualität. Besonders deutlich wird dies, wenn man die enormen Mengen an Schwerölen und Teersanden in bestimmten Regionen der Erde, etwa im westkanadischen Becken oder in Venezuela, betrachtet. Hier sind die „wertvollen" Bestandteile „normaler" (also mikrobiell unbeeinflusster) Erdöle stark reduziert oder sogar völlig verschwunden. Gleichzeitig kommt es zu einer erheblichen Anreicherung von Schadstoffen wie Schwefel, Schwermetallen oder organischen Säuren, die die Produktion solcher Öle deutlich erschweren und überdies einen äußerst negativen Einfluss auf ihre Umwelteigenschaften haben. Viele Lagerstätten wurden bereits lange vor ihrer Entdeckung und Ausbeutung durch den Menschen von Mikroorganismen besiedelt; Teersande sind beispielsweise das Ergebnis einer Jahrmillionen andauernden biologischen Aktivität. Allerdings kann die mikrobielle Aktivität in Erdöllagerstätten auch durch das Eingreifen des Menschen im Rahmen von Bohr- und Produktionsvorgängen erheblich beeinflusst oder sogar verursacht werden.

13.5 Working in the deepest gold mine in the world: setting up a measuring network to record microquakes. Fluids, which contain traces of the deep biosphere, probably play an important role in the generation of these microquakes.

13.5 Arbeiten in der tiefsten Goldmine der Welt: Einrichtung eines Messnetzes zur Erfassung von Mikrobeben, bei deren Entstehung vermutlich Fluide eine wichtige Rolle spielen. In diesen Fluiden finden sich Spuren der tiefen Biosphäre.

inhospitable depths because the replenishment rate of nutrients and thus, energy is very low.

This example demonstrates the strategy of lifeforms in the deep biosphere. Microbial communities, which are capable of producing organic molecules from inorganic energy sources such as radiolytically generated hydrogen and carbon dioxide, exist in formations with little organic material, such as basalts and granites. Such communities form deep microbial ecosystems, whose metabolism is fully independent of the energy of the sun's rays.

This is not the situation in sediment basins where the preferred source of food is organic material produced on the surface and stored when the lifeforms die. In very near-surface sediments, aerobic microorganisms use free oxygen to introduce organic substrates into their metabolism. In deeper, oxygen-depleted sediments, on the other hand, anaerobic microorganisms are active. They use other substances in their chemical degradation processes to oxidise the organic material. These substances include sulphate, nitrate, manganese, iron and carbon dioxide. A major fraction of the sedimented organic material is generally returned to the surface carbon cycle by intensive degradation processes in the upper sediment layers. However, some of the organic material is stored in newly created sediments and will undergo other transformations on its way through geological history. These transformations are geochemically induced in the upper strata of the Earth and become progressively geothermally induced with increasing depth. This organic material can exist in very different forms, depending on the environmental conditions during deposition. For example, under special circumstances such as high bioproduction or anoxic (non-oxidising) depositional conditions, thick sediment packages with high proportions of organic material can accumulate and, depending on their geological sinking rate and transformation history, they can transform into coal layers (primarily terrestrial organic material) and petroleum source rocks (primarily marine organic material). In addition to the organic material finely distributed in the sediments, the organic-rich accumulations, such as coal and petroleum deposits, are potential carbon and energy sources for microbial ecosystems in the deep biosphere.

## The battle for petroleum

Petroleum and natural gas deposits are a popular habitat for microorganisms because they provide a virtually unlimited quantity of energy-rich nutrients. Specialised microorganisms have developed metabolic pathways that enable them to utilise these energy sources, even under oxygen-free conditions. Microbial activity in deposits converts the characteristic constituents of petroleum, for example, n-alkanes (previously called paraffins) into carbon dioxide and methane. Over geological periods of time, as we have seen in the chapters on geo-energy and the skin of the Earth, these processes play an important role in the global biogeochemical car-

So werden zum Beispiel während der Erdölförderung große Mengen an Wasser in die Lagerstätten gepumpt, um den Förderdruck aufrechtzuerhalten. Dabei werden neben Mikroorganismen große Mengen an lebenswichtigen Nährstoffen und Spurenelementen eingetragen, sodass die biologische Aktivität rapide zunehmen kann. Eine mögliche Folge ist die verstärkte Korrosion des Bohr- und Fördergeräts. Der von bestimmten ölverwertenden Bakterien gebildete hochgiftige Schwefelwasserstoff hat in der Vergangenheit gelegentlich auch zu schwerwiegenden Unfällen auf Bohrplattformen geführt. Es wird aber auch darüber nachgedacht, ob sich Förderstrategien möglicherweise optimieren lassen, indem man die mikrobielle Aktivität in Erdöllagerstätten gezielt beeinflusst. Daher ist die Untersuchung der biologischen Aktivität in Lagerstätten von Kohle, Erdöl und Erdgas auch in Zukunft ein wichtiges Forschungsthema, um eine nachhaltige und umweltverträgliche Nutzung fossiler Brennstoffe zu gewährleisten.

Im vorausgegangenen Kapitel über die Geo-Energie haben wir gesehen, dass Salzwasser führende Gesteinsschichten zur Energiegewinnung oder zur geologischen Speicherung von Kohlendioxid genutzt werden können. Auch hier treffen wir auf die tiefe Biosphäre. Nehmen wir das Beispiel der $CO_2$-Speicherung. Das Kohlendioxid wird durch ein Bohrloch in die entsprechende Gesteinsschicht gebracht. Erste Studien am Untertage-

labor zur $CO_2$-Speicherung im brandenburgischen Ketzin zeigten, dass Mikroorganismen den bohrlochnahen Bereich, die Mineralbildung in der Schicht und die Beständigkeit der verwendeten Materialien erheblich beeinflussen können – ein deutlicher Hinweis auf die Bedeutung mikrobiologischer Stoffwechselvorgänge.

Auch für vergleichsweise flache geothermische Anlagen im Norddeutschen Becken in Neubrandenburg und am Reichstag in Berlin ergaben sich klare Hinweise auf einen Zusammenhang zwischen mikrobieller Stoffwechselaktivität und dem Auftreten von Korrosion und verminderter Injektivität. So konnte im Anschluss an eine Desinfektion der Geothermiebohrungen mit Wasserstoffperoxid am Reichstagsgebäude ein Mikroorganismus, der kompakte Biofilme bildet und zuvor die Rohrsysteme besiedelte, nicht mehr nachgewiesen werden.

## Jede Menge Kohle?

Auch Kohlelagerstätten altern, wenn auch sehr langsam. Sie stellen, wie wir gesehen haben, durch die hohe Ansammlung von potenziellen Substraten Nahrung für die tiefe Biosphäre bereit. Untersuchungen an Kohlesequenzen unterschiedlicher Reife haben gezeigt, dass wichtige Substrate, wie zum Beispiel Acetat, während der geologischen Reifung der Kohle abnehmen. Die Abnahme erfolgte dabei in einem Temperaturbereich (bis etwa 80 bis 90 °C), in dem mikrobielles Leben in der tiefen Biosphäre existieren kann. Erste Abschätzungen haben ergeben, dass die von den Kohlen freigesetzte Menge an Substraten mikrobielle Gemeinschaften der tiefen Biosphäre über geologische Zeiträume versorgen kann. Kohlehaltige Ablagerungen sind also für tiefes mikrobielles Leben ein attraktiver Lebensraum (▶ Abb. 13.7). Um diesen Lebensraum genauer zu betrachten, wurde eine Kohleschicht mit angrenzender grobkörnigerer Sandablagerung untersucht. Bereits teilweise abgebaute mikrobielle Zellmembranmoleküle, die auf abgestorbene Mikroorganismen hindeuten, wiesen die höchsten Konzentrationen in den Kohlelagen auf und widerspiegelten damit die Verteilung während der Ablagerung und Akkumulation der organisch reichen Lagen. Hingegen zeigten entsprechende Biomoleküle für lebende Mikroorganismen die höchsten Konzentrationen in den anliegenden Sandlagen, die arm an organischem Material waren. Die Kohle selbst ist als Lebensraum nicht optimal, da sie zu kompakt ist. Sie gibt aber in die durchlässigeren Sandlagen einen reichhaltigen Nährstofffluss für die mikrobiellen Gemeinschaften ab, die sich daher mit Vorliebe in den Porenräumen des Sandes ansiedeln.

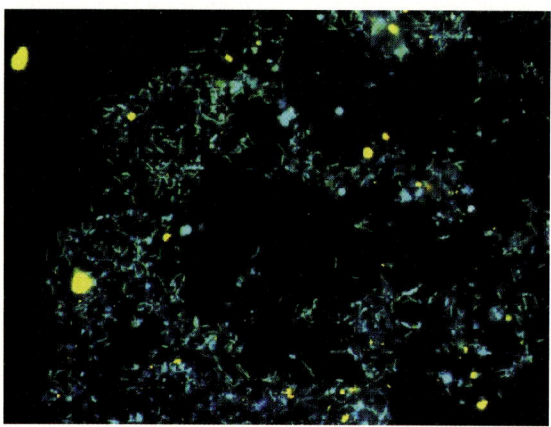

13.6  Fluoreszenzmikroskopische Aufnahme der mikrobiellen Lebensgemeinschaften im Fluid der Injektionsbohrung (670 Meter Tiefe) am Pilotstandort Ketzin in Brandenburg, ein Jahr nach Start der $CO_2$-Injektion (blau = DAPI-Fluoreszenzfarbstoff: alle lebenden Zellen; grün = Eubakterien, gelb = organische Feststoffe).

13.6  Fluorescent microscopic image of microbial communities in the fluid of the injection borehole (670 metres deep) at the pilot site at Ketzin (Germany) that were found one year after starting $CO_2$ injection (blue = DAPI fluorescent dye: all living cells; green = eubacteria, yellow = organic solids).

bon cycle. We still have insufficient knowledge about what role the natural biological formation of greenhouse gases from hydrocarbon reservoirs plays in the evolution of the Earth's climate system.

Undoubtedly, however, most of the known petroleum reserves on the Earth have been affected by some degree of microbial activity. This activity not only leads to a considerable reduction in quantity, that which is left by the microorganisms is also of substantially poorer quality. This becomes particularly clear if we consider the enormous quantities of heavy oils and tar sands in certain regions of the Earth, for example, in the West Canadian Basin or in Venezuela. Here, the "valuable" constituents of "normal" (i.e. microbially unaffected) petroleum have been highly depleted or have even completely disappeared. At the same time, there is a substantial accumulation of contaminants such as sulphur, heavy metals or organic acids, which make the production of such oils considerably more difficult and also have an extremely negative effect on their environmental properties. Many deposits were colonised by microorganisms long before they were discovered and exploited by humans; for example, tar sands are the result of biological activity lasting millions of years. However, microbial activity in petroleum deposits can also be significantly affected or even caused by the intervention of humans as part of drilling and production processes. For example, during petroleum production, large quantities of water are pumped into the oil reservoir to maintain the delivery pressure. In addition to microorganisms, large quantities of nutrients and trace elements are carried in with the water, thus promoting a rapid increase in biological activity. One possible consequence is increased corrosion of the drilling and pumping equipment. The highly toxic hydrogen sulphide formed by certain oil-metabolising bacteria has occasionally led to serious accidents on drilling platforms. It is also being considered whether it is possible to optimise production strategies by specifically influencing microbial activity in petroleum reservoirs. Therefore, the study of biological activity in deposits of coal, petroleum and natural gas will continue to be an important research topic in the future. The overall aim is to ensure sustainable and environmentally compatible use of fossil fuels.

In the preceding chapter on geo-energy we saw that saltwater-bearing rock strata can be used for generating geothermal energy or for geological storage of carbon dioxide. This also has an impact on the deep biosphere. Let's take the example of $CO_2$ storage by injection of carbon dioxide into appropriate rock strata via a borehole. Initial studies in the underground laboratory for $CO_2$ storage near the town of Ketzin (west of Berlin) have revealed that microorganisms can have a substantial effect on the area near the borehole, mineral formation in the strata and the stability of the materials used – an unambiguous proof of the importance of microbiological metabolic processes.

Clear indications of a relationship between microbial metabolic activity and the occurrence of corrosion and reduced injectivity were also found in comparatively shallow wells of geothermal facilities in the North German Basin near Neubrandenburg and at the Reichstag in Berlin. Disinfection of the well with hydrogen peroxide at the geothermal facility of the Reichstag building eliminated a microorganism that forms compact biofilms and which had previously populated the pipe system.

## Plenty of coal?

Even coalfields age, albeit very slowly. As we have seen, they contain large quantities of potential substrates and thus provide nutrients for the deep biosphere. Studies of coal sequences with different thermal maturity have revealed that certain important substrates for microbial life, such as acetate, slowly diminish with ongoing maturation of the coals. This depletion takes place within a temperature range (up to around 80 to 90 °C) at which microbial life can still exist in the deep biosphere. Initial estimates have shown that the quantity of substrates released by the coal can supply nutrients to microbial communities of the deep biosphere over geological time periods. Carbon deposits are thus an attractive habitat for deep microbial life (▶ Fig. 13.7). This habitat was studied more closely in a coal seam with an adjacent, more coarse-grained sand deposit. The highest concentrations of partially degraded microbial cell membrane molecules, which indicate dead microorganisms, were found in the coal layers. This reflects the distribution during deposition and accumulation of the organic carbon rich layers. In contrast, the corresponding biomolecules from living microorganisms had the highest concentrations in the adjacent sand deposits, which were low in organic material. Although the coal itself seems not to be an optimum habitat because it is too compact, it does provide a rich flow of nutrients into the more permeable sand layers to sustain associated microbial communities, which therefore prefer to colonise the pores in the sand.

13.7 Ein Bohrkern aus der Huntly-Bohrung auf der neuseeländischen Nordinsel zeigt Kohlefragmente in 110 Metern Tiefe, die eine potenzielle Nahrungsquelle für Mikrobengemeinschaften in der Tiefe darstellen.

13.7 A core taken from the Huntly well on New Zealand's North Island shows carbon fragments at a depth of 110 metres. This carbon is a potential source of food for microbial communities in the depth.

## Erfindungsreiche Mikrowesen

Erdgas besteht neben der Hauptkomponente Methan überwiegend aus den Kohlenwasserstoffen Ethan, Propan und Butan. Aufgrund geochemischer Befunde gab es bereits seit längerem Hinweise darauf, dass in Erdgaslagerstätten und anderen geologischen Lebensräumen biologische Prozesse zum Abbau dieser Gasbestandteile führen können. Aus Meersedimenten isolierte Bakterien verwenden Sulfat statt Sauerstoff zur Atmung und nutzen Propan und Butan als alleinige Kohlenstoff- und Energiequelle. Es handelt sich um außergewöhnliche Spezialisten, die offensichtlich keine anderen Substrate als diese gasförmigen Kohlenwasserstoffe verwerten. Der hierfür notwendige biochemische Mechanismus wandelt den außerordentlich reaktionsträgen Kohlenwasserstoff vollständig in Kohlendioxid um. Aus dem hier entdeckten bakteriellen Reaktionsmechanismus können sich neue synthetische Ansätze zur gezielten Entwicklung chemischer Produkte aus Kohlenwasserstoffen ergeben. Die Erforschung der tiefen Biosphäre hat also auch eine ökonomische Seite. Neue Naturstoffe und die Organismen selbst sind für die Agrarwirtschaft, die chemische Industrie, für Biotechnologie und Medizin wie auch für die mikrobiologische Sanierung von schadstoffbelasteten Arealen von großem Nutzen. Auch wenn das Leben in der tiefen Biosphäre bereits Gegenstand intensiver Forschung ist: Die Entdeckung dieser faszinierenden unterirdischen Lebenswelt steht gerade erst an ihrem Anfang.

# Hochdruck im Eis und andere Extreme

Wasser als eine der Grundbedingungen des Lebens ist, mit Goethes – auf das Blut gemünzten – Worten, „ein ganz besonderer Saft". Wir kennen es auf der Erde in allen drei Aggregatzuständen, als Flüssigkeit, als festen Stoff und gasförmig. Aber unsere Alltagswahrnehmung von Wasser umfasst nur einen begrenzten Bereich. Welche exotischen Formen Wasser annehmen kann, zeigt ein Experiment, bei dem im Labor Wasser unter sehr hohen Druck von 1,5 Gigapascal gesetzt wird – das würde auf unserer Erde dem Druck unter einem 150 Kilometer dicken Eispanzer entsprechen. Zum Vergleich: Der Eispanzer der Antarktis ist nur etwa drei Kilometer stark. Bei derart hohem Druck nimmt Wasser die Form von „Eis VI" an, das im Unterschied zu dem auf der Erdoberfläche vorkommenden „Eis I" erst bei Temperaturen über 0 °C schmilzt (▶ Abb. 13.8).

Für das Leben kann diese Form des Wassers, so extrem sie uns auch erscheinen mag, eine Möglichkeit sein, Fuß zu fassen. In den fernen Weiten unseres Sonnensystems gibt es einige Planetenmonde mit dicken Eispanzern, deren Masse für genügend hohen Druck sorgen kann. Aus den Eisschmelzkurven lässt sich feststellen, ob es in der Tiefe, an der Sohle dieser Eispanzer, flüssiges Wasser geben kann – eine Grundbedingung für mögliches primitives Leben „da draußen".

Aber was bedeutet „extrem" im Zusammenhang mit Leben? Die Beantwortung dieser Frage ist nicht trivial. Ein Tiefseebewohner würde unseren menschlichen Lebensraum als extrem empfinden, wärmeliebende

## Resourceful microorganisms

In addition to its main component methane, natural gas primarily consists of the hydrocarbons ethane, propane and butane. Older geochemical findings have already indicated that biological processes can lead to the degradation of these gas constituents in natural gas reservoirs and other geological habitats. Bacteria isolated from sea sediments use sulphate instead of oxygen for respiration and use propane and butane as their sole source of carbon and energy. These are unusual specialists that apparently utilise no other substrates than such gaseous hydrocarbons. The associated biochemical mechanism completely converts these extraordinarily inert hydrocarbons into carbon dioxide. The bacterial reaction mechanism discovered here could lead to new synthetic approaches for targeted development of chemical products from hydrocarbons. Research into the deep biosphere thus has an economic side. New nutrients and the organisms themselves are of great benefit for the agricultural industry, the chemical industry, for biotechnology and medicine, as well as for the microbiological remediation of contaminated sites. Even if life in the deep biosphere is already the subject of intensive research, the discovery of this fascinating underground habitat has only just begun.

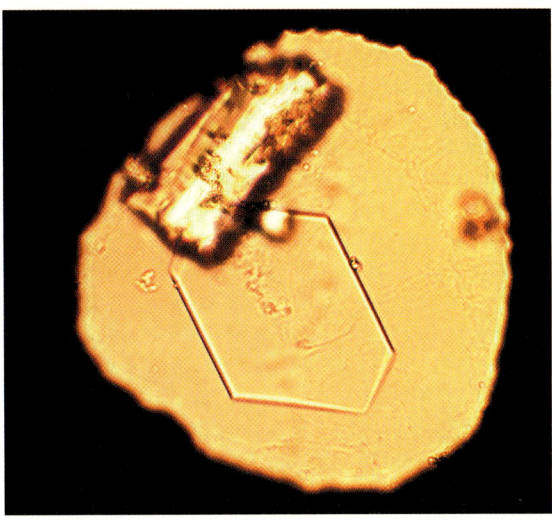

13.8 Ice VI, a form of frozen water that forms at pressures of 1.5 gigapascals. Its melting point is well above 0 °C.

13.8 Eis VI, eine Form von Wassereis, die bei Drücken von 1,5 Gigapascal entsteht. Sein Schmelzpunkt liegt weit über 0 °C.

## High pressure in ice and other extremes

Water, as one of the basic conditions of life is, to borrow Goethe's words, albeit from a phrase coined for blood – "a very special juice". On the Earth we are familiar with all three physical states of water; as a liquid, as a solid and as a gas. But our everyday perception of water covers only a limited range. The exotic forms water can take are shown by a laboratory experiment in which water is subjected to a very high pressure of 1.5 gigapascals. On Earth, this would correspond to the pressure under a 150 kilometre-thick ice shield. As a comparison: the ice shield in the Antarctic is only around three kilometres thick. At such a high pressure, water takes on the form of "ice VI", which, unlike "ice I", melts at temperatures above 0 °C (▶ Fig. 13.8).

As extreme as it might appear to us, this form of water can provide an opportunity for life to gain a foothold. In the distant regions of our solar system there are several secondary planets (moons) with thick ice shields whose mass can provide a sufficiently high pressure. From the ice melting curves it can be determined whether liquid water can exist at the base of this ice shield – a basic condition for possible primitive life "out there".

But what does "extreme" mean in relation to life? The answer to this question is not trivial. A deep-sea inhabitant would find our human habitat extreme, thermophilic microbes die in the, for them, extraordinarily cold habitat of the krill in the waters around the Antarctic. This question can perhaps be answered by stating that, basically, all creatures live in an extreme habitat, to which they are adapted in a special way. Therefore, the definition of an extreme habitat is always based on the viewpoint of the beholder.

We humans thus consider the deep sea, hot springs, geysers and the polar zones to be an extreme habitat. But even habitats with extreme dryness, high salt contents, strong acid or base concentrations, or low oxygen conditions are inhabited by life. Life, it must be said, is an integral component of System Earth.

## Outlook

An astonished Charles Darwin noted the existence of life in an extremely dense brine. On 24 July 1833, during his journey on the "Beagle", he wrote in his diary: "Every part of the world is habitable." This is apparently truer than Darwin could ever have imagined.

Mikroben sterben im für sie außergewöhnlich kalten Lebensraum des Krills in den Gewässern um die Antarktis. Man kann die Frage vielleicht so beantworten, dass im Grunde alle Lebewesen in einem extremen Habitat leben, an das sie in besonderer Weise angepasst sind. Die Definition eines extremen Lebensraums geht somit stets vom Standpunkt des Betrachters aus.

Wir Menschen sehen daher die Tiefsee, heiße Quellen, Geysire und die Polarzonen als Extremhabitat an. Aber auch Lebensräume mit extremer Trockenheit, hohen Salzgehalten, starken Säure- oder Basekonzentrationen oder sauerstoffarmen Bedingungen werden durch das Leben besiedelt. Leben, so muss man es formulieren, ist integraler Bestandteil des Systems Erde.

# Ausblick

Charles Darwin bemerkte erstaunt die Existenz von Leben in einer extrem dichten Salzlake; während seiner Reise auf der „Beagle" notierte er am 24. Juli 1833 in seinem Tagebuch: „Jeder Teil der Welt ist bewohnbar." Das gilt offenbar viel mehr, als Darwin ahnen konnte.

Die Evolution hat eine gigantische Vielfalt an Lebensformen hervorgebracht, von einzelligen Organismen bis zu verschiedensten komplexen Lebewesen. Unser Planet bietet dem Leben dabei eine schier unendliche Anzahl von unterschiedlichen Lebensräumen. Die Entdeckung von Leben in selbst den extremsten Verhältnissen änderte in drastischer Weise die Vorstellung über die Grenzen von Leben auf unserem Planeten. Leben scheint nahezu überall möglich zu sein, solange nur eine nutzbare Form von Energie existiert.

Leben nach unserer Definition haben wir bisher nur auf dem Planeten Terra, dem dritten Planeten eines durchschnittlichen Sonnensystems des Typs G2V festgestellt. Die hier bisher abgelaufene biologische Evolution wird gern in Form eines sich verzweigenden Baumes dargestellt, eine Darstellung, die letztlich auf Darwins Stammbaum des Lebens beruht. An der Spitze dieser Darstellung der Evolution steht der Mensch. Der Kulturhistoriker Horst Bredekamp hat nachgewiesen, dass Darwin bis zu seinem Tod dieses Baummodell nur als eine von mehreren Möglichkeiten sah, die Evolution zu illustrieren. Die Koralle als Modell einer Evolution, die anarchisch in alle Richtungen wächst, schien ihm genauso geeignet und entspricht auch eher dem heutigen Verständnis evolutionärer Prozesse.

Wie auch immer sich unser Verständnis der Evolution der belebten wie der nicht belebten Natur weiter entwickelt: Der Mensch ist Teil der Entwicklung von Leben auf diesem Planeten, er greift mit seinem Stoffwechsel in die Prozesse des Systems Erde ein, wie jedes Leben. Von der übrigen belebten Natur unterscheidet ihn, dass er als vernunftbegabtes Wesen diesen Stoffwechsel mithilfe einer global wirkenden technischen Zivilisation organisiert. Dieses und sein unstillbarer Wissensdurst versetzen ihn in die Lage, einen Einblick in die Gestalt und die Grenzen seines Lebensraums zu gewinnen. Diesen Lebensraum zu verstehen, ist angesichts der großen und weiter wachsenden Zahl von Individuen der Spezies *Homo sapiens* und der natürlich vorgegebenen Grenzen unabdingbare Voraussetzung für die menschliche Existenz.

Evolution has brought about an enormous diversity of life forms, from single-cell organisms through to all kinds of different complex living beings. Our planet offers life an almost endless number of different habitats. The discovery of life under even the most extreme conditions drastically changes our ideas about the limits of life on our planet. Life appears to be possible virtually everywhere, as long as a utilisable form of energy exists.

Until now, we have only found life as defined by us on planet Terra, the third planet of an average solar system of type G2V. The biological evolution that has taken place here to date is commonly represented in the form of a branching tree, a representation which is ultimately based on Darwin's Tree of Life. Humans are at the tip of this representation of evolution. The culture historian Horst Bredekamp has shown that until his death, Darwin regarded this tree model as being only one of several options for illustrating evolution. The coral, as a model of evolution developing anarchistically in all directions, seemed just as suitable to him and is also more in line with our present-day understanding of evolutionary processes.

Regardless of how our understanding of the evolution of the living world of nature and uninhabited nature continues to develop, humans are an integral part of the development of life on this planet. With their metabolism, they intervene in the processes of System Earth just like every other form of life. What differentiates humans from all the other lifeforms is that, as rational beings, humans are able to organise their metabolism with the help of a globally effective technical civilisation. This and humans' insatiable thirst for knowledge enable them to acquire an insight into the structure and limits of their habitat. In view of the large and continuously growing number of individuals of the species *Homo sapiens* and the naturally defined limits, understanding this habitat is an indispensable prerequisite for human existence.

14.1 Bilder von Rinderherden vor fünf- bis siebentausend Jahren im Gebiet der heutigen Sahara sind nicht nur Ausdruck früher Kunst, sie sind zugleich Zeugen des Klimawandels. Felsbilder im Nordwestsudan, unteres Wadi Howar, Südost-Sahara; 5. bis 3. Jahrtausend vor heute. (Foto: Andreas Gundelwein, 2006)

14.1 Pictures of cattle herds five to seven thousand years ago in the area of the present-day Sahara are not only an expression of early art, they are also witnesses of climate change. Rock paintings in Northwest Sudan, lower Wadi Howar, Southeast Sahara; 5 to 3 thousand years before present. (Photo: Andreas Gundelwein, 2006)

# Kapitel 14

## Das Bild der Welt: Wissenschaft und Kunst

# Chapter 14

## The Image of the World: Science and Art

Seit den frühen Phasen der Zivilisation strebt der Mensch danach, sich und seine Welt zu verstehen. Wissenschaft ist von ihren ersten Ausprägungen bis zum heutigen Wissensstand integraler Bestandteil des Menschseins. Auch die künstlerische Auseinandersetzung mit der Welt gehört unabdingbar zur menschlichen Existenz. Wissenschaft und Kunst sind seit jeher untrennbare Teile menschlichen Denkens.

Heute aber sehen wir eine strikte Trennung von Kunst und Wissenschaft, die beim genaueren Hinsehen eher verwundert. Der amerikanische Meteorologe und Bilderkenner Stanley D. Gedzelman bezeichnet sie als historische Anomalie, und der Blick in die Kulturgeschichte des Menschen gibt ihm recht. Menschen drückten seit Zehntausenden von Jahren in Bildern aus, was ihnen als äußere Natur gegenüberstand. Darstellungen von Tieren und Landschaften gehören zu den frühesten Kunstwerken, wie die Darstellungen von Vulkanen (Çatal Hüyük, Türkei), Regenbogen (Gehörnte Göttin von Auahouret/Tassili, Algerien) oder die Tiere der Höhlenzeichnungen von Lascaux in Frankreich zeigen. Diese künstlerischen Abbildungen sind manchmal auch Klimazeugen. Der Film „Der englische Patient" nach dem gleichnamigen Roman des kanadischen Schriftstellers Michael Oondatje machte die prähistorischen Felszeichnungen der in der östlichen Sahara gelegenen „Höhle der Schwimmer" überall bekannt. Dort, wo heute extreme Hitze und Trockenheit herrschen, muss offenbar einst viel Wasser gewesen sein (▶ Abb. 14.1, 14.2). Ob die Felsbilder von Palmen, Seen und Tieren nur künstlerischer Ausdruck oder auch mitteilende Botschaften waren, ist bis heute Gegenstand wissenschaftlicher Untersuchung.

Woher kommt diese Trennung zweier Sphären ein und derselben menschlichen Kreativität? Es muss in der Kulturgeschichte der Menschheit zu einem Auseinanderdriften gekommen sein. Als Beispiel dafür, dass Wissenschaft und Kunst einst eng verknüpft waren, dient häufig Leonardo da Vinci, der in einer Person Künstler, Handwerker, Ingenieur und Stadtbürger war. So richtig dieses Beispiel ist, so wenig erklärt es, denn nicht jeder Mensch der Hochrenaissance war ein Genie wie der Meister. Aber richtig ist, dass der Begriff „Kunsthandwerk" zu Leonardos Zeiten einen Inhalt hatte, der heute nicht mehr existiert. Die Handwerker der Renaissance waren vielfach auch geschickte Künstler. Mit der Renaissance begann der Aufbruch in die heutige Moderne. Es scheint, dass die seitdem sich dynamisch entwickelnde Arbeitsteilung zu der strikten Trennung von Kunst und Wissenschaft geführt hat, die wir heute sehen. Zugleich aber beobachten wir heute auch ein Bestreben nach Wiedervereinigung dieser beiden Bereiche. Die gesellschaftliche Arbeitsteilung hat einerseits die enorme Entwicklung in Technik, Wissenschaft und Kunst überhaupt erst ermöglicht, auf der unsere heutige Zivilisation beruht. Andererseits hat diese Differenzierung vielleicht auch dazu geführt, dass wir den Gesamtblick auf uns und unsere natürliche Umgebung verloren haben. Dieser Prozess ist unumkehrbar und auch kein Anlass zur Nostalgie. Wohl aber sollten wir darüber nachdenken, in welcher Beziehung Kunst und Wissenschaft heute stehen.

Der britische Künstler Keith Tyson besucht Forschungszentren, um sich dort mit der Gedankenwelt der Wissenschaftler auseinanderzusetzen und beide Welten, seine künstlerische und die der Forscher, in seinen Werken zusammenzubringen. Die Trennung zwischen Kunst und Wissenschaft existiert für ihn nur bedingt, denn für ihn sind Kunst und Wissenschaft zwei Wege, die Welt zu beschreiben. Natur, sagt er, ist die Welt. Vielleicht deutet das ja einen Weg an.

# Geophysik als Kunst

Es ist im Physikunterricht bei der Behandlung der Akustik nicht unüblich, basierend auf dem Kammerton a die Schwingungsknoten einer Saite zu bestimmen, mit denen sich die Tonleiter entwickeln lässt. Natürlich wird ein Orchester nicht an Physik denken, wenn es sich mit diesem Ton einstimmt, aber jeder Klang lässt sich physikalisch nachvollziehen; in modernen Tonstudios ist das die Grundlage für die Digitalisierung der Aufnahme. Der Potsdamer Geophysiker Frank Scherbaum macht das ähnlich, er nutzt die Erde als Instrument. Der Erdkörper sendet Schallwellen in einem breiten Spektrum aus, die meisten davon sind für das menschliche Ohr nicht hörbar. Wenn man beispielsweise die Schallwellen von Erdbeben einfach in den hörbaren Bereich transformiert, ist das Ergebnis nach den Worten Scherbaums nicht sehr hörenswert. Setzt man sich aber mit einem Musiker zusammen, kommt da ein höchst interessantes Stück Weltmusik im echten Wortsinn heraus.

Anders herum geht es auch. Ivan Koulakov, auch er Geophysiker, beschäftigt sich beruflich mit sehr komplizierten Algorithmen für die seismische Tomographie, also die Durchleuchtung des Erdkörpers mit Erdbebenwellen. Er ist aber nicht nur mit Leib und Seele Geophysiker, sondern ebenso leidenschaftlicher Maler, vor dessen geistigem Auge sich die Erde gleichsam mathematisch und ästhetisch auftut. Bei seiner Untersuchung der geologischen Störzone, die im Jordantal die arabische Platte von der afrikanischen Platte trennt, analysierte er die Viskosität von Gestein in Abhängigkeit von der zunehmenden Tiefe. Grafisch dargestellt, ergibt

Since the early phases of civilisation, humans have strived to understand themselves and their world. Science, from its initial forms through to today's level of understanding, is an integral part of being human. The artistic examination of the world is also an indispensable part of human existence. Science and art have always been inseparable parts of human thought.

Yet nowadays we see a strict separation of art and science, and if looked at more closely, this is rather surprising. The American meteorologist and painting expert Stanley D. Gedzelman calls it a historical anomaly, and a look at the cultural history of humans shows that he is right. For tens of thousands of years, humans have expressed in pictures how nature appeared to them. Illustrations of animals and landscapes are among the earliest works of art, as are the pictures of volcanoes (Çatal Hüyük, Turkey), rainbows (The Horned Goddess from Auahouret/Tassili, Algeria) or the animals of the cave drawings in Lascaux, France. These artistic depictions are sometimes also climate witnesses. The film "The English Patient", based on the novel of the same name by the Canadian author Michael Oondatje, made the prehistoric rock drawings of the "Cave of Swimmers" located in the Eastern Sahara known worldwide. There, where today extreme heat and dryness prevail, must apparently once have been a place where water was abundant (▶ Fig. 14.1, 14.2). Whether the rock drawings of palms, lakes and animals were merely an artistic expression or were also communicative messages is still the subject of scientific study.

Where does this separation of two spheres of one and the same human creativity come from? Sometime in the cultural history of mankind they must have drifted apart. Leonardo da Vinci, who was an artist, craftsman, engineer and burgher, is frequently cited as an example of how science and art were once closely linked. As correct as this example is, it does not explain anything because not everyone in the High Renaissance was a genius like the master. Although it is correct that the term "artisanship" possessed a meaning in Leonardo's times, which no longer exists today. The artisans or craftsmen of the Renaissance were often also skilled artists. The emergence of today's modern age began with the Renaissance. It seems that the dynamically developing division of labour that has occurred since then led to the strict separation of art and science that we see today. Yet at the same time, efforts are now being made to reunite these two fields. On the one hand, it was societal division of labour that enabled the enormous developments in engineering, science and art, on which our present civilisation is based. On the other hand, this differentiation has also perhaps led us to lose the overall view of ourselves and our natural environment. This process is irreversible and is also no cause for nostalgia. However, we should think about the relationship between art and science today.

The British artist Keith Tyson visits research centres to examine the intellectual world of scientists and to bring together both worlds, his artistic world and that of the researchers, in his works. For him, the division between art and science exists only conditionally, because he regards art and science as being two ways of describing the world. Nature, he says, is the world. Perhaps this indicates a way.

14.2  Rock painting of giraffes five to seven thousand years before present in the area of today's Sahara. (Photo: Andreas Gundelwein, 2006)

14.2  Felsbild von Giraffen vor fünf- bis siebentausend Jahren im Gebiet der heutigen Sahara. (Foto: Andreas Gundelwein, 2006)

diese Viskositätsverteilung eine Struktur, die der Kinderzeichnung eines Tannenbaums ähnelt. Der mathematisch geschulte Blick auf eine solche wissenschaftliche Grafik der Zustände unter Tage inspirierte ihn zu einem Gemälde, das diesen Tannenbaum als Traumgebilde ober- wie untertägig widerspiegelt (▶ Abb. 14.3). Es scheint, dass die künstlerische und die wissenschaftliche Umsetzung der Kenntnis über den Aufbau der Erde hier kongenial sind.

Das moderne Bild der Welt hat sich seit dem 17. Jahrhundert entwickelt. Natürlich wusste auch schon Kolumbus im 15. Jahrhundert, dass er auf einer Kugel navigierte, aber erst mit Kepler, Kopernikus, Newton, Galileo bildete sich eine andere Sichtweise heraus, die nicht mehr geo-, sondern heliozentrisch war. Einen eigenartigen Reflex der sich neu formierenden wissenschaftlich fundierten Weltanschauung finden wir im Gottorfer Globus wieder. Adam Olearius, Sohn der Stadt Aschersleben, baute zwischen 1650 und 1664 im Auftrag seines Fürsten Herzog Friedrich III. von Gottorf einen drei Meter hohen, innen begehbaren Globus. Dessen Außenseite war mit den Kontinenten und Weltmeeren bedeckt, wie es dem damaligen Wissensstand entsprach. Die Innenseite wiederum stellte ein kleines Planetarium dar, allerdings streng nach Ptolemäus geozentrisch angeordnet. Später wurde versucht, auch die Wandelsterne, also die Planeten, und damit das neue Weltbild in das innere Räderwerk des Planetariums zu integrieren; allerdings scheiterte man an der komplizierten Mechanik, die dafür notwendig gewesen wäre. Der seinerzeit weltberühmte Gottorfer Globus steht also genau an der Nahtstelle zwischen der religiös dominierten Wissenschaft vor und der weltlich determinierten Wissenschaft nach dem 17. Jahrhundert.

Den Berliner Künstler Oliver Störmer faszinierte dieser Gedanke. Er entwarf für den Geburtsort von Olearius den „Ascherleber Globus", eine ebenfalls drei Meter hohe Bronzeskulptur, die sich an die „Potsdamer Kartoffel", also die Geoid-Darstellung der Erde anlehnt, wie sie von Potsdamer Geowissenschaftlern entwickelt wurde (▶ Abb. 14.4, ▶ Kapitel 02). Das moderne Bild der Erde als hochpräzise vermessenes Geoid kommt als Kunstwerk zurück. Die wissenschaftliche und die künstlerische Ästhetik finden zusammen, indem die aus Satellitendaten entwickelte Figur der Erde digital in den Handwerksprozess des Künstlers einfließt.

Solche Beispiele der künstlerischen Umsetzung wissenschaftlicher Erkenntnisse lassen sich viele finden. Sie zeigen einen Zusammenhang zwischen Kunst und Wissenschaft auf, der – so werden wir sehen – mehr bedeutet als nur die kontemplative Betrachtung auf der einen und die nüchterne Analyse auf der anderen Seite.

## Die „nützliche Kunst"

Die Bezeichnung der Wissenschaft als „nützliche Kunst" stammt aus den Zeiten, in denen die Künste und das Handwerk noch nahe beieinander waren, das Wort „Kunsthandwerk" drückt das heute noch aus. Wenn der Begriff „nützliche Kunst" fällt, ist das durchaus nicht despektierlich gemeint, denn es gibt viele Bereiche, in denen sich die Wissenschaft – übrigens nicht nur die Naturwissenschaft – für das Kunstverständnis als unentbehrlich erweisen. Verfahren der Geologie, Geochemie und Geophysik sind Standards in der Archäologie; die Dendrochronologie dient zur Altersbestimmung von Holzrahmen alter Gemälde; Untersuchungen von Fluideinschlüssen in Edelsteinen historischer Schmuckstücke

14.3 Ivan Koulakovs geophysikalische Untersuchung der tiefenabhängigen Gesteinsviskosität in der Transformstörung im Bereich von Jordantal und Totem Meer zeigt eine Baumstruktur, die sich in seinem Gemälde „The Viscosity Underground Christmas Tree" aus dem Jahr 2009 wiederfindet.

14.3 Ivan Koulakov's geophysical investigation into depth-dependent rock viscosity in the transform fault in the area of the Jordan Valley and Dead Sea has a tree-like structure, which reappears in his painting "The Viscosity Underground Christmas Tree" of 2009.

# Geophysics as art

In physics classes dealing with acoustics, it is not uncommon to determine the nodal points of a string based on the standard pitch a (A above middle C), with which the scale can be developed. An orchestra does not think of physics when it tunes its instruments to this tone, but every sound can be physically reconstructed; this is used as the basis for digitalising recordings in modern sound studios. The Potsdam geophysicist Frank Scherbaum does something similar, only his instrument is the Earth. The Earth's body emits sound waves in a wide spectrum, most of which are inaudible to the human ear. For example, if we simply transform the sound waves of earthquakes into the audible range, the result, in Scherbaum's words, is not really worth listening to. But working together with a musician, the result is an extremely interesting piece of world music, in the true sense of the word.

This also works the other way round. Ivan Koulakov, also a geophysicist, is professionally involved in very complicated algorithms for seismic tomography, i.e., examination of the Earth's body using earthquake waves. But he is not only a dedicated geophysicist, he is also a passionate painter, before whose intellectual eyes the Earth opens up both mathematically and aesthetically. In his study of the geological fault zone that separates the Arabian Plate from the African Plate in the Jordan Valley, he analysed the viscosity of rock depending on increasing depth. Presented graphically, these viscosity distributions result in a structure similar to a child's drawing of a Christmas tree. The mathematically trained view of such a scientific diagram of the conditions underground inspired him to produce a painting that reflects this Christmas tree as a dream construct above and below ground (▶ Fig. 14.3). In this case, it seems that the implementation of artistic and scientific knowledge of the structure of the Earth are congenial.

The modern view of the world has developed since the 17th century. Of course, in the 15th century even Columbus knew that he was navigating on a sphere, but it was not until Kepler, Copernicus, Newton and Galileo that another view evolved, which was no longer geocentric but was heliocentric instead. We find a strange reflection in the new, scientifically based, evolving world view in the Gottorf globe. Between 1650 and 1664, Adam Olearius, born in the town of Aschersleben, Germany, built a three-metre high accessible globe for his ruler, Frederick III, Duke of Holstein-Gottorp. Its skin was covered with a map of the continents and oceans as known at that time. The inside represented a small planetarium, but arranged strictly geocentrically according to Ptolemaeus. An attempt was made later to integrate the planets, and therefore the new view of the world, into the inner cogs of the planetarium; however, this attempt failed due to the complicated mechanism that would have been necessary. Therefore, the Gottorf globe, world famous at the time, is positioned precisely at the interface between the religiously dominated science before the 17th century and the worldly determined science afterwards.

The Berlin artist Oliver Störmer was fascinated by this idea. He designed the "Aschersleber Globe" for the birthplace of Olearius. This bronze sculpture, also three metres high, is based on the "Potsdam potato", i.e. the

14.4  The Aschersleber Globe: a crafted bronze casting as a work of art that incorporates satellite data and digital production engineering.

14.4  Handwerklicher Bronzeguss, Satellitendaten und digitale Fertigungstechnik vereint im Kunstwerk des Aschersleber Globus.

geben Auskunft über die Herkunft der Preziosen und damit über Handelswege – kurzum: Methoden der Wissenschaft können der Kunstgeschichte sehr nützlich bei der Einordnung und Interpretation der Kunstgegenstände sein. Die Wissenschaften stellen dabei nicht nur technische Hilfsmittel und Verfahren zur Verfügung, ihre Unterstützung geht weit über die rein technischen Untersuchungsmethoden hinaus bis hin zur Erklärung der Kunstwerke. Die Zusammenarbeit mit Kunsthistorikern gibt diesen häufig erst die erweiterte Wissensbasis zur Interpretation der Meisterwerke. Ein Beispiel soll dieses erläutern.

Die holländische Landschaftsmalerei des 17. Jahrhunderts bedeutete eine Revolution in der Geschichte der Malerei. Zwar hatten sich schon die früheren Kunstepochen mit der bildnerischen Darstellung der Landschaft beschäftigt, aber erst mit den holländischen Meistern wurde die naturnahe Darstellung zum eigentlichen Gegenstand, sei es in Stillleben von Blumen, Jagdbeuten oder Mahlzeiten, sei es von Landschaften.

Daraus folgte, eigentlich ganz konsequent, eine nunmehr seit über hundert Jahren andauernde Debatte in der Kunstgeschichte, ob diese Gemälde die dargestellten Sujets direkt linear wiedergeben oder ob sie freier künstlerischer Ausdruck sind. Zur Interpretation der Landschaftsmalerei dieser Epoche können natürlich Fachwissenschaftler ihr Wissen beisteuern. Ein Geologe kann zur Darstellung der Landschaft, ein Meteorologe zur Wiedergabe der Wolken ein fundiertes Wort sprechen und so der Diskussion der Kunsthistoriker ein erweitertes Fundament geben (▶ Abb. 14.5).

Andererseits sind selbstverständlich die Kunsthistoriker überfordert, wenn sie sich zu Pflanzenarten, Landschaftstypen und Wettergeschehen äußern sollen. Erst in der Zusammenarbeit von Kunsthistorikern, Geschichtswissenschaftlern und – speziell im Fall Hollands – Wirtschaftshistorikern mit Naturwissenschaftlern ergibt sich eine schlüssige Interpretation. Für die holländische Malerei des 17. Jahrhunderts konnte so der wichtige Befund erbracht werden: Die Gemälde sind im Regelfall Kompositionen, die sich aus einzelnen Elementen zusammensetzen, die jedes für sich sehr realistisch dargestellt sind. Die holländischen Meister des 17. Jahrhunderts haben „erfundene Realitäten" gemalt.

14.5  Diese holländische Flachlandschaft mit mäandernden Flussläufen bildet die mündungsnahen Abschnitte von Rhein und Maas ab. Der Himmel darüber wird von einer dichten Stratocumulus-Wolkenschicht bedeckt. Philips Koninck, „Holländische Flachlandschaft", 1655/60, Kat.-Nr. 821A, Bildmaterial: Leinwand, 91 × 165 cm, Foto: Jörg P. Anders; mit freundlicher Erlaubnis der Gemäldegalerie der Staatl. Museen zu Berlin SPK.

14.5  This flat Dutch landscape with meandering river courses illustrates the sections of the Rivers Rhine and Maas close to their confluence. The sky above is covered by a thick layer of stratocumulus cloud. Philips Koninck, "Flat Dutch Landscape", 1655/60, Cat. No. 821A, material: canvas, 91 × 165 cm, photo: Jörg P. Anders; by kind permission of the Painting Gallery of the "Staatliche Museen zu Berlin SPK".

geoid representation of the Earth, as developed by geo-scientists in Potsdam (▶ Fig. 14.4, ▶ Chapter 01). The modern view of the Earth as a very precisely surveyed geoid returns as a work of art. Scientific and artistic aesthetics blend together as the portrayal of the Earth developed from satellite data is digitally incorporated into the creative process of the artist.

Many examples of the artistic interpretation of scientific knowledge exist. They demonstrate a relationship between art and science, which – as we will see – means more than a mere contemplative consideration on the one hand and matter-of-fact analysis on the other.

## "Useful art"

The description of science as "useful art" originates from the times when the arts and craftsmanship were still closely related, the word "artisanship" still expresses this today. When the term "useful art" is used, it is not meant disparagingly because there are many areas in which science – and not only natural science – proves to be indispensable for the appreciation of art. Geology, geochemistry and geophysics processes are standards in archaeology; dendrochronology is used to date wooden frames of old paintings; studies of fluid inclusions in precious stones of historical pieces of jewellery provide information about the origin of the gems and, therefore, about trading routes. In short: Scientific methods can be very useful to art history for the classification and interpretation of art objects. The sciences, however, not only provide technical tools and processes, their support extends far beyond purely technical investigation methods through to explanation of the works of art. Collaboration with art historians frequently provides them with an enhanced scientific basis for interpreting masterpieces. This is explained below by way of an example.

Dutch landscape painting of the 17th century signifies a revolution in the history of painting. Earlier art periods had already occupied themselves with artistic representation of the landscape, but it wasn't until the Dutch masters that natural representation became the actual subject, whether in still life paintings of flowers, the spoils of hunting or mealtimes or of landscapes.

As a logical consequence, this prompted a debate in art history, which has now lasted more than one hundred years, as to whether these paintings directly and linearly reflect the illustrated subject or whether they are the result of free artistic expression. Specialist scientists can, of course, contribute their knowledge to the interpretation of such a landscape painting from this period. A geologist can express an opinion on the representation of the landscape, a meteorologist can comment on the reproduction of the clouds, therefore providing more basic information to fuel the discussions of art historians (▶ Fig. 14.5).

On the other hand, it is of course too much to expect art historians to comment on the plant species, types of landscape and weather phenomena. Such conclusive interpretation only results when art historians, historians and – especially in the case of Holland – economy historians collaborate with natural scientists. However, in this way, an important finding emerged for Dutch paintings of the 17th century: these paintings are usually compositions, made up of individual elements, each of which is very realistically illustrated. The Dutch masters of the 17th century painted "comtrived realities".

## Art as a climate archive?

From the above discussions, it also follows that climatologists can contribute their knowledge to the interpretation of paintings. Conversely, in many different approaches since the 1960s, an attempt has been made to use paintings as a climate archives. On balance, it can be said that this attempt to draw reliable climate information from such paintings must be considered to have failed. The rock drawings in the Sahara, mentioned at the start of this chapter, were clear indications that different climatic conditions to those of today must have prevailed there at some time in the past. But they provide no opportunity to quantify such information. How hot was it, how wet was it? The omnipresent skaters in masterpieces from the Dutch Golden Age provide us with an indication of the so-called Little Ice Age, in which this type of painting reached its climax, but they cannot be clearly interpreted as relating to cold, less cold or even hot years. Equally, the precisely painted algae deposits of the Venetian painter Canaletto on the houses of Venice can be used as indications of the change in water levels of the Mediterranean.

Such interpretation of the works of art necessarily fails owing to certain facts, of which art historians are also fully aware: What basic societal conditions and power structures characterised the individual periods of art history? Which "fashions", standards of craftsmanship and technical/chemical painting possibilities existed within these periods? The factors that influenced the creation of the paintings and still affect them today are too diverse to be able to provide unambiguous information on climatic conditions. Climate research has also now abandoned such an approach, especially in view of

## Kunst als Klimaarchiv?

Aus dem bisher Gesagten ergibt sich auch, dass Klimatologen zwar mit ihren Kenntnissen zur Interpretation der Gemälde beitragen können. Umgekehrt wurde aber in verschiedenen Ansätzen seit den 1960er Jahren versucht, Gemälde als Klimaarchive zu nutzen. Im Fazit muss der Versuch, aus solchen Gemälden verlässliche Klimainformationen zu beziehen, heute als gescheitert angesehen werden. Die anfangs dieses Kapitels erwähnten Felszeichnungen in der Sahara waren zwar deutliche Hinweise darauf, dass dort einst andere klimatische Zustände geherrscht haben müssen als heute. Aber sie geben keine Möglichkeit an, diesen anderen Zustand auch zu quantifizieren: Wie warm war es, wie feucht war es? Die allgegenwärtigen Schlittschuhläufer der holländischen Meister des Goldenen Zeitalters geben uns zwar einen Hinweis auf die sogenannte Kleine Eiszeit, in der diese Malerei ihren Höhepunkt erreichte, aber sie lassen sich nicht eindeutig als Zuordnung zu kalten, weniger kalten oder gar warmen Jahren interpretieren. Ebenso wenig lassen sich die von dem venezianischen Maler Canaletto präzise gemalten Algenablagerungen an den Häusern Venedigs als Hinweise auf die geänderten Wasserstände des Mittelmeers nutzen.

Eine solche Interpretation der Kunstwerke muss zwangsläufig an Fakten scheitern, die den Kunsthistorikern durchaus bekannt sind: Welche gesellschaftlichen Rahmenbedingungen und Machtstrukturen haben die einzelnen Epochen der Kunstgeschichte geprägt? Welche „Moden", handwerkliche Normen und technisch-chemische Möglichkeiten der Malerei gab es innerhalb dieser Epochen? Zu vielfältig sind die Faktoren, die auf die Entstehung der Bilder Einfluss nahmen und auch heute noch nehmen, als dass sie eindeutige Klimainformationen abgeben könnten. Die Klimaforschung verfolgt mittlerweile einen solchen Ansatz auch nicht mehr, zumal natürliche Klimaarchive, wie im Kapitel über das Klima dargestellt wurde, verlässlichere Daten liefern.

Überhaupt verbietet sich wohl die direkte Herstellung von solchen geradlinigen Zusammenhängen zwischen der wissenschaftlichen und der künstlerischen Aneignung der Welt. Zu vielfältig sind die jeweiligen Eigenleben und zu komplex die jeweiligen Bezüge der einen Sphäre auf die andere, wenn sie denn überhaupt bewusst werden. Auch dieses ist ein Aspekt der Trennung von Kunst und Wissenschaft. Beide Sphären aber sind im engen Wortsinn zutiefst menschlich.

# Das Gemeinsame in Kunst und Wissenschaft

Wissenschaft als „nützliche Kunst" ist das Eine, aber umgekehrt? Kann Kunst der Wissenschaft dienlich sein? Wieso stellt sich überhaupt diese Frage nach dem „Nutzen"? Zunächst die direkte Antwort: Der Soziologe Norbert Elias formuliert für unsere Gesellschaftsepoche, dass sie vom Grundgedanken der zweckmäßigen Nützlichkeit durchdrungen sei. Das galt nicht für alle menschlichen Gesellschaften, aber heute scheint es so zu sein. Stellen wir die Frage nach dem wissenschaftlichen Nutzen der Kunst ein wenig grundsätzlicher, so läuft sie darauf hinaus, ob uns die Kunst dabei helfen kann, unsere natürliche Umwelt besser zu verstehen. Die Antwort ist nicht trivial.

Der Ausgangspunkt für Kunst und Wissenschaft ist derselbe. Wissenschaftler und Künstler leben in derselben Welt, sie sehen die gleichen Nachrichten im Fernsehen, benutzen die gleichen Verkehrsmittel, diskutieren – wenn es nicht um die Spezialitäten ihres jeweiligen Arbeitsgebiets geht – die gleichen Themen wie die übrige Bevölkerung, kurzum: Sie haben dieselben Alltagserfahrungen und spüren denselben Zeitgeist. Und: Sie sind zwei gleichermaßen kreative Gruppen der Gesellschaft.

Ihre Ansichten von der Welt sind also gar nicht so grundverschieden. Sie setzen sich mit ihrer natürlichen oder sozialen Umwelt gestalterisch auseinander, der eine mit Rasterelektronenmikroskop, Satellitendaten oder Skalpell, der andere mit Pinsel, Musikinstrument oder dem geschriebenen Wort.

Der Konstanzer Wissenschaftshistoriker Ernst Peter Fischer hat verblüffende Parallelen festgestellt: Als Cezanne in der zweiten Hälfte des 19. Jahrhunderts die seit der Renaissance überlieferte Perspektive in der Malerei auflöste, machte der Mathematiker Bernd Riemann dasselbe mit den ebenso überlieferten drei Dimensionen der Physik und Mathematik. Weiter: Zur gleichen Zeit, als durch Picasso die Malerei abstrakt wurde, stellte Einstein dasselbe mit der Physik an. Beide zögerten aber, die radikalen Konsequenzen aus der von ihnen angezettelten Revolution zu ziehen; Einstein überließ das Heisenberg, Picasso seinerseits Kandinsky.

Dieser Gedanke Fischers hat etwas Bestechendes, denn er stellt den eigentlichen inneren Zusammenhang zwischen Kunst und Wissenschaft wieder her: Beides sind Bereiche kreativer menschlicher Beschäftigung mit sich selbst und mit der Natur. Natürlich gibt es keinen starren Zusammenhang: Cezanne hat die Perspektive in seinen Gemälden nicht so gemalt, weil er die Riemannschen Räume studiert hat, und Einstein hat Picasso

the fact that more reliable data can be obtained from natural climate archives, such as those described in the chapter on the climate.

Direct establishment such linear relationships between the scientific and artistic appropriation of the world is out of the question anyway. The respective lives of the individuals are too diverse and the references of one sphere to the other are too complex, if they are even realised at all. This is also an aspect of the separation of art and science. Yet both spheres are, in the narrow sense of the word, profoundly human.

# The common elements in art and science

Science as "useful art" is one interpretation, but vice-versa? Can art be useful to science? Why does this issue of "usefulness" arise at all? First, the direct answer: The sociologist Norbert Elias stated that our social era is imbued with the fundamental idea of functional useful-ness. This did not apply to all human societies, although it does appear to do so today. If we question the scientific benefit of art at a more basic level, then it boils down to whether art can help us improve our understanding of our natural environment. The answer is by no means trivial.

The starting point for art and science is the same. Scientists and artists live in the same world, they see the same news on the television, use the same means of transport, discuss – when not talking about the specialities of their respective field of work – the same topics as the rest of the population, in short: they have the same everyday experiences and feel the same Zeitgeist. And: They are two equally creative groups of society.

Their views of the world are thus not so entirely different. They creatively examine their natural or social environment, one using a scanning electron microscope, satellite data or scalpel, the other using brushes, a music instrument or the written word.

The German science historian Ernst Peter Fischer found astonishing parallels: in the second half of the 19th century, as Cezanne abandoned the perspectives in painting handed down since the Renaissance, the mathematician Bernd Riemann did the same with the three traditional dimensions of physics and mathematics. Furthermore, at the same time as painting became abstract thanks to Picasso, Einstein did the same with physics. But both hesitated in drawing radical consequences from the revolution they had instigated; Einstein left this to Heisenberg, Picasso to Kandinsky.

This idea of Fischer has something persuasive, because he re-establishes the actual inner relationship between art and science: Both are areas of creative human occupation with itself and with nature. Of course, there is no rigid relationship: Cezanne did not paint the perspectives in his paintings because he had studied Riemann's spaces, and Einstein never met Picasso in person. The relationship is instead established through something less definable such as "Zeitgeist", but is still verifiable. For example, van Gogh's "Starry Night", a painting of the stars with spiral shapes in the night sky, can be traced back to the fact that at the same time the spiral shape of the galaxies was discovered with the large refractor telescopes of the 19th century, of which the enthusiastic stargazer Vincent was naturally aware.

In short, scientists and artists, like everyone else, are a product of their time. Equally, especially in times of radical change, art and science have a formative influence on their epochs. Both are based on their respective different types of cognition. But sometimes, especially when groundbreaking discoveries occur, both science and art need a while before the genius of any innovation starts to make headway.

# Outlook

Nowadays, art and science are two separate worlds; nevertheless, what links them internally is far greater than would appear from the outside. The science of today is probably facing a similarly decisive and radical change as that which last occurred in Einstein's time. The most reliable indication of this is that today we *know* that our physics, our current understanding of the processes which take place in the micro- and macro-nature, cannot adequately describe nature. Real nature is not that replicated by modelling in the laboratory and on a computer. Each and every day, System Earth makes it clear to us again and again that we are dealing with processes that are non-linear, interactive and full of singularities, and which we thus register incompletely or perhaps not at all, with our present-day mathematical and physical methods of description.

The main task of physics today is to link the microcosm of Heisenberg and Schrödinger with the macrocosm of Einstein; this is the famous search for the world equation. As an example, anyone who attempts to understand string theory with its eleven dimensions may be able to do so mathematically, but the visual imagination of humans is unable to cope with this. But that's not all. Apart from this great unifying theory, we also need a new fundamental idea with which we can

nicht persönlich getroffen. Der Zusammenhang stellt sich eher über so etwas schwach Definiertes wie „Zeitgeist" her, ist aber trotzdem nachweisbar. Beispielsweise ist etwa van Goghs Gemälde der Sternennacht mit den Spiralformen am Nachthimmel auf die Tatsache zurückzuführen, dass zeitgleich die Spiralform der Galaxien mit den großen Refraktorteleskopen des 19. Jahrhunderts entdeckt wurden, was dem begeisterten Sternengucker Vincent natürlich bekannt war.

Kurzum, die Wissenschaftler und Künstler sind, wie wir alle, geprägt durch ihre Zeit. Ebenso prägen, insbesondere in Zeiten von Umbrüchen, Kunst und Wissenschaft ihre Epochen. Beides beruht auf ihren jeweils unterschiedlichen Arten der Erkenntnis. Aber manchmal, gerade bei grundstürzenden Entdeckungen, braucht es sowohl für die Wissenschaft als auch für die Kunst einige Zeit, bis das Geniale am Neuen sich Bahn bricht.

## Ausblick

Kunst und Wissenschaft sind heute zwar getrennte Welten, dennoch ist ihre innere Verbindung viel größer, als der äußere Schein es zeigt. Die Wissenschaft steht heute vermutlich vor einem ähnlich entscheidenden Umbruch wie zuletzt zu Einsteins Zeiten. Das sicherste Indiz dafür ist, dass wir heute *wissen*, dass unsere Physik, unser bisheriges Verständnis von ablaufenden Prozessen in der Mikro- wie in der Makronatur, die Natur nicht adäquat beschreiben kann. Die reale Natur ist nicht die aus der Modellbildung im Labor und im Computer. Gerade das System Erde macht uns jeden Tag aufs Neue deutlich, dass wir es mit Prozessen zu tun haben, die nichtlinear, wechselwirkend und voller Singularitäten sind, und die wir deshalb mit unserer heutigen mathematisch-physikalischen Beschreibungsweise nicht nur nicht vollständig, sondern vielleicht gar nicht erfassen können.

Die Königsaufgabe der Physik besteht heute darin, den Mikrokosmos von Heisenberg und Schrödinger mit dem Makrokosmos von Einstein zu verbinden; das ist die berühmte Suche nach der Weltformel. Wer versucht, etwa den Ansatz der Stringtheorie mit elf Dimensionen nachzuvollziehen, kann das vielleicht mathematisch tun, die bildliche Vorstellungskraft der Menschen wird damit aber überfordert. Damit aber nicht genug. Neben dieser großen Vereinheitlichungstheorie bedarf es auch einer neuen Grundüberlegung, mit der wir vom Prozessverständnis (das auch noch sehr unvollständig ist) zu einer Beschreibungsweise kommen, welche die physikalischen Prozesse der uns umgebenden Welt so darstellen kann, wie sie sind: nichtlinear, rückkoppelnd, wechselwirkend und mit unverhofften Singularitäten versehen.

Menschen, das zeigen die Ergebnisse der modernen Hirnforschung, denken in Bildern. Die bildliche Darstellung der Welt ist ureigenstes Gebiet der Kunst. Es wäre nicht zum ersten Mal in der Menschheitsgeschichte, dass die Kunst den Menschen das nötige ästhetische Werkzeug bereitstellt, mit dem sie sich die Welt bildlich-gedanklich zu eigen machen können. Wiederum ohne lineare Zusammenhänge unterstellen zu wollen: Jeder analoge Farbnegativfilm mit seiner chemischen Körnung, jeder digitale Fotoapparat mit seinen Pixeln funktioniert für die Rezeption durch den Wahrnehmungsapparat menschliches Auge/Gehirn genau so wie die Gemälde der Pointillisten des 19. Jahrhunderts. Und das Ätzen von Computerchips basiert auf dem gleichen Prinzip wie das kunsthandwerkliche Verfahren der Radierung. Die Kunst ist im Alltag viel präsenter, als uns das vielleicht bewusst ist.

Wissenschaftler mit so unterschiedlichen Ansichten wie der genannte deutsche Wissenschaftshistoriker Ernst Peter Fischer und der britische Historiker Eric Hobsbawm haben übereinstimmend ein merkwürdiges Phänomen festgestellt, nämlich dass Künstler die Strömungen ihrer Zeit viel früher spüren als die sie umgebende Gesellschaft. Es ist daher durchaus nicht unwahrscheinlich, dass die Kunst uns helfen kann, die notwendige Ästhetik zu entwickeln, mit der wir die sich entfaltende neue Sicht der Welt auch begreifen können.

move from a process understanding (which is also still very incomplete) to a descriptive method that is capable of representing the physical processes of the world that surrounds us in the way they are: non-linear, retroactive, interactive and equipped with unexpected singularities.

The results of modern brain research show that humans think in images. Pictorial representation of the world is the inherent domain of art. It would not be the first time in human history that art provides humans with the necessary aesthetic tools with which to make the world visually and intellectually their own. On the other hand, without wishing to imply linear relationships, each colour negative film with its chemical granularity, each digital camera with its pixels, functions in precisely the same way for reception by the eye/brain as the human perceptive apparatus as did the painting of the pointillists of the 19th century. And the etching of computer chips is based on the same principle as the artisan method of etching. Art is far more present in everyday life than many of us may be aware.

Scientists with so very different views, such as the aforementioned German science historian Ernst Peter Fischer and the British historian Eric Hobsbawm, have concurrently determined a remarkable phenomenon, namely that artists sense the currents of their time far earlier than the society around them. It is therefore definitely not improbable that art can help us to develop the necessary aesthetics with which we can understand the unfolding new view of the world.

# Index

# Index

J. Eberle, B. Eitel, W. D. Blümel,
P. Wittmann

## Deutschlands Süden

Süddeutschland gehört zu den abwechslungsreichsten Landschaften der Erde. Kaum eine andere Region bietet auf so engem Gebiet eine vergleichbare Vielfalt an Naturräumen. Sie erlebte in den letzten 140 Millionen Jahren tropische, subtropische und arktische Klimaphasen, deren Spuren bis heute in Teilen der Landschaft zu erkennen sind. Begeben Sie sich auf eine faszinierende Zeitreise durch Süddeutschland.

2. Aufl. 2010, 192 S.,
190 farb. Abb., geb.
€ [D] 39,95 /
€ [A] 41,07 / sFr 54,–
ISBN 978-3-8274-2594-2

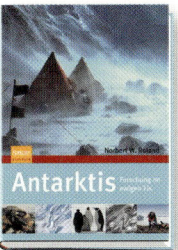

Norbert W. Roland

## Antarktis

Antarktika ist ein Kontinent der Extreme und der Superlative, lebensfeindlich und doch von faszinierender Schönheit. Rohstoffe aus der Antarktis galten als große Hoffnung. Heute ist Antarktika die am besten geschützte Region der Erde. Dieses Buch ist nicht nur eine Einführung in die Geologie der Antarktis, es erläutert fachübergreifende Zusammenhänge – und es möchte dem Leser die Antarktis in all ihrer Faszination und mit all ihren Besonderheiten näher bringen.

1. Aufl. 2009, 334 S.,
236 farb. Abb., geb.
€ [D] 39,95 /
€ [A] 41,07 / sFr 54,–
ISBN 978-3-8274-1875-3

Jürgen Ehlers

## Das Eiszeitalter

Was sich im Eiszeitalter abgespielt hat, kann nur aus Spuren rekonstruiert werden, die im Boden zurückgeblieben sind. Die Eiszeit hat andere Schichten hinterlassen als andere Erdzeitalter. Das Buch beschreibt die Prozesse, unter denen sie gebildet worden sind, und die Methoden, mit denen man sie untersuchen kann. Die Arbeit des Geowissenschaftlers gleicht dabei der eines Detektivs, der aus Indizien den Ablauf des Geschehens rekonstruieren muss. Von den in diesem Buch vorgestellten Untersuchungsergebnissen werden einige zum ersten Mal veröffentlicht.

1. Aufl. 2011, 363 S.,
322 farb. Abb., geb.
€ [D] 39,95 /
€ [A] 41,07 / sFr 54,–
ISBN 978-3-8274-2326-9

1. Aufl. 2011
189 S., 283 farb. Abb., geb.
€ [D] 39,95 / € [A] 41,07 / sFr 54,–
ISBN 978-3-8274-2757-1

Ewald Langenscheidt, Alexander Stahr

## Berchtesgadener Land und Chiemgau

Im Mittelpunkt dieses Buches steht die Landschaftsgeschichte zweier Regionen in Deutschland, die Jahr für Jahr Millionen Menschen aus aller Welt in ihren Bann ziehen und begeistern: das Berchtesgadener Land und der Chiemgau. Jeder kennt den Watzmann, aber welche Kräfte haben dieses gewaltige Bergmassiv emporgehoben und geformt? Welche Prozesse haben so bekannte Gewässer wie den Königssee oder das bayerische Meer – den Chiemsee – geschaffen?
Die Autoren liefern in anschaulicher Weise Antworten auf diese Fragen und erläutern allgemein verständlich erdgeschichtliche Zusammenhänge über Jahrmillionen von zwei unmittelbar verbundenen Landschaften. Auch das Wirken des Menschen in der Landschaft sowie deren Nutzung und Umgestaltung machen die beiden Autoren fassbar und verdeutlichen die enge Beziehung zwischen Mensch und Landschaft.